有机波谱学谱图解析

宁永成　著

科学出版社
北京

内 容 简 介

本书是《有机化合物结构鉴定与有机波谱学（第二版）》（宁永成，科学出版社，2000）的姊妹篇。全书共 6 章，第 1～5 章分别介绍核磁共振氢谱、核磁共振碳谱、核磁共振二维谱、质谱、红外光谱解析的基础知识和解析方法，第 6 章列举了大量有机化合物结构解析的实例，通过实例可了解各种谱图的功能。本书介绍了谱图综合解析的方法，突出了各类谱图解析的规律、方法和技巧，读者通过对本书的学习，可加强谱图解析能力。

本书的英文版由威立（Wiley）出版公司同步出版。

本书可供高等院校高年级本科生、研究生使用，也可供涉及有机化合物结构鉴定工作的科研人员参考。

图书在版编目（CIP）数据

有机波谱学谱图解析/宁永成著．—北京：科学出版社，2010

ISBN 978-7-03-025859-5

Ⅰ．有…　Ⅱ．宁…　Ⅲ．有机分析：波谱分析-图解-研究生-教材　Ⅳ．O657．3—64

中国版本图书馆 CIP 数据核字（2009）第 194324 号

责任编辑：杨向萍　丁　里／责任校对：包志虹

责任印制：赵　博／封面设计：陈　敬

科学出版社 出版

北京东黄城根北街 16 号

邮政编码：100717

http://www.sciencep.com

保定市中画美凯印刷有限公司印刷

科学出版社发行　各地新华书店经销

*

2010 年 5 月第　一　版　开本：787×1092　1/16

2024 年 12 月第十六次印刷　印张：24 1/2

字数：581 000

定价：99.00 元

（如有印装质量问题，我社负责调换）

Foreword to *Interpretation of Organic Spectra*

Professor Yong-cheng Ning, the well-known author of the two text books *Structural Identification of Organic Compounds and Organic Spectroscopy* (in Chinese), published in 2000, and *Structural Identification of Organic Compounds with Spectroscopic Techniques*, published in 2005, has written another remarkable volume *Interpretation of Organic Spectra*. The book is outstanding by its approach that follows what one might call the "Ning gold standard" in the spectroscopic text book literature: The masterful combination of NMR, mass spectrometry, and infrared spectroscopy that has already been implemented in his first two treatises.

Indeed these three techniques are the most important "weapons" in the spectroscopic arsenal of the organic chemist. With these techniques, virtually any structural analysis problem in organic chemistry can be solved successfully. The author provides a careful exposition of each of the three tools, starting with an in-depth description of the practical aspects of NMR spectroscopy. He concentrates on those aspects that are indispensable for any organic chemist who intends to apply NMR fruitfully. He focuses the description on proton and carbon-13 NMR in their one- and two-dimensional implementations. COSY, NOESY, ROESY, and TOCSY are the well-known acronyms of the most important two-dimensional NMR techniques. Without going into all the theoretical sophistication, he is capable of providing a working knowledge for the practical organic chemist.

The second technique is mass spectrometry that is also of great value in any structural analysis. Based on the analysis of the molecular and fragment ions, the primary structure of an organic molecule can elegantly be determined. Often, such an analysis precedes the interpretation of NMR spectra that allow one to elucidate also the secondary and tertiary structure of the molecule under consideration. The various methods of generating ions of larger molecules are discussed thoroughly, including the techniques of soft ionization, ESI, CI, FAB, MALDI, and APCI. These abbreviations illustrate the great wealth of available tools of advanced mass spectrometry.

The third tool to be discussed is infrared spectroscopy. It is complementary to the two other techniques. Its main feature is direct access to functional group identification. While NMR focuses on the individual atoms and their nuclei, infrared spectroscopy provides information on entire functional groups. However, what is missing in infrared spectroscopy is the connectivity information of the various functional groups. The connectivity can be deduced from a careful analysis of the NMR spin-coupling pattern and from the larger molecular fragments observed in mass spectrometry.

At the end of this useful book, the three techniques are applied to selected examples for demonstrating an integrated approach of analysis. This is a book that belongs into the hands of any organic chemist who desires to determine the structure of his molecules and intermediates under actual study. I am convinced that the volume will receive a very positive reception by chemists dealing with the syntheses of molecules or with the study of natural products. It provides the information and the recipes for the successful usage of the indispensable and marvellous tools of spectroscopy.

Zürich, 8 March 2010-03-08

Richard R. Ernst

Nobel Laureate Chemistry 1991

附译文

享有盛誉的宁永成教授曾拥有两部著作：一部是出版于2000年的《有机化合物结构鉴定与有机波谱学》①，另一部出版于2005年，即 *Structural Identification of Organic Compounds with Spectroscopic Techniques*②。现在他又完成第三部非凡的著作《有机波谱学谱图解析》。由于该书巧妙地综合了核磁共振、质谱和红外光谱（这在前两部书已得到阐述），在波谱学文献中，人们也许可称之为"宁氏金标准"，因此它的问世是卓越的。

的确，这三种技术是有机化学家波谱学知识宝库中最重要的三件宝物，它们犹如兵器库中的三把利刃。使用这些技术，有机化学的任何结构分析问题实际上都能成功地解决。从核磁共振波谱学深入的实际问题的讨论开始，作者逐个地详尽地阐述了上述三种技术。他汇集诠释了核磁共振应用中的诸多问题，而这些知识是任何有机化学家要成功地应用核磁共振所必不可少的。他把注意力聚集于质子和C-13核磁共振的一维和二维谱。COSY，NOESY，ROESY和TOCSY是人人尽知的核磁共振二维谱的最重要的缩写词。他并不刻意追求这些理论的完善，而是竭力为有机化学家提供在实践工作中所需要的真知灼见。

第二种技术是质谱。无论进行何种结构分析，它都具有非常重要的价值。基于分子离子和碎片离子的分析，研究者们能完美地确定一种有机分子的一级结构。质谱分析常常优于核磁共振谱图的解析，它也可阐明分子的二级、三级结构。该书透辟地讨论了大分子产生离子的各种方法，包括软电离：ESI，CI，FAB，MALDI和APCI。这些缩写词表明了先进的质谱学在运用技术上的重要价值。

第三种技术是红外光谱。它和另外两种技术是互补的。红外光谱的主要特征是以捷径直接鉴定官能团。核磁共振聚焦于单个的原子和核，红外光谱提供整个官能团的信息。

① 《有机化合物结构鉴定与有机波谱学》(第二版)，2000年由科学出版社出版。

② *Structural Identification of Organic Compounds with Spectroscopic Techniques* 是上述著作的英译加增补版，2005年由Wiley-VCH出版。

但是红外光谱缺少的是各种官能团的连接信息。连接关系能够通过仔细地分析核磁共振的自旋耦合模式或者从在质谱中所观测到的较大的分子碎片来推导。

在该书的最后，三种技术被应用到所选择的一些例子以阐明分析的总体方法。对于从事确定有机分子和中间体结构的任何化学家来说，该书正是他们所需要的。我深信这本书将受到从事有机分子的合成或者研究天然产物的化学家的积极欢迎。对于波谱学的成功应用，该书提供了必不可少的信息和极好的诀窍。

苏黎世 2010-03-08

Richard R. Ernst

1991 年诺贝尔化学奖得主

前　言

本书是《有机化合物结构鉴定与有机波谱学(第二版)》(宁永成,科学出版社,2000)的姊妹篇。

《有机化合物结构鉴定与有机波谱学》出版以来,在国内有关研究所的研究人员和高校的有关专业的教师、研究生和本科生中得到广泛的应用。作为大陆此领域的第一部著作,1991 年在台湾出版繁体字版,同年秋季获得国家教委优秀教材二等奖。该书第二版在 2003 年被教育部研究生工作办公室选为首批 79 部研究生教学用书之一(全国化学类著作仅两部入选,清华大学仅此一部入选),以后更进一步得到推广。目前除在台湾出版的繁体字版的印数未知以外,《有机化合物结构鉴定与有机波谱学》在内地的累计印数已经超过 25000 册(第二版每年都重印)。2005 年春,该书的英译加增补版 *Structural Identification of Organic Compounds with Spectroscopic Techniques* 由国际知名出版公司 Wiley-VCH 出版。英文版被很多国外的高校和研究所收藏,的确是走向了世界。

但是从另一方面考虑,该书所阐述的理论较深,自学比较困难。由于讲述理论所占据的篇幅较大,对于谱图解析的阐述就不够详尽,而很多读者恰恰对于谱图解析更为关注。正是基于这个考虑,本书的出版势在必行。

应用有机波谱学来鉴定有机化合物结构的方法已广为人知。国内已经出版大量的著作。但是关于核磁共振的部分,一些重要的内容(如对称面原则)没有讨论、二维谱的内容不够;质谱部分,没有介绍软电离质谱、串联质谱的解析;更没有专门推导结构的著作。

从国外的出版物来看,不乏推导未知物结构的著作,可以分为三类:

1. 以核磁共振为手段推导未知物结构

这类著作很多,涉及的未知物结构也很复杂。然而它们的主要不足之处在于仅用核磁共振谱图,不用质谱和红外数据。这样显然是不全面的。

2. 以核磁共振、质谱和红外光谱的综合解析来推导未知物结构

虽然它们仍然提倡几种谱图的综合解析,但是涉及的未知物结构太简单。

3. 单独的质谱和红外光谱的著作

由于它们不采用核磁共振谱图,解决的未知物结构特别简单,没有很高的参考价值。

鉴于上述情况,这三类著作都不理想。总体来讲,不能满足有关读者的需求,更何况解析谱图需要掌握不少的技巧和具体的方法,需要深入讨论。

作者开始写作时的想法是以综合解析各种谱图来推导未知物结构或者确认化合物结构为主;把本书和《有机化合物结构鉴定与有机波谱学》(第二版)(宁永成,科学出版社,2000)配合使用。后来作者考虑还是把目前这本书写成一本独立的书比较好。

本书共 6 章。第 1～5 章分别讨论核磁共振氢谱、核磁共振碳谱、核磁共振二维谱、质谱和红外光谱的解析,介绍每种谱图解析的技巧和方法。第 6 章为各种谱图的综合解析,占本书 2/3 的篇幅,从简到繁地讨论了 20 个例题。

本书以解析核磁共振谱图为推导未知物结构或者确认结构的主要方法，因为它们的结构信息量最丰富、谱图的可解析性最高。本书与其他有关著作的区别在于深入地讨论了一些解析核磁共振谱图的重要原则（如对称面法则）、强调几种核磁共振谱图的综合解析、提出了作者的见解（如解析氢谱时峰型分析的重要性大于对于化学位移数值的考虑）。

本书重视质谱的功能，讲述了一些用质谱能够顺利解决未知物结构的例子，而此时如果只用核磁共振谱图，其结果没有质谱可靠。本书对于红外光谱作了简捷、实用的介绍。

作者的目的是使读者在认真阅读本书以后，首先会自己解析各种有关的谱图，最后能够综合各种谱图推导出未知物的结构或者确认化合物的结构。

本书所讨论的有机化合物的结构从几个碳原子到 47 个碳原子，阐述的范围从解析的总体考虑到具体如何正确地读取谱图数据，因此读者的范围可以从初学者到有关专业的研究人员。不同的读者应该都会有所收获。

衷心感谢独得 1991 年诺贝尔化学奖的恩斯特(Ernst)教授为本书作序，这已经是他为作者写的第三个序言了。他的第二个序言为英文版的发行起了重要作用。

作者非常感谢下列教授、专家，他们提供了大量的谱图，使本书能够涉及较宽的领域以适合更广泛的读者。他们是清华大学的杨海军，中国医学科学院药物所的贺文义，中山大学的祝亚非，烟台大学的孙秀燕，暨南大学的高昊，兰州大学的田瑄，北京化工大学的宋秀庆。

另外要告诉读者的是：本书的英文版将仍然由 Wiley 公司出版，今年将面世。

由于本书论述面广，涉及内容多，因此难免有不妥之处，请读者批评指正。

宁永成

2010 年 2 月于清华园

目　录

第1章 核磁共振氢谱的解析

鉴定有机化合物结构时，本书以核磁共振为最重要的方法，因为从核磁共振谱（一维和二维谱）得到的信息最丰富，谱图的可解析性最高。氢谱是所有核磁共振谱中灵敏度最高的，因而最容易测定，所以首先讨论氢谱。

对于结构不太复杂的化合物，不需做二维核磁共振谱，仅用核磁共振氢谱和碳谱再结合其相对分子质量就可能推出结构。此时核磁共振氢谱的可解析性就特别重要，它可以提供丰富的结构信息。对于从几种可能结构中选出一个最合理的化学结构时，氢谱也往往起着举足轻重的作用。

采用核磁共振二维谱时，从氢谱所得到的信息，特别是本书所强调的峰型分析，仍然有重要的参考意义。

核磁共振氢谱的主要参数有3个：化学位移、峰的裂分和耦合常数 J、峰面积。从物理学的角度来看，氢谱谱峰还有弛豫时间这个参数，但是在氢谱中，弛豫速度比较快，在一般情况下弛豫时间的变化不影响谱图的峰面积和解析。

核磁共振氢谱的横坐标是化学位移，也就是说化学位移是官能团出峰位置的表征。

由于磁性核之间存在耦合作用，因此核磁共振氢谱的谱峰会呈现分裂，称为“裂分”。裂分的间距以耦合常数（以赫兹为单位）表征。耦合常数的大小反映了耦合作用的强弱。

化学位移和耦合裂分的有关知识将在后面仔细阐述。

核磁共振氢谱的纵坐标是谱峰的强度。由于氢谱中的谱峰都有一定的宽度，因此以谱峰的面积的积分数值来量度峰的大小。在核磁共振氢谱中，标注有各峰组面积的积分数值，该积分数值和峰组所对应的氢原子数目成正比。核磁共振氢谱的定量关系比较好，误差在5%之内。

核磁共振氢谱的良好定量性对于推导未知物结构很重要，从各峰组的积分数值比可以找到各峰组所对应的氢原子数目比。

如果测试的样品是混合物，用这种定量关系则可确定各组分的定量比。

利用氢谱的这种定量关系，能够得到某些重要的结果。例如，分析一种非离子表面活性剂 $RC_6H_4O(C_2H_4O)_nH$ 时，利用氢谱可以容易地确定其 n 的平均数。而对于评价这种表面活性剂的性质来说，平均加成数 n 是重要特征。如果用薄层层析分析这种样品，展开之后在薄板上面会得到一连串的斑点，每个斑点相应于一个环氧乙烷的加成数，所有的加成数构成一个正态分布曲线。此时，平均数比参加平均的具体数值重要。

图1.1为化合物C1-1的氢谱。

从图1.1可知氢谱的横坐标为化学位移，峰组的下面标注有准确的化学位移数值；纵坐标为谱峰的强度，峰组的上面标注有峰组面积的积分数值。

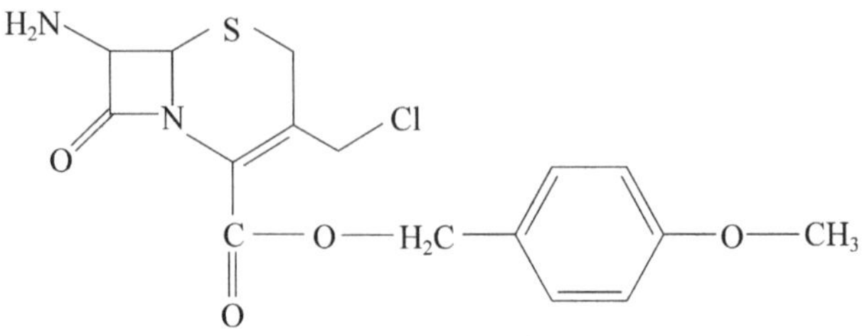

C1－1

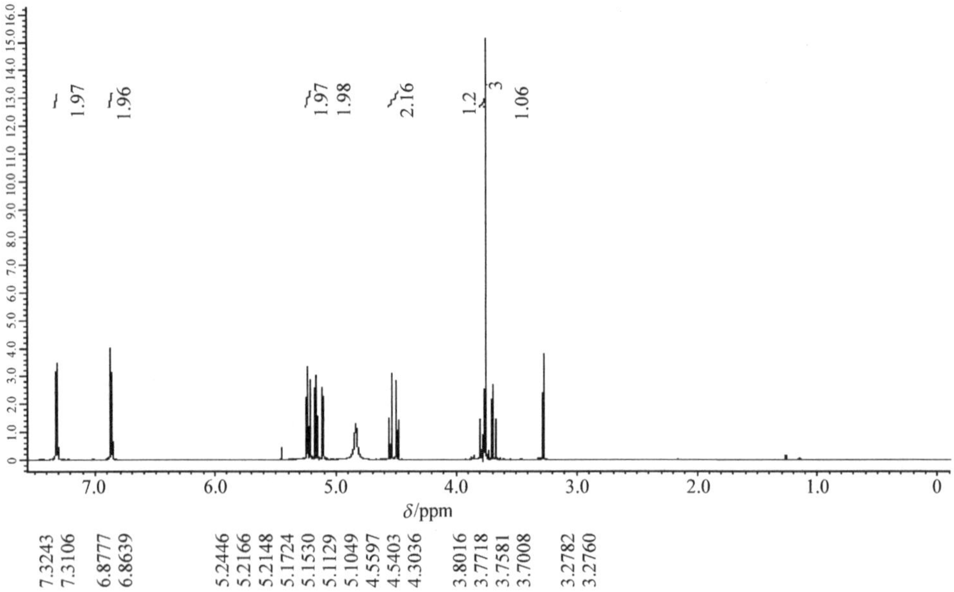

图 1.1　化合物 C1－1 的氢谱

在氢谱中可见峰组的耦合裂分。裂分间距是以赫兹量度的，裂分间距越小，表明所用的核磁共振谱仪的频率越高。图 1.1 是用600 MHz谱仪测定的，因此裂分间距看起来很小。

1.1 化学位移

1.1.1 化学位移的概念

从字面上可知“化学位移”指的是由于官能团具有不同的化学特性，因而它们的出峰位置相对于基准物质的出峰位置会产生一定的移动，即化学位移表征官能团出峰的位置。化学位移的符号为 δ。

化学位移的基准物质最常用的是四甲基硅烷（TMS），它在氢谱中呈现的是一个单峰，其位置定为零。按照“左正右负”的原则，一般官能团的化学位移数值均为正（在 TMS 的左面出峰），只有特殊的官能团具有负的化学位移数值。

迄今为止，国际上通用的化学位移的单位仍然是 ppm（国内把 ppm 定为非法定单位，

1 ppm＝1/10[6]），本书采用 ppm 为化学位移的单位。

从物理学的概念考虑，化学位移数值的大小反映了所讨论的氢原子核外电子云密度的大小。由于氢原子核外只有 s 电子，因此氢原子核外电子云密度的大小即氢原子核外 s 电子的电子云密度的大小。s 电子的电子云密度越大，化学位移的数值越小，相应的峰越位于核磁共振氢谱谱图的右方，反之亦然。任何使氢谱的峰往右移动（化学位移数值减小）的作用称为屏蔽效应；反之，任何使氢谱的峰往左移动（化学位移数值增大）的作用称为去屏蔽效应。

常见官能团的化学位移 δ 值（变化范围）如表 1.1 所示。

表 1.1　有机化合物常见官能团氢谱的化学位移数值（变化范围）

官能团	δ_H/ppm	官能团	δ_H/ppm
$-(CH_2)_n-CH_3^*$	0.87	$-HC=CH-$	4.5～8.0
$-\overset{\vert}{C}=\overset{\vert}{C}-CH_3^*$	1.7～2.0		6.5～8.0
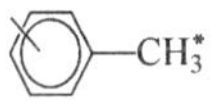	2.1～2.4	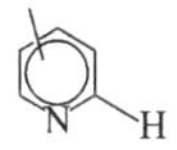	8.0～8.8
$-\overset{\overset{O}{\Vert}}{C}-CH_3^*$	2.1～2.6	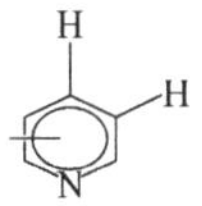	6.5～7.3
$-\overset{\vert}{N}-CH_3^*$	2.2～3.1	$R-NH_2$	0.5～3.0
$-O-CH_3^*$	3.5～4.0	$R=NH-$ $Ar=NH_2$ $Ar=NH-$	3.0～4.8
$>C-CH_2-C<$	1.2～1.4	$R-OH$	0.5～5.0
$>C-CH_2-\overset{\vert}{N}-$	2.3～3.5	$Ar-OH$	4.0～10.0
$>C-CH_2-O-$	3.5～4.5	$-\overset{\overset{O}{\Vert}}{C}-H$	9.5～10.0
$-C\equiv CH$	2.2～3.0	$-\overset{\overset{O}{\Vert}}{C}-OH$	9.0～12.0
$>C=CH_2$	4.5～6.0		

从表 1.1 可知,不同官能团的 δ 值有比较大的差别,对于每一种官能团来说又有一定的变化范围。

1.1.2 影响化学位移的因素

核磁共振氢谱中影响化学位移的因素可以从官能团本身的性质、取代基的影响和介质的影响等几个方面来进行讨论。

1. 化学位移数值首先决定于官能团本身的性质

不同官能团的化学位移数值有比较大的差别。大体说来,饱和基团的 δ 值较小,不饱和基团的 δ 值较大(苯环的 δ 值则比烯基的 δ 值更大一些)。影响因素有:

1) 官能团所含碳原子的 s-p 电子杂化情况

与氢原子相连的碳原子如果从 sp^3 杂化(碳碳单键)到 sp^2 杂化(碳碳双键),s 电子的成分从 25%增加到 33%,键电子更靠近碳原子,因而对于相连的氢原子有去屏蔽作用,即该氢原子的化学位移数值增大。

炔氢(对应的是 sp 杂化)的化学位移数值在烯氢和饱和氢之间,是另外的原因造成,下面将要讨论。

2) 环状共轭体系的环电流效应

以苯环为例,在外加磁场的作用下,环状共轭体系的离域 π 电子将产生环电流。其磁力线在苯环的上、下方与外加磁力线的方向相反,但是在侧面与外加磁力线的方向相同,因而对于苯环的氢(在苯环的侧面)有去屏蔽作用。虽然样品分子在溶液中会不断地翻滚,即分子对于磁场的方向在变化,但是平均的结果,苯环上的氢原子仍然受到了较强的去屏蔽作用。由于这个原因,苯环氢的化学位移数值比烯氢大。

3) 化学键的各向异性屏蔽作用

化学键无论是单键、双键还是叁键,都具有各向异性的屏蔽作用。也就是说它们对于不同方向的屏蔽作用是不同的:某些方向是屏蔽作用,某些方向是去屏蔽作用。

六元环如果不能快速翻转,亚甲基上面的平伏氢和直立氢的化学位移数值通常有明显的差别,直立氢的化学位移数值大约比平伏氢的小 0.5 ppm,这就是单键各向异性屏蔽作用的结果。

碳碳叁键(炔基)中由于 π 电子只能绕键轴转动,沿键轴方向屏蔽作用很强,因此炔氢在这个区域受到很强的屏蔽作用,所以炔氢相对于烯氢远在高场方向出峰。

4) 空间因素的影响

当所研究的氢核和邻近的原子间距小于范德华半径之和时,氢的核外电子被排斥,电子云密度下降,化学位移数值增加。

2. 取代基的影响

对于每一个官能团来说,δ 值都有一定的变化范围,这是取代基的影响。需要知道,取代基的影响对于不同的官能团来说是有区别的。

(1) 对脂肪氢来说,电负性基团的取代将使其 α-氢的化学位移值增加,β-氢的化学位移值也稍有增加。从上面的叙述可知,考虑诱导效应就很容易理解这点。电负性基团吸引电子,这样的取代基与所讨论的官能团相连时,后者氢原子的电子密度将下降,从而会增加其化学位移数值。

(2) 对芳香氢来说,取代基的作用和上面所讨论的不一样,此时需要同时考虑诱导效应和共轭效应。取代基分为三类(宁永成,2000):

第一类取代基包括烃基和卤素原子。它们是饱和基团且电负性都不强。这样的取代基对苯环的电子密度改变不大,因而对于取代基的邻、间、对位氢的化学位移数值均无大的影响。属于第一类取代基的有—CH_3,—CH_2—,—CH(<)，—CH═CHR，—C≡CR，—Cl,—Br等。

第二类取代基是含饱和杂原子的基团。由于饱和杂原子的未成键电子对和苯环的离域电子有 p-π 共轭作用,苯环的电子密度增加,从核磁共振的角度来看就是苯环剩余的所有氢原子的峰往高场位移。这样的高场位移对于邻、对位氢比较明显,尤其对于邻位氢。属于第二类取代基的有—OH,—OR,—NH_2，—NHR，—NR′R″等。

第三类取代基是含不饱和杂原子的基团。它们与苯环形成大的共轭体系,但由于杂原子的电负性,苯环剩余氢原子的电子密度下降,即它们的氢谱谱峰都往低场移动,其中邻位氢的峰往低场的移动最远。属于第三类取代基的有—CHO,—COR,—COOR,—COOH，—CONHR,—NO_2，—N═NR 等。

3. 介质和氢键的影响

这里所说的介质的影响就是核磁共振实验中溶剂的影响。

由于在不同的溶剂中样品分子受到的磁感强度不同,溶剂分子对于样品分子的不同官能团的作用也可能有差别,因此使用不同的溶剂作图所得到的核磁共振谱图可能会有变化。核磁共振氢谱的变化可能比较明显,除了官能团的化学位移数值变化之外,峰型还可能变化。因此在进行谱图比对时,必须考虑溶剂的因素。

分子内形成的氢键和分子间形成的氢键都可能影响官能团的化学位移数值,最突出的是羧基。羧基的化学位移数值常常可能超过10 ppm。烯醇的化学位移数值更特殊,可以达到16 ppm,也是由于氢键的作用。

由于化学位移数值和基团本身以及该基团的邻位基团有关,因此从一个峰组的化学位移数值可以推断这是什么基团,并可以推断它的相邻基团或者它的取代情况。

知道影响化学位移的变化因素就可以了,所有的近似计算公式及相应的参数都不必列举。因为对应于一个化合物的结构式,它的化学位移数值可以用计算机软件 ChemDraw 来估算(参阅 1.5.8)。

核磁共振氢谱由于化学位移数值的变化范围不大(出现超过10 ppm 的情况很少),容易产生峰组的重叠(或者部分重叠)。此时,核磁共振二维谱之一——异核位移相关谱就特别重要。此部分内容将在 3.2 节介绍。

1.2 耦合常数 J

本节标题虽然是耦合常数 J，但是内容包括峰的裂分，因为如果存在耦合现象就必然产生峰的裂分。

1.2.1 耦合作用和耦合常数

首先应该知道什么核之间会有耦合作用。简单地讲，磁性核之间才会有耦合作用。磁性核是它们的自旋量子数不为零的原子核。如果不是磁性核，就不能对其他原子核产生耦合作用，本身也不能用核磁共振方法来测定。

产生耦合裂分的磁性核可以是氢核或者其他磁性核，如^{31}P、^{19}F等。对于氢谱来说，氢氢之间会产生耦合(当然它们之间的距离需要在一定的化学键数目之内)。与氢相连的碳原子，由于 99%是^{12}C(其自旋量子数为零，是非磁性核)，因此一般情况下看不到由碳原子引起的耦合裂分，只有在氢谱中很强的峰的两侧可能观察到由 1%的^{13}C耦合而产生的所谓"卫星峰"。有机化合物中的氟、磷等原子是磁性核，都会对有关的谱峰产生裂分，将在 1.4.5 中详细地讨论。氯的两个同位素(^{35}Cl，^{37}Cl)和溴的两个同位素(^{79}Br，^{81}Br)由于自旋量子数都是 3/2，在磁场中会很快地改变自旋状态，因此不对氢谱的峰产生裂分。在分析谱图时把它们"看成"非磁性核。

由于磁性核在磁场中有不同的取向，与它(们)相邻的核(在氢谱中指的是氢核)的谱峰即会呈现被裂分(分裂)的多重峰。

采用归纳的方法，可以得到 $2nI+1$ 的规律，其中 I 为产生耦合裂分的磁性核的自旋量子数，n 为该磁性核的数目。

如果产生耦合裂分的磁性核的自旋量子数为 1/2，$2nI+1$ 的规律就简化为 $n+1$ 的规律。

在解析氢谱的耦合裂分时，最经常遇见的是自旋量子数为 1/2 的磁性核的耦合作用，因此一般情况是用 $n+1$ 规律分析。

$n+1$ 规律的内容是，如果所讨论基团的相邻基团含有 n 个氢原子，所讨论的基团将被这个相邻的基团裂分为 $n+1$ 重峰。一定要注意：$n+1$ 规律中的 n 是产生耦合裂分的磁性核的数目，而不是所讨论的基团(在氢谱中就是所讨论的含氢的官能团)的氢原子数目。

理论上可以证明，或者从实际谱图的解析也可以知道：**只要相互耦合的基团具有不同的化学位移数值，它们之间的耦合裂分就会表现出来。反之，如果它们的化学位移数值相同(不管是理论上应该具有相同的化学位移数值，还是它们凑巧具有相同的化学位移数值)，它们之间虽然也存在相互的耦合作用，但是此时它们之间的耦合裂分作用表现不出来。**以上的论述对于分析核磁共振氢谱是十分重要的。

耦合作用的大小是以耦合常数来表示的。因为耦合作用通过化学键传递，通过的化学键数目越少，耦合作用就越强，所以耦合常数 J 的左上角用阿拉伯数字表示耦合跨越的化学键数目，如^{3}J表示跨越 3 根化学键的耦合常数。下面就按照跨越不同数目的化学键讨论耦合常数。

耦合常数是代数值，有正、负之分。由于在解析氢谱时绝大部分情况表现的是绝对值，因此下面的讨论原则上不区分耦合常数的符号，只从绝对值的角度讨论。至于在非常特殊的情况下耦合常数的符号可能产生不同的氢谱，本书从略，有兴趣的读者可参考章末文献。

为方便地描述耦合裂分的峰型，一般以 s、d、t 和 q 分别表示单峰、双峰、三重峰和四重峰，多重峰则表示为 m。

1.2.2 分类讨论耦合常数

耦合作用的强弱与其跨越的化学键的数目密切相关，下面的讨论就按照跨越化学键的数目从小到大来讨论。

1. ^{1}J

^{1}J 是跨越一根化学键的耦合常数。

从前面的叙述可知，核磁共振氢谱一般不会反映碳对氢的耦合(在核磁共振碳谱中如果不对氢去耦则会反映出来)。

虽然化合价为 1 的同位素(如氟)是磁性核，但是它们也不会在氢谱中反映其引起的耦合裂分，因为结构式不能延续下去。

多价的磁性核(如^{31}P)会产生由^{1}J 引起的耦合裂分。以^{31}P为例，^{1}J约700 Hz。

2. ^{2}J

^{2}J 表示跨越两根化学键的耦合常数。

在这里主要讨论氢氢之间的^{2}J，其对应的耦合也称为同碳耦合。

在讨论^{2}J 的时候，首先必须区分是饱和基团的^{2}J还是不饱和基团的^{2}J。不饱和基团的^{2}J是端烯的情况。端烯的^{2}J小，约为2.3 Hz，在解析核磁共振氢谱时可能遇见。不饱和基团的^{2}J小可以说是特殊情况。由于只跨越两根化学键，^{2}J的数值比跨越三根化学键的耦合常数^{3}J(这是核磁共振氢谱中最为常见的耦合常数)的数值要大不少。

饱和基团的^{2}J在两种情况下出现：

(1) 由于环上的 CH_2 两个氢原子受到的各向异性屏蔽不同，它们肯定具有不同的化学位移数值，因此必然会表现由^{2}J引起的耦合裂分。

(2) 如果同碳二氢的化学位移数值不等，碳链中的 CH_2 的两个氢原子的耦合裂分会表现出来。由于^{2}J的数值比较大，由它产生的耦合裂分就很突出，后面将在 1.4 节中深入讨论。无论如何，对于结构不简单的化合物，由^{2}J引起耦合裂分的情况是经常遇见的。

^{2}J的数值受下列因素的影响：

(1) 取代基的电负性增加将使^{2}J的绝对值减小。

例如：

化合物	CH_4	CH_3Cl	CH_2Cl_2
^2J/Hz	−12.4	−10.8	−7.5

(2) 邻位 π 键使饱和碳链的^2J往负的方向变化，从绝对值来看就是增大。

(3) 饱和环的大小影响环的张力，因此对于^2J也有影响。三元环的^2J相对其他环变化较大，往正的方向变，绝对值减小。

3. ^3J

这里主要讨论氢氢之间的^3J，其对应的耦合也称为邻碳耦合。

^3J是解析核磁共振氢谱时最经常遇见的，这是因为^2J有可能表现不出来(在饱和链中只有当同碳二氢的化学位移数值不等时才能表现出来)，而如果两个氢原子跨越更多的化学键，它们的耦合作用会很弱甚至消失，因此在分析核磁共振氢谱时主要面对的是由^3J引起的耦合裂分。

如果化合物有多种构象，^3J则是多种构象的平均值。

影响^3J的因素有：

(1) 二面角的影响。邻碳二氢与中间的两个碳原子形成二面角。^3J的数值和二面角的关系如图 1.2 所示。

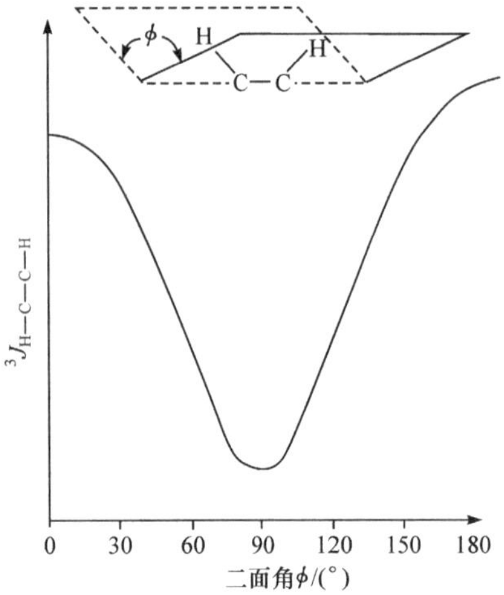

图 1.2　$^3J_{H-C-C-H}$是二面角的函数

从图 1.2 可以看到，当二面角为 90°时，^3J具有极小值；当二面角为 0°和 180°时，^3J具有极大值，而 180°时的^3J值最大。

下面两种情况经常会遇到：

一种情况是双键的反式二氢的耦合常数较大，典型数值为15～17 Hz，顺式二氢的耦合常数则为10～11 Hz，这是因为反式的二面角为 180°而顺式的为 0°。

另外一种情况是在饱和的六元环中，如果相邻的两个氢原子都处于直立键位置(此时它们之间的耦合常数标注为 J_{aa})，此时的耦合常数数值较大，因为它们之间的二面角接近 180°；而六元环的邻碳二氢分别处于直立键和平伏键或者两个氢都在平伏键(此时它们之间的耦合常数分别标注为 J_{ae}和 J_{ee})，具有较小的耦合常数，因为这两种情况所对应的二面角都近似于 60°，因而有 $J_{aa}>J_{ae}\geqslant J_{ee}$。

另外，利用^3J和二面角的关系可以区分赤式和苏式，有兴趣的读者可以阅读章末参考文献。

(2) 电负性基团的取代。电负性基团的取代将使^3J的数值减小，这样的情况会经常遇见。

饱和烷基中的^3J接近7 Hz，如果被羟基取代，^3J的数值一般会下降到5 Hz以下，这会在氢谱中清楚地表现出来。后面将要讨论由于耦合裂分对于峰型产生的影响，耦合常数的变化可能使氢谱的峰型产生很大的变化。

对于烯烃中的反式二氢或者顺式二氢，电负性基团的取代将使反式耦合常数和顺式耦合常数(都是^3J)的数值显著减小。例如：

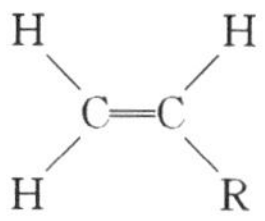

R	$^3J_{顺}$	$^3J_{反}$
—Li	19.3	23.9
—SiR_3	14.6	20.4
—CH_3	10.0	16.8
—Cl	7.3	14.6
—F	4.7	12.8

还有其他因素影响^3J，由于相比上面两点作用较小，故此处省略，详见章末参考文献。

4. 长程耦合的 J

跨越 4 根化学键或者更远的两个氢原子之间的耦合称为长程耦合。

对于饱和体系，J 的数值随跨越的化学键的数目增加而下降很快。只有呈现折线形  和 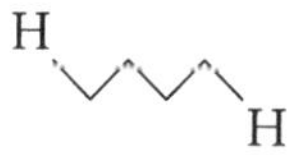 有小的 J 值。

如果跨越双键，不饱和碳链的氢氢耦合可能存在^4J甚至^5J。下列情形具有长程耦合：

(1) 烯丙体系，H—C═C—C—H。

(2) 高烯丙体系，H—C—C═C—C—H。

(3) 共轭体系。

(4) 含有累积不饱和键的体系。

第 6 章例 6.11 讲述了长程耦合的例子。

5. 芳环和杂芳环

苯环的^3J大于饱和碳链的^3J，这是因为在苯环中耦合作用传递比较好，典型数值为 8 Hz。

由于吡啶环内有氮原子存在，就像前面讨论的电负性基团的取代使饱和碳链的^3J减小一样，吡啶环内靠近氮原子的^3J数值下降，远离氮原子的^3J则与苯环的^3J相仿。

五元杂环(呋喃、噻吩和嘧啶)靠近杂原子的^3J数值下降，远离杂原子的^3J数值则大些，但是比苯环的^3J小不少，具体数据见表 1.2。

表 1.2　最常见的结构单元的耦合常数数值

结构单元		典型的耦合常数数值 J_{AB}/Hz
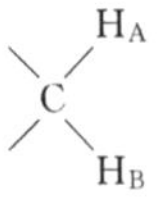		$-10\sim-15$
CH_ACH_B		7
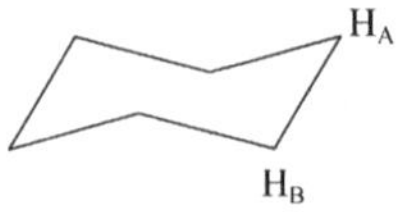	ax-ax	8～11
	ax-eq	2～3
	eq-eq	2～3
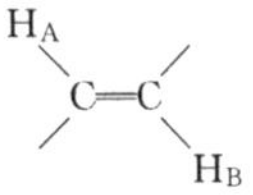		15～17
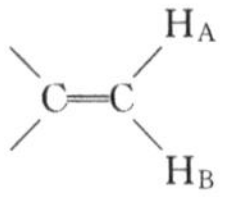		0～2
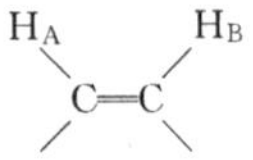		10～11
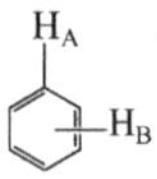	$J_{邻}$	8
	$J_{间}$	2
	$J_{对}$	0.3
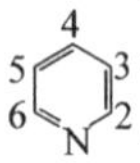	$J_{2\text{-}3}$	5
	$J_{3\text{-}4}$	8
	$J_{2\text{-}4}$	1.5
	$J_{3\text{-}5}$	1
	$J_{2\text{-}5}$	0.8
	$J_{2\text{-}6}$	0
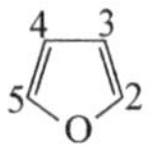	$J_{2\text{-}3}$	1.8
	$J_{3\text{-}4}$	3.6
	$J_{2\text{-}4}$	0.8
	$J_{2\text{-}5}$	1.5

苯环被取代之后，邻位氢和侧链的氢有长程耦合作用。

6. 氟和磷原子的耦合作用

氟和磷原子的耦合作用将在后面讨论。

最常见的结构单元的耦合常数数值如表 1.2 所示。

1.3　化学等价和磁等价

核磁共振氢谱非常重要，无论是鉴定一个未知物的结构，还是确认一个化合物的结构，测定其氢谱可以说是首先要进行的。

在解析氢谱时常会遇见这样的问题：一个化合物的结构似乎并不复杂，但是它的氢谱显得很复杂，以至于会考虑：这是它的氢谱吗？为什么结构并不复杂而氢谱这样复杂呢？

以上的问题就涉及本节讨论的化学等价和磁等价的问题。

1.3.1　化学等价

化学等价是立体化学中的一个重要概念。如果分子中两个相同原子（或者两个相同基团）处于相同的化学环境时，它们是化学等价的，用核磁共振方法测定时它们具有相同的化学位移数值。如果两个相同的基团不是化学等价的，它们在化学反应中可能有不同的反应速度，在光谱、波谱的测定中可能有不同的结果。

柠檬酸 C1－2 具有右面的结构：

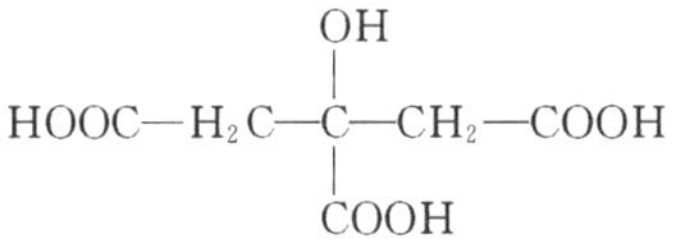

C1－2

从平面结构式来看，连接亚甲基的两个羧基似乎是等价的。实际上，在酶解反应中，这两个羧基的酶解速度不同，说明这两个羧基不是化学等价的。

δ-维生素 E（C1－3）是另外的例子。

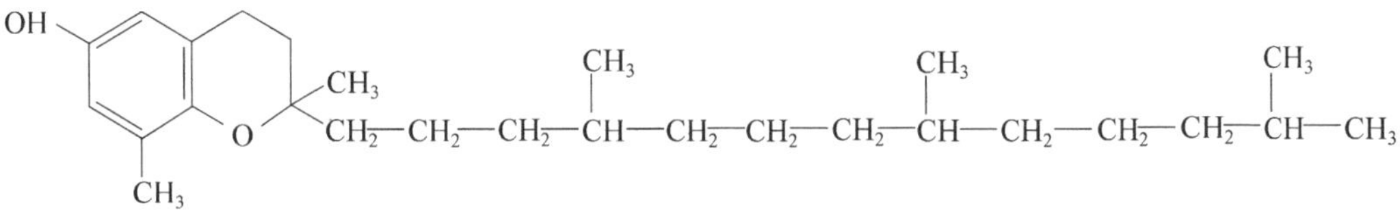

C1－3

在 C1－3 结构式的最右端，两个甲基连接在同一个 CH 上，即使使用400 MHz的核磁共振波谱仪测定，在它的碳谱上两个甲基的谱线也已经明显地分开了。也就是说，用核磁共振碳谱就阐明了这两个甲基不是化学等价的。

这样的例子还有很多。经常遇见的一个问题就是，在链状结构中两个相同的官能团连接在同一个碳原子上，按照常规的想法：脂肪链一旋转这两个基团不就交换位置，从而具有相同的化学环境了吗？似乎这两个基团就应该具有相同的化学位移数值了。

这个讨论也包括亚甲基的两个氢原子（两个氢原子是两个相同基团的特例）。因为这两个氢原子都连接在同一个碳原子上，似乎它们就会具有相同的化学位移数值。

氢谱中很重要的一点是，如果两个氢原子具有相同的化学位移数值，在氢谱中它们之间的耦合裂分就不会反映出来；反之，如果它们具有不同的化学位移数值，在氢谱中它们之间的耦合裂分就会反映出来，而且由于它们仅相距两根化学键，耦合常数为^2J，产生的耦合裂分很显著，因而会使其氢谱产生复杂的谱图。

总之，无论是连接在同一个碳原子上的两个氢原子，还是连接在同一个碳原子上的两个相同基团，它们的化学位移数值是否相等是不能简单地判定的。

为判断连接在同一个碳原子上的两个相同基团（包括两个氢原子）的化学位移数值是否相等，必须用对称面法则分析。用对称面法则判断它们是化学等价时，它们才会具有相同的化学位移数值，在氢谱中它们之间的耦合裂分才不会反映出来；反之，如果不符合对称面法则的要求，它们就会具有不同的化学位移数值，在其氢谱中则可能产生复杂的谱图。

下面叙述对称面法则：对于连接在同一个碳原子（以 C 表示）上的两个相同基团（以 X 表示）来说，只有当该分子存在对称面，且该对称面平分这个 XCX 角时，这两个相同的基团才是对映异位的。也就是说，在测定核磁共振氢谱时，当使用非手性溶剂时，这两个相同基团才会具有相同的化学位移数值（当使用手性溶剂时，这两个相同基团可能具有不同的化学位移数值）。如果该分子存在分子内运动，则对于每一种构象来说，都应该存在平分 XCX 角的对称面，这两个相同基团才是对映异位的，在用非手性溶剂测定核磁共振谱时才会具有相同的化学位移数值，也即化学等价。

对称面法则的应用可进一步叙述如下：

如果所讨论的化合物结构不存在分子对称面，该化合物中连接在同一个碳原子上的两个相同基团（包括两个氢原子）就不是化学等价的。也就是说，从理论上考虑，它们应该具有不同的化学位移数值。当然，这个化学位移数值的差别能否测定出来，还取决于实验条件（如核磁共振谱仪的频率、溶剂、温度等）。化合物 C1－3 就属于这样的情况，由于该化合物的结构没有分子对称面，因此结构式末端的连接在同一 CH 上的两个甲基就不是化学等价的，在其碳谱中就会出现两条谱线。

如果所讨论的化合物结构存在分子对称面，而该分子存在分子内运动，则对于每一种构象来说，如果这个对称面都能够平分 XCX 角，这两个相同基团在非手性溶剂中进行测定才会具有相同的化学位移数值，或者说在非手性溶剂的条件下它们是化学等价的。

遗憾的是，这个重要的法则在一般的核磁共振著作中很少论及，有的虽然讨论了一些例子，但是没有提高到理论应有的高度；有的则连有关的例子也没有讨论。

根据作者多年教学和科研的实践，这可能是解析氢谱时遇见的最频繁的一个问题。

先从一个简单的例子开始。

化合物 C1－4 的结构是简单的：

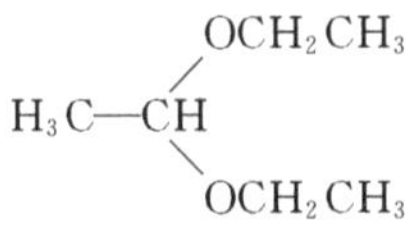

C1－4

该化合物存在分子的对称面，因此两个乙氧基出峰的位置相同（其中的两个甲基在同一个位置出峰，两个亚甲基在同一个位置出峰）。但是该对称面不平分 OCH_2 的两个氢原子和它们共同连接的碳原子的键角 HCH，因此这两个氢原子具有不同的化学位移数值，因而它们形成 AB 体系，产生四重峰，旁边的甲基使它们再四裂分，因此最后产生了 16 重峰，远远超过了简单的估计。

下面看一个复杂一些的例子。

化合物 C1－5 的结构为

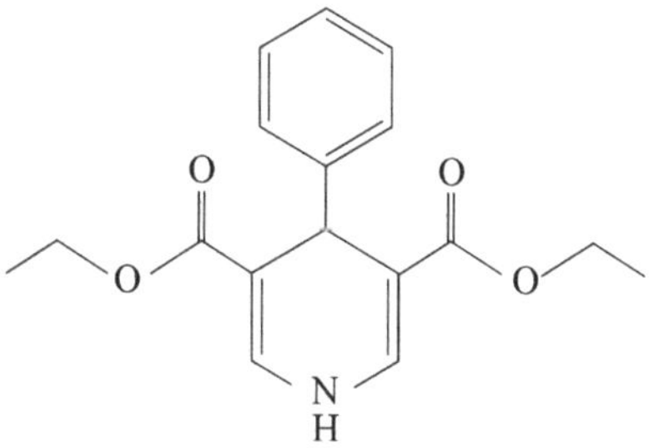

C1－5

化合物 C1－5 的核磁共振氢谱如图 1.3 所示。

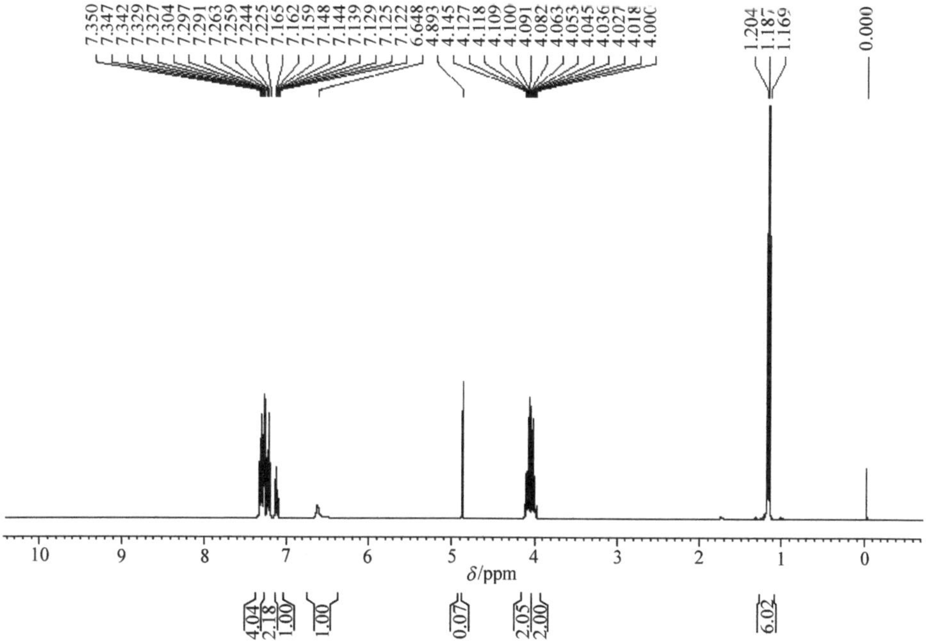

图 1.3　化合物 C1－5 的氢谱

图 1.3 在4.1 ppm附近的局部放大谱如图 1.4 所示。

氢谱的解析要到后面才介绍，这里仅做一个最简单的指认。在7.3 ppm附近的峰组面积积分数值约为 7，它们对应芳香氢。在1.19 ppm的三重峰其峰面积为 6，对应两个甲基。在4.07 ppm附近的多重峰其峰面积为 4，对应两个亚甲基。为什么两个亚甲基会出现这么多重峰呢？

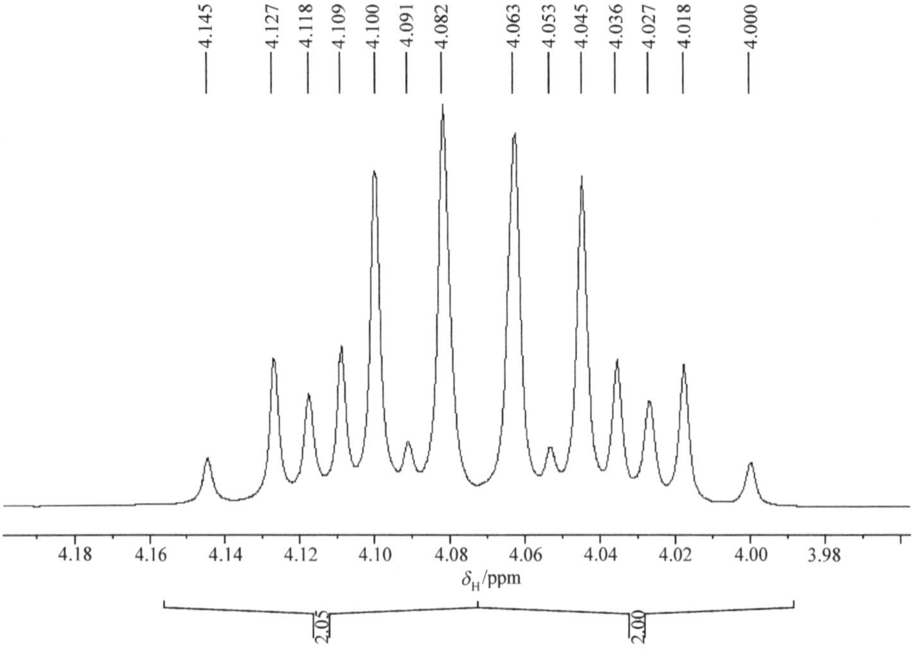

图 1.4　化合物 C1－5 氢谱的局部放大谱

首先进行峰型分析，然后再讨论。

在图 1.4 中，可以看到 14 重峰，实际上是 16 重峰的局部重叠产生的。这 14 重峰是对称分布的，任意地从低场开始命名谱峰为 1～14。仔细分析这 14 重峰，可以看到 4 组四重峰：

1,2,4,6；

3,5,7,8；

7,8,10,12；

9,11,13,14。

以上相邻两峰的间距等于^3J耦合常数，是相邻的甲基所产生耦合裂分的耦合常数。这个氢谱是用400 MHz谱仪测定的，用图 1.4 中的数据可以计算出这个耦合常数为7.2 Hz。

低场（或者高场）的两个四重峰的中心就是^2J耦合常数，由于亚甲基的两个氢原子不是化学等价的，因此它们就会产生相互的耦合裂分。计算时，不必计算四重峰的中心位置，如可直接计算第 2 个和第 5 个谱峰之间的差值，计算的数值为10.8 Hz。

两个亚甲基为什么会出现 14 重峰（实际上是 16 重峰）呢？用对称面法则立即就可得出答案。由于该化合物的结构具有对称面，左面和右面的两个乙氧基是等价的；两个甲基在相同的位置出峰，两个亚甲基在相同的位置出峰。但是分子的对称面不平分亚甲基的 HCH 键角，因此亚甲基的两个氢原子不是化学等价的，它们被对方各自裂分为两重峰，再被甲基裂分，最后就产生 16 重峰。

这样的例子比比皆是。在后面核磁共振氢谱解析的例题中也有这样的例子，由于分子无对称面因而产生复杂的核磁共振氢谱。

对称面法则不仅适用于氢谱，也适用于碳谱或者其他谱，是一个通用法则。现在讨论它是因为本书首先讨论的是氢谱。

1.3.2　磁等价

前面阐述了连接在同一个碳原子上的两个相同基团如果不是化学等价的，将使其氢谱产生复杂的谱图，初步认识了化学等价性的重要性。现在介绍的磁等价的概念对于核磁共振氢谱的复杂性也很重要。两个相同基团的磁不等价，也可能造成它们的氢谱出现复杂的峰型。

几个相同的核具有磁等价的概念：①它们是化学等价的；②它们对于任何另外一个磁性核的耦合常数相同(数值和符号)。必须同时满足这两个条件，两个核才是磁等价的。

通过 1.3.1 化学等价的讨论，关于化学等价的问题应该认识清楚了，下面着重讨论第二点。关于这一点也往往容易产生错误的看法。

一个经典的例子是化合物 C1－6：

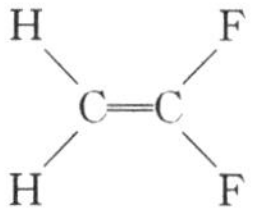

C1－6

从该化合物所具有的结构对称性很容易知道其中的两个氢原子是化学等价的，两个氟原子也是化学等价的。可是，如果选定一个氟原子，一个氢原子和它是顺式的关系，另外一个氢原子则构成反式关系。最容易产生的问题是，每个氢原子都有一个顺式的氟原子，也有一个反式的氟原子，为什么两个氢原子还不是磁等价的？请读者注意，在讨论磁等价时，关注的是对于任意一个选定的其他原子而言的，绝不是考虑是否有一个"对等关系"的比较。化合物 C1－6 中的两个氢原子是化学等价的，它们在氢谱中的出峰位置相同，但是由于它们是磁不等价的和氟的裂分，因此其谱线数目超过 10 条。

再看对位取代苯环的例子 C1－7：

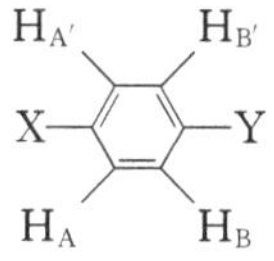

C1－7

由于该化合物的结构具有对称性，H_A 和 $H_{A'}$ 是化学等价的，同理 H_B 和 $H_{B'}$ 是化学等价的。但是如果选定 H_B，H_A 和 H_B 是 ^3J 耦合关系，而 $H_{A'}$ 和 H_B 是 ^5J 耦合关系，因此 H_A 和 $H_{A'}$ 是磁不等价的。

如果一个化合物含有磁不等价的原子，它们的氢谱就会比较复杂，往往会超过事前的估计。

1.3.3　核磁共振氢谱的分类

有了化学等价和磁等价的概念，就可以讨论核磁共振氢谱的分类。

核磁共振氢谱分为一级谱和二级谱。一级谱就是能够应用 $n+1$ 规律(或者更广泛地说能够应用 $2nI+1$ 规律)分析氢谱峰组的耦合裂分的氢谱；不能应用 $n+1$ 规律(或者更广泛地说不能够应用 $2nI+1$ 规律)分析氢谱峰组的耦合裂分的氢谱则为二级谱。

产生一级谱的条件有两个：

(1) $\Delta\nu/J$ 足够大。此处 $\Delta\nu$ 表示讨论的两组磁性核的化学位移数值之差,以 Hz 计;J 为它们之间的耦合常数,也以 Hz 计。

(2) 同一个核组(它们的化学位移数值相同)的核均为磁等价的。

一级谱具有如下特点：

(1) 由耦合裂分所产生的峰的数目可用 $n+1$ 规律描述。

(2) 被裂分的峰组内的各峰的相对强度比可用二项式展开的系数近似地表示。两重峰的强度比是 1∶1,三重峰的强度比是 1∶2∶1,四重峰的强度比是 1∶3∶3∶1,其余类推。

(3) 从被裂分的峰组可以直接读出化学位移数值 δ 和耦合常数 J。峰组的中心位置即为 δ,任何相邻两峰之间的距离(以 Hz 计)即为 J。

不能同时满足产生一级谱的两个条件时则产生二级谱。

二级谱的特点如下：

(1) 一般情况下,峰组内峰的数目超过由 $n+1$ 规律计算的数目。

(2) 峰组内各峰的相对强度比不能用二项式展开的系数表示,呈现复杂的关系。

(3) 一般情况下化学位移数值 δ 和耦合常数 J 都不能直接读出。

由于二级谱的特点,解析起来就比较复杂。

在解析一级谱时,仅涉及两组磁性核,应用 $n+1$ 规律即可。但是在解析二级谱时,必须考虑更大的范围(如考虑三组磁性核)。

分析产生一级谱的条件,$\Delta\nu/J$ 足够大是一个关键条件,因此核磁共振谱仪的频率特别重要。以前使用100 MHz的谱仪,现在一般至少使用400 MHz的谱仪,谱仪频率增大到 4 倍以上,$\Delta\nu/J$ 就至少增大 4 倍。因此,由于现在使用高频谱仪,绝大多数的情况可以应用 $n+1$ 规律来分析谱图,也就是说现在遇见的谱图绝大多数可以作为一级谱来对待。当然,必须注意上述的第二个条件,即磁等价的问题。所以,在应用 $n+1$ 规律的时候,应注意这里的 n 个核必须具有相同的耦合常数。如果它们的耦合常数不同,就要针对一个耦合常数应用一次 $n+1$ 规律,在 1.5.5 中将作进一步的阐述。

1.4 一些常见官能团的核磁共振氢谱特征

本节将讨论一些官能团的氢谱特征,它们中的大多数是常见官能团。

1.4.1 取代苯环

取代苯环是常见的结构单元,将按照取代基的数目进行讨论。

1. 单取代苯环

从氢谱的苯环区存在 5 个氢可以确定单取代苯环的存在。

前面讨论的三类取代基的概念对于分析取代苯环的核磁共振氢谱很有用。

如果是第一类取代基取代的单取代苯环,由于第一类取代基对于苯环剩余的邻位、间位、对位氢的化学位移数值改变不大，因此苯环剩余的 5 个氢在相近的位置出峰。

如果是第二类取代基取代的单取代苯环，由于第二类取代基对于苯环有活化作用，苯环上剩余的 5 个氢的谱峰均移向高场，但是邻位、对位的氢往高场的移动比间位氢的幅度大，因此间位氢的峰组相对在低场(注意：比未取代苯环仍然移往高场方向)。由于间位氢的两侧都有未取代氢，因此间位氢显示因^3J引起的三重峰。^4J和^5J会产生进一步的细微裂分。

如果是第三类取代基取代的单取代苯环，由于第三类取代基对于苯环有钝化作用，苯环上剩余的 5 个氢的谱峰均移向低场，但是邻位氢往低场的移动比间位、对位氢的幅度大，因此邻位氢的峰组在最低场。由于邻位氢仅一侧有未取代氢，因此邻位氢的峰型显示因^3J引起的双峰，由此判断第三类取代基的取代。

2. 二取代苯环

二取代苯环中的对位取代苯环具有所有被取代苯环的最简单的核磁共振氢谱。由于分子的对称性，以及苯环仅存在两对相邻氢，因此由^3J引起的裂分呈现双峰。因为对位取代的苯环剩余两组氢原子，所以呈现的是两组双峰。^4J和^5J会产生附加的裂分，但是由于^3J的数值比^4J和^5J大很多，因此^3J起决定性作用，双峰的特征很清楚。

按照三类取代基的概念，如果对位取代苯环的两个取代基性质相差大，两对双峰的位置相差就大，最突出的就是一个是第二类取代基，一个是第三类取代基；如果两个取代基性质相差小，两对双峰的位置相差就小。

如果一个取代基是烷基，由于苯环的存在，被取代苯环的邻位氢和直接连接在苯环上面的烷基碳上的氢存在^4J耦合，邻位氢的一对双峰因为有这个另外的耦合裂分，高度会下降。另外那一对氢的峰组的高度就会高于被烷基取代的邻位氢。

邻位取代苯环的峰型复杂。

如果是不同基团的邻位取代，苯环剩下的 4 个氢各自具有不同的化学位移数值，因而会产生非常复杂的峰型，是所有取代苯环中最复杂的峰型。如果两个取代基的性质相差大，有可能按照简单情况(后面将讨论的 $n+1$ 规律)分析。

如果是相同的两个取代基取代，由于分子具有对称性，它的核磁共振氢谱也具有左右对称的特点，但是仍然是足够复杂的。

对于间位取代苯环，两个取代基中间的孤立氢由于没有^3J耦合，粗看是单峰，有可能被识别出来，剩下 3 个氢的峰组则是很复杂的。

3. 多取代苯环

多取代苯环可以按照上面的思路进行分析。

苯环三取代之后剩余 3 个氢原子，它们可能是相邻的也可能是隔开的。被隔开的氢原子没有^3J耦合，粗看是单峰。相邻的氢原子则会表现因为^3J耦合而引起的裂分。

苯环四取代之后剩余 2 个氢原子，它们在氢谱中是两对双峰。

苯环五取代之后剩余 1 个氢原子，因此表现为单峰。

1.4.2 取代的杂芳环

取代的杂芳环不像苯环(未取代前各个氢的化学位移数值相同)，由于杂原子的存在杂芳环内相对于杂原子远近不同位置的氢有不同的化学位移数值。有了取代基的取代之后，它们之间的化学位移差值可能更大。由于这个原因，即使使用低频谱仪，杂芳环的氢谱也可以用 $n+1$ 规律分析。

由于杂原子的存在，杂芳环内会有不同的 ^3J。可以这样考虑：电负性基团的取代使 ^3J 的数值下降，因此涉及 α-位置的耦合常数就小一些。以吡啶环为例，2-位和 3-位之间的 ^3J 的典型数值为5 Hz（考虑它们和 1-位的氮原子距离近）；3-位和 4-位之间的 ^3J 的典型数值为8 Hz（考虑它们和 1-位的氮原子距离远）。因此，利用得到的不同的 ^3J 数值，有助于推导未知物结构。

1.4.3 正构烷基

正构烷基的端甲基很容易识别，它是三重峰，位置约在0.87 ppm处。与端甲基相连的一系列 CH_2 由于化学位移数值很相近，它们的峰组集中于1.25 ppm附近。由于是多个亚甲基峰的重合，且亚甲基之间有强耦合作用，因此总的峰型不清楚。最后一个 CH_2 因和其他基团（一般来说具有电负性）相连，其峰组会移向低场方向。三重峰的峰型清楚，其位置决定于其他基团电负性的大小。

1.4.4 羰基化合物

核磁共振氢谱不能直接测定羰基，但是醛基和羧基在氢谱中有明显特征。

醛基的化学位移数值变化的范围很小，常见范围为 9.5～10.0 ppm。羧基的化学位移数值通常大于 10 ppm。

1.4.5 活泼氢

与杂原子相连的氢称为活泼氢（OH，NH，SH），因为它们和杂原子相连的化学键是弱的（不像碳氢键）。从杂原子的位置来看，连在上面的氢原子在不断地交换。

在核磁共振氢谱中，活泼氢的峰和连接在碳原子上氢的峰有很大的不同。

首先，在核磁共振氢谱中一个活泼氢的峰面积通常小于一个氢的峰面积，这可能是活泼氢和氘代试剂的作用引起，因此在解析核磁共振氢谱时不要把活泼氢的峰看成杂质峰（因为面积小于一个氢的峰面积）。由于活泼氢的存在会影响和它相连的基团的化学位移数值，因此活泼氢的存在另有旁证。

活泼氢的峰型和连接在碳原子上面的氢的峰型有很大的差别。连接在碳原子上面的氢的峰型是尖锐的，活泼氢的峰型相比于前者肯定是比较钝的，但是钝的程度还有差别，取决于活泼氢的种类和结构环境。产生钝的峰型来自两方面的因素：

影响活泼氢峰型的第一个因素是核磁共振测定中的化学交换反应的速率。

当活泼氢进行快交换时，核磁共振谱仪会测量出一个相对尖锐的峰（比连接在碳原子上的氢的峰肯定要钝些，现在说的相对尖锐是相比于交换速率不够快的活泼氢而言）。当活泼氢的交换速率比较慢时，核磁共振谱仪测得的活泼氢的谱峰就比较钝。一般说来，活泼氢的交换速率随下列顺序降低：OH＞NH＞SH，因此它们峰型变钝的程度也随这个顺序而变强。

如果一个化合物含有几个活泼氢，且它们进行的都是快交换，那这几种活泼氢就只在某处出一个综合的峰，即表现一个平均的化学位移数值：

$$\delta_{平均} = \sum N_i \delta_i \tag{1.1}$$

式中，N_i 为第 i 种活泼氢的摩尔分数；δ_i 为第 i 种活泼氢的 δ。

如果一个化合物内含有几种慢交换的活泼氢，它们就会在几个不同的位置都出峰。

影响活泼氢峰型的第二个因素是四极矩弛豫。

对于上述的 3 种活泼氢来说，只需讨论氨基，因为 3 种活泼氢中只有氮原子具有四极矩。

现以—NH_2 为例。如果氮原子的四极矩弛豫很快，自旋的取向变化就很快，不对附近的磁性核产生耦合裂分。如果氮原子的四极矩弛豫很慢，则对与它连接的氢原子核产生耦合裂分。氮原子的自旋量子数为 1，按照 $2nI+1$ 规律，它对氢核产生 3 裂分，即氨基呈现三重峰。注意此时三重峰的强度是 1∶1∶1（而不是 1∶2∶1）。

如果氨基进行快交换，四极矩弛豫也快，则产生相对尖锐的单峰。如果交换速率慢，或者四极矩弛豫慢，氨基则呈现三重峰。如果交换速率处于中间状态，或者四极矩弛豫处于中间状态，氨基就呈现一个宽的钝峰。

在通常情况下，氨基呈现宽的钝峰。有少数情况氨基会呈现不宽的单峰。

1.4.6 含有氟或者磷的化合物

氟和磷的自旋量子数都是 1/2，所以它们都是磁性核，它们都会使距离不太远的氢核（以及第 2 章要讨论的 ^{13}C核）的谱峰产生裂分。^{19}F和^{31}P的同位素丰度都是 100%。

不管是氟核还是磷核，它们的共振频率和氢核都有极大的差别，因此由它们产生的裂分完全符合 $n+1$ 规律。

氟原子不可能直接连接氢原子（否则就是 HF 分子），因此氟原子和氢原子耦合的最近距离是跨越两根化学键，即耦合常数为^2J。氟原子和氢原子耦合的最远距离是跨越 5 根化学键，即耦合常数为^5J。

饱和链状化合物中$^2J_{F-H}$的数值为 45～80 Hz，$^3J_{F-H}$的数值为 0～30 Hz，$^4J_{F-H}$的数值为 0～4 Hz。

烯烃中$^2J_{F-H}$的数值为 70～90 Hz，$^3J_{F-H}$（反式）的数值为 10～50 Hz，$^3J_{F-H}$（顺式）的数值为 3～20 Hz，这里再次看到了二面角的影响。

芳烃中，有氟原子的取代就不能存在氢原子，因此氟原子和氢原子的耦合距离是跨越 3～5 根化学键，相应的耦合常数为^3J～^5J。在芳香体系中，$^3J_{F-H}$的数值为 6～9 Hz，$^4J_{F-H}$的数值为 4～8 Hz，$^5J_{F-H}$的数值为 0～3 Hz。

由于在芳环中$^3J_{F-H}$的数值近似于$^3J_{H-H}$的数值，因此可能出现应该出两重峰的时候出了三重峰，其实应该再考虑氟的耦合裂分。

总体来讲，磷对氢的耦合常比氟对氢的耦合弱，在跨越同样数目的化学键时磷氢的耦合常数可能比氟氢的耦合常数小。

由于磷的化合价常为－5 价，因此可能有$^1J_{P-H}$，其数值可达700 Hz。

饱和链状化合物中$^2J_{P-H}$的数值多为 10～20 Hz，$^3J_{P-H}$的数值多为 1～10 Hz。

烯烃中$^2J_{P-H}$的数值为 10～40 Hz，$^3J_{P-H}$(反式)的数值为 30～60 Hz，$^3J_{P-H}$(顺式)的数值一般小于 20 Hz。

1.5　核磁共振氢谱的解析方法

这里讨论核磁共振氢谱解析的一般方法。

本书不论及核磁共振氢谱的二级谱的解析，如 ABX、AB_2 体系。现在普遍使用高频仪器，绝大部分需要解析的核磁共振氢谱可以简化为一级谱。如果仍然呈现二级谱的特征(简单地讲就是峰组内不呈现相等裂分间距)，读者可以参考本书的姊妹篇(宁永成，2000)。

推导未知化合物的结构，原则上需要该化合物的分子式(对于很简单的化合物，有可能仅从氢谱得到它的结构)。

下列解析步骤可作为读者的参考。

1.5.1　区分杂质峰，注意所使用的溶剂

氢谱峰组有比较好的定量关系。由于杂质的含量比样品本身要低很多，因此杂质峰易于从样品峰组中区分出来。

测定核磁共振氢谱要使用氘代试剂作为溶剂。

需要特别注意：有些样品在不同的氘代溶剂中作图得到的核磁共振氢谱可能会有较大的差别。如果要与其他氢谱比较，应该采用相同的溶剂。

氘代试剂不可能 100%地氘代，它的不完全氘代(也就是氘代试剂仍然残留氢原子)会产生溶剂峰。如果不知道所解析的核磁共振氢谱使用的氘代溶剂，可以从溶剂峰的位置确定。

常用氘代试剂的溶剂峰位置如表 1.3 所示。

表 1.3　常用氘代试剂的溶剂峰位置

氘代试剂	$CDCl_3$	D_2O	CD_3SOCD_3(氘代 DMSO)	CD_3OD	CD_3COCD_3
溶剂峰位置/ppm	7.26	4.79	2.49	3.31	2.05

由于样品可能含有水分，因此在核磁共振氢谱中存在相应的水峰。在不同的溶剂中，水峰的位置不同。常用氘代溶剂中水峰的位置如表 1.4 所示。

表 1.4　常用氘代试剂中的水峰位置

氘代试剂	$CDCl_3$	D_2O	CD_3SOCD_3(氘代 DMSO)	CD_3OD	CD_3COCD_3
水峰位置/ppm	～1.6	4.79*	～3.3	4.79	2.80

* 如果使用重水作溶剂，样品中的水和重水中未氘代的氢一起出峰。

1.5.2　计算未知物的不饱和度

知道分子式之后可以计算该化合物的不饱和度，这有助于推导未知结构。不饱和度

的计算公式为

$$\Omega=n_C+1-\frac{n_H}{2}-\frac{n_X}{2}+\frac{n_N}{2} \tag{1.2}$$

式中，n_C 为化合物中碳原子的数目；n_H 为化合物中氢原子的数目；n_X 为化合物中卤素原子的数目；n_N 为化合物中氮原子的数目，此时氮原子是按－3 价考虑的。如果未知物含有两个以上的氧原子，有可能存在硝基时，氮原子就可能是＋5 价，这时应该考虑用式(1.3)计算不饱和度：

$$\Omega=n_C+1-\frac{n_H}{2}-\frac{n_X}{2}+\frac{3n_N}{2} \tag{1.3}$$

式中，n_N 为化合物中＋5 价氮原子的数目。其他符号的意义与式(1.2)相同。

1.5.3　确定每个峰组所对应的氢原子的数目

由于核磁共振氢谱的定量性比较好，各峰组面积的积分数值和它们之间的氢原子数目成正比。

如果已知分子式，可以根据分子式的氢原子数和核磁共振氢谱各峰组面积的积分数值，决定各峰组所对应的氢原子数。

前面已经讲过，对于结构不复杂的未知物，有可能不需要分子式也能确定它的结构。这是因为即使不知道未知物的分子式，也可以从核磁共振氢谱直接确定各峰组所对应的氢原子数。这个问题很简单，因为如果确定了某些峰组所对应的氢原子数，其他峰组就可以根据峰组面积之间的积分数值之比而确定相应的氢原子数。下面所列的一些官能团可以作为确定各峰组所对应的氢原子数的基准：

正构碳链的端甲基：峰组一般位于核磁共振氢谱的最高场（谱图的最右端），化学位移数值约0.87 ppm，峰型为三重峰。

甲氧基：化学位移数值一般在 3.5～3.9 ppm，因为是尖锐的单峰，所以很容易被识别。

对位取代苯环：位置一般在 6.8～8.0 ppm，它们的峰组粗看是一对两重峰，因此也容易被识别。

根据所测试的化合物特点还可以确定某些峰组作为确定氢原子数的基准。

如果化合物的结构简单，上述方法完全可行。但是当化合物的结构复杂、所含氢原子的数目也比较大时，峰组之间可能部分重叠，如果积分数值不接近整数，核磁共振二维谱的应用（主要依靠 HSQC 谱一类）就十分必要了。

1.5.4　确定未知物所含的官能团

根据每个峰组的化学位移数值和所对应的氢原子数，可以确定它们是什么官能团。从化学位移数值也可以估计它们的相邻基团。例如，甲氧基的化学位移数值在 3.5～3.9 ppm，偏低场的（化学位移数值偏大的）应该是芳香环上面的甲氧基，即它连接的是芳环。

如果分子有对称性或者分子的局部具有对称性，若干基团会在同一处出峰。例如，叔丁基的 3 个甲基在同一处出峰。

1.5.5 分析峰组的耦合裂分

由于磁性核之间的相互作用，核磁共振氢谱的峰组一般会出现裂分。前面已经讲述：现在通常使用高场(高频)核磁共振谱仪，遇见二级谱的机会相当小。需要解析的核磁共振氢谱绝大部分均表现为一级谱，即可以用 $n+1$ 规律分析峰组的裂分。

$n+1$ 规律的前提是相邻基团的 n 个氢原子和所讨论的基团有相同的耦合常数，即磁等价。如果相邻的氢对于所讨论的官能团具有不止一个耦合常数，那么对于每个耦合常数都需要应用一次 $n+1$ 规律。

设想在脂肪链中有一个结构单元—CH—CH_2—，由于脂肪链的碳碳单键可以自由旋转，CH_2 的两个氢原子和旁边的 CH 只有一个耦合常数，因此 CH 被旁边的 CH_2 裂分为三重峰。

设想上述的结构单元处于六元环中，且 CH 的氢原子在直立键上。旁边 CH_2 的两个氢原子一个在直立键而另外一个在平伏键上，它们对于旁边的 CH 的耦合常数是不同的，一个耦合常数是 J_{aa}(相互耦合的两个氢原子都在直立键方向)，另外一个耦合常数是 J_{ae}(相互耦合的两个氢原子一个在直立键方向，另外一个在平伏键方向)，由于 J_{aa} 和 J_{ae} 是不等的，因此 CH_2 的两个氢原子的耦合作用必须分开考虑，$n+1$ 规律就需要应用两次，所讨论的 CH 最后得到的是一个 2×2 的峰型。

总之，对于每一个耦合常数都需要应用一次 $n+1$ 规律以得到耦合裂分的峰型。当所讨论的某组氢原子核受到两组氢原子的耦合作用，且这两组氢原子分别具有不同的耦合常数时，最后会得到什么峰型呢？

如果两个耦合常数的数值很相近，可以把两组氢的数目加在一起，总的应用一次 $n+1$ 规律。例如，脂肪链中间某个 CH，它的两边都是 CH_2，这两个 CH_2 都没有连接电负性基团(连接电负性基团会使耦合常数的数值减小)，所讨论的 CH 就被裂分成了 5 重峰(两侧一共 4 个氢原子)。

如果两个耦合常数的数值相差比较大(例如，一个 CH_2 连接有电负性基团而耦合常数的数值减小，另外一个没有连接电负性基团)，这两个 CH_2 的耦合裂分作用就需要分开考虑。当两个耦合常数相差比较大时，产生的最后峰型就是相乘的关系，与前面讨论的六元环中的一个 CH 受到旁边的 CH_2 的耦合裂分产生 2×2 的峰型类似，得到 $(n_1+1)\cdot(n_2+1)$ 的峰型。此处 n_1 和 n_2 分别是产生耦合作用的两组氢原子的数目。

如果两个耦合常数的数值相差既不是太小又不是太大，情况就比较复杂，得到峰的数目比相加的多而比相乘的少。这时就属于二级谱的范围。

耦合作用是相互的。产生相互耦合的两个峰组，由于是同一个耦合常数，这两个峰组内都可以找到相同的裂分间距，都对应它们共同的耦合常数，因此可以确定它们的连接关系。在核磁共振氢谱中，一般情况下 ^3J 最普遍，因此能够确定它们是邻碳氢，也就是找到了相邻的两个基团。

作者认为，在核磁共振氢谱中耦合裂分的信息的可靠性高于由化学位移得到的信息。如果从这两种分析得到的结论不同，耦合裂分的信息应该优先。这是因为准确的化学位移数值不能从任何计算得到，也不能从相似化学环境中的相同结构单元估计。再者，化学

位移数值是有例外的,而耦合裂分则极少有例外。因此分析氢谱中峰组的耦合裂分是解析核磁共振氢谱最重要的事情。分析峰组的耦合裂分就是寻找因耦合作用而产生的裂分的等间距:峰组内的等间距和峰组间的等间距。

首先寻找峰组内的等间距。如果仅由一个耦合常数产生裂分,等间距就一目了然了,任何两个相邻谱线之间的距离(以赫兹计)即为耦合常数。如果该峰组受到两个或者更多的耦合常数的裂分作用,会产生比较复杂的峰型,分析等间距就需要技巧了。作者推荐从复杂裂分的峰组中先分析小的耦合常数引起的裂分,然后逐步分析由较大的耦合常数引起的裂分,后面的例题将具体说明。

如果一组化学等价的氢核(参见 1.3.1)受到几个长程耦合作用,此时由于长程耦合作用而产生的裂分就会看不清楚,也就不能去寻找长程耦合引起的等间距了。

总之,首先应找出峰组内的等间距,找到使它产生耦合裂分的一个或者几个耦合常数。

找出峰组内的等间距之后,再寻找峰组间的等间距。就像作用力与反作用力相等一样,A 峰组对 B 峰组产生某一个间距的耦合裂分,B 峰组也会对 A 峰组产生相同间距的耦合裂分。因此任何一个反映耦合常数的间距必然在这两个峰组内存在。如果这是一个 ^3J 耦合常数,那这两组氢就必然是邻碳氢。

这样一套分析峰型的方法对于解析氢谱很重要。即使还有同核位移相关谱(COSY 谱)可利用,不少时候这样的峰型分析仍然可以提供重要的结构信息。

1.5.6　组合可能的结构式

根据峰组间的等间距,可以找到相邻的基团。此时参考有关基团的化学位移数值,也可以作为佐证。用这样的方法,就可以从个别的基团开始,延伸到与它连接的基团,进而扩大成更大的结构单元。这样就可以一步步地得到可能的结构式。

当然,如果仅仅依靠核磁共振氢谱,有可能会遇到困难:当杂原子或者季碳原子隔断耦合关系之后,基团的连接方法就受阻了。在这样的情况下,核磁共振二维谱的应用就十分必要。

由于种种原因,耦合常数的读取可能产生误差,依靠峰组间的等间距判断连接关系也可能出现问题,在这样的情况下,核磁共振二维谱的应用也十分必要。

1.5.7　对推导出的结构进行指认

所谓指认就是对于推导的化合物结构的每个基团都标注出化学位移数值,分析化学位移数值是否合理,更重要的是分析每个基团的耦合裂分的峰型是否合理。

如果前面推导出的可能结构不止一个,通过指认可以找出最合理的一个。

必须指出,指认是推导未知物结构必不可少的一个步骤。如同前面所讲,在指认中需要特别注意峰型分析,如果对于化学位移数值的考虑和峰型分析的考虑有矛盾,要优先考虑峰型分析的结果。

1.5.8　对推导出的结构进行核验

在推导未知物结构时,如果已知核磁共振的氢谱、碳谱和其他必要的谱图[DEPT 谱、COSY 谱、HMQC(类)谱和 HMBC 谱],综合得出的结论一般说来是比较可靠的。即使在这样的情况下，如果有其他方法核验所推导的结构，也不失为明智之举。仅依靠核磁共振氢谱和其他数据推导未知物的结构是不够的，需要有其他手段核实所推导的结构。下面介绍一些方法。

ChemDraw 是用计算机绘制化学结构式的一个软件（已为国内外出版社接受）。使用 ChemDraw 软件绘制化学结构式很方便，这是因为它备有很多结构单元，且易于组装。

在用 ChemDraw 软件画完结构式之后，选择画框的工具，把所画的结构式框起来，然后单击上面的"Structure"，出现对话框，单击其中的"Predict 1H-NMR Shifts"，于是在结构式的旁边标注化学位移数值，在下面出现模拟的氢谱。

ChemDraw 软件的运算是计算机进行模拟。在计算化学位移数值时运用了若干计算化学位移数值的公式。这样的计算是粗略的。而且前面已经多次强调，峰型分析的重要性大于对化学位移的数值分析，因此从 ChemDraw 计算得到的结果只能提供参考。尽管如此，计算出的化学位移数值也可以用于初步判断。

由 ChemDraw 计算模拟的谱图为棒状图，该软件也没有考虑核磁共振谱仪的频率，因此参考性不可能太强。

比较可靠的方法是直接比较核磁共振氢谱谱图。

萨特勒谱图（除核磁共振氢谱之外，还包括核磁共振碳谱、红外光谱谱图等）：从分子式或者化合物名称可以查到谱图。但是由于该谱图及测定谱图的谱仪比较老，而核磁共振氢谱的谱图和谱仪的频率密切相关，因此化学位移数值的参考意义比较大，峰型的参考意义则可能不大。

从网上查找标准谱图有下列途径：

（1）免费查到核磁共振氢谱谱图（还包括碳谱、红外谱和 EI 质谱）。

日本的 National Institute of Advanced Industrial Science and Technology 开办了下列网站：

http://www.aist.go.jp/RIODB/SDBS/cgi-bin/direct_frame_top.cgi?lang=eng

现在该网址已经改为

http://riodb01.ibase.aist.go.jp/sdbs/cgi-bin/cre_index.cgi?lang=eng

在其首页签署同意所列条款之后即可进行查找。输入化合物的元素组成后，进行搜索，可以得到若干化合物，选择正确的化合物名称，即可得到结构式、氢谱、碳谱、红外光谱和质谱。氢谱和碳谱会标注谱仪的频率和所用的溶剂。

（2）如果读者所在单位已经取得资格，下面的两个网站有丰富的谱图数据库可以查找（个人不能访问）：

http://166.111.120.35/database/crossfire.htm

https://scifinder.cas.org

（3）在注册、付费后可以从 BIO-RAD 公司的光谱数据库网站获得标准谱图（核磁共振氢谱、碳谱和红外光谱）。网址如下：

http://www.bio-rad.com/B2B/BioRad/product/br_category.jsp?BV_SessionID=@@@@0825957604.1237457197@@@@&BV_EngineID=ccciadegkhhjflhcfngcfk-mdhkkdfll.0&categoryPath=Catalogs%2fInformatics+%7c+Sadtler2fSpectral+Data-

bases&divName = Informatics +% 7c + Sadtler&catLevel = 3&lang = English&country = HQ&loggedIn=false&catOID=-40660&isPA=false&serviceLevel=Lit+Request

1.6　核磁共振氢谱解析的例子

推断未知物结构时一般需要几种谱图,因此下面所列举的例题不能仅依靠核磁共振氢谱。但是,下面的氢谱例子说明了解析方法,阐述了氢谱的重要作用。

例 1.1　经质谱测定某未知物分子式为 $C_6H_{14}O_2$,其核磁共振氢谱如图 1.5 所示,试推导其结构。核磁共振氢谱是用300 MHz谱仪测定的。

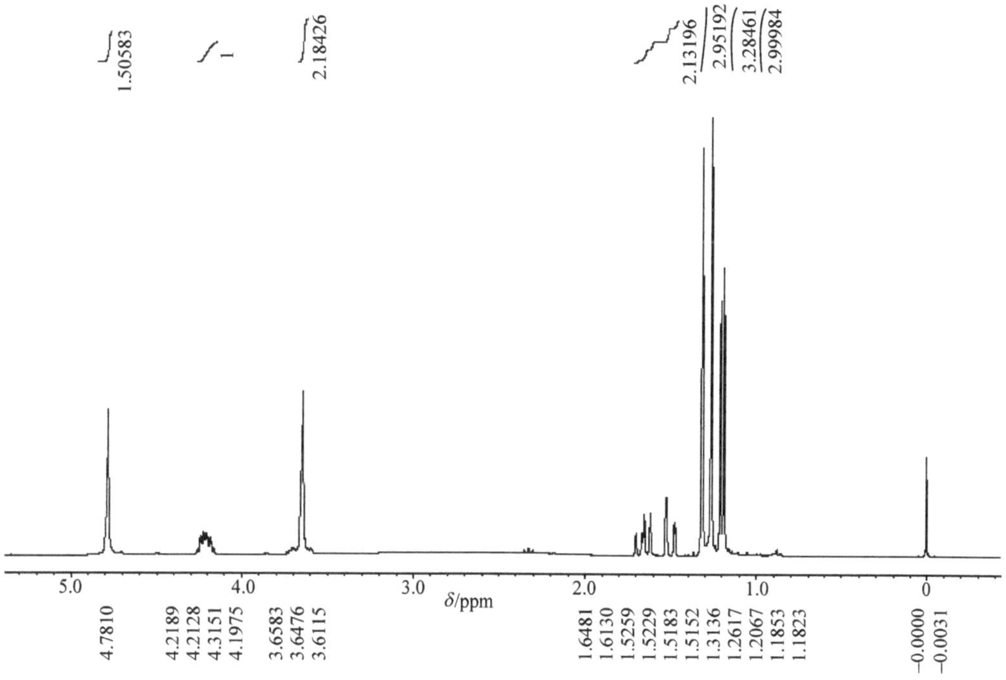

图 1.5　某未知物的核磁共振氢谱

解　根据分子式 $C_6H_{14}O_2$ 计算该未知物不饱和度为 0,即它是一个饱和化合物。

在4.78 ppm的峰是水峰。

在低场3.65 ppm的单峰(对应两个氢原子)加重水交换后消失,因此可知它对应的是活泼氢。因为分子式仅含氧原子,所以两个活泼氢只能是羟基。

在氢谱的最高场(1.18 ppm)是一个双峰,峰面积为 3,因此对应的是一个连接 CH 的甲基。

往下的两个单峰(1.26 ppm,1.31 ppm),积分面积均为 3,肯定对应两个孤立的甲基,它们应该连接在季碳原子上。

低场4.21 ppm处的多重峰(对应一个氢原子)显然是由相邻基团耦合裂分产生。

约1.6 ppm的峰组对应两个氢原子,因此是一个亚甲基。其中左面的四重峰看得比较清楚,右边的峰组粗看是两重峰,看得不清楚,它们实际上是 d×d 的峰组,只不过其中一个耦合常数比较小,因而裂分不显著。从左往右第 1～第 3 的跨距等于第 2～第 4 的跨距,也等于右边峰组的较大的裂分间距。这是大的耦合常数,应该是^2J。进一步的二裂分,是旁边的 CH 裂分所致。

综合上面的分析,得到该未知物的结构,并且能够作出如下所示指认:

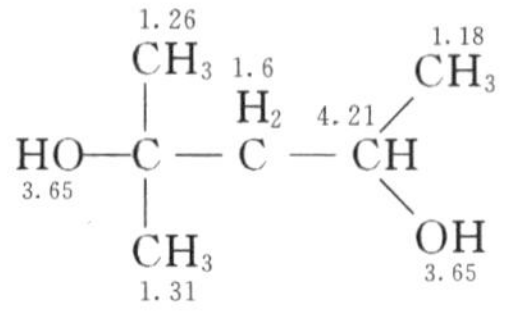

C1-8

例 1.2 某化合物具有下述结构:

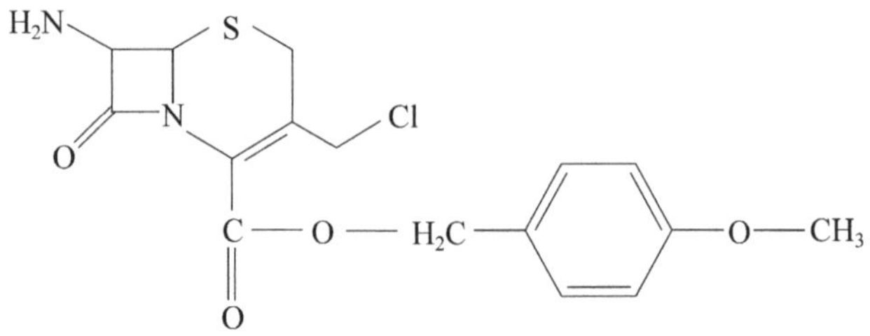

C1-9

其核磁共振氢谱如图 1.6 所示,氢谱的局部放大谱如图 1.7～图 1.9 所示。试分析核磁共振氢谱与它的结构是否相符。核磁共振氢谱是用600 MHz谱仪测定的,溶剂为氘代甲醇。

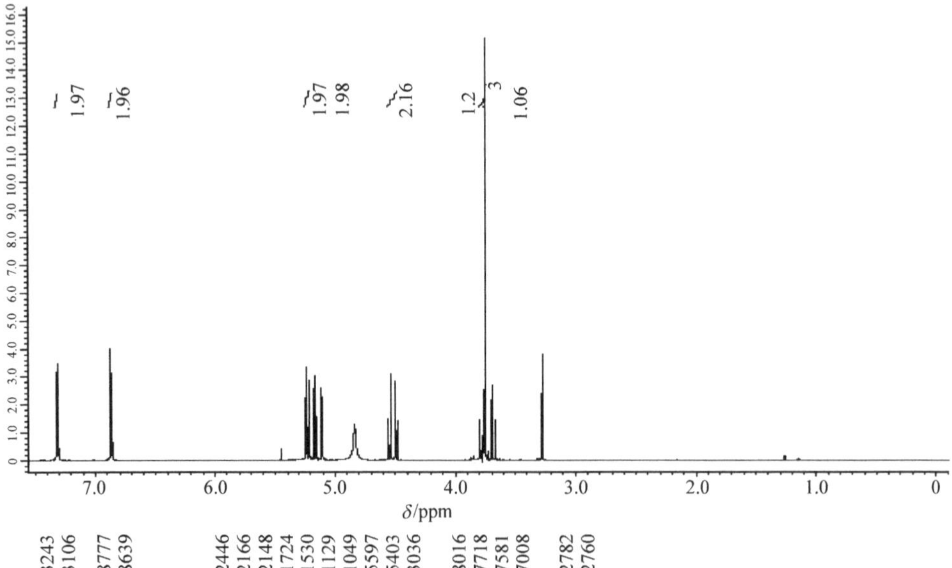

7.3243 7.3106 6.8777 6.8639 5.2446 5.2166 5.2148 5.1724 5.1530 5.1129 5.1049 4.5597 4.5403 4.3036 3.8016 3.7718 3.7581 3.7008 3.2782 3.2760

图 1.6 某化合物的核磁共振氢谱

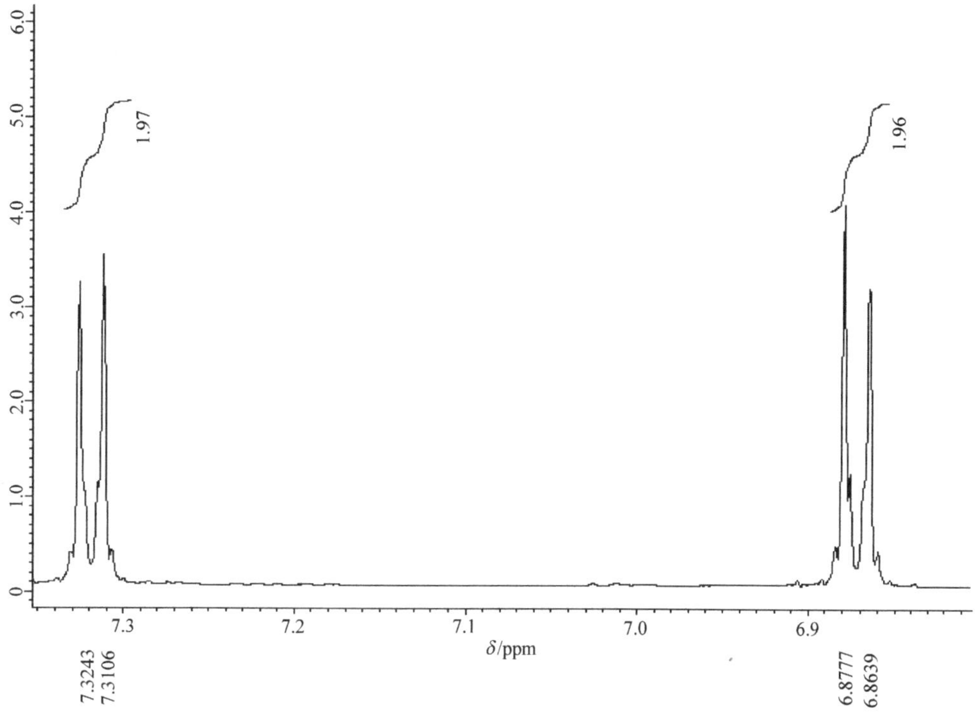

图 1.7　某化合物的核磁共振氢谱局部放大谱

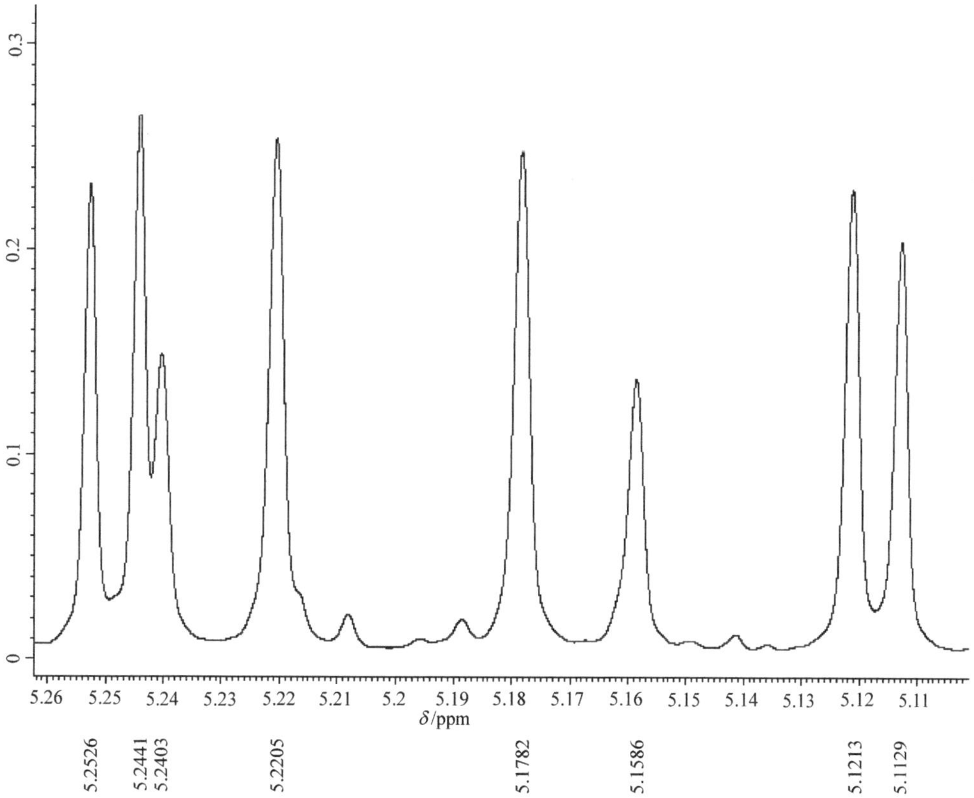

图 1.8　某化合物的核磁共振氢谱局部放大谱

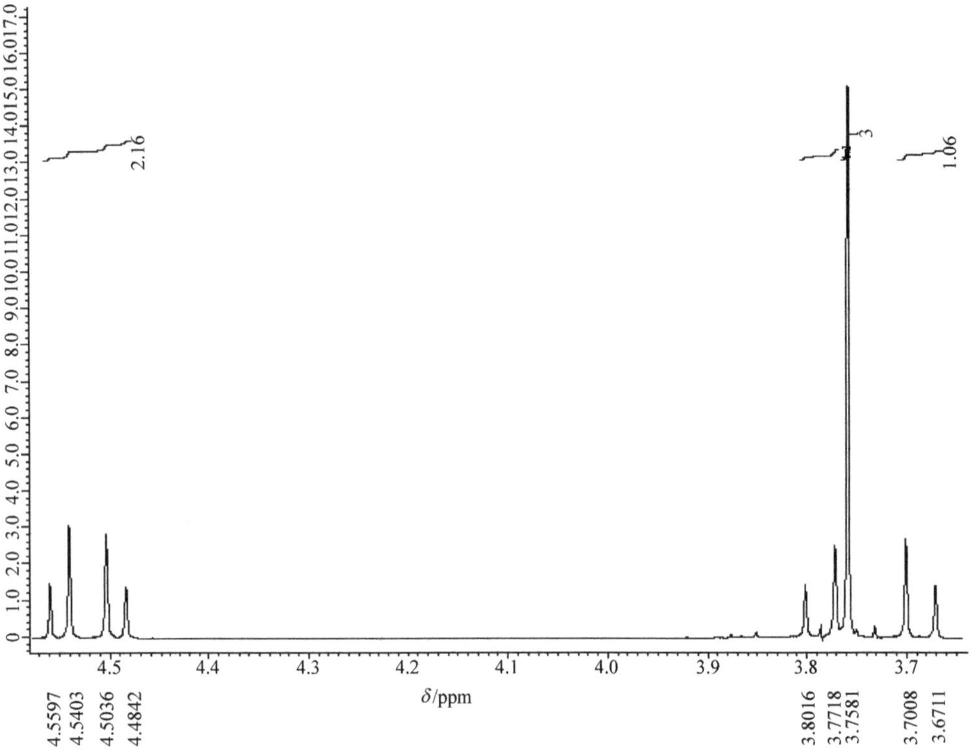

图 1.9 某化合物的核磁共振氢谱局部放大谱

解 本题是要分析核磁共振氢谱与上述结构是否相符。如果要确认结构,还需要其他核磁共振谱图(碳谱、DEPT 谱、COSY 谱、HSQC 谱、HMBC 谱)和质谱数据。

氢谱中 3.28 ppm 的峰是溶剂峰,约 4.80 ppm 的峰是水峰。

由于采用氘代甲醇作为溶剂,因此氨基的峰合并到水峰中了。

为简捷地归纳上述氢谱,把核磁共振氢谱的数据整理为表 1.5。

表 1.5 某化合物氢谱数据整理

δ_H/ppm	峰面积	峰型	耦合常数/Hz
7.324,7.311	2	d	8.2
6.878,6.864	2	d	8.3
5.253,5.244	1	d	5.1
5.240,5.221	1	d	11.9
5.178,5.159	1	d	11.8
5.121,5.113	1	d	5.0
4.559,4.540	1	d	11.6
4.504,4.484	1	d	11.6
3.802,3.772	1	d	17.9
3.758	3	s	
3.701,3.671	1	d	17.8

需要说明的是由于测量误差，由氢谱峰组裂分读取的相应耦合常数可能略有误差。

从氢谱的最低场开始分析。

谱图的最低场呈现两对双峰，各相应于两个氢原子。在 1.4.1 中已经分析，这是对位取代苯环的峰型，由^3J起主导作用。在最低场的7.324 ppm和7.311 ppm的峰组(积分面积共对应两个氢原子)应该是 CH_2 取代基的苯环两个邻位氢的峰组，由于取代基是第一类取代基，邻位氢的化学位移数值相比于未取代苯的化学位移数值变化不大。6.878 ppm和6.864 ppm的峰组(积分面积也对应两个氢原子)则是甲氧基的苯环两个邻位氢的峰组。甲氧基是第二类取代基，受它的作用，邻位氢的峰组往高场移动。

下面分析 5.253～5.113 ppm区域的谱峰。它们一共对应 4 个氢原子，每一对相邻的双峰对应一个氢原子。从相邻双峰的间距可以计算出耦合常数，如表 1.5 所示。从峰组间的等间距可知，5.253 ppm、5.244 ppm的双峰和5.121 ppm、5.113 ppm的双峰是相互耦合的。由上述数据计算的耦合常数分别为5.1 Hz和5.0 Hz，这个误差是许可的。此数值低于通常的^3J，这是电负性基团取代的影响，四元环的结构可能也有影响。因此这两个氢原子指认为四元环上面的两个氢原子。为什么5.253 ppm和5.244 ppm属于连接硫原子和氮原子的CH 而不是连接氨基和羰基的CH? 这是由于这里应用了其他核磁共振谱图数据。

在上述区域，5.240 ppm和5.221 ppm的一对双峰，5.178 ppm和5.159 ppm的另外一对双峰含有相同的间距。计算得到的耦合常数分别为11.9 Hz和11.8 Hz，这明显是一个^2J。处于苯环和羧基中间的 CH_2 与这两对双峰对应。因为这个 CH_2 处于两个吸电子基团中间，所以它比另外两个 CH_2 处于更低场。

在 4.559～4.484 ppm的两对双峰，积分曲线值表示对应两个氢原子，因此也对应一个 CH_2。由两对双峰计算的耦合常数都是11.6 Hz。

在 3.802～3.671 ppm是两对双峰加一个单峰。孤立的单峰和甲氧基对应，化学位移数值、氢原子数和峰型都正好，比较容易确定。这两对双峰具有相对小的化学位移数值，由两对双峰计算的耦合常数分别为17.9 Hz和17.8 Hz，这是相当大的^2J值，当然也对应一个 CH_2。

由于环上同碳二氢的化学不等价性比链上同碳二氢的大，因此把 3.802～3.671 ppm的两对双峰指认为六元环上的 CH_2，而 4.559～4.484 ppm的两对双峰指认为处于氯原子和双键中间的 CH_2。

通过上面的分析可以得出结论：所列的核磁共振氢谱和结构是符合的，并且得到了核磁共振氢谱的全部指认：

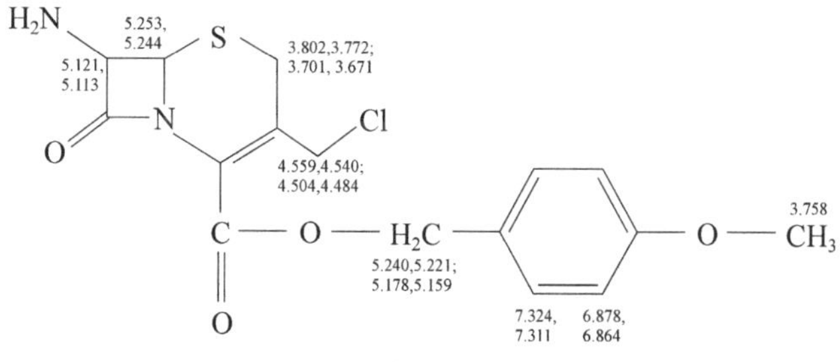

C1 - 9

以上的指认得到其他核磁共振谱图的确认，此处从略。

通过上面的分析，对对称面法则有了更深刻的体会。由于该分子没有对称面，3 个 CH_2 分别呈现同碳二氢的化学不等价性，而且化学位移数值的差别都比较明显。

例 1.3　需要推导某未知物的结构，从多种谱图已知该未知物含有下列结构单元：

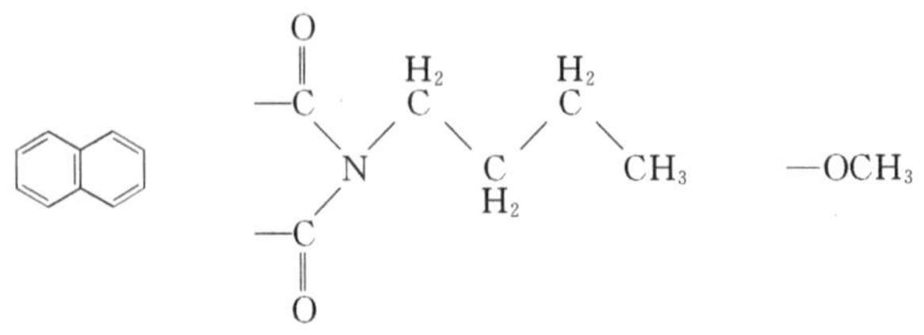

希望用该未知物的氢谱把结构单元组装起来。其核磁共振氢谱如图 1.10 所示，该氢谱是用300 MHz谱仪测定的。

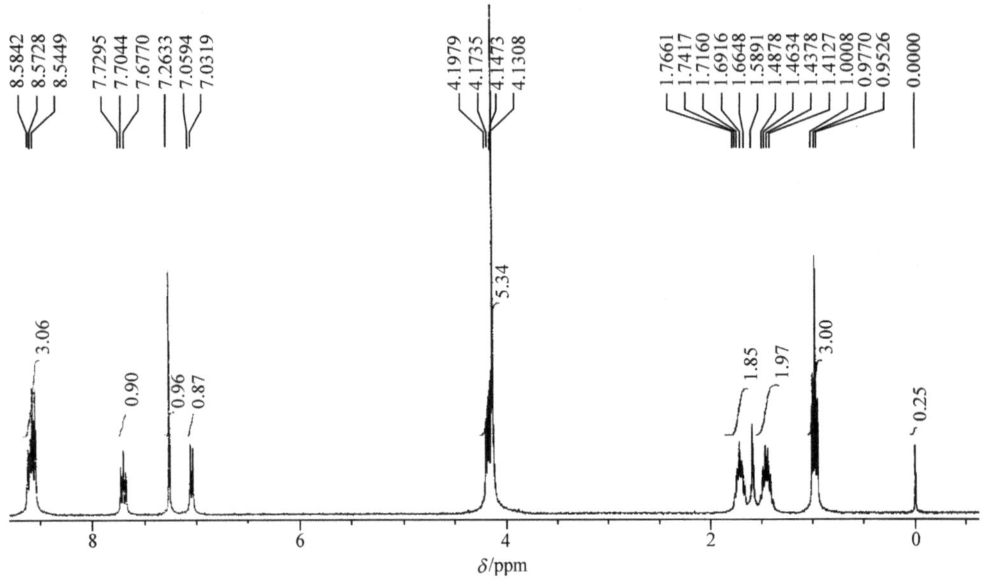

图 1.10　某未知物的氢谱(用 300 MHz 谱仪测得)

解　从上面的谱图可以看到使用低频谱仪的缺点。在300 MHz谱仪测定的氢谱中，7.70 ppm处似乎是三重峰，但是峰之间的比例不是 1∶2∶1，这也是作者要改用600 MHz谱仪重新测定的原因。用600 MHz谱仪测定的氢谱及其低场放大谱如图 1.11 和图 1.12 所示。在600 MHz谱仪测定的氢谱中，在7.70 ppm处明显地呈现 d×d 的双峰，这对于推测未知物的结构至关重要。

面临的任务就是怎样把上述后面的两个结构单元连接到萘环上。如果没有氢谱，那就有很多种可能性。但是，通过对于氢谱中峰组的化学位移数值和峰型分析(特别强调后者)就能够找到正确的，也就是最合理的结构。

对于目前的任务，最关键的是要分析芳香区峰组的峰型。用600 MHz谱仪测定的氢谱芳香区部分的结果用表 1.6 表示。在表 1.6 中以罗马字Ⅰ、Ⅱ、Ⅲ、Ⅳ和Ⅴ表示从最低

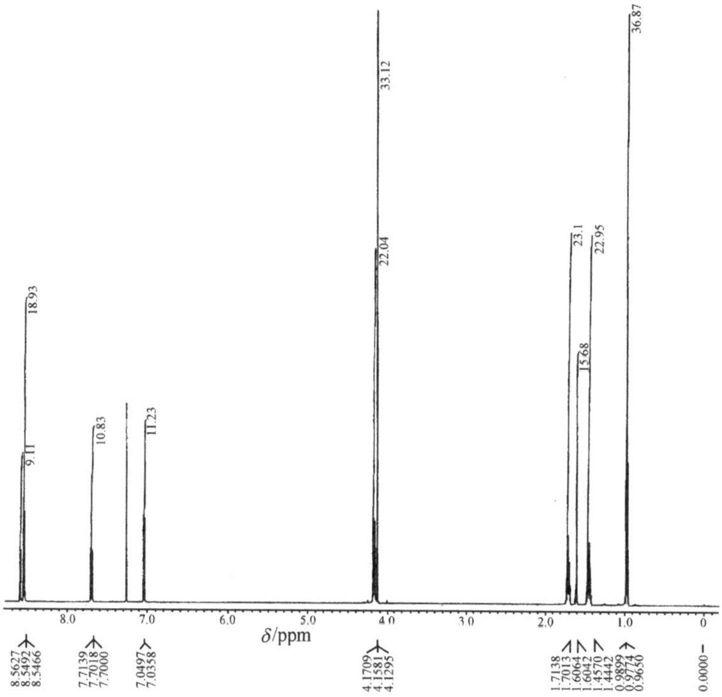

图 1.11　某未知物的氢谱(用 600 MHz 谱仪测定)

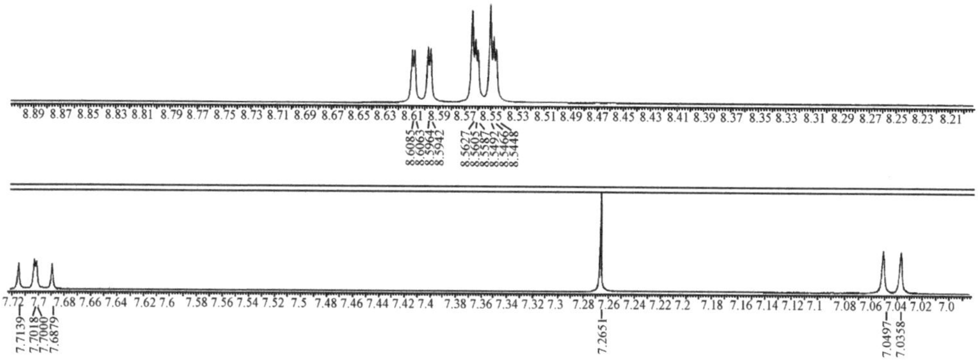

图 1.12　图 1.11 的低场放大谱

场开始的 5 个芳香区峰组。

表 1.6　某未知物氢谱芳香区数据整理

编号	Ⅰ	Ⅱ	Ⅲ	Ⅳ	Ⅴ
δ/ppm	8.6014	8.5560	8.5227	7.7009	7.0428
裂分	d(^3J)×d(^4J)	d(^3J)	d(^3J)×d(^4J)	d(^3J)×d(^3J)	d(^3J)

从表 1.6 可以看到,该未知物存在两个耦合体系：Ⅰ-Ⅳ-Ⅲ 和Ⅱ-Ⅴ。之所以得到上述结论是因为Ⅱ和Ⅴ都是由^3J产生的双峰,因此它们是相邻的两个氢原子产生的；Ⅰ、Ⅳ

和Ⅲ则是三个相邻氢的峰组，所以^3J耦合为Ⅰ-Ⅳ、Ⅳ-Ⅲ，而^4J耦合为Ⅰ-Ⅲ。

没有取代的萘环每一侧有 4 个相邻氢原子。Ⅱ和Ⅴ是相邻氢，一个在相对高场位置，另外一个在相对低场位置，这说明在高场峰组（Ⅴ）的旁边应该有一个第二类基团的取代，从本题所给出的结构单元来看，该基团应该是甲氧基。在低场峰组（Ⅱ）的旁边应该有一个第三类基团的取代，从本题所给出的结构单元来看，该基团应该是羰基。

在萘环的另外一侧，已经推导有三个相邻氢原子，所余的位置只能是羰基的取代，因为两个羰基是通过一个氮原子连接起来的。考虑羰基的低场位移作用，其邻位是Ⅰ最合理。

所以，组装未知物的结构，并且进行氢谱数据的指认如下：

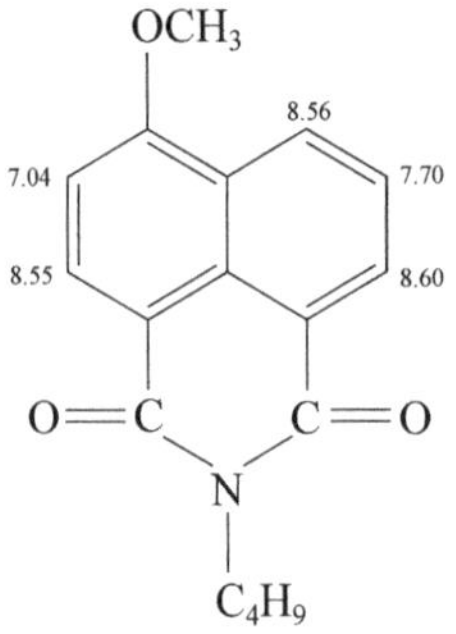

C1 - 10

参考文献

宁永成. 2000. 有机化合物结构鉴定与有机波谱学[M]. 2 版. 北京：科学出版社

第 2 章　核磁共振碳谱的解析

本章讨论核磁共振碳谱的解析。首先分析碳谱的特点和优点。

2.1　核磁共振碳谱的特点和优点

核磁共振氢谱的主要参数有化学位移、峰的裂分和耦合常数 J、峰面积，这些参数都在核磁共振氢谱中反映出来，但核磁共振碳谱的外观和氢谱有很大的差别。

核磁共振碳谱测定的是 ^{13}C 核，其同位素丰度只有大约 1%，因此在碳谱中看不到碳碳之间的耦合裂分。再者，由于在测定碳谱时进行对氢的去耦，碳谱中没有相连的氢原子而引起的谱峰的裂分，因此在碳谱中呈现的是一条条的谱线（特殊情况下可能出现钝峰）。之所以采用对氢去耦是为了防止因氢对于碳（^{13}C）谱线的裂分而产生的重叠（如果不对氢进行去耦操作，碳谱中谱峰的重叠会很严重），并提高碳谱的灵敏度。因此在碳谱中看不到峰组，只有谱线。在一般情况下，由于碳谱谱线的线宽都不宽，因而不测定谱线的积分数值。当然，谱线的高度大致反映碳原子的数目。

核磁共振碳谱的横坐标是化学位移，纵坐标是谱峰的强度，其高度近似反映碳原子的数目。如果对碳原子的定量要求高，或者普通的全去耦碳谱的结果不够明了，可以作定量碳谱（需要采用特殊的脉冲序列）以得到准确的碳原子定量信息。

图 2.1 为化合物 C2－1 的碳谱。

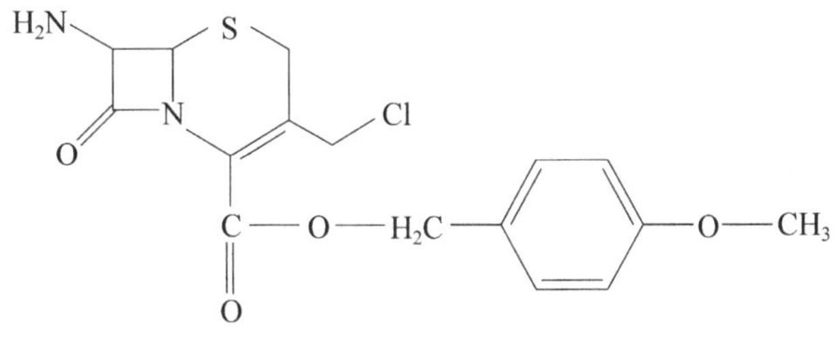

C2－1

核磁共振碳谱具有下列的特点，对于推导未知物结构或者确认结构都很重要：

（1）碳原子构成有机化合物的骨架，有些官能团不含氢原子，但是含碳原子，如羰基、氰基等。

（2）核磁共振碳谱化学位移数值的变化范围远远大于核磁共振氢谱的范围。常见官能团氢谱中的化学位移数值很少超过10 ppm，而它们碳谱的变化范围则可超过200 ppm。

（3）核磁共振氢谱除了化学位移数值的变化范围小以外，由于峰组有一定的宽度，因而常有峰组重叠的现象，不易区分。对于天然产物来说，它们的氢谱难以作为指纹式的区

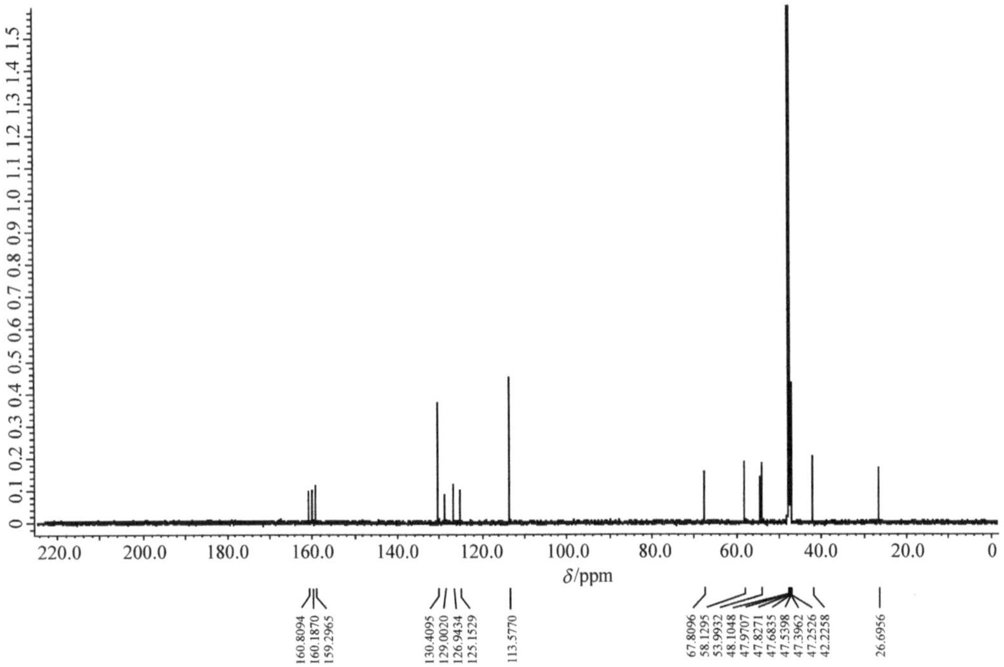

图 2.1　化合物 C2－1 的碳谱

分。核磁共振碳谱的化学位移数值变化范围约是氢谱的 20 倍，更因为在碳谱中呈现的是一条条的谱线，很少遇到谱线重叠的情况。化合物结构的细微变化都有望在核磁共振碳谱中得到完好的反映。相对分子质量在 400 以内的有机化合物，若分子无对称性，原则上每个碳原子都对应一条谱线。对于天然产物来说，很容易从碳谱来区分。

(4) 测定碳原子的级数已经是常规方法，这对于推导未知物结构很有用。所以，根据核磁共振碳谱和碳原子级数的确定，未知物含有多少个碳原子，伯、仲、叔、季碳原子各是多少，大致是属于哪类基团，都可以得到结论。

(5) 核磁共振碳谱对于化合物的立体结构敏感，适宜解决立体化学的问题。

在这里有必要说明核磁共振碳谱的低灵敏度。

核磁共振信号的信噪比 S/N 可用式(2.1)表示：

$$S/N \propto N\gamma_{exe}\gamma_{det}^{3/2}B_0^{3/2}(NS)^{1/2}T_2/T \tag{2.1}$$

式(2.1)右端的 N 是所测量的磁性核数目，它正比于同位素丰度。由于^{13}C的同位素丰度仅约 1%，单从这点考虑，碳谱就比氢谱的信噪比低了两个数量级。γ_{exe} 和 γ_{det} 分别是激发核和检测核的磁旋比，^{13}C核的磁旋比 γ 只有氢核的 1/4，因此碳谱的信噪比相对比氢谱又低很多。由于上述原因，测定样品的碳谱必须累加。在记录与碳原子有关的二维核磁共振谱时，由于有一定的机制增加^{13}C核的检测灵敏度，因此在鉴定有机化合物结构的一套核磁共振谱图中，记录碳谱是最费机时的。

2.2　核磁共振碳谱的主要参数——化学位移

从 2.1 节知道核磁共振碳谱一般情况下只有一条条的谱线(极少数情况下可能出现

钝峰),因此没有相应于核磁共振氢谱的耦合裂分的信息。一般情况下,峰的高度近似正比于峰面积。因此碳谱中主要的信息就是化学位移数值,即核磁共振碳谱的主要参数就是化学位移。

鉴于上述情况,本章主要讨论化学位移的课题。

核磁共振碳谱中各种官能团的化学位移数值变化范围参见表 2.1。

表 2.1　各种官能团的化学位移数值变化范围

官能团	δ_C/ppm	官能团	δ_C/ppm
—(CH_2)—CH_3^*	10～15		110～150
>C—CH_3^*	25～30		125～155
—C=C—CH_3^*	15～28	—C≡N	110～130
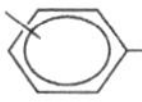—CH_3^*	15～25	R—C(=O)—OR′	165～175
—N—CH_3^*	25～45	R—C(=O)—Cl	165～180
—O—CH_3^*	45～60	R—C(=O)—OH	172～185
—CH_2^*—C<	23～37	R—C=C—C*(=O)—H	165～175
—CH_2^*—N—	41～60	R—C(=O)—H	200～205
—CH_2—O—	45～75	R—*C(=O)—C=C—R′	195～205
—C≡C—	70～100	R—C(=O)—R′	205～220
—HC=CH—	110～150		

* 标注该碳原子的化学位移数值。

下面就几种常见官能团的化学位移进行讨论。

2.3 常见官能团核磁共振碳谱的化学位移及其主要影响因素

不同的官能团具有不同的化学位移数值变化范围，其化学位移的影响因素也可能不同，本节按照常见官能团进行讨论。

首先需要说明：从化学位移的原理考虑，碳谱和氢谱有极大的差别，氢谱化学位移的决定因素是抗磁屏蔽，而碳谱化学位移的决定因素是顺磁屏蔽，但是从讨论化学位移的影响因素来看，两者又有诸多相似点。

2.3.1 链状烷烃及其衍生物

1. 取代基的电负性

对饱和链状烷基来说，取代基的电负性是影响其化学位移数值的主要因素。电负性基团的取代使被取代的碳原子产生明显的低场位移，对于β-位的碳原子也有一定的低场位移作用。这些都是诱导效应引起的。

表 2.2 列举了一些常见取代基的位移增量。其中脚标 α 和 β 分别表示取代基对于α-位和β-位碳原子的影响，脚标 n 表示取代基在链端，脚标 iso 表示取代基在链中间。

表 2.2 常见官能团对链状烷基化学位移数值的位移增量

取代基	$Z_{\alpha,n}$	$Z_{\alpha,iso}$	$Z_{\beta,n}$	$Z_{\beta,iso}$
—F	70	63	8	6
—Cl	31	32	10	10
—Br	20	26	10	10
—I	−7	4	11	12
—$OCOCH_3$	52	45	6.5	5
—OH	49	41	10	8
—NH_2	28.5	24	11.5	10
—NHR	36.5	30	8	7
—NO_2	61.5	57	3	4
—CHO	30	—	−0.5	—
—$COCH_3$	29	23	3	1
—COOH	20	16	2	2
—$CONH_2$	22	—	2.5	—
—C_6H_5	23	17	9	7

从表 2.2 可以看出，一些官能团的位移增量是比较大的。

2. 空间效应

空间效应明显是碳谱的特点。

1）烷基取代的密集性与被取代碳原子的化学位移的关系

取代基数目越多则被取代碳原子的化学位移数值越大。

下列数据是其说明：

R＝CH_3	CH_3R	CH_2R_2	CHR_3	CR_4
δ/ppm	5.7	15.4	24.3	31.4

2）取代基的体积与被取代碳原子的化学位移的关系

取代基的体积增大则被取代碳原子的化学位移数值增大。

在下面的序列中，在其左上角标注 * 号的碳原子的化学位移数值逐步变大：

R—$^*CH_3$，R—$^*CH_2CH_3$，R—$^*CH_2CH_2CH_3$，R—$^*CH_2CH(CH_3)_2$，R—$^*CH_2C(CH_3)_3$

这是由于取代基从氢原子变化到甲基、乙基、异丙基、叔丁基时，取代基的体积逐渐增大，因此标注 * 号的碳原子受到的空间影响逐步增大，其化学位移数值就逐渐增大。

3）取代基的 γ-旁式效应

各种基团（包括电负性基团）的取代均使 γ-位碳原子的化学位移数值减小。一般减小的幅度为几个 ppm。电负性基团使 α-、β-位的碳原子化学位移数值增大，是电负性基团的诱导效应；电负性基团的取代使 γ-位的碳原子化学位移数值减小，则是由于空间效应。此时取代基"挤压"γ-位的碳原子，该C—H键的电子移向碳原子，从而增加碳原子的核外电子密度，使其化学位移数值减小。

3. 重原子效应

碘原子的取代使被取代的碳原子化学位移数值减小（表 2.1）。这是由于重原子的核外有众多电子，它们对与重原子相连的碳原子具有抗磁屏蔽作用。

2.3.2　环烷烃和取代环烷基

上面关于链状烷烃的阐述都适用于饱和环烷基及其衍生物。需要再补充饱和环烷基的特殊之处，即环烷的环张力。从五元环到十七元环，环内碳原子的化学位移数值几乎不变（约为 26 ppm）。三元环由于环张力大，δ 值降低到－2.8 ppm，下降很大。三元环由于环张力很大，除使核磁共振的化学位移数值变化很大之外，对于红外光谱的吸收波数也有很大的影响，将在红外光谱中进一步讨论。

2.3.3　取代的烯基

乙烯的 δ 值为 123.3 ppm，被取代烯基的 δ 值一般为 100～150 ppm。δ 值大致有下列顺序：

$$\delta_{C=} > \delta_{CH=} > \delta_{CH_2=}$$

取代链状烷基的阐述仍然适用于取代的烯基。

下面再补充两点：

（1）双键的顺式和反式常能够在 δ 值中反映出来，这是由于 γ-旁式效应。例如：

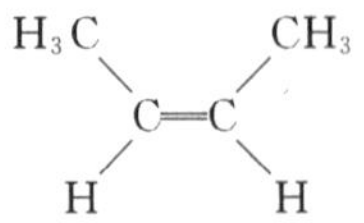

C2 - 2

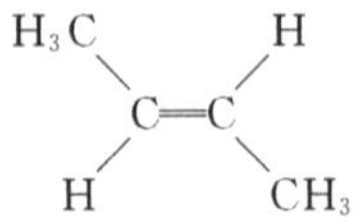

C2 - 3

顺式-2-丁烯(C2-2)两个甲基的δ值比反式-2-丁烯(C2-3)两个甲基的δ值小约5 ppm。本书作者多次使用这个方法区分顺式和反式,都得到了满意的结果。

(2) 共轭效应。如果所讨论的双键和其他双键形成共轭体系,中间碳原子的δ值将减小几个 ppm。

2.3.4 取代苯环

未取代苯环的化学位移数值为 128.5 ppm。

对于苯环的讨论分为两个部分:被取代碳原子的化学位移和相对于取代基的邻、间、对位碳原子的化学位移。

1. 被取代碳原子的化学位移

在 2.3.1 中论及的取代基的电负性、空间效应、重原子效应的影响仍然适用。

取代基电负性影响的例子:

羟基的取代使被取代的苯环碳原子的δ值增加26.9 ppm,氨基的取代则增加19.2 ppm。

空间效应的例子:

当取代基从—CH_3变化到—CH_2CH_3、—$CH(CH_3)_2$、—$C(CH_3)_3$时,被取代碳原子的化学位移增量将顺次增加,从9.3 ppm到 15.7 ppm、20.1 ppm、22.1 ppm。

2. 相对于取代基的邻、间、对位碳原子的化学位移

对于取代基的邻、间、对位碳原子的化学位移来说,三类取代基的概念仍然可用。

(1) 第一类取代基包括烃基和卤素原子。它们对于取代基的邻、间、对位碳的化学位移数值均无大的影响。

(2) 第二类取代基是含饱和杂原子的基团。它们使苯环邻、间、对位碳原子的峰往高场位移。这样的高场位移对于邻、对位碳比较明显,尤其对于邻位碳。

(3) 第三类取代基是含不饱和杂原子的基团。与氢谱不同的是它们仅使苯环的邻、间、对位碳原子的峰略往低场位移。第三类取代基对于被取代的碳原子的低场位移也较小。

计算取代苯环的碳谱化学位移数值可以用经验公式(2.2):

$$\delta = 128.5 + \sum_i Z_j(R_i) \tag{2.2}$$

式中,$j=1,2,3,4$,表示取代基相对于所讨论碳原子的位置。

式(2.2)表示如果一个苯环有几个取代基,那么对某一个选定的碳原子来说,它的化学位移数值将在128.5 ppm的基础上变化,其变化增量是几个取代基的效应之和。按照

取代基相对于所讨论碳原子的位置，选用表 2.3 中的 Z_1 或者 Z_2、Z_3、Z_4。Z_1、Z_2、Z_3、Z_4 分别表示取代基对苯环被取代碳原子、邻位碳原子、间位碳原子、对位碳原子的化学位移增量。

表 2.3　计算取代苯环 δ_C 的经验参数

取代基	Z_1	Z_2	Z_3	Z_4
—H	0.0	0.0	0.0	0.0
$—CH_3$	9.3	0.6	0.0	−3.1
$—CH_2CH_3$	15.7	−0.6	−0.1	−2.8
$—CH(CH_3)_2$	20.1	−2.0	0.0	−2.5
$—CH_2CH_2CH_2CH_3$	14.2	−0.2	−0.2	−2.8
$—C(CH_3)_3$	22.1	−3.4	−0.4	−3.1
$—CH_2Cl$	9.1	0.0	0.2	−0.2
$—CH_2Br$	9.2	0.1	0.4	−0.3
$—CF_3$	2.6	−3.1	0.4	3.4
$—CH_2OH$	13.0	−1.4	0.0	−1.2
—C≡CH	−6.1	3.8	0.4	−0.2
—Ph	13.0	−1.1	0.5	−1.0
—F	35.1	−14.3	0.9	−4.4
—Cl	6.4	0.2	1.0	−2.0
—Br	−5.4	3.3	2.2	−1.0
—I	−32.3	9.9	2.6	−0.4
—OH	26.9	−12.7	1.4	−7.3
$—OCH_3$	30.2	−14.7	0.9	−8.1
$—NH_2$	19.2	−12.4	1.3	−9.5
$—NHCH_3$	21.7	−16.2	0.7	−11.8
$—N(CH_3)_2$	22.4	−15.7	0.8	−11.8
$—NO_2$	19.6	−5.3	0.8	6.0
—CHO	9.0	1.2	1.2	6.0
$—COCH_3$	9.3	0.2	0.2	4.2
—COOH	2.4	1.6	−0.1	4.8
$—COOCH_3$	2.1	1.2	0.0	4.4

2.3.5 羰基

羰基的谱峰在核磁共振碳谱的最低场，因此很容易识别。影响羰基化学位移的主要因素有两个：

1. 杂原子的取代

羰基与杂原子相连会产生比较大的高场位移。酮羰基的化学位移数值一般超过200 ppm，一旦和杂原子相连，其 δ 值会下降到180 ppm之内。杂原子的高场位移作用超过共轭作用。

2. 共轭效应

羰基和双键相连，形成一个大的共轭体系，这将使羰基的 δ 值下降。但是这个效应比杂原子取代效应弱，一般高场位移为10 ppm左右。

2.4 碳原子级数的确定

碳原子的级数指碳原子是伯、仲、叔、季哪种碳原子，即碳原子是 CH_3 还是 CH_2、CH、C。

测定碳原子的级数现在一般采用 DEPT 方法。该方法使用一个脉冲序列，其最后一个脉冲的倾倒角可以是 45°、90°或者 135°。

最后一个脉冲的倾倒角是 45°时，CH、CH_2 和 CH_3 都出峰，而且都是向上的峰。

最后一个脉冲的倾倒角是 90°时，仅 CH 出峰，是向上的峰。

最后一个脉冲的倾倒角是 135°时，CH 和 CH_3 都出向上的峰，CH_2 出向下的峰。

以上三种谱图分别称为 DEPT－45 谱、DEPT－90 谱、DEPT－135 谱。由于 DEPT－135谱实际上已经包括了 DEPT－45 谱、DEPT－90 谱的信息，所以一般只做 DEPT－135 谱，通常简称为 DEPT 谱(无需再标注 －135)。

以上的三种情况，季碳都不出峰。另外，不同级数碳原子的谱线高度的比例不同。例如，最后一个脉冲的倾倒角是 135°时，CH 和 CH_3 向上的峰不是最大信号，而 CH_2 向下的峰是最大信号。

还必须指出，上述的三种情况是理想的情况。DEPT 脉冲序列对于不同碳原子的 ^1J (碳原子和直接相连的氢原子的一键耦合常数)要求不严格，但是由于实际情况可能与该条件有比较大的差别，因此可能出现有的峰不明显，似是而非。

饱和碳原子的 ^1J 典型数值为125 Hz，不饱和碳原子的 ^1J 典型数值为157 Hz，做 DEPT 实验时一般把 ^1J 数值设定为140 Hz以兼顾两者，但是仍然可能出现出峰不好的情况。

如果 DEPT 实验的结果有不明确之处，通过异核位移相关谱(如常用的 HMQC 谱或 HSQC 谱)找到该碳原子对应的氢谱信号，也能够确定碳原子的级数。

化合物 C2－4 的 DEPT 谱如图 2.2 所示，从下至上分别为碳谱、DEPT-90 谱、DEPT-135 谱。

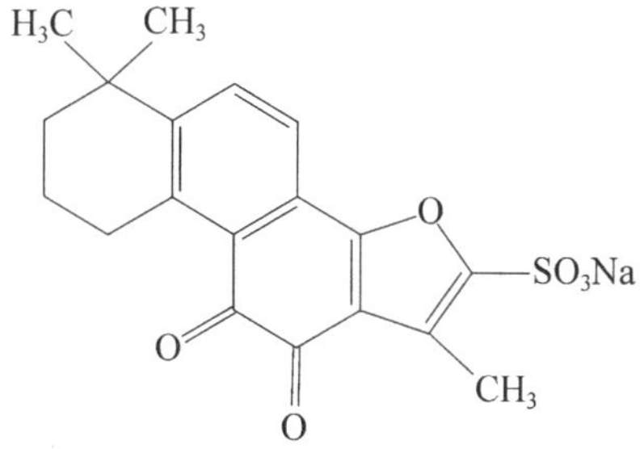

C2 - 4

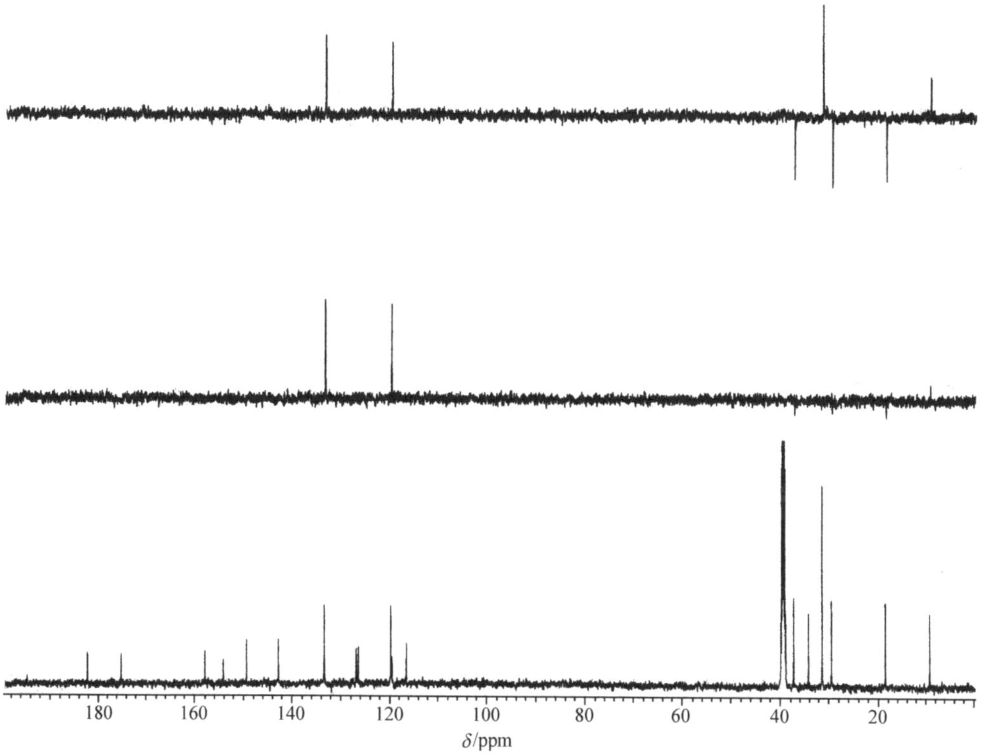

图 2.2　化合物 C2 - 4 的 DEPT 谱

2.5　核磁共振碳谱的解析方法

核磁共振碳谱的主要参数是化学位移。碳谱对于有机化合物能够准确地描述，但是要推测一个未知物的结构需要多种谱图的结合。因此本章不阐述怎样从碳谱推导未知物结构，而讲述从碳谱中得到的信息。

在第 1 章中，讲了怎样从氢谱推导未知物结构，实际上只是突出解析氢谱的技巧，即强调峰型分析，而解析碳谱时没有峰型分析的问题。总之，本节只讲述怎样从碳谱取得有关的结构信息，不涉及完整地推导未知物结构。

下述解析碳谱的步骤可供读者参考。

2.5.1 区分杂质峰，鉴别溶剂峰

由于杂质的含量比样品本身要低很多，因此杂质峰易于从样品峰组中区分出来。

因为测定核磁共振碳谱的前后还要测定氢谱(以及核磁共振二维谱)，所以测定碳谱仍然要使用氘代试剂作为溶剂。

与测定核磁共振氢谱不同的是，氢谱中的溶剂峰是由于氘代试剂不可能100%氘代，它的不完全氘代产生了氢谱中的溶剂峰，测定核磁共振碳谱时是另外的情况。氘代试剂含碳原子，而且它的量比样品要大很多，因此必然有溶剂峰。按照常规估计，溶剂峰应该比样品峰强度高很多(因为样品的量相比于溶剂的量有数量级之差)。幸而由于弛豫的机理，溶剂的碳原子出峰效率很低，因此溶剂峰的强度远远低于它的物质的量所对应的强度，一般情况下低于样品谱峰的强度。

常用氘代试剂碳谱的溶剂峰位置如表2.4所示。如果不知道碳谱的溶剂，可以从它的溶剂峰位置判断。

表 2.4 常用氘代试剂的溶剂峰位置

氘代试剂	$CDCl_3$	CD_3SOCD_3(氘代 DMSO)	CD_3OD	CD_3COCD_3
溶剂峰位置/ppm	77.0	39.7	49.3	30.2 206.8
峰型(呈现峰数)	3	7	7	7 1

表2.4中的峰型指的是溶剂峰呈现的是几重峰。由于氘的自旋量子数为1，产生的裂分应该按照$2nI+1$计算，各个峰的强度比也不能按照二项式展开后的系数表示。以氘代氯仿为例，三重峰的强度比是1∶1∶1(而不是1∶2∶1)，但是在实际碳谱中，中间峰的强度可能略高于两侧峰。

如果用重水作溶剂，在碳谱中就没有溶剂峰。

2.5.2 计算未知物的不饱和度

请参阅第1章1.5.2中的叙述。

2.5.3 碳谱谱峰化学位移数值的考虑

基于碳谱谱峰的化学位移数值，可以大致确定属于什么官能团。

核磁共振碳谱可以分为三个区域：

1) 羰基和叠烯区

一般情况下，羰基和叠烯区化学位移$\delta>165$ ppm。由于这个区域处于碳谱的最低场，因此容易识别。

由于羰基的弛豫时间长，羰基的峰可能强度很低。$\delta>200$ ppm的峰只能属于醛和酮。$\delta<175$ ppm的峰应该属于连接杂原子的羰基，如羧酸、羧酸酯等。

如果是叠烯，中间的碳原子在这个区域出峰，但是两端的烯键碳原子在双键区域出峰。

2）不饱和碳原子区(炔碳原子除外)

一般情况下,该区化学位移 $\delta=100\sim155$ ppm。这是烯碳原子和苯环碳原子的谱峰区域。醣环的 1-位碳原子会进入这个区域(但是醣环 1-位碳原子上的氢不在双键区域),需要注意。少数情况下,苯环被强电负性基团取代,被取代的碳原子可能超过155 ppm的上限。

由前两类碳原子可以计算分子的不饱和度,如果小于从分子式计算的不饱和度,其差值为该化合物成环的数目。

3）饱和碳原子区

一般情况下,该区化学位移 $\delta<100$ ppm。饱和碳原子如果不连接氧、氮、氟等杂原子,一般其化学位移数值小于55 ppm。

炔碳原子 $\delta=70\sim100$ ppm,处于此区域。

2.5.4　确定碳原子的级数

碳原子的级数一般由 DEPT 谱图确定,如果有不确定处,则结合异核位移相关谱和氢谱解决。

碳原子级数确定后,就可以计算连接在碳原子上的氢原子数,如果计算的数目小于分子式中的氢原子数目,其差值就是化合物中的活泼氢数目。

2.5.5　推测未知物的组成基团

根据谱峰的化学位移数值、碳原子级数,可以推测是什么官能团。未知物结构的推断需要结合其他谱图进行。

关于如何从网上查找标准谱图,请参阅 1.5.8 中的有关叙述。氢谱的谱库和碳谱的谱库是联系在一起的。

第 3 章　核磁共振二维谱的解析

核磁共振二维谱开辟了核磁共振领域的一个新时代。基于此，研究核磁共振二维谱理论，并作出卓越贡献的 Ernst 教授独自荣获了 1991 年诺贝尔化学奖。

采用核磁共振二维谱，可以完全客观、可靠地推导未知物结构，可以不依靠有关的化学知识(如官能团的化学位移知识)而仅靠核磁共振谱图(氢谱、碳谱和二维谱)推导未知物结构，当然一般情况下需要质谱的数据。对于结构比较简单的未知物可能仅依靠核磁共振谱图推出结构。对于结构很复杂的未知物，利用谱学方法可能达不到确定结构的目的，这时需要采用其他方法，如 X 射线单晶衍射。

在第 6 章，综合谱图推导未知物结构中，利用核磁共振二维谱的种类有限，而读者在科学研究、教学的实践中可能遇到更多种类的二维谱，因此本章介绍的二维谱种类比第 6 章多。

鉴于核磁共振二维谱各有其特点，按照核磁共振二维谱的种类进行讨论。由于本书针对鉴定有机化合物结构，介绍的二维谱仅限于与鉴定结构密切相关的二维谱。

3.1　核磁共振二维谱的一般知识

在具体讨论几种常见的核磁共振二维谱之前，有必要介绍核磁共振二维谱的一般知识。

核磁共振二维谱有若干种，每种二维谱都需要应用特定的脉冲序列获得。关于二维谱的原理，即脉冲序列的解释，请阅读章末参考文献。

核磁共振二维谱的外观一般为等高线图形(圈越多的地方表示峰越高)，二维谱的周边轮廓为矩形。核磁共振二维谱的横坐标表示为 ω_2 或者 F_2，纵坐标表示为 ω_1 或者 F_1，ω 或者 F 都是频率的意思。这也就是说，不管是横坐标还是纵坐标，都是核磁共振的频率，可能和氢谱相对应，也可能和碳谱相对应。总之，核磁共振二维谱是把两种核磁共振谱图关联起来(如异核位移相关谱)，或者揭示峰组之间的关系(如同核位移相关谱、NOE 类相关谱)。因此，核磁共振一维谱因改变实验参数而形成的曲线簇(有立体图形的样子)、测定碳谱弛豫时间的曲线簇都不是核磁共振二维谱。

核磁共振二维谱的横坐标(ω_2 或者 F_2)所对应的核种，是二维谱实验时直接测定的核种。例如，H，C-COSY 谱把(某化合物的)氢谱和碳谱关联起来，横坐标是碳谱，即在做这个实验时，核磁共振谱仪直接测定的是^{13}C核。在 H，C-COSY 谱中，纵坐标是 ω_1 或者 F_1，对应的是该化合物的氢谱。在这个实验中，核磁共振谱仪没有测定氢核，氢核的化学位移信息是通过特殊的脉冲序列和^{13}C核的化学位移数值联系起来的。

有的仪器公司在表示某些二维谱(反转模式的二维谱)时把横坐标和纵坐标互换，后面在讲述具体的二维谱时会介绍。

核磁共振二维谱的信息来自二维谱中的相关峰。相关峰的横坐标对应某个共振频率，纵坐标也对应某个共振频率，相关峰说明了这两个频率的相关性。

由于一些实验原因，核磁共振二维谱中会存在假峰。判断假峰最简单的办法就是看相关峰的横坐标或者纵坐标是否不对应共振频率，如果相关峰没有对准氢谱或者碳谱的峰组位置，那么这个相关峰就是假峰。在后面将要叙述的HMBC谱中，有一种峰是一个例外（不对准氢谱峰组的位置）。

3.2 同核位移相关谱

同核位移相关谱，COSY（或写为H，H-COSY）谱，是最常用的核磁共振二维谱。这是因为测定COSY谱很快，比做其他二维谱都快，而且COSY谱也很有用。

COSY谱图的轮廓外形为矩形或者正方形（取决于横坐标和纵坐标的比例），最常见的为矩形。COSY谱的横坐标（ω_2，F_2）和纵坐标（ω_1，F_1）方向的投影都是该化合物的氢谱，因此其横坐标和纵坐标都标注氢谱化学位移。在COSY谱的上方（或者再加一个侧面）有对应的核磁共振氢谱。氢谱的化学位移数值和COSY谱的化学位移数值是一致的。COSY谱中有一条对角线，通常的走向是从左下到右上。对角线上有若干峰组，它们和氢谱的峰组完全对应。对角线上的峰（组）称为对角线峰或者自动相关峰，它们没有提供相关信息。在COSY谱中还有另外一类峰（组），它们处于对角线外，称为相关峰或者交叉峰。每个相关峰都反映一组耦合信息。COSY谱主要反映的是^3J的耦合信息。选取任意一个相关峰作为出发点，通过它作一条垂线，会与某对角线峰组及氢谱中的某峰组相交，该峰组即是参与（对应这个相关峰）耦合的一个峰组。通过所选定的相关峰作一水平线，会与某对角线峰相交，再通过该对角线峰作一垂线，会与氢谱中的另外一个峰组相交，此峰组即是参与（对应这个相关峰）耦合的另外一个峰组。因此，通过COSY谱中的任意一个相关峰，可以直接确定有关的一对峰组的耦合关系，不用分析氢谱中峰组的峰型（不用分析峰组间的等间距）。

COSY谱一般反映的是^3J的耦合信息。如果^4J的数值不小，在COSY谱中也可能出现相关峰，这在芳环体系中常可以看到。在芳环体系甚至可能出现^5J的耦合相关峰。另外，如果^3J的数值小（如影响^3J数值的二面角接近90°），可能在COSY谱中的相关峰很弱，甚至消失。

COSY谱中的对角线把COSY谱分为两个部分。因为常见COSY谱的对角线从左下到右上，所以COSY谱的这两部分就是左上和右下。由于COSY谱中的相关峰是沿着对角线对称分布的，因此COSY谱中两个部分所含的信息相同，只分析其中的任一部分即可。

下面举例说明COSY谱的解析方法和用途。

例 3.1　化合物 C3－1 具有下述结构：

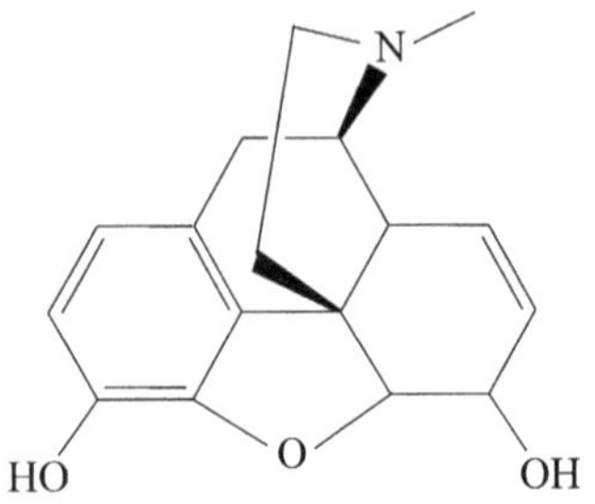

C3－1

它的核磁共振氢谱、氢谱高场放大谱、COSY 谱和COSY谱高场放大谱分别如图 3.1～图 3.4 所示。所有核磁共振谱图是用600 MHz谱仪测定的，溶剂为氘代 DMSO。

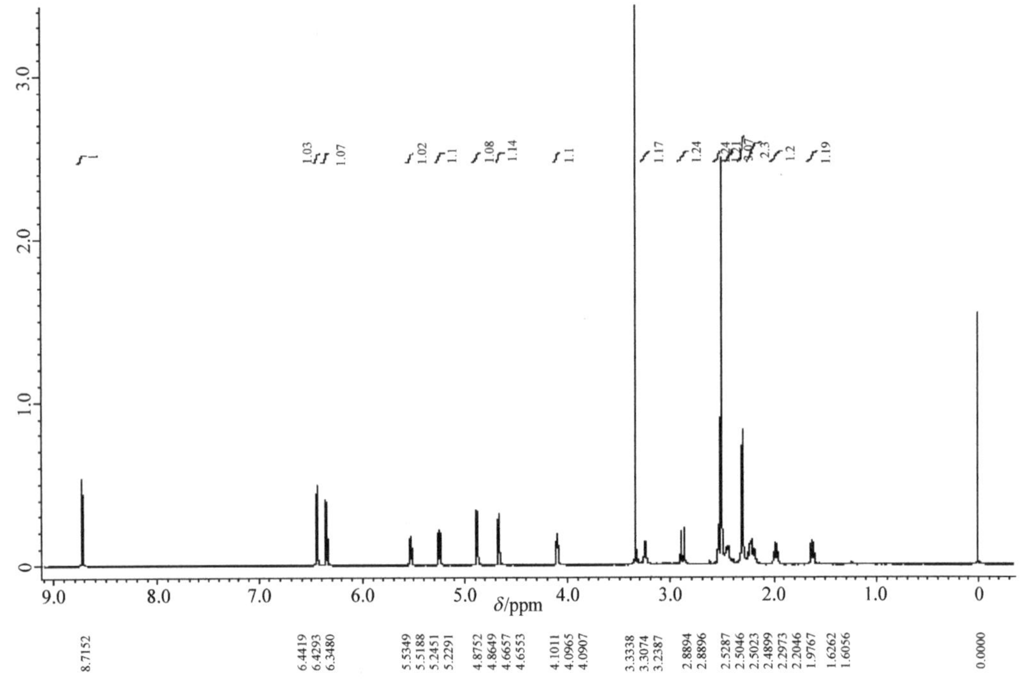

图 3.1　化合物 C3－1 的核磁共振氢谱

试对该核磁共振氢谱作出指认。

解　首先分析该化合物的核磁共振氢谱。测试的溶剂是氘代 DMSO，因此2.50 ppm 的强峰是溶剂峰，3.33 ppm的峰是氘代 DMSO 为溶剂时的水峰。这两个峰都没有标注峰组的积分数值。

在氢谱中约 2.20 ppm 的峰组，积分数值为 2.3，更重要的是该峰组明显地呈现不对称峰型，右边部分可以看到细微的裂分，左边部分的峰则比较钝。这些现象说明该峰组是由两个不同的氢原子形成，它们的峰组发生部分重叠。

逐个分析该氢谱的峰组，把化合物 C3－1 的氢谱数据归纳为表 3.1。

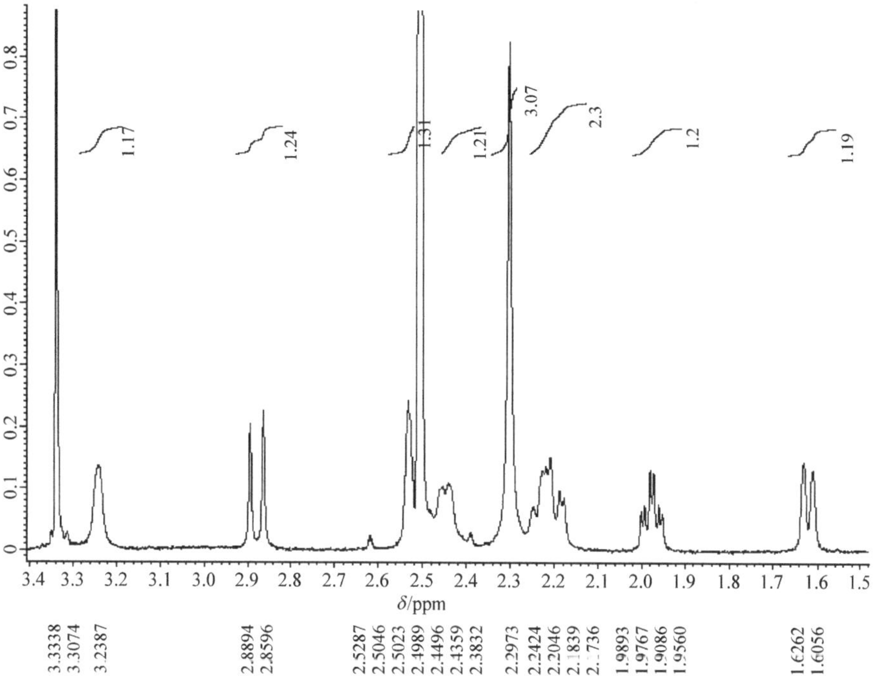

图 3.2　化合物 C3-1 的核磁共振氢谱高场放大谱

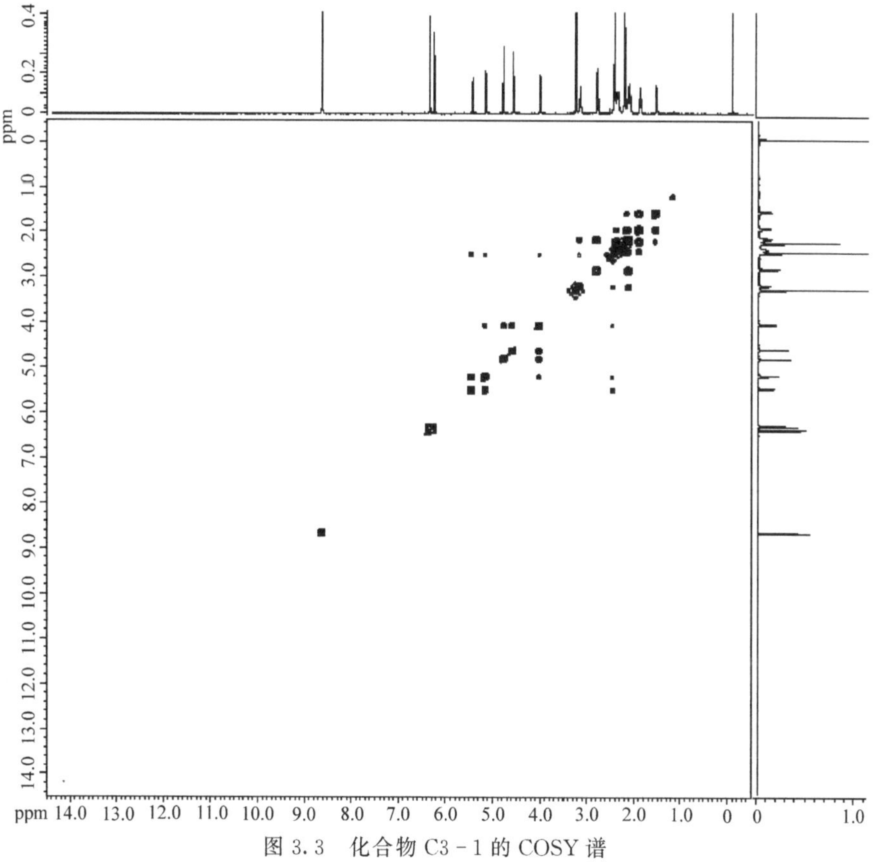

图 3.3　化合物 C3-1 的 COSY 谱

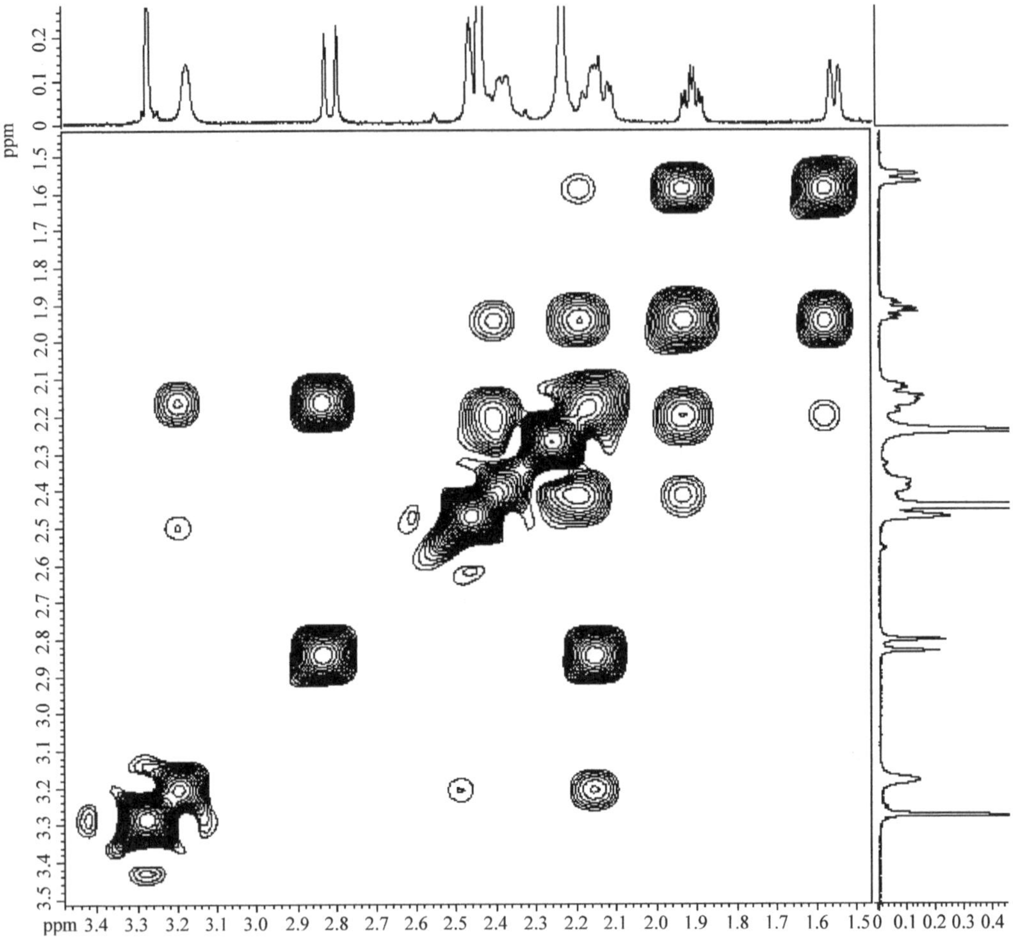

图 3.4　化合物 C3－1 的 COSY 谱高场放大谱

在表 3.1 中,每个峰组的信息都已表示清楚。但是仅仅依靠表 3.1,不能完成氢谱各峰组的指认,要进行指认就必须分析 COSY 谱的相关峰。

首先以图 3.4 的分析为例。已知 COSY 谱对角线两侧是对称的,因此只需分析一侧即可,现在主要分析对角线的右下部分。

表 3.1　化合物 C3－1 的氢谱数据归纳

δ_H/ppm	峰组积分数值	峰型(耦合常数/Hz)
1.62	1.19	d(12.4)
1.97	1.2	d,t(12.4,7.56)
2.19	2.3*	m
2.21	2.3*	m
2.29	3.07	s
2.44	1.21	d,宽峰
2.52	1.24	s

续表

δ_H/ppm	峰组积分数值	峰型(耦合常数/Hz)
2.88	1.24	d(17.9)
3.24	1.17	s,宽峰
4.09	1.1	m
4.66	1.14	d(6.2)
4.87	1.04	d(6.2)
5.24	1.1	d,t(9.6,2.7)
5.53	1.02	d(9.7)
6.34	1.07	d(7.6)
6.43	1.03	d(7.6)
8.72	1	s

注：s、d、t、m 分别表示单峰、双峰、三重峰、多重峰。

* 2.19 ppm 和 2.21 ppm 峰组的积分数值之和为 2.3。

通过 F_2=1.62 ppm的峰组作垂线，有两个相关峰，其位置在 F_1=1.97 ppm和 F_1=2.21 ppm(这个相关峰弱)。这说明1.62 ppm的峰组和1.97 ppm及2.21 ppm的两个峰组有耦合关系。把这个结果写进表 3.2 的第一行。从 COSY 谱中上述第二个相关峰的位置，将该相关峰和其右侧氢谱比对，知道其位置在2.21 ppm而不是2.19 ppm，也就是说 COSY 谱比氢谱有更高的分辨率，结果更清晰。

表 3.2　化合物 C3-1 的 COSY 谱数据归纳

序号	δ_H/ppm	耦合的氢 δ_H/ppm	弱耦合的氢 δ_H/ppm
1	1.62	1.97	(2.21)
2	1.97	1.62,2.21,2.44	
3	2.19	2.88,3.24	
4	2.21	1.97,2.44	(1.62)
5	2.29	孤立的峰	
6	2.44	1.97,2.21	
7	2.52	5.24,5.53	(3.24)
8	2.88	2.19	
9	3.24	2.19	(2.52)
10	4.09	4.66,4.87,5.24	
11	4.66	4.09	
12	4.87	4.09	
13	5.24	4.09,5.53	(2.52)
14	5.53	2.52,5.24	
15	6.34	6.43	
16	6.43	6.34	
17	8.72	孤立的峰	

注：圆括号(　)表示弱的耦合。

氢谱往低场方向看，1.62 ppm 的峰组下面是1.97 ppm的峰组。通过 $F_2=1.97$ ppm 的峰组作垂线，看到有三个相关峰，其位置在 $F_1=1.62$ ppm、$F_1=2.21$ ppm和 $F_1=2.44$ ppm。其中 $F_2=1.97$ ppm、$F_1=1.62$ ppm的相关峰和前面 $F_2=1.62$ ppm、$F_1=1.97$ ppm的相关峰是等价的（因此可以只分析对角线的一侧）。这三个相关峰说明氢谱中位于1.97 ppm的峰组和三个峰组有耦合关系。这三个峰组的化学位移数值分别为1.62 ppm、2.21 ppm和2.44 ppm。把这个结果写在表 3.2 的第二行。

氢谱再往低场方向是约2.20 ppm的峰组。通过 $F_2=2.20$ ppm作垂线，在 COSY 谱中有两列相关峰（把电子版谱图放大看得更清楚）。靠右边（相对高场）一列的相关峰有两个，其位置在 $F_1=2.88$ ppm和 $F_1=3.24$ ppm。靠左边（相对低场）一列的相关峰有三个，其位置在 $F_1=1.62$ ppm、$F_1=1.97$ ppm和 $F_1=2.44$ ppm。COSY 谱相对于氢谱有提高分辨率的作用。

类似地，可以完成表 3.2。化合物 C3－1 的 COSY 谱数据归纳为表 3.2。

下面指认化合物 C3－1 的氢谱。

氮甲基（2.29 ppm）和酚基（8.72 ppm）容易指认，因为它们都是孤立体系（氢谱中为单峰，COSY 谱中没有相关峰），它们的化学位移数值也是佐证。

由于化学位移数值的较大差别，苯环和双键的氢容易识别。

化学位移数值大的两个峰组应该属于苯环氢，考虑羟基（第二类基团）的取代使其邻位氢的化学位移数值减小，因此6.34 ppm应该是羟基邻位氢的峰组，6.43 ppm则是羟基间位氢的峰组。

5.24 ppm、5.53 ppm 的两个峰组应该属于烯氢的两个峰组。根据表 3.2 中序号 14 可知，与5.53 ppm峰组耦合的脂肪氢只有一个，其化学位移数值为2.52 ppm。再由表 3.2 中的序号 7 可知，与 2.52 ppm 峰组耦合的峰组为三个（包括上述的烯氢峰组）。而根据表 3.2 中序号 13 可知，与5.24 ppm峰组相耦合的脂肪氢也是一个，其化学位移数值为4.09 ppm。由表 3.2 中的序号 10 可知，与 4.09 ppm 峰组耦合的峰组有三个（包括一个烯氢峰组）。根据上述考虑，5.24 ppm 峰组离羟基近、对应 4.09 ppm 峰组的氢连接羟基是合理的。从COSY谱看到的 4.09 ppm 有三个相关峰与它在氢谱中的多重裂分相符。

综合上述分析，得到下面的指认：

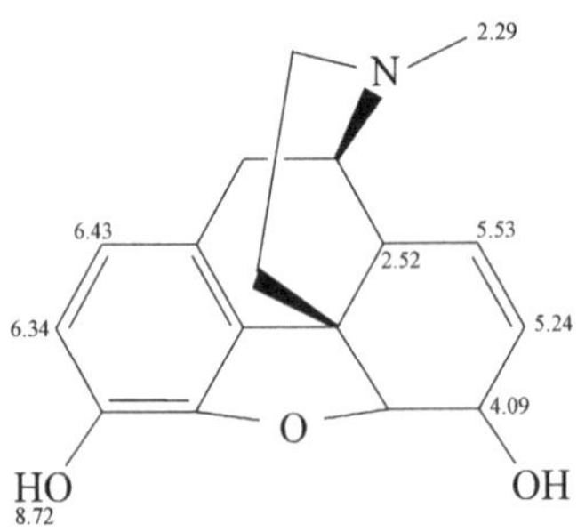

根据表 3.2 中的序号 7 可知，与 2.52 ppm 耦合的脂肪氢是一个，其化学位移数值为 3.24 ppm。由表 3.2 中的序号 9 可知，与 3.24 ppm 峰组耦合的脂肪氢峰组有一个，位置在 2.19 ppm。后者还和 2.88 ppm 的峰组耦合。二者的强相关峰，说明它们是同碳耦合

(^2J耦合关系)。

根据表 3.2 中的序号 10 可知,4.09 ppm 的峰组除了和 5.24 ppm 的烯氢峰组耦合之外,还和 4.66 ppm、4.87 ppm 的峰组耦合。由于实验采用氘代 DMSO 为溶剂,羟基也显示裂分,经过重水交换,4.87 ppm 的峰组面积明显缩小,因此它是羟基的峰组。

上述的讨论把指认向前推进一步:

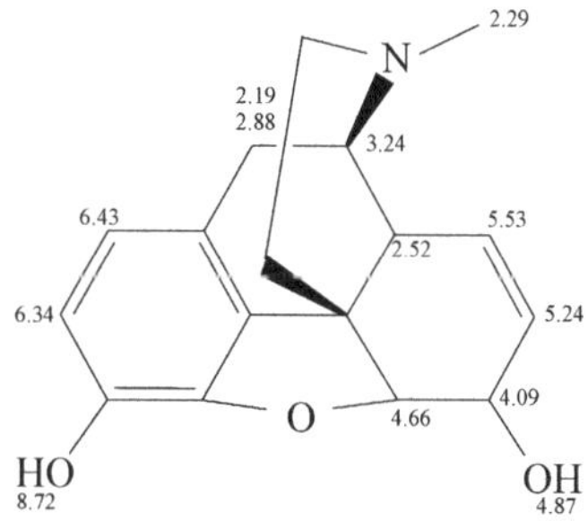

现在仅剩下两个亚甲基的指认。从它们之间的耦合关系(表 3.2 中的序号 1、2、4 和 6),再考虑连接氮原子的亚甲基应该具有较大的化学位移数值,可以指认这两个亚甲基。

最后的指认结果为

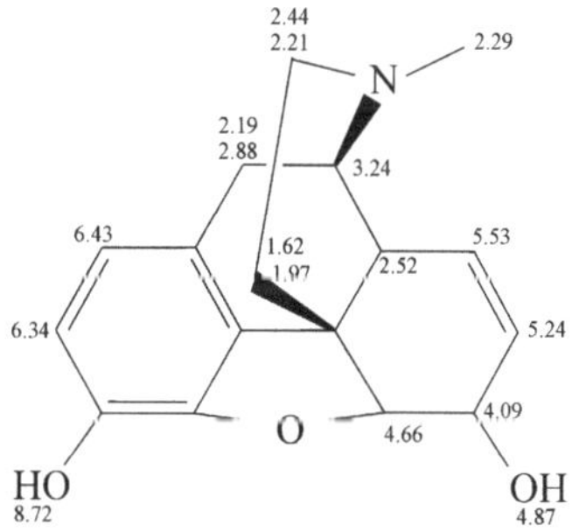

从这个例子可知 COSY 谱的作用。通过它,完成了化合物 C3－1 氢谱的指认。另外,也看到了相对于氢谱COSY谱有较好的分辨率。

在上面的指认过程中,应用了一些化学位移的知识,这是因为只用了 COSY 谱一种二维谱。如果有 HMBC 谱和 HSQC 谱,上述的指认就不需要化学位移的知识,而且指认方便得多。

由于 COSY 谱的重要性,再举一个例子。虽然下面的例子不是 H,H-COSY 谱,而是 F,F-COSY 谱,但是分析谱图的方法相似。另外,下面的例子也很有趣。

例 3.2　化合物 C3－2 的结构式为

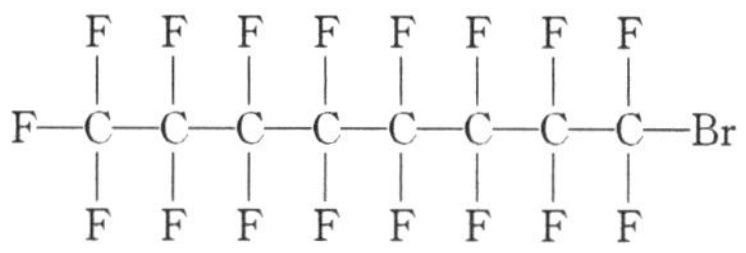

C3－2

由于氟取代了氢的位置,所以列出该化合物的氟谱和 F,F-COSY 谱(图 3.5～图 3.9)。

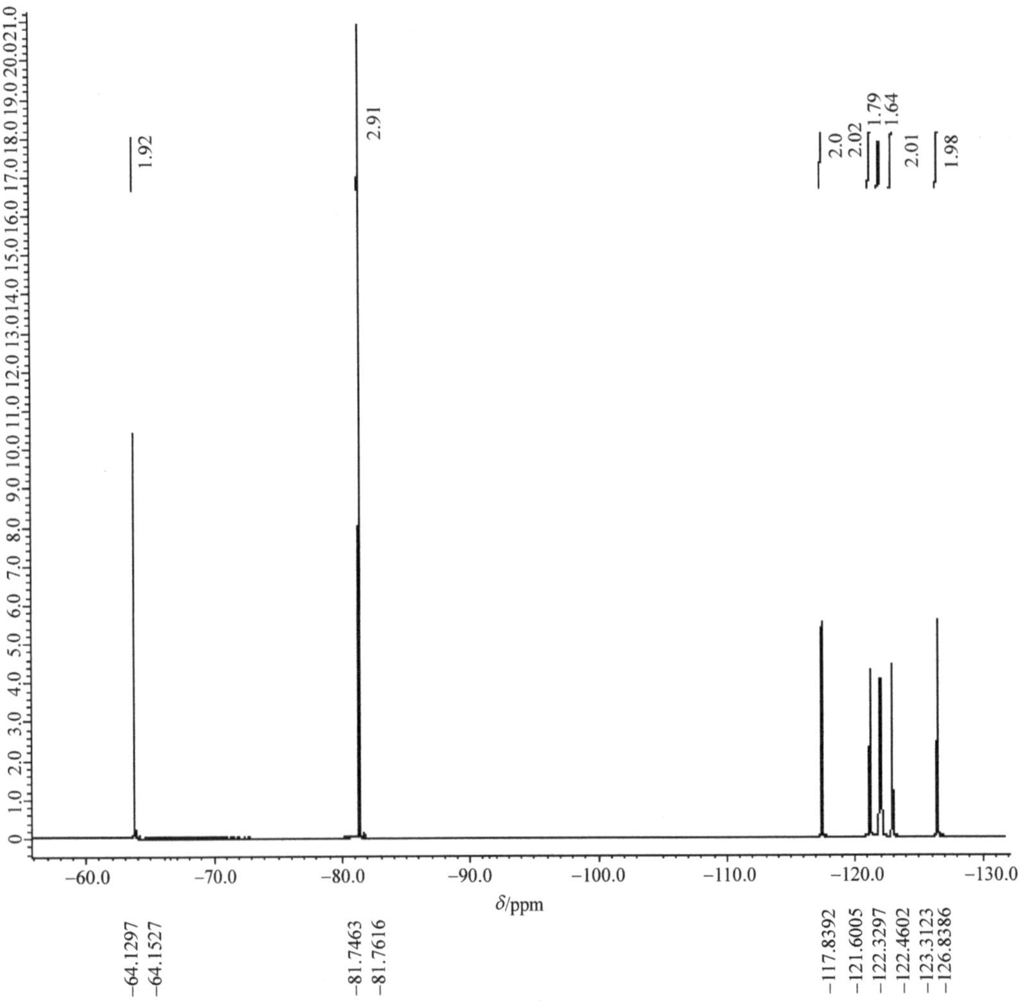

图 3.5　化合物 C3－2 的氟谱

试根据 F,F-COSY 谱作出对其氟谱的指认。

解　虽然该例涉及 F,F-COSY 谱,但是分析方法和上面的例题类似。

图 3.5 是定量氟谱,其作用和定量碳谱类似,可以准确地测定氟原子的数目。从中可以看到共有 8 条谱线(经高倍放大看其实是峰组),表示该化合物存在 8 种氟原子。除了在－81.8 ppm 的谱线对应 3 个氟原子之外,其他谱线均对应 2 个氟原子,说明该化合物是直链。以上分析都与其结构式相符。

下面的任务就是对这个氟谱进行指认。

由于－81.8 ppm 的谱线最高,且对应 3 个氟原子,高放大倍数的氟谱显示它为三重峰,说明与它相邻的是 2 个氟原子,这些都说明－81.8 ppm 的谱线是末端碳原子上的 3 个氟原子。

下面的连接关系需要分析 F,F-COSY 谱。

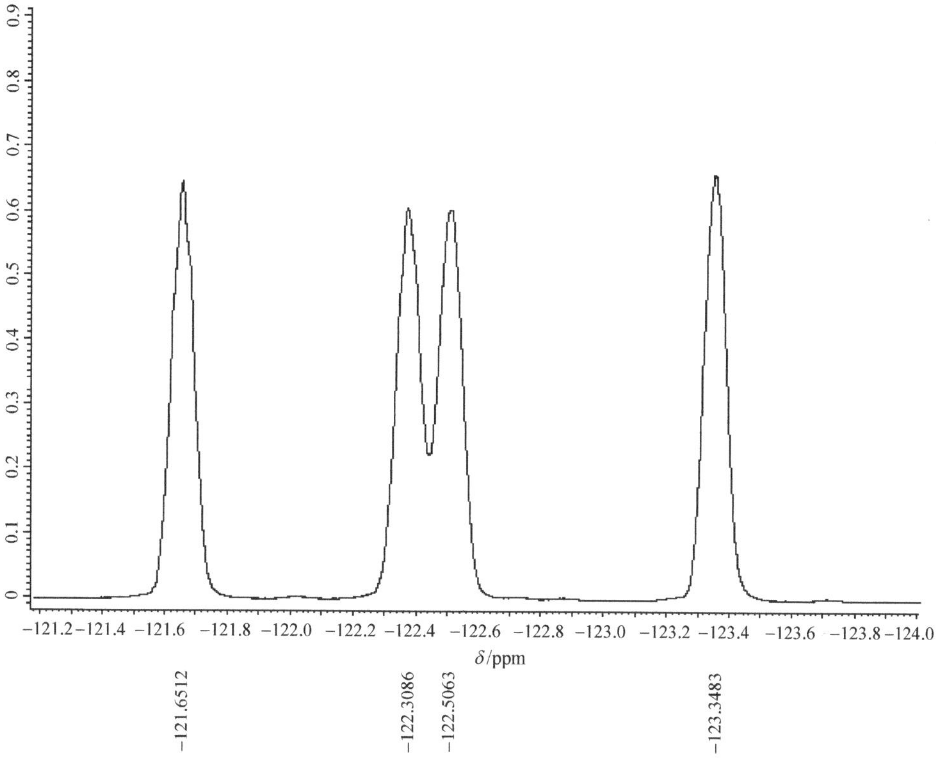

图 3.6　化合物 C3－2 的氟谱局部放大谱

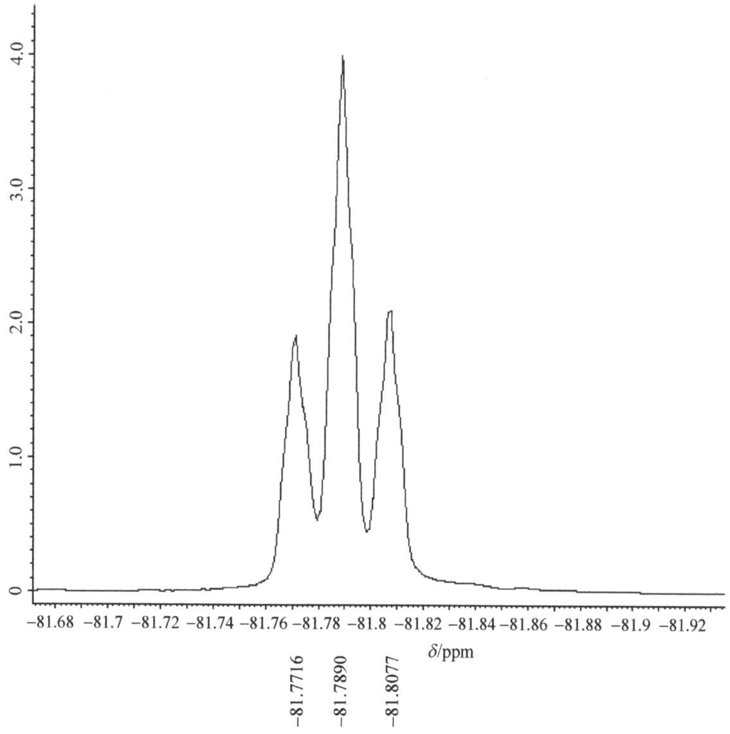

图 3.7　化合物 C3－2 氟谱局部高倍放大谱

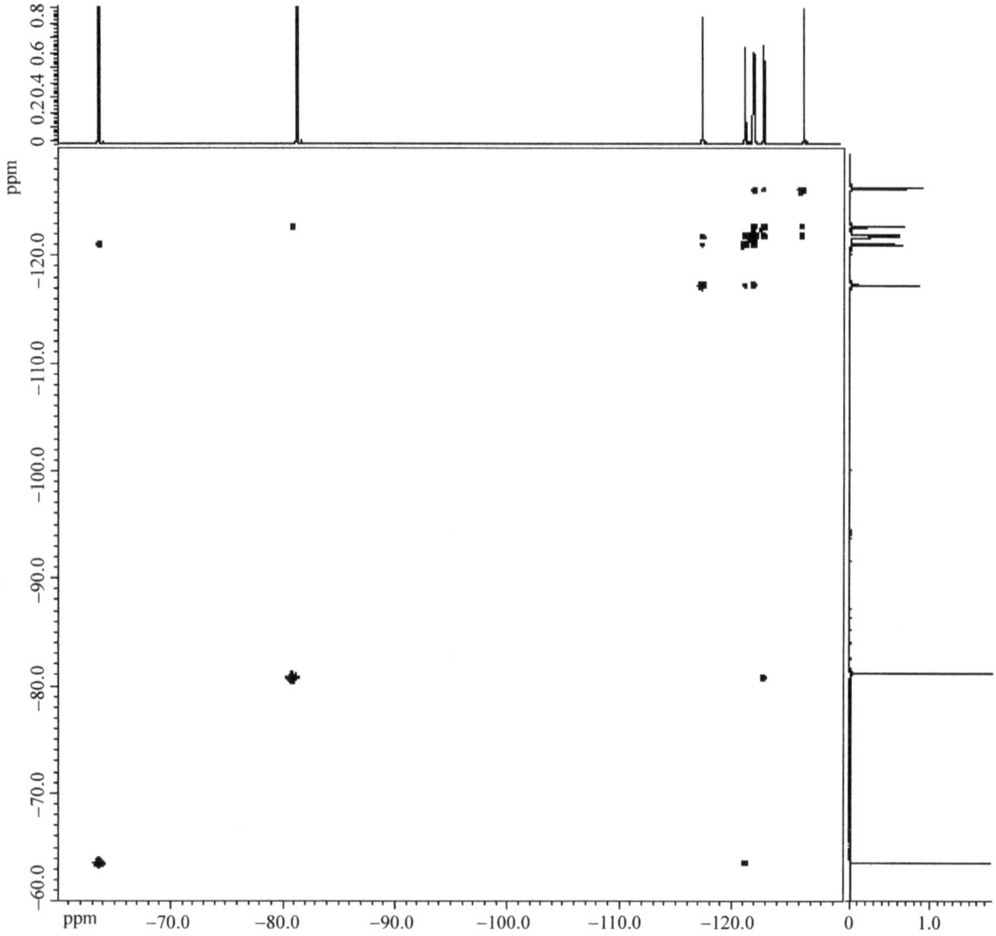

图 3.8　化合物 C3－2 的 COSY 谱

和前面 H,H-COSY 谱的分析类似,首先通过－81.8 ppm 的谱线作垂线,得到一个相关峰,其位置为 F_2＝－81.8 ppm,F_1＝－123.3 ppm。当然这个相关峰也等价于在 F_2＝－123.3 ppm,F_1＝－81.8 ppm 的相关峰。总之,说明与这三个氟原子耦合的是位于－123.3 ppm 的(两个)氟原子。

下面通过 F_2＝－123.3 ppm 的谱线作垂线,得到三个相关峰,其位置分别为 F_1＝－81.8 ppm, －122.4 ppm,－126.9 ppm。这点很奇怪,对于一个直链的含氢化合物来说,在其 H,H-COSY 谱中的任意一个位置,最多只能有两个相关峰,即与其左面以及与其右面基团的两个相关峰。原因后面再讨论。

先按照上面所述,读出在 F,F-COSY 谱中的全部数据,整理为表 3.3。

从表 3.3 看到,化合物 C3－2 的 F,F-COSY 谱中的两处分别都出现了 3 个相关峰。

由于该化合物肯定是直链结构,3 个相关峰的实验事实只能是由 ^4J 引起的相关峰强度和 ^3J 引起的相关峰强度相近所导致,因为不存在任何其他可能性。这个想法和查到的文献相符(Berger,1995)。

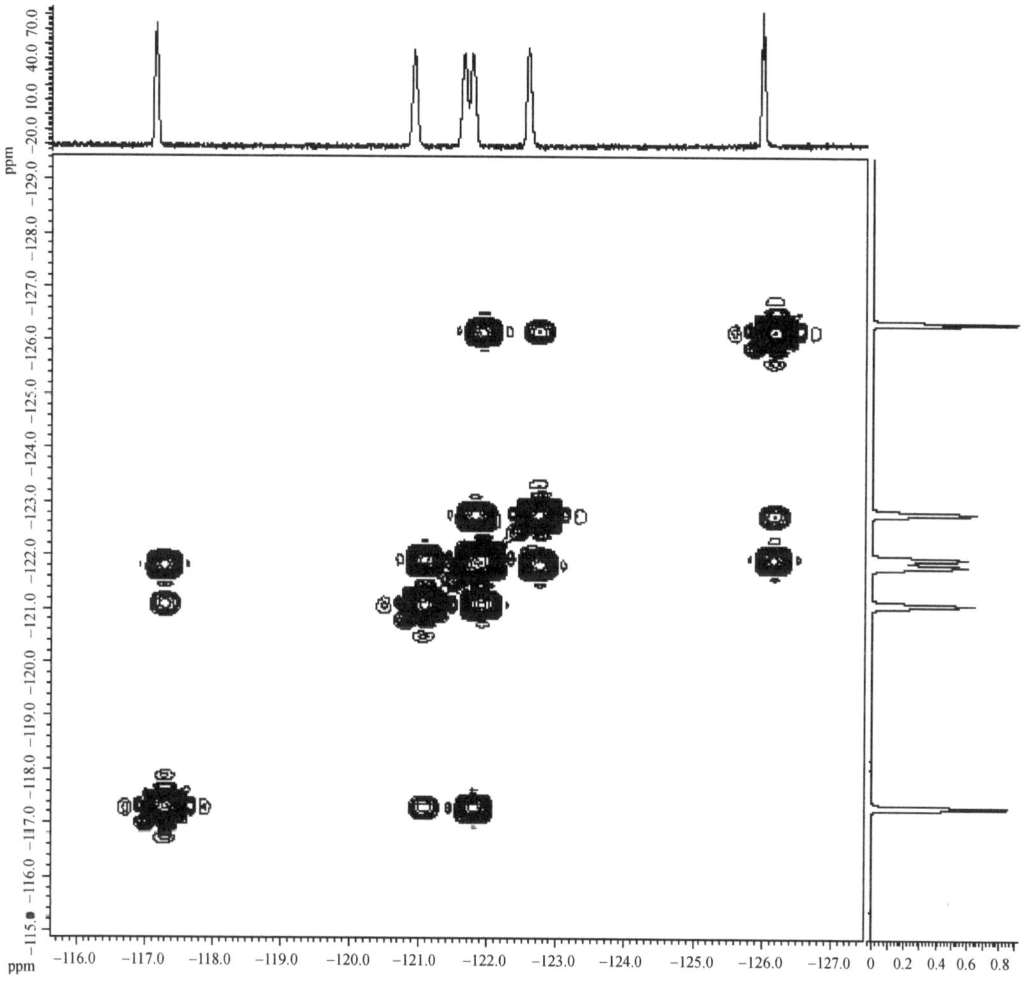

图 3.9 化合物 C3－2 的 COSY 谱局部放大谱

表 3.3 化合物 C3－2 的 F,F-COSY 谱数据整理

δ_F/ppm	耦合的氟 δ_F/ppm
－64.2	－121.7
－81.8	－123.3
－117.8	－121.7,－122.4
－121.7	－64.2,－117.8,－122.5
－122.4	－117.8,－123.3
－122.5	－121.7,－126.9
－123.3	－81.8,－122.4,－126.9
－126.9	－122.5,－123.3

化合物 C3－2 的 F,F-COSY 谱的结果应该这样分析:对于端基,只有由^3J引起的相关峰;进到下一个基团,^4J引起的相关峰强度已经和^3J引起的相关峰强度持平,因此这里观察到三个相关峰(两个来自^3J,一个来自^4J);然后是两个相关峰(一个来自^3J,一个来自

^4J)；再进到里面，^4J的数值已经大于^3J的数值，因此只观察到由^4J引起的两个相关峰。以后是一个逆过程：在中间的基团仅观察到由^4J产生的两个相关峰，然后是两个相关峰(一个来自^3J，一个来自^4J)；在倒数第二个基团观察到三个相关峰(两个由^3J产生一个由^4J产生)，最后在端基观察到一个由^3J引起的相关峰。

用这样的思路，得到化合物 C3－2 氟谱的指认，如下所示：

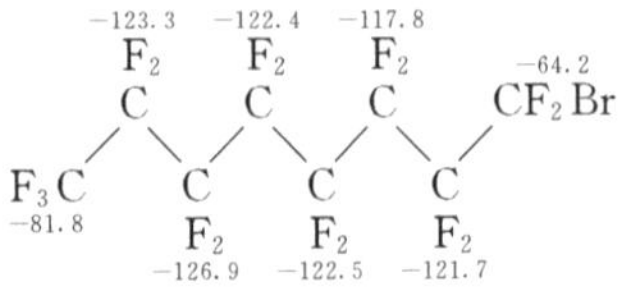

按照结构位置排列的耦合关系用表 3.4 表示，可以清楚地看到耦合常数是怎样变化的。

表 3.4　化合物 C3－2 的 COSY 谱结果(按照结构位置排列)

δ_F/ppm	耦合的氟 δ_F/ppm	有关的耦合常数
−64.2	−121.7	^3J
−121.7	−64.2，−117.8，−122.5	^3J，^3J，^4J
−117.8	−121.7，−122.4	^3J，^4J
−122.5	−121.7，−126.9	^4J，^4J
−122.4	−117.8，−123.3	^4J，^4J
−126.9	−122.5，−123.3	^3J，^4J
−123.3	−81.8，−122.4，−126.9	^3J，^3J，^4J
−81.8	−123.3	^3J

通过上面的两个例子，可以了解 COSY 谱的重要作用：由 COSY 谱可以确定邻碳氢的耦合关系，结合异核位移相关谱，就可以确定碳原子之间的连接关系。无论推导一个未知物的结构，还是从核磁共振谱图的指认来确认一个化合物的结构都十分重要。而且需要强调的是，从 COSY 谱得到的信息是最可靠的(当然需要 COSY 谱中的相关峰清晰)，它比从 HMBC 谱得到的信息可靠。

同核位移相关谱是一大类相关谱。根据不同的具体要求，可以做其他类别的同核位移相关谱。下面介绍较为常用的三种。

1. 相敏 COSY 谱

对于结构复杂的化合物，COSY 谱可能因相关峰密集甚至局部重叠，而不便分析。从谱图来分析是相关峰的精细结构不清楚且相关峰截面也比较大所致。

由于常规 COSY 谱所用的脉冲序列最简单，一般情况下也能解决问题，因此可以作为首选。如果其结果不理想，可以使用脉冲序列更复杂的相敏 COSY 谱的脉冲序列，以得到相敏 COSY 谱。

相敏 COSY 谱的外观和常规 COSY 谱一样，仅在相关峰的精细结构不同。从核磁共振波谱学的角度看，COSY 谱的相关峰偏离于吸收峰型，而相敏 COSY 谱的相关峰则为吸收峰型。相敏 COSY 谱相关峰的精细结构展现得很清楚，可以从相关峰读取耦合常数，因相关峰的重叠而不易解析的情况得到很大改善。谱图的解析方法则与常规 COSY 谱相同。

下面列出相敏 COSY 谱的例图。

化合物 C3－3 的结构如下：

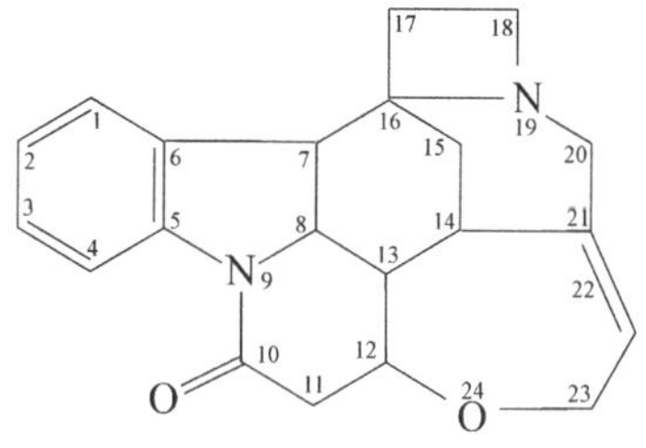

C3－3

化合物 C3－3 的相敏 COSY 谱如图 3.10 所示。

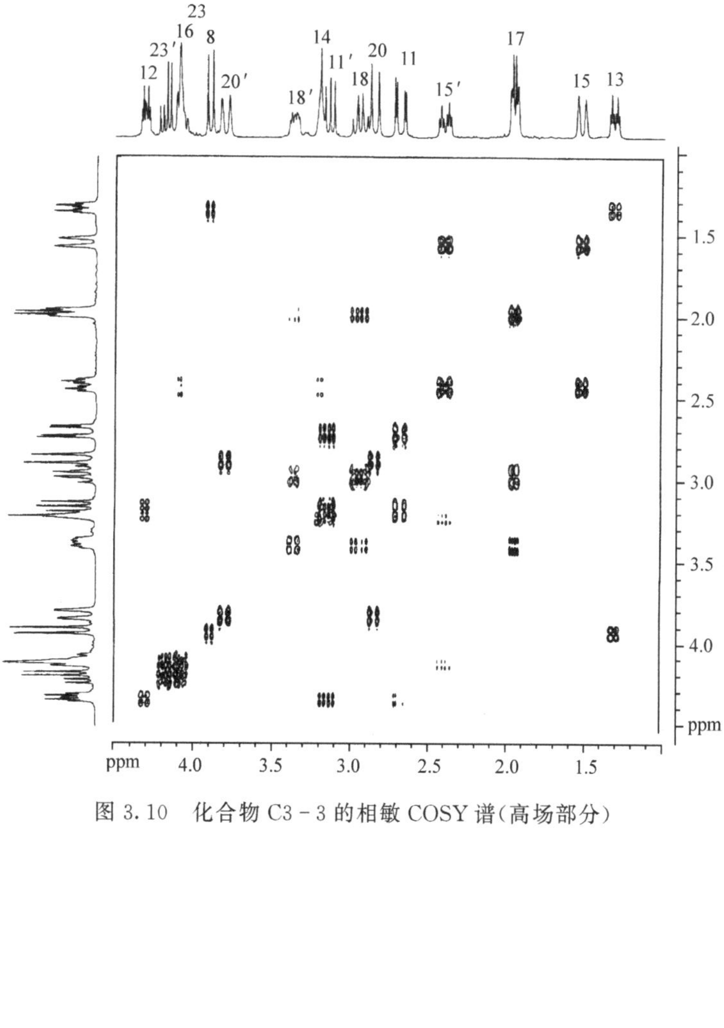

图 3.10　化合物 C3－3 的相敏 COSY 谱(高场部分)

从图 3.10 可见相关峰都呈现矩形，精细结构清楚。

2. 双量子滤波 COSY 谱

双量子滤波 COSY 谱(DQF-COSY 谱)在外观上与 COSY 谱相同，解析方法也一样，虽然从机理考虑二者有很大差别。

当有机化合物含有叔丁基、甲氧基等官能团时，其氢谱中有强的尖锐单峰，在 COSY 谱中，由弱的峰组所产生的相关峰就弱，甚至未显现出来。在这样的情况下，DQF-COSY 谱就有较大优势：在二维谱中抑制了强峰(包括如果溶剂峰为强峰)，相关峰的峰型也获得改善。

化合物 C3 - 4 的结构如下：

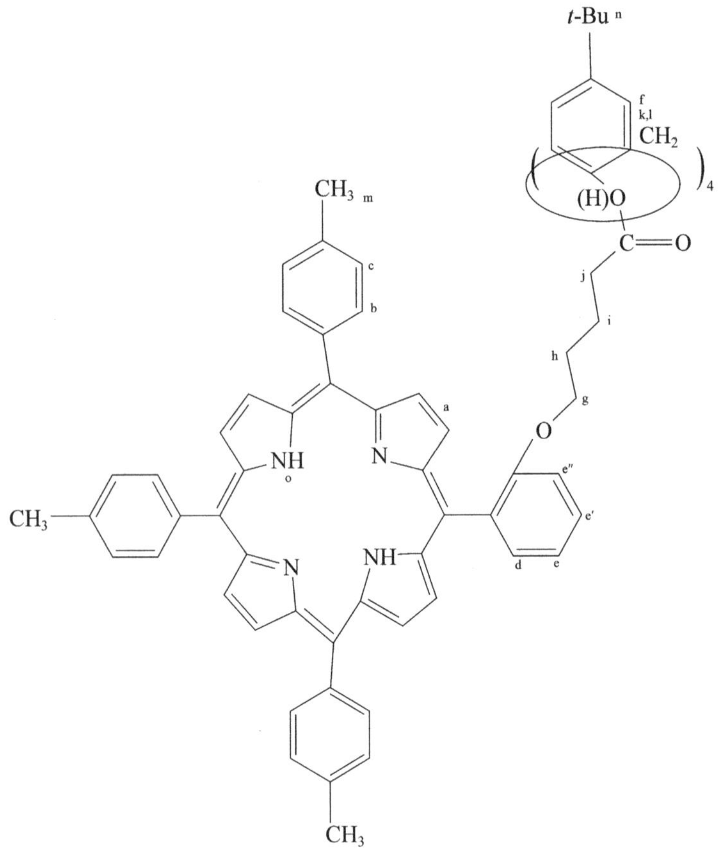

C3 - 4

化合物 C3 - 4 的 DQF-COSY 谱(部分图)如图 3.11 所示。

从图 3.11 可以看到，氢谱中弱峰的相关峰都显现出来了。

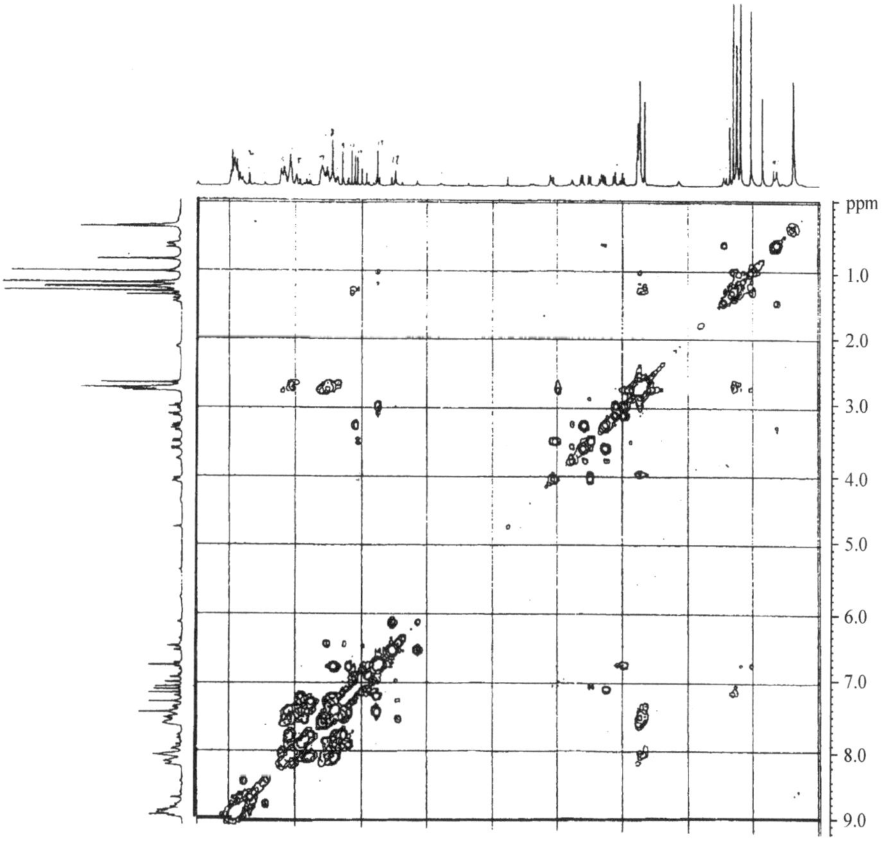

图 3.11　化合物 C3－4 的 DQF-COSY 谱(部分图)

3. 长程 COSY 谱(COSYLR)

COSYLR 也称为 LRCOSY,是长程 COSY 谱的意思。

在常规核磁共振氢谱中,长程耦合主要表现为峰组半高宽的增加,有时在峰的尖端能够看到细微的裂分。不管是哪种情况,长程耦合的表现常都不够清楚。COSYLR 谱是长程相关的二维谱,外形和 COSY 谱类似(因而解析方法也相同),但是长程耦合常能反映出来,因此能够清晰地看到长程耦合,找到相应的长程耦合峰组。需要说明的是在 COSYLR谱中,由^3J耦合产生的相关峰往往也在其中,因此对于每个相关峰都需要仔细分析。

化合物 C3－3 的 COSYLR 谱如图 3.12 所示。

从图 3.12 可以看到长程耦合的相关峰,如 H-13,H-15′; H-17,H-15′; H-13,H-20′; H-20′,H-23 等。

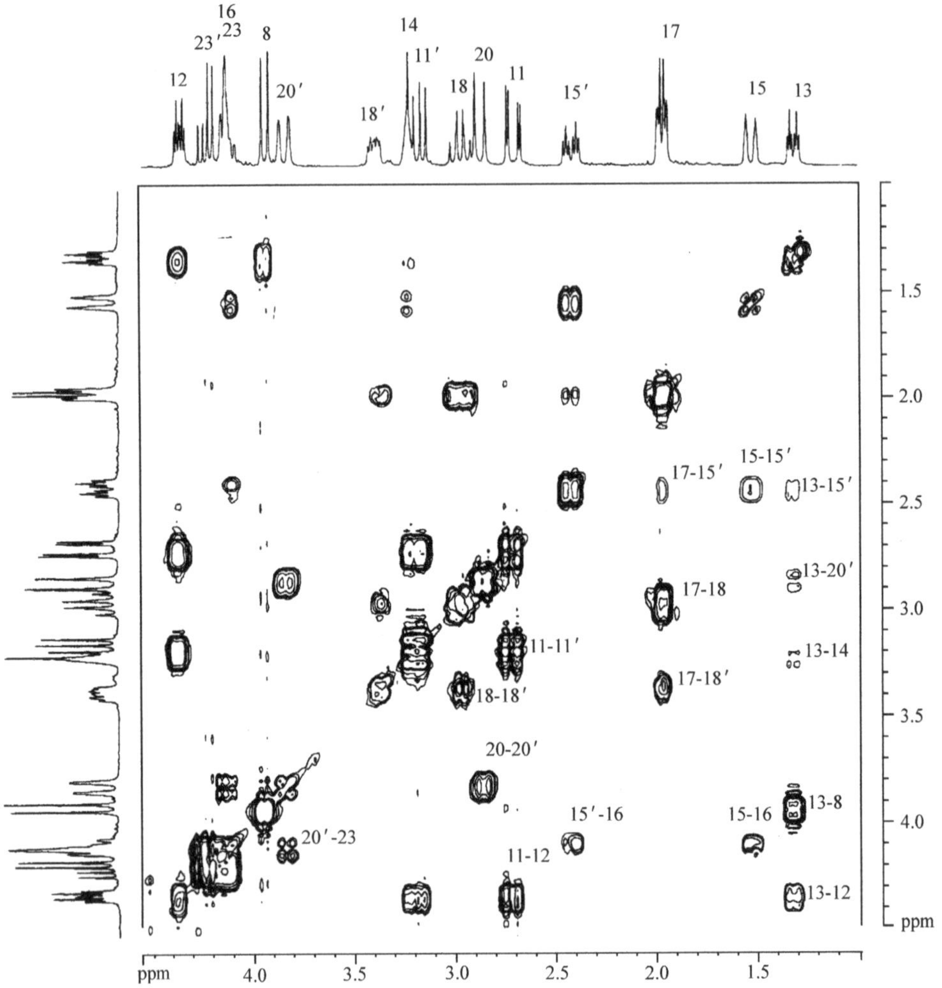

图 3.12　化合物 C3-3 的 COSYLR 谱(高场部分)

3.3　异核位移相关谱

异核位移相关谱把同一个官能团不同核的峰组关联起来，最常用的是把碳谱和氢谱的峰组关联起来。

最早的异核位移相关谱是 H,C-COSY 谱，也写作 C,H-COSY 谱。这样的二维谱呈矩形。F_2(横坐标)方向是碳谱的化学位移，F_1(纵坐标)方向是氢谱的化学位移。这样的二维谱上方为碳谱，侧面为氢谱。在这个矩形中间有若干相关峰。有相关峰的地方必然对应一条碳谱的谱线和一个氢谱的峰组，说明这个基团碳谱的峰和这个基团氢谱的峰组的相关性。

由于 H,C-COSY 谱测定的是碳核(^{13}C)，灵敏度低(虽然如此，在脉冲序列的作用下，比测定碳谱的灵敏度要高不少)，因此后来发展了所谓的反转模式(inverse mode)，在这种模式下，异核位移相关谱测定的是氢核，灵敏度大大提高。

由于采用反转模式，F_2（横坐标）方向是氢谱的化学位移，F_1（纵坐标）方向是碳谱的化学位移。这样的二维谱上方是氢谱，侧面是碳谱。也有仪器公司把横坐标方向仍然作为碳谱的化学位移，纵坐标方向作为氢谱的化学位移，与常规（非反转模式）的异核位移相关谱一致。这样出图仅是一个简单的处理，并不意味着采样是针对碳原子核的。

常用反转模式的异核位移相关谱有 HMQC 谱或 HSQC 谱，它们的识谱方法是一样的。

下面以化合物 C3－5 的 HMQC 谱为例，说明 HMQC 谱的解析方法和用途。

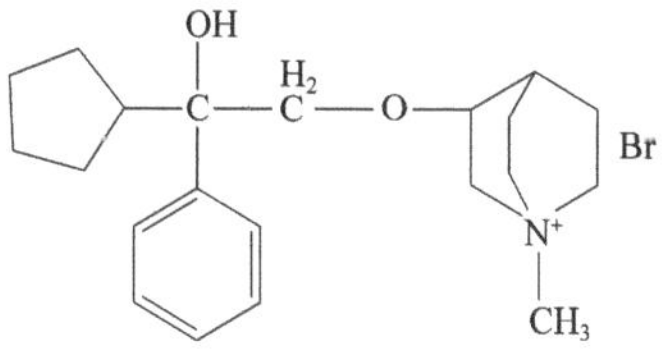

C3－5

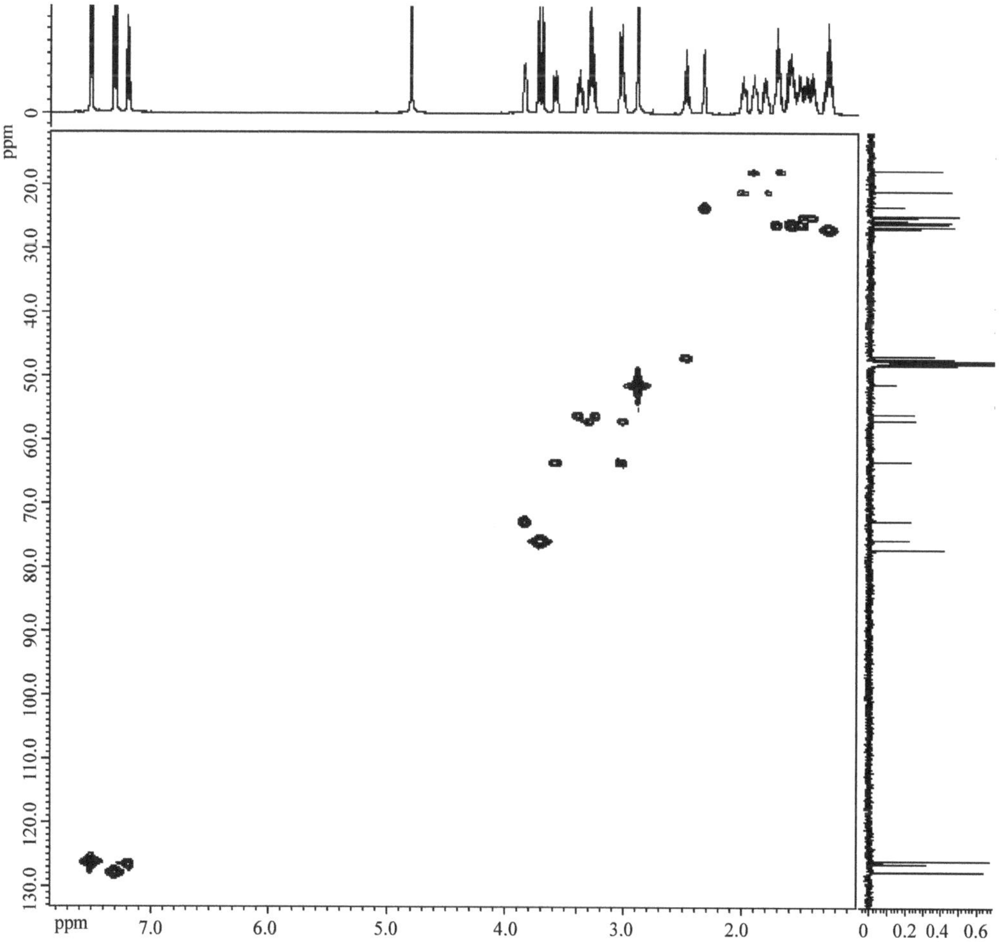

图 3.13　化合物 C3－5 的 HMQC 谱

由于图 3.13 的高场区域相关峰密集，因此列出它的高场放大谱，图 3.14。

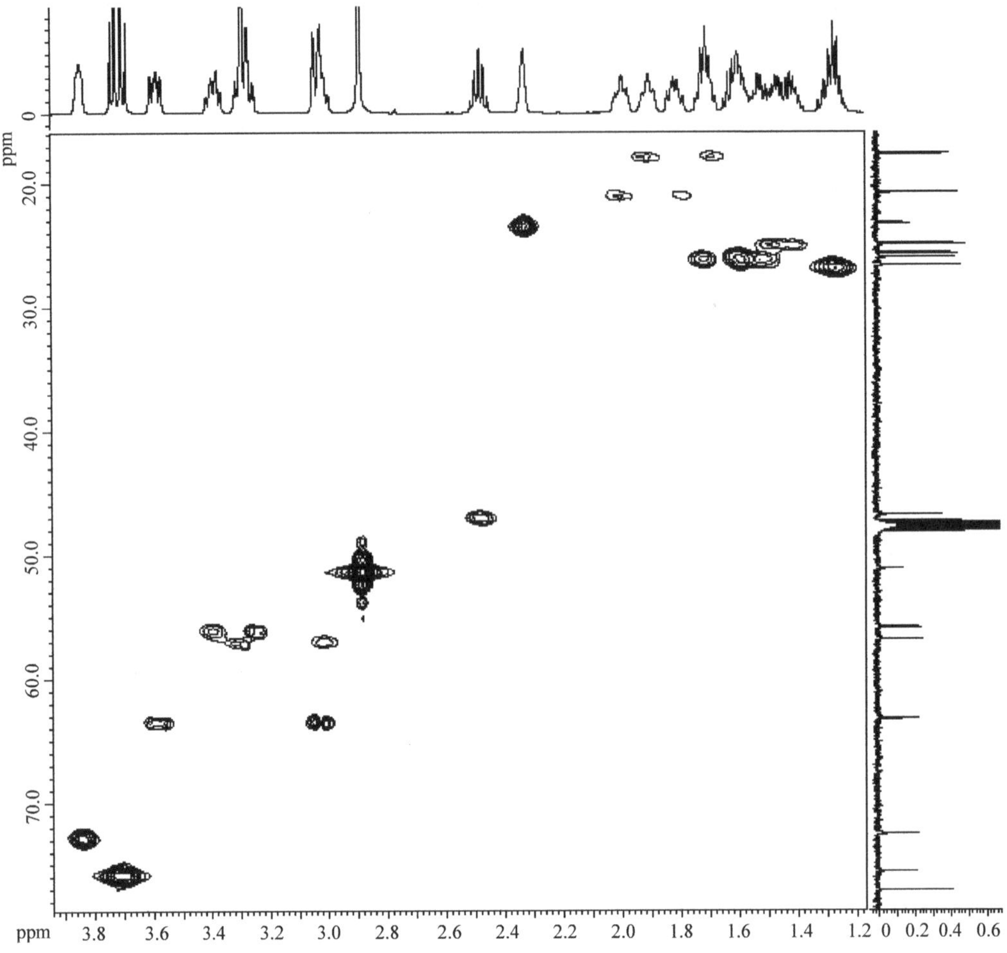

图 3.14　化合物 C3－5 的 HMQC 谱的高场放大谱

从图 3.13 和图 3.14 可知，在 HMQC 谱的右方是该化合物的碳谱。如果是含氢的官能团，通过该碳谱谱线作水平线，会有相关峰和该水平线相交。如果是不含氢的官能团，如季碳原子、羰基原子，通过它们的水平线则没有相关峰与之相交。

异核位移相关谱（以 HMQC 谱为例）的功能归纳如下：

（1）把一个化合物的碳谱和氢谱关联起来。通过异核位移相关谱中的任意一个相关峰作水平线和垂线，它们分别与碳谱的一条谱线及一个氢谱的峰组相交，这就是这个基团在碳谱中的谱线和在氢谱中的峰组。因此，一个化合物的碳谱及其氢谱就完全关联起来了。

完成碳谱和氢谱的关联，对于确定未知物的官能团及推测官能团的环境很重要。例如，某 CH_2 的 δ_H 为5.2 ppm，有可能为烯氢，但从其 δ_C 为 74 ppm 可知它不是烯而是饱和碳上的氢原子，由于连接氧原子，再受到一些去屏蔽作用因而 δ_H 较大。再如，一个 CH 的 δ_H 不大但 δ_C 较大，这说明该 CH 不与电负性基团相连（否则 δ_H 会比较大）但与体积大的基团连接，因此 δ_C 比较大，因为 δ_C 受空间因素的影响大。

完成碳谱和氢谱的全部关联之后，也就完成了氢原子往碳原子上的归属。如果氢谱还剩余峰组，那就是活泼氢的峰组。

(2) 结合 COSY 谱和异核位移相关谱得到碳碳的连接关系。COSY 谱把经由 ^3J 耦合(邻碳氢的耦合)的氢原子确定了，异核位移相关谱把氢谱的峰组和碳谱的谱线关联起来，因此这两种二维谱的结合就确定了碳碳的连接关系。

以上两点对于推导一个未知物的结构或者对一个已知结构化合物的碳谱和氢谱进行指认都是十分重要的。

(3) 通过异核位移相关谱能够更深入地了解相应的氢谱。对于结构不是太简单的有机化合物来说，氢谱中峰组的重叠很容易遇到。有了异核位移相关谱，重叠的氢谱峰组就看得一清二楚了。如果氢谱中间重叠峰组的总积分值给不出明确的结论(如 2.5 个氢原子)，通过异核位移相关谱也能够得到明确的结论(如到底是 2 个还是 3 个氢原子)。以图 3.14 中 $F_2=1.7$ ppm的区域为例，可以清楚地看到，氢谱中1.7 ppm的区域对应两个峰组。一个来自 δ_C 约为18 ppm的一个 CH_2 中的一个氢原子，另外一个来自 δ_C 约为27 ppm的一个 CH_2 中的一个氢原子。前者的 δ_H 略小一点，后者的 δ_H 略大一点。类似地，可以清楚地区分图 3.14 中3.02 ppm附近的两个氢原子的峰组。

(4) 异核位移相关谱对于识别两个氢原子非化学等价的 CH_2 特别有效。上面的分析实际已经涉及这个问题。如果一个 CH_2 上的两个氢原子具有不同的化学位移数值(也就是说它们不是化学等价的)，在一条水平线(通过该 CH_2 的碳谱谱线)上有两个相关峰。上面所述的 δ_C 约为 18 ppm 的一个 CH_2，δ_C 约为 27 ppm 的另外一个 CH_2 都是这样的例子。这样得到的结论比 DEPT 谱更加可靠。因此从异核位移相关谱可以立即找出两个氢原子非化学等价的 CH_2。根据图 3.13 和图 3.14，化合物 C8-5 中所有这样的 CH_2 都得到了清晰的表示。如果只用 COSY 谱，经由 ^2J 和 ^3J 的耦合不能区分，但是在异核位移相关谱中 ^2J 的耦合完全和 ^3J 的耦合区分清楚了。

(5) 由于 HMQC(或 HSQC)谱的 F_1(纵坐标)是碳谱的化学位移，其分辨率远远高于氢谱，除了分析重叠的氢谱峰组卓有成效之外，对于分析重叠的氢谱峰组产生的 COSY 谱重叠的相关峰也很有效，对于 COSY 谱的结果有一个校核的作用。

3.4　长程异核位移相关谱

长程异核位移相关谱关联长程耦合的碳原子和氢原子。长程异核位移相关谱中比较常见的相关峰把跨越 3 根化学键的碳原子和氢原子关联起来，但是也可能关联跨越 2 根化学键或者跨越 4 根化学键的碳原子和氢原子。在芳环体系中，可能出现跨越 5 根化学键的碳原子和氢原子的相关峰。

如同前面异核位移相关谱中的 HMQC 谱或 HSQC 谱，长程异核位移相关谱一般情况下仍然采用反转模式，由此得到的长程位移相关谱称为 HMBC 谱。

与 HMQC 谱或 HSQC 谱类似，在 HMBC 谱中 F_2(横坐标)方向仍然是氢谱的化学位移，而 F_1(纵坐标)方向则是碳谱的化学位移。这样的二维谱上方为氢谱，侧面为碳谱。

类似于 HMQC(或 HSQC)谱,有的仪器公司把横坐标方向仍然表示为碳谱的化学位移,纵坐标方向表示为氢谱的化学位移,以与常规(非反转模式)长程异核位移相关谱一致。这样出图仅是一个简单的处理,并不意味着采样是针对碳原子核的。

化合物 C3－6 的结构如下所示:

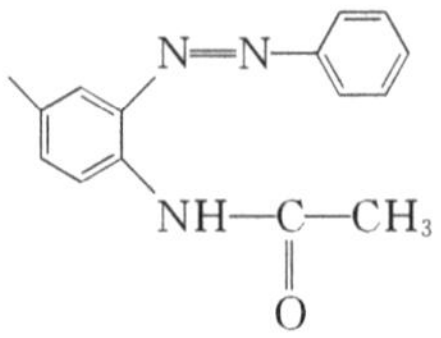

C3－6

化合物 C3－6 的 HMBC 谱如图 3.15 所示。

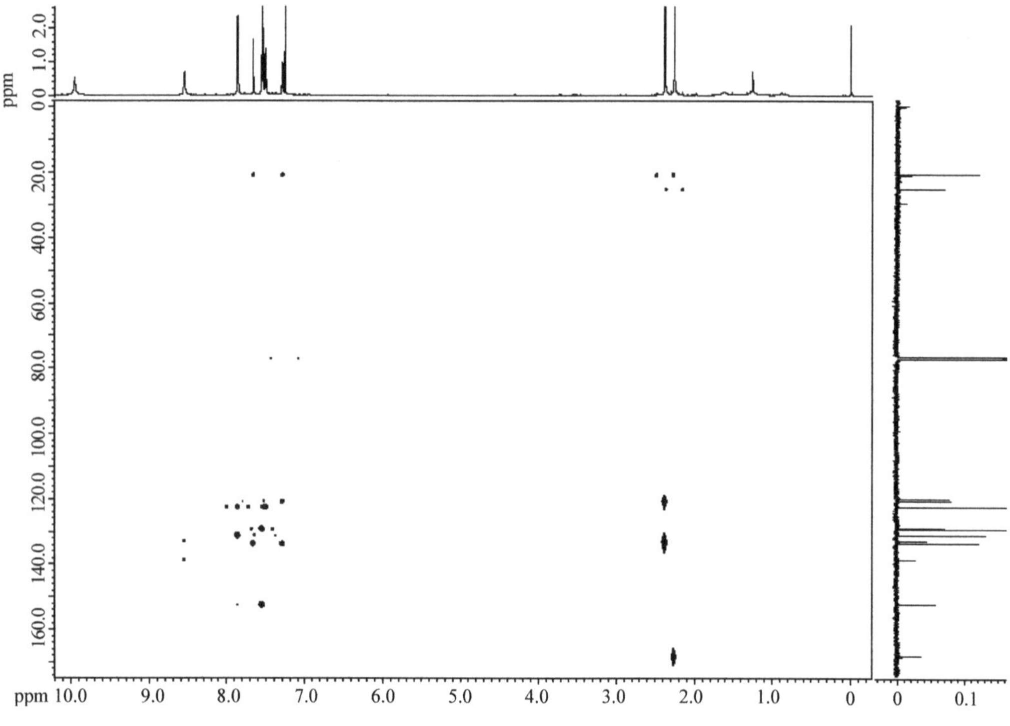

图 3.15　化合物 C3－6 的 HMBC 谱

图 3.15 低场部分的放大谱如图 3.16 所示。

从图 3.15 和图 3.16 可以看出,HMBC 谱数据的读取比 HMQC(或者 HSQC)谱复杂,面临的可能有 3 种峰。

(1) 长程耦合的相关峰。这样的相关峰比较容易识别,通过这样的相关峰作水平线和垂线,它们会分别和某条碳谱的谱线及氢谱的一个峰组相交。HMBC 谱与 HMQC(或 HSQC)谱不同,后者反映的是直接相连的碳原子和氢原子的相关,而前者是跨越不只一根化学键的碳原子和氢原子的相关。这样的相关峰的横坐标和纵坐标分别对应氢谱的峰组和碳谱的谱线。

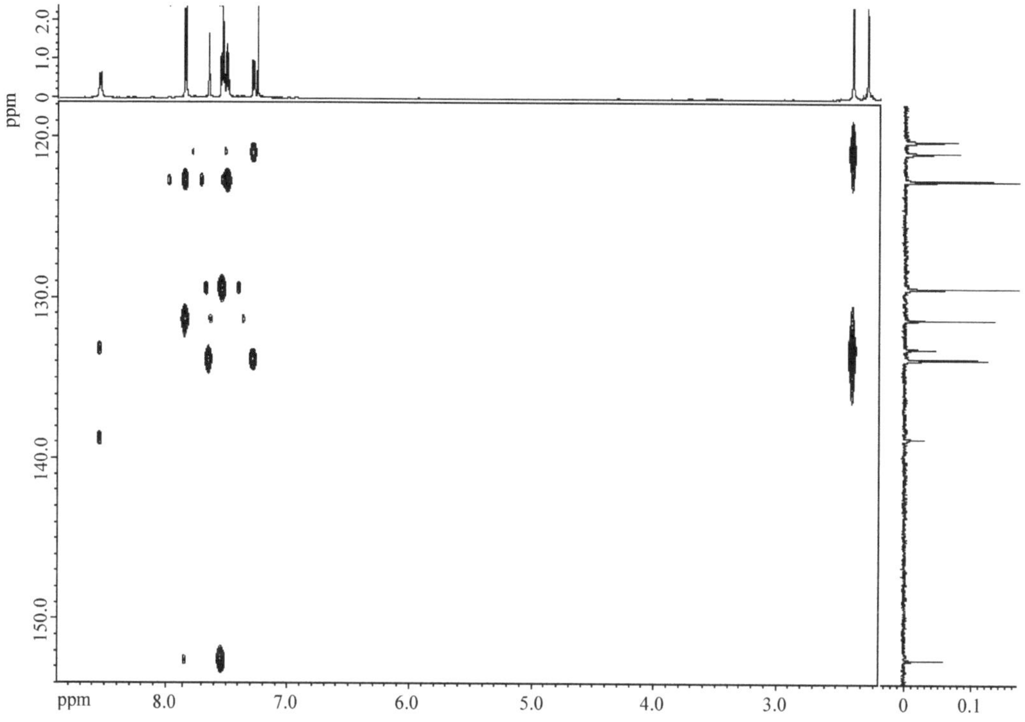

图 3.16　化合物 C3－6 的 HMBC 谱低场放大部分

(2) 在 HMBC 谱中水平方向出现一对峰，且它们的中点对准氢谱的某个峰组。在图 3.15 中 F_1 约为22 ppm的一对峰，以及 F_1 约为26 ppm的一对峰就属于这样的情况。它们的中点分别对准氢谱中 δ_H 约为2.35 ppm和2.25 ppm的两个单峰。这样的一对峰表明的是^1J相关。上面的数据说明 δ_C 约为 22 ppm 的碳原子和 δ_H 约为 2.35 ppm 的氢原子是直接相连的，δ_C 约为 26 ppm 的碳原子和 δ_H 约为 2.25 ppm 的氢原子是直接相连的。当然，这样的信息从 HMQC 谱或 HSQC 谱已经得到，但是由于这样的峰出现在 HMBC 谱中，应该知道其含义，也可以作为对于 HMQC(或 HSQC)谱结果的一个验证。

(3) 在 HMBC 谱中水平方向出现一对峰，它们的中点也有一个峰，而且这个峰对准氢谱的某个峰组，其含义和上面一条是一致的，即也表示是^1J相关。第 3 点和第 2 点可以说是^1J相关的两种表现形式。在图 3.16 中 δ_C 约为 129 ppm 而 δ_H 约为 7.55 ppm 的 3 个峰(中间的峰强，两侧的峰弱)就是这样的例子。

在 HMBC 谱中一定有上述的第一种峰，第二类或者第三类峰则可能有可能没有，这和作图条件有关。

特别需要注意的是在 HMBC 谱中可能出现不少的假峰。区别假峰根据下面几点：

(1) 假峰的位置和原来谱图的氢谱峰组或者碳谱谱线的位置没有对应关系，也就是说假峰对应的坐标不对准碳谱谱线或者氢谱峰组的位置。当然，上述的^1J相关的峰(它不对准氢谱峰组的位置而是以氢谱峰组的位置对称分布)不属于此列。

(2) 假峰的强度比较低。

HMBC 谱的功效可以归纳为下面几点：

(1) 从 HMBC 谱找到跨越几根化学键的碳原子和氢原子的连接关系。

这一点对于推断未知物结构极为重要。用 COSY 谱结合异核位移相关谱（如 HMQC 谱）可以找到碳原子的连接关系，于是可以逐步推导出未知物的结构，但是这样的步骤终止于季碳原子或杂原子。因此上述的方法只能得到一个个的结构片断。这些片断如何连接起来呢？这就只能依靠 HMBC 谱了。

解析 HMBC 谱相对比较困难，因为 HMBC 谱中的相关峰可能表示的是跨越 3 根化学键的碳原子和氢原子的相关，也可能是跨越 2 根化学键或者 4 根化学键的碳原子和氢原子的相关，甚至可能是跨越 5 根化学键的碳原子和氢原子的相关，所以在解析 HMBC 谱时需要考虑多种可能性。如果有若干结构单元均有几种可能，那总的可能性（应该是各种可能性相乘！）就很大了。

从 20 世纪 80 年代初开始，用计算机辅助解析谱图迅速发展，到 20 世纪 90 年代已有商业性软件可用于解析谱图。在使用计算机解析谱图时，相对于人工解析，最大的优势就是在解析 HMBC 谱上，因为计算机便于处理多种可能性。

无论如何，尽管使用 HMBC 谱有不少困难，但是当未知物结构含有季碳原子或者杂原子（这样的概率很大）时，只有 HMBC 谱能够解决这个问题，因此 HMBC 谱的功能是很重要的。

(2) 由于 HMBC 谱的 F_1（纵坐标）是碳谱的化学位移，因此它具有比较高的分辨率，这点特别重要。大量的谱图说明，HMBC 谱往往比 HMQC（或 HSQC）谱的分辨率好，COSY 谱的分辨率则肯定不如它。因此氢谱峰组相互重叠严重时，为确定氢谱峰组的化学位移数值，首先查看 HMQC 类的二维谱，如果仍然看得不清楚，就需要参考HMBC谱。由于它比 COSY 谱分辨率高，当 COSY 谱中的相关峰重叠，读取数据存在困难时，HMBC 谱的数据可以帮助 COSY 谱得到正确的相关信息。

(3) HMBC 谱中有反映 ^1J 相关的相关峰，因此它们可以作为（部分）HMQC 谱等异核位移相关谱数据的校核。

为了具体说明 HMBC 谱的功能，列出化合物 C3 - 5 的 HMBC 谱和它的局部放大谱（图 3.17 和图 3.18）。

由于该化合物和相应的 HMBC 谱都比较复杂，在此仅列出部分 HMBC 谱的结果，以及该结构式的部分指认结果。该化合物 HMBC 谱的部分结果如表 3.5 所示。

表 3.5　化合物 C3 - 5 的 HMBC 谱的部分结果

δ_C/ppm	长程耦合的氢 δ_H/ppm	^1J耦合的氢 δ_H/ppm
145.4	7.31,3.73,3.69	
77.1	7.50,3.73,3.69,1.59,1.27	
75.6	2.48	3.73,3.69
72.5	3.73,3.69,3.03,1.69	

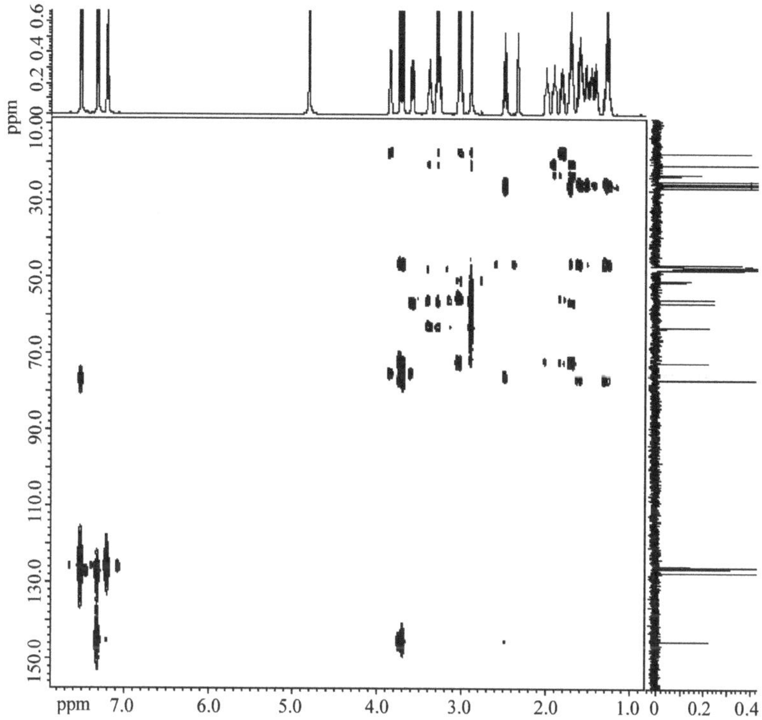

图 3.17　化合物 C3-5 的 HMBC 谱

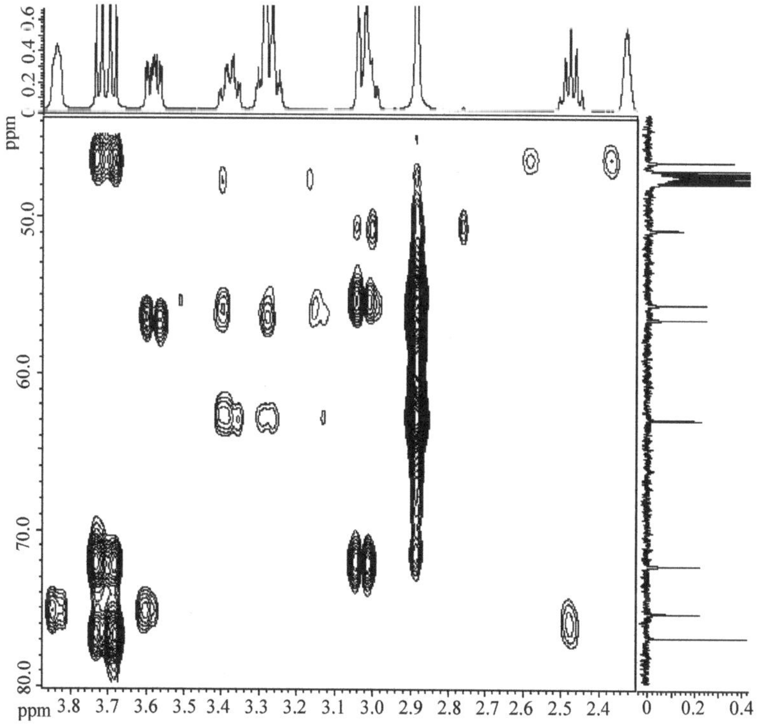

图 3.18　化合物 C3-5 的 HMBC 谱局部放大谱

化合物 C3－5 的部分指认如下：

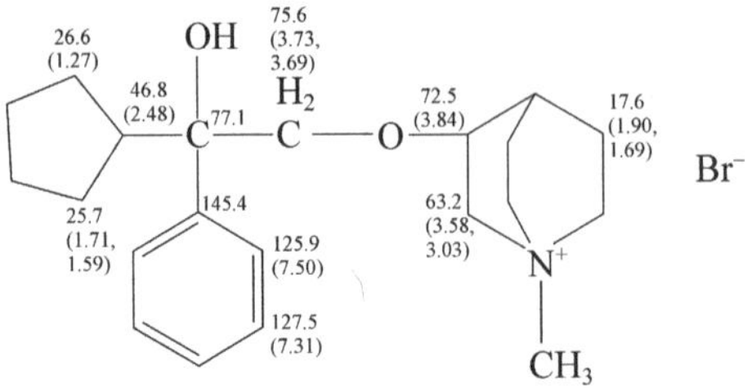

对比表 3.5 和上述的指认，就可了解 HMBC 谱的功效。特别是化学位移数值为 77.1 ppm 的季碳原子，它把几个结构单元分开了。只有通过它在 HMBC 谱中的相关峰，才能把几个结构单元连接起来。表 3.5 中其余几行数据的作用也可以从上面的指认看出。

3.5　NOESY 谱和 ROESY 谱

NOESY 谱和 ROESY 谱都属于 NOE 类相关谱。这两种二维谱的原理和效果有一些差别，主要根据所研究的有机化合物选择，但是这两种二维谱的外形和解析方法是一样的。进一步的了解请参阅有关文献（宁永成，2000）。

在测定常规核磁共振氢谱之后，如果化合物的结构中有两个氢原子，它们之间的空间距离比较近（小于 5×10^{-10} m），照射其中一个氢原子的峰组时测定氢谱，与该氢原子相近的另外一个氢原子的峰组面积会变化，这就是 NOE 效应。做 NOE 差谱：把后面测得的氢谱减去原来的（常规）氢谱，面积有变化的地方就会出峰，这就可以发现 NOE 效应。上述的方法是用一维谱的方式测定 NOE 效应。如果一个化合物中有若干成对的氢原子空间距离相近，需要照射若干次，这样显然不方便。NOE 类的二维谱则是通过一张 NOE 类的二维谱找到一个化合物内所有空间距离相近的氢原子对。

NOESY 谱或 ROESY 谱的外观与 COSY 谱相同，只是 NOE 类相关谱中的相关峰反映的是有 NOE 效应的氢原子对。当然由于具有 ^3J 耦合的两个氢原子的距离也不远，因此在 NOE 类相关谱中也常出现相关峰（作图时采取措施尽量去除，但是难以完全除掉）。所以，在分析 NOE 类相关谱时要特别注意不是 ^3J 耦合的相关峰。某个相关峰所对应的两个氢原子跨越的化学键数目越多，从 NOE 效应的角度来看意义越大。

NOE 类相关谱对于解决立体化学的问题作用很大。下面举两个例子。

化合物 C3－7 的结构如下：

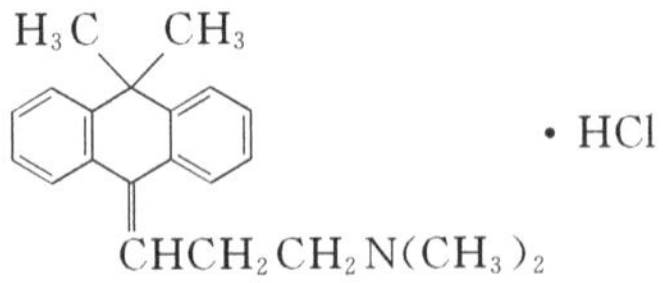

C3－7

其 NOESY 谱和 NOESY 谱的局部放大谱分别如图 3.19 和图 3.20 所示。

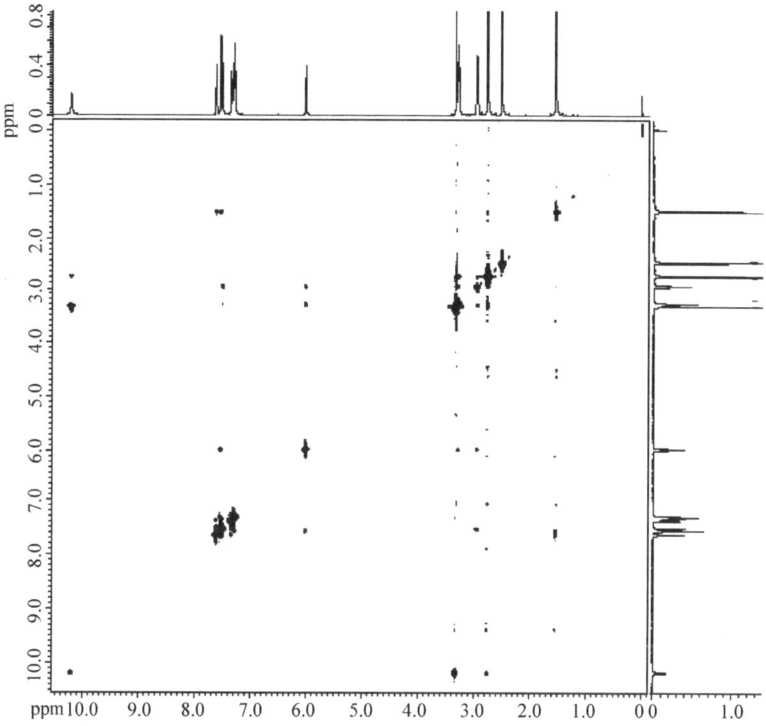

图 3.19　化合物 C3 - 7 的 NOESY 谱

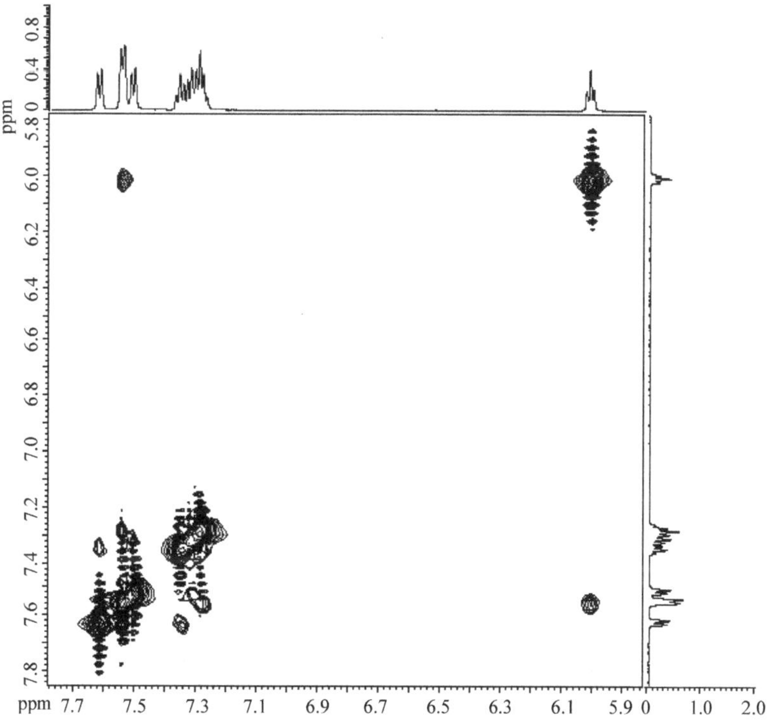

图 3.20　化合物 C3 - 7 的 NOESY 谱局部放大谱

通过 NOESY 谱的数据，确定了如下 NOE 效应，因而也就确定了侧链的方向：

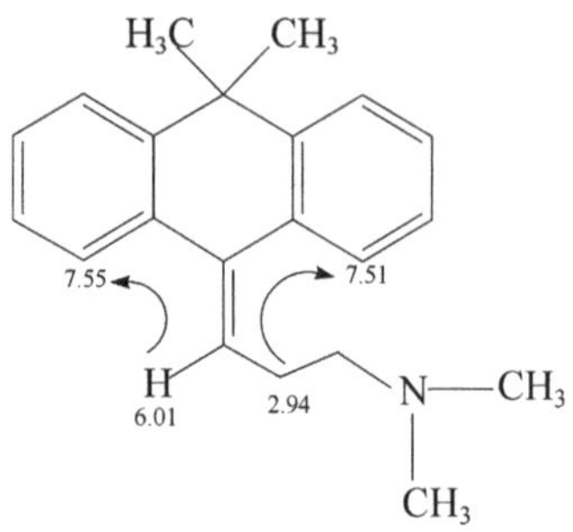

再以上面讨论过的化合物 C3－1 为例。

化合物 C3－1 的 NOESY 谱及其局部放大谱分别如图 3.21 和 3.22 所示。

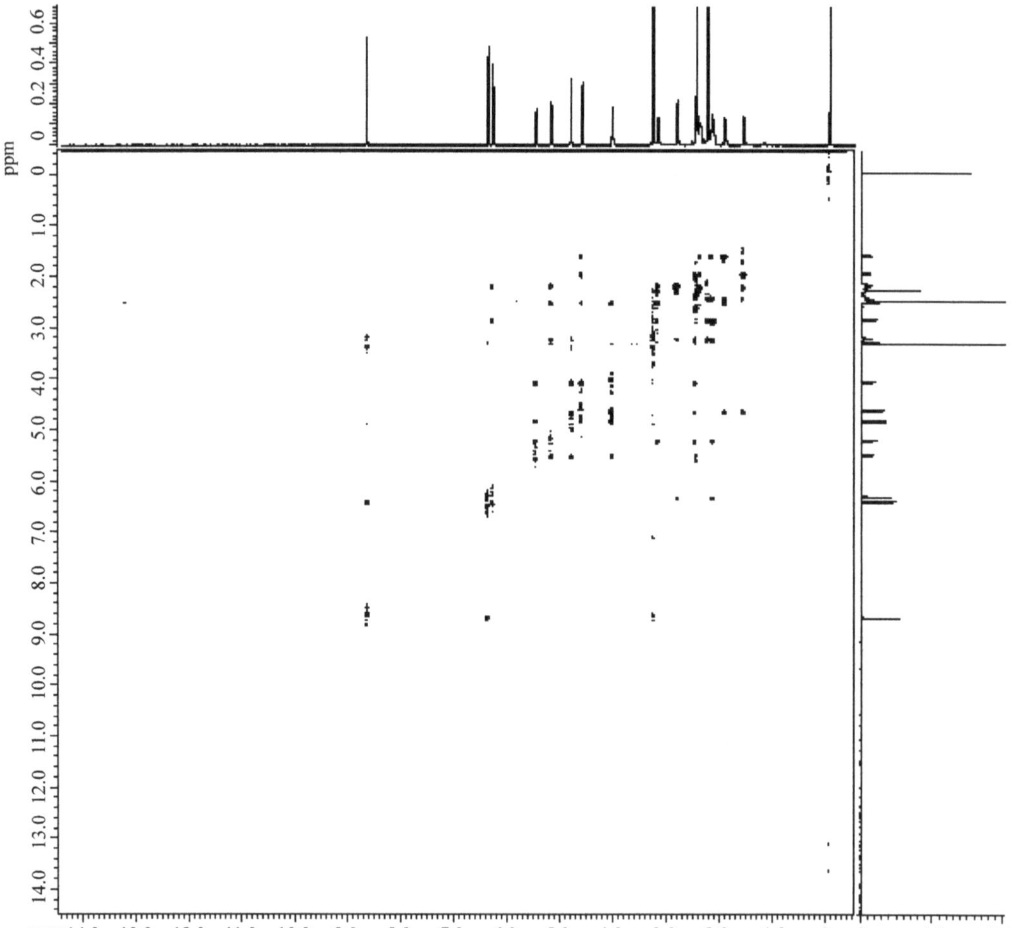

图 3.21　化合物 C3－1 的 NOESY 谱

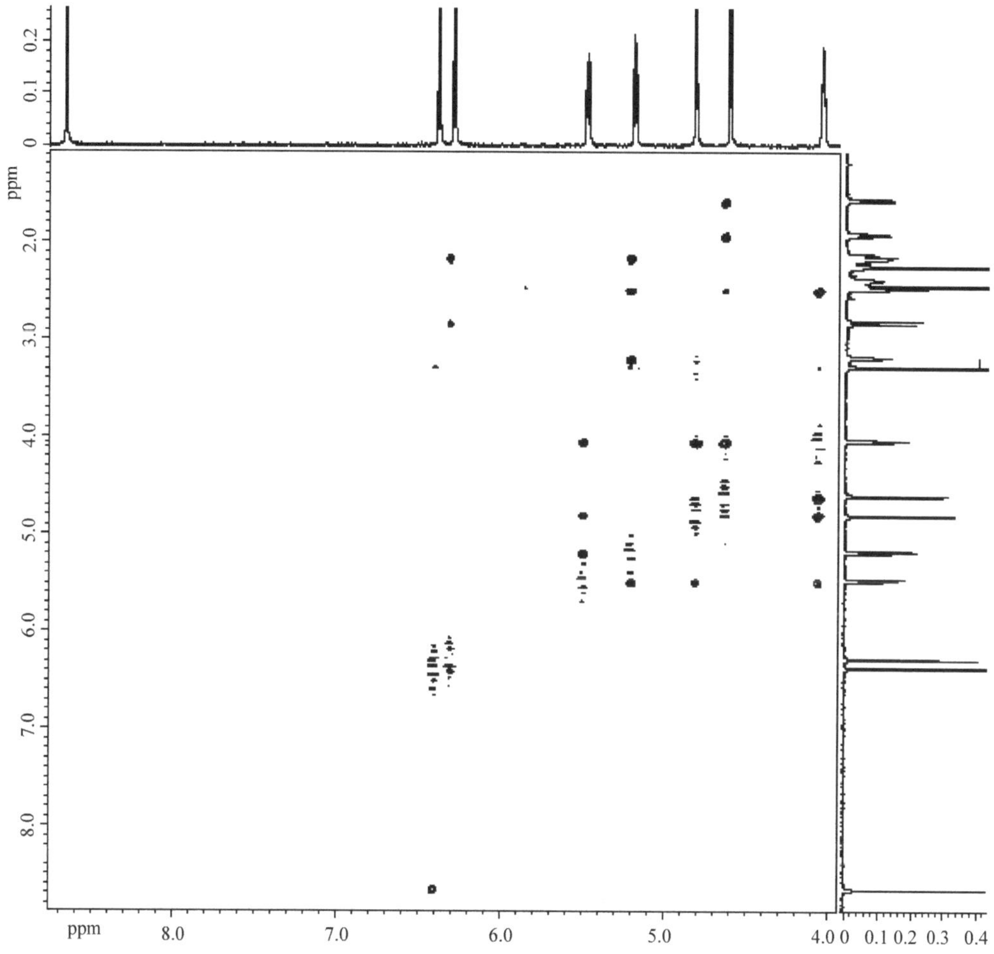

图 3.22　化合物 C3-1 的 NOESY 谱局部放大谱

从 NOESY 谱可以看到如下 NOE 效应：

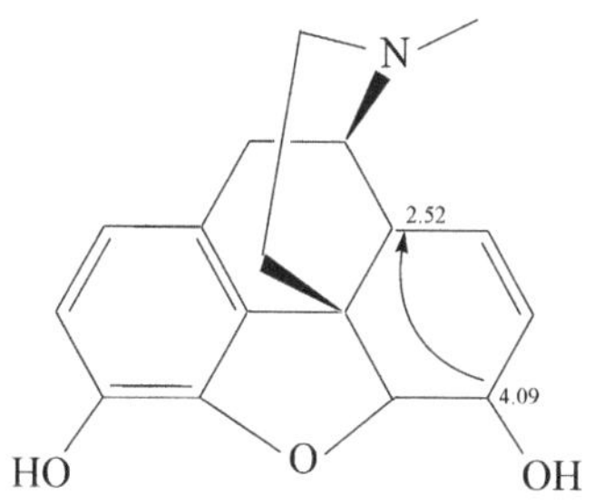

由于这两个氢原子跨越 5 根化学键，不能存在耦合关系，因此这个结果说明它们所在的六元环为船式构象。

3.6 同核总相关谱

在 3.2 节中已经讨论了 COSY 谱，通过它能够找到相邻含氢基团的耦合关系（芳环中可能出现的[4]J耦合相关暂时不讨论）。在 COSY 谱中通过某氢谱的峰组作垂线或水平线，会与若干相关峰相交。所找到的耦合关系都是邻碳氢，或者说它们分别直接相连的碳原子是直接相连的。

如果有下列结构单元：

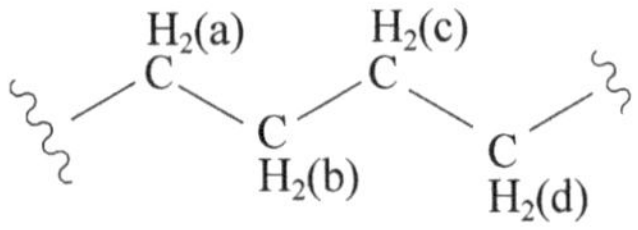

在 COSY 谱中只能找到邻碳氢之间的耦合。如果从 CH_2(a)能够一直找到与 CH_2(d)的耦合，对于推导未知物结构肯定是有用的。

同核总相关（TOCSY）谱的形式和 COSY 谱类似。横坐标（ω_2，F_2）和纵坐标（ω_1，F_1）方向的投影都是该化合物的氢谱，因此其横坐标和纵坐标都标注的是氢谱化学位移。在 TOCSY 谱的上方（或者再加一个侧面）有对应的核磁共振氢谱。TOCSY 谱中仍然有一条对角线，对角线之外有若干相关峰，与 COSY 谱不同的是相关峰的数目大大增加。如果是上面所述的结构单元，通过 CH_2(a)的峰组作一条垂线（或者水平线），会找到与 CH_2(b)、CH_2(c)和 CH_2(d)的相关峰。

设想未知物含有几个醣环，通过 TOCSY 谱可以把几个醣环的耦合关系找到，不同的醣环则可相互分辨开。

TOCSY 谱的具体例子，请看第 6 章例 6.20。

参 考 文 献

宁永成. 2000. 有机化合物结构鉴定与有机波谱学[M]. 2 版. 北京：科学出版社

Berger S. 1995. Journal of Fluorine Chemistry[J]. 72：117～119

第 4 章　质谱的解析

质谱(谱图)是唯一能够得到未知物相对分子质量的工具。高分辨质谱可以给出未知物的分子式。为推测一个未知物的结构,质谱(谱图)原则上是不可少的。

本章较大篇幅讨论 EI 质谱(电子轰击电离质谱),也阐述软电离质谱,包括了目前常用的各种软电离方法。

4.1　有机质谱的基本知识

4.1.1　质谱谱图

质谱(谱图)的横坐标是质荷比,即离子的质量和离子所带的电荷之比。从左到右表示质荷比增加的方向。由于在一般情况下离子仅带单位电荷,此时质荷比实际上就是离子的质量。质谱(谱图)的纵坐标是离子流的强度。最高的峰称为基峰。

4.1.2　有机质谱中的电离方法

不同的电离方法具有不同的原理,因而得到的质谱(谱图)就不同,解析方法也不同。后面将根据不同的电离方法所得的质谱分别进行讨论。

1. 电子轰击电离

电子轰击电离是发展最早的电离。通过电子轰击电离可以产生大量的(广义)碎片离子,因此对于推测未知物结构有利。电子轰击电离的缺点是可能没有分子离子。

2. 软电离

除电子轰击电离之外的所有电离方法均属于软电离。软电离主要产生准分子离子以推导未知物的相对分子质量。软电离包括化学电离、快原子轰击电离、基质辅助激光解析电离、电喷雾电离、大气压化学电离等。利用这些电离方法所产生的质谱谱图的解析将在 4.4 节中介绍。

4.1.3　有机质谱中的各种离子

1) 分子离子

分子离子是样品分子经电子轰击电离而产生的,标注为 $M^{+\cdot}$。其中 M 表示有机分子;"+"表示有机分子经过电子轰击电离已经失去一个电子而成为正离子;"·"表示有机分子经过电子轰击电离已经失去一个电子而剩下一个未配对电子,也就是说现在它是一个自由基离子。

对于单电荷离子,分子离子的质荷比数值上就是该化合物的相对分子质量。

2）准分子离子

准分子离子由软电离产生。准分子离子除包括有机分子(M)外还包括其他组成，如$[M+H]^+$、$[M-H]^-$、$[M+Met]^+$等，其中H表示氢原子，Met表示金属原子。

准分子离子不含未配对电子，因而结构上比较稳定。

3）碎片离子

广义的碎片离子指由分子离子或准分子离子产生的一切离子。狭义的碎片离子指使用电子轰击电离，由分子离子经过简单断裂而产生的离子(不包括重排离子)。

4）重排离子

重排离子是分子离子经过重排反应产生的离子，其结构并非原来分子的结构单元。

5）母离子与子离子

任何一种离子在质谱仪器中进一步产生某种离子，前者称为母离子，后者称为子离子。分子离子是最早的母离子。

6）亚稳离子

亚稳的意思是介于稳定与不稳定之间。亚稳离子是从离子源出口到检测器之间产生的离子。通过亚稳离子能够找到母-子离子对。

7）奇电子离子和偶电子离子

具有未配对电子的离子称为奇电子离子。这样的离子由于具有未配对电子，反应活性较高。

没有未配对电子的离子称为偶电子离子。它的反应活性比奇电子离子低。

8）多电荷离子

失掉两个以上电子的离子是多电荷离子。离子由于带有多电荷而使其质荷比相应下降，这对于测定大分子的相对分子质量很有用。

质荷比为半整数的峰应该是双电荷离子的峰。

9）同位素离子(峰簇)

当有机化合物含有的元素具有非单一的同位素组成时，电离过程会产生同位素离子峰簇。

4.2　质谱中的同位素离子峰簇

在讨论质谱的解析前，先介绍质谱中同位素离子峰簇的概念。当有机化合物含有的元素具有非单一的同位素组成时，在质谱中会出现同位素离子峰簇。质谱图中，可以在分子离子或准分子离子的区域看到同位素离子峰簇，在(广义)碎片离子区域(质荷比较小的区域)也可以看到同位素离子峰簇，特别是化合物含有溴、氯这样的元素时。

既然是峰簇，就会有各个峰之间强度比的问题，本节就讨论同位素离子峰簇内各峰的强度比。

有机化合物常见元素的同位素丰度表如表4.1所示。

表 4.1　有机化合物常见元素的同位素丰度

元素	A	A+1	A+2
C	100	1.11	
H	100	0.015	
N	100	0.37	
O	100	0.04	0.20
F	100		
Si	100	5.06	3.36
P	100		
S	100	0.79	4.43
Cl	100		31.99
Br	100		97.28
I	100		

表 4.1 和通常的同位素丰度表不同，它不是归一的(各种同位素的组成加起来不是 100%)。为方便解析质谱图，在表 4.1 中把最轻的同位素标注为 A，其丰度定为 100%。A+1、A+2 分别是比最轻的同位素大 1、2 个质量单位的同位素，它们的同位素丰度列在表 4.1 中。

先讨论最简单的情况，即该化合物所含的元素中，仅有一种元素由两种同位素组成，其他元素均为单一的同位素。在这样的情况下，同位素离子峰簇中各峰之间的比例如式(4.1)所示：

$$(a+b)^m=a^m+ma^{m-1}b+\frac{m(m-1)}{2!}a^{m-2}b^2+\cdots+\frac{m(m-1)\cdots(m-k+1)}{k!}a^{m-k}b^k+\cdots+b^m \tag{4.1}$$

这个公式很容易理解，因为二项式展开的系数反映出现的概率。

式(4.1)中，a 为轻同位素的相对丰度；b 为重同位素的相对丰度；m 为化合物中含有该元素的原子个数。

式(4.1)中各项的数值反映峰簇中各峰的强度，式中的加号理解为各峰的共存或者各峰的相对强度比。

以某化合物含有两个氯原子为例，把 $m=2$，a 和 b 分别为 3 与 1(100∶31.99≈3∶1)代入得

$$(a+b)^m=(a+b)^2=a^2+2ab+b^2=9:6:1$$

这就是说，在该质谱中可以看到 M 峰、M+2 峰和 M+4 峰，这三处峰的强度比为 9∶6∶1。

如果化合物含有 i 种元素均含有两个同位素，则式(4.1)变为式(4.2)：

$$(a_1+b_1)^{m_1}(a_2+b_2)^{m_2}(a_3+b_3)^{m_3}\cdots(a_i+b_i)^{m_i} \tag{4.2}$$

式(4.2)中，a_1、b_1、m_1 对应第一种元素，其余类推。

在应用式(4.2)时，应将该式完全展开，相同质量的项应进行相加合并，合并之后各项

之间的加号也应理解为各峰之间的相对强度比。

在 4.3.6 的例题中将看到应用式(4.1)或式(4.2)对于确定化合物中某些元素原子数的作用。

由于分子离子峰簇位于质谱横坐标(质荷比)的最高端,同位素峰簇显示得最清楚,因此有关的信息最可靠。

在较低的质荷比区域,由于同位素离子峰簇可能和简单断裂或重排产生的峰重叠,因此有关的信息不如分子离子峰区域的信息可靠。

除形成同位素离子峰簇外,质谱中的简单断裂反应也形成离子峰簇,主要存在于 EI 质谱中。当然,由简单断裂所形成的离子峰簇和同位素离子峰簇的形状大不相同。

4.3 电子(轰击)电离质谱(EI-MS)的解析

推导一个未知物的结构,至少应该知道未知物的相对分子质量(能够知道未知物的分子式当然更好)。因此对于各类质谱而言,首先希望能够得到相对分子质量的信息。此外,(广义的)碎片离子的信息可以进一步帮助结构的推断。

EI 质谱给出未知物分子的碎片离子(广义)。因此在不缺少分子离子峰的情况下,EI 质谱相对于软电离质谱含有比较丰富的结构信息。

4.3.1 分子离子峰的确定

确定了 EI 质谱中的分子离子峰 $M^{+\cdot}$,也就确定了化合物的相对分子质量。

由于分子离子具有最大的质荷比,因此分子离子峰应该在质谱的最高质荷比端出峰。

一方面,由于样品可能不能气化或在气化时分解,或者在电子轰击电离时无完整的分子结构,因此在电子轰击的条件下没有出分子离子峰是可能的。另一方面,样品中的杂质(特别是挥发性杂质)可能在高质量端出峰,因此最高质荷比的峰是否是分子离子峰需要进行判断。

判断是否分子离子峰可根据下面几点。

1. 最大质量数的峰可能是分子离子峰

分子离子峰应该具有最大的质量数。如果它存在于同位素离子峰簇之中则应该按照 4.2 节中所述确定。

2. 合理中性碎片的丢失

分子离子失去一个中性碎片,则产生一个质量数较低的(广义)碎片离子。由于后者质量具有一定的限制,因此检查分子离子峰和比它质量稍小的(广义)碎片离子峰的质量差额特别重要,需要看这个差额是否合理。这是判断最高质量峰是否为分子离子峰的最重要依据。

一方面,一个有机化合物的分子在电离时可能失去一个、两个氢原子,但是有机分子在电离时不可能接着失去三个、四个氢原子而不进一步碎裂。另一方面,一个有机化合物分子失去的最小基团为一个甲基，其质量数为 15。由于上述两方面的原因，在 M－3 到 M－14 的范围内不应该有（广义）碎片峰。如果这样的情况存在，说明所设想的峰不是分子离子峰。

例如，发现最高质量数的峰下面有小 3 个质量数的峰，这可能是醇分别失去甲基和水产生的两个峰。此时最高质量数的峰是分子失去甲基的峰，不是分子离子峰。

3. 分子离子峰应该具有化合物最完全的元素组成

根据同位素峰簇的强度计算元素组成，分子离子峰所含任一元素的原子数不能低于（广义）碎片离子峰簇计算的原子数。

分子离子峰的质量也不能低于由多电荷离子计算得来的质量（如双电荷离子的质量乘 2 不能大于设想的分子离子质量）。

4. 氮规则可以帮助判断分子离子峰

氮规则的内容为“化合物分子含有奇数个氮原子则其相对分子质量为奇数，化合物分子不含氮或者含有偶数个氮原子则其相对分子质量为偶数”。这个规则的产生很容易理解：有机化合物含有的元素的主要同位素的相对原子质量和化合价均同为奇数（如 ^{1}H，^{19}F，^{31}P，^{35}Cl，^{79}Br）或同为偶数（如 ^{12}C，^{16}O，^{32}S），唯独 ^{14}N 是偶质量数却具有奇数的化合价。因此，如果已知该化合物不含氮原子，则其相对分子质量必定为偶数；如果从质谱分析所怀疑的分子离子峰为奇数则肯定是错的，其余类推。

此处用氮规则帮助判断分子离子峰，它也可以用于（广义）碎片离子的分析。

5. 分子离子峰的强度和化合物的结构类型密切相关

如由其他谱图得到该化合物的结构类型，可帮助判断分子离子峰。

EI 质谱中分子离子峰的强度可分为下列三类：

(1) 芳香族化合物＞共轭多烯＞脂环化合物＞短的直链烷烃＞某些含硫化合物，给出较显著的分子离子峰。

(2) 直链的酮、酯、酸、醛、酰胺、醚、卤化物等通常显示分子离子峰。

(3) 脂肪族且相对分子质量较大的醇、胺、亚硝酸酯、硝酸酯、高分支链的化合物没有分子离子峰。

由于化合物一般含有多个官能团，实际情况也复杂，因此上述三点仅是粗略的概括。

6. $M^{+\cdot}$ 峰和 $M+1^{\urcorner+}$ 或者 $M-1^{\urcorner+}$ 峰的判别

醚、酯、胺、酰胺、腈化物、氨基酸酯等可能生成较强的 $M+1^{\urcorner+}$ 峰，芳醛、某些醇及某些含氮化合物可能生成较强的 $M-1^{\urcorner+}$ 峰。

由其他谱图所得的官能团信息可以帮助判断。

$M^{+\cdot}$ 峰和 $M+1^{\urcorner+}$ 或 $M-1^{\urcorner+}$ 峰的判断往往并非易事。

分子离子碎化后产生广义的碎片离子峰。按照质谱反应机理可分别称为（狭义）碎片离子峰和重排离子峰。解析这些峰的目的是为了推导未知化合物的结构单元。

4.3.2 碎片离子峰的解析

简单断裂反应是指在质谱反应中仅有一根化学键断裂的反应。由简单断裂反应所产生的离子称为(狭义)碎片离子。本小节的讨论仅限于狭义碎片离子峰的判断。

1. 简单断裂的 3 种断裂方式

简单断裂起于分子离子。

当离子的正电荷位置能够确定时,把"+"标注在该位置;如果离子的正电荷位置不能确定时,可在离子的右面加注半括号,然后在半括号外面加"+"或者如果还有未配对电子时加注"$\dot{+}$"。

发生简单断裂时原来结构中的一根化学键断裂。简单断裂存在 3 种断裂方式:

(1) 均匀断裂:一根化学键的两个电子各往一侧转移,产生一个自由基和一个偶电子离子,例如:

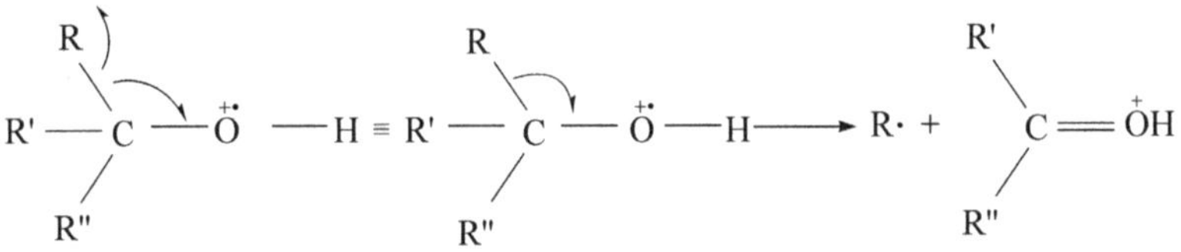

产生这种断裂方式的原因是原有的自由基具有强烈的电子配对倾向。进行这种断裂的倾向取决于自由基给电子的能力,大致顺序为

$$N > S、O、\pi、R > Cl > Br > I$$

其中 π 表示不饱和键,R 表示烷基。

这种断裂方式发生的可能性比较高,特别是化合物含有氮或氧这样的原子。

(2) 非均匀断裂:一根化学键的一对电子一起往某一侧的电荷位置转移,产生一个偶电子离子和一个自由基,例如:

需要注意发生这种断裂之后电荷位置的转移。

产生这种断裂方式的原因在于原来电荷的诱导效应,生成稳定的烷基离子是有利的。进行这种断裂的顺序为

$$卤素 > O、S \gg N、C$$

在 3.2 节中曾经讨论过结构:

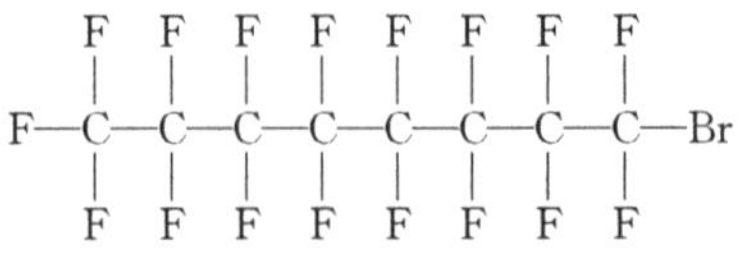

C4-1

该化合物的末端是溴原子,发生这种非均匀断裂的可能性非常大,因此在它的 EI 质

谱中根本没有分子离子峰，代之以丰度高的 $C_8F_{17}^+$ 的碎片峰。

(3) 半非均匀断裂：在某一根化学键已经电离的情况下，剩下的一个电子往一侧转移，产生一个自由基和一个偶电子离子。

$$R\overset{+}{\cdot}R' \longrightarrow R^{\cdot} + R'^{+}$$

这种断裂只发生在化合物不含氮、氧等杂原子，也没有 π 键时。

2. 简单断裂的规律

简单断裂的规律性很强，加上作者进一步的归纳，规律更加简洁。

如果知道化合物的结构，可容易地预测简单断裂的可能途径，从而预测将产生的有关离子。反过来，根据简单断裂所产生的离子也就可以推测未知物的结构。

简单断裂的规律可以归结为下列几条：

(1) 含杂原子的化合物存在三种断裂方式。

(i) 邻接杂原子的 C—C 键或 C—H 键断裂。或者更一般地说，连接杂原子的 α-C 和另一个原子（包括氢原子、碳原子和其他杂原子）之间的键断裂。正电荷常在含杂原子的一侧，从而显示含杂原子的碎片离子；但是也有不含杂原子的一侧带电，从而显示相应离子的情况。

例如：

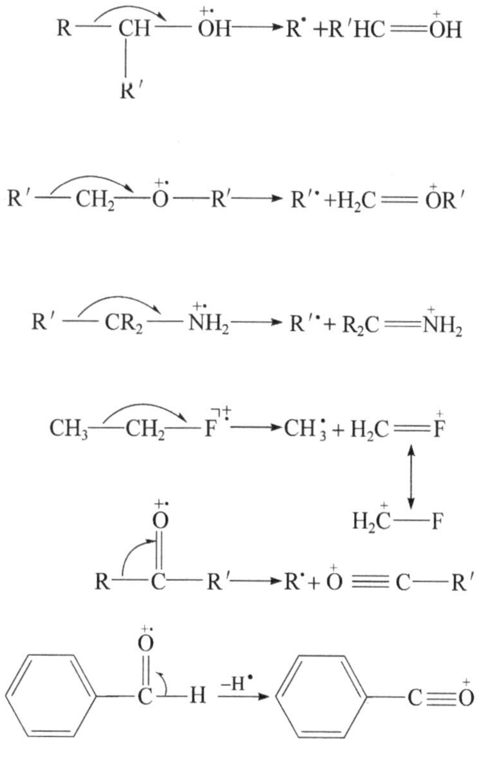

(ii) 杂原子和碳原子之间的单键断开，正电荷在烷基一侧，例如：

$$R-\overset{+\cdot}{O}-R' \longrightarrow R^{+} + {}^{\cdot}OR'$$

$$R-\overset{+\cdot}{S}-R' \longrightarrow R^{+} + {}^{\cdot}SR'$$

$$R-\overset{+\cdot}{Cl} \longrightarrow R^{+} + Cl^{\cdot}$$

(iii) 杂原子和碳原子之间的单键断开，正电荷在杂原子一侧，例如：

$$R-Br^{\urcorner +\cdot} \longrightarrow R^{\cdot} + Br^{+}$$

$$R-I^{\urcorner +\cdot} \longrightarrow R^{\cdot} + I^{+}$$

以上关于杂原子的三种断裂方式有其规律性：当杂原子为周期表左上方的元素(特别是氮，其次为氧)发生(i)的可能性大，当杂原子为周期表右下方的元素发生(ii)、(iii)的可能性大。

(2) 邻接苯环、杂芳环或碳碳不饱和键的C—C键易断裂，产生相应的离子，例如：

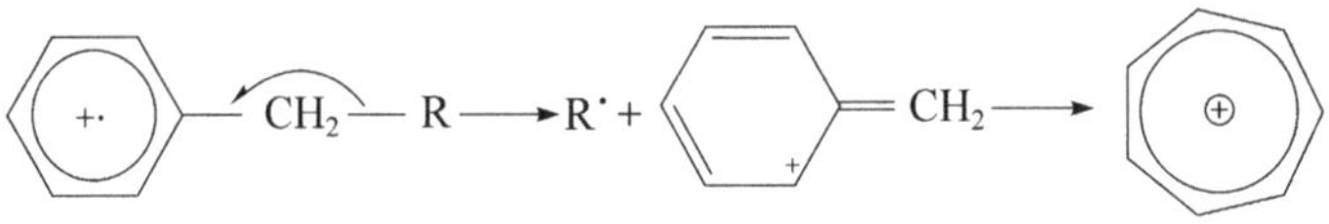

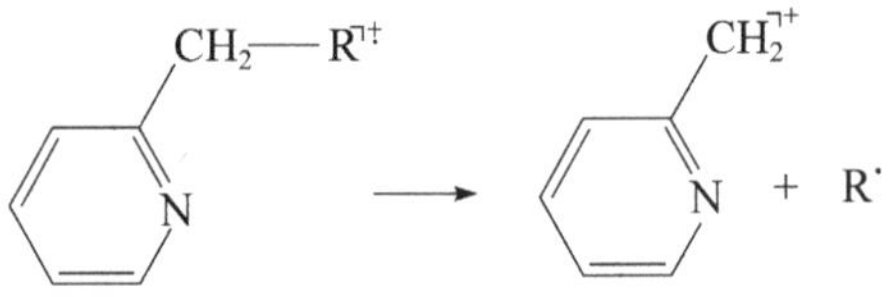

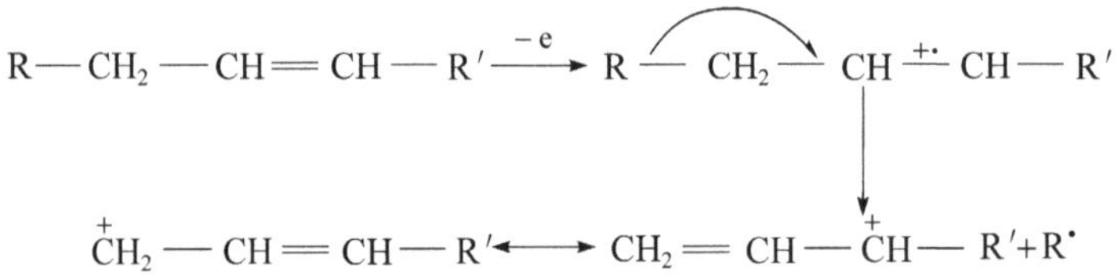

(3) 碳链分枝处容易发生断裂。某处分枝越多，该处越容易发生断裂，这是因为碳原子有下面的稳定顺序：

$$^{+}CR_3 > {}^{+}CHR_2 > {}^{+}CH_2R > {}^{+}CH_3$$

(4) 饱和环易于在环与侧链连接处断开，这可以说是(3)的特例，例如：

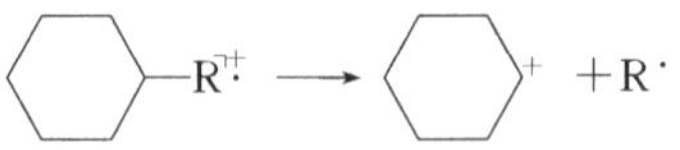

m/z 83

(5) 当在某分枝处有几种断裂的可能性时，逐出大的基团是有利的，进行该反应的可能性也就较大，例如：

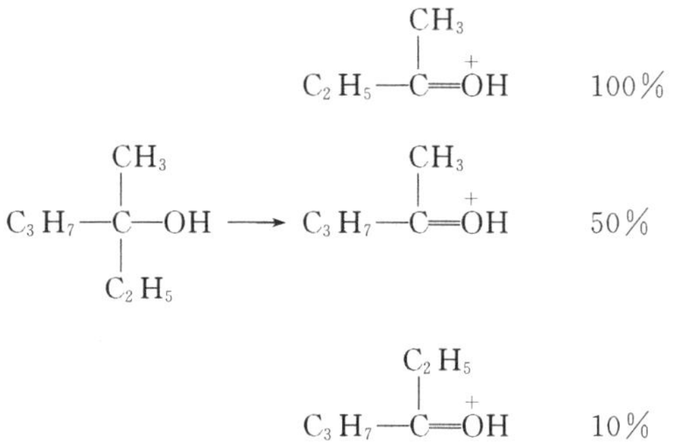

3. 碎片离子的判别

碎片离子可以根据离子的质荷比判断。如果化合物不含氮，碎片离子的质荷比为奇数；如果化合物含氮，不含氮的碎片离子的质荷比为奇数，而含氮的碎片离子的质荷比为偶数。

烷基碎片离子常出现在 EI 质谱中，可以作为讨论的起点。烷基离子的质荷比为 15、29、43、57、71……

如果烷基离子被一个氧原子取代，其质荷比系列为 31、45、73、87……

4.3.3　重排离子峰的解析

质谱中的重排反应至少涉及两根化学键的变化。在重排反应中，既有键的断裂也有键的生成。绝大多数重排反应是失去小分子的反应。如果有机化合物不含氮原子，其相对分子质量为偶数。重排反应失去的是小分子，其相对分子质量也是偶数，因此产生的重排离子仍然具有偶质量数。据此，产生于分子离子的重排离子可以和简单断裂的离子加以区别：对于不含氮的化合物，（失去小分子的）这种重排离子具有偶质量数，但是不含氮的化合物因简单断裂而产生的碎片离子则具有奇质量数。

失去的小分子可以是 H_2O、CO、HX（X 为卤素原子）等。

由于重排反应产生新的结构单元，因此有必要了解常见的重排反应。

1. 常见重排反应的种类

1）麦克拉弗蒂重排

麦克拉弗蒂（McLafferty）重排又称为麦氏重排，可以表示如下：

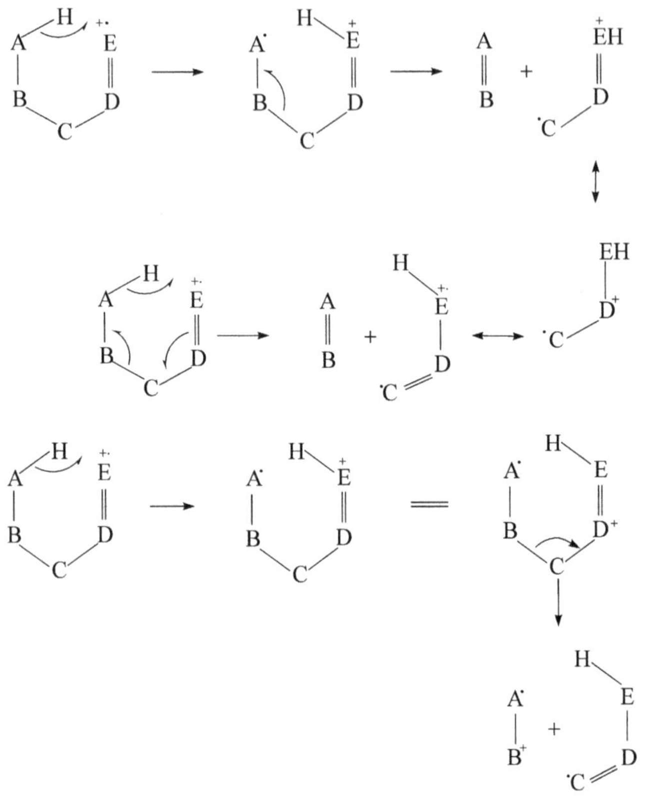

其中,D═E 表示一个双键或一个叁键;H 表示一个氢原子。

McLafferty 重排可能生成两种离子,但是含 π 键的一侧带正电荷的可能性大些。

一般情况下,只要满足 McLafferty 重排的条件(不饱和基团及其 γ-氢的存在),重排就会发生。

2) 逆 Diels-Alder 反应(RDA)

该重排的条件为六元环内有一根双键,反应为

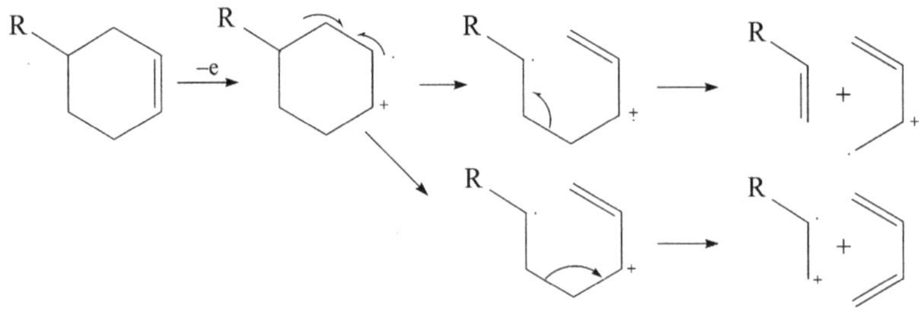

含原双键的部分带正电荷的可能性大些。

3) 失去小分子的重排

很多化合物发生失去中性小分子的重排。醇失水或醇失水加乙烯就是这样的例子:

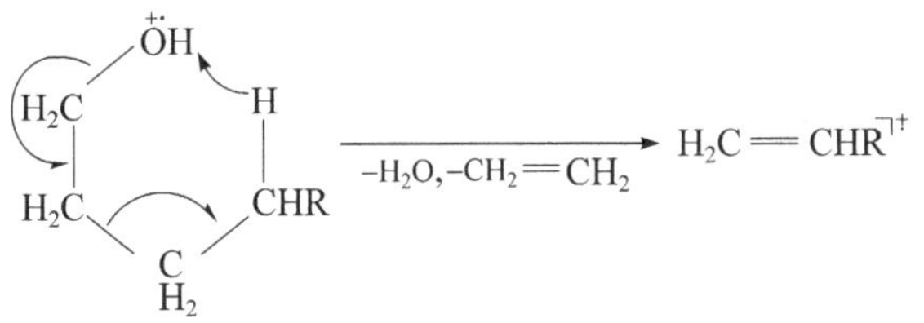

其他失去小分子的重排有卤化物失卤化氢，腈化物失 HCN，硫化物失 H_2S。可失去的小分子还有 CH_3COOH、CH_3OH、$CH_2=C=O$ 等。

酮类化合物失 CO 也属于这类重排。

苯环的两个邻位取代基容易共同消去小分了，称为苯环的"邻位效应"，例如：

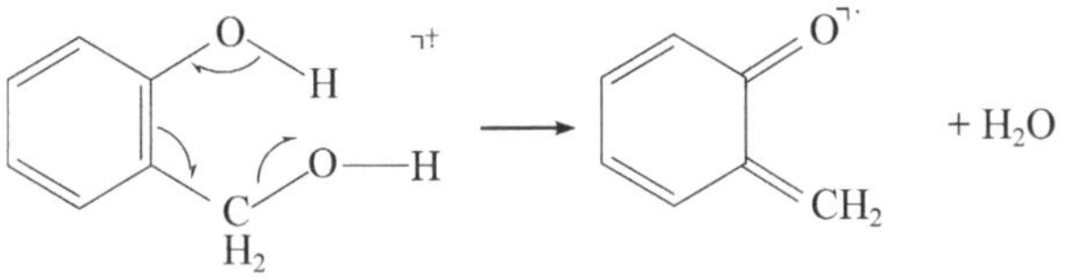

4）四元环重排

四元环重排主要发生于含饱和杂原子的碎片离子，其反应如下：

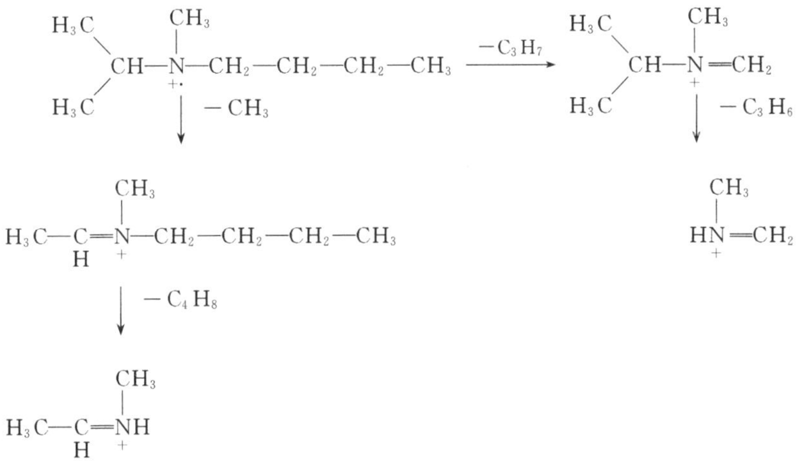

其他还有一些重排，由于发生的概率小，故在此省略。

2. 重排离子的识别

如果化合物不含氮原子，重排离子具有偶质量数，因而易于和简单断裂的离子识别。对于发生 McLafferty 重排而产生的离子，可以从表 4.2 找到。

表 4.2　McLafferty 重排离子的最低质量数

化合物	最小重排离子	最小重排离子质量数
烯	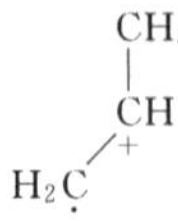	42
烷基苯	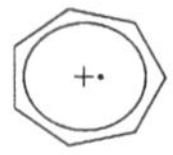	92
醛	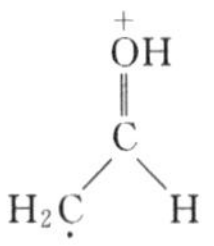	44
酮	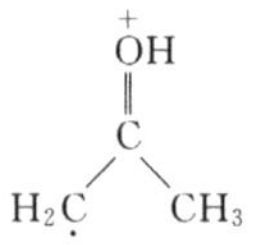	58
羧酸	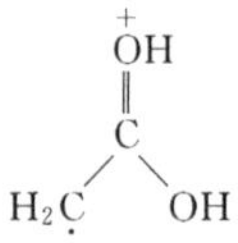	60
羧酸酯	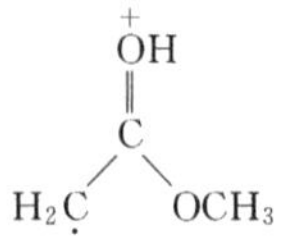	74
酰胺	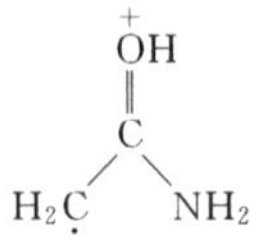	59
腈	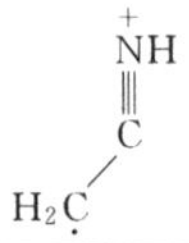 或 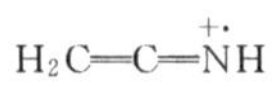	41

4.3.4　脂环化合物的复杂断裂

脂环化合物的复杂断裂和 RDA 重排不同，前者在断裂以前经历了氢原子的转移。

脂环化合物的复杂断裂反应和链状化合物的断裂不一样，脂环化合物需要经过两次断裂才能脱去碎片。

脂环化合物复杂断裂的特点是在其断裂过程中伴随氢原子的转移。

脂环化合物在进行复杂断裂时，首先在容易电离的地方电离(如杂原子处)，产生电荷并剩余一个未配对电子。这个电子需要配对，由相邻化学键的一个电子来配对。该化学键剩下的一个电子也要配对，于是经过其他氢原子转移(该氢原子带一个电子)达到电子配对。这个氢原子往断裂化学键处的剩余电子的转移常通过六元环转移(没有通过六元环转移的氢则可能通过五元环转移的氢完成)。转移的氢原子带走一个电子，剩下的电子也需要配对，与它相邻的化学键断开，与一个电子配对，脱去一个碎片。

下面是 2-甲基环己醇的复杂断裂：

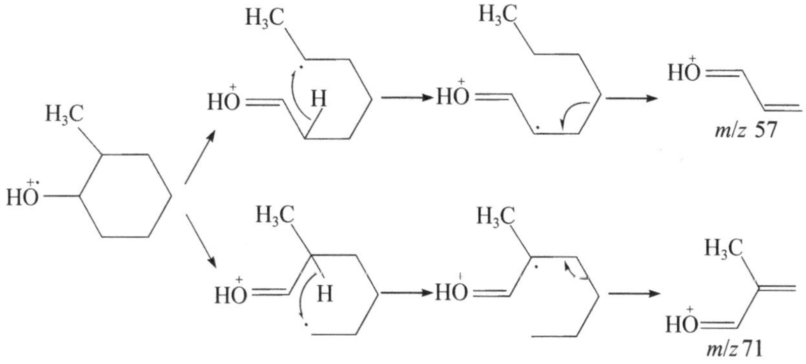

2-甲基环己醇经过复杂断裂产生 m/z 57 和 m/z 71 的碎片离子。

下面介绍解析脂环复杂断裂的一个例子。

由 4 个组分构成的混合物进行质谱分析：

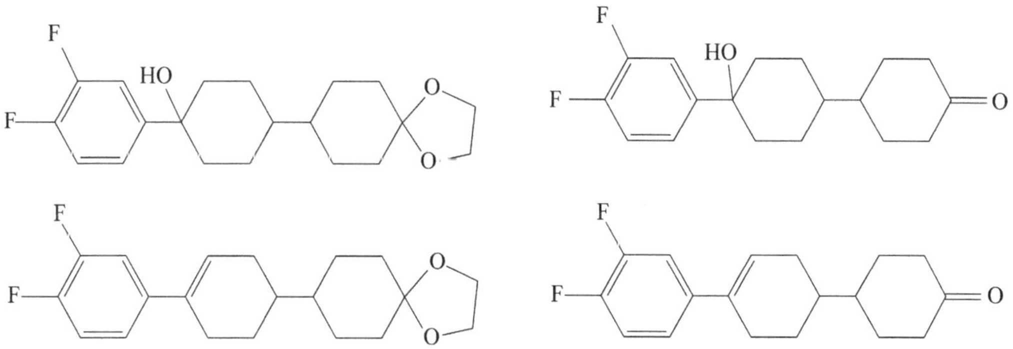

作者发现两个化合物的 EI 质谱中有 m/z 99 的碎片离子。分析这种离子产生的机理为

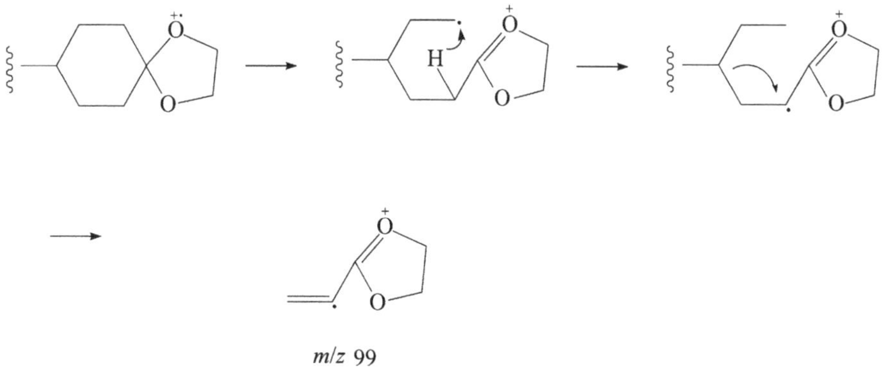

因此，可以根据 m/z 99 的线索找到产生这种离子的结构单元。

4.3.5 常见官能团的质谱裂解模式

虽然在前面介绍了简单断裂、重排和复杂断裂所产生的离子，但是在质谱中看到的仅是质荷比的数字信息，要从质谱获得尽可能多的结构信息还比较困难。

因此，有必要讨论常见官能团的质谱裂解模式。从质谱的综合特征（多个峰而不是一两个峰）分析，则比较容易找到相应的官能团。

虽然面对的化合物经常具有复杂的结构，可能含有若干官能团，但使用下面的方法，可以找到一个个的官能团，为鉴定未知物的结构打下基础。

怎样阐述官能团的质谱裂解模式呢？讨论各官能团所对应的简单化合物，通过对这些简单化合物的讨论了解相对应的官能团的质谱特点，即可了解常见官能团的质谱裂解模式。

1. 烷烃

1）直链烷烃

直链烷烃的质谱具有下列特点：

（1）直链烷烃显示弱的分子离子峰。

（2）直链烷烃的质谱主要由一系列的峰簇组成，峰簇之间相差 14 个质量单位。峰簇中最高峰的元素组成为 C_nH_{2n+1}，其余有 C_nH_{2n}、C_nH_{2n-1} 等。C_nH_{2n-1} 来自 C_nH_{2n+1} 脱去氢分子。

（3）各峰簇的顶端形成一条平滑曲线，最高点在 C_3 或 C_4，其形成原因是各C—C键的断裂均有一定的概率，断裂之后，离子也可进一步断裂，最后形成 C_3 或 C_4 的丰度最高。

（4）比 $M^{+\cdot}$ 峰质量数低的下一个峰簇的顶点是 M－29，而有甲基分枝的烷烃将有 M－15，这是区分二者的重要参考。

（3）、（4）两点对于确定直链烷基很重要。

2）分枝烷烃

分枝烷烃具有下述特点：

（1）分枝烷烃比直链烷烃显示更弱的分子离子峰。当分枝多时，分子离子峰消失。

（2）分枝烷烃的质谱仍由一系列的峰簇组成，但是各峰簇的顶端不再形成一条平滑曲线，因在分枝处容易断裂，其离子强度增加。

（3）在分枝处的断裂有失去氢原子的倾向，产生较强的 C_nH_{2n} 离子。

（4）有甲基分枝的烷烃则有 M－15 峰。

3）环烷烃

环烷烃的质谱有下述特点：

（1）由于环的存在，分子离子峰的强度增加。

（2）通常在环的支链处断开，产生 C_nH_{2n-1} 峰，也常伴随氢原子的失去，因而 C_nH_{2n-2} 的峰较强。

（3）环的碎化特征是失去 C_2H_4，少数情况可能失去 C_2H_5。

由于特点(2)和(3),环烷烃经常给出较多的偶数质量峰。

2. 不饱和脂肪烃

1) 链状不饱和脂肪烃

链状不饱和脂肪烃的质谱有下列特点:

(1) 相比于链状饱和烷烃,链状不饱和烷烃有较强的分子离子峰。

(2) 链状不饱和烃的质谱仍然由一系列的峰簇组成,峰簇之间相差 14 个质量单位。峰簇中最高峰的元素组成为 C_nH_{2n-1}。峰簇顶点仍然形成一条平滑曲线。这个现象说明在电离的情况下双键的位置可迁移。

(3) 当相对于双键的 γ-位碳原子上有氢时,可发生 McLafferty 重排。

(4) 顺式、反式的质谱类似。

(5) 如果存在共轭双键,电离时它们的位置不发生迁移。

2) 具有分枝的不饱和脂肪烃

具有分枝的不饱和脂肪烃与链状不饱和脂肪烃相似,但有如下区别:

(1) 由于分枝处可能断裂,峰簇的某些顶点移出光滑曲线。

(2) 如果存在共轭双键,电离时它们的位置不发生迁移。

3) 环状不饱和脂肪烃

环状不饱和脂肪烃的质谱有下列特点:

(1) 当符合条件时,环状不饱和脂肪烃可发生 RDA 反应。它对多环烯的质谱起较大作用。

(2) 环状不饱和脂肪烃支链的质谱可以参考链烃的断裂方式。

3. 含杂原子的脂肪族化合物

1) 含饱和杂原子的脂肪族化合物

(1) 简单断裂反应。按照 4.3.2 简单断裂规律中的(1)进行分析即可。

(2) 重排反应。脂肪族饱和杂原子化合物的重排反应主要是失去小分子的反应:醇失水或失水和乙烯,硫醇失 H_2S 或 H_2S 和乙烯,卤化物失 HX。一般情况下伯胺不失 NH_3,因为氮原子电离之后很容易引发简单断裂反应。

2) 含不饱和杂原子的脂肪族化合物

此类化合物发生的质谱反应有下列几种:

(1) 由不饱和杂原子电离引起的简单断裂,例如:

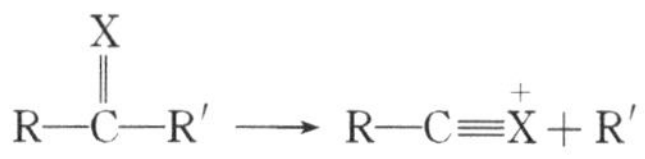

少数情况产生烷基离子。

(2) 离杂原子较远的 C—C 键断裂。这类反应其实不属于简单断裂,只是作一种简化的处理,例如:

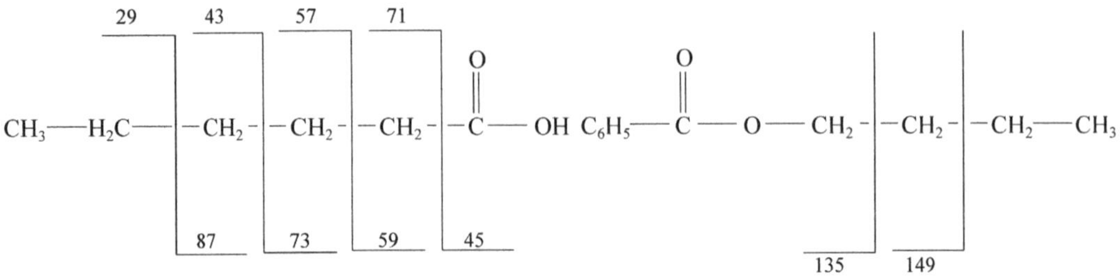

(3) McLafferty 重排。请参阅 4.3.3 和表 4.2。

(4) 失去小分子的重排。例如，醛失去 H_2O、CO，乙酸酯失去乙酸等。

以上 4 种反应较容易发生。

(5) 两个氢原子的重排。主要发生于羧酸酯类化合物，例如：

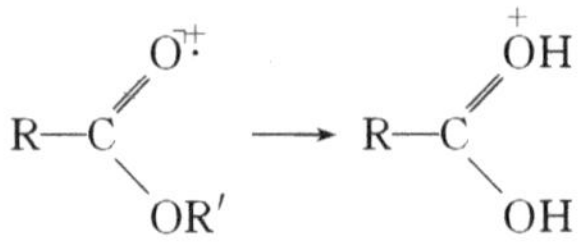

4. 烷基苯

烷基苯的质谱有以下特点：

(1) 分子离子峰较强。

(2) 简单断裂易产生 C_7H_7 离子(注意：不是 C_6H_5 离子)。

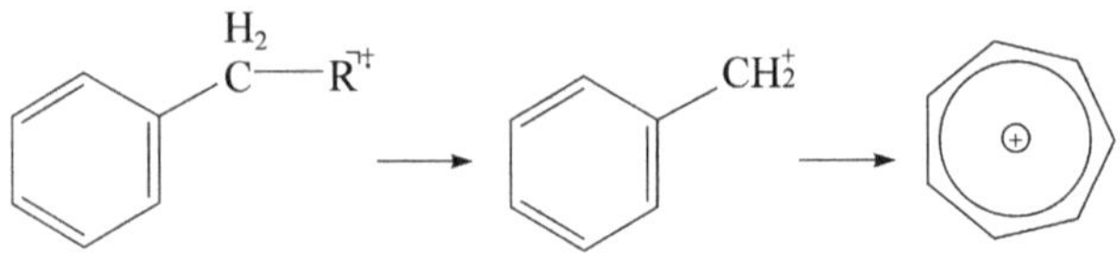

当苯环连接 CH_2 时，m/z 91 的峰一般较强，苯环连接 CH 时也可见 m/z 91 的峰。

(3) McLafferty 重排。

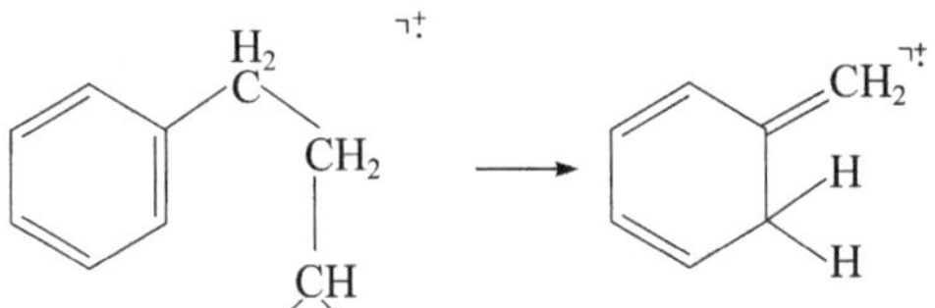

当相对苯环存在 γ-氢时，m/z 92 有相当强度。

(4) 苯环碎片离子顺次失去 C_2H_2：

$$m/z\ 91 \rightarrow m/z\ 65 \rightarrow m/z\ 39$$

$$m/z\ 77 \rightarrow m/z\ 51$$

因此，当化合物含苯环时，一般可见 m/z 39、m/z 51、m/z 65、m/z 77 等峰。

5. 杂原子取代的芳香化合物

杂原子取代的芳香化合物的质谱可从下面三种情况分析：

1）杂原子在侧链上

其质谱为烷基苯产生的离子和侧链产生的离子(按照脂肪族杂原子取代)的加和。

2）杂原子直接连接到苯环上

此类化合物最经常发生的质谱反应是脱掉中性碎片，其中多数是失去小分子的重排反应。表 4.3 可作为参考。

表 4.3　苯环衍生物电离时可能失去的中性碎片

取代基	失去的中性碎片	取代基	失去的中性碎片
$—NO_2$	$NO, CO, (NO_2)$	$—OCH_3$	$CH_2O, CHO, (CH_3)$
$—NH_2$	HCN	—OH	CO, CHO
$—NHCOCH_3$	C_2H_2O, HCN	—SH	CS, CHS, (SH)
—CN	HCN	$—SCH_3$	$CS, CH_2S, SH, (CH_3)$
—F	C_2H_2		

引自：Rose M E, Johnstone R A W. 1982. Mass Spectrometry for Chemists and Biochemists[M]. Cambridge: Cambridge University Press

3）多取代

当两个基团为邻位时，常有邻位效应，据此常可与间位、对位异构体区别，例如：

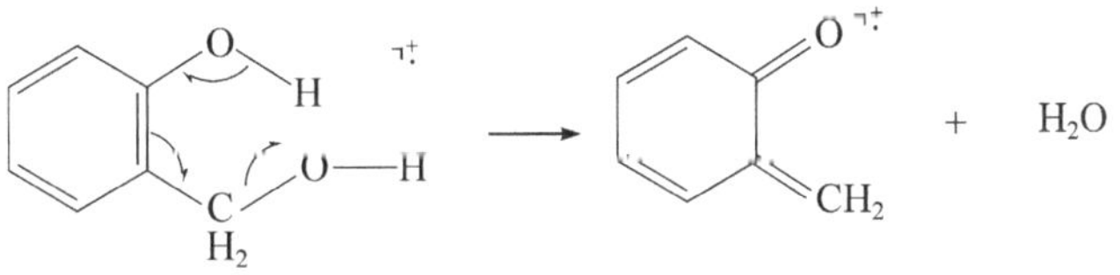

当两个基团为对位、间位时，表 4.3 可用作参考。

6. 杂芳环及其衍生物

杂芳环及其衍生物的分子离子峰较强。

常见杂芳环(吡啶、吡咯、呋喃、噻吩)的质谱因可失去含杂原子的碎片，最后产生 $C_3H_3^+$ (m/z 39)，和苯环产生的 m/z 39 一致。五元杂芳环也产生包括杂原子的 ，X 代表 NH、O、S。

取代的杂芳环可按照取代苯环的电离途径分析。

4.3.6　EI 质谱解析的方法和例题

1. EI 质谱解析的方法

为推导一个未知化合物的结构，需要综合解析几种谱图，质谱仅是其中的一种。这里只是介绍关于解析 EI 质谱的部分。

如果仅使用质谱推测未知物结构，只能是结构比较简单的化合物，而且结论不够确实。如果未知物具有比较复杂的结构,解析其质谱图,只能得到关于结构的部分结论。

EI 质谱的解析步骤如下:

1) 确定分子离子峰

参阅 4.3.1,再次强调:中性碎片的丢失是确定分子离子峰最重要的考虑因素。

2) 确定未知物的分子式

采用高分辨质谱,可以准确确定未知物的分子式(参阅 4.5 节)。

此处讨论限于使用低分辨质谱数据推导未知物的分子式。

如果有核磁共振氢谱和碳谱的数据,最可靠的方法是从碳谱确定未知物所含碳原子的数目,从氢谱确定未知物所含氢原子的数目,然后用低分辨质谱数据确定未知物所含杂原子的数目。

如果没有核磁共振谱图数据而仅利用低分辨质谱数据,则推测未知物的分子式的步骤如下:

(1) 碳原子的数目。

从表 4.1 可知,^{12}C 的丰度定为 100,^{13}C的丰度为 1.11,则有

$$\text{碳原子的数目} \approx \frac{I(M+1)}{I(M)} \div 1.1\% \tag{4.3}$$

式中,$I(M+1)$和 $I(M)$分别为 M+1 和 M 峰的强度。

式(4.3)可以灵活应用。例如,分子离子失去甲基的峰强度高,可以从 $I(M-14)/I(M-15)$计算,最后的结果再加 1。再如,化合物 C4-1 可以用 $I(M-Br+1)/I(M-Br)$计算。

当然,从式(4.3)得到的结果可能是不准确的。如果未知物的结构很简单,根据相对分子质量和高质量的(广义)碎片离子系列,有可能确定未知物所含碳原子数。

(2) 氯、溴、硫原子的数目。

从表 4.1 知,这三种元素都含有丰度不低的 A+2 同位素,因此都便于确定,特别是氯和溴原子的数目。

(3) 氧原子。

对比烷基质谱碎片离子的系列 m/z 29、43、57、71…,如果未知物的质谱有 m/z 31、45、59、73 等,则说明未知物含有醚、醇的基团,即含氧。

根据相对分子质量和已推导的元素组成的质量差也可能推测氧原子的数目。

(4) 其他杂原子。

氟:从分子离子峰失去 20u,50u(分别对应失去 HF,CF_2)可知氟的存在。

碘:碘的存在可从 M-127 得到证实。另外,如果化合物含碘将有一个较低的 $I(M+1)/I(M)$值(相比于不含碘的化合物)。

(5) 氢原子数目。

氢原子数目由该化合物的相对分子质量及上述元素组成的质量差额确定。

如能确定分子式,则可计算化合物的不饱和度。

3) 推测存在的官能团

根据常见官能团的质谱裂解模式,对比所研究的质谱,可推测可能存在的官能团。例如,推测未知物是脂肪化合物还是芳香化合物。

4）研究重要的离子

对质谱的分析和对核磁共振谱的分析是完全不同的。在核磁共振谱中，几乎所有的峰都应该得到解释，但是对于质谱，只能解释其中的一部分峰，一般情况是少数峰。因此应该重点研究一些质谱峰。应该有这样的概念：一张质谱图里不同质谱峰的重要性是相差极大的。注意力要集中在重要的质谱峰上面。

（1）高质量区的离子。

高质量区的离子的重要性远远大于中、低质量范围的离子，因为它们与分子离子的关系较密切。无论它们是从简单断裂产生还是由重排产生，都反映该化合物的一些结构特征。

（2）重排离子。

因为进行重排反应都要求一定的条件，所以重排反应比简单断裂发生的概率低。也就是说，重排反应产生的离子相对于简单断裂产生的离子具有较多的结构信息。

一般重排产生的是奇电子离子，对于不含氮的化合物，重排离子的质量为偶数，因此易与简单断裂产生的离子相区别。

（3）亚稳离子。

如果 EI 质谱图中显示亚稳离子的信息，应该充分利用。从亚稳离子可以找到母-子离子对，这对于推测结构很重要，由分子离子所产生的子离子的信息更重要。

质谱中有很多峰，如果没有亚稳离子的信息，就不能知道峰之间是否有这种母-子的关系。

读者可阅读章末参考文献，了解关于亚稳离子的有关知识。

（4）特征离子。

重要的特征离子反映化合物的特征。很多种类的天然产物的质谱都有特征离子。

塑料类样品的质谱常见邻苯二甲酸酯类产生的特征离子 m/z 149，具有如下结构：

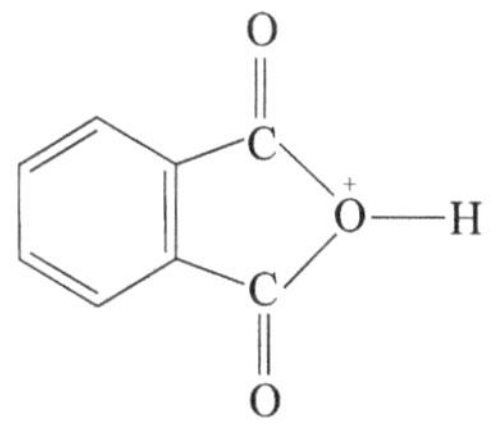

5）尽可能地推导未知物结构

这要看所解析的质谱能够推导出多少结果。

6）未知物质谱的计算机检索

如果所解析的质谱是用样品做出的质谱图，质谱仪器在作图后会给出计算机检索的结果。现在的商品质谱仪器都配有质谱谱库。仪器附属的计算机系统会把测得的质谱图和质谱库已知化合物的质谱比对，找出几种可能性较大的化合物，并且分别计算配合系数、反配合系数和纯度（也可能叫其他名称）。这些数值反映未知物与找出的已知物等同的可能性。关于这部分的阐述，读者可参阅章末文献。

7）网上查找质谱谱图

所解析的质谱如果不是用样品做出的质谱图，就不能采用质谱仪器附属的计算机进行检索。此时需要从网上查找预估化合物的质谱。

下列网址可以查找已知化合物的质谱：

(1) 免费查到 EI 质谱(还包括碳谱、氢谱和红外谱)。

http://riodb01.ibase.aist.go.jp/sdbs/cgi-bin/cre_index.cgi? lang=eng

请参阅 1.5.8。

(2) 如果读者所在单位已经取得资格,下面的两个网站有丰富的谱图数据库可以查找(个人不能访问):

http://166.111.120.35/database/crossfire.htm

https://scifinder.cas.org

(3) 付费后,从下面的网址可以获得质谱:

http://webbook.nist.gov/chemistry/

2. EI 质谱解析例题

下面从不同角度阐述质谱的解析方法和质谱的功效。

例 4.1 未知物分子式为 $C_4H_{11}N$。今有 7 套质谱数据,如表 4.4 所示,试推出相对应的 7 个同分异构体的结构。

表 4.4 7 个同分异构体质谱谱峰的相对丰度

m/z	A	B	C	D	E	F	G
30	13.7	73.6	29.2	10.9	100	100	11.6
43	7.1	3.6	7.3	4.1	<2	<3	4.3
44	24.9	29.4	9.4	100	<2	<3	<1
58	100	100	100	10.7	<2	0	100
72	19.3	19.1	10.5	2.8	<2	<2	0
73	31.5	31.5	11.4	1.0	4.9	10.1	0

解 已知分子式,可以画出该分子式的全部异构体。为简便起见,仅画出 C 和 N 形成的骨架。异构体共有 8 个,用罗马字标出:

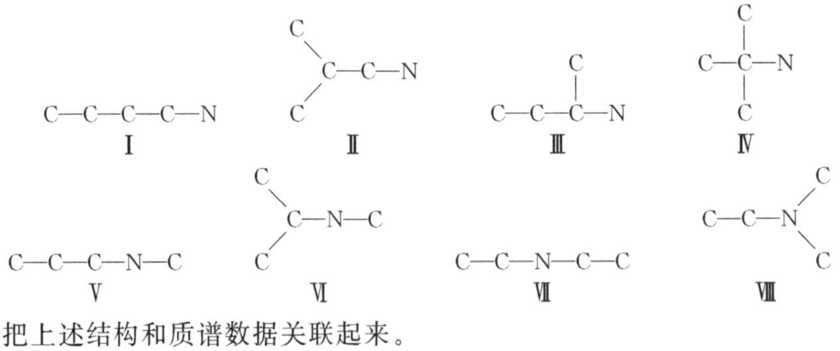

下面把上述结构和质谱数据关联起来。

由于未知物含氮原子,碎裂反应由它引发,主要进行 4.3.3 中的四元环重排。

因为未知物相对分子质量仅为 73,质量歧视效应不大。

首先从分析质谱的基峰着手,然后分析重要质量数的峰。

从表 4.4 数据可知,基峰为 *m/z* 58 的有 4 个未知物:A、B、C 和 G。再从上面的 8 个结构式来看,易失去甲基而产生强 *m/z* 58 的峰有 5 个化合物:Ⅲ、Ⅳ、Ⅵ、Ⅶ和Ⅷ。其中Ⅲ除产生 *m/z* 58 的峰外,还会产生显著的 *m/z* 44 的峰,这与 A、B、C 和 G 的数据不符。

因此只剩下Ⅳ，Ⅵ，Ⅶ和Ⅷ。

容易判断Ⅳ为 G。Ⅳ的分枝度最高，尤其是三个甲基均处于 N 的 α-C 的另外一侧，都很容易失去。因此，其分子离子峰的强度应最低而 m/z 58($M-CH_3$)则很高，故应该是 G。

剩下的 A、B、C 三套数据中，m/z 30 的峰强度有很大的差异，这反映了它们进行四元环重排的概率有很大的差别。

从Ⅶ的结构式可知，它可以在右侧失去甲基，然后在左侧进行四元环重排；也可以在左侧失去甲基，然后在右侧进行四元环重排。因此Ⅶ进行四元环重排的概率最高，应具有最高的 m/z 30 的相对丰度，故判为 B。

Ⅵ可在右侧失去 H，产生 $M-1]^{+}$，然后在左侧进行四元环重排。总之，它可以进行四元环重排，产生一定强度的 m/z 30 离子，因而可知Ⅳ为 C。

从Ⅷ的结构式可知，它如果进行四元环重排(右边某个甲基失去 H，然后左边进行四元环重排)，产生 m/z 44 离子。现在 A 的数据，m/z 44 的相对丰度为 24.9，m/z 30 的相对丰度则为一较低的数值 13.7，与上面的分析一致，故可对应Ⅷ为 A。

下面分析基峰为 m/z 44 的异构体。从数据来看，仅 D 一个。从结构式分析，易产生 m/z 44 的化合物有Ⅲ、Ⅴ两个(N 的 α-C 一侧失 C_2H_5)。由于 D 的数据中，除 m/z 44 的基峰外，尚有一定强度的 m/z 58，而Ⅴ是不易失去甲基的，因而 D 应为Ⅲ。

上列数据表中，仅余 E 和 F。它们均以基峰是 m/z 30 为特征。从所列的结构式来看，也只剩下Ⅰ和Ⅱ，它们都产生 m/z 30 的强峰，是与之对应的。由于Ⅱ具有甲基分枝，分子离子峰强度更低些，据此Ⅱ指认为 E，Ⅱ指认为 F。

这个例子对于了解饱和杂原子的碎裂途径很有好处，可以说是对于质谱解析的逻辑思维的一个训练。

例 4.2　化合物 C4－2 的 EI 质谱如图 4.1 所示，解释这个质谱。

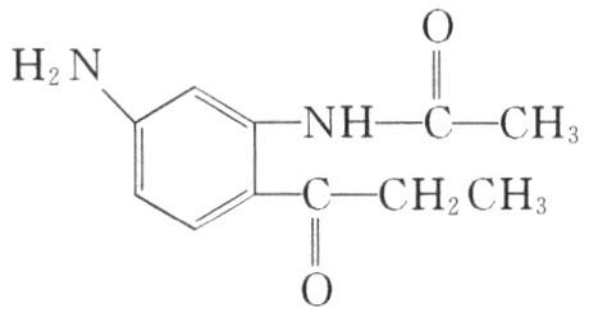

C4－2

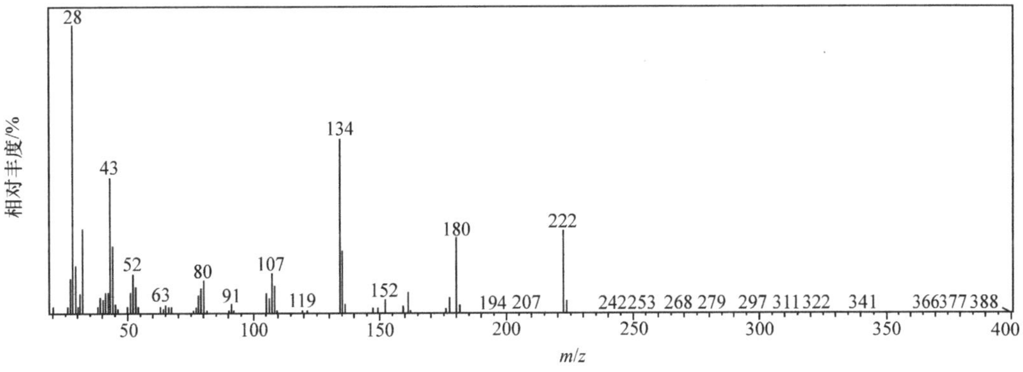

图 4.1　化合物 C4－2 的 EI 质谱

解　在该质谱中，很多标注数字的小峰都看不到峰的高度，因此不用考虑。

m/*z* 222 是最高质荷比的峰，中性碎片丢失合理(它下面的峰是 180，且二者的差值为 42，是一个合理的数值)，因此符合分子离子峰的条件，*m*/*z* 222 也与化合物 C4－2 的元素组成 $C_{11}H_{14}O_3N_2$ 相符。

分子离子峰下面的峰是 *m*/*z* 180。由于它是最靠近分子离子峰的(广义)碎片峰，即使没有亚稳离子峰的证明，也可知它是由分子离子直接产生的。它和分子离子的质量差为 42(偶数)，应该对应一个失去小分子的重排反应。对比结构式可知，这是分子离子经由 $NHCOCH_3$ 链发生的 McLafferty 重排，生成如下离子：

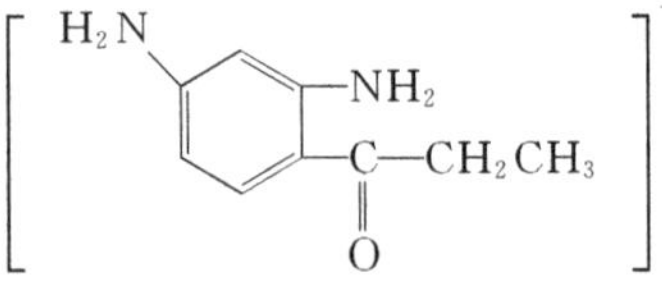

m/*z* 180

类似地，可以分析出 *m*/*z* 152 离子是上述离子从 $COCH_2CH_3$ 链再次发生 McLafferty 重排(从分子离子进行了两次 McLafferty 重排)产生的，应该具有如下结构：

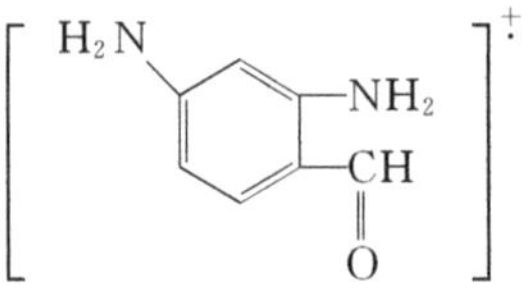

m/*z* 152

离子 *m*/*z* 134 可能是离子 *m*/*z* 180 失去 CH_3CH_2OH 产生的。

例 4.3　一个未知物的质谱如图 4.2 所示。

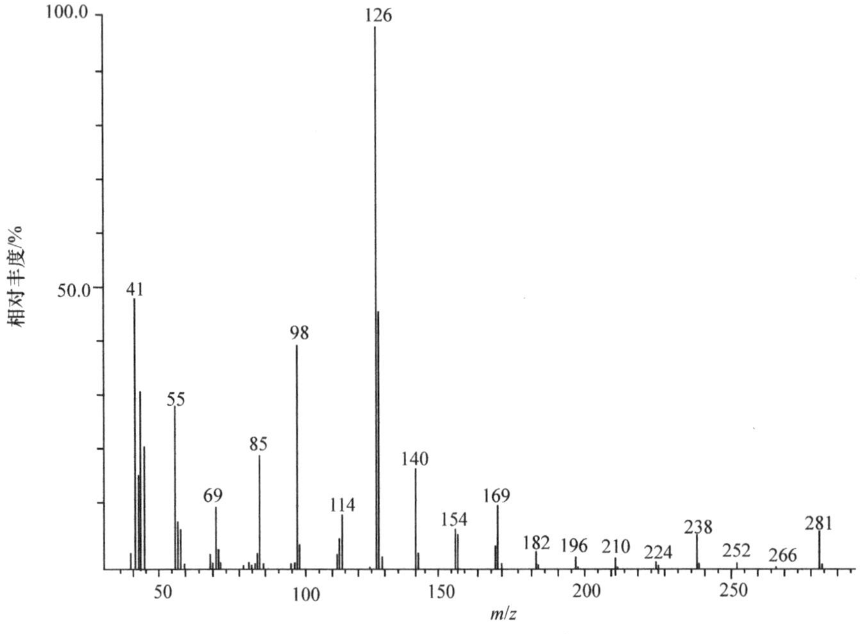

图 4.2　某未知物的 EI 质谱

经过其他几种谱图的解析已知该未知物分子式为 $C_{18}H_{35}ON$，且含有结构单元：

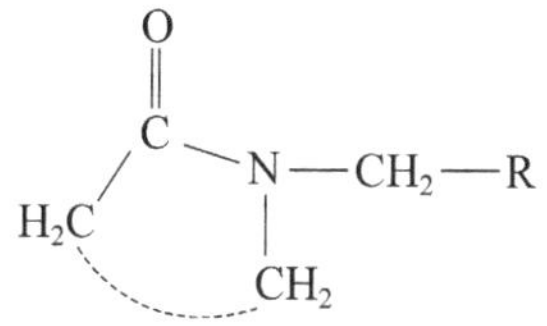

试根据该未知物的质谱确定它的结构。

解　从该未知物的分子式 $C_{18}H_{35}ON$ 可计算不饱和度为 2。已经推导出的结构单元不饱和度为 2，因此余下的结构单元不再具有不饱和度。

从元素组成来看，由于推导出的结构单元已经包括两种杂原子，因此余下的结构单元仅含碳原子和氢原子。

综上分析，面临的任务就是确定环的大小，即确定多少亚甲基在环内，多少亚甲基在侧链。

由于氮原子对于质谱的裂解反应起重要作用，现在它又处于结构的分枝处，因此应该存在离子：

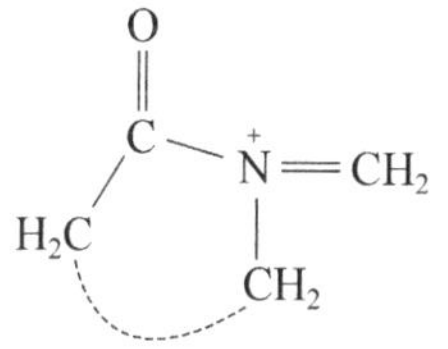

从图 4.2 看到基峰是 m/z 126，它在图中是极为突出的。因此，根据 m/z 126 的线索，可以推断其相应的离子应该是

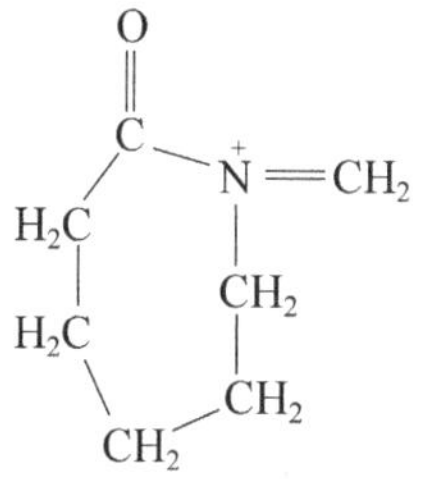

m/z 126

在图 4.2 中，看到间隔 14 u 的峰簇，从 m/z 98 到 m/z 238，这是正构烷基链的特征。该未知物的碳谱和氢谱进一步确认正构长链烷基的存在，因此得到该未知物的结构：

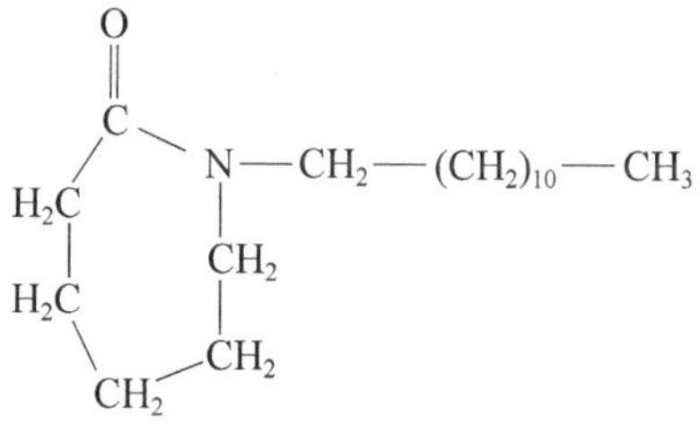

C4－3

这个例子是作者推导众多未知物结构留下较深刻印象的一个例子，充分体现了质谱的优点。如果只有高分辨质谱的数据，已知分子式而没有(广义)碎片离子，利用核磁共振谱图的数据，也能够最后推导出该未知物的结构，但是绝没有利用 EI 质谱的这个突出的基峰来得明确(用核磁共振谱图不容易区分在环内和侧链的亚甲基)。推导未知物结构时，以核磁共振谱图为主要工具，但是质谱(及第 5 章将要介绍的红外光谱)仍然要尽可能地利用。

4.4 软电离质谱的解析

当 EI 质谱不能提供分子离子的数据时，软电离质谱的数据就不可或缺。软电离主要提供相对分子质量的信息。

4.4.1 由电喷雾电离产生的质谱

ESI 是电喷雾电离的英文缩写。它是 LC-MS(液相色谱-质谱联机)的接口，因此由 ESI 产生的质谱当然只能出现在 LC-MS 的实验中。经过高效液相色谱分离后，样品溶液从带雾化气套管的毛细管喷出而被电离，故称为电喷雾电离。

ESI 是非常软的电离，产生的碎片离子很少，因此其质谱的优点为谱图的本底干净。

ESI 的一个突出优点为可以检测很大相对分子质量的未知物。由于在电喷雾电离时，有机(或生物)分子可以生成多电荷离子，因此大大降低了质荷比。因此，使用价廉的质谱仪器就可以检测高相对分子质量的物质。例如，采用四极杆质谱仪(检测上限为 m/z 4000)就可以检测到很高的相对分子质量。

用 ESI 可以正离子模式或者负离子模式。

多电荷离子构成峰簇。在正离子模式中检测$[M+nH]^{n+}$或者$[M+nNa]^{n+}$，在负离子模式中则是检测$[M-nH]^{n-}$。

相对分子质量从多电荷离子峰簇来计算。

由 ESI 所得到的多电荷离子峰簇如图 4.3 所示。

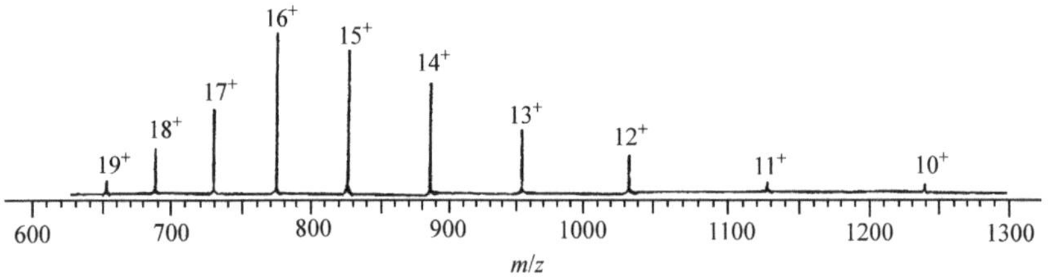

图 4.3 由 ESI 所得到的多电荷离子峰簇

图 4.3 的横坐标为质荷比，纵坐标为离子流强度。图 4.3 中所标注的数字是离子所带的电荷，10～19。

相对分子质量可以通过任意的相邻二峰的数据计算出来。可以容易地推导出(参见章末文献)：

$$n_1 = \frac{m_2 - X}{m_1 - m_2} \tag{4.4}$$

和

$$M=n_1(m_2-X) \tag{4.5}$$

在式(4.4)和式(4.5)中,M 为相对分子质量;n_1 为峰簇中相邻二峰的右边的峰对应的电荷数;m_1 和 m_2 为峰簇中相邻二峰的右边的峰和左边的峰对应的质荷比;X 为带电质点的质量,当 pH 低时,为 H^+,此时 $X=1$。其他带电质点可能为 Na^+。

LC-MS 联机的计算机可以计算所有的相邻二峰,从而得到一个平均相对分子质量。

ESI 也可以用于检测小分子。下面是可能出现的离子:

在正离子模式时,可能出的峰为$[M+H]^+$、$[M+Met]^+$(Met 表示金属原子)、$[M+NH_4]^+$等。

当样品浓度增高时,生成$[2M+H]^+$或者$[2M+Met]^+$的趋势加大,这是软电离方法的共性。

在负离子模式,主要产生$[M-H]^-$。

ESI 是很软的电离方法,因而碎片离子很少。为取得结构信息,需要应用碰撞诱导断裂(CID)技术。需要注意:通过 ESI 产生的是偶电子离子,其碎裂方式和 EI 产生奇电子离子的过程不同。

4.4.2　由化学电离产生的质谱

进行化学电离(CI)时,使用反应气。因为反应气比样品多几个数量级,所以电离主要发生在反应气分子。反应气分子电离之后有复杂的反应,样品分子再进行离子-分子反应,最后得到样品分子的准分子离子。

由于在商品质谱仪器的电离源内 EI 和 CI 可以很快地相互切换,因此可以在一个实验中得到未知物的 EI 谱和 CI 谱。

化学电离可以是正离子模式,即检测正离子;也可以是负离子模式,即检测负离子。此处主要阐述正离子模式,因为它比负离子模式应用多。

通过化学电离可以得到相对分子质量的信息和立体化学结构信息,这两者都与化学电离中使用的反应气密切相关。

在化学电离中使用较多的反应气为甲烷、异丁烷和氨气。

当样品分子在 EI 电离中分解时,CI 产生准分子离子。准分子离子的峰在 CI 谱中很清楚。

化学电离中生成的准分子离子和使用的反应气相关。例如,当使用氨气作反应气时,如果样品分子比 NH_3 碱性更强,较易产生$[M+H]^+$;如果样品分子比 NH_3 碱性弱,较易产生$[M-H]^+$。

在 CI 中最容易产生的加和离子是$[M+H]^+$。由于它是偶电子离子,比通过 EI 得到的分子离子(奇电子离子)稳定,它的热力学能又比 EI 产生的分子离子的热力学能低很多,因此在化学电离产生的质谱中它的峰是突出的,未知物的相对分子质量就是$[M+H]^+$的质荷比减去 1。但是由于在化学电离中还可能产生其他准分子离子,因此相对分子质量的获得不完全如此简单。下列 3 种情况需要考虑。

首先,除产生$[M+H]^+$外,样品分子还可能和反应气产生其他加和离子,这与所用的反应气有关。当反应气为甲烷时,可以产生 $[M+C_2H_5]^+$ 和 $[M+C_3H_5]^+$;当反应气为异丁烷时,可以产生 $[M+C_4H_9]^+$。

其次,化学电离过程与所用的反应气紧密相关。一般来讲,样品的质子亲和力比反应气的大。在此条件下,化学电离主要生成 $[M+H]^+$。如果样品分子的质子亲和力与反应气分子的质子亲和力近似相等,二者将生成其他离子。例如,当氨气用作反应气时,生成 $[M+NH_4]^+$。

再次,当烃类样品进行分析时,因为烃的质子亲和力小于反应气的质子亲和力,所以生成 $[M-H]^+$。这个现象在其他样品中也能观察到,如某些醇和酯等。

不管是哪种情况,由于所用的反应气已知,未知物的相对分子质量都能够从化学电离测出。如果甲烷用作反应气,相对分子质量能够从 3 个峰的质荷比差值求出:$[M+H]^+$ 与 $[M+C_2H_5]^+$ 的差值为 28,$[M+H]^+$ 与 $[M+C_3H_5]^+$ 的差值为 40。当氨气用作反应气时,相对分子质量能够从 $[M+NH_4]^+$ 推出。

除了相对分子质量信息之外,还可能从 CI 谱获得化合物的结构信息和立体化学信息。异构体在 CI 质谱中可能显示明显的区别。

CI 谱的碎片离子丰度与所用的反应气密切相关。一般来讲,样品的质子亲和力比反应气的大。二者的亲和力相差越大,则转移到准分子离子的能量将越多,因而产生越多的碎片离子。由于反应气的质子亲和力顺序为氨>异丁烷>甲烷,因此在 CI 谱中碎片离子的顺序按照反应气排列是甲烷>异丁烷>氨。

CI 谱中的碎片离子以准分子离子脱掉小分子 HY 为特征。上述 HY 中的 Y 可以是卤素原子或 OR、NR_2 等原来分子中存在的基团。

在负离子模式时,一般生成 $[M-H]^-$。

4.4.3 由 FAB 产生的质谱

FAB 是快原子轰击的英文缩写。

惰性气体的原子被电离、加速,然后在原子枪内进行电荷交换产生高动能的惰性气体原子。后者轰击靶物(样品分子和基质分子的混合物),使样品分子电离。

采用 FAB 时也有正离子模式和负离子模式。

在 FAB 中使用基质,基质生成的峰很强。在正离子模式中产生 X_nH^+ 及其脱水产物,此处 X 表示基质分子。以常用的甘油作基质为例,其 FAB 的质谱中有 m/z 57、75、93、185、277、369、461、553 等。在负离子模式中,甘油则产生 m/z 91、183、275、367、459、551 等。

由于加入了 Na^+ 或 K^+(或者它们作为污染物而存在),基质分子会和 Na^+ 或 K^+ 生成加合离子,因而生成 m/z 115 [甘油分子+Na]$^+$、m/z 131 [甘油分子+K]$^+$、m/z 207 [两个甘油分子+Na]$^+$、m/z 223 [两个甘油分子+K]$^+$ 等。

除上述峰外,由于基质的无规碎化,在相对低质荷比区域生成很多的本底峰,有时就像遍地长草一样。

由 FAB 质谱中的准分子离子峰,可以得到相对分子质量的信息。由于准分子离子峰的位置在高质量端,因此基质产生的峰造成的干扰不大。

在正离子模式时，准分子离子可能为$[M+H]^+$、$[M+Na]^+$、$[M+K]^+$。从它们之间的质量差额 22($[M+Na]^+-[M+H]^+$)、38($[M+K]^+-[M+H]^+$)，可以推测相对分子质量。有意识地往样品中加入钠盐、钾盐可以增强$[M+Na]^+$和$[M+K]^+$的峰强。

当基质分子比样品分子酸性更强时，有强的$[M+H]^+$信号。

在高质量区还可能出其他加和离子的峰，如果样品分子含有碱性基团，会存在$[M-H+2Na]^+$、$[M-H+2K]^+$的峰。另外，样品分子会产生$[2M+H]^+$、$[3M+H]^+$等。

在负离子模式时，最常见的准分子离子为$[M-H]^+$。为得到好的信号，基质应该比样品分子碱性更强。

在 FAB 质谱中也有一些碎片离子，它们可以用来推测未知物结构。碎片峰的丰度和所用的基质有关。

如果一个离子型的化合物 A^+B^- 用 FAB 研究，A^+ 可用正离子模式检出，B^- 则用负离子模式检出。

4.4.4 由 MALDI 产生的质谱

MALDI 是基质辅助激光解析电离的英文缩写。

样品溶液和基质溶液混合，在靶上蒸发溶剂。用一定波长的脉冲式激光照射靶，基质分子能够有效地吸收激光能量使基质分子和样品分子投射到气相并得到电离。

MALDI 这种电离方法仅和飞行时间质谱(TOF)联用，适合于具有高相对分子质量的化合物。因为在比较低的质荷比范围，如 $m/z<500$，谱峰被基质所产生的噪声严重干扰，但这个干扰不影响高质量的范围。

在 MALDI 的质谱中，碎片峰非常少，其主要提供相对分子质量的信息，因而适用于混合物的分析。

在 MALDI 的质谱中，$[M+H]^+$的峰很突出，其他峰有$[M+2H]^{2+}$、$[M+3H]^{3+}$、$[2M+H]^+$等。$[2M+H]^+$的峰强随样品浓度的增大而增强。在 MALDI 的质谱中也可能出现$[M+Met]^+$，Met 表示金属原子。

4.4.5 由大气压化学电离产生的质谱

大气压化学电离(APCI)也是 LC-MS 的接口，因此由 APCI 产生的质谱就只能出现在 LC-MS 的实验中。

APCI 和 CI 有两点不同。首先 CI 电离室的压力约为 100 Pa，而 APCI 则约为 100 kPa，因此 APCI 的电离效率远远高于 CI。其次，CI 电离的电子来自灯丝的辐射，而 APCI 的电子来自电晕放电。

由 APCI 产生的质谱和 CI 谱相似，但是其中有很多由水分子缔合产生的峰$[(H_2O)_nH]^+$。这是因为相对于所有气态分子水分子具有最高的质子亲和力。

4.4.6 软电离质谱解析例

例 4.4　合成的化合物 C4－4 的结构如下所示：

$C_8H_{17}OCH_2COOH$

C4－4

合成的化合物 C4－4 为液相样品。经放置后，底部产生晶状颗粒。取晶状颗粒作图，一维、二维核磁共振谱均与化合物 C4－4 对应的谱图相同，其红外谱图中羰基的吸收从 1735 cm^{-1}移动到1753 cm^{-1}。在这种情况下，质谱数据十分重要。

化合物 C4－4 产生的晶体的质谱如图 4.4 所示。

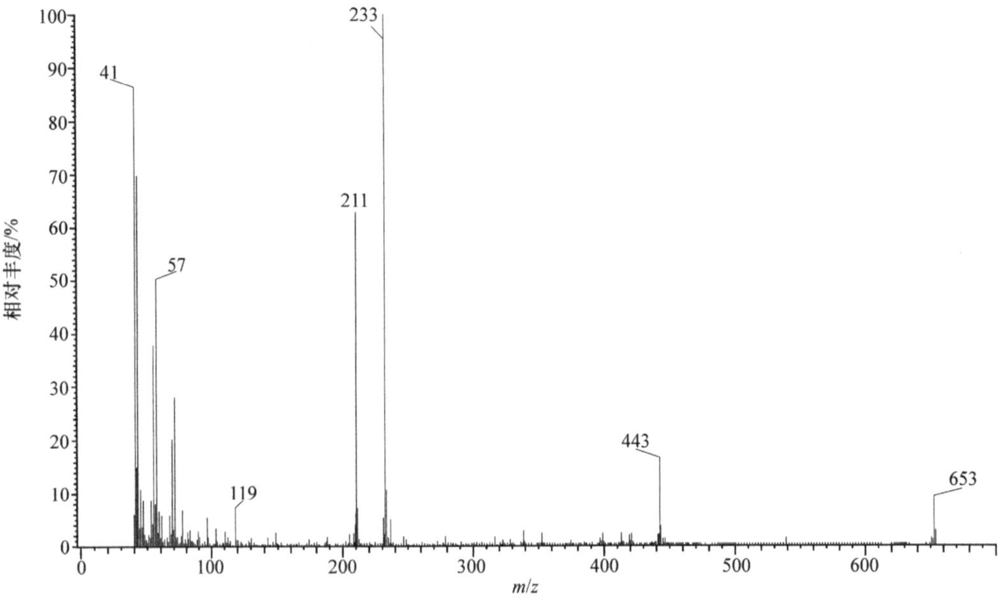

图 4.4　化合物 C4－4 产生的晶体的 FAB 质谱

试根据图 4.4 推导未知物的结构。

解　图 4.4 是一张快原子轰击的质谱，其中基质的干扰小，是一张漂亮的质谱图。

从 4.4.3 已知在 FAB 质谱中可能出现几种加和离子。

计算化合物 C4－4 的相对分子质量为 188。

根据相对分子质量 188 和在 FAB 中可能结合的阳离子，可以把图 4.4 中高质荷比端突出的峰进行分析，得到结论：

$211=[M+Na]^+$

$233=[M+2Na-H]^+$

$399=[2M+Na]^+$

$443=[2M+3Na-2H]^+$

从这些数据可以分析出晶体颗粒应为化合物 C4－4 的二聚体。

这个例子也很有趣，因为二聚体的所有核磁共振谱图均与单体的相同。此时质谱就显示了突出的功效。这也是铭记于作者心中的例子之一。

例 4.5　化合物 C4－5 的结构式如下：

化合物 C4－5 的 ESI 质谱正离子模式和负离子模式分别如图 4.5 和图 4.6 所示，试解析这两个质谱以进一步确认其结构。

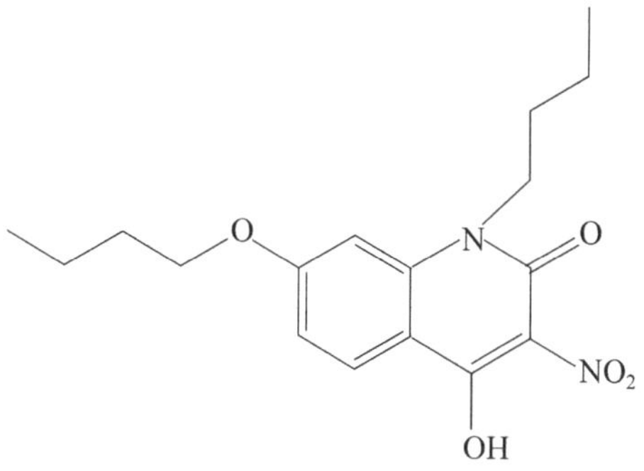

C4－5

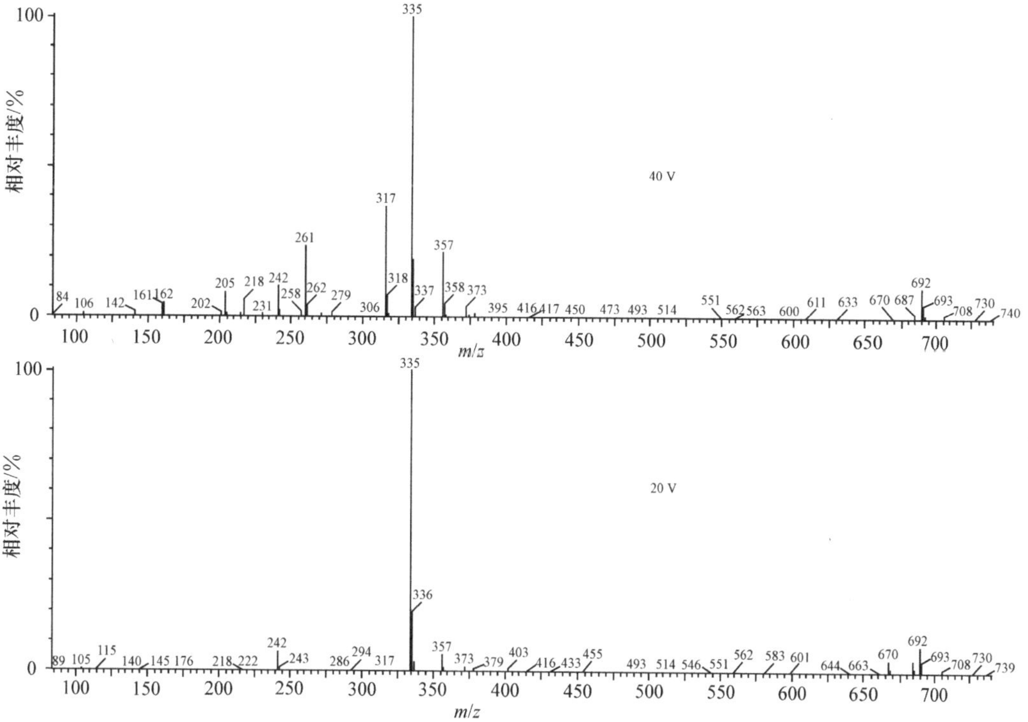

图 4.5　化合物 C4－5 的 ESI 质谱(正离子模式)

解　先解析图 4.5。计算化合物 C4－5 的相对分子质量,为 334。

由于是正离子模式的 ESI 谱,肯定是有机分子结合了带正电荷的质点。

可以看到,图 4.5 和该结构式相符:

373:M＋K;

357:M＋Na;

335:M＋H;

317:M＋H－H_2O;

261:M＋H－C_4H_9OH;

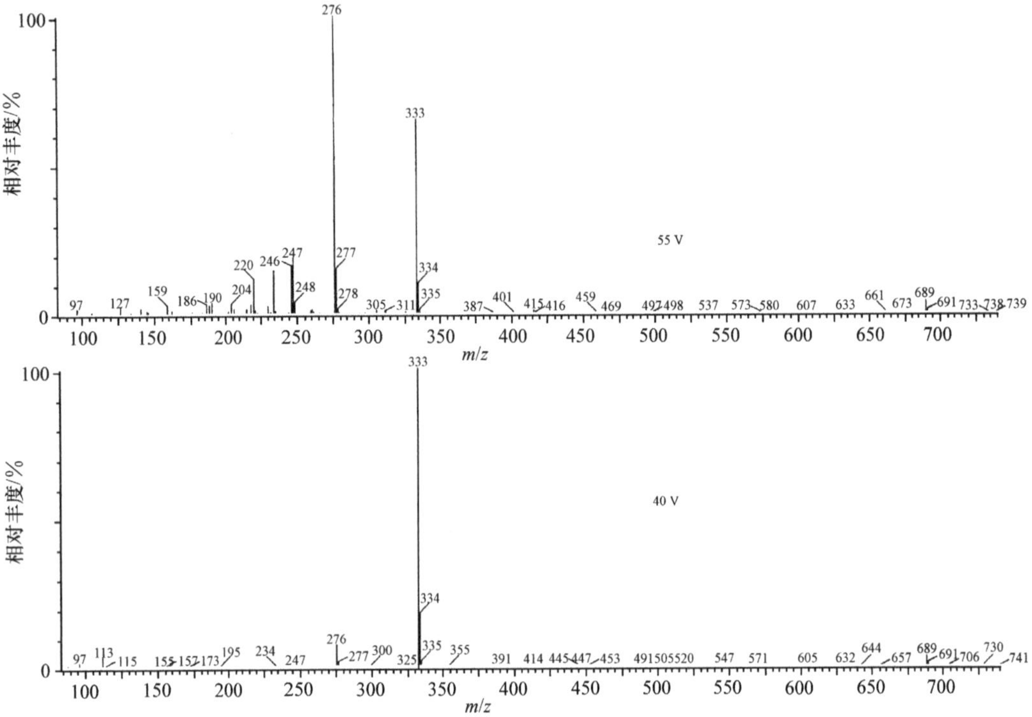

图 4.6　化合物 C4－5 的 ESI 质谱(负离子模式)

可看到几乎所有较强的峰都得到解释。

降低锥孔电压数值从 40V 到 20V,离子的种类和数目都下降。

下面解析图 4.6。由于采用负离子模式,准分子离子为 $M-H]^-$,m/z 333;276:$M-H-C_4H_9$。

4.5　高分辨质谱的解析

此处高分辨质谱的解析包括 EI 电离和各种软电离所得的质谱。

有机化合物所含常见同位素的精确质量如表 4.5 所示。

表 4.5　有机化合物所含常见同位素的精确质量

同位素	精确质量	同位素	精确质量
^{1}H	1.00782504	^{31}P	30.9737634
^{2}H	2.01410179	^{32}S	31.9720718
^{13}C	13.0033548	^{34}S	33.9678677
^{14}N	14.0030740	^{35}Cl	34.9688527
^{15}N	15.0001090	^{37}Cl	36.9659026
^{16}O	15.9949146	^{79}Br	78.9183360
^{18}O	17.9991594	^{81}Br	80.9162900
^{19}F	18.9984033	^{127}I	126.904477
^{28}Si	27.9769284		

表 4.5 的基础是把 ^{12}C 的相对原子质量定为整数 12，这对有机质谱的计算特别方便。

由于高分辨质谱的质量精确度能够到 ppm 的数量级甚至更低，再加以一些杂原子组成的限定条件，因而可以确定分子离子（或准分子离子）和（广义）碎片离子的元素组成。已知元素组成，对于推测结构十分重要，而这是低分辨质谱无法完成的。

已介绍了由 ESI 谱的多电荷离子峰簇来求得相对分子质量。如果样品为混合物，几个多电荷离子峰簇又相互重叠，就很难进行计算。此时如果用高分辨质谱，问题就很容易解决。

为求得相对分子质量，高分辨质谱只需用多电荷离子峰簇中的一个“峰”即可，无需选取多电荷离子峰簇的相邻二峰。从高分辨质谱来看，这样一个“峰”实际上是一个同位素离子峰簇。因为分子中含有多个碳原子，由于 ^{12}C 和 ^{13}C 的个数不同，因而形成同位素离子峰簇。根据这个同位素离子峰簇内的间距即可直接求得这种离子所带电荷 z。例如，同位素离子峰簇内两峰之间质荷比的差 $\Delta\dfrac{m}{z}=0.1$，而它们之间的质量差 $\Delta m=1$（1 个 ^{12}C 置换为 ^{13}C），因而可知 $z=10$。再结合 m/z 值，就可直接求出相对分子质量。

例 4.6　经核磁共振氢谱、碳谱和质谱证明化合物 C4－6 的结构如下：

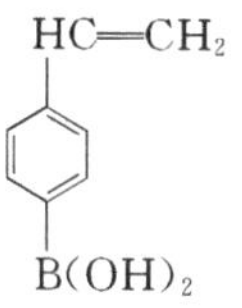

C4-6

从化合物 C4－6 进行反应后生成的产物中分离出一个化合物，由氢谱知道它含有对位取代苯环和端乙烯基，但是另外一个取代基团没有信息。试根据其质谱数据推导该未知物结构。该未知物高分辨质谱如图 4.7 所示。

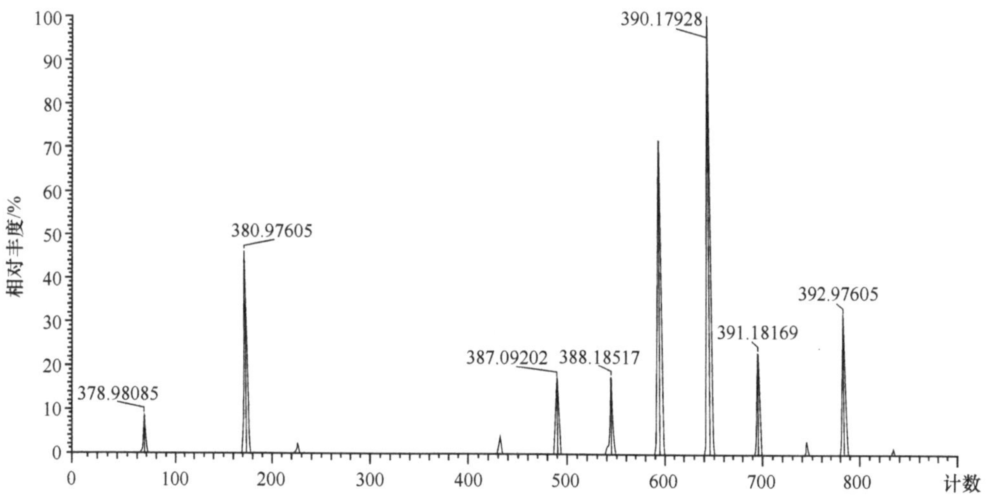

图 4.7　某未知物高分辨质谱

解 把注意力集中在图内的基峰(m/z 390)及其周围。由于在它下面有 m/z 389 和 m/z 388,应该分别是 M−1 和 M−2,可以暂时考虑 m/z 390 是分子离子峰,m/z 391 则是同位素峰。

根据化合物 C4－6 的结构式和未知物的相对分子质量,推测该未知物的结构可能为

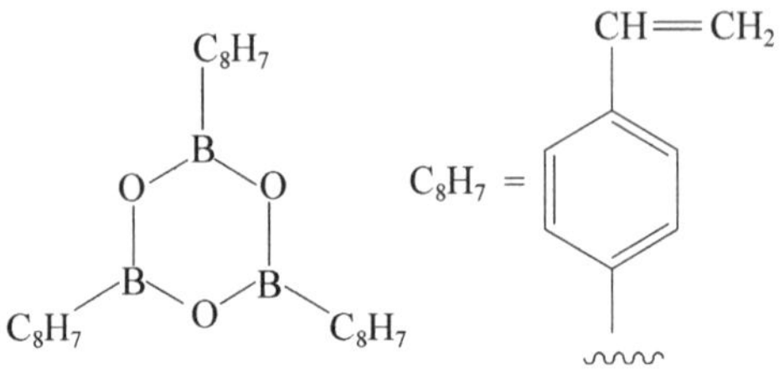

C4－7

硼元素有两种同位素:^{11}B 和 ^{10}B,它们的精确相对原子质量分别为 11.00931 和 10.01294。

利用表 4.5 和上面的数据,根据化合物 C4－7 的分子式 $C_{24}H_{21}O_3{}^{11}B_3$ 计算其精确质量为 390.1770 u,与图 4.7 中的测定值 390.1793 u 对比,误差为 5.8 ppm,属于可接受的误差范围,因此,对于 C4－7 结构的推测可以初步肯定。

下面再分析由硼元素所引起的同位素峰簇。

首先从横坐标开始,即从精确质量来看:由于^{11}B 的天然丰度为 81.17%,^{10}B 的天然丰度为 18.83%,因此在其分子离子的同位素峰簇中含有 3 个^{11}B 原子的峰最高。如果一个^{11}B 原子被一个^{10}B 原子取代,分子的精确质量将降低:

$$11.00931-10.01294=0.99637(\text{u})$$

根据这个数据,以图 4.7 中的测定值 390.1793 为出发点,计算在 m/z 389 和 m/z 388 的位置,精确质量应该分别等于:

$$390.1793-0.99637=389.1829(\text{u})$$
$$390.1793-2\times0.99637=388.1866(\text{u})$$

而图 4.7 中的实测值分别为 389.1816 u 和 388.1852 u,与上面的计算值之差分别仅为 3.3 ppm和 3.6 ppm,结果的符合程度是不错的。

下面再从分子离子同位素峰簇强度比的角度来看,根据硼元素的两种同位素的丰度,利用式(4.1)可以计算出 m/z 387(不含^{11}B 原子)、m/z 388(含 1 个^{11}B 原子)、m/z 389(含 2 个^{11}B 原子)、m/z 390(含 3 个^{11}B 原子)的强度比为 0.01 : 0.15 : 0.67 : 1.00。这组计算的比例和图 4.7 测得的强度比也是很接近的。

综上所述,推测的化合物 C4－7 的结构是正确的。

4.6 串联质谱的解析

顾名思义,串联质谱就是把质谱操作串联起来。质谱操作两次串联表示为 MS/MS

或者 MS^2，质谱操作三次串联则表示为 MS^3，其余类推。

实现串联质谱有两种方式：空间上的串联质谱和时间上的串联质谱。

对于空间上的串联质谱，每进行一次质谱分析就需要应用一个质量分析器，为进行下面的质谱分析，需要将某些离子打碎，一般也在质量分析器内进行。因此，进行 MS^2 就需要 3 个质量分析器，显然仪器的费用比较高。

串联质谱的实验和亚稳离子的检测密切相关。空间上的串联质谱优点为可以做的亚稳离子测定实验的类型较多。例如，空间上的串联质谱可以从母离子寻找子离子，也可以先选定子离子的种类再寻找它们的母离子（不同的母离子可能产生相同的子离子）或其他实验。

时间上的串联质谱的概念如下：把样品进行质谱的测定，得到质谱图；把上述质谱中的某种离子选出打碎，再次测定质谱（得到的离子都是选定离子的子离子，MS/MS，或者 MS^2）；如果再次选定从 MS^2 得到的某种离子，把它打碎，然后进行质谱测定，得到从 MS^2 得到的某种离子的质谱（MS^3），其余类推。

这个过程就是不断寻找（下一代）子离子的过程，这是串联质谱中最经常进行的实验。

时间上的串联质谱只采用一个质量分析器，用傅里叶变换质谱仪或离子阱，尤以离子阱最为广泛。因此，时间上的串联质谱比空间上的串联质谱经济得多，虽然它完成串联质谱的实验种类少，但是完成的（由母离子寻找子离子）串联质谱实验最常应用。

从上面的阐述，自然可理解串联质谱对于推导未知物结构的重要作用。它的突出优点是可以聚焦于未知物结构中的某些部分，通过串联质谱得到简单、明了的结论。

串联质谱的具体例子将在第 6 章例 6.20 中阐述。

参考文献

宁永成. 2000. 有机化合物结构鉴定与有机波谱学[M]. 2 版. 北京：科学出版社

第 5 章　红外光谱的解析

虽然本书以核磁共振谱为鉴定未知物结构（或确认预想的结构）的主要手段，但是红外光谱的作用仍然不可忽视，其原因有下列几点：

(1) 红外光谱突出一些官能团（特别是极性官能团）的信息，这对于解决未知物的结构问题常具有重要参考价值。

(2) 测定红外光谱最容易：固态、液态、气态均可进行测定；红外光谱仪相对廉价，普及率远远高于核磁共振谱仪和质谱仪；红外光谱的测定方便、快捷。

(3) 对于商品类样品（经常可能是混合物）红外光谱最适合测定，也易于与已知样品（包括商品样品）对比。

(4) 红外光谱谱图可以区分无机化合物和有机化合物，这是其他有机分析仪器所不能或者不方便实现的。

5.1　红外谱图的基本知识

5.1.1　红外光谱谱图

红外谱图的横坐标是波数（cm^{-1}），常见红外光谱仪所测谱图的范围（中红外区域）是 400～4000 cm^{-1}。红外谱图的纵坐标表示红外吸收的强弱，常见的为透过率。

红外光谱中吸收峰的形状一般不尖锐，有的能扩展较宽，因此红外吸收可称为吸收峰，也可称为吸收带。

因为在测定红外光谱时，仪器的狭缝不能调到理想的窄度，所以不能得到准确的摩尔吸光系数。

5.1.2　红外光谱的两大分区

红外光谱分为官能团区和指纹区两个大区，二者以 1300 cm^{-1} 为分界线。这个分界线主要是由实验确定的。该分界线的较低波数区是指纹区，较高波数区为官能团区。

官能团区的吸收峰（带）反映样品中存在哪些官能团。原则上讲，官能团区的每个吸收峰（带）都对应一定的官能团。换句话说，官能团区的每个吸收峰（带）基本上都能得到解释。

指纹区则与官能团区完全不同，虽然其中的一些吸收峰（带）也启示某些官能团的存在，但是很多吸收峰（带）仅反映一个化合物的整体特征，因此称为指纹区。由于每个有机化合物都有自己特殊的指纹吸收，因此红外光谱可以作为很好的同定方法（证明选定的两个化合物的结构是否相同）。

5.2　官能团的特征吸收频率

5.2.1　红外光谱的基本公式

红外光谱的基本公式表示红外吸收波数和有关参数的关系，如式(5.1)所示：

$$\bar{\nu}=\frac{1}{2\pi c}\sqrt{\frac{k}{\mu}} \tag{5.1}$$

式中，$\bar{\nu}$为红外吸收波数；c 为光速；k 为化学键的力常数；μ 为折合质量，$\mu=\frac{m_1m_2}{m_1+m_2}$或$\frac{1}{\mu}=\frac{1}{m_1}+\frac{1}{m_2}$。虽然，式(5.1)是以双原子分子为模型推导出来的，但仍可以推广到含多原子的官能团。

5.2.2　影响官能团红外吸收频率的因素

在这里主要讨论分子结构发生变化时官能团红外吸收频率的变化。由于羰基的吸收强，结构变化引起的吸收频率变化也明显，故以它为主要例子。

1. 电子效应

羰基是双键，键力常数 k 大，因此吸收频率高。由于氧原子有吸电子倾向，即 $\gt\overset{\delta^+}{C}=\overset{\delta^-}{O}$。若有结构上的变化使 $\gt\overset{\delta^+}{C}=\overset{\delta^-}{O}$往 $\gt\overset{+}{C}-\overset{-}{O}$ 变化，即是从双键往单键变化，则羰基的吸收频率(波数)将下降。

1) 诱导效应

如果脂肪酮羰基的一侧被卤素原子取代，由于卤素原子吸电子，这将使羰基的双键性增加(可以理解为卤素使羰基不易往单键变化)，因而酰卤羰基比酮羰基有更高的红外吸收频率。下列数据说明卤素取代(以诱导效应为主)对羰基红外吸收频率的影响：

1715 cm^{-1}　　1785～1815 cm^{-1}　　～1812 cm^{-1}　　～1869 cm^{-1}

2) 中介(共振)效应

共振效应可以说是一种思考方式，可以用共振效应解释一些谱学现象。最典型的例子是酰胺的吸收。按照共振效应，氨基连接羰基则有

因此羰基的双键性降低，吸收频率移向低波数。酰胺的红外吸收频率都低于1690 cm^{-1}。

3) 共轭效应

当羰基与其他双键相连形成大的共轭体系时，其 π 电子的离域增大，双键键级下降，因此吸收频率下降。相比于脂肪酮的红外吸收 1715 cm^{-1}，α,β-不饱和酮的红外吸收为

1675 cm^{-1}、芳香酮的红外吸收为 1690 cm^{-1}是共轭效应的说明。

2. 空间效应

1) 环张力

讨论处于环上的官能团。当环张力加大时,其红外吸收频率上升。最典型的例子是环上 CH_2:

环己烷	环丙烷
2925 cm^{-1}	3050cm^{-1}

需要注意,3000 cm^{-1}恰是饱和 CH_2 与不饱和 CH_2 的分界线,环丙烷的 CH_2 的吸收进到了不饱和 CH_2 的范围,这在解析红外光谱时需要特别留心。

2) 空间障碍

共轭体系具有共平面的性质,当共轭体系的共平面性被破坏时,共轭体系也受到影响或破坏,红外吸收频率将移向较高波数(与形成共轭体系红外吸收移向较低波数的方向相反)。

3. 形成氢键的影响

无论形成分子间氢键还是形成分子内氢键,都使形成氢键的原化学键的键力常数降低,因此红外吸收频率移向低波数方向。但是由于形成氢键之后,振动时偶极矩的变化加大,因此吸收强度增加。以醇的羟基为例:

游离态	二聚体	多聚体
3610～3640 cm^{-1}	3500～3600 cm^{-1}	3200～3400 cm^{-1}

氨基的情况与羟基类似。

羧酸分子能形成强烈的氢键,使其红外吸收移至 3000 cm^{-1}附近,其吸收尾部延伸到约 2500 cm^{-1},形成一个很宽的谱带,这是羧酸红外谱图的明显特征。

4. 质量效应

含氢基团的氢原子被氘取代后,基团的红外吸收频率移向低波数,因为原来的折合质量 μ 加大了。

除了上述结构上的变化会引起官能团红外吸收频率变化之外,作图条件和样品分子晶粒的大小及结晶方法等也可能使红外吸收波数发生变化。

5.2.3 官能团的红外特征吸收频率

常见官能团的红外吸收频率列于附录。

5.3 红外光谱分区讨论

从式(5.1)可容易理解,红外光谱的吸收频率取决于官能团的折合质量和键力常数:当官能团的折合质量小或键力常数大时红外吸收的频率高,反之则低。

含氢官能团的折合质量小(接近 1),这个作用大于键力常数的作用,因此它们有最高的红外吸收频率。

键力常数按照叁键、双键、单键的顺序递减,随之有相应的红外吸收频率。

振动有伸缩振动和弯曲振动之分,伸缩振动沿化学键的方向进行,而所有其他振动均属于弯曲振动,因此伸缩振动的频率高于弯曲振动的频率。因此上述的键力常数按照叁键、双键、单键的顺序递减,红外吸收频率也相应递减是对于同为伸缩或同为弯曲振动而言的。例如,单键的伸缩振动频率就可能超过双键的弯曲振动频率。

下面把红外谱图分为 6 个区进行讨论,其中前面 4 个区属于官能团区,后面两个区属于指纹区。

5.3.1 官能团区

1. 4000～2500 cm^{-1}

这是 X—H(X 包括 C,N,O,S 等)的伸缩振动区。

1) 羟基

醇和酚的羟基吸收处于 3200～3650 cm^{-1}。未形成氢键时,羟基的吸收处于上述范围的较高波数端(3610～3640 cm^{-1}),且吸收峰较尖锐。当形成分子间氢键或分子内氢键时,由于键力常数的减小,吸收移向较低波数(3300 cm^{-1}附近),峰型宽而钝,但其强度增加因而吸收比较强。

羧酸由于羰基和羟基的强烈缔合,其羟基的吸收位置移至 3000 cm^{-1}以下,吸收峰的底部可延续到约 2500 cm^{-1},形成一个宽的吸收带。

2) 氨基

氨基的红外吸收与羟基类似,游离氨基的红外吸收为 3300～3500 cm^{-1},缔合后吸收位置降低约 100 cm^{-1}。

伯氨有两个吸收峰,因 NH_2有两个 N—H 键,故有对称和反对称伸缩振动,这使得它与羟基的吸收形成明显差别。

仲氨 NH 只有一种伸缩振动,故只有一个吸收峰,吸收峰的形状比羟基的要尖锐。

叔氨因氮上无氢,在这个区域没有吸收。

3) 烃基

C—H 键振动的分界线是 3000 cm^{-1}。不饱和碳(双键及苯环)的碳氢伸缩振动频率大于 3000 cm^{-1}。饱和碳(三元环除外)的碳氢伸缩振动频率低于 3000 cm^{-1}。

C≡C—H 的吸收峰在约 3300 cm^{-1},峰很尖锐,易与 OH 和 NH 的吸收区别。由于它的吸收在较高波数,因此不易与其他不饱和碳氢吸收峰混淆。

烯氢和苯环氢的吸收位置大于 3000 cm^{-1},但是它们的吸收强度都比较低,往往以肩峰的形式存在。

饱和碳的碳氢伸缩振动一般可见四个吸收峰。其中 2960 cm^{-1}、2870 cm^{-1}属于 CH_3,2925 cm^{-1}、2850 cm^{-1}属于 CH_2。

CH_3 或 CH_2 与氧原子相连时,其吸收位置移向较低波数。

2. 2500～2000 cm^{-1}

这是叁键和累积双键的伸缩振动区。除去作图时未能全扣除空气中二氧化碳的吸收(大约在 2365 cm^{-1}、2335 cm^{-1},两个峰)之外,需要注意此区域内任何吸收峰,哪怕是小的吸收峰。

3. 2000～1500 cm^{-1}

这是双键的伸缩振动区,是红外谱图中很重要的区域。

这个区域内最重要的是羰基的吸收,大部分羰基化合物的吸收集中于 1650～1900 cm^{-1}。除羧酸盐等少数情况外,羰基峰都尖锐或仅稍宽,其强度都较大。在羰基化合物的红外谱图中,羰基的吸收一般为最强峰,偶尔为次强峰。

碳碳双键的吸收出现在 1600～1670 cm^{-1},强度中等或较低。

苯环的骨架振动在～1450 cm^{-1},～1500 cm^{-1},～1580 cm^{-1},～1600 cm^{-1}。～1450 cm^{-1}的吸收与 CH_2、CH_3 的吸收很靠近,因此特征不明显。后三处的吸收则清晰地表明苯环的存在。这三处的吸收不一定同时存在,只要在 1500 cm^{-1}或 1600 cm^{-1}附近有一处有吸收,原则上即可知有苯环(或杂芳环)存在。

杂芳环和苯环有相似之处。例如,呋喃在～1600 cm^{-1},～1500 cm^{-1},～1400 cm^{-1}三处均有吸收谱带,吡啶在～1600 cm^{-1},～1570 cm^{-1},～1500 cm^{-1},～1435 cm^{-1}处有吸收。

这个区域除上述碳氧双键、碳碳双键吸收外,还有 C═N、N═O 等基团的吸收。硝基有对称和非对称两种伸缩振动,其非对称伸缩振动出现在这个区域。

4. 1500～1300 cm^{-1}

此区域主要提供 C—H 弯曲振动的信息。

甲基在～1380 cm^{-1},～1460 cm^{-1}同时有吸收。如果化合物分子存在偕二甲基(两个甲基连接在同一个碳原子上,包括异丙基和叔丁基),一般在 1390～1360 cm^{-1}会看到有分叉的峰(两个峰尖)。这在核磁共振氢谱未被广泛应用之前曾起过重要作用。

CH_2 仅在～1470 cm^{-1}有吸收。

5.3.2 指纹区

1300 cm^{-1}以下的区域为红外光谱的指纹区,这是从实践中总结的,当然也和理论上的考虑相符。

指纹区的众多吸收构成该化合物的特征,如同人的指纹。指纹区中的很多峰常难以解析。

指纹区进一步可分为下述两个区:

1. 1300～910 cm^{-1}

不含氢的官能团的单键伸缩振动和弯曲振动,部分含氢基团的一些弯曲振动、一些含重原子的双键伸缩振动、分子骨架振动等都出现在这个区域。因此，这个区域的红外吸收信息十分丰富。

2. 910 cm^{-1}以下

苯环因取代而产生的吸收(900～650 cm^{-1})是这个区域很重要的内容，这是用红外光谱判断苯环取代位置的主要依据。当苯环上有强极性基团的取代时，常不能由这一段的吸收位置判断取代情况。

烯的碳氢弯曲振动频率处于 910 cm^{-1}以下区及 1300～910 cm^{-1}区。

5.4 红外谱图逐段解析

对于红外谱图解析不是太熟悉的读者，本节尤为重要。

本节的讨论和 5.3 节的阐述有下列几点不同：

(1) 在 5.3 节讨论着重分析每一区域存在的官能团，而在本节讨论从谱图解析着手，按照波数从高到低的方向逐次分析遇见的红外吸收峰(带)。

(2) 在本节将综合几个区域的相关吸收，以鉴别所讨论的官能团是否存在。

仍然从上面所分的六个区着手。

1. 4000～2500 cm^{-1}

前面已经分析过，这是 X—H(X 包括 C,N,O,S 等)的伸缩振动区。

在一般的制样条件下，羟基、氨基处于缔合状态，4000～3600 cm^{-1}一般看不到红外吸收。如果在所述区域看见有吸收，说明存在游离(醇或酚的)羟基。

当存在缔合(醇或酚的)羟基时，在约 3300 cm^{-1}处有一个宽的钝峰，其强度比较大。

当样品或用来与样品混合、压片的溴化钾晶体含有微量水时，在 3300 cm^{-1}附近会出现吸收峰。如含水量较大，在 1630 cm^{-1}处也有吸收峰，因为这是游离水的峰，所以羟基无此峰。若要鉴别微量水与羟基，可观察指纹区内是否有羟基的碳氧吸收(1250～1050 cm^{-1})。

羧酸在这一区域的吸收前面已有叙述。

如果存在游离的氨基，它们的吸收低于 3600 cm^{-1}。

在 3300 cm^{-1}附近，如果看到像马鞍形的两个钝的吸收峰(带)，可以立即下结论样品存在伯氨基，因为连接在氮原子上的两个氢原子的对称和反对称伸缩振动产生这个特征性的吸收。如果在 3300 cm^{-1}附近只有一个钝的吸收峰(带)，这可能是存在羟基或仲氨基。羟基和仲氨基的区分并不难，因为如果有羟基(包括酚羟基)，则在 1050～1250 cm^{-1}有很强的碳氧吸收峰(带)。

如果在 3300 cm^{-1}附近有相对尖锐的吸收峰，可能是炔氢的吸收，进一步可以查看在 2100～2260 cm^{-1}有无碳碳叁键的吸收，但是要注意这个吸收一般较弱(甚至在叁键两侧结构对称的情况下没有吸收)。

再往低波数方向看，3000 cm^{-1}附近需要仔细查看、分析。3000 cm^{-1}是饱和与不饱和碳氢吸收的分界线。除三元环的碳氢吸收可以超过这个线外，所有超过 3000 cm^{-1} 的吸收都是不饱和碳氢的吸收(三元环的碳氢除在红外光谱中有特殊的吸收位置外，在核磁共振氢谱和碳谱中也会表现化学位移数值明显偏低的特点)。因为这里的吸收强度都比较弱，出现的峰(带)一般以肩峰的形式显示，所以如果 3000 cm^{-1} 以下的吸收带以光滑的曲线延伸到高波数，则表明所测试的样品不含不饱和碳氢。反之，如果在该曲线上有几个小的凸起(肩峰)，表明存在不饱和碳氢。

在 3000 cm^{-1} 以下，CH_3 和 CH_2 分别在约 2960 cm^{-1}、2870 cm^{-1}、2920 cm^{-1}、2850 cm^{-1} 出峰(前面两个属于 CH_3，后面两个属于 CH_2)。虽然拉曼光谱和红外光谱的原理不同，但是红外光谱(吸收)峰和拉曼光谱(拉曼散射)峰的位置很靠近。可是在这个波段拉曼光谱的 CH_3 和 CH_2 峰位置和红外光谱的位置的确差别很大。再回到红外光谱，如果 2920 cm^{-1} 和 2850 cm^{-1} 两个峰相对高，而 2960 cm^{-1} 和 2870 cm^{-1} 这两个峰相对低，说明在所测试的化合物中 CH_2 多而 CH_3 少，很可能是一个正构烷基。此时应该再查看 720 cm^{-1} 附近的吸收，当有 4 个(或更多)CH_2 相连时，会有 720 cm^{-1} 附近的吸收。

在约 2820 cm^{-1} 和 2720 cm^{-1} 有吸收，应考虑所测试的化合物含有醛基，因为这是醛的碳氢吸收。这个设想应该由醛羰基的吸收(1680～1740 cm^{-1})进一步证实。

如果是有机化合物，由于总会存在碳氢键，故 2800～3100 cm^{-1} 会有红外吸收，而无机化合物在这个区域则没有红外吸收，因此在这个区域是否有红外吸收是判别有机化合物和无机化合物的依据。

2. 2500～2000 cm^{-1}

这个区域是叁键和累积双键的伸缩振动区。

由于红外光谱仪的光路不可能完全平衡，空气中的二氧化碳会在约 2365 cm^{-1}、2335 cm^{-1} 产生相应的红外吸收峰。除上述二氧化碳的吸收峰外，此区域内任何小的吸收峰都应引起注意，因为它们都能提供结构信息。

炔键的吸收本来就比较弱，如果炔键的两侧对称，该吸收可能就看不到，这是需要注意的。

3. 2000～1500 cm^{-1}

这是红外谱图中很重要的区域。

这个区域内最重要的是羰基的吸收，前面已有叙述。在羰基化合物的红外谱图中，羰基的吸收一般为最强峰，至少为次强峰(几十个碳原子长链的羰基化合物可能羰基的吸收峰相对不强)。如果在这个区域呈现弱的吸收，则所测试的样品很可能含有羰基化合物的杂质。

如果是羧酸，应该在 3000 cm^{-1} 附近有很强、很宽的吸收峰。如果是醛，在约 2820 cm^{-1} 和 2720 cm^{-1} 有弱的吸收峰。如果是羧酸酯，在 1050～1300 cm^{-1} 有C—O—C 的吸收峰。

碳碳双键的吸收出现在 1600～1670 cm^{-1}，强度中等或较低。此时应再查看大于

3000 cm^{-1}的不饱和碳氢吸收。另外，烯的不饱和碳氢在 970～800 cm^{-1}的吸收也应该一同查看。

苯环的骨架振动在～1450 cm^{-1}，～1500 cm^{-1}，～1580 cm^{-1}，～1600 cm^{-1}。～1450 cm^{-1}的吸收与 CH_2、CH_3 的吸收很靠近，因此特征不明显。后三处的吸收则清晰地表明苯环的存在。这三处的吸收不一定同时存在，只要在 1500 cm^{-1}或1600 cm^{-1}附近有一处有吸收，原则上即可知有苯环(或杂芳环)存在。前面已经进过，在大于3000 cm^{-1}的区域应该看到苯环的不饱和碳氢吸收，它们通常是以肩峰的形式存在。

杂芳环和苯环有相似之处，如呋喃在～1600 cm^{-1}、～1500 cm^{-1}、～1400 cm^{-1}三处均有吸收谱带，吡啶在～1600 cm^{-1}、～1570 cm^{-1}、～1500 cm^{-1}、～1435 cm^{-1}处有吸收。

硝基在 1550～1530 cm^{-1}有尖锐且强度高的吸收峰。另外，在 1370～1340 cm^{-1}有强度稍低的吸收峰。这是因为硝基有对称和非对称两种伸缩振动，非对称伸缩振动的频率高些，因此出现在这个区域。

碳氮双键(亚胺)的吸收在 1690～1630 cm^{-1}，强度中等。

4. 1500～1300 cm^{-1}

除前面已讲到苯环、杂芳环和硝基等的吸收可进入此区域之外，该区域主要提供C—H弯曲振动的信息。

甲基在～1380 cm^{-1}、～1460 cm^{-1}同时有吸收。当前一吸收发生分叉(在 1390～1360 cm^{-1}出现两个峰，其高度可以不等)时，表示偕二甲基(两个甲基连在同一碳原子上)的存在。偕三甲基的红外吸收与偕二甲基相似，也在此波数范围。

CH_2 仅在～1470 cm^{-1}有吸收。如果是 4 个以上 CH_2 相连，在约 720 cm^{-1}还有吸收。

CH_3 和 CH_2 在 2970～2850 cm^{-1}还有吸收。

5. 1300～910 cm^{-1}

在这个区域首先应该注意碳氧的吸收。羧酸酯中间的C—O—C吸收在 1300～1050 cm^{-1}，芳香羧酸酯的吸收在相对高的波数区域，脂肪羧酸酯的吸收在相对低的波数区域。

(缔合的)醇类和酚类化合物除在约 3300 cm^{-1}有缔合羟基的吸收外，在这个区域有C—O吸收：1250～1050 cm^{-1}，醇的吸收在较低波数一端，酚的吸收在高波数一端。

在这个区域另外的一种吸收是比较常见的环氧乙烷、环氧丙烷的加成物(非离子表面活性剂)的碳氧吸收，其位置在大约 1110 cm^{-1}。它们在约 940 cm^{-1}也有吸收，其强度要低很多。

6. 910 cm^{-1}以下

苯环因取代而产生的吸收(900～650 cm^{-1})是这个区域很重要的内容。在核磁共振氢谱没有被广泛应用以前，这是判断苯环取代位置的主要依据。附录中列出了各种取代时的吸收位置，只要掌握基本精神就容易大致记住。由于发生取代，苯环上剩余的相邻氢越少，则其红外吸收频率越高(孤立氢的红外吸收频率最高，在 900～850 cm^{-1})；反之，当苯环取代之后剩下相邻的氢较多时，红外吸收的频率较低(苯环上剩下 4 个相邻氢和剩下 5 个相邻氢的红外吸收频率最低，在 770～730 cm^{-1})。另外需要记住在几种取代的情况下要附加一个吸收峰(参见附录)。

当苯环上有强极性基团的取代时，常不能由这一段的吸收判断取代情况。

烯氢的弯曲振动在 970～800 cm^{-1}区域。

5.5 红外光谱解析的要点和步骤

5.5.1 解析红外吸收谱的要点

1. 红外吸收峰的三要素

在解析红外光谱时，对于每一个吸收峰(带)都需要注意它的位置、强度和峰型。

吸收峰的位置(吸收峰的波数值)无疑是红外吸收最重要的特点，但是必须将吸收峰的位置辅以吸收峰强度和峰型综合分析，才能得到正确的结论。

以峰型而论，如在 3300 cm^{-1}附近，炔氢、羟基和伯氨基都可能出峰，但是根据峰型完全可以区分这三者：炔氢的峰尖锐，羟基具有钝的峰型，伯氨基峰型也钝但是分叉。

吸收强度也必须考虑。例如，在 1700 cm^{-1}附近有一个弱的吸收，如果考虑为羰基是不对的，因为羰基具有强的吸收，所以应该考虑为样品不纯，含有的杂质具有羰基。

综上所述，只有当一个红外吸收峰的位置、强度和峰型都和已知的某官能团的红外吸收峰一致时，才能确认该官能团的一个吸收峰(带)。

2. 同一基团的几个相关峰应该同时存在

对任意一个基团来说，由于存在伸缩振动(其中还可能分为对称伸缩振动和反对称伸缩振动)和多种弯曲振动，因此它会在一张红外谱的不同区域显示几个红外吸收峰，称为相关峰。

以羟基为例，它会显示 OH 的伸缩振动(缔合羟基在约 3300 cm^{-1})和C—O的伸缩振动(1050～1150 cm^{-1})。

以正构烷基中的亚甲基而论，在约 2920 cm^{-1}、2850 cm^{-1}的吸收会大大强于在约 2960 cm^{-1}、2870 cm^{-1}的吸收(亚甲基的数量多于甲基)，在约 1470 cm^{-1}有吸收，在约 720 cm^{-1}也有吸收(当相连的亚甲基超过 4 个时)。

对任意一个红外吸收峰来说，都应同时注意吸收峰的位置、强度和峰型。

5.5.2 红外光谱解析的步骤

一般情况下不能单独解析红外光谱而得到未知物结构，解析红外光谱是为得到与红外光谱有关的结构信息。

在解析红外光谱时，作者推荐解析的顺序为从高波数到低波数，类似于在 5.4 节中的叙述，从 4000 cm^{-1}开始。在官能团区的红外吸收吸收，原则上每个峰都可以找到相应的官能团。

红外光谱的官能团区解析后，再解析指纹区。注意：在官能团区得到的信息和在指纹区应该相互呼应。如前所述，指纹区的峰常常大多数不能找到归属。

如果解析红外光谱能够推断或猜测到某种结构时，寻找红外标准谱图或网上的红外谱图以进行比对非常重要。

5.5.3　从谱图集或者网络查找标准红外谱图

最常使用的红外标准谱图是萨特勒(Sadtler)红外谱图。萨特勒标准谱图包括核磁共振氢谱、碳谱、红外和紫外谱，索引有多种，查找方便。它还有商品的标准红外谱图，对于有关商品的研究很方便。

网上查找标准红外谱图，有下列途径：

(1) 免费查到红外光谱谱图(还包括碳谱、氢谱和 EI 质谱)。

http://riodb01.ibase.aist.go.jp/sdbs/cgi-bin/cre_index.cgi? lang=jp

请参阅 1.5.8。

(2) 如果读者所在单位已经取得资格，下面的两个网站有丰富的谱图数据库可以查找(个人不能访问)：

http://166.111.120.35/database/crossfire.htm

https://scifinder.cas.org

(3) 在注册之后，经由付费可以从 BIO-RAD 公司的光谱数据库网站获得标准谱图(红外光谱、核磁共振碳谱和氢谱)。请参阅 1.5.8。

5.5.4　红外光谱解析例题

从前面的讨论已知红外光谱的作用，解析未知物的红外光谱可以辅助未知物结构的推导。下面的 4 个例题都是作者工作的实践。如果仅采用红外光谱推导很简单的未知物的结构，参考意义会降低。

例 5.1　某未知物已经初步鉴定为下述结构：

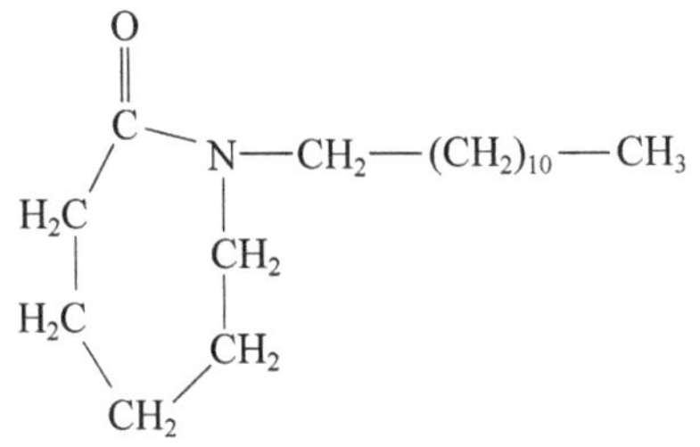

C5 - 1

其红外光谱如图 5.1 所示[(a)为低波数区域的放大图，(b)为红外光谱全图]。分析图 5.1 是否与 C5 - 1 的结构一致。

解　从高波数端开始分析。

4000～3000 cm^{-1}的区域无吸收，说明该化合物不含X—H基团(X=O,N)。

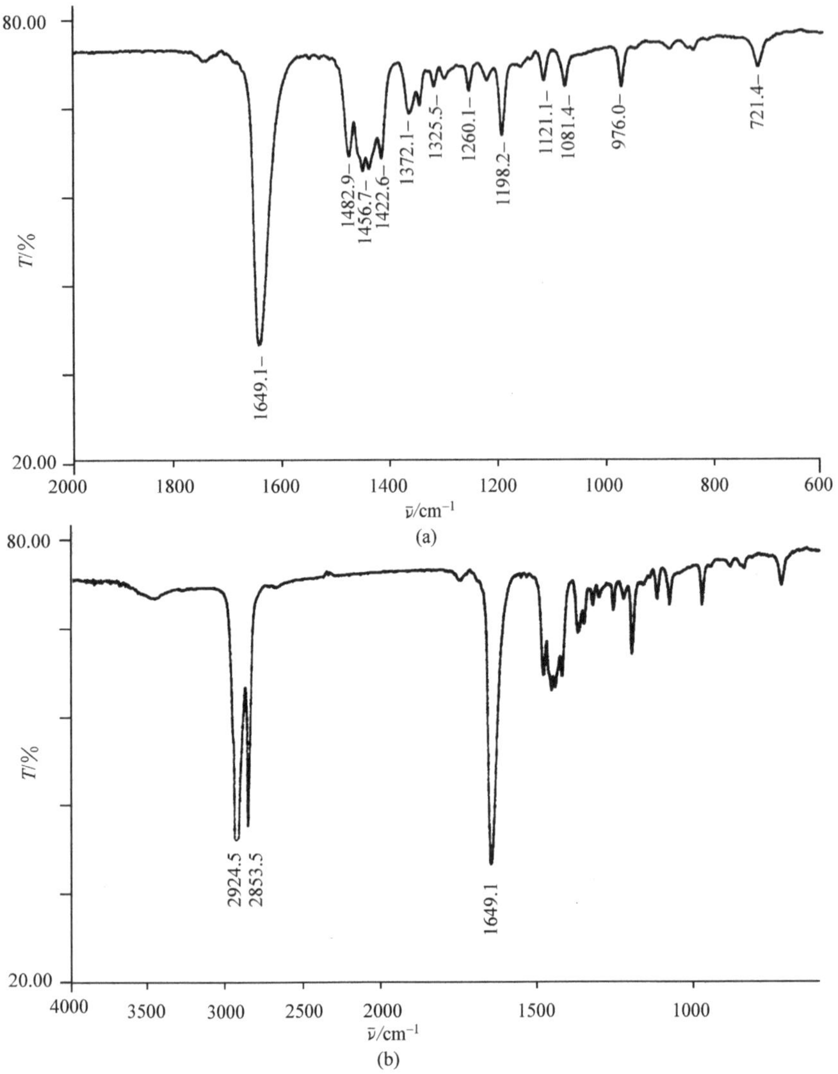

图 5.1　C5－1 的红外光谱

在 2924 cm^{-1}、2853 cm^{-1}的两个强吸收峰说明该化合物存在多个亚甲基。这两个吸收太强，以至于看不到甲基的吸收。该化合物存在多个亚甲基的想法，进一步在 721 cm^{-1}的吸收得到证实（约在 720 cm^{-1}的亚甲基吸收产生于 4 个以上相连的亚甲基，吸收强度低）。

在 1649 cm^{-1}的强吸收说明该化合物存在羰基。从明显地低于 1700 cm^{-1}的位置来看只能是酰胺基。

图 5.1 的一个特殊之处为 1482～1422 cm^{-1}区域有 4 个吸收峰（这种情况很少见）。前面已经分析，该化合物存在大量亚甲基，这说明亚甲基的状况（主要是连接亚甲基的基团的电负性差别）有所不同。这点和 C5－1 的结构式符合，因为里面的亚甲基至少有 4 种状况：连接氮原子的、连接羰基的、处于长碳链中的、处于环中间的。

从 1372 cm^{-1}的弱吸收可知该化合物含有甲基，但量少。

综合上面的分析，可以得出结论：图 5.1 和 C5－1 的结构式符合，原来推测的结构应该是正确的。

例 5.2　某未知物已经初步鉴定为下述结构：

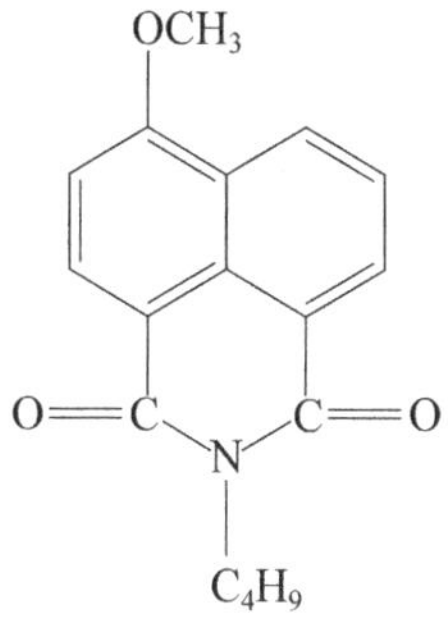

C5－2

其红外光谱如图 5.2 所示。分析图 5.2 是否与 C5－2 的结构一致。

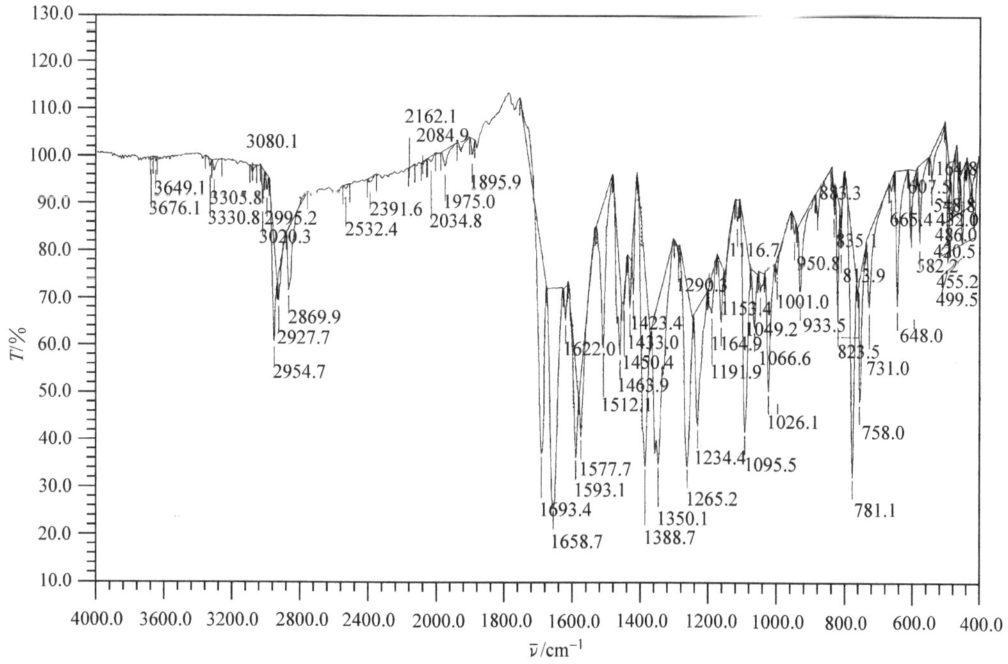

图 5.2　C5－2 的红外光谱

解　仍然从高波数端开始分析。

4000～3200 cm^{-1}的区域无吸收（标注数字的地方都不算吸收峰），说明该化合物不含 X—H基团（X＝O，N）。

3020 cm^{-1}的吸收峰具有一定的高度，这个峰不能忽略，因为不饱和的碳氢在这个区域的吸收都是弱的。显然，这个吸收与 C5－2 中的芳环对应。1593 cm^{-1}、1512 cm^{-1}是进一步的佐证。

2954 cm^{-1}、2927 cm^{-1}、2869 cm^{-1}的 3 个吸收峰归属于甲基和亚甲基的吸收。

在 1693 cm^{-1}和 1658 cm^{-1}的两个强吸收峰说明该化合物存在两个羰基。从吸收峰的位置来看，1658 cm^{-1}的数值肯定对应的是酰胺基团；1693 cm^{-1}则有几种可能性，不能直接确定。

结合 C5－2 的结构就可以明了上述的两个吸收峰。两个羰基都连接氮原子，因此都是酰胺基团，吸收峰的位置都应该低于 1700 cm^{-1}。但是由于两个羰基通过氮原子连接，因此存在两个羰基的伸缩振动：对称的伸缩振动和反对称的伸缩振动。反对称伸缩振动比对称伸缩振动具有较高的频率，因此吸收位置在 1693 cm^{-1}。

1463 cm^{-1}、1450 cm^{-1}、1388 cm^{-1}的吸收峰归属于甲基，亚甲基的吸收。

1265 cm^{-1}、1095 cm^{-1}的吸收归属于醚中的 C—O—C 振动。

综合上面的解析，红外光谱进一步确认了原来设想的结构。

例 5.3　化合物 C5－3 和 C5－4 的结构式如下：

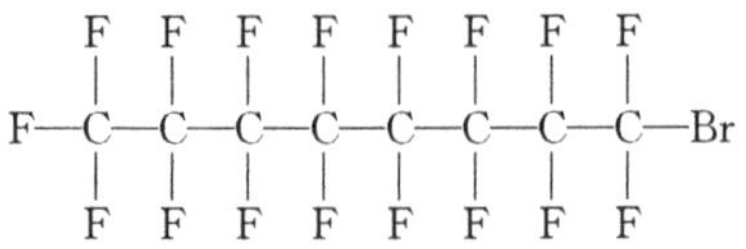

C5-3

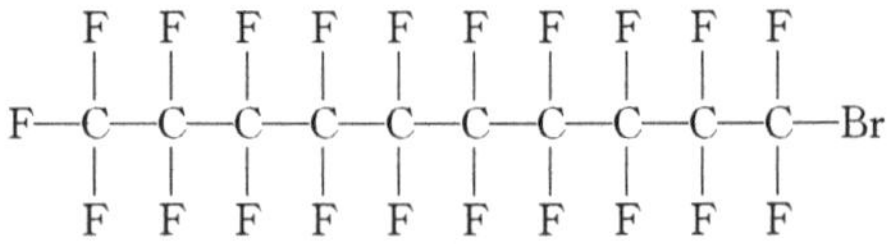

C5-4

它们的红外光谱分别如图 5.3 和图 5.4 所示。分析这两张红外光谱，可以得出什么结论？

解　对比这两张红外谱填，可以得到下列结论：

(1) 按理说，上述两个结构式很相似，二者的红外谱图应该比较相似，可实际情况相差很远。

两张红外谱图差别大的原因只能解释为物相的不同引起。C5－3 为液相，而 C5－4 为固相。

(2) 两张红外谱图仍然有共同点，在 1000～1400 cm^{-1}都有很强的吸收，这归属于 C—F 的振动。由于氟原子具有强的电负性，因此相应的红外吸收强度高。

例 5.4　在 4.4.6 软电离质谱解析的例 4.3 中，通过 FAB 质谱，确定了化合物的二聚。在二聚前后，红外光谱有明显变化：羰基的吸收从 1735 cm^{-1}位移到 1753 cm^{-1}，变化 18 cm^{-1}，这个数值大大超过红外光谱的测量误差(8 cm^{-1})。在这个例子中，所有的核磁共振谱图均未改变，无法说明产生的变化。质谱给出已经发生了变化的结论。红外光谱至少说明了新化合物的产生。

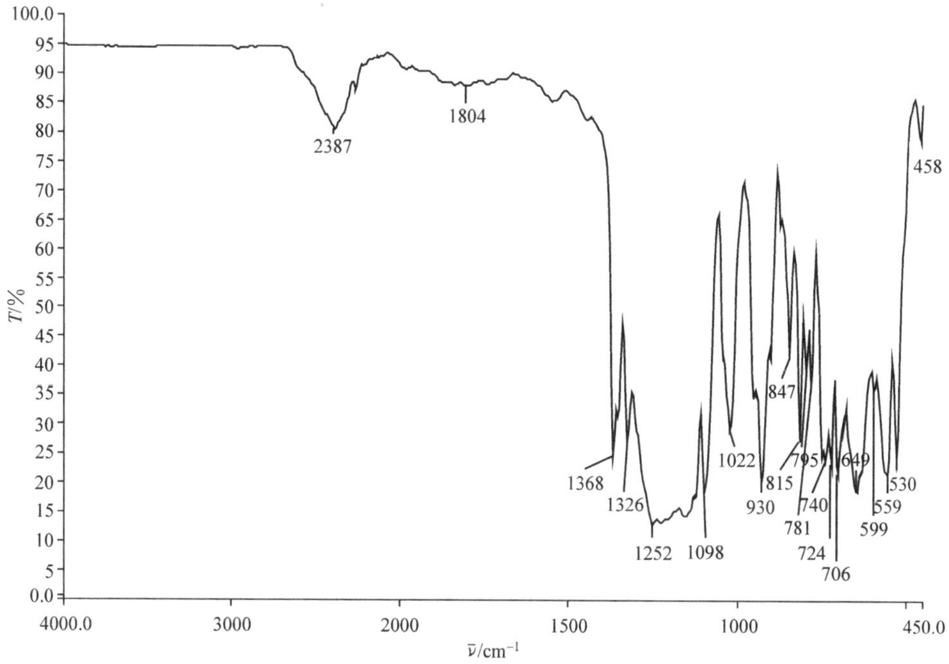

图 5.3　C5 - 3 的红外光谱

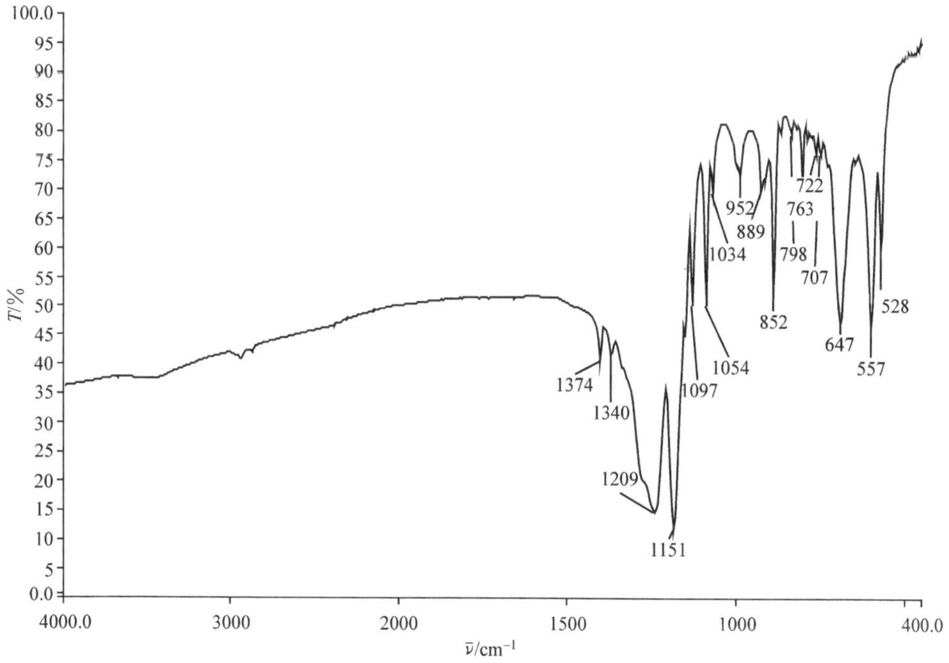

图 5.4　C5 - 4 的红外光谱

第6章　谱图的综合解析

前面5章分别阐述了各种谱图的解析，本章讨论几种谱图的综合解析。

首先，需要说明：本书把谱图综合解析的方法集中于最常见的方法，即利用核磁共振氢谱、碳谱、DEPT谱、COSY谱、HMQC谱（或HSQC谱）和HMBC谱，以及必要的其他数据（如从质谱得到的相对分子质量，串联质谱的数据）推导未知物的结构，或确认化合物结构。这是因为上述方法是目前最常用，也是很可靠的方法。由于作图的条件苛刻（如2D-INADEQUATE谱）或其他原因，其他方法比前述方法的应用少得多，因此没有在此介绍。

其次，在本章的实例中，以指认为主而确认化合物结构的例题占了比较大的比例。这是因为如果真正要推导结构完全未知而又很复杂的化合物结构时，上述方法的确还存在困难。此时往往需要应用X射线单晶衍射来确定复杂化合物的结构。如果有X射线单晶衍射的基础，上述方法可以完成其衍生物的结构推导。也经常看到，在报道化合物结构的文献中往往通过对比以前文献的相关数据而确定结构。另外，有时遇见的未知物结构并不是很复杂，但是在未知物结构中季碳原子及杂原子比较多，这使COSY谱、HSQC谱和HMBC谱的功效大受影响，也使上述常用方法遇到困难。

不管怎样，通过本章的讨论，读者可以掌握这套方法，并学会怎样从谱图得到尽可能多的结构信息。

6.1　常用的方法和步骤

为推导一个未知物的结构，一般情况下需要质谱的相对分子质量数据或者元素组成式。虽然核磁共振氢谱和碳谱给出了碳原子和氢原子详尽的信息，但是它们仅对于某些杂原子给出直接的信息（如碳谱中的羰基）和间接的信息（如氢谱中的NH、OH，氟原子产生的氢谱和碳谱谱线的裂分），对若干杂原子不能给出信息（如硫醚），此时如果没有质谱的数据是不可能完成推导未知物结构的任务的。

一般情况下，采取逐次分析各种谱图，得到有关的信息，最后进行未知物结构的组装或者结构的确认。

解析谱图的顺序及应该得到的信息如下：

1. 核磁共振氢谱

一般情况下首先分析核磁共振氢谱。

核磁共振氢谱能够给出化合物结构的丰富信息：

(1) 从核磁共振氢谱可以得到未知物结构的一个总体认识：是脂肪族化合物还是芳香族化合物？如果是脂肪族化合物，其碳链是正构还是分枝？分枝是多还是少？

(2) 即使没有质谱数据，从核磁共振氢谱也常能够得到未知物含有多少个氢原子的信息，因为氢谱中的某些峰组可以确定所对应的氢原子数(如端甲基，甲氧基的峰组)，所以结合氢谱的其他峰组可以确定未知物所含的氢原子数。

(3) 从氢谱的耦合裂分，可以找到某些含氢官能团的连接关系。在第 1 章中已经讨论，即使有核磁共振二维谱，氢谱峰型分析对于确定或者确认化合物的结构也可能起一定作用。

(4) 从氢谱可以根据化学位移数值和峰型直接确定某些特殊的官能团，如甲氧基、醛基、羧酸、烯醇、长链烷基、对位取代苯环等。有关的杂原子当然也就确定了。

2. 核磁共振碳谱

从核磁共振碳谱可以得到下列信息：

(1) 由于核磁共振碳谱的分辨率高，所测试的化合物含有多少组化学位移数值相同的碳原子在碳谱上表现得很清楚。如果分子没有对称面，核磁共振碳谱中有多少条谱线化合物就有多少个碳原子。如果分子具有局部对称性，即使没有定量碳谱，一般情况下也可以估计每条谱线所对应的碳原子数，从而可以得知所测定的化合物含有多少个碳原子。

(2) 从核磁共振碳谱可以得到比氢谱更清楚的所测化合物性质：多少烷基碳原子，多少烯碳原子，多少芳香碳原子，多少羰基碳原子。

(3) 对比 DEPT 谱，可知季碳原子的谱线(在 DEPT 谱中没有对应的碳谱谱线)。

3. DEPT 谱

从 DEPT 谱可以得到下列信息：

(1) 根据 DEPT 谱，可以确定碳谱中的谱线各自对应的是 CH、CH_2 还是 CH_3。

(2) 在 DEPT 谱中季碳无峰，季碳只能从碳谱中有峰而在 DEPT 谱中没有峰识别。

(3) 从 DEPT 谱可以计算出所测定的化合物共含有多少个连接在碳原子上的氢原子，与分子式中的氢原子数之差即为活泼氢的数目。

4. COSY 谱

COSY 谱的作用如下：

(1) COSY 谱确定相邻含氢基团(氢原子之间的耦合常数为 ^3J)的耦合关系，从而可以确定两个相邻的含氢基团。这对于推导未知物结构起重要作用。

(2) 芳香体系、含有双键的体系(以及一些特殊构型的体系)中可能显示 ^4J，甚至更远的耦合关系。这对于推导未知物结构也有一定作用。

需要强调的是，从 COSY 谱得到的相邻基团连接信息的可靠性比 HMBC 谱的高。如果在 COSY 谱中相关峰重叠不严重，应首先尊重从 COSY 谱得到的信息。

5. HMQC(或 HSQC)谱

HMQC(或 HSQC)谱的作用如下：

(1) HMQC(或 HSQC)谱把碳谱信号和氢谱信号关联起来(对应的碳原子和氢原子

是直接相连的)，这对于推导未知物结构至关重要。

(2) 通过 HMQC(或 HSQC)谱可以把重叠的氢谱峰组解析清楚。在 6.2 节的例题里有大量的例子。

(3) 由于 HMQC(或 HSQC)谱分辨率高于 COSY 谱，因此可以帮助分析 COSY 谱中重叠的相关峰。

6. HMBC 谱

HMBC 谱对于推导未知物结构不可或缺。

(1) HMBC 谱是唯一能够解决季碳原子连接的方法。

(2) HMBC 谱的相关峰能够跨越杂原子，因此 HMBC 谱对于解决杂原子在结构式中的位置及连接有关的结构单元十分重要。

(3) 由于 HMBC 谱的分辨率高于 COSY 谱，因此借助它可以帮助分析 COSY 谱中重叠的相关峰。

6.2 推导未知物结构或确认化合物结构的例题

有了上面的基础，就可以推导未知物结构或者确认一个结构。

对于每个例题，都列出了几个表，以总结有关谱图的数据。之所以详细地列出这些表，是推导或者确认结构的需要。读者也应该从中了解如何正确地读取数据，这是十分重要的。

例题排列的顺序大体上是从简到繁。

例 6.1 某未知物的质谱、氢谱、定量碳谱、DEPT 谱、COSY 谱、H,C-COSY 谱和 HMBC 谱分别如图 6.1～图 6.7 所示(核磁共振谱图由 600 MHz 谱仪测得，溶剂为氘代甲醇)。试推导该未知物的结构。

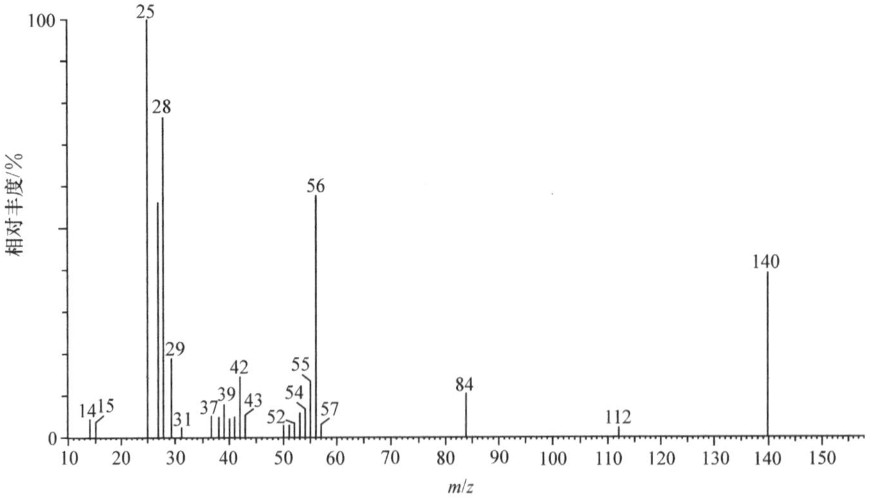

图 6.1 某未知物的 EI 质谱

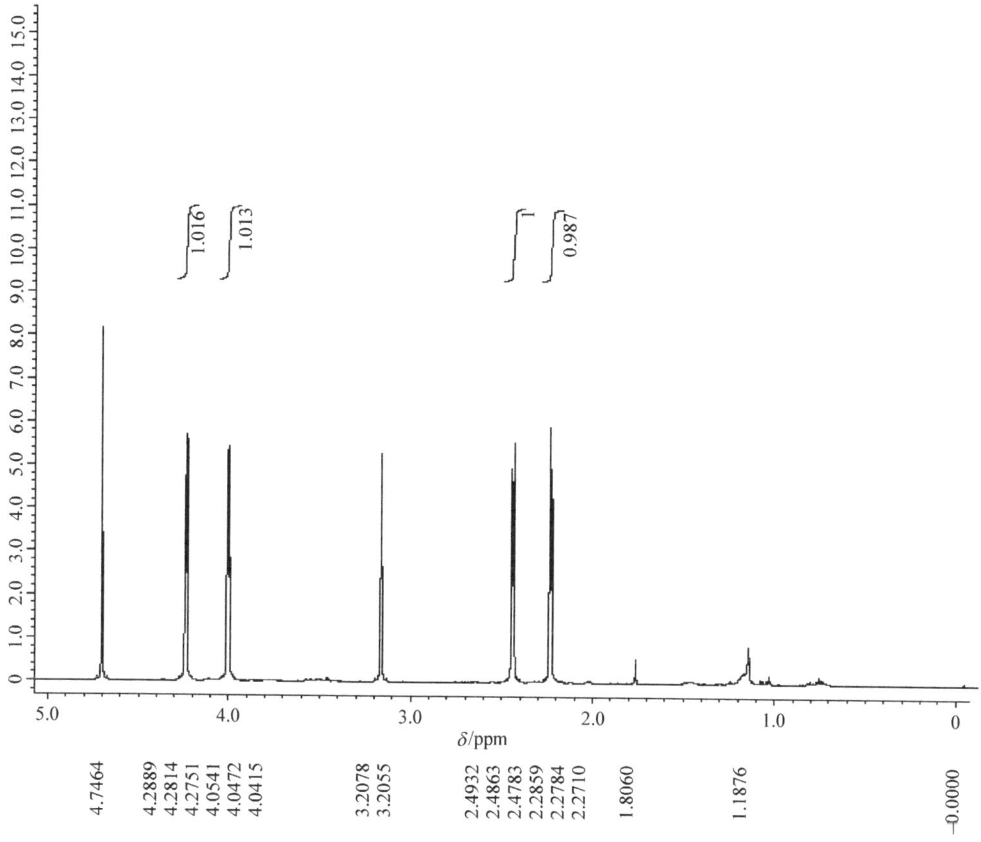

图 6.2　某未知物的氢谱

解　解题的思路是首先确定分子式，然后确定结构单元，最后把结构单元组装成为一个完整的结构式。

首先分析未知物的质谱。确定未知物的分子式时，质谱往往可以起到最重要的作用。在图 6.1 中，m/z 140 的峰符合分子离子峰的条件。这里主要是看中性碎片的丢失，即最大质荷比的峰和其下面一个较低质荷比的峰之间的质荷比差值，实际上也就是质量的差值。目前 m/z 140 的峰和下一个峰的质量差额为 28，这是 EI 质谱中常见的一个质量差额。

图 6.2 为该未知物的氢谱，其中 3.21 ppm 和 4.75 ppm 处的峰分别为溶剂（氘代甲醇）峰和水峰。1.19 ppm，1.81 ppm 等处的峰从峰面积很小可知为杂质峰。

该氢谱显示 4 个峰组，每个峰组的积分面积均很接近 1。到目前还不能确定每个峰组对应的是一个氢原子还是两个氢原子，因为从现在来看这两个可能性都有。

下面分析该未知物的定量碳谱。图 6.3 中约 48 ppm 的峰是溶剂峰。该未知物碳谱显示了 7 条碳谱谱线，因此该未知物应该具有 7 种碳原子。由于这 7 条谱线的积分值均接近 1，所以此碳谱显示该未知物共含有 7 个碳原子。

结合（定量）碳谱和 DEPT 谱（DEPT-135 谱）得到表 6.1。

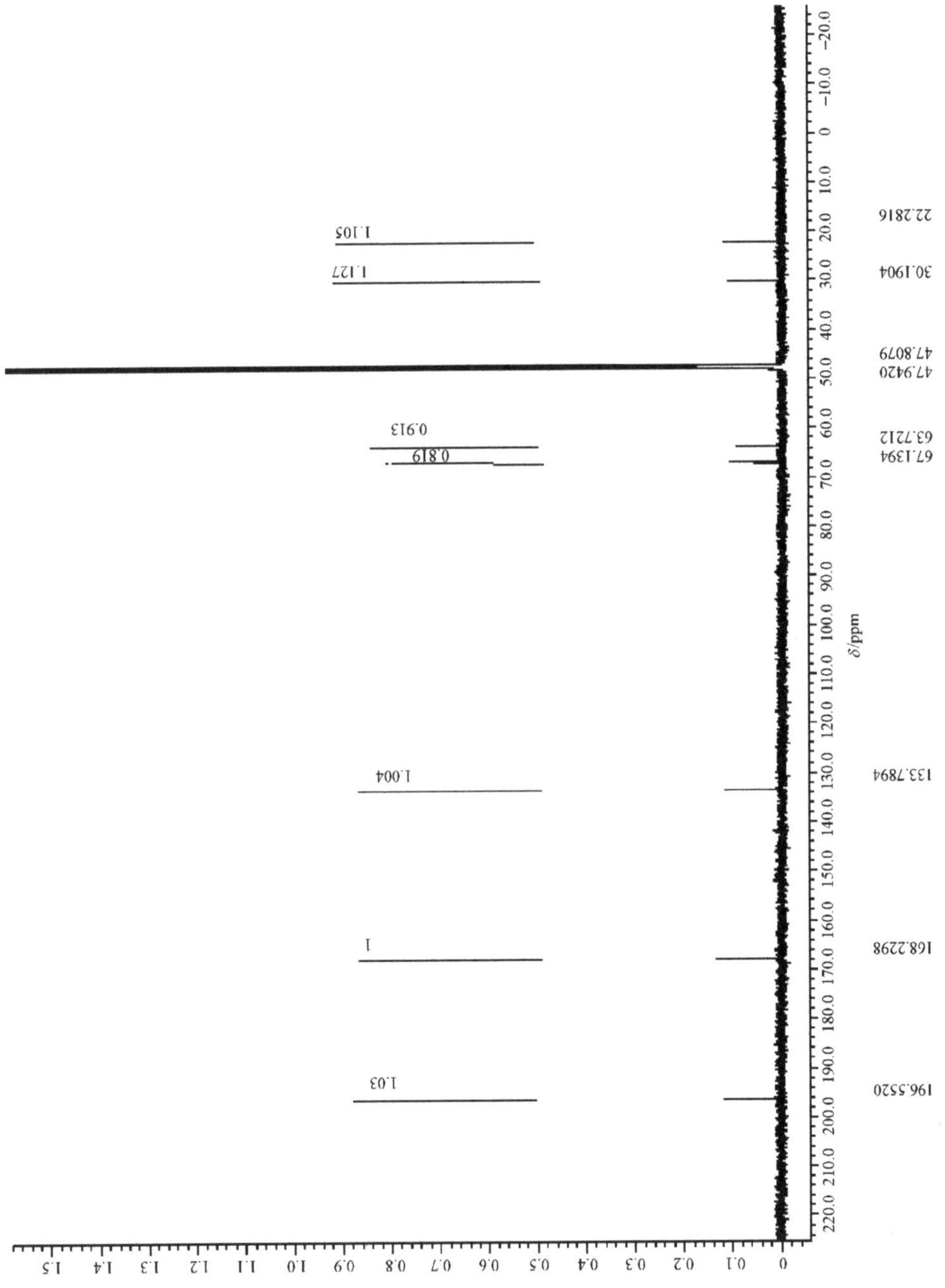

图 6.3　某未知物的定量碳谱

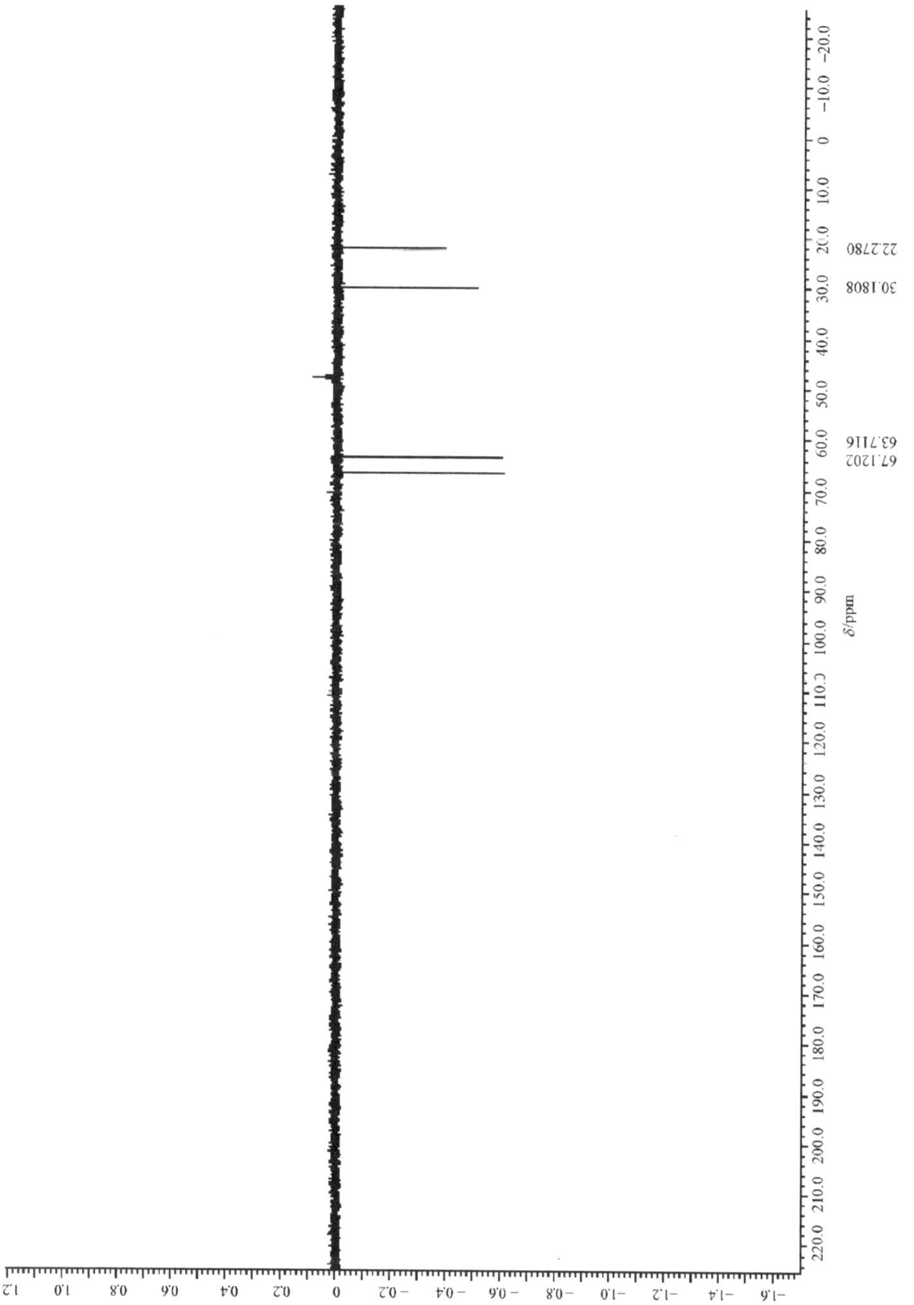

图 6.4　某未知物的 DEPT 谱

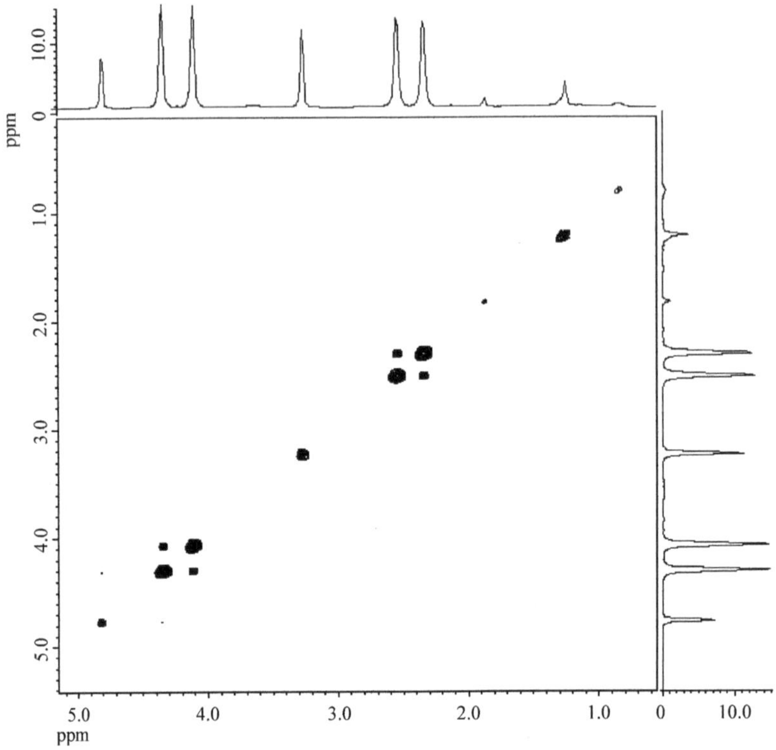

图 6.5　某未知物的 COSY 谱

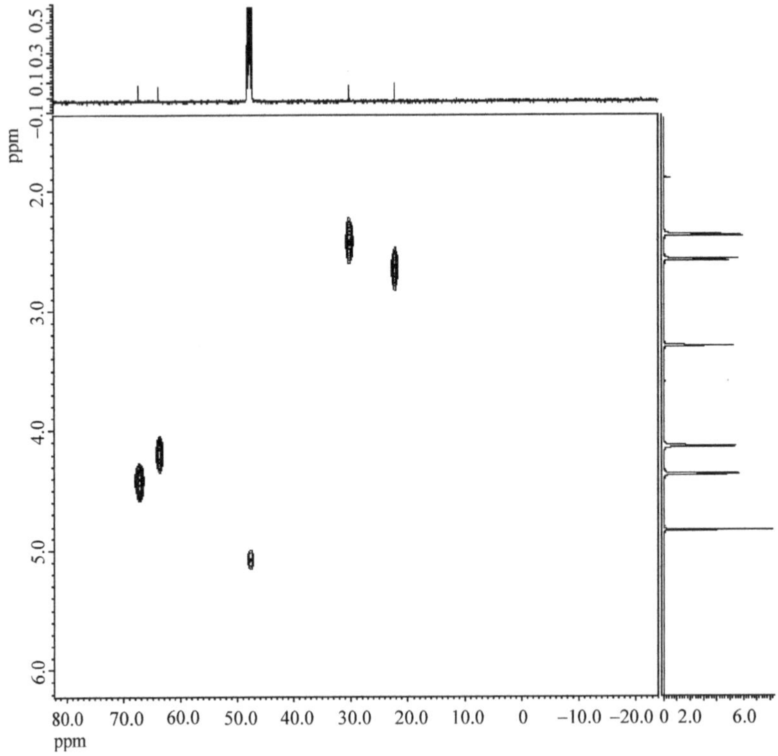

图 6.6　某未知物的 H,C-COSY 谱

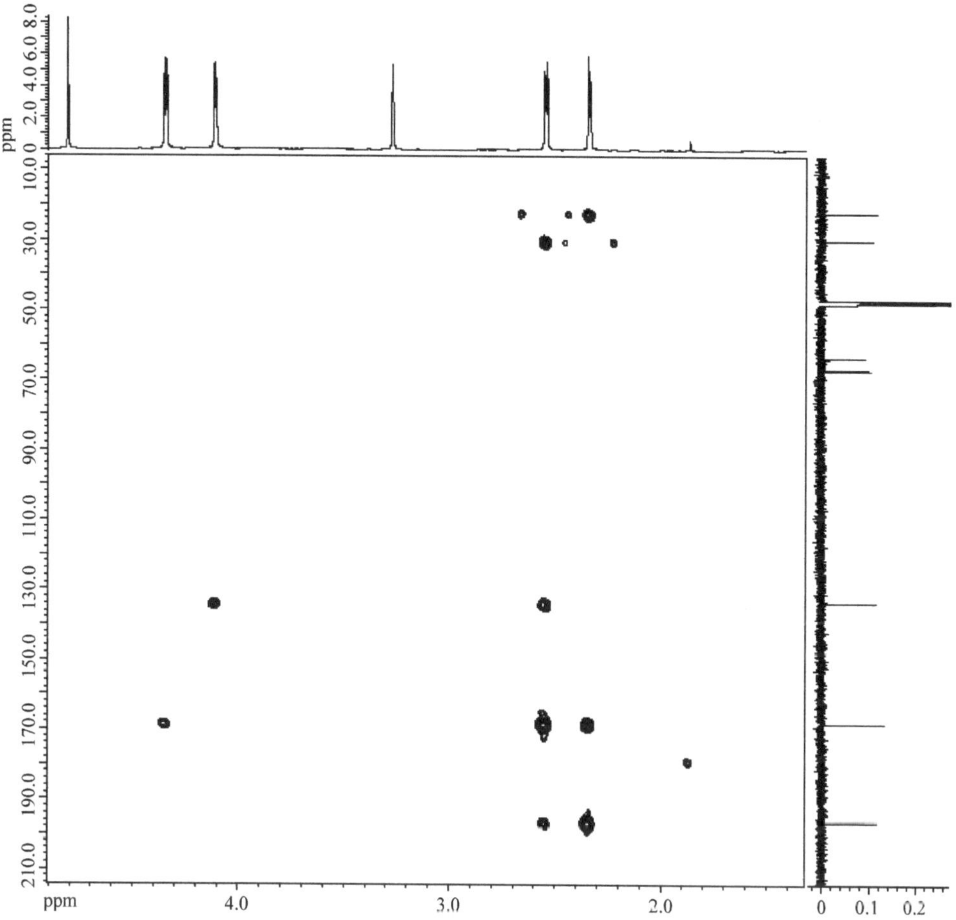

图 6.7　某未知物的 HMBC 谱

表 6.1　未知物碳谱和 DEPT 谱数据整理

δ_C/ppm	碳原子数	碳原子种类
22.28	1	CH_2
30.19	1	CH_2
63.72	1	CH_2
67.14	1	CH_2
133.79	1	C
168.23	1	C
196.56	1	C

在碳谱中看到有 196.6 ppm 的峰，从这个特殊的化学位移数值可知，此处对应一个羰基，而且是一个酮的羰基（如果连接杂原子，羰基的化学位移数值会大大减小，一般情况下 $\delta<180$ ppm）。既然有酮类的羰基，在质谱中就可能产生丢失羰基的峰（质量数值减去 28，环上的酮更容易失去羰基），因此碳谱和质谱的数据是相互吻合的。

结合碳谱和 DEPT 谱，也就解决了上面氢谱所提出的问题，即氢谱中的 4 个峰组各对应的是两个氢原子。

根据核磁共振氢谱、碳谱和 DEPT 谱，可知该未知物至少含有 C_7H_8O。它们的相对分子质量是 108，对比由质谱确定的相对分子质量 140，还差 32 个质量单位。由于在氢谱中看到 4.05 ppm、4.28 ppm 的峰组，碳谱中存在 63.7 ppm 和 67.1 ppm 的谱线，这些都间接地说明氧的存在，因此这 32 个质量单位只能是两个氧原子。最终确定未知物的分子式为 $C_7H_8O_3$。

从上述分子式可计算出它的不饱和度为 4。已知该未知物含有一个羰基，再从碳谱可知它含有一个双键(位于 133.8 ppm、168.2 ppm 的两条谱线)。为满足不饱和度为 4 的要求，它应该含有两个环。

COSY 谱给出下面的信息：

CH_2(2.28)—CH_2(2.49)　　CH_2(4.05)—CH_2(4.28)

H,C-COSY 谱把上述的氢谱峰组和碳谱谱线关联起来。上述的两个结构单元可以加上碳谱的化学位移数值(放在氢谱化学位移数值之前)，重新写为

CH_2(30.19,2.28)—CH_2(22.28,2.49)　　CH_2(63.72,4.05)—CH_2(67.14,4.28)

从化学位移数值来看，后面结构单元的两端必须连接氧原子，即

—O—CH_2(63.72,4.05)—CH_2(67.14,4.28)—O—

从另一对亚甲基的化学位移数值来看，它们不可能连接氧原子，应该连接的是季碳原子。

由于该未知物存在季碳原子和氧原子，因此组装上述结构单元的任务主要依靠 HMBC谱完成。

在 HMBC 谱中，从横坐标方向看，有两对以氢谱峰组为对称中心的相关峰(纵坐标分别在 22.28 ppm 和 30.19 ppm)。它们是反映 ^1J 耦合的相关峰(参阅 3.4 节)，其余相关峰都是碳氢长程耦合的相关峰。

把 HMBC 谱的数据整理为表 6.2。

表 6.2　未知物 HMBC 谱数据整理

δ_C/ppm	长程耦合的氢原子 δ_H/ppm	^1J 耦合的氢原子 δ_H/ppm
22.28	2.28	2.49
30.19	2.49	2.28
63.72		
67.14		
133.79	2.49,4.05	
168.23	2.28,2.49,4.28	
196.56	2.28,2.49	

在 HMBC 谱中由于 2.28 ppm 和 2.49 ppm 这两组氢的谱峰和 196.56 ppm 的羰基碳、168.2 ppm 的双键碳有相关峰，在 2.49 ppm 的氢谱峰组还和 133.8 ppm 的双键碳有相关峰，因此这两个相连的亚甲基一端连接双键，一端连接羰基比较合理。

从双键碳原子具有较大的化学位移数值来看，它们和两个氧原子分别连接较为合理。

上述的推断就和由分子式计算得到的不饱和度为 4 相符。

因此，综合所有推断，该未知物只能是下述的结构（结构式旁标注了指认结果，氢谱的指认标注在括号之内）：

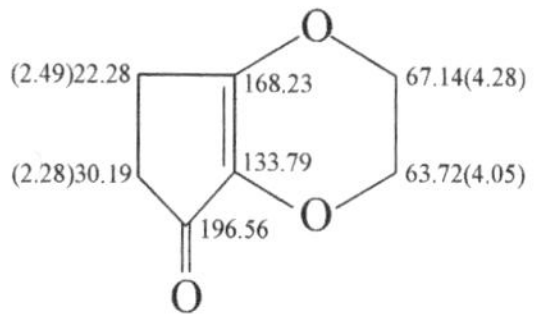

C6-1

需要补充说明的是，一个双键的碳原子虽然和氧原子相连，但是它也和羰基共轭，因此它的化学位移数值不大（133.8 ppm）。

例 6.2　购买的化工原料具有下述结构：

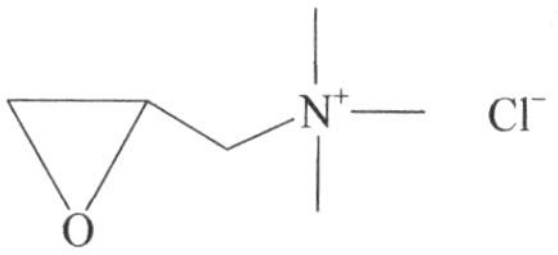

C6-2

对该样品测试核磁共振氢谱、氢谱高场局部放大谱、碳谱、DEPT-135 谱、COSY 谱和 HSQC 谱分别如图 6.8～图 6.13 所示。试对上述结构进行确认并找到其中主要杂质的结构。核磁共振谱图用 400 MHz 谱仪测定，溶剂为重水。

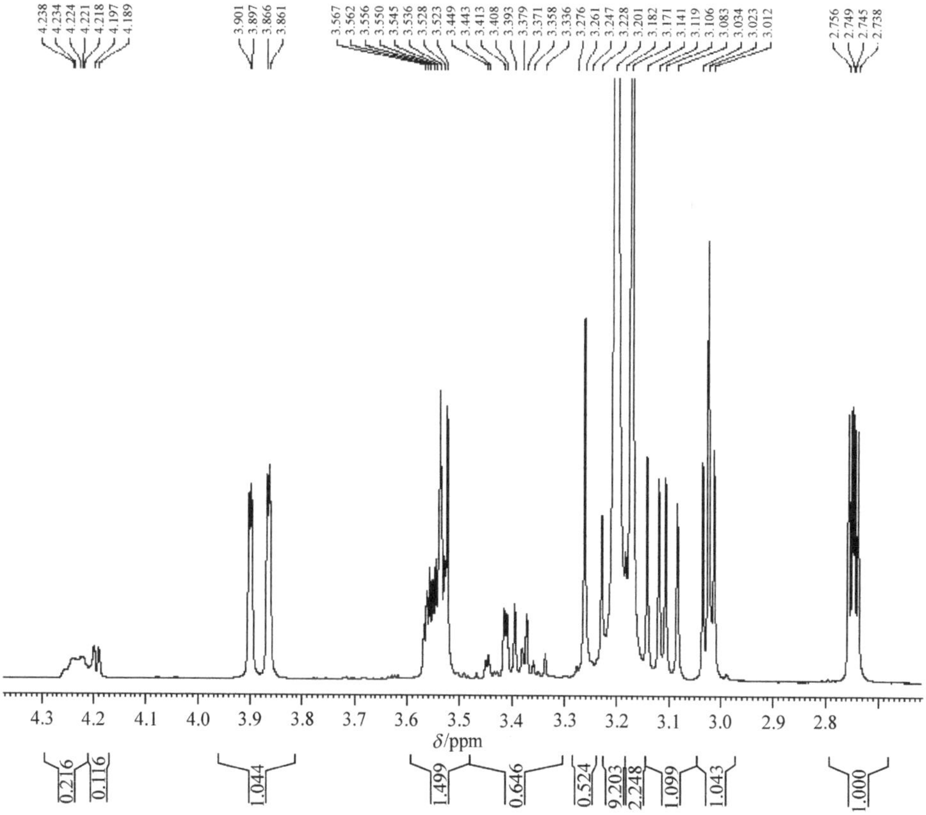

图 6.8　样品氢谱

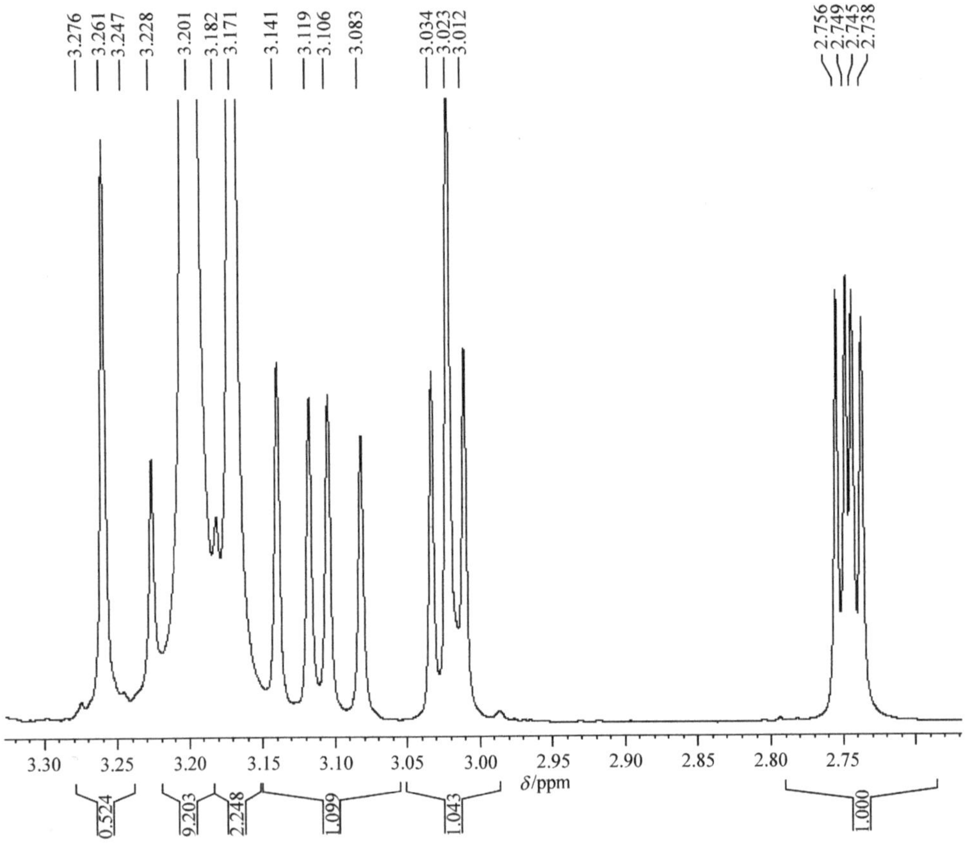

图 6.9　样品氢谱高场局部放大谱

解　先看样品的氢谱。

这个氢谱似乎出于意料：太复杂了！之所以如此有两个原因：产品本身结构的特点及存在杂质。

从该样品的氢谱立即可以看到该样品存在杂质，因为在 3.40 ppm、4.22 ppm 处的峰组和其他峰组的面积相差很大。但是仅用氢谱不能得到关于杂质的较多信息。结合 HSQC 谱知道了 3.26 ppm 的峰是杂质峰。

下面分析碳谱。

在分析碳谱时，看到几处为三重峰的峰组，这是以季氨盐形式存在的氮原子引起的裂分所致。由于氮元素的主要同位素是 ^{14}N（同位素丰度为 99.6%），它的自旋量子数 $I=1$，按照耦合裂分的规律：$2nI+1=3$，因此与它直接相连的碳原子被裂分为三重峰。碳谱谱峰清晰地显示三重峰关系着季氨盐的结构，在一般含氮化合物的碳谱里看不到这样的现象。

首先面临的任务是需要区分主要成分和次要成分（对于次要成分还需要确定是否为一种化合物）的峰组，这就需要结合几种谱图来分析。

分析开始于碳谱。碳谱最高场区的三个峰组（44.82 ppm，45.68 ppm 和 53.69 ppm）具有突出的峰高，据此，它们肯定归属于主要成分。因为这个碳谱不是定量碳谱，所以每

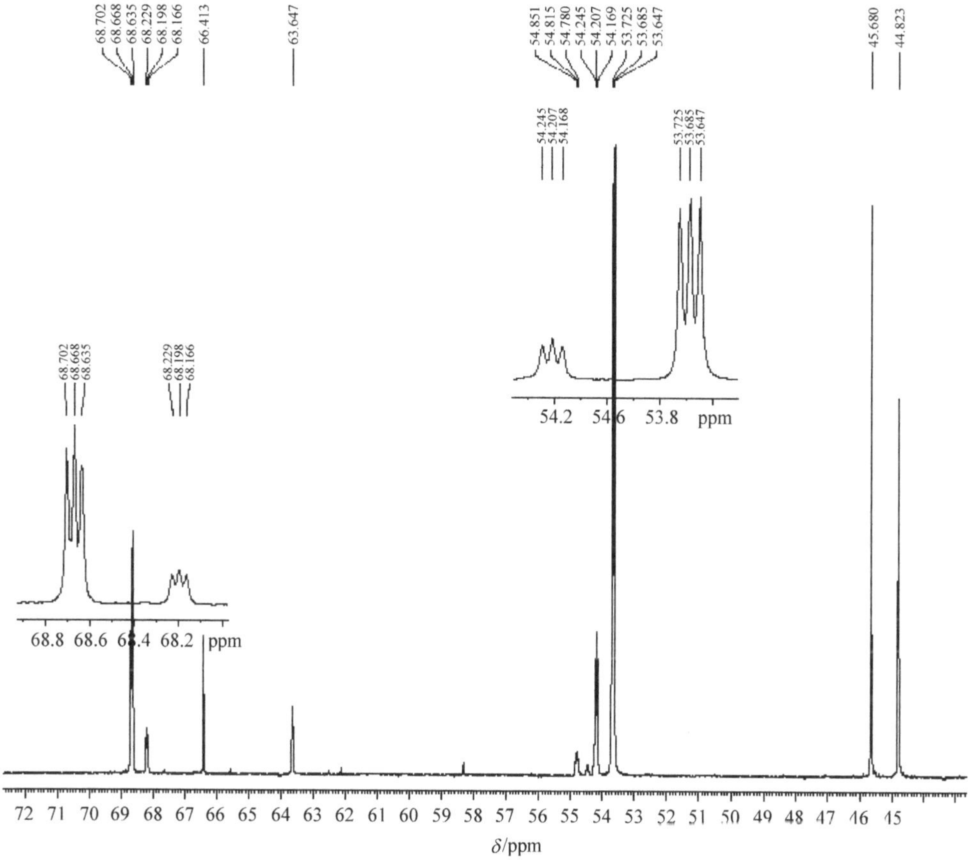

图 6.10　样品碳谱

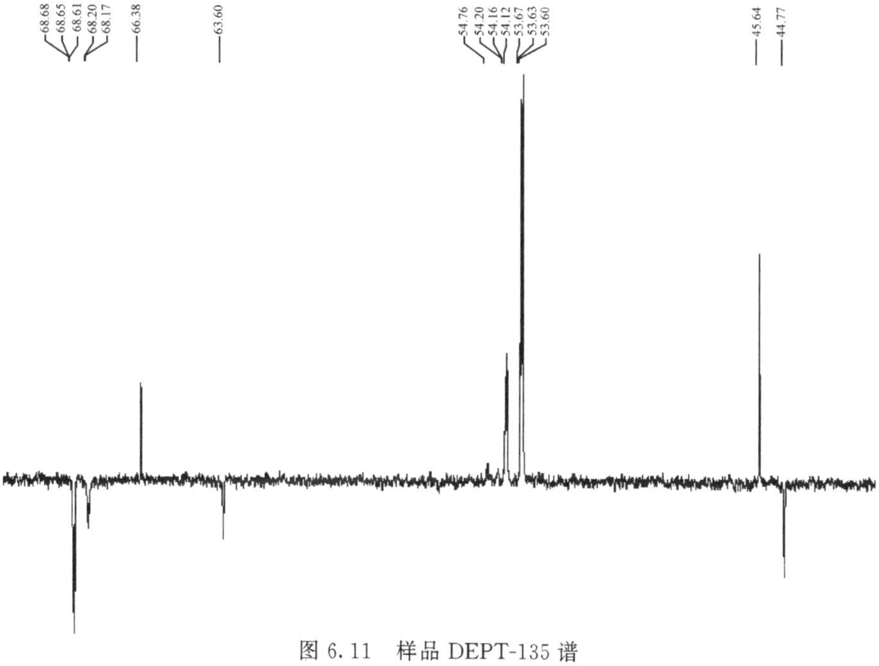

图 6.11　样品 DEPT-135 谱

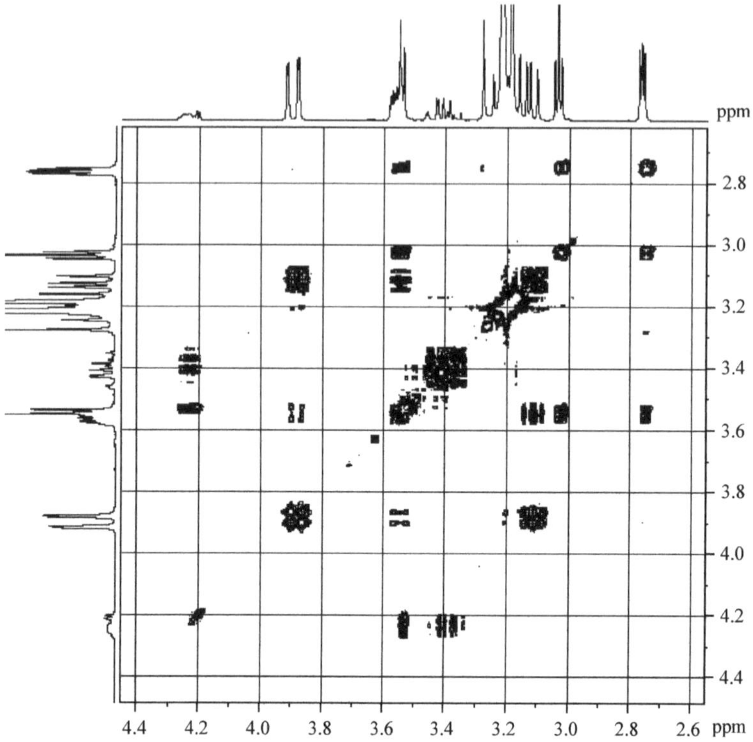

图 6.12　样品 COSY 谱

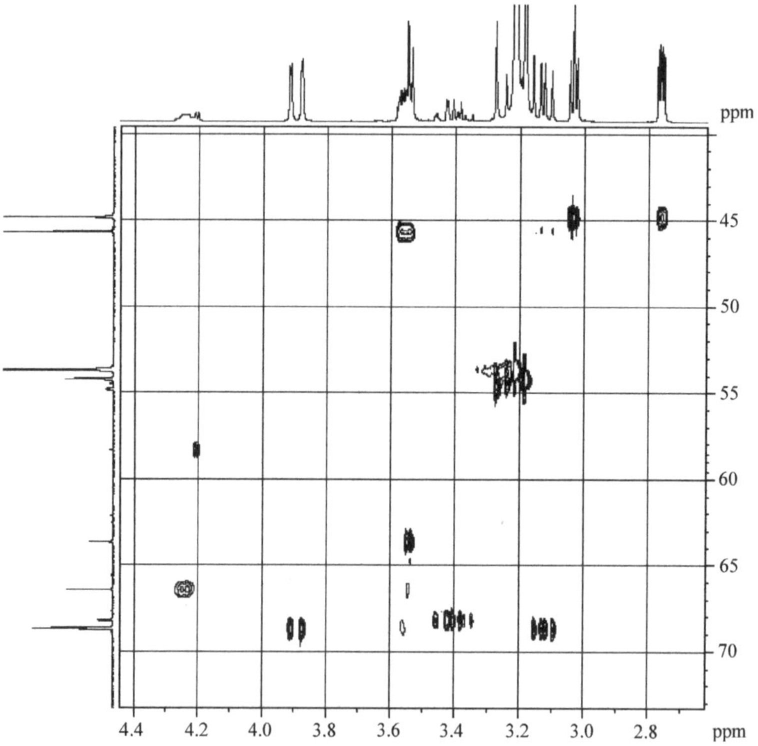

图 6.13　样品 HSQC 谱

个碳原子所对应的谱线高度不等。但是结合 HSQC 谱，碳原子的准确数目就可以确定。例如，从 HSQC 谱可知，碳谱中 53.7 ppm 的三重峰对应氢谱中 3.20 ppm 的单峰，后者的积分数值为 9.2，因此对应的是三个（甲基的）碳原子。

但是对于最低场的几个峰组，不能立即确定哪个峰组属于主要成分、哪个峰组属于次要成分。这时结合 DEPT 谱、HSQC 谱和氢谱就可能完成这个区分。

以碳谱中最低场的峰组（68.67 ppm）为例，虽然从它在碳谱中处于第四高度可以估计它属于主要成分，但是并不确实。如果从 DEPT 谱知道它是一个亚甲基，再从 HSQC 谱知道它对应两个相关峰（这进一步说明它是一个亚甲基且上面的两个氢原子不是化学等价的），对应氢谱的两处峰组的峰面积为 2，这就可以完全确定它属于主要成分。还可以看到在 COSY 谱中它的氢谱峰组和其他主要成分的峰组的耦合，因此可以进一步确定它属于主要成分。

用上述的方法，结合碳谱、DEPT 谱、HSQC 谱和氢谱，归纳出表 6.3。在表 6.3 中，标注了主要成分的碳原子数，氢谱峰组（包括主要成分和次要成分）则标注积分数值，这个数值是以主要成分的一个氢原子的峰面积为基准量度的。

表 6.3　样品碳谱、DEPT 谱、HSQC 谱和氢谱数据归纳

δ_C/ppm	碳原子种类	δ_H/ppm	氢谱峰组积分	碳原子数	备注
44.82	CH_2	2.75,3.02	1,1	1	
45.68	CH	3.55	1.49*	1	
53.69	CH_3	3.20	9.20	3	碳谱中三重峰
54.21	CH_3	3.17	2.25		碳谱中三重峰
63.65	CH_2	3.53	1.49*		
66.41	CH	4.23	0.22		
68.19	CH_2	3.40	0.65		碳谱中三重峰
68.67	CH_2	3.11,3.88	1,1	1	碳谱中三重峰

* 3.55 ppm 和 3.53 ppm 峰组积分之和为 1.49。

在表 6.3 中，标注碳原子数的属于主要成分，没有标注碳原子数的属于次要成分。

在碳谱中还有几个很小的峰，显然属于含量极低的微量杂质，它们没有列入表 6.3。

关于表 6.3，再作如下补充：

氢谱中 3.51～3.58 ppm 的区域可以看到一对突出的双峰和一组多重峰（在表 6.3 的“氢谱峰组积分”一列中都标注的 1.49）。由于从氢谱峰面积来看它们差别不大，因此如果仅看氢谱，不好确定它们的归属：到底这两者都属于主要成分呢？还是其中的一个属于主要成分？如果仅是其中的一个属于主要成分，那么哪一个属于主要成分呢？这些问题主要依靠 HSQC 谱解决。在 HSQC 谱中可以看到，在碳谱中 63.6 ppm（从它的峰高知道它肯定属于次要成分）对应着那一对双峰。它在 HSQC 谱中相关峰的面积小而强度高（截面的数目多），与那一对双峰相应。也是从 HSQC 谱可知，那一组散开的多重峰则是属于主要成分。从 COSY 谱中该多重峰的相关峰也可以印证这点。

通过上面的工作，把主要成分在碳谱和氢谱中的峰组选出来了。下面对主要成分的峰组作进一步的研究。

把表 6.3 中主要成分的峰组摘出，并加上氢谱峰组的峰型，得到表 6.4。

表 6.4　主要成分碳谱、氢谱数据归纳

δ_C/ppm	碳原子数	碳原子种类	δ_H/ppm	氢谱峰型	备注
44.82	1	CH_2	2.75,3.02	d,d	
45.68	1	CH	3.55	t	
53.69	3	CH_3	3.20	s	碳谱中三重峰
68.67	1	CH_2	3.11,3.88	d,d; d,d	碳谱中三重峰

下面分析 COSY 谱，只分析主要成分的氢谱峰组的耦合关系，数据整理为表 6.5。

表 6.5　主要成分氢谱峰组的耦合关系

δ_H/ppm	耦合的氢 δ_H/ppm	备注
2.75	3.02,3.55	
3.02	2.75,3.55	前者为 ^2J 耦合
3.11	3.55,3.88	
3.20	孤立的峰	
3.55	2.75,3.02,3.11,3.88	
3.88	3.11,3.55	前者为 ^2J 耦合

表 6.5 备注中注明的“^2J 耦合”是根据 HSQC 谱确定的。

根据碳谱中呈现的三重峰，可知位于 53.69 ppm、68.67 ppm 的两个峰组对应的碳原子和季氨盐的氮原子直接相连。53.69 ppm 的碳谱峰组和氢谱 3.20 ppm 的单峰相关，说明该峰组没有和其他峰组的耦合关系，这和与季氨盐氮原子相连的 3 个甲基相符。碳谱中位于 68.69 ppm 的峰组相连两个化学不等价的氢原子，二者的化学不等价性相差很大，也印证了与季氨盐氮原子相连的推论。

COSY 谱中显示的相关性：(2.75 ppm，3.02 ppm)/3.55 ppm/(3.11 ppm，3.88 ppm)，说明它们之间的连接关系。

综合上面的分析，可以确认本题开始时所述的结构是完全正确的，并且可以作出合理的指认：

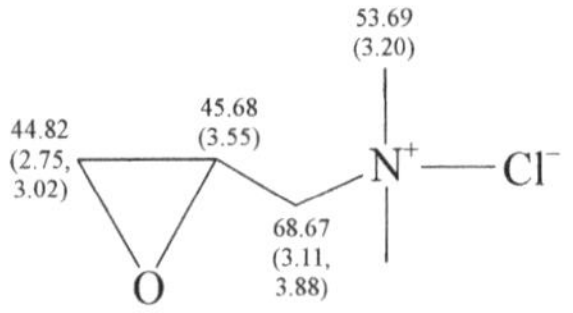

下面对于主要成分氢谱的峰型再做一些解释。以邻接氮原子的 CH_2 为例，由于该化合物没有对称面，同一个碳原子上的两个氢原子不是化学等价的。因此，这两个氢原子会在不同的位置出峰，并表现出相互的耦合裂分。由于 ^2J 的数值大于 ^3J，因此同碳二氢的耦合表现得最清楚。在 3.11 ppm 和 3.88 ppm 两处的峰组都存在一个共同的裂分间距：

3.901-3.866 和 3.141-3.106，它们都对应 14 Hz，即^2J 的数值。这两个峰组的另外的间距：3.901-3.897(相应 1.6 Hz)、3.141-3.119(相应 8.8 Hz)，则分别对应它们和相邻的 CH 的耦合常数。

其他的峰组可以类似地进行分析。

下面分析次要成分的谱图数据。分析方法是类似的。

把表 6.3 中次要成分的数据抽出来，如表 6.6 所示。

表 6.6　样品次要成分碳谱、氢谱数据归纳

δ_C/ppm	碳原子种类	δ_H/ppm	氢谱峰组积分	碳原子数	氢谱峰型
54.21	CH_3	3.17	2.25	3	s
63.65	CH_2	3.53	1.49*	1	d
66.41	CH	4.23	0.22	1	m
68.19	CH_2	3.40**	0.65	1	m

* 3.53 ppm 峰组的积分值仅是 1.49 的一部分。

** 3.40 ppm 的区域存在多重峰。

对于表 6.6 的制作，有如下考虑：

(1) 由于有 DEPT 谱，次要成分的碳原子级数可以准确决定。

(2) 由于主要成分和次要成分的共同存在，以及氢谱中峰组的重叠，因此次要成分氢谱峰组的积分数值有较大的误差。虽然如此，通过综合解析仍然可以确定次要成分的碳原子数目。

(3) 在氢谱中，4.19～4.26 ppm 的区域有一对双峰和一组多重峰，从 HSQC 谱可以完全确定这一组多重峰属于次要成分，而这一对双峰则属于含量极低的杂质。COSY 谱中相应的相关峰也是该多重峰属于次要成分的进一步佐证。

下面分析 COSY 谱中次要成分的氢谱峰组的耦合关系，整理为表 6.7。

表 6.7　次要成分氢谱峰组的耦合关系

δ_H/ppm	耦合的氢 δ_H/ppm
3.17	孤立的峰
3.40	4.23
3.53	4.23
4.23	3.40,3.53

从碳谱中两组三重裂分(54.21 ppm,68.19 ppm)，仍可知是氮原子的两侧分别连接三个 CH_3 和一个 CH_2，与主要成分类似。从 COSY 谱可以找到该 CH_2 另外一侧的连接关系。

综合上面的分析，得到次要成分的基本结构：

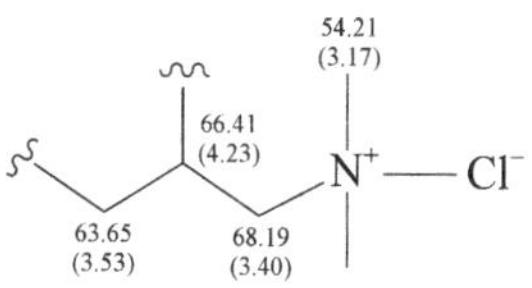

从上面所列的化学位移数值(δ_C＞63.6 ppm,δ_H＞3.53 ppm)可以推测,剩余的基团是羟基。由于测试时所用的溶剂为重水,羟基的峰进入重水的溶剂峰中,因此看不到羟基的信号。

所以,得到次要成分的结构及指认:

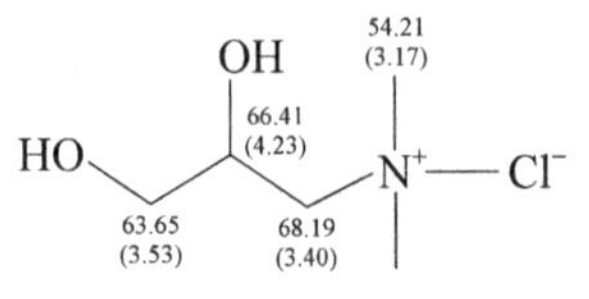

C6-3

由于这两个化合物的结构较为简单,无论是结构确认还是推测未知结构,上述谱图已经足够,因此没有列出 HMBC 谱。

例 6.3　某未知物的相对分子质量为 187,其氢谱、经过重水交换的氢谱、碳谱、DEPT-135 谱、COSY 谱、HSQC 谱和 HMBC 谱分别如图 6.14～图 6.20 所示,试推出其结构。核磁共振谱图用 500 MHz 谱仪测定,溶剂为氘代 DMSO。

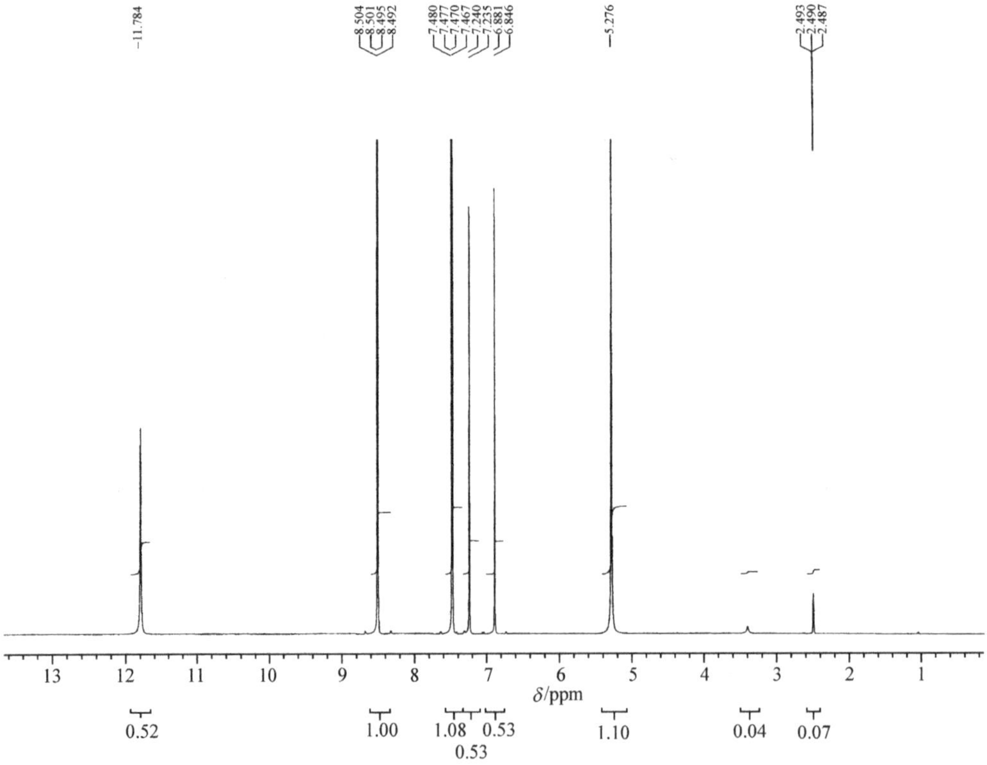

图 6.14　某未知物的氢谱

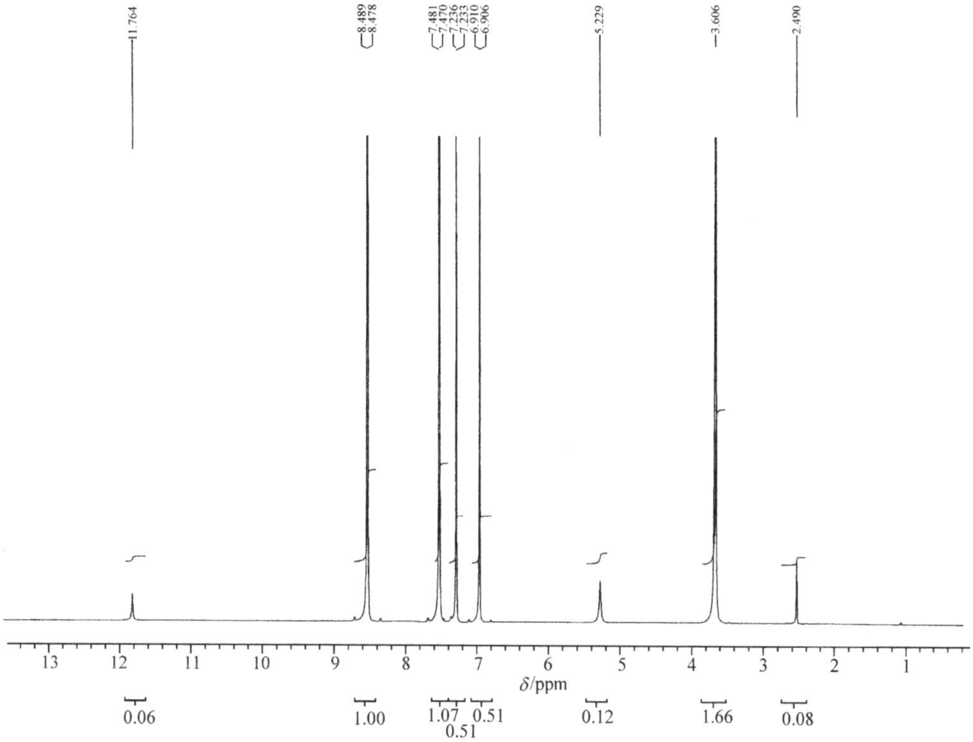

图 6.15　某未知物的氢谱(经重水交换)

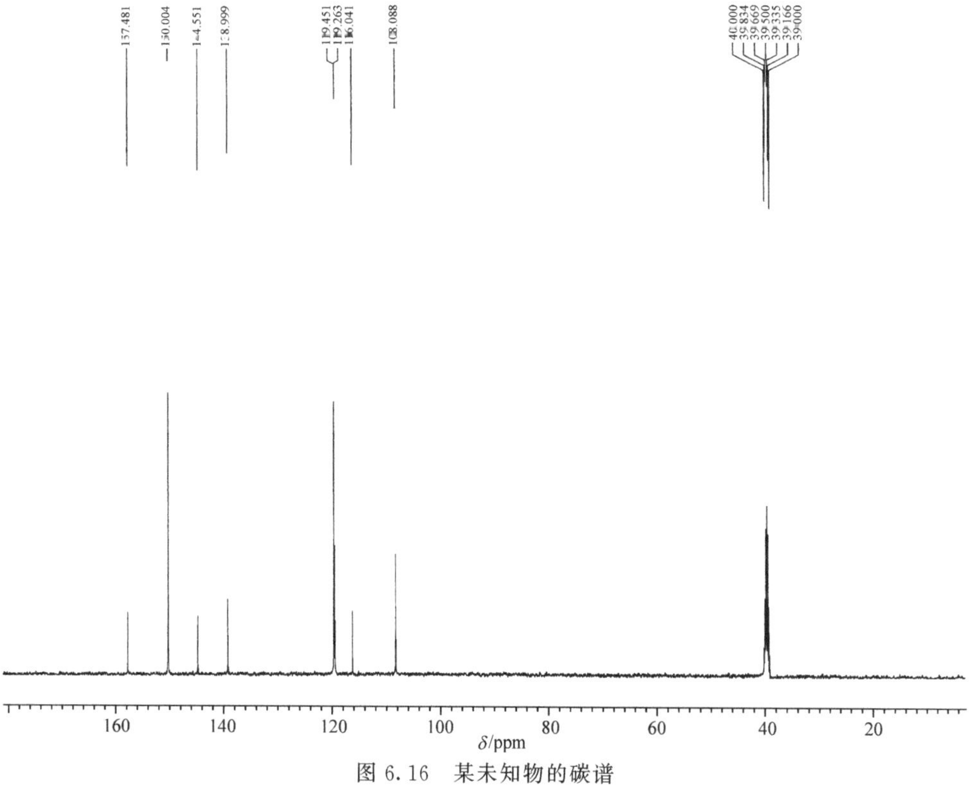

图 6.16　某未知物的碳谱

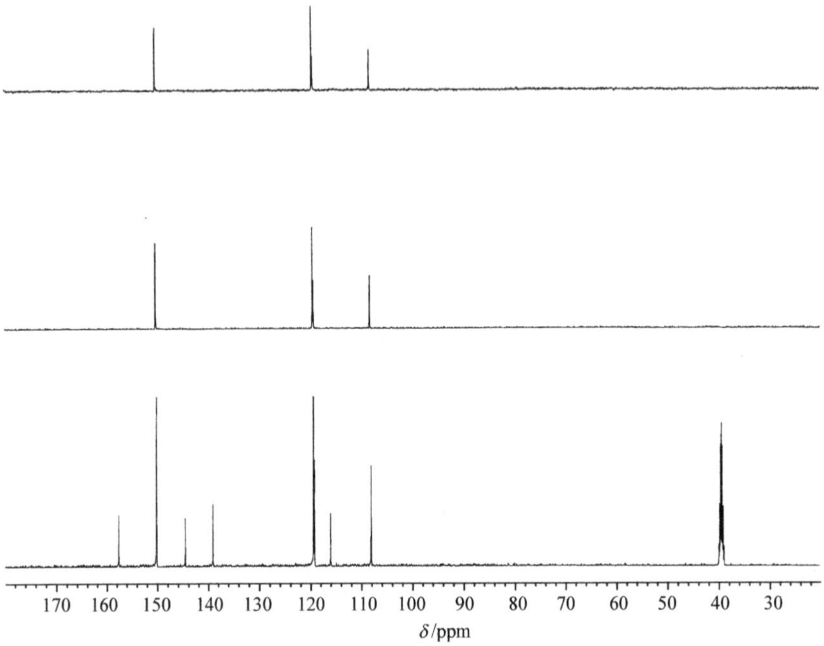

图 6.17 某未知物的 DEPT-135 谱

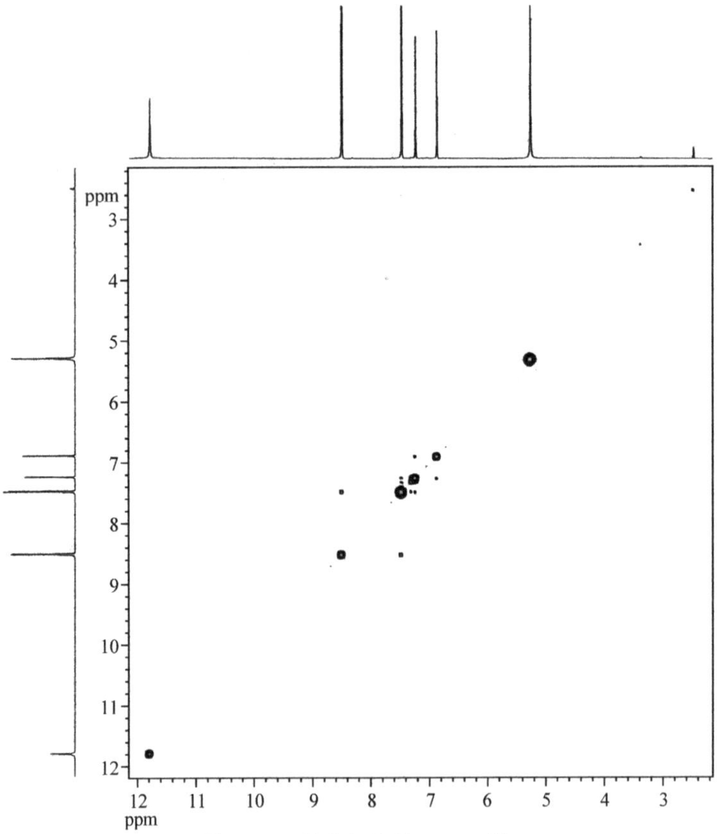

图 6.18 某未知物的 COSY 谱

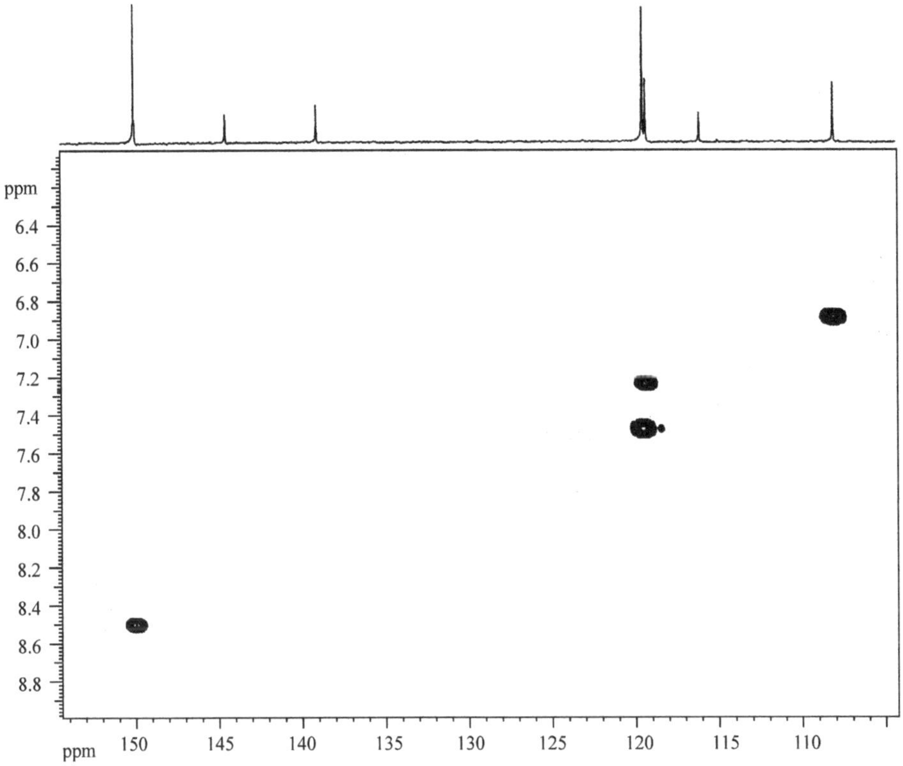

图 6.19 某未知物的 HSQC 谱

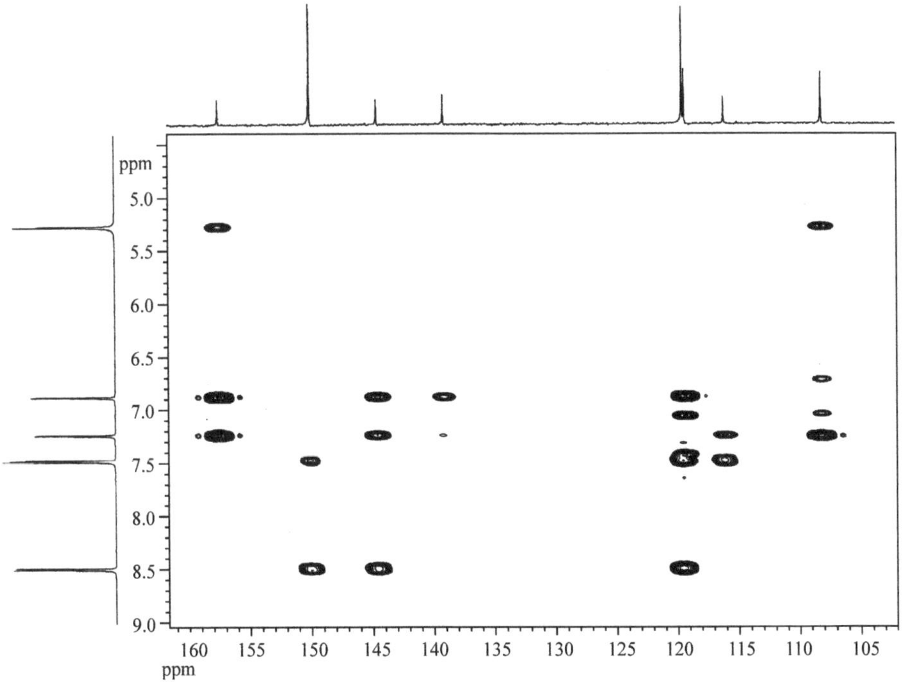

图 6.20 某未知物的 HMBC 谱

解　还是首先确定该未知物的分子式，然后确定它的结构单元，最后把结构单元组装起来。

按照惯例，首先分析该未知物的核磁共振氢谱。2.49 ppm 处的峰是溶剂峰(氘代 DMSO)，3.2 ppm 处的峰是溶剂氘代 DMSO 中的水峰(来自样品中的水分)。氢谱中有 3 个峰的积分数值大约为 0.5，因此它们对应的氢原子数目应该是 1，而另外 3 个峰的积分数值大约为 1，对应的氢原子数目应该是 2。上述氢原子的总数为 9。

图 6.15 是滴加重水振荡，进行重水交换之后重新测定的氢谱。从图 6.15 可见，原来在 11.78 ppm 和 5.28 ppm 的单峰都只剩下很小的面积，因此这两个峰肯定是活泼氢的峰。

氢谱的数据可以归纳为表 6.8。

表 6.8　化合物氢谱数据整理

δ_H/ppm	氢原子数	峰型	耦合常数/Hz
5.28	2	s	
6.88	1	d	2.5
7.24	1	d	2.5
7.47	2	d,d	5.0,1.5
8.50	2	d,d	4.5,1.5
11.78	1	s	

2.5 Hz 的耦合常数说明是长程耦合。5.5 Hz 是比较小的^3J 耦合常数，与吡啶环内 H-2、H-3 的耦合常数相符。

该未知物的碳谱中在 39.5ppm 附近的多重峰为溶剂峰(氘代 DMSO)。碳谱中有 8 条谱线，其中的 2 条谱线具有突出的高度，可以估计这两条谱线各代表两个碳原子，因此该未知物应该含有 10 个碳原子。这个估计可以由 HSQC 谱得到完全的证实，因为这两条谱线所对应的处于芳香区的氢原子数都为 2。

结合碳谱、DEPT 谱和 HSQC 谱可以完全确定各个碳原子的级数和与之相连的氢原子的化学位移数值。结果在表 6.9 中列出。

表 6.9　未知物碳谱和氢谱信息整理

δ_C/ppm	碳原子数	碳原子种类	相连的氢原子 δ_H/ppm	备注
108.09	1	CH	6.88	
116.04	1	C		
119.26	1	CH	7.24	
119.45	2	CH	7.47	
138.99	1	C		
144.51	1	C		
150.00	2	CH	8.50	
157.48	1			
			5.28	2 个活泼氢
			11.78	1 个活泼氢

综合碳谱和氢谱信息，该未知物含有 $C_{10}H_9$，它们的相对原子质量之和(129)与未知物的相对分子质量之差为 58，这个差值应该是杂原子的贡献。由于该未知物的相对分子质量为 187，是一个奇数，该未知物应该含有奇数个氮原子。根据这个论点和上述的质量差额，该未知物应该含有 3 个氮原子、1 个氧原子，这样正好满足 58 的质量差额。如果假设该未知物只含有 1 个氮原子，无法达到质量差额 58 的要求，其他组合也不可能。因此该未知物的元素组成可以确定为 $C_{10}H_9ON_3$。

此推理也为氢谱和 HSQC 谱所证实。氢谱中位于 5.28 ppm 处的单峰在 HSQC 谱上没有相关峰，由于它对应两个氢原子，因此应该是一个 NH_2 的峰。另外，在氢谱中 8.50 ppm 和 7.47 ppm 处的两个峰组从其化学位移数值、峰型和耦合常数来看应该是一个在 4-位被取代的吡啶环上剩余的 4 个氢的峰组。由于相对分子质量为奇数，该未知物应该有第 3 个氮原子。因而也可以得到该未知物含有 3 个氮原子的结论，从而得到相同的分子式。因为分子式中只有 1 个氧原子，故分子中的氮均应为－3 价(不可能存在硝基)，由此可以计算出该未知物的不饱和度为 8。

无论是碳谱还是氢谱，都没有高场区的峰，因此该未知物只有芳香基团。

从 COSY 谱得到的信息不多，仅看见 δ_H 8.50 ppm/7.47 ppm 的耦合关系和 7.24 ppm/6.88 ppm 的弱耦合关系(弱耦合关系也与氢谱中有关峰组的耦合常数为 2.5 Hz 相符)。

由于从 COSY 谱得到的信息不多，组装结构的任务主要依靠 HMBC 谱。

在分析图 6.19 和图 6.20 时需要注意：这两种反转模式的长程异核位移相关谱没有采用横坐标为氢谱的化学位移(氢核是采样的核)，而是和非反转模式作的图一样，横坐标是碳谱的化学位移。这仅仅是表示方法的改变而已，后面还将遇见这样的表示方法。

由于图 6.20 的横坐标是 F_1，是碳谱的化学位移(而不是氢谱的化学位移)，因此反映 ^1J 耦合的峰是沿垂直方向以氢谱谱峰为对称的两个峰。该未知物 HMBC 谱的信息可以总结为表 6.10。

表 6.10　未知物 HMBC 谱数据整理

δ_C/ppm	长程耦合的氢原子 δ_H/ppm	^1J 耦合的氢原子 δ_H/ppm	备注
108.09	5.28,7.24	6.88	
116.04	7.24,7.47		
119.26	6.88*	7.24	
119.45	7.47*,8.50		
138.99	6.88		
144.51	6.88,7.24,8.50		
150.00	7.47	8.50	从 HSQC 谱决定
157.48	5.28,6.88,7.24		

* 由 HMBC 谱局部放大谱(例题中未列出)确定。

从下面几点都可以确定该未知物含有 4-位被取代的吡啶环：

(1) 氢谱的化学位移数值(7.47 ppm，8.50 ppm)，峰型(d,d)和 ^3J 耦合常数约为 5 Hz。

(2) COSY 谱中 8.50 ppm/7.47 ppm 的耦合关系。

(3) HMBC 谱中显示的 144.51 ppm/8.50 ppm,150.00 ppm/7.47 ppm 的长程耦合关系。

根据上面 3 点,可以得到该未知物含有吡啶环的结论:

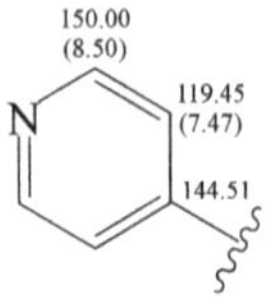

再分析氢谱中 6.88 ppm 和 7.24 ppm 的两个峰组。它们的裂分间距都是 2.5 Hz。虽然端烯两个氢原子的典型耦合常数是 2.3 Hz,但是两个氢原子是同碳氢。现在这两个氢原子分别属于两个烯碳原子,因此它们之间的耦合常数是长程耦合常数,应该是^4J耦合常数。

再由 HMBC 谱中显示的 116.04 ppm/7.47 ppm、116.04 ppm/7.24 ppm、119.26 ppm/6.88 ppm、108.09 ppm/7.24 ppm 的长程耦合关系,上述的结构单元可以延伸为

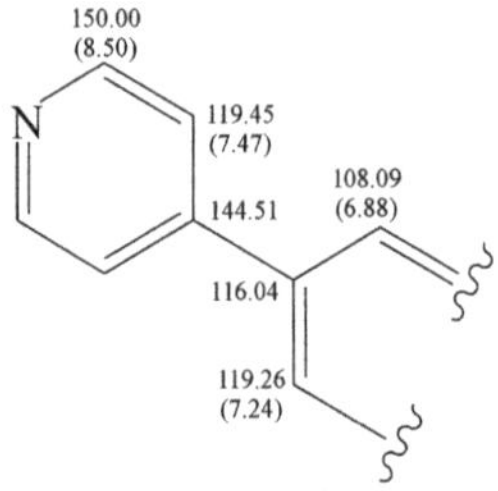

氢谱中位于 11.78 ppm 处的单峰应该是羧基或酰胺基的峰。因为该未知物只含有一个氧原子,羧基的峰可以排除。碳谱中 157.5 ppm 的峰则和酰胺不矛盾。因此,该未知物可能含有一个酰胺基团。

由于该未知物的不饱和度为 8,扣除一个吡啶环(不饱和度为 4)、一个酰胺(不饱和度为 1)、两个双键(不饱和度为 2),还剩 1 个不饱和度,该未知物应该再形成一个环。

根据 HMBC 谱中显示的 157.48 ppm/6.88 ppm、157.48 ppm/7.24 ppm 的长程耦合关系,酰胺羰基的位置可以确定。再根据 HMBC 谱中显示的 157.48 ppm/5.28 ppm、108.09 ppm/5.28 ppm 的长程耦合关系,可以确定氨基的位置。根据 138.99 ppm/6.88 ppm的长程耦合关系,可以确定最后一个烯碳原子的化学位移数值。

因此,可以完成该未知物结构单元的组装,得到该未知物的结构,并能够对碳谱、氢谱做出全部的指认:

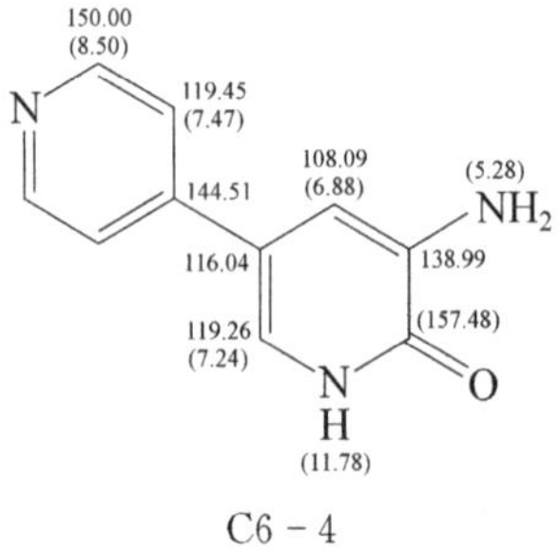

C6-4

需要补充的是酰胺的羰基由于形成共轭体系，因此它的化学位移数值比通常的酰胺羰基小。

例 6.4　合成的化合物具有如下预想结构：

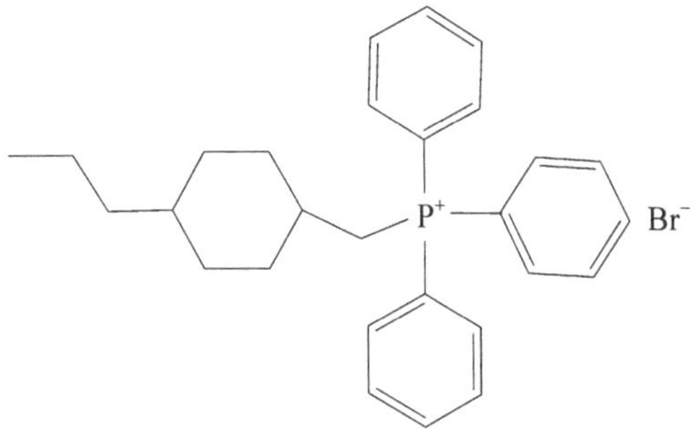

C6－5

测试该样品的核磁共振氢谱、碳谱、DEPT-135 谱、COSY 谱（高场局部放大谱）、HSQC 谱、HSQC 谱高场局部放大谱、HMBC 谱和 HMBC 谱高场局部放大谱（2 张），分别如图 6.21～图 6.29 所示。试分析核磁共振谱图，确认其结构并对氢谱和碳谱做出指认。所有核磁共振谱图用 400 MHz 谱仪测定，溶剂为氘代氯仿。

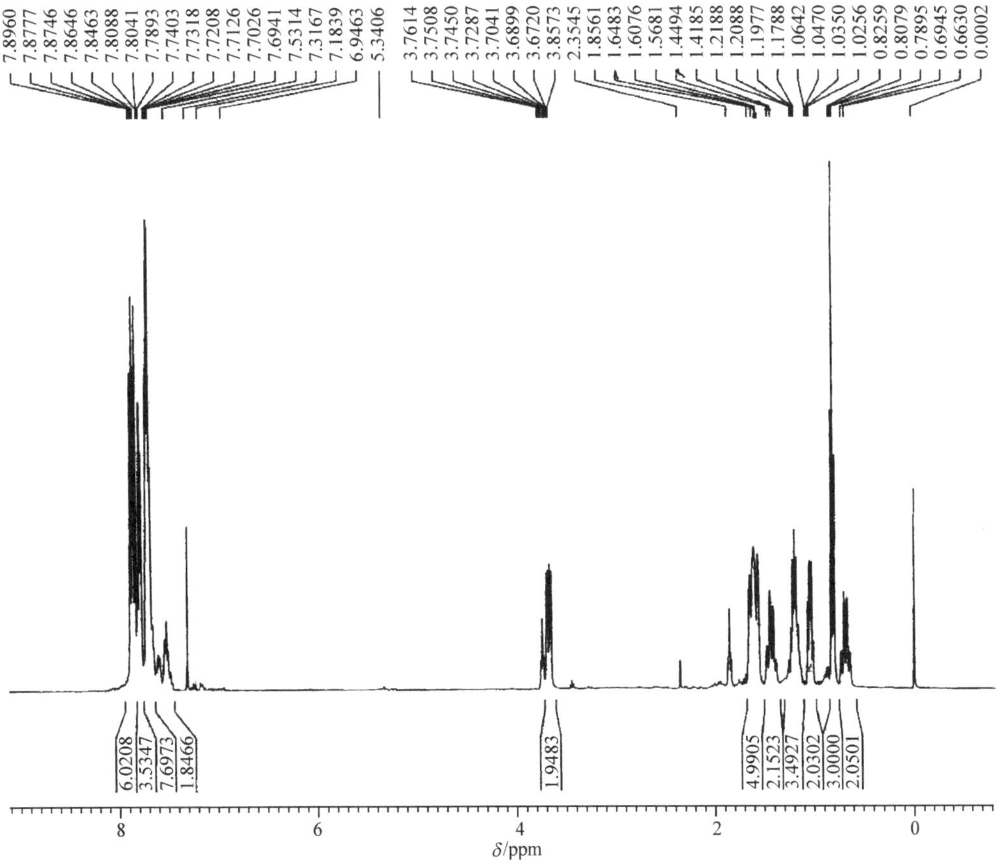

图 6.21　化合物氢谱

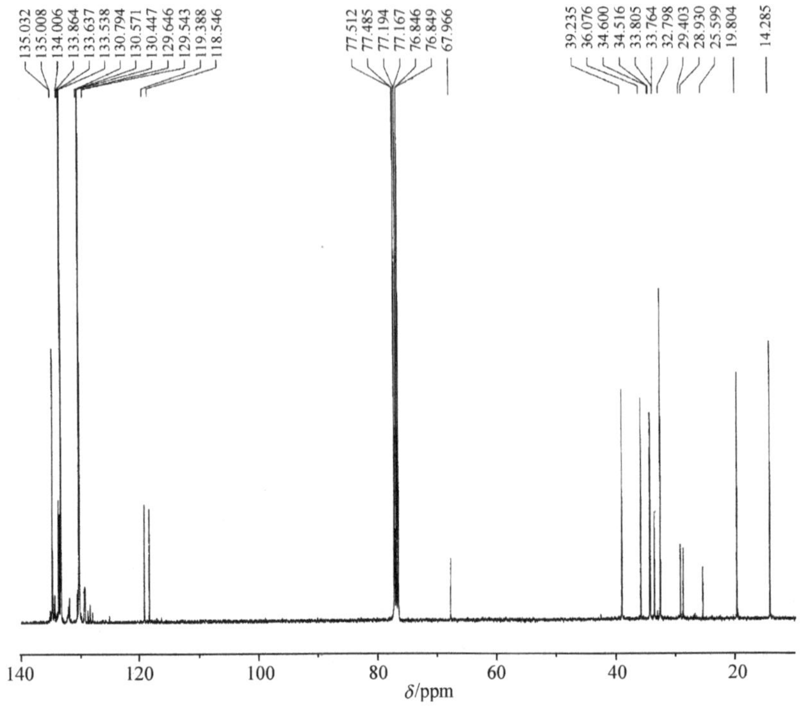

图 6.22　化合物碳谱

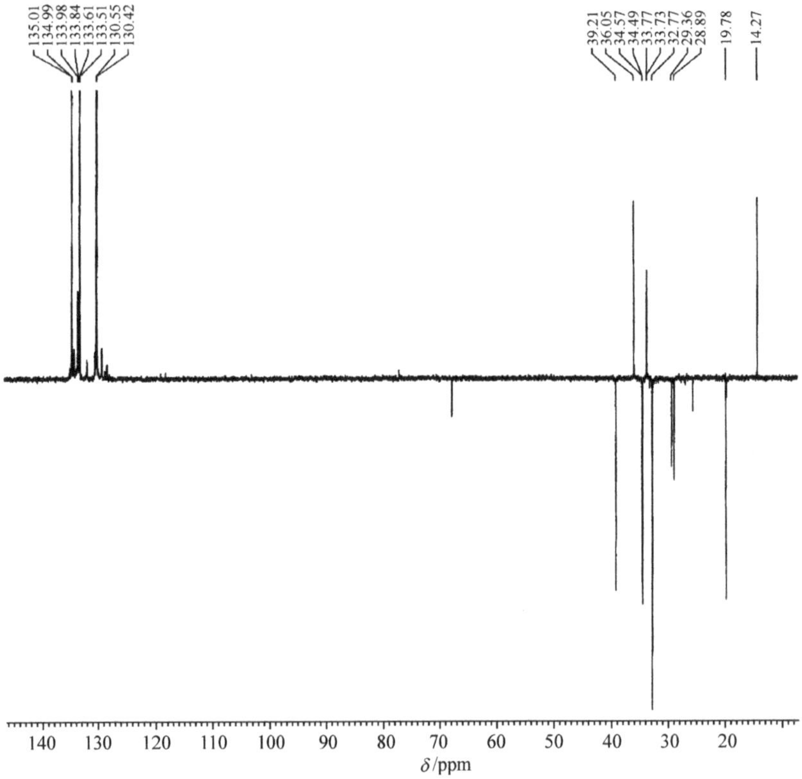

图 6.23　化合物 DEPT-135 谱

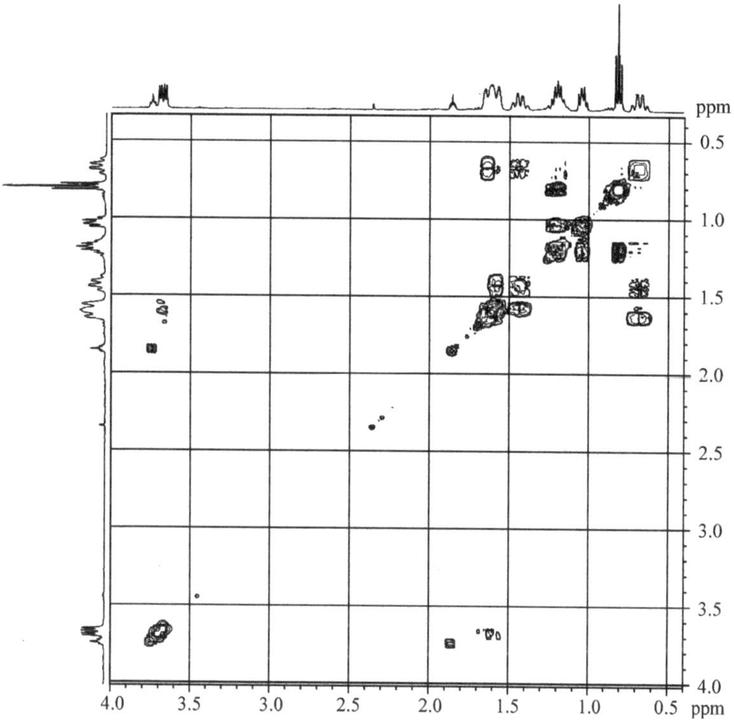

图 6.24　化合物 COSY 谱(高场局部放大谱)

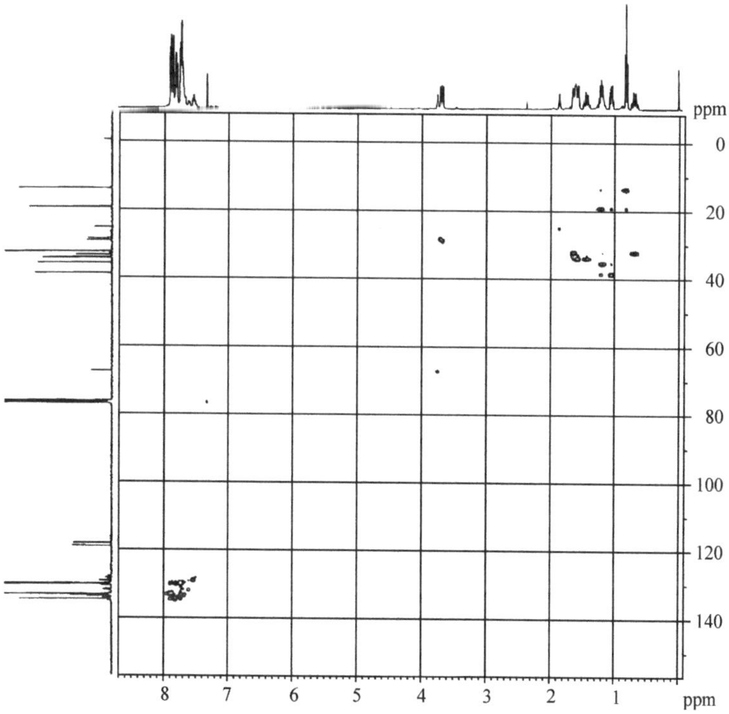

图 6.25　化合物 HSQC 谱

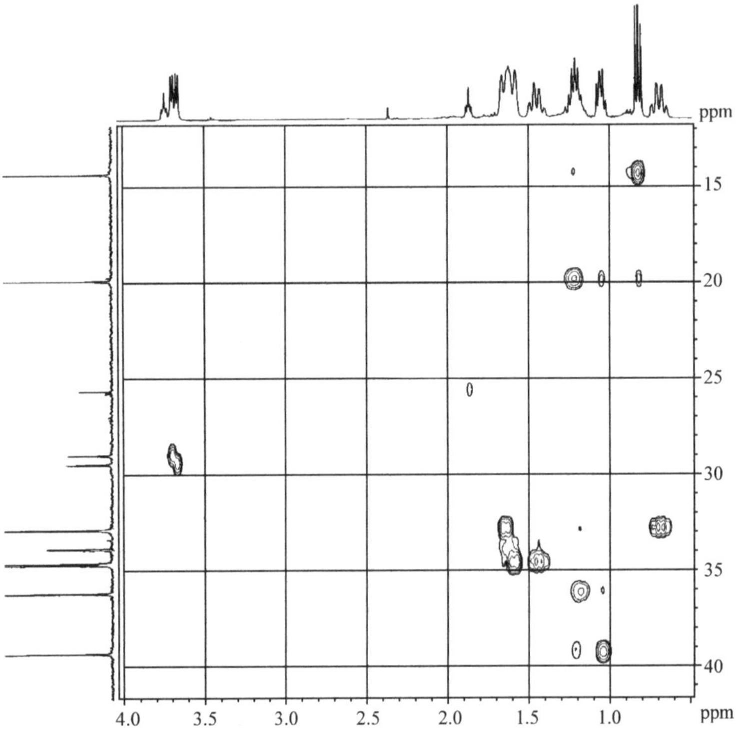

图 6.26　化合物 HSQC 谱高场局部放大谱

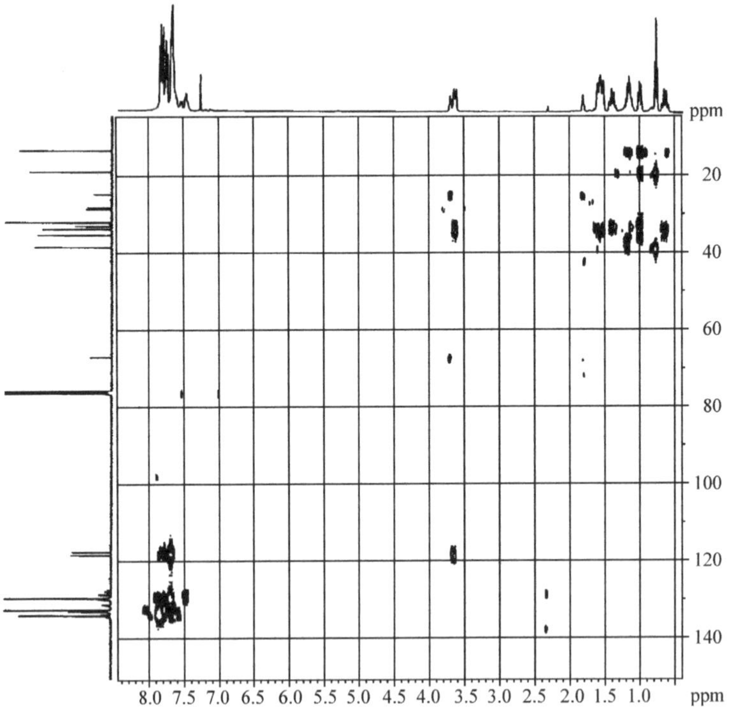

图 6.27　化合物 HMBC 谱

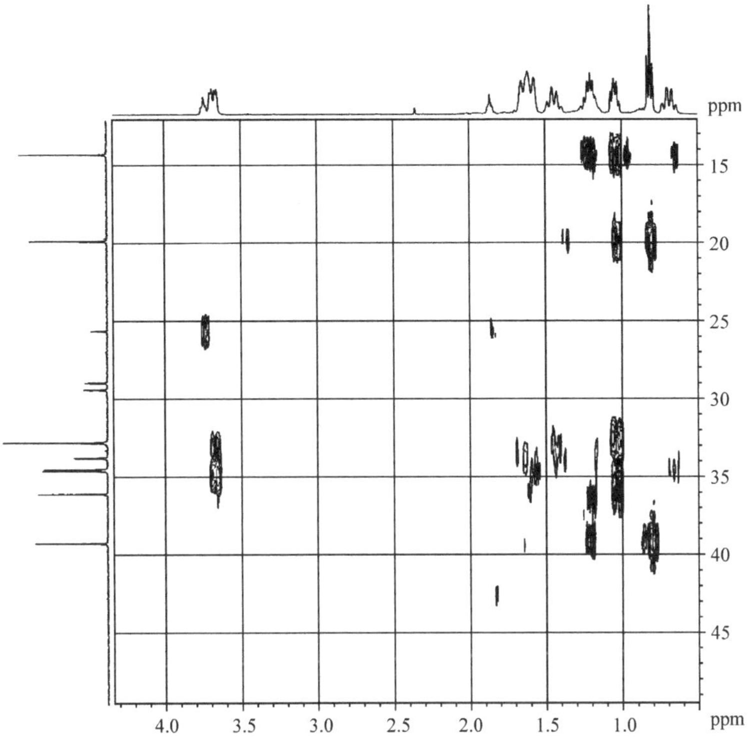

图 6.28　化合物 HMBC 谱高场局部放大谱 1

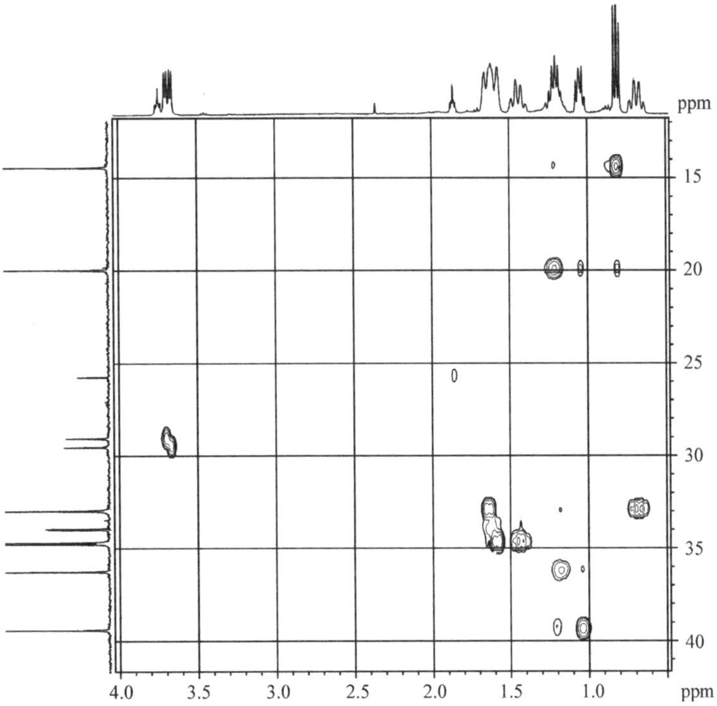

图 6.29　化合物 HMBC 谱高场局部放大谱 2

解 首先分析该化合物的氢谱。

从峰面积小(与样品峰组的面积不匹配)可以认定位于 1.86 ppm，2.35 ppm，3.76 ppm，6.95 ppm，7.18 ppm，7.53 ppm 和 7.58 ppm 等处的峰组为杂质峰。

7.31 ppm 处的峰为溶剂峰($CDCl_3$)。

在氢谱中，若干样品峰组的积分面积不接近整数，此时必须结合 HSQC 谱进行分析，这样就可以确定该峰组的氢原子数。

分析氢谱(参考 HSQC 谱)，总结其数据，得到表 6.11。

表 6.11 化合物氢谱数据整理

δ_H/ppm	积分数值	氢原子数	峰型	备注
0.68	2.05	2	q	
0.81	3.00	3	t	
1.04	2.02	2	m	
~1.21	3.49	4	m	从 HSQC 谱可知该处对应两个 CH_2
1.43	2.15	2	m	
~1.61	4.99	5	m	从 HSQC 谱可知该处对应两个 CH_2 和一个 CH
3.69	1.95	2	m	
7.72	7.69	6	m	峰型看不清楚
7.80	3.53	3	m	峰型看不清楚
7.87	6.02	6	m	峰型看不清楚

分析该化合物的碳谱时需要小心，因为磷元素(单一的同位素组成，^{31}P，自旋量子数 1/2)对碳谱的谱线会产生裂分(^1J 40~150 Hz，^2J 5~10 Hz，还有跨越更多化学键的长程耦合常数)。由于在碳谱作图时是对氢进行去耦的，因此磷产生的耦合裂分不能去除。磷对于氢谱中的有关峰组也产生裂分，因为氢谱的裂分经常比较复杂，所以由磷引起的裂分可能不明显；但是碳谱的谱线比较清晰，磷产生的裂分就很显著。

读者可能会产生这样的疑问：怎样能够知道相近的两条碳谱谱线(可能是因为杂原子耦合裂分产生的)是对应一个碳原子而不是对应两个碳原子呢？如果该碳原子连接了氢原子就容易判断，因为结合 DEPT 谱、HSQC 谱和氢谱可以得到确切的结论。如果该碳原子不连接氢原子，就需要从多个角度考虑。

碳谱中 67.96 ppm 的峰高度不低，但是它在 HSQC 谱中只有强度很低的相关峰，对应氢谱峰组的面积也很小，据此可以判断它是杂质峰。25.59 ppm 的峰与之类似，也是杂质峰。

结合该化合物的碳谱、DEPT 谱、HSQC 谱和氢谱，把碳谱和氢谱的数据综合为表 6.12。

表 6.12　碳谱,DEPT 谱和 HSQC 谱数据综合

序号	δ_C/ppm	碳原子数	碳原子级数	直接相连的氢原子 δ_H/ppm
1	135.03,135.01	1	CH	7.80
2	133.64,133.54	2	CH	7.87
3	130.57,130.45	2	CH	7.72
4	119.39,118.55	1	C	
5	39.24	1	CH_2	1.04
6	36.08	1	CH	1.20
7	34.60,34.52	2	CH_2	1.59,1.43
8	33.81,33.76	1	CH	1.61
9	32.79	2	CH_2	1.63,0.68
10	29.40,28.93	1	CH_2	3.69
11	19.80	1	CH_2	1.22
12	14.29	1	CH_3	0.81

在 HSQC 谱的高场局部放大谱中看到,F_1=36.08 ppm 相关氢谱的峰组的化学位移数值稍微小一点;F_1=19.80 ppm 相关氢谱的峰组的化学位移数值稍微大一点,以上情况在表 6.12 中反映了。类似地,在 F_2=1.57～1.65 ppm 的区域,从 HSQC 谱可以看到这是 3 个峰组局部重叠的结果(1.59 ppm,1.61 ppm 和 1.63 ppm),分别来自 F_1=34.56 ppm、33.78 ppm 和 32.79 ppm。

下面分析该化合物的 COSY 谱。从表 6.12 可知,氢谱峰组的重叠,必然导致 COSY 谱的相关峰重叠。因此,在分析基团的连接关系时必须综合 HMBC 谱的信息。

COSY 谱的信息归纳在表 6.13 中。

表 6.13　化合物 COSY 谱数据归纳

序号	δ_H/ppm	耦合的氢原子 δ_H/ppm
1	3.69	1.61*
2	1.63	0.68
3	1.61*	3.69
4	1.59	1.43
5	1.43	1.59,0.68
6	1.21*	1.04,0.81,(0.68)
7	1.04	1.21*
8	0.81	1.21*
9	0.68	1.63,1.43,(1.21*)

注:1. 芳香区未包括,但是可以从 HMBC 谱得到有关信息。

2. 圆括号(　)表示弱的耦合相关。

* 化学位移数值表示一个小区域,1.21* ppm 表示 1.20 ppm 和 1.22 ppm 都在 1.21* ppm 中。

下面分析该化合物的 HMBC 谱。HMBC 谱高场局部放大谱 2 比 HMBC 谱高场局部放大谱 1 具有较高的作图截面，因此相关峰少些，图面简洁些，但是可能漏掉一些相关峰。因此，把 3 张 HMBC 谱一起分析比较好。

该化合物 HMBC 谱的信息可以整理为表 6.14。

表 6.14 化合物 HMBC 谱数据整理

序号	δ_C/ppm	长程耦合的氢 δ_H/ppm	^1J 耦合的氢 δ_H/ppm
1	135.03,135.01	7.87	
2	133.64,133.54	7.80	
3	130.57,130.45		7.72
4	119.39,118.55	7.72,3.69	
5	39.24	1.21*,0.81	
6	36.08	1.21*,1.04	
7	34.60,34.52	3.69,(0.68)	1.59
8	33.81,33.76	3.69,1.61*	
9	32.79	1.04	
10	29.40,28.93		3.69
11	19.80	1.04,0.81	
12	14.29	1.22,1.04	0.81

注：圆括号（ ）表示弱相关峰。

* 化学位移数值表示一个小区域，1.21* ppm 表示 1.20 ppm 和 1.22 ppm 都在 1.21* ppm 中。

从表 6.14 的序号 4、2 和 1，结合 HSQC 谱，可以看到该化合物含有单取代苯环：

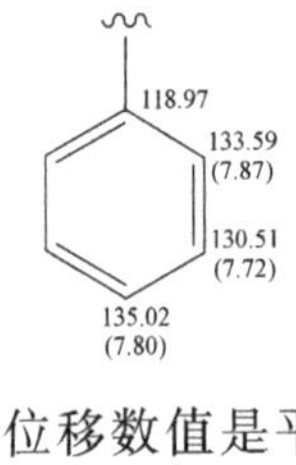

在上面的结构单元中标注的化学位移数值是平均数，参加平均计算的数值是磷产生耦合裂分的两条谱线的化学位移数值。例如，化学位移数值 118.97 ppm 是 119.39 ppm 和 118.55 ppm 的平均值，和与磷原子相连的季碳原子对应。

因为氢谱显示在 7.87 ppm、7.80 ppm 和 7.72 ppm 的峰组分别对应 6、3 和 6 个氢原子，所以上述的单取代苯环是三个。

综上所述，该未知物含有结构：

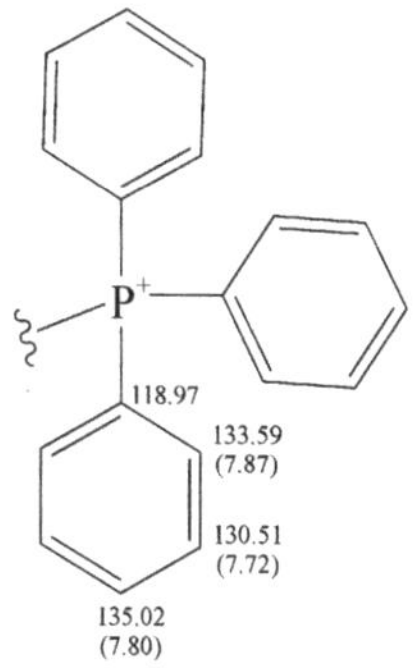

根据碳谱谱线的裂分，可以确定与磷相连的亚甲基碳原子的化学位移数值为 29.67 ppm(29.40 ppm 和 28.93 ppm 的平均值)。从 HSQC 谱可知与它直接相连的氢原子的化学位移数值为 3.69 ppm。所以上述结构(单元)进一步延伸为

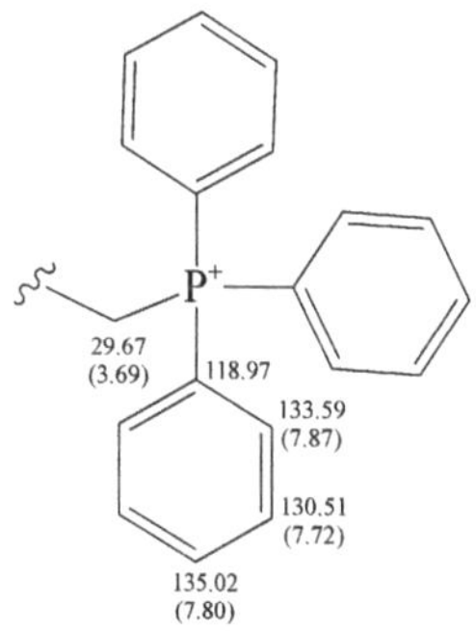

无论是碳谱还是氢谱，都可以看到六元(饱和)环的存在，因为有两组化学位移数值相等的 CH_2。根据 COSY 谱的结果，表 6.13 中的序号 2、4、5、6 和 9，也利用 HMBC 谱的结果，表 6.14 中的序号 6、7 和 8，再结合 HSQC 谱得

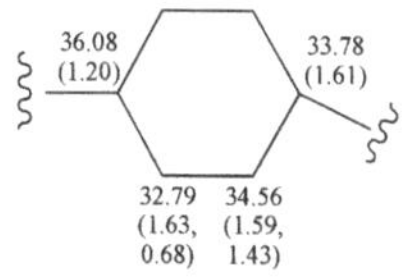

根据 COSY 谱的结果，表 6.13 中序号 8、7 和 6，和 HMBC 谱的结果，表 6.14 中的序号 12 和 11，再结合 HSQC 谱，这个结构单元可以延伸为

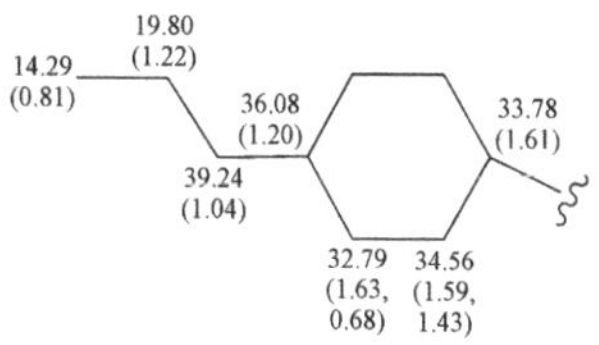

根据 COSY 谱的结果，表 6.13 中的序号 1，并利用 HMBC 谱的结果，表 6.14 中序号 7 和 8，可以把上面两个较大的结构单元连接起来，从而完成了该化合物的结构。由于磷以四根化学键和其他碳原子相连，因此磷是离子状态，需要一个阴离子，现在是溴离子。

根据上面的分析，确认了化合物的结构；并得到氢谱和碳谱的全部指认，其结果为

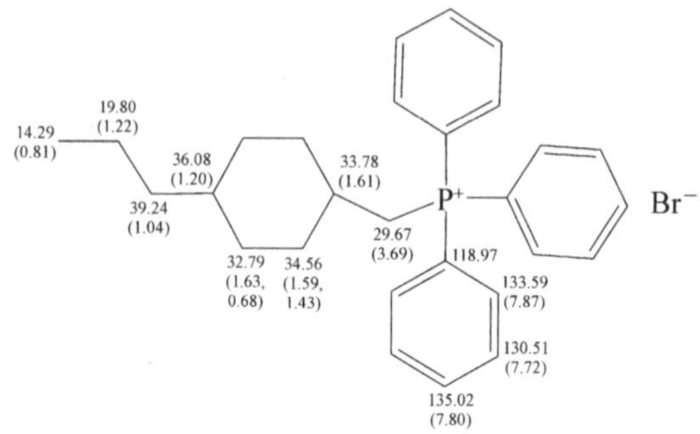

C6－5

例 6.5　某未知物经过质谱测定知其相对分子质量为 331，并从其同位素峰簇知含有 1 个氯原子。其氢谱（溶剂 $CDCl_3$）、氢谱（加重水交换后测得）、碳谱、DEPT 谱、COSY 谱、HSQC 谱和 HMBC 谱分别如图 6.30～图 6.36 所示（谱图由 500 MHz 谱仪测得，溶剂为氘代氯仿），试推测其结构。

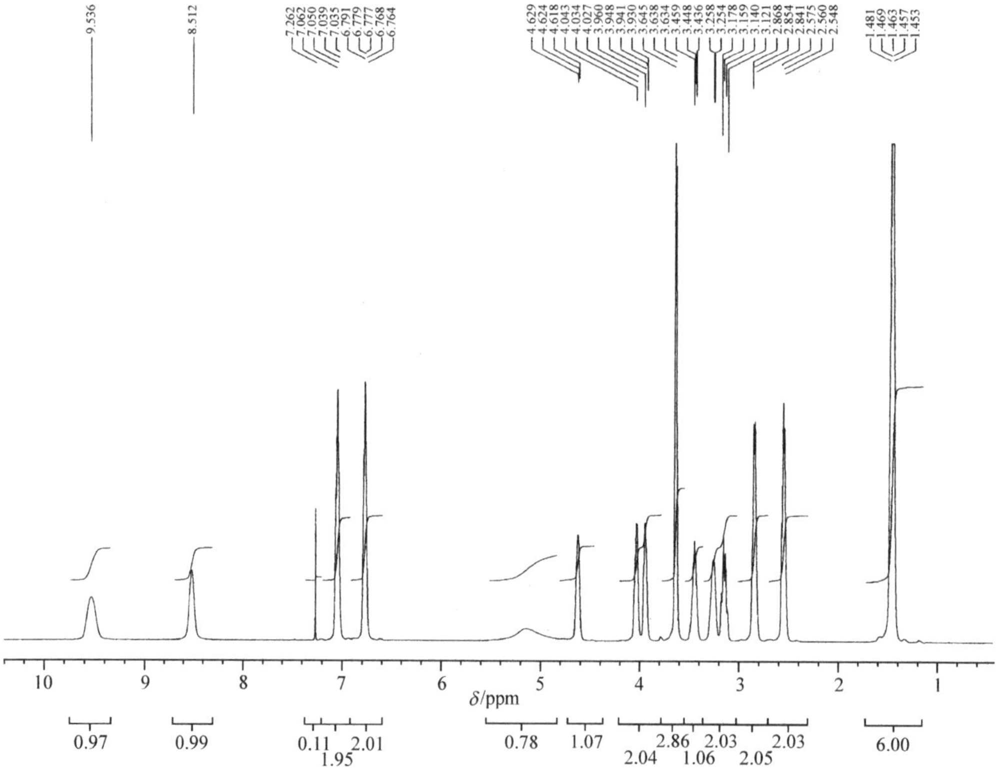

图 6.30　未知物氢谱（氘代氯仿作溶剂）

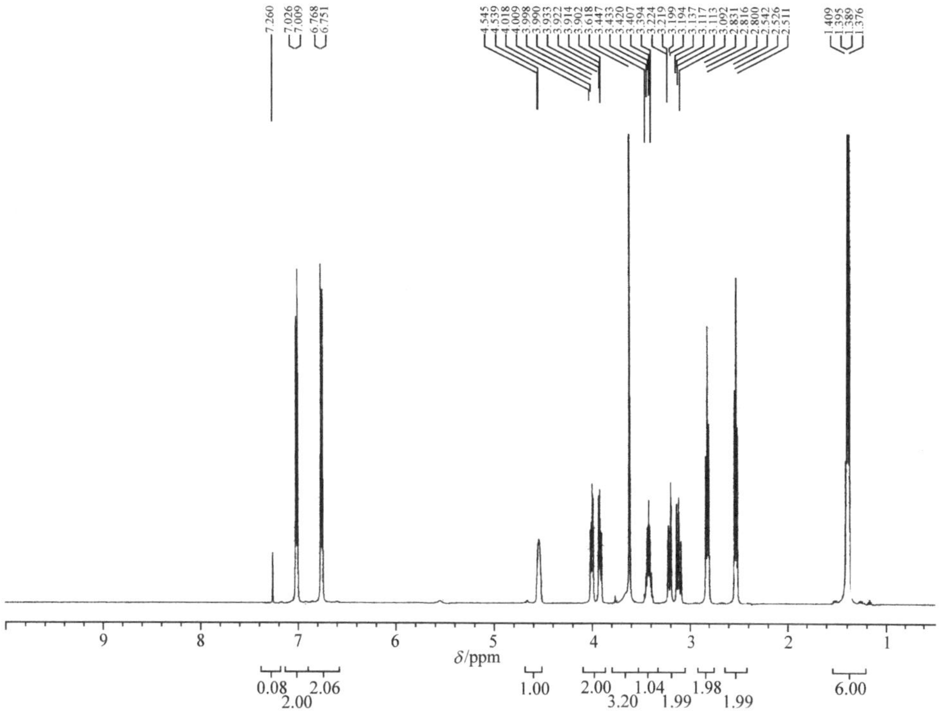

图 6.31　未知物氢谱(加重水交换后测得)

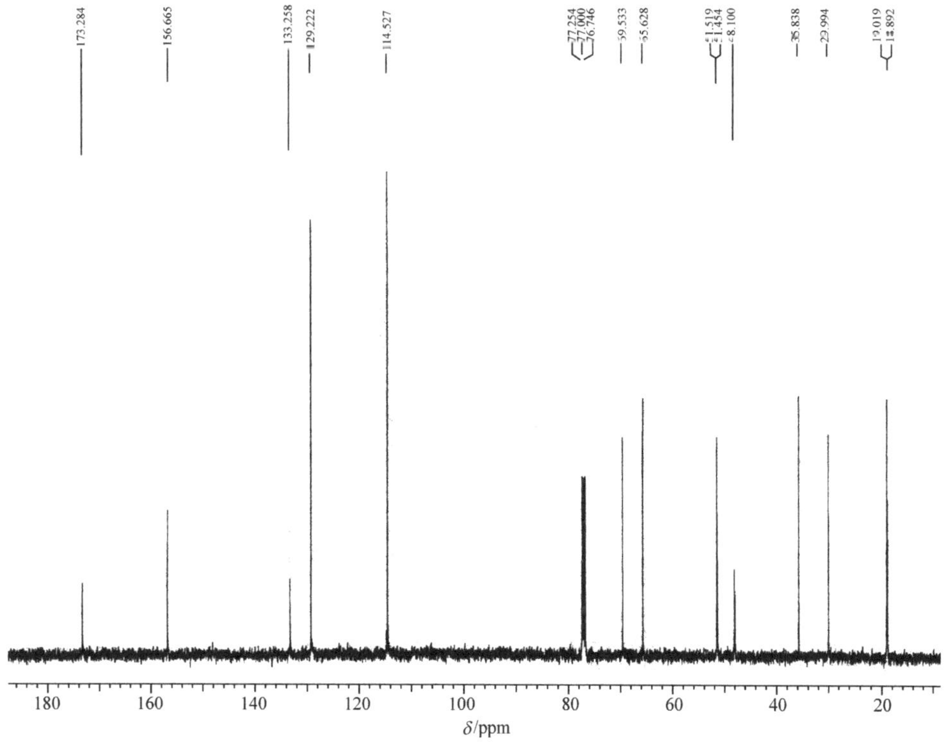

图 6.32　未知物碳谱

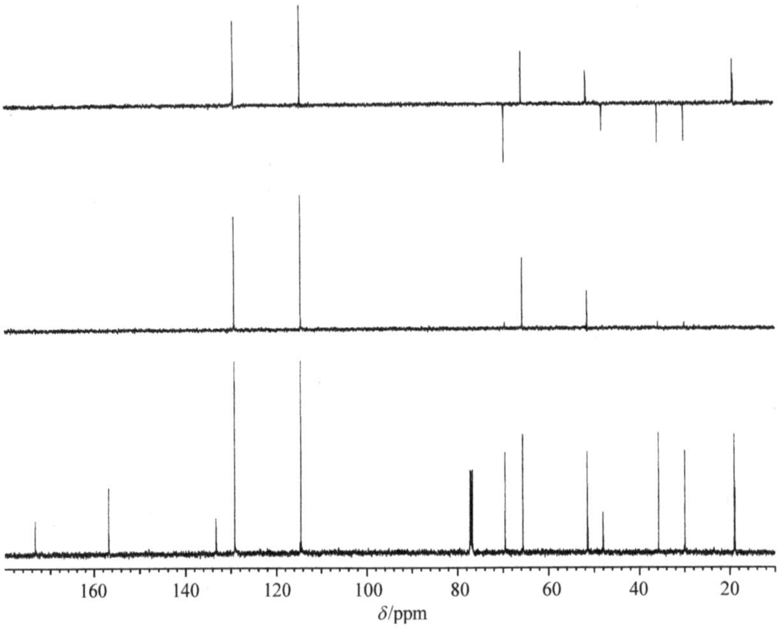

图 6.33　未知物 DEPT 谱

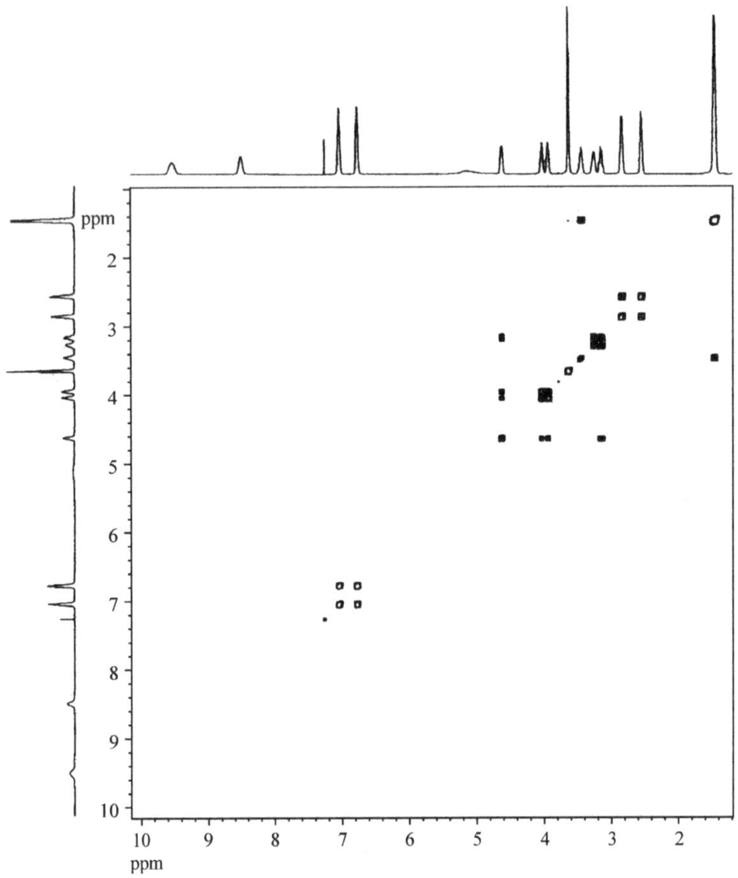

图 6.34　未知物 COSY 谱

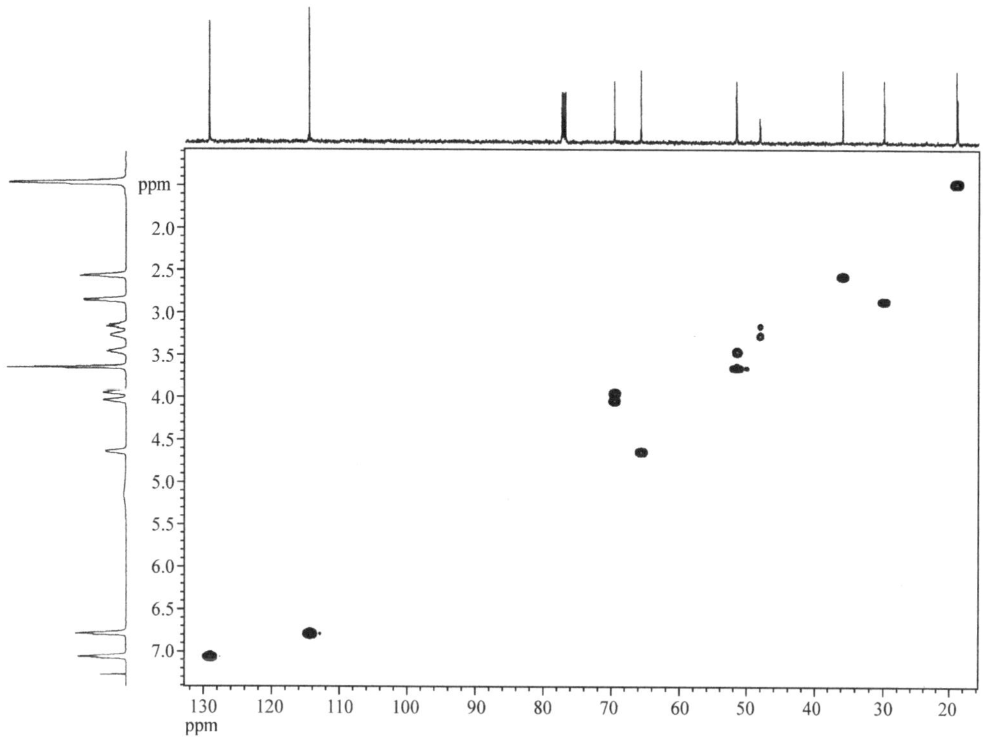

图 6.35　未知物 HSQC 谱

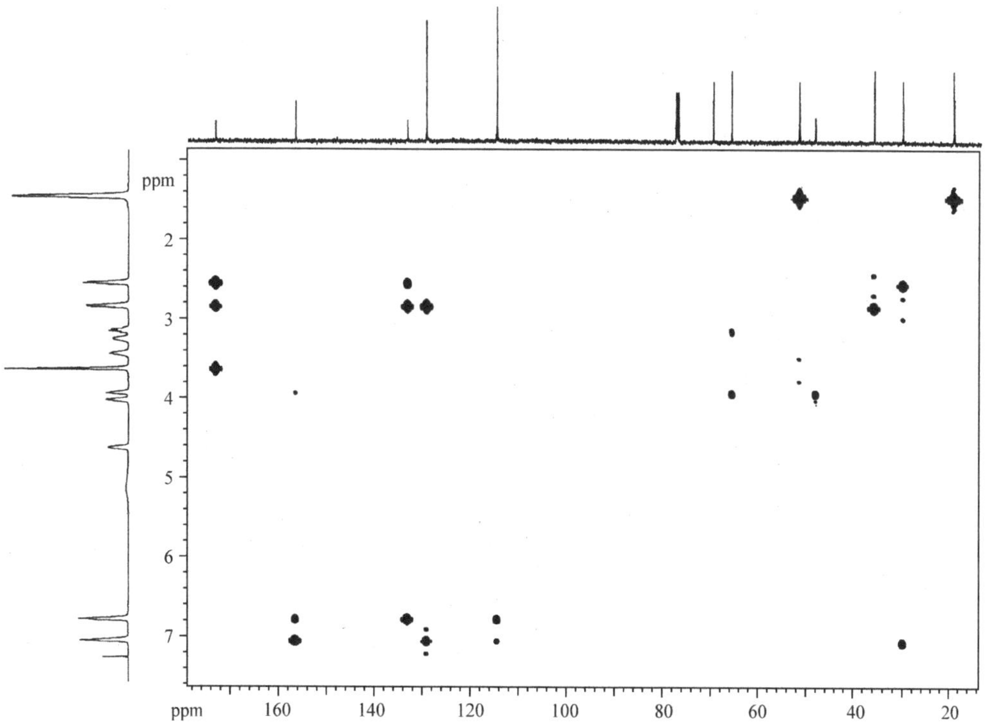

图 6.36　未知物 HMBC 谱

解 首先查看该未知物的氢谱。7.26 ppm 的峰是溶剂峰($CDCl_3$)。

在该未知物的氢谱(图 6.30)中,显示存在 26 个氢原子。在测得氢谱后,在样品管中加入几滴重水、振荡,再测定氢谱,如图 6.31 所示。从图 6.31 中可见 3 个峰(分别位于 9.54 ppm,8.51 ppm 和约 5.16 ppm)已经消失,因此这 3 个峰应该是活泼氢的峰。事实上,在进行重水交换前,这 3 个峰的峰型都是单峰且比较钝,由此也可以初步推测为活泼氢。

图 6.31 显示较好的分辨率,各峰组的峰型看得比较清楚。

以图 6.30 显示的化学位移数值为基准,参考图 6.31 中的峰型,得到表 6.15。

表 6.15 未知物氢谱数据整理

δ_H/ppm	氢原子数	峰型	耦合常数/Hz
1.46	6	d(两个双峰峰组)	两组双峰近于重合,7.0,6.5
2.56	2	t	7.5
2.85	2	t	7.5
3.14	1	d,d	
3.25	1	d,d	
3.45	1	m	6.5
3.64	3	s	
3.92	1	d,d	
4.00	1	d,d	
4.62	1	钝峰	
5.16	1	钝峰	活泼氢
6.78	2	d	
7.05	2	d	
8.51	1	钝峰	活泼氢
9.54	1	钝峰	活泼氢

对于简单的氢谱,可以清楚地看到每个峰组的耦合裂分,因而可以完全标注出有关的耦合常数。但是如果化合物的结构复杂,氢谱中的一些峰组重叠现象严重,它们的化学位移数值就可能难以分辨,耦合常数(特别是小的耦合常数)就无法读取。本书中,表中关于耦合常数的地方就可能空缺,或者只列出相对大的耦合常数。与此相关的峰型分析也就可能只列出部分已经肯定的分析,也可能以"m"(多重峰)表示这种情况。

注意:剩下的 23 个氢都是连接在碳原子上的氢。这个结果和 DEPT 谱($\theta=135°$)的结果相符。

下面分析未知物的碳谱(图 6.32)。

在图 6.32 中,77.0 ppm 的三重峰是溶剂峰($CDCl_3$)。碳谱中共有 14 条谱线(注意约在 19.0 ppm 和 51.5 ppm 处各有两条谱线)。需要注意的是在 114.53 ppm 和 129.22 ppm 处的两条谱线具有突出的高度,应该各自对应 2 个碳原子,因此该未知物应该含有 16 个碳原子。

由于上述两处碳谱的谱线极为靠近，在分析它的碳谱时不仅要结合 DEPT 谱（从下至上分别为碳谱、$\theta=90°$和$\theta=135°$的 DEPT 谱），而且要结合 HSQC 谱，才可以整理出碳谱的确切信息，其结果在表 6.16 中列出。

表 6.16　未知物碳谱信息整理

δ_C/ppm	碳原子数	碳原子种类	相连的氢原子 δ_H/ppm
18.89	1	CH_3	1.46
19.02	1	CH_3	1.46
29.99	1	CH_2	2.85
35.84	1	CH_2	2.56
48.10	1	CH_2	3.14,3.25
51.45	1	CH	3.45
51.52	1	CH_3	3.64
65.63	1	CH	
69.53	1	CH_2	3.92,4.00
114.53	2	CH	6.78
129.22	2	CH	7.05
133.36	1	C	
156.67	1	C	
173.24	1	C	

根据化学位移数值，碳谱中 173.24 ppm 处的峰可以确定为羰基峰，因此该未知物至少含有 1 个氧原子。从表 6.16 可知，该未知物含有 3 个 CH_3、4 个 CH_2、6 个 CH 和 3 个季碳。此结论是结合 HSQC 谱得出的，因为在碳谱约 51.5 ppm 处有两条谱线，从 HSQC 谱可以清楚地看到它们对应一个 CH_3 和一个 CH。同样，从 HSQC 谱可以清楚地看到碳谱中的 114.5 ppm 和 129.2 ppm 处的两条谱线各对应两个氢原子。

该未知物相对分子质量为奇数，应该含有奇数个氮原子，即至少含有 1 个氮原子。现在已经找到的元素组成为 $C_{16}H_{26}ONCl$，其相对分子质量为 283，与未知物的相对分子质量之差为 48。对于这个质量差额的合理推测是该未知物还含有另外 3 个氧原子，因为如果该未知物含有 3 个氮原子，任何组合都不能满足这个质量差额。该未知物含有另外 3 个氧原子的推测也和碳谱在 69.5 ppm、65.6 ppm 的谱线，以及氢谱在 4.62 ppm、4.00 ppm、3.92 ppm 的峰组对应。因此，未知物的分子式确定为 $C_{16}H_{26}O_4NCl$。

下面找出该未知物的结构单元并把它们逐步连接起来，这就需要用到 COSY 谱和 HMBC 谱。

首先分析 COSY 谱，它的数据整理为表 6.17。

表 6.17　未知物 COSY 谱数据整理

δ_H/ppm	耦合的氢 δ_H/ppm	δ_H/ppm	耦合的氢 δ_H/ppm
1.46	3.45	3.64	孤立的峰
2.56	2.85	3.92	4.00,4.62
2.85	2.56	4.00	3.92,4.62
3.14	3.25,4.62	4.62	3.14,3.92,4.00
3.25	3.14	6.78	7.05
3.45	1.46	7.05	6.78

下面分析 HMBC 谱,仍然需要注意:现在的横坐标是碳谱的化学位移。HMBC 谱的结果用表 6.18 表示。

表 6.18　从 HMBC 谱找出的碳氢相关

δ_C/ppm	长程耦合的氢/ppm	^1J 耦合的氢/ppm
173.24	2.56,2.85,3.64	
156.67	(3.92),6.78,7.05	
133.26	2.56,2.85,6.78	
129.22	2.85	7.05
114.53	7.05	6.78*
69.53		
65.63	3.14,3.92	
51.45,51.52**	1.46	3.64
48.10	3.92	
35.84	2.85	2.56
29.99	2.56,7.05	2.85
18.89,19.02		1.46*

注:圆括号(　)表示弱的相关峰。

* 由 HSQC 谱知其为 ^1J 耦合。

* * 该处有两条谱线,相关峰的信息不好区分。

下面开始确定结构单元,然后把它们逐步组装起来。

如果 COSY 谱的信息很清楚,先利用从 COSY 谱得到的相关信息,因为如果COSY谱相关峰分辨清楚,COSY 谱信息的可靠性比 HMBC 谱的高。在 COSY 谱中最常显示^3J的耦合关系,即邻碳氢的耦合关系,再通过 HSQC 谱,把相邻的碳原子连接起来。但是,从 COSY 谱得到的连接关系会终止于季碳原子或杂原子,这时就必须利用 HMBC 谱连接有关的结构单元。

从 COSY 谱得到 1.46 ppm 的峰组(6 个氢)和 3.45 ppm 的峰组(1 个氢)相关,可以知道异丙基的存在。结合 HSQC 谱,得到下面的结构单元:

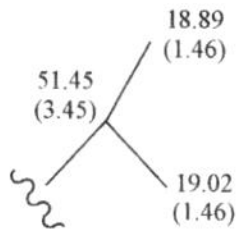

从 COSY 谱中的相关：2.56 ppm（2 个氢）/2.85 ppm（2 个氢），结合 HSQC 谱，可知—CH_2—CH_2—的存在：

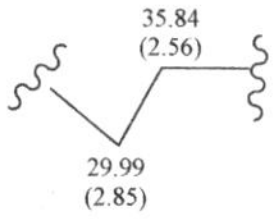

从 COSY 谱中的相关：3.14 ppm/3.25 ppm，4.62 ppm；3.92 ppm/4.00 ppm，4.62 ppm；4.62 ppm/3.14 ppm，3.92 ppm，4.00 ppm，再结合 HSQC 谱，可以找到未知物存在结构单元：

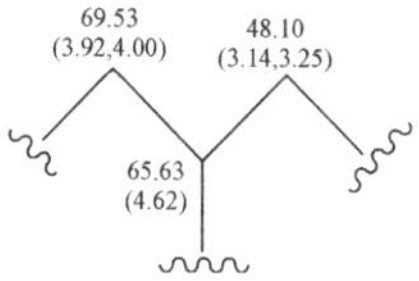

从 COSY 谱中的相关：6.78 ppm（2 个氢）/7.05 ppm（2 个氢），可知对位取代苯环的存在，再结合 HSQC 谱，得

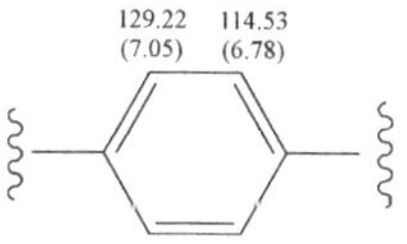

氢谱中余下的 3.62 ppm 的单峰是一个孤立的甲基峰。

下面通过 IIMBC 谱把这些结构单元连接起来。

可以从对位取代的苯环开始。根据 δ_C（133.26 ppm）/δ_H（6.78 ppm）的相关，可以确定 133.26 ppm 处的峰为苯环上被取代的一个季碳原子，因为它和苯环上的氢（6.78 ppm）有相关峰，而且该季碳原子和 δ_H（6.78 ppm）的氢是 ^3J 耦合关系（此时相关峰的强度较大）。而根据 δ_C（133.26 ppm）/δ_H（2.56 ppm，2.85 ppm）及 δ_C（29.99 ppm）/δ_H（7.05 ppm）和 δ_C（129.22 ppm）/δ_H（2.85 ppm）的相关，对位取代苯环就和上述第二个结构单元连接起来了，而且与苯环直接连接的碳原子是 δ_C 为 29.99 ppm 的碳原子，因为该碳原子和苯环的氢，δ_H＝7.05 ppm，有相关峰；苯环被取代的邻位碳则和 δ_H 为 2.85 ppm 的氢相关。所以得到了如下较大的结构单元：

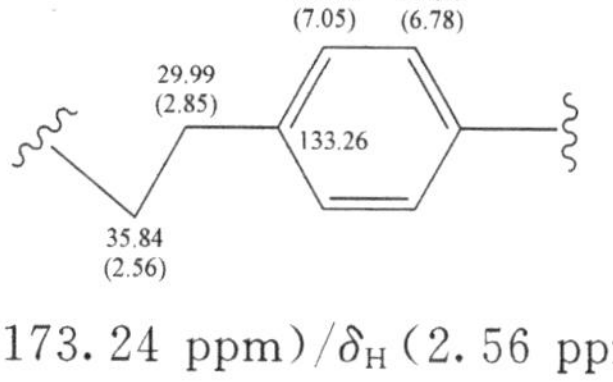

考虑到在 HMBC 谱中 δ_C（173.24 ppm）/δ_H（2.56 ppm，2.85 ppm，3.64 ppm）的相关，并考虑 δ_H 为 3.64 ppm 的甲基在氢谱中呈现的是孤立单峰的事实，得到更大的结构单元：

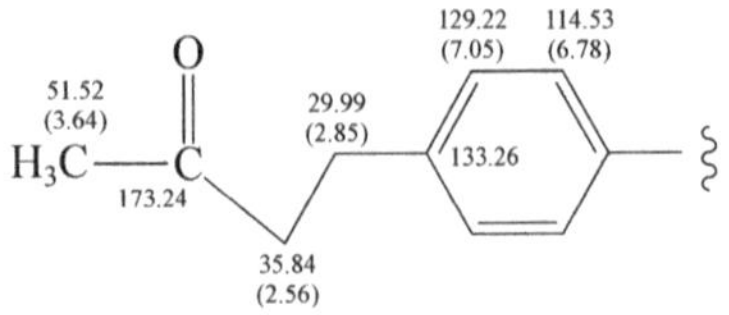

再从对位取代苯环的另一侧继续延伸这个未知物的结构。从 HMBC 谱中 δ_C(156.67 ppm)/δ_H(6.78 ppm,7.05 ppm)的相关可知,苯环另一侧被取代的碳原子化学位移为 156.67 ppm。从这个化学位移数值可知,取代基应该具有很强的电负性。根据未知物的元素组成,这个取代基是氧原子比较合理。更关键的是从 δ_C(156.67 ppm)/δ_H(3.92 ppm)的相关把苯环和上面找到的—CH_2—CH—CH_2—连接起来,于是得到如下更大的结构片断:

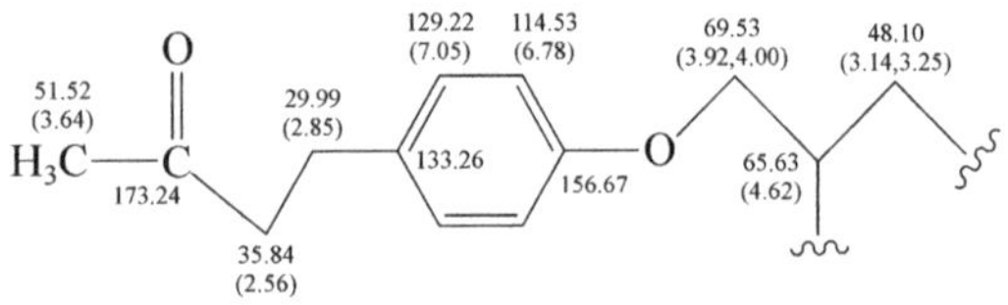

从未知物的元素组成及氢谱中有 3 个活泼氢的峰可知,上述结构单元中的 CH 和 CH_2 应该分别连接 OH 和 NH。由于 CH 的化学位移数值比较大(δ_C=65.63 ppm,δ_H=4.62 ppm),CH 应该连接 OH。因此,把未知物的结构进一步延伸为

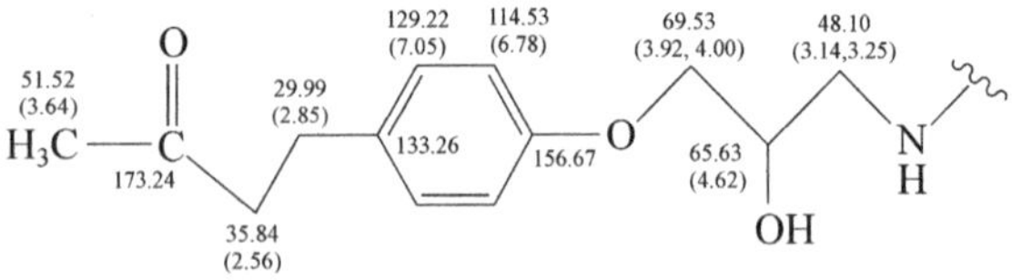

前面推导的结构单元只剩下一个异丙基,它的 CH 应该和 NH 连接起来。这就完成了未知物的结构:

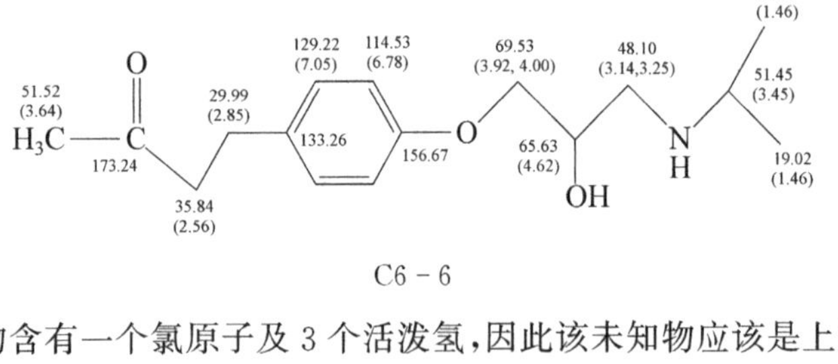

C6－6

由于该未知物含有一个氯原子及 3 个活泼氢,因此该未知物应该是上述结构的盐酸盐。

再补充一点:由于该化合物没有分子的对称面,异丙基的两个甲基是化学不等价的,它们的化学位移数值稍有差别,因此在氢谱中它们各自都显示双峰,在放大的氢谱中可以看到两组双峰。

例 6.6　某未知物经过质谱测定知其相对分子质量为 205。其氢谱、氢谱局部放大谱、碳谱、碳谱局部放大谱、DEPT 谱、COSY 谱、COSY 谱局部放大谱、HSQC 谱、HMBC 谱及它们的局部放大谱分别如图 6.37~图 6.49 所示(溶剂为氘代 DMSO,所有核磁共振谱图均由500 MHz谱仪测得)。试推测其结构。

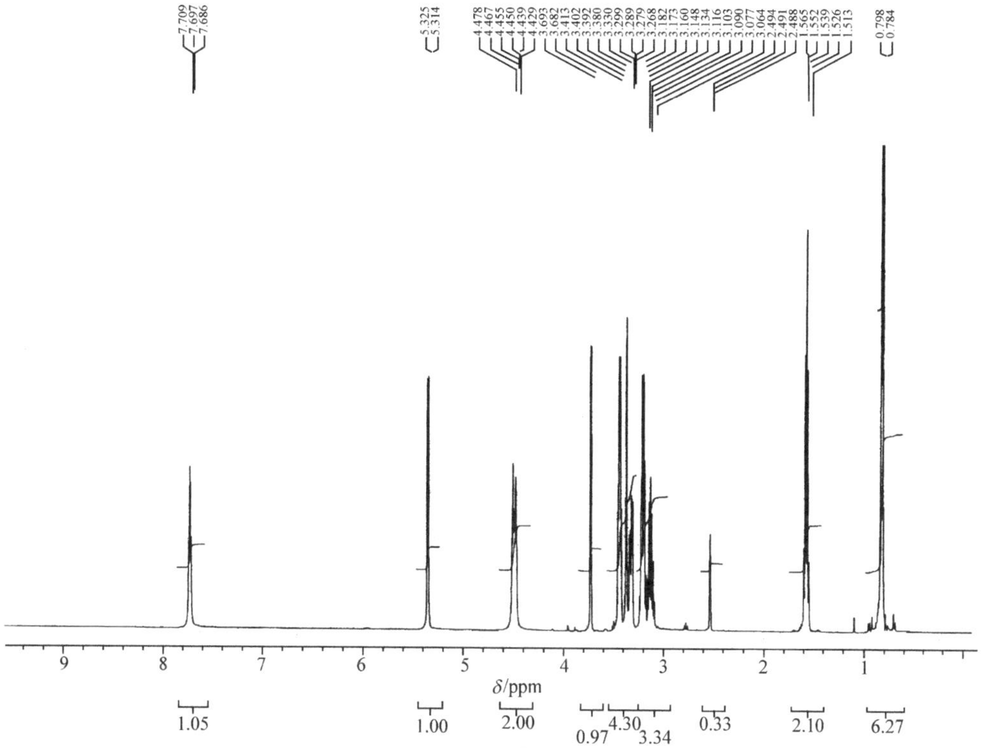

图 6.37　未知物氢谱

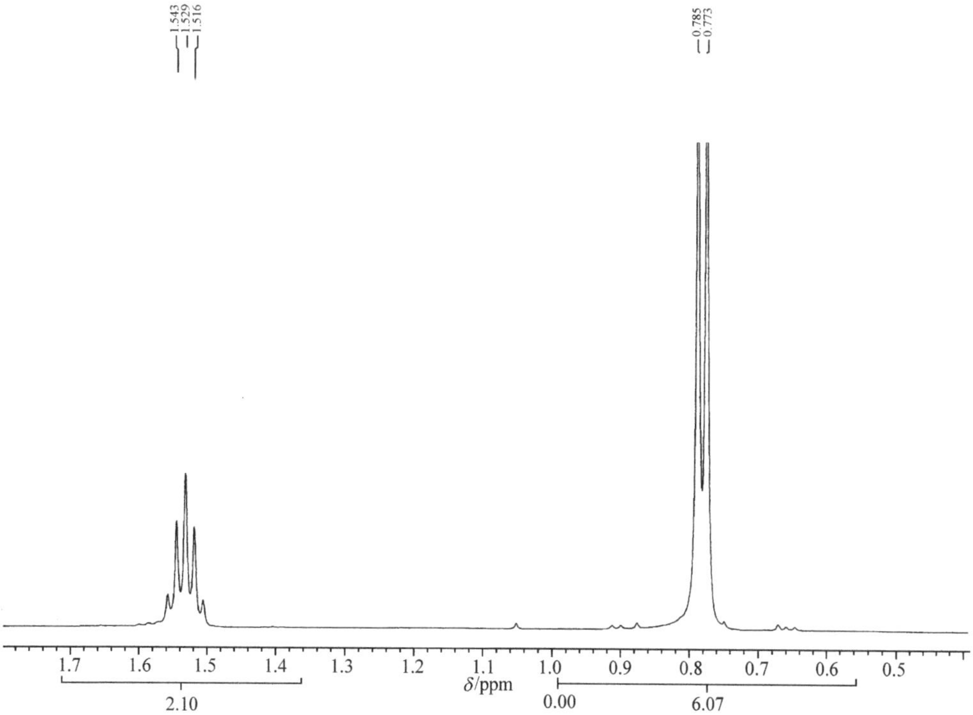

图 6.38　未知物氢谱局部放大谱 1

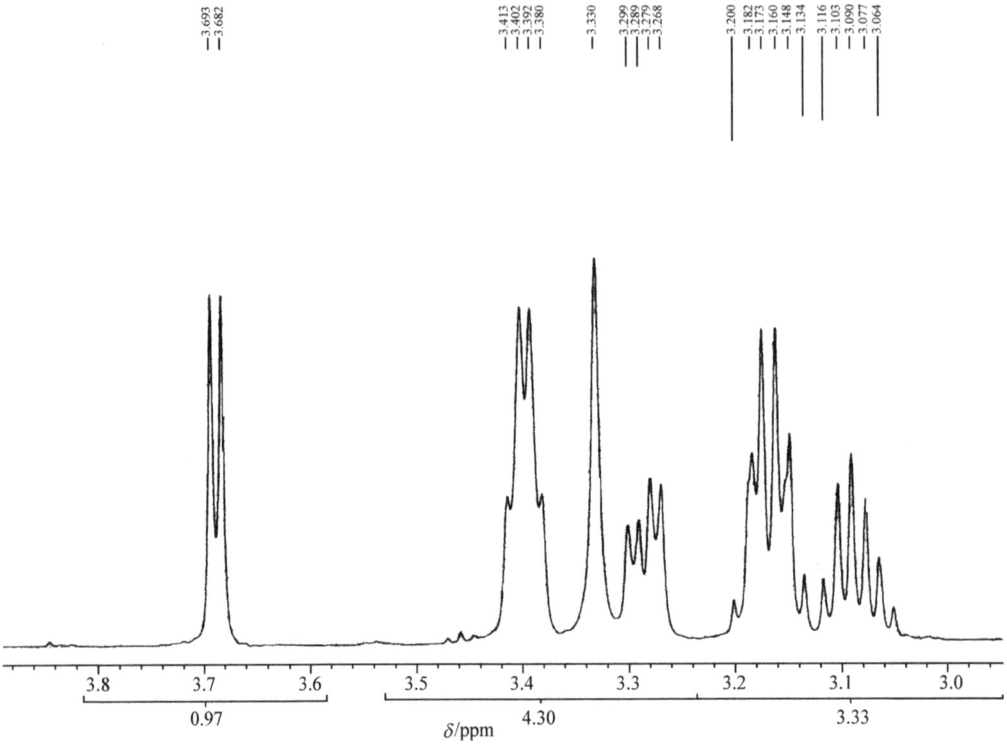

图 6.39　未知物氢谱局部放大谱 2

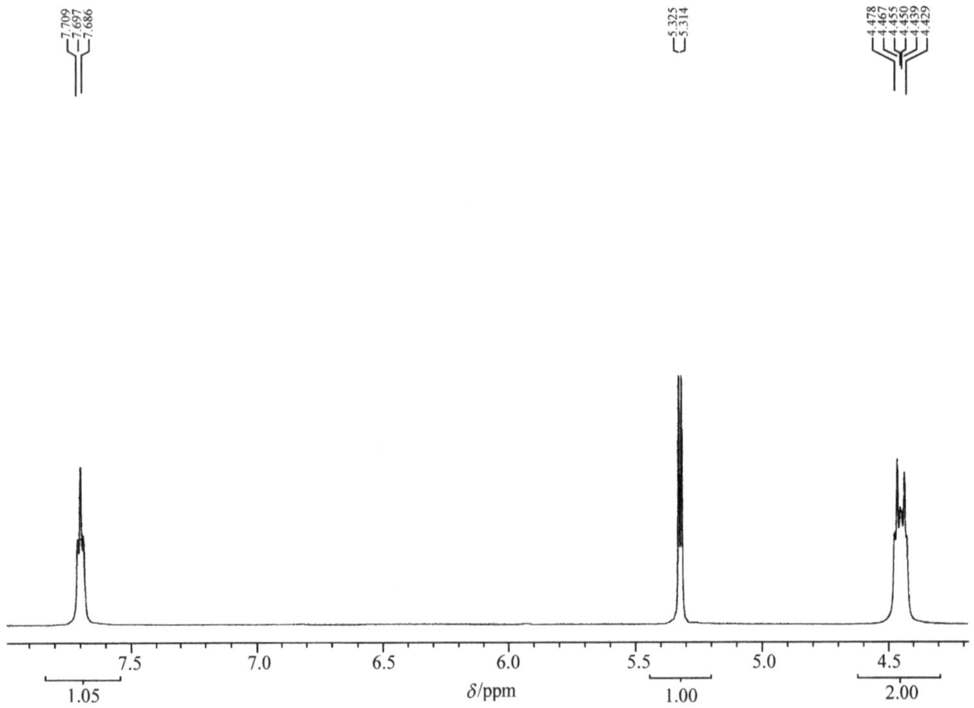

图 6.40　未知物氢谱局部放大谱 3

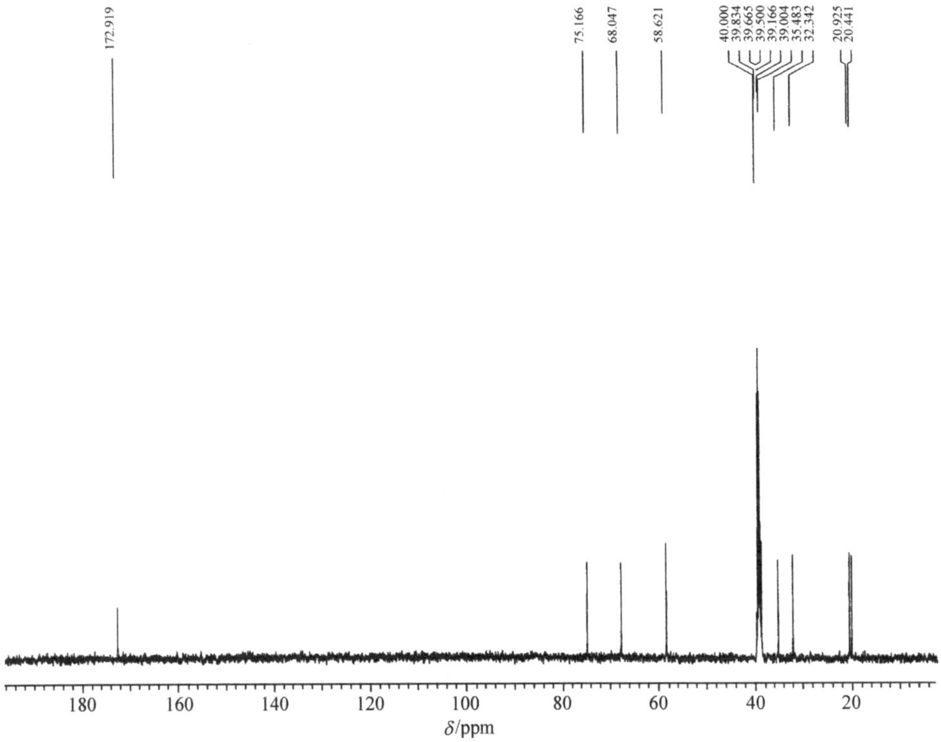

图 6.41　未知物碳谱

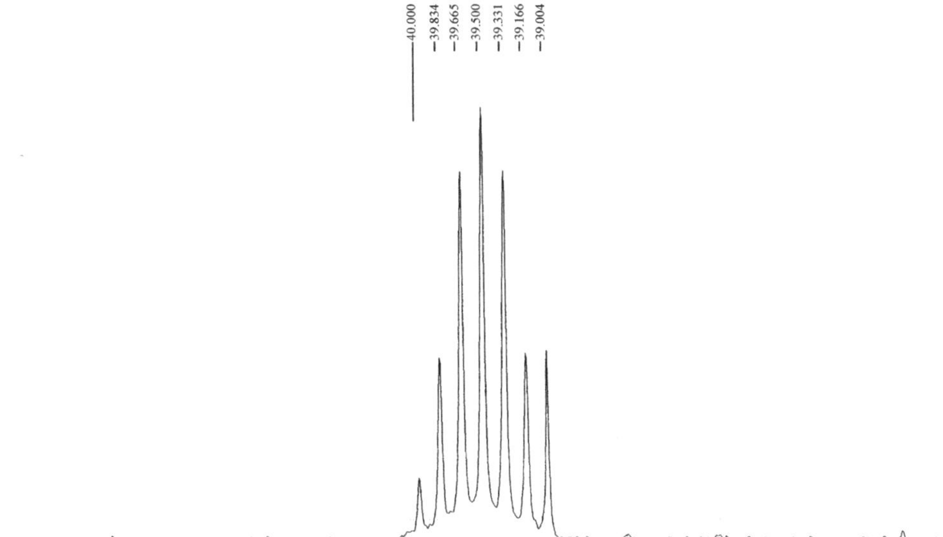

图 6.42　未知物碳谱局部放大谱

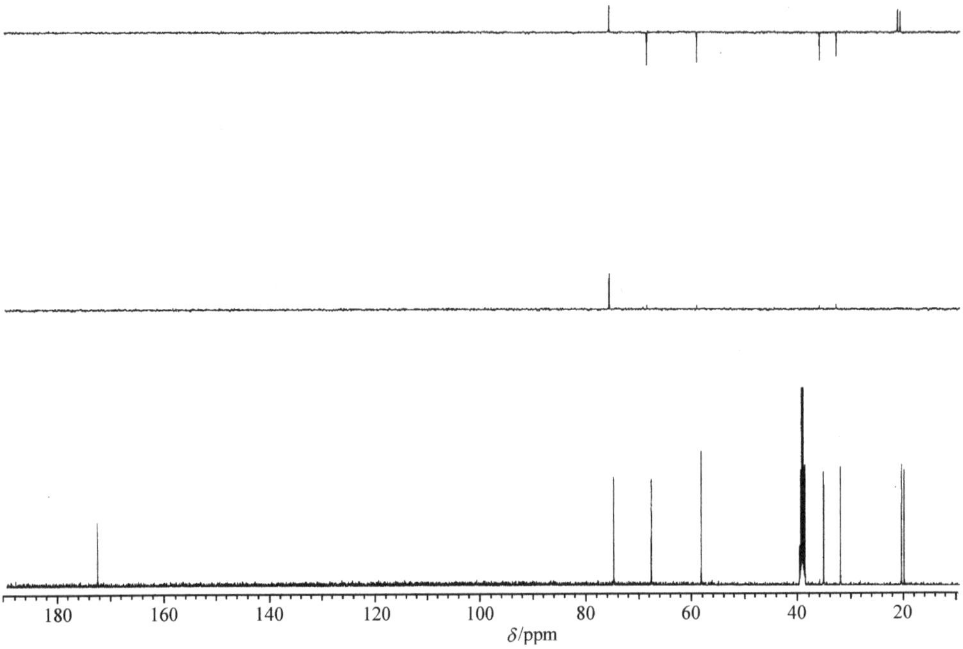

图 6.43　未知物 DEPT 谱

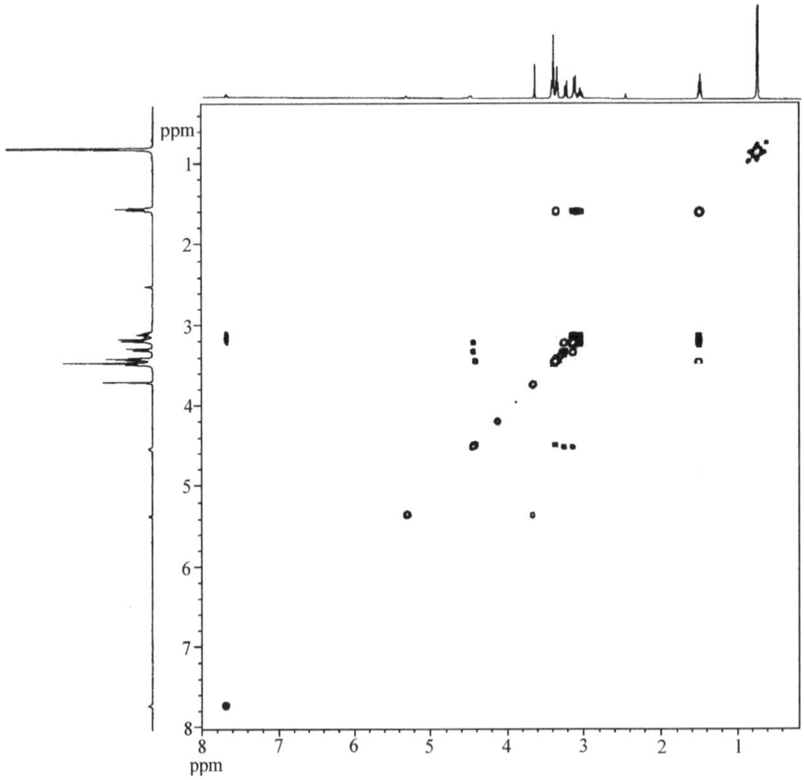

图 6.44　未知物 COSY 谱

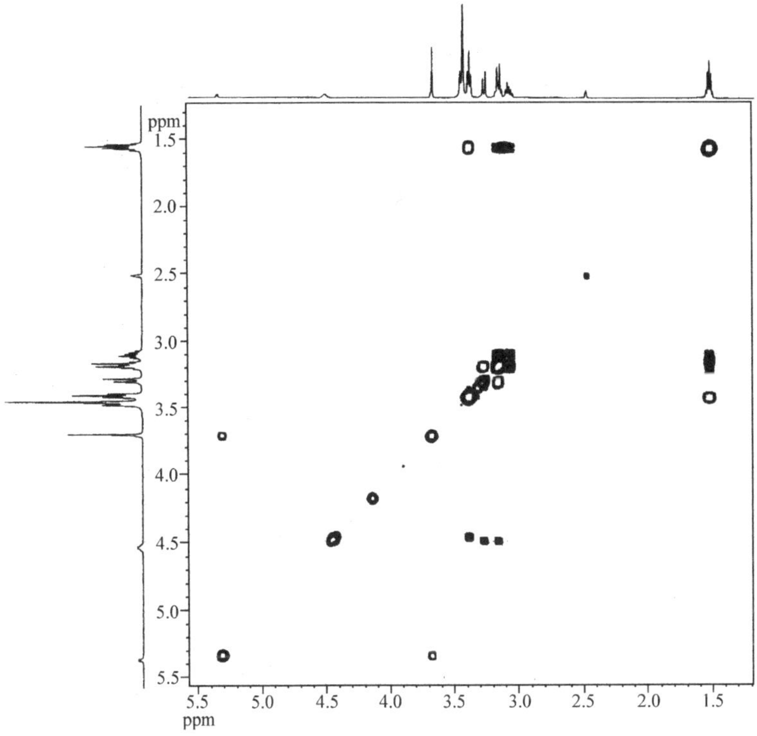

图 6.45 未知物 COSY 谱局部放大谱

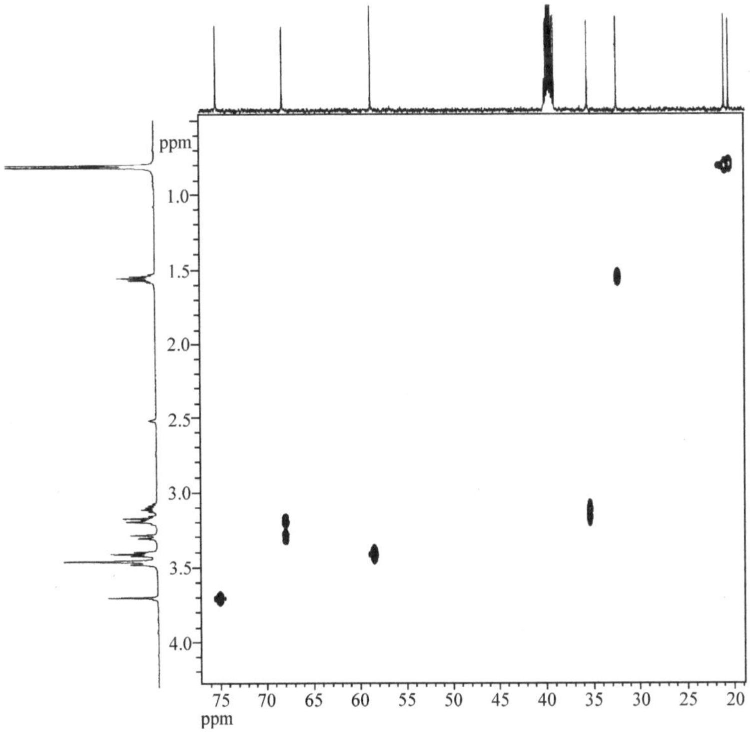

图 6.46 未知物 HSQC 谱

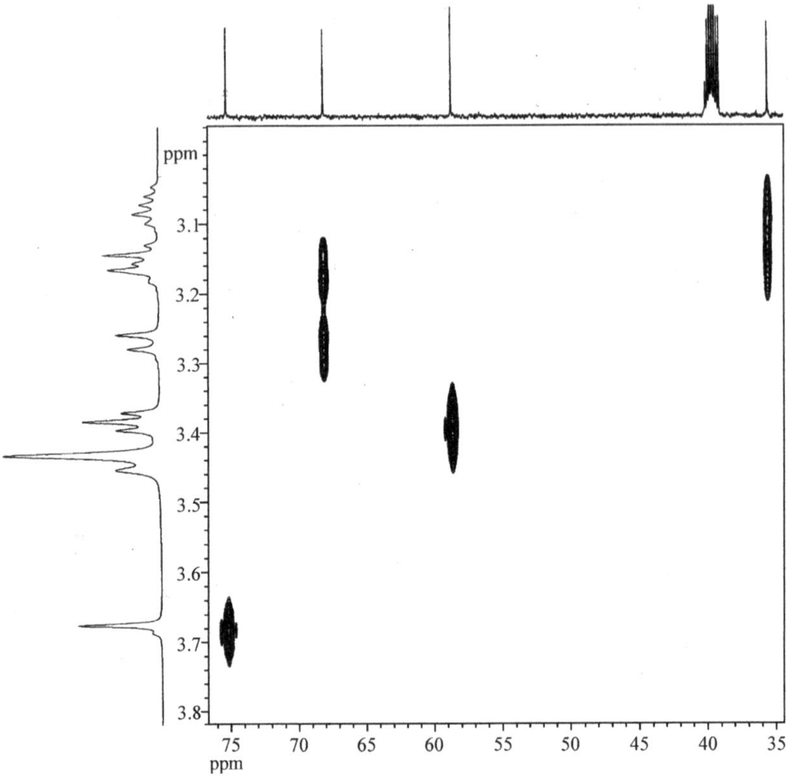

图 6.47　未知物 HSQC 谱局部放大谱

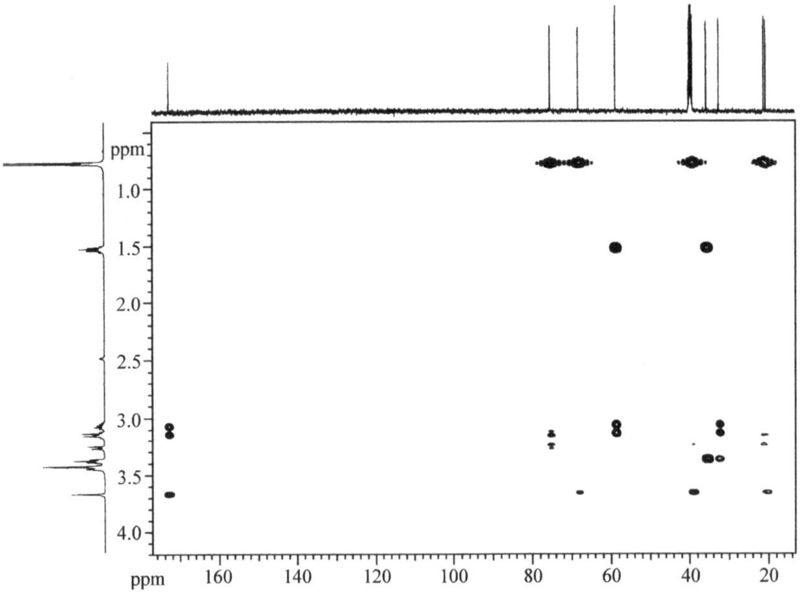

图 6.48　未知物 HMBC 谱

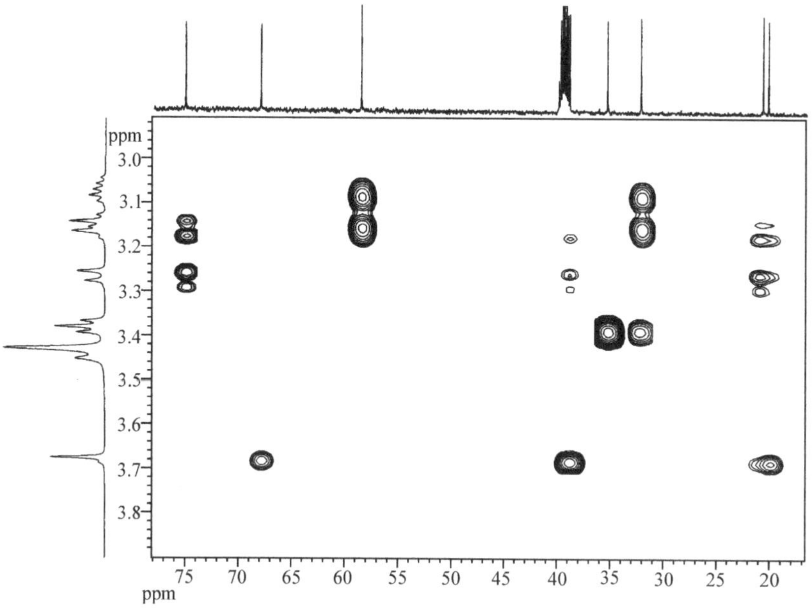

图 6.49　未知物 HMBC 谱局部放大谱

解　首先需要确定未知物的元素组成。

未知物的氢谱中位于 2.49 ppm 处的峰为溶剂峰(氘代 DMSO),位于 3.33 ppm 处的峰为氘代 DMSO 中的水峰。

经过重水交换(该谱图未列入),虽然低场 4 个氢的峰组(4.44 ppm,4.47 ppm,5.32 ppm 和 7.69 ppm)没有消失,但是峰面积减小到 28%以下,这说明它们是活泼氢,且交换反应进行得还不快。

从 HSQC 谱很容易可以识别活泼氢,它们在 HSQC 谱中没有相关峰。活泼氢的结论也可以从 DEPT 谱知道(氢谱显示的氢原子总数减去连接在碳原子上的氢原子数)。

由于在氘代 DMSO 中活泼氢进行的是慢交换,活泼氢显示因邻碳氢引起的裂分(在 COSY谱中也就有相应的相关峰)。

根据未知物的氢谱和氢谱的局部放大谱,并参考其他谱图得到表 6.19(表后有说明)。

表 6.19　未知物氢谱数据整理

δ_H/ppm	氢原子数	峰型	耦合常数/Hz
0.77	3	s	
0.78	3	s	
1.53	2	quintet(五重峰)	6.5
3.09	1	m	
3.15	1	m	
3.18	1	m	

续表

δ_H/ppm	氢原子数	峰型	耦合常数/Hz
3.28	1	d,d	10,5
3.40	2	d,d	11,5.5
3.69	1	d	5.5
4.44	1	t	5.5
4.47	1	t	5.5
5.32	1	d	5.5
7.69	1	t	6.0

几点说明：

氢谱中 0.77 ppm 和 0.78 ppm 的两个峰可能被误认为双峰(二者的间距恰对应6 Hz)，但是在 COSY 谱中看不到它们和其他峰组的耦合关系，因此应该是两个孤立的单峰。

在 1.53 ppm 的五重峰很典型，不只是峰组内峰的数目，而且各峰之间的强度比很接近 1∶4∶6∶4∶1。

在 3.17 ppm 附近区域的峰组对应两个氢原子。从峰型来看基本上是对称的，有可能怀疑是同碳二氢，但是从 HSQC 谱、HMBC 谱和 COSY 谱来看，此区域的峰是两个峰组的部分重叠。两个峰组都分布一定宽度，但是最高点有差别。因此这个区域的峰属于两个不相干的氢原子，在表 6.19 中列为两行(3.15 ppm 和 3.18 ppm)。

在约 4.45 ppm 处从峰型可以看到是两个三重峰的部分重叠，注意中间是两个小峰。这个分析进一步可由 COSY 谱证实，在 COSY 谱中约 4.45 ppm 处的相关峰有两组。

氢谱经过这样仔细分析后可知，该未知物含有 19 个氢原子。

下面分析未知物的碳谱。

未知物的碳谱显示 8 条谱线，但是从碳谱的局部放大谱图 6.42 可知，样品的一条谱线和溶剂(氘代 DMSO)峰组最右边(最高场)的谱线完全重合。由于这个偶然重合，溶剂峰组不再呈现对称的分布。因此，该未知物含有 9 个碳原子。这个推断也可以从 HMBC 谱得到，因为在 HMBC 谱中，可以看到在约 39.0 ppm 处对应有相关峰。

综合碳谱、碳谱局部放大谱、DEPT 谱和 HSQC 谱的数据可以整理为表 6.20。

表 6.20　未知物碳谱、DEPT 谱和 HSQC 谱的数据整理

δ_C/ppm	碳原子数	碳原子类型	直接相连的氢原子 δ_H/ppm
20.4	1	CH_3	0.77
20.9	1	CH_3	0.78
32.3	1	CH_2	1.53
35.5	1	CH_2	3.09,3.15
39.0	1	C	
58.6	1	CH_2	3.40
68.0	1	CH_2	3.18,3.28
75.2	1	CH	3.69
172.9	1	C	

下面对表 6.20 作补充说明。

在氢谱 3.17 ppm 附近的分辨，即 3.15 ppm 和 3.09 ppm 的峰组与碳谱 35.5 ppm 的谱线相关，而 3.18 ppm 和 3.28 ppm 的峰组与碳谱 68.0 ppm 的谱线相关，即使参考 HSQC 谱（包括其放大谱）仍然不能得到明确结论，但是参考 HMBC 谱的高场放大谱可以看得很清楚。

从表 6.20 可知，该未知物有 2 个 CH_3、4 个 CH_2、1 个 CH 和 2 个季碳原子。

从相对分子质量为奇数可知，该未知物含有奇数个氮原子，先假设该未知物含有 1 个氮原子。根据该未知物的相对分子质量和 $C_9H_{19}N$ 的质量差为 64 及该未知物含有 4 个活泼氢的信息，可以得到该未知物的分子式为 $C_9H_{19}O_4N$。由此计算出该未知物的不饱和度为 1。前面已知该未知物含有一个羰基，因此该未知物不含有其他不饱和元素。

分析该未知物的 COSY 谱，数据整理为表 6.21。

表 6.21　未知物 COSY 谱数据整理

δ_H/ppm	耦合的氢 δ_H/ppm	备注
0.77	孤立的峰	
0.78	孤立的峰	
1.53	3.09，3.15，3.40	参考表 6.22 序号 7
3.09	1.53，3.15，7.69	参考表 6.22 序号 7
3.15	1.54，3.09	
3.18	3.28，4.47	
3.28	3.18，4.47	参考表 6.22 序号 2
3.40	1.53，4.44	
3.69	5.32	
4.44	3.40	
4.47	3.18，3.28	参考表 6.22 序号 2
5.32	3.69	
7.69	3.09	

由于 3.15 ppm 和 3.18 ppm 的峰组很靠近，它们在 COSY 谱中的相关峰不易分辨，因此参考了 HMBC 谱。

该未知物 HMBC 谱的相关峰可以整理为表 6.22。

表 6.22　HMBC 谱数据整理

序号	δ_C/ppm	长程耦合的氢 δ_H/ppm	^1J 耦合的氢 δ_H/ppm
1	172.9	3.09，3.15，3.69	
2	75.2	0.77，0.78，3.18，3.28	

续表

序号	δ_C/ppm	长程耦合的氢 δ_H/ppm	^1J 耦合的氢 δ_H/ppm
3	68.0	0.77,0.78,3.69	
4	58.6	1.53,3.09,3.15	
5	39.0	(3.28),3.69	
6	35.5	3.38	
7	32.3	3.09,3.15,3.38	
8	20.4,20.9	3.18,3.28,3.69	0.77*,0.78*

注：圆括号(　)表示弱的相关峰。

* 从 HSQC 谱可知为^1J 相关。

下面寻找该未知物的结构单元，然后把结构单元逐步扩大。

从氢谱的右端(高场端)开始分析。位于 0.77 ppm 和 0.78 ppm 处的两个单峰是两个孤立的甲基，因它们和其他氢在 COSY 谱中没有相关峰。

从位于 1.53 ppm 处的多重峰(其放大图清晰地显示为五重峰)出发，从 COSY 谱中的相关：1.53 ppm/3.09 ppm，3.15 ppm，3.40 ppm，再结合 HSQC 谱，可以找到它和另外两个 CH_2 的耦合关系。因此，可以找到下述结构单元：

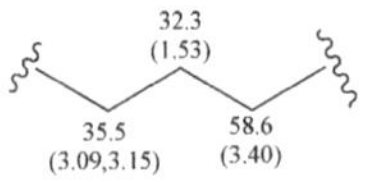

从 COSY 谱中的相关：4.44 ppm/3.40 ppm 和 7.69 ppm/3.09 ppm，上述结构单元可以延伸。由于在 4.44 ppm 和 7.69 ppm 的两个峰均参与重水交换，且它们在 HSQC 谱中都没有相关峰，因此它们是两个活泼氢的峰。现在还不便确定它们是羟基还是氨基，暂时以 XH 表示。所以上述结构单元延伸为

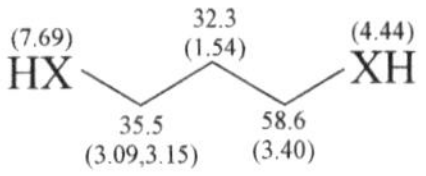

对于上面的结构单元来说，如果 XH 是羟基，则该结构单元是结构式的末端；如果 XH 是氨基，结构式则要继续连接下去。

前面已经分析未知物含有 4 个活泼氢，1 个氮原子和 4 个氧原子。由于在碳谱中 172.9 ppm 的峰只能是羰基，因此 4 个活泼氢是 3 个羟基和 1 个氨基。碳谱中172.9 ppm 的数值说明该羰基必须连接杂原子。按照上面的分析，应该连接一个羟基或一个氨基。如果羰基连接一个羟基，那就是结构式的一个末端；如果连接一个氨基，则羰基可延伸下去。在 HMBC 谱中有 δ_C(172.9 ppm)/δ_H(3.09 ppm，3.15 ppm，3.69 ppm)的相关，这说明未知物的羰基应该属于酰胺，而且该羰基和 7.69 ppm 的氨基相连(跨越 3 根化学键的相关峰相对较强，上述的相关说明羰基和 NH 的邻碳氢相关)。既然确定了7.69 ppm的峰是氨基，4.44 ppm 的峰当然就是羟基。所以上述结构单元延伸为

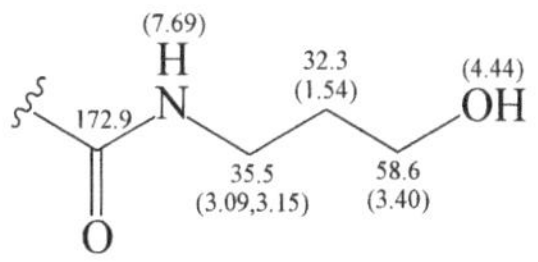

在 HMBC 谱中有 δ_C(172.9 ppm)/δ_H(3.69 ppm)的相关峰，从表 6.20 可知这是一个 CH，从 COSY 谱中 3.69 ppm/5.32 ppm 的相关峰可知，该 CH 连接化学位移数值为 5.32 ppm的羟基(这和该碳原子的化学位移数值 75.2 ppm 的数值也是吻合的)，因此未知物的结构得到进一步延伸：

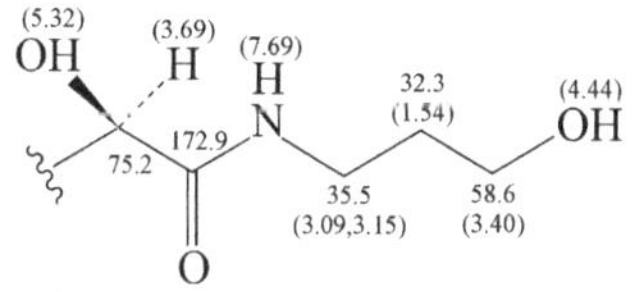

利用 HMBC 谱中的相关：δ_C (75.2 ppm)/δ_H (0.77 ppm, 0.78 ppm, 3.18 ppm, 3.28 ppm)，δ_C (68.0 ppm)/δ_H (0.77 ppm, 0.78 ppm, 3.69 ppm)，δ_C (39.0 ppm)/δ_H(3.28 ppm, 3.69 ppm)和 δ_C(20.4 ppm, 20.9 ppm)/δ_H(3.18 ppm, 3.28 ppm, 3.69 ppm)与 COSY 谱中的相关：4.47 ppm/3.18 ppm, 3.28 ppm，得以组装完成未知物的全部结构单元，得到未知物的结构：

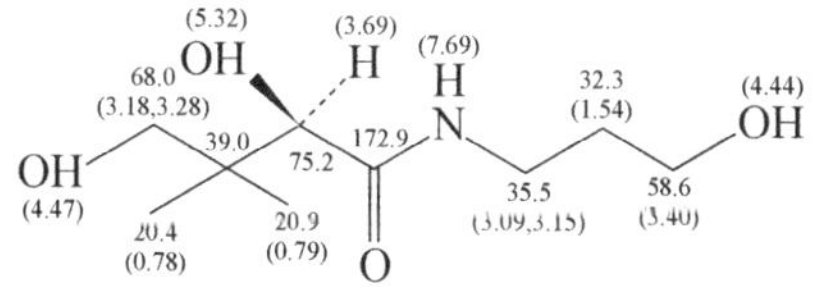

C6－7

从各种谱图的相互对应及所有化学位移数值的合理性说明推导的结果是完全可靠的。

例 6.7　某化合物的预想结构如下：

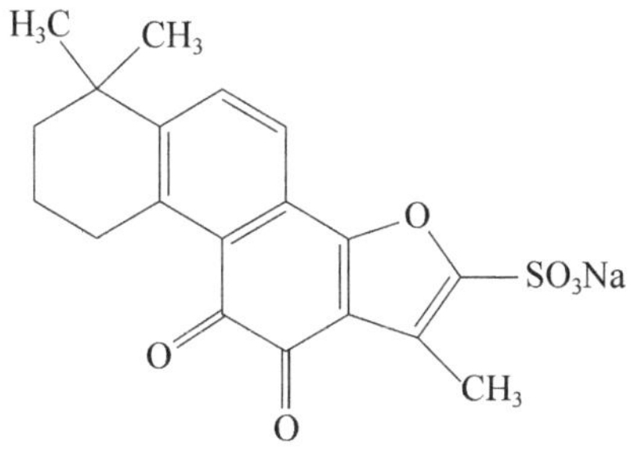

C6－8

该化合物的氢谱、碳谱、DEPT 谱、COSY 谱、HSQC 谱、HMBC 谱及两张 HMBC 谱局部放大谱分别如图 6.50～图 6.57 所示，试通过对于各种核磁共振谱图的指认确认它的结构。所有核磁共振谱图均由 500 MHz 谱仪测得，溶剂为氘代 DMSO。

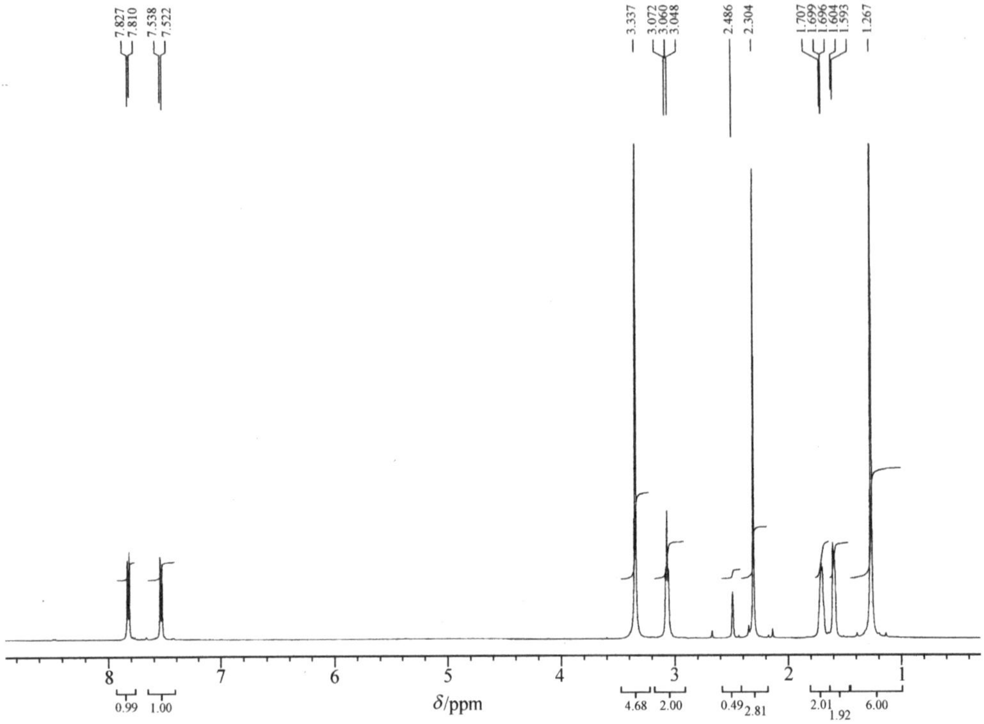

图 6.50　未知物的氢谱

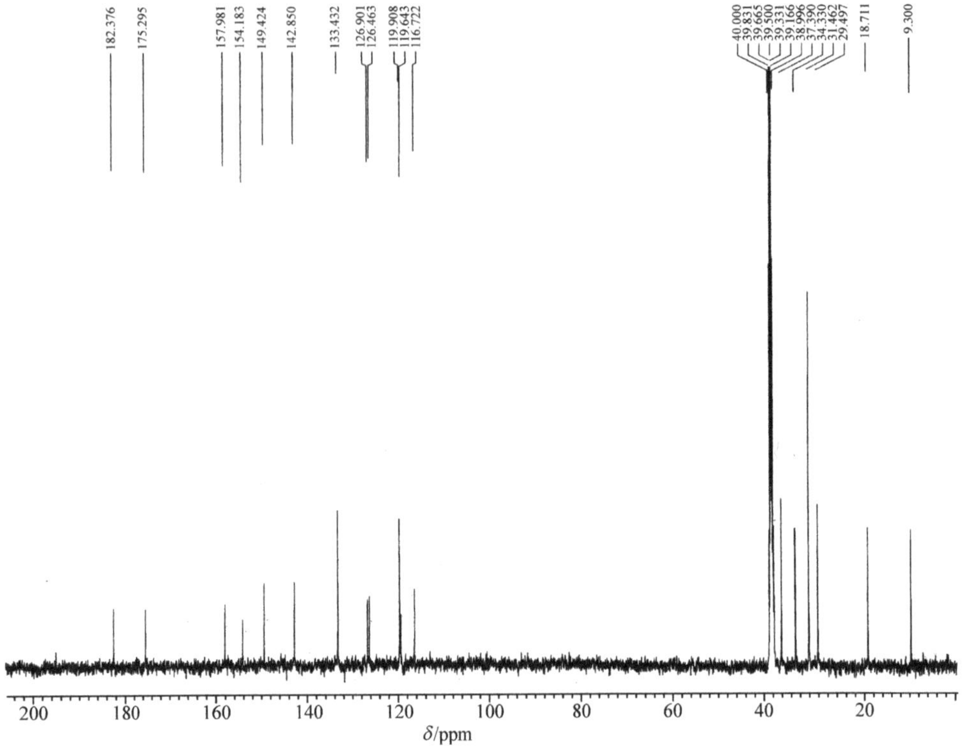

图 6.51　未知物的碳谱

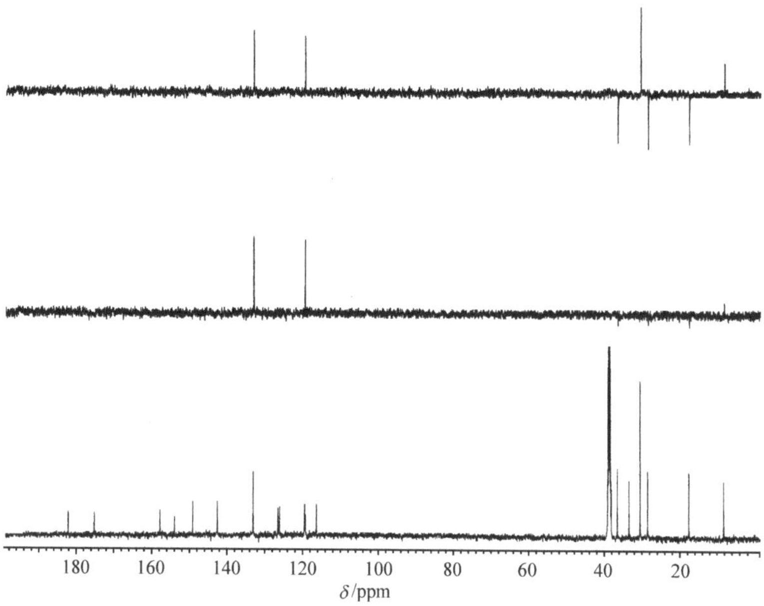

图 6.52　未知物的 DEPT 谱

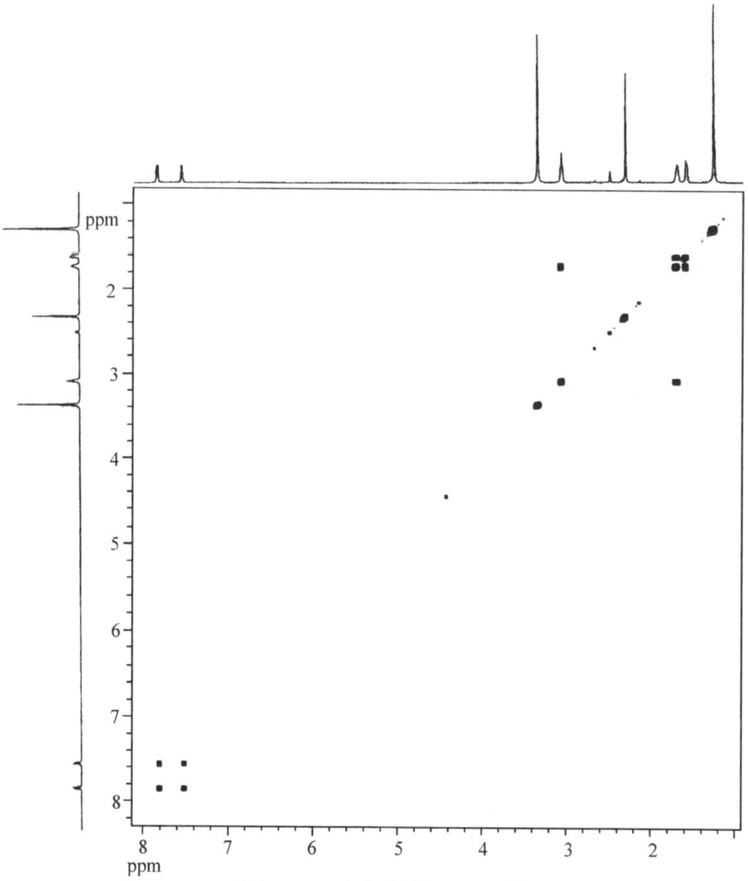

图 6.53　未知物的 COSY 谱

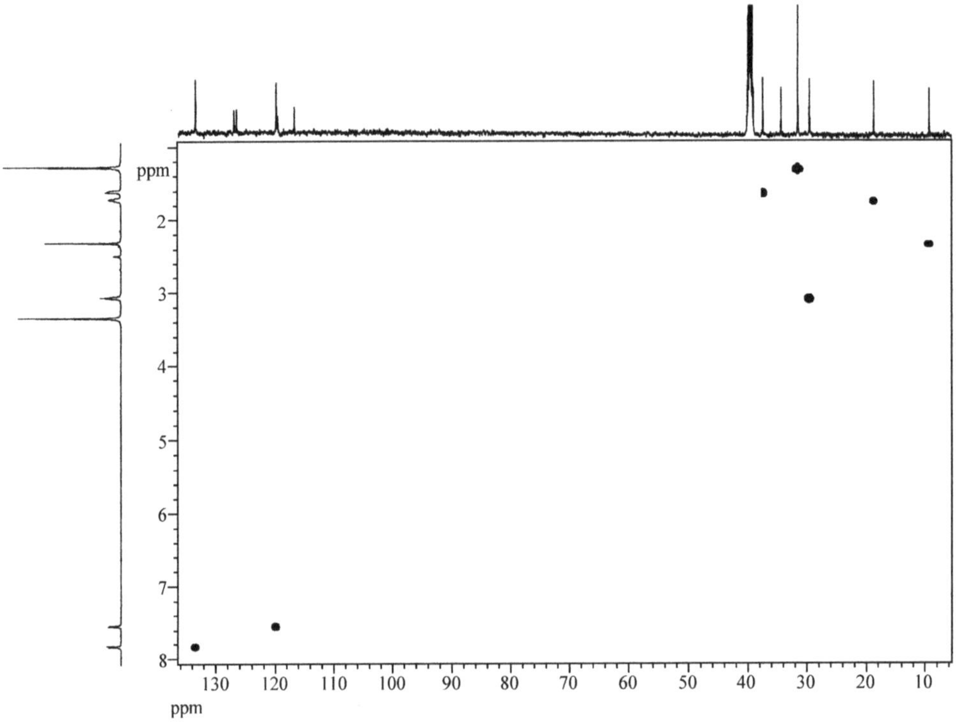

图 6.54　未知物的 HSQC 谱

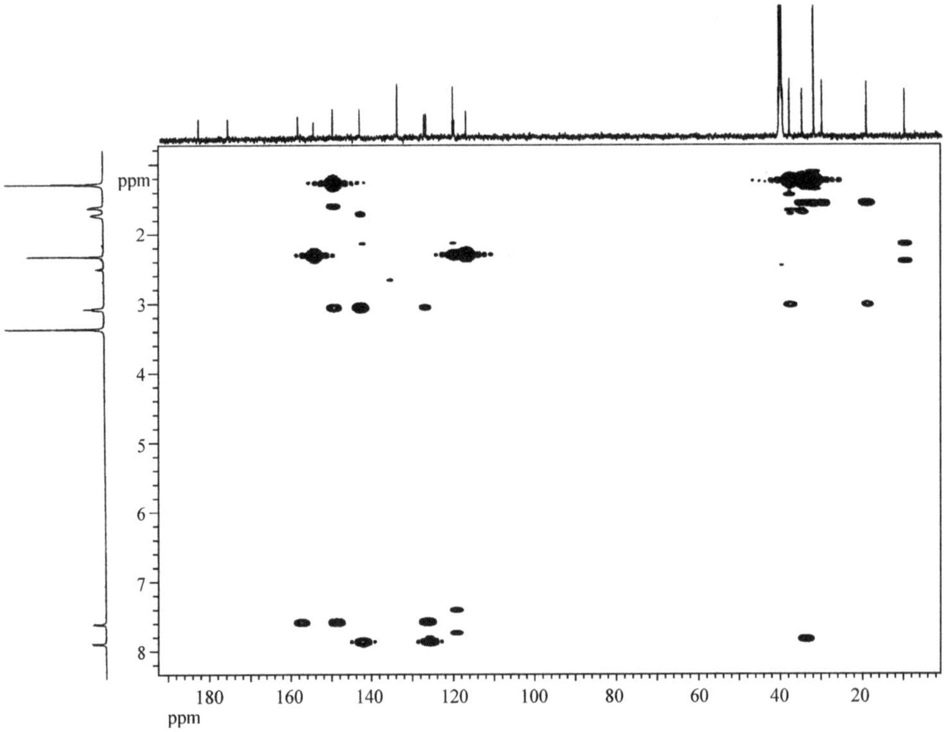

图 6.55　未知物的 HMBC 谱

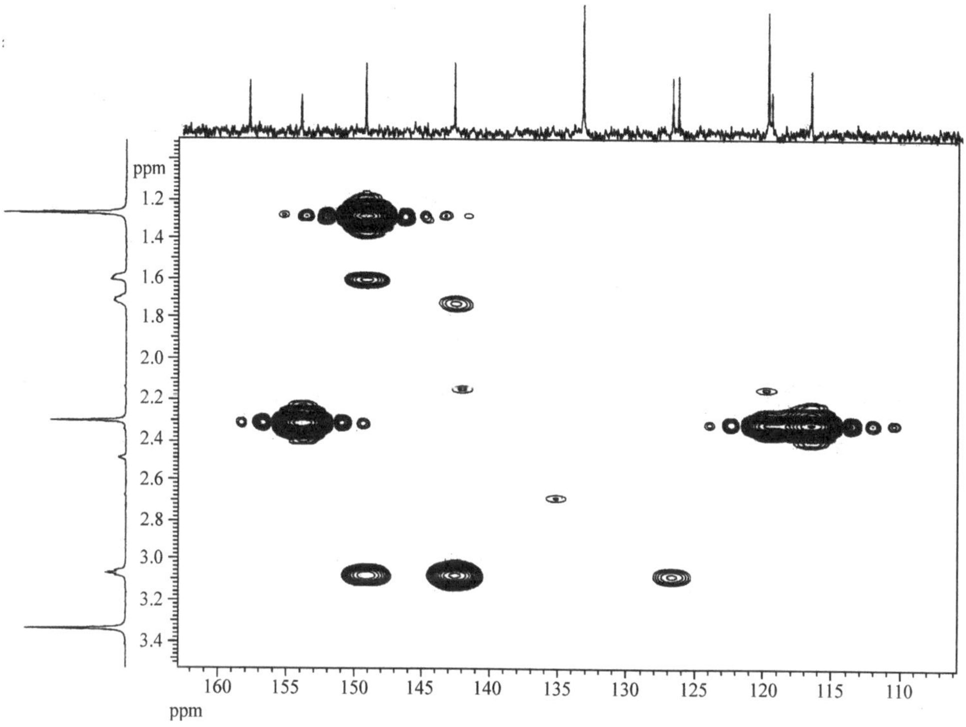

图 6.56　未知物的 HMBC 谱局部放大谱 1

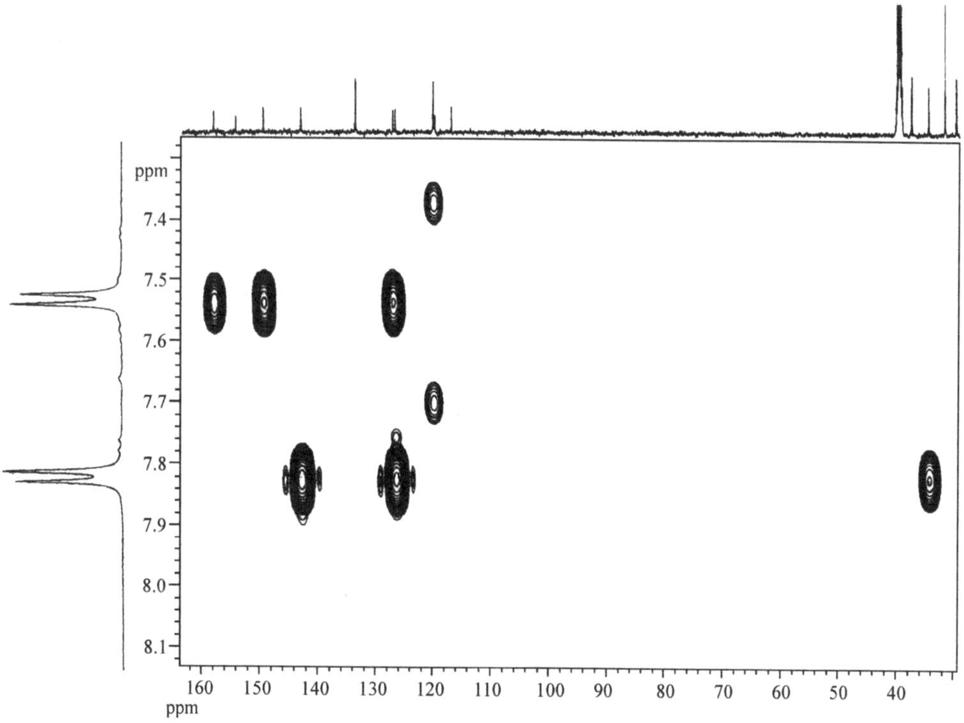

图 6.57　未知物的 HMBC 谱局部放大谱 2

解 氢谱中 2.49 ppm 处的峰为溶剂峰(氘代 DMSO),3.34 ppm 处的峰为溶剂氘代 DMSO 中的水峰。

该未知物的氢谱峰型简单,无需再解释,其数据可以整理为表 6.23。

表 6.23 化合物氢谱数据整理

δ_H/ppm	氢原子数	峰型
1.27	6	s
1.60	2	m
1.70	2	m
2.30	3	s
3.06	2	t
7.53	1	d
7.81	1	d

从氢谱知道未知物含有 17 个氢原子(3 个 CH_3、3 个 CH_2 和 2 个 CH),与上述结构式相符。

下面分析该未知物的碳谱。

碳谱中 39.5 ppm 处的峰组为溶剂峰。从该碳谱的 16 条谱线可知该未知物含有 19 个氢原子(其中 3 条谱线:31.5 ppm、119.9 ppm 和 133.4 ppm 各对应两个碳原子)。

在图 6.52(DEPT 谱)中,下方为常规碳谱,中间为 DEPT-90 谱,上面为 DEPT-135 谱。

综合碳谱、碳谱局部放大谱、DEPT 谱和 HSQC 谱的数据可以整理为表 6.24。

表 6.24 化合物碳谱、DEPT 谱和 HSQC 谱的数据整理

δ_C/ppm	碳原子数	碳原子类型	直接相连的氢原子 δ_H/ppm
9.3	1	CH_3	2.30
18.7	1	CH_2	1.70
29.5	1	CH_2	3.06
31.5	2	CH_3	1.27
34.3	1	C	
37.4	1	CH_2	1.60
116.7	1	C	
119.6	1	C	
119.9	1	CH	7.53
126.5	1	C	
126.9	1	C	
133.4	1	CH	7.81
142.9	1	C	
149.4	1	C	
154.2	1	C	

续表

δ_C/ppm	碳原子数	碳原子类型	直接相连的氢原子 δ_H/ppm
157.9	1	C	
175.3	1	C	
182.3	1	C	

碳谱中 119.6 ppm 和 119.9 ppm 的两条谱线相距很近。从图 6.52 可知，位于 119.6ppm 的谱线对应一个季碳原子，而位于 119.9 ppm 的谱线对应 CH。这个信息和 HSQC 谱的数据也是一致的：因为从 HSQC 谱知道在这附近对应一个氢原子，即 119.9 ppm 的峰对应一个氢原子，119.6 ppm 的峰对应的是季碳原子，不连接氢原子。

COSY 谱的数据可以整理为表 6.25。

表 6.25　化合物 COSY 谱数据整理

δ_H/ppm	耦合的氢 δ_H/ppm	δ_H/ppm	耦合的氢 δ_H/ppm
1.27	孤立的峰	3.06	1.70
1.60	1.70	7.53	7.81
1.70	1.60,3.06	7.81	7.53
2.30	孤立的峰		

HMBC 谱中相关峰的信息可以整理为表 6.26。

表 6.26　HMBC 谱数据整理

序号	δ_C/ppm	长程耦合的氢 δ_H/ppm	^1J 耦合的氢 δ_H/ppm
1	9.3		2.30
2	18.7	1.60,3.06	
3	29.5	1.60	
4	31.5	1.60	1.27*
5	34.3	1.27,1.60,1.70,7.81	
6	37.4	1.27,1.70,3.06	1.60
7	116.7	2.30	
8	119.6,119.9	2.30	7.53
9	126.5	7.81	
10	126.9	3.06,7.53	
11	133.4		
12	142.9	1.70,3.06,7.81	
13	149.4	1.27,1.60,3.06,7.53	
14	154.2	2.30	

续表

序号	δ_C/ppm	长程耦合的氢 δ_H/ppm	^1J 耦合的氢 δ_H/ppm
15	157.9	7.53	
16	175.3		
17	182.3		

* HMBC 谱中在该位置并没有出现表征^1J 的一对相关峰而是一个相关峰，与碳氢长程耦合相关峰的外观一样，但是从 HSQC 谱知道它们是^1J 相关。

根据 COSY 谱，可以找到 δ_H(ppm)1.60/1.70/3.06 的相关，结合 HSQC 谱得

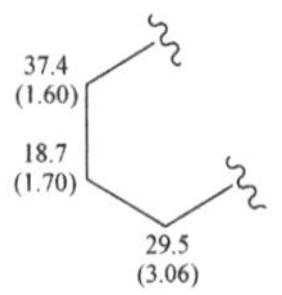

从 HMBC 谱中的相关：δ_C(37.4 ppm)/δ_H(1.27 ppm，1.70 ppm，3.06 ppm)，δ_C(34.3 ppm)/δ_H(1.27 ppm，1.60 ppm，1.70 ppm)，δ_C(31.5 ppm)/δ_H(1.60 ppm)，再结合 HSQC 谱，上述结构单元延伸为

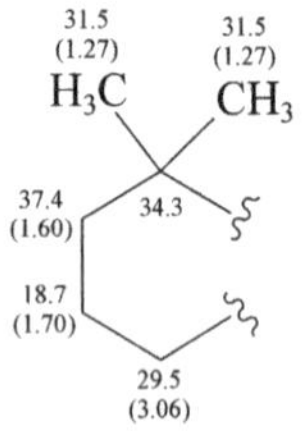

从 HMBC 谱中的相关：δ_C(34.3 ppm)/δ_H(7.81 ppm)，δ_C(142.9 ppm)/δ_H(1.70 ppm，3.06 ppm，7.81 ppm)，δ_C(149.4 ppm)/δ_H(1.27 ppm，1.60 ppm，3.06 ppm，7.53 ppm)，COSY 谱中的相关：7.81 ppm/7.53 ppm，再结合 HSQC 谱，上述结构单元延伸为

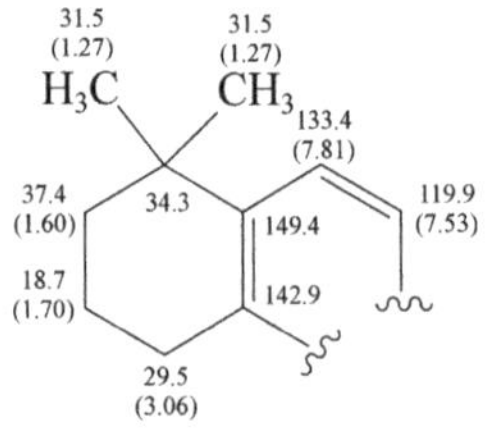

从 HMBC 谱中的相关：δ_C(126.9 ppm)/δ_H(3.06 ppm，7.53 ppm)，δ_C(126.5 ppm)/δ_H(7.81 ppm)，再结合 HSQC 谱，上述结构单元延伸为

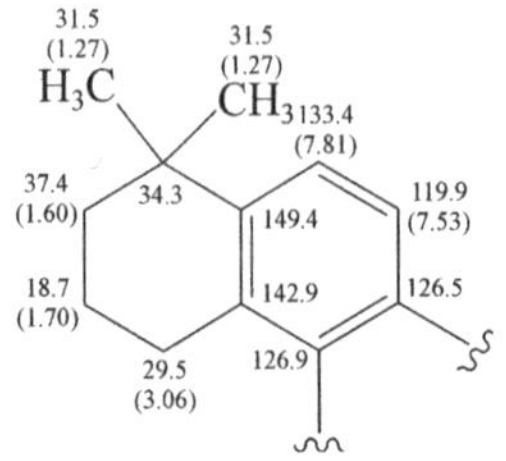

在推断上述结构时，始终要注意：在 HMBC 谱中，氢碳之间三键的相关比两键的相关更容易出峰（或者说前者相关峰的强度更大）。

上面的过程是根据几种二维谱严密进展的，即使没有预先的结构式，也能够得出结果。

然而，由于该化合物含有 10 个季碳原子，它们又连接在一起，因此不能利用HMBC谱通过某些氢原子的峰找到其他（季）碳原子的连接关系。这反映了目前所用的方法在这样的情况下所具有的局限性。如果必须继续推导未知结构，只能依靠和已知化合物谱图的比对。

对余下结构的指认从该化合物所余下的另外一个甲基开始，考虑在 HMBC 谱中的相关：δ_C（116.7 ppm）/δ_H（2.30 ppm），δ_C（119.6 ppm）/δ_H（2.30 ppm），δ_C（154.2 ppm）/δ_H（2.30 ppm）及 δ_C（157.9 ppm）/δ_H（7.53 ppm），可以完成除两个羰基以外的其余季碳原子的指认：

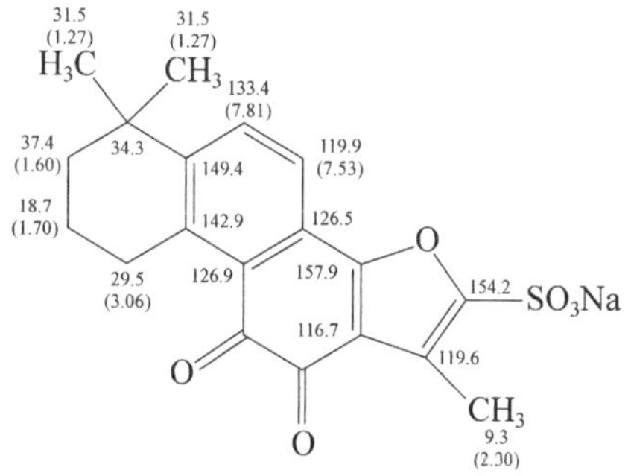

在作上面的指认时，要考虑在 HMBC 谱中，氢碳之间三键的相关峰比两键的相关峰具有更大的强度。据此，由于 116.7 ppm 和 2.30 ppm 的相关峰强度较大，而 119.6 ppm 和 2.30 ppm 的相关峰强度较小，因而前者应该是跨越三根化学键，后者是跨越两根化学键。

两个羰基的指认不能从 HMBC 谱得到，因为它们都没有相关峰，只能利用化学知识做下面的估计：

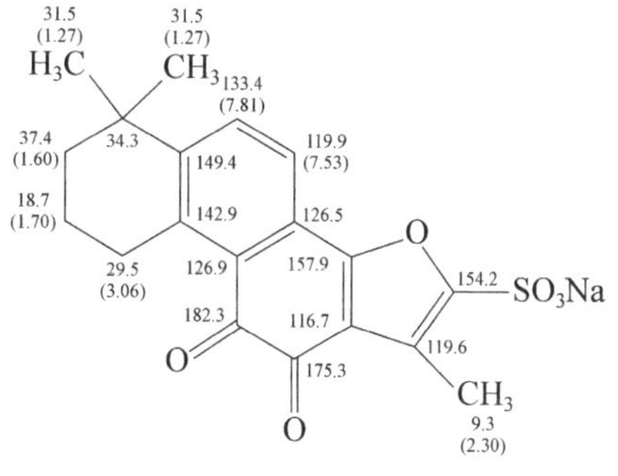

C6 - 8

在这里要重新指出：如果化合物所含的季碳原子和杂原子个数多，它们之间又没有连接氢原子的碳原子，这种方法本身就存在困难。

例 6.8　合成的化合物具有如下预想结构：

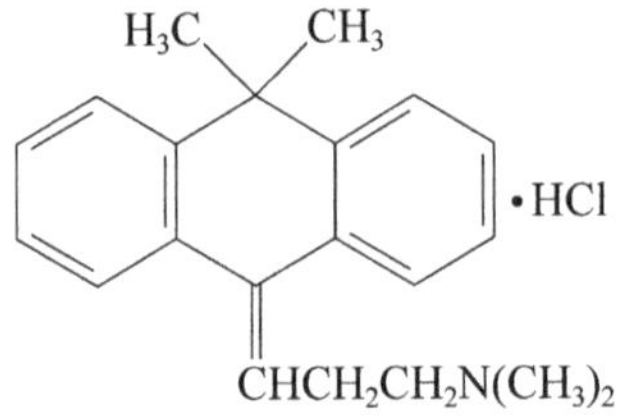

C6－9

该化合物的氢谱、氢谱低场放大谱、氢谱高场放大谱、碳谱、碳谱低场放大谱、碳谱高场局部放大谱、DEPT-135 谱、DEPT-135 谱低场放大谱、COSY 谱、HMQC 谱、HMQC 谱低场放大谱和 HMBC 谱、HMBC 谱低场局部放大谱、NOESY 谱和 NOESY 谱低场局部放大谱分别如图 6.58～图 6.72 所示。试通过对谱图的指认确认其结构并完成指认。所有核磁共振谱图均用 600 MHz 谱仪测定，溶剂为氘代 DMSO。

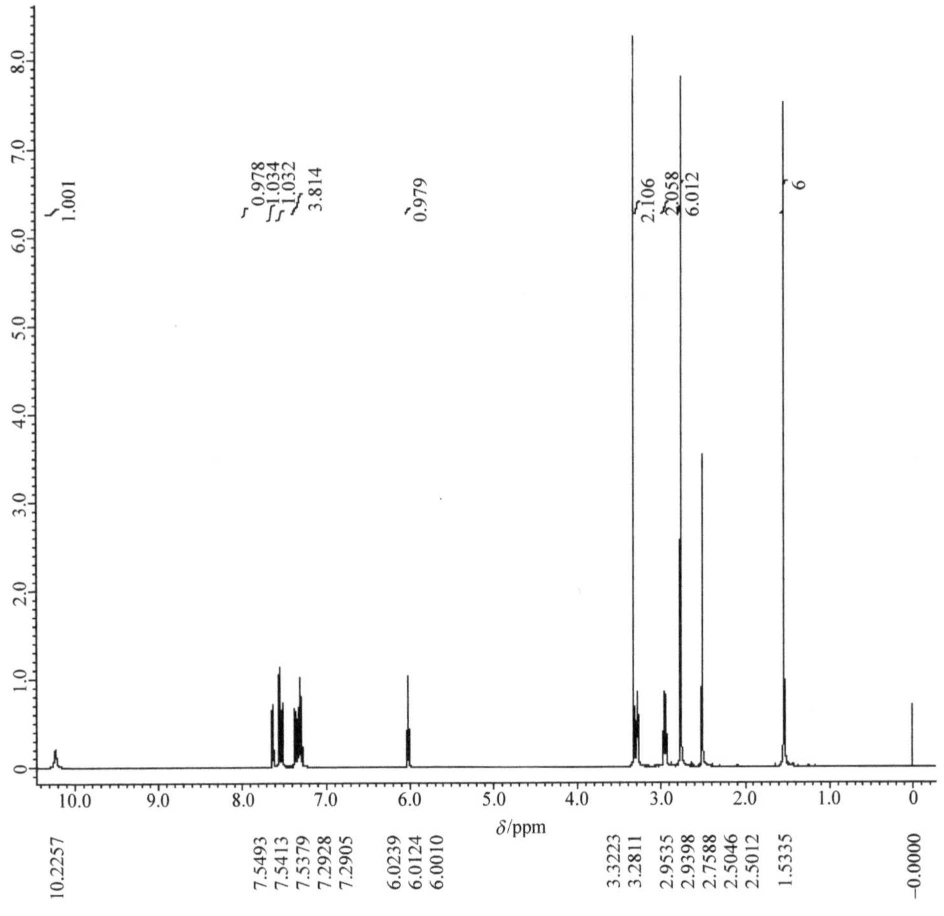

图 6.58　化合物的氢谱

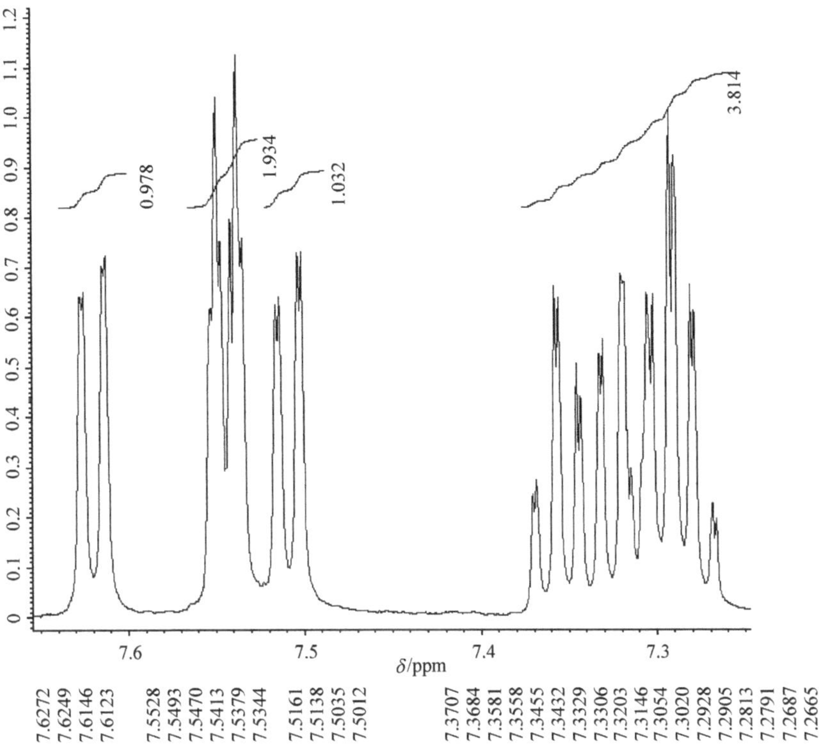

图 6.59　化合物氢谱的低场放大谱

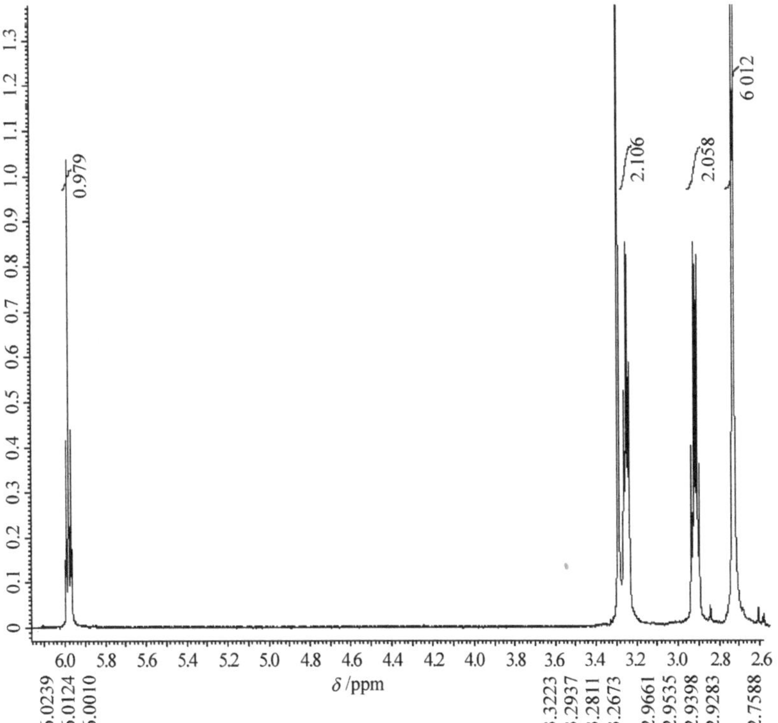

图 6.60　化合物氢谱的高场放大谱

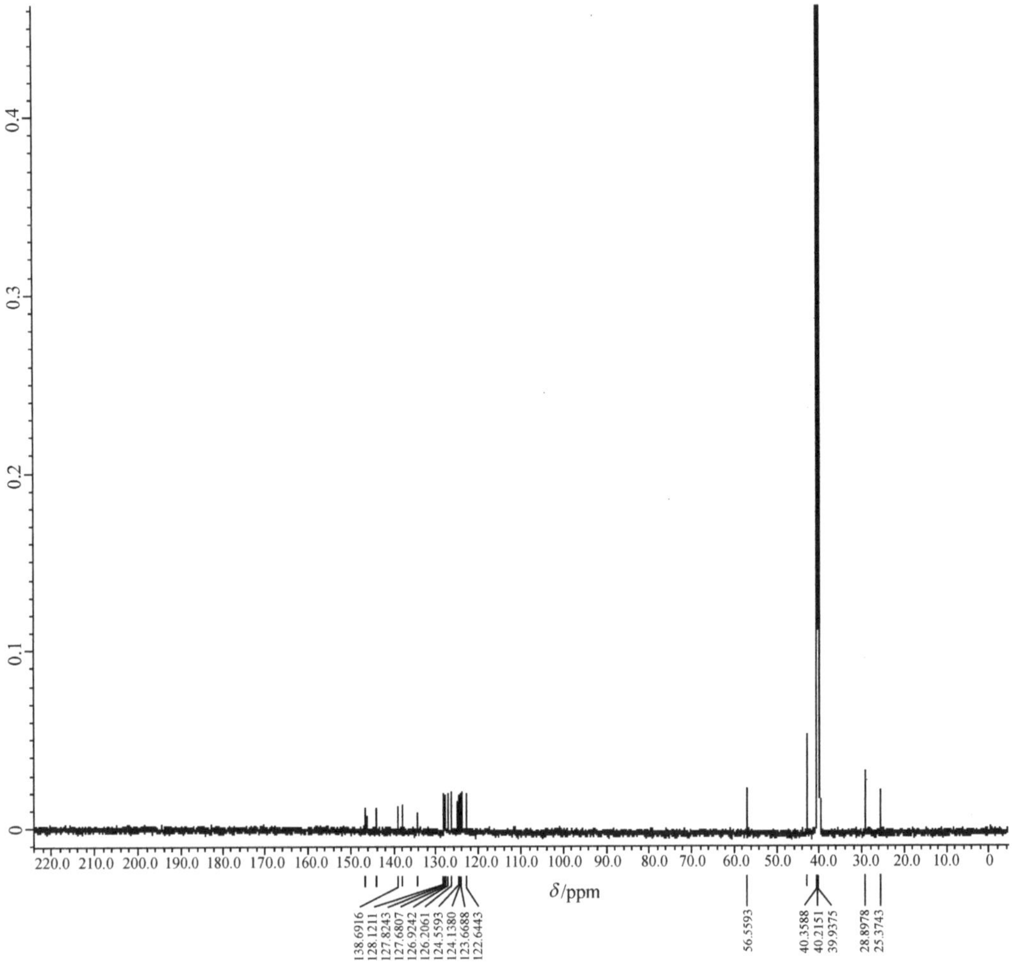

图 6.61　化合物的碳谱

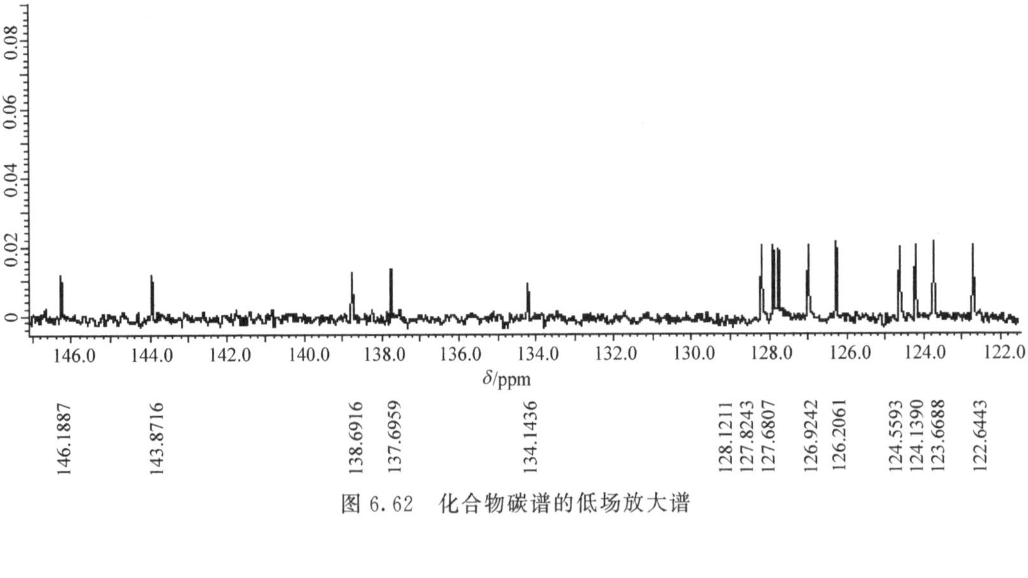

图 6.62　化合物碳谱的低场放大谱

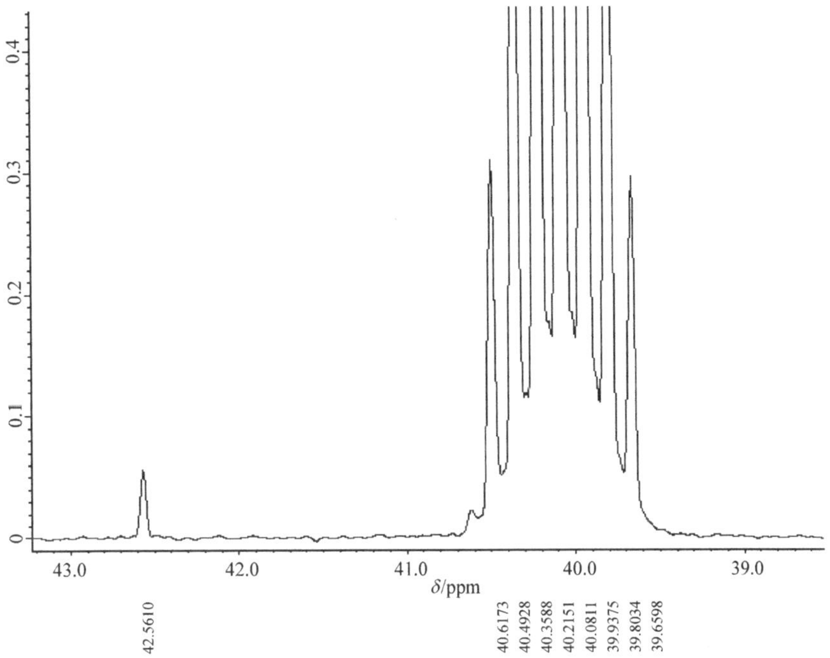

图 6.63　化合物碳谱高场局部放大谱

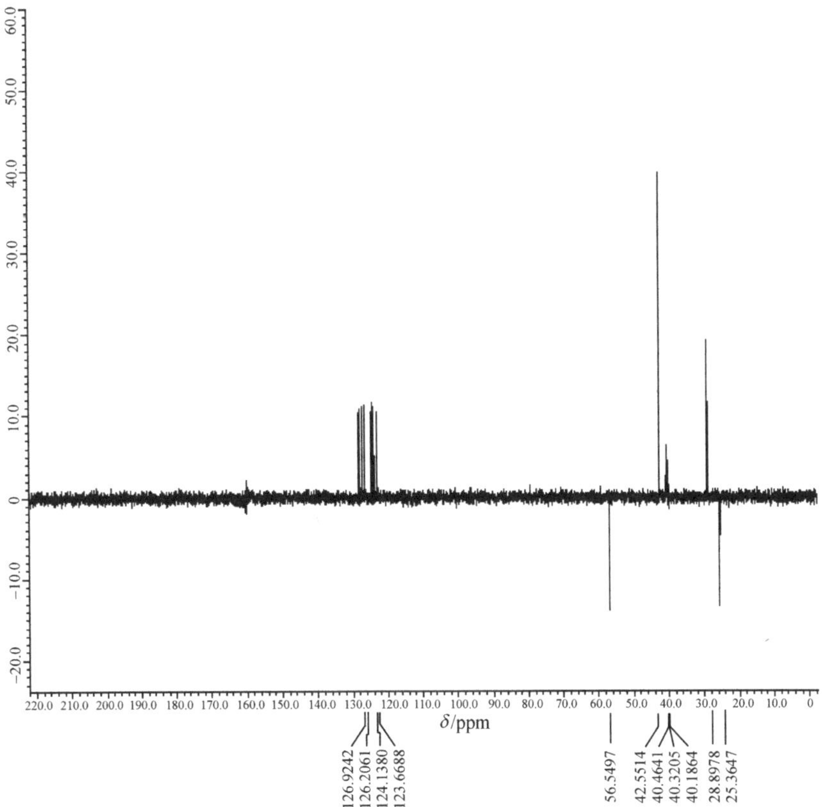

图 6.64　化合物的 DEPT-135 谱

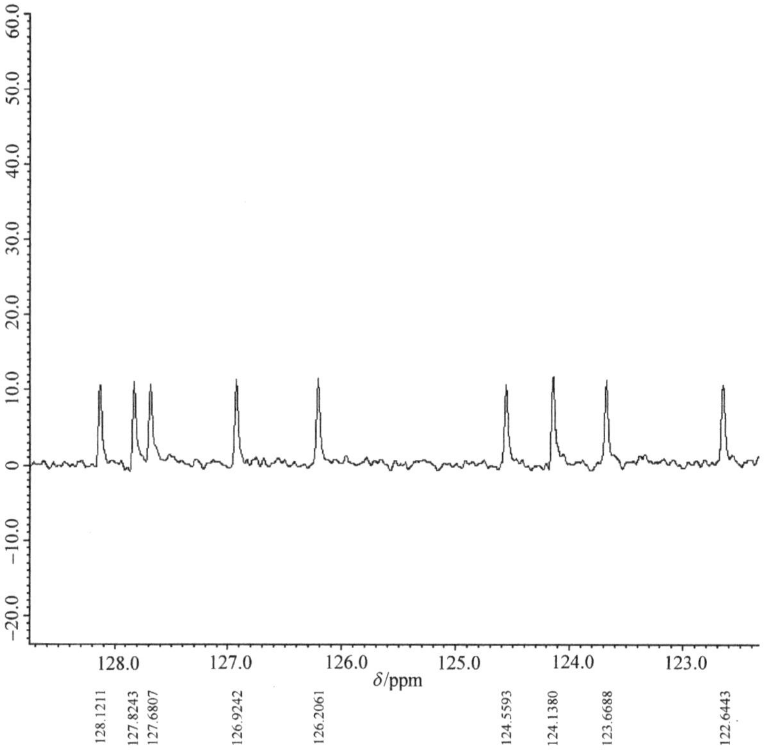

图 6.65　化合物 DEPT-135 谱低场放大谱

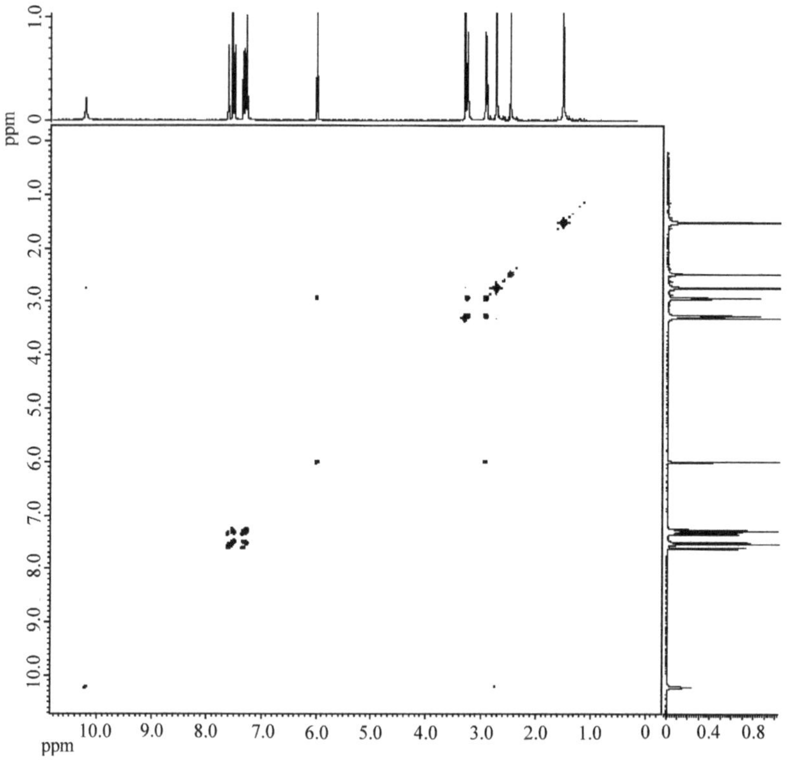

图 6.66　化合物的 COSY 谱

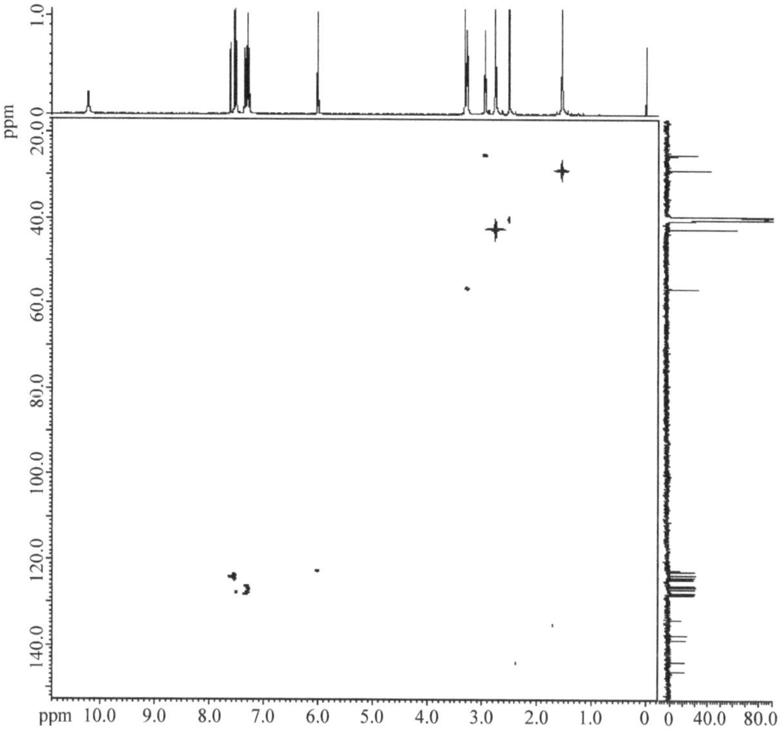

图 6.67　化合物的 HMQC 谱

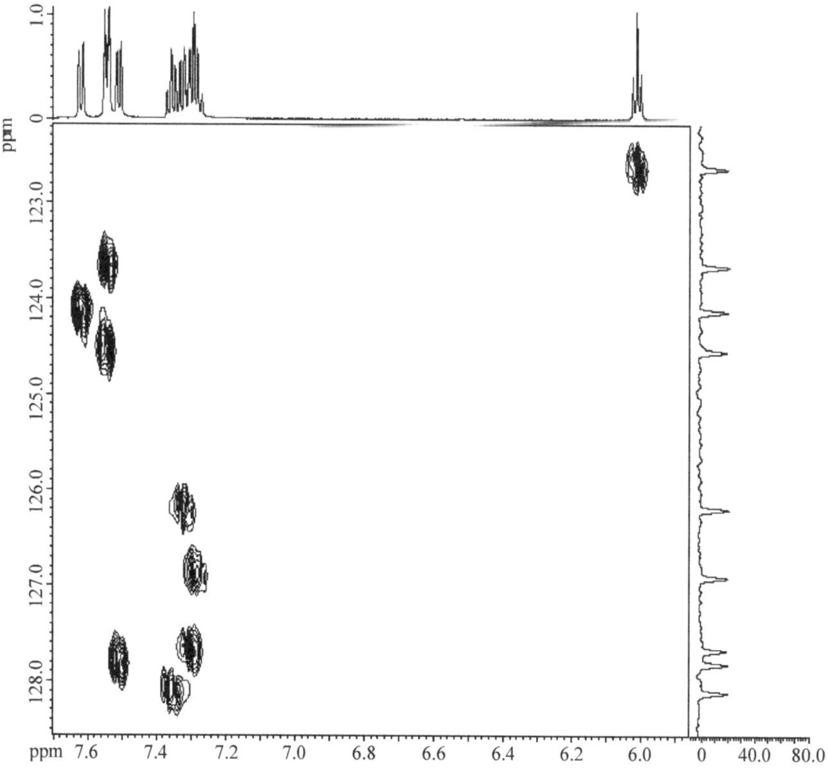

图 6.68　化合物的 HMQC 谱低场放大谱

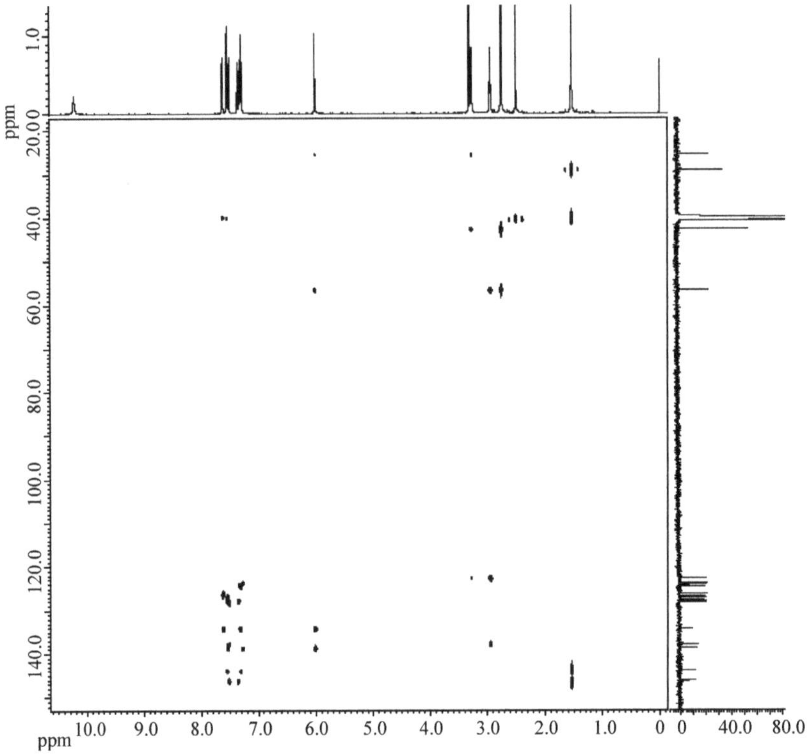

图 6.69　化合物的 HMBC 谱

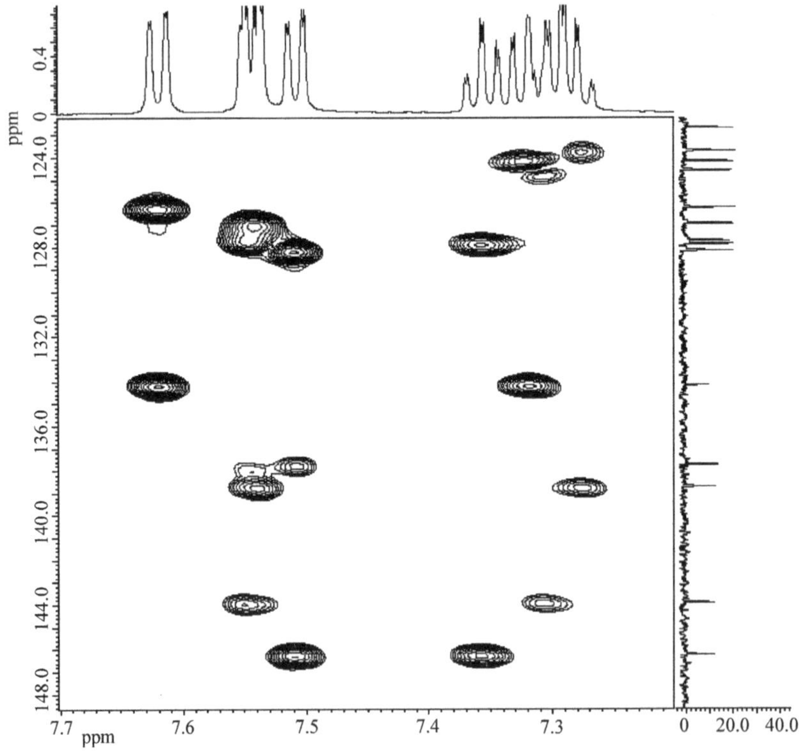

图 6.70　化合物 HMBC 谱低场局部放大谱

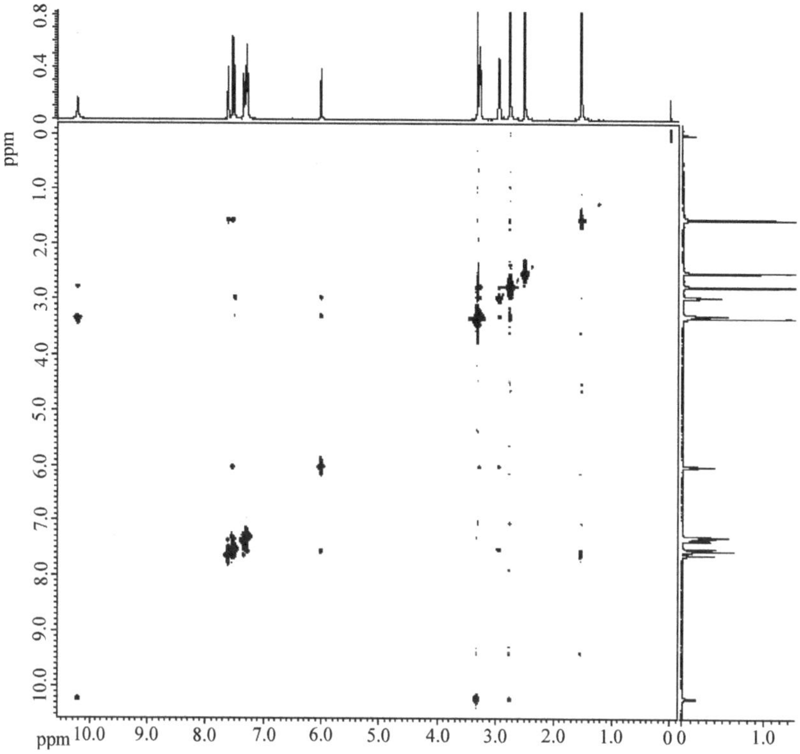

图 6.71　化合物的 NOESY 谱

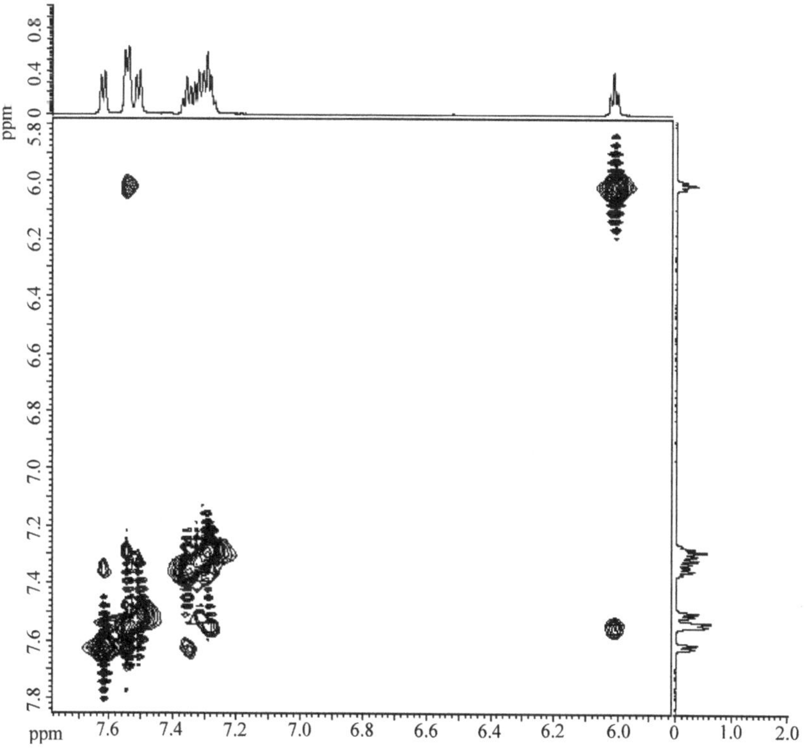

图 6.72　化合物 NOESY 谱低场局部放大谱

解 首先分析它的氢谱。

在氢谱中,2.50 ppm 处的峰是溶剂峰(氘代 DMSO),在 3.32 ppm 的单峰是水峰。

氢谱高场区(脂肪基团区)的峰型比较清楚。氢谱低场区(芳香基团区)的峰型比较复杂,但是仔细观察可以看到是苯环氢的典型峰型,以^3J 耦合引起的裂分起主要作用,然后是^4J 耦合引起的裂分。具体每个峰组的峰型分析见表 6.27。

表 6.27 化合物碳谱和氢谱的数据归纳

序号	δ_C/ppm	碳原子数	碳原子级数	δ_H/ppm	氢原子数	氢谱峰型
1	146.2	1	C			
2	143.9	1	C			
3	138.7	1	C			
4	137.7	1	C			
5	134.1	1	C			
6	128.1	1	CH	7.36	1	t,d
7	127.8	1	CH	7.51	1	d,d
8	127.7	1	CH	7.29	1	t,d
9	126.9	1	CH	7.28	1	t,d
10	126.2	1	CH	7.32	1	t,d
11	124.6	1	CH	7.55	1	m
12	124.1	1	CH	7.62	1	d,d
13	123.7	1	CH	7.54	1	m
14	122.6	1	CH	6.01	1	t
15	56.6	1	CH_2	3.28	2	m
16	42.6	1	CH_3	2.76	6	s
17	40.6	1	C			
18	28.9	2	CH_3	1.53	6	s
19	25.4	1	CH_2	2.94	2	m

最低场呈现一个活泼氢的峰。

芳香和双键区呈现 9 个氢的峰组,脂肪区呈现 16 个氢的峰组,与结构式相符。

在该化合物的碳谱中,芳香和双键区有 14 条谱线,对应 14 个芳香和双键的碳原子。在脂肪区有 4 条谱线。

对于这个例子,结合 HMQC 谱和 HMBC 谱分析碳谱有很大的收益。

从 HMQC 谱可知,在 42.6 ppm 和 28.9 ppm 的谱线各自相关 6 个氢原子,即各自对应两个甲基。因此这两条谱线均对应两个碳原子。这样,该化合物的碳谱共代表 20 个碳原子。

在 HMBC 谱中可以看到在溶剂峰的位置,有和其他氢的相关峰(如果是溶剂的碳原子不和化合物的其他氢原子相关),因此这里应该有一条碳原子的谱线。从局部放大的碳谱可以看到,在溶剂峰组的左侧有一个小峰,这与上述 HMBC 谱的溶剂峰区域有相关峰相符。因为该谱线在 HMQC 谱中没有相关峰，所以这个碳原子只能是一个季碳原子。

综上所述，该化合物含有 21 个碳原子，与结构式相符。

通过碳谱、氢谱 DEPT 谱和 HMQC 谱(也参考了 HMBC 谱)，可以把碳谱和氢谱的数据归纳为表 6.27。

由于氢谱的芳香区域峰组靠近甚至部分重叠，仅从 HMQC 谱分析还有困难，此时需要结合氢谱低场区的放大谱(氢谱横坐标的读数是最准确的)才能完成表 6.27。

下面分析 COSY 谱。

虽然这套核磁共振谱图是用 600 MHz 谱仪测定的，但 COSY 谱中间的相关峰仍然不够清楚，读取时需要小心。另外，结合 HMBC 谱可以帮助分析 COSY 谱中的相关峰，因为 HMBC 谱相关峰中心的位置显示得比较准确。

从 COSY 谱的数据总结出表 6.28。

表 6.28　COSY 谱数据整理

序号	δ_H/ppm	耦合的氢原子 δ_H/ppm
1	1.53	孤立的峰
2	2.76	孤立的峰
3	2.94	6.01,3.28
4	3.28	2.94
5	6.01	2.94
6	7.28	7.55,7.29
7	7.29	7.54,7.28
8	7.32	7.51,7.36
9	7.36	7.62,7.32
10	7.51	7.33
11	7.54	7.29
12	7.55	7.28
13	7.62	7.36

从表 6.28 可以分析出该化合物含有两个芳香体系(从氢谱的化学位移数值可知不是双键而是苯环)，结合 HMQC 谱，有

124.1(7.62)－128.1(7.36)－126.2(7.32)－127.8(7.51)

124.6(7.55)－126.9(7.28)－127.7(7.29)－123.7(7.54)

和一个侧链体系：122.6(6.01)－25.4(2.94)－56.6(3.28)，δ_H＝6.01 应该是烯氢。

从 HMBC 谱的数据总结出表 6.29。

表 6.29　HMBC 谱数据整理

序号	δ_C/ppm	长程耦合的氢原子 δ_H/ppm	^1J 耦合的氢原子 δ_H/ppm
1	146.2	7.51,7.36,1.53	
2	143.9	7.55,7.29,1.53	
3	138.7	7.54,7.28,6.01	
4	137.7	7.51,2.94	
5	134.1	7.62,7.32,6.01	
6	128.1	7.51	
7	127.8	7.36	
8	127.7	7.55	
9	126.9	7.54	
10	126.2	7.62	
11	124.6		
12	124.1	7.32	
13	123.7	7.28	
14	122.6	3.28,2.94	
15	56.6	5.95,2.94,2.76	
16	42.6	3.28	2.76*
17	40.6	1.53	
18	28.9		1.53
19	25.4	5.95,3.28	

* 没有出现典型的 ^1J 耦合相关峰，是根据 HMQC 谱得到的结论。

在读取二维谱相关峰的位置时，直接按照坐标的数值读取不如按照相关峰的相对位置读取。以 HMBC 谱低场放大谱的读取为例，在 $F_2=7.26\sim7.37$ ppm，如果直接读取下面横坐标的数值，可能出现偏差。如果把这个区域的相关峰区分为 4 列(因为氢谱在这个区域只有 4 个氢的峰组)，就不至于出偏差。

以前面推导的第一个芳香结构单元为出发点，利用表 6.29 中序号 1 和 5，考虑跨越 3 根化学键的异核长程耦合有强的相关峰，得

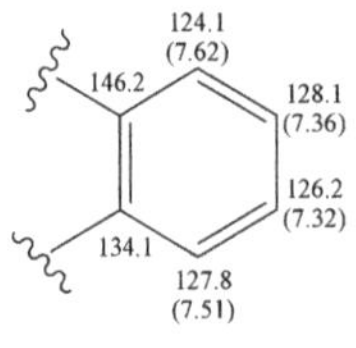

类似地，以前面推导的第二个芳香结构单元为出发点，利用表 6.29 中序号 2 和 3，考虑跨越 3 根化学键的异核长程耦合有强的相关峰，得

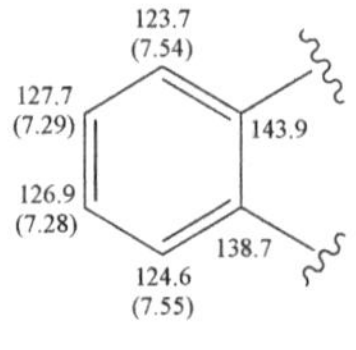

考虑表 6.29 中的序号 1 和 2，δ_C = 146.2 ppm 和 δ_C = 143.9 ppm 的峰与 δ_H = 1.53 ppm(甲基)相关；考虑表 6.29 中的序号 17，δ_C = 40.7 ppm 的峰与 δ_H = 1.53 ppm(甲基)相关，上述两个结构单元可以连接起来：

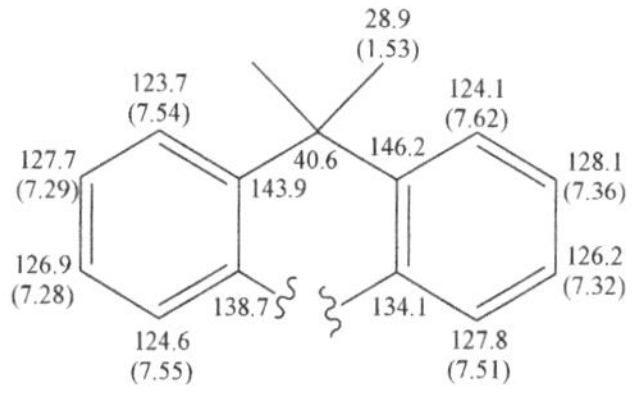

根据表 6.29 中序号 4 和 5，δ_C = 137.7 ppm 的峰与 δ_H = 7.51 ppm 相关，以及 δ_C = 134.1 ppm 的峰与 δ_H = 6.01 ppm 相关，上述结构单元可以进一步延伸：

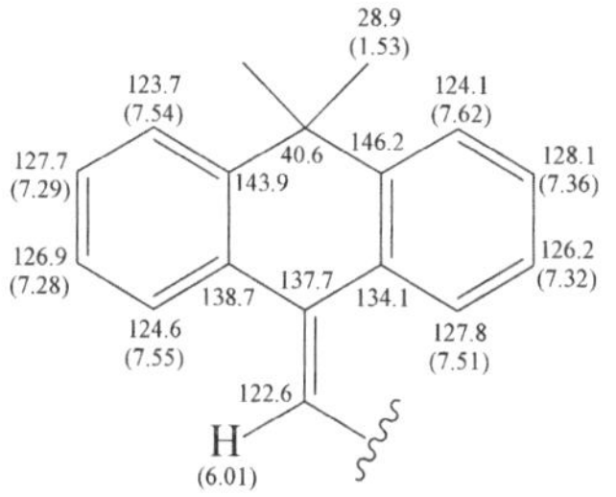

利用从 COSY 谱得到的第三个结构单元，再根据表 6.29 中序号 16，δ_C = 42.6 ppm 的峰与 δ_H = 3.28 ppm 相关，可以完成该化合物的全部结构：

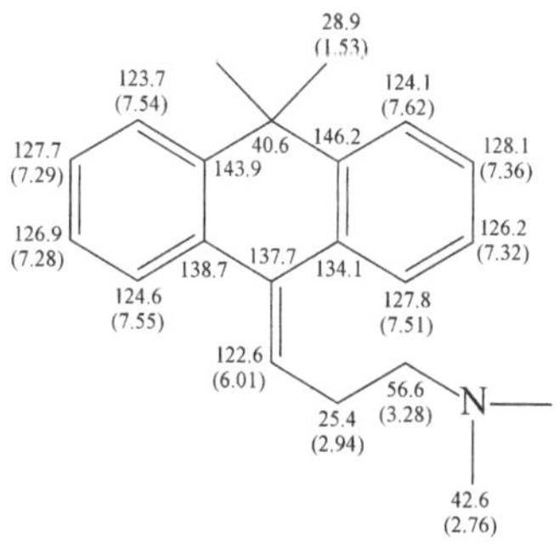

C6 - 9

上面的结构实际上还有遗留问题，即侧链的方向。虽然该结构的上部左右对称，但是侧链的方向要影响有关芳香氢的化学位移数值。

分析两张 NOESY 谱的结果，可以看到 δ_H 2.94 ppm/7.51 ppm，6.01 ppm/7.55 ppm 的相关，因此上面侧链的方向是正确的。

氢谱的最低场有一个活泼氢的峰，对应该化合物的盐酸盐。

通过上面的分析，确认了预定结构的正确性。

例 6.9　某未知物的 EI 质谱、红外光谱(低波数区域)、红外光谱(高波数区域)、氢谱(和其低场放大谱)、碳谱(和其低场放大谱)、DEPT-135 谱、COSY 谱(和其低场放大谱)、HMQC 谱(和其低场放大谱)、HMBC 谱(和其低场放大谱)如图 6.73～图 6.86 所示，试推导其结构。所有核磁共振谱图均由 600 MHz 谱仪测得，溶剂为氘代氯仿。

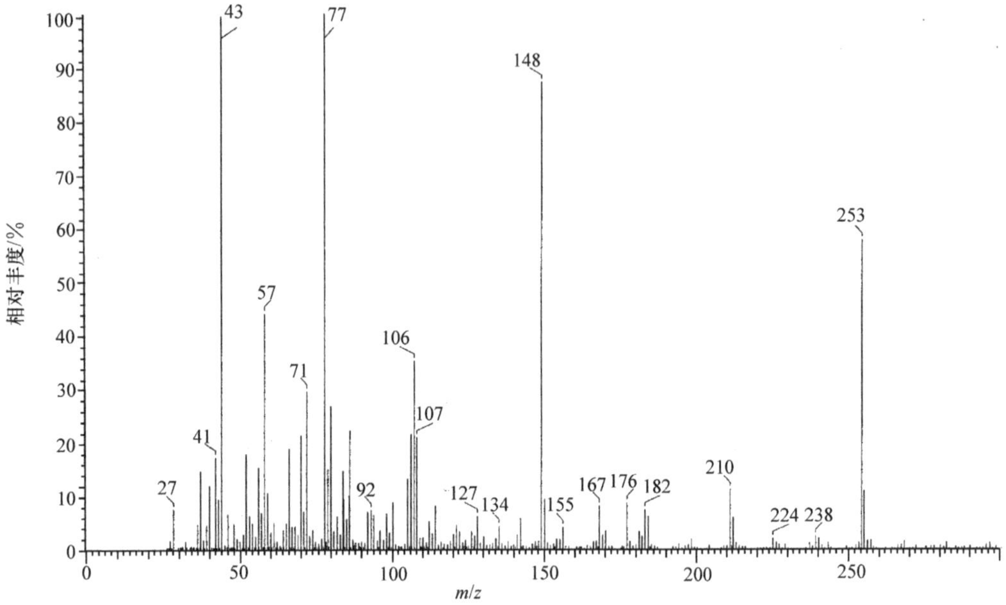

图 6.73　未知物的 EI 质谱

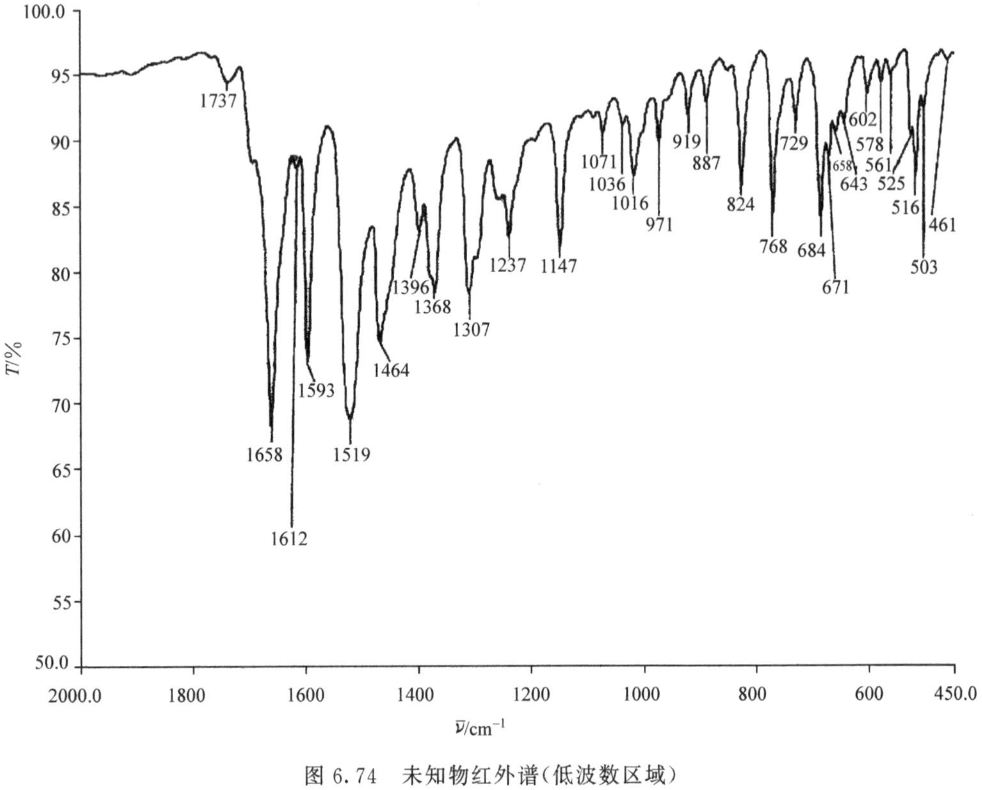

图 6.74　未知物红外谱(低波数区域)

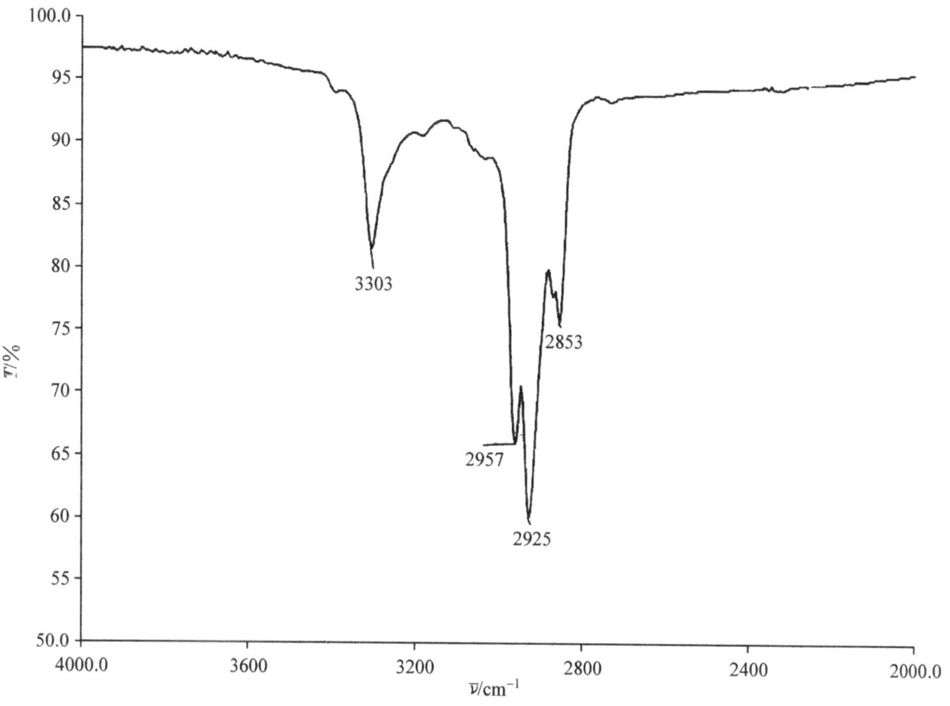

图 6.75　未知物红外谱(高波数区域)

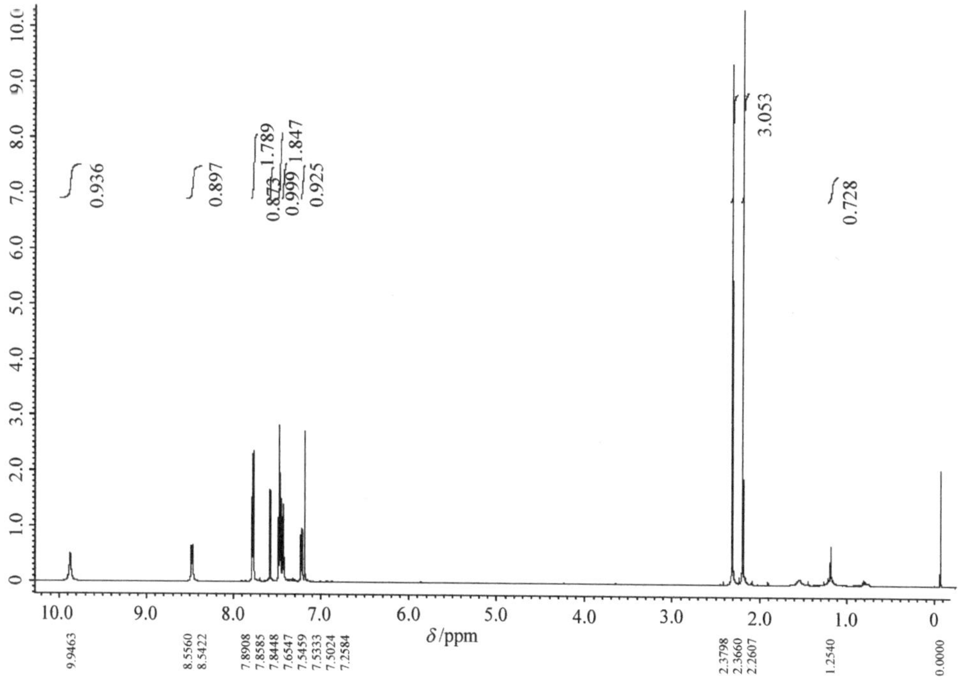

图 6.76　未知物氢谱

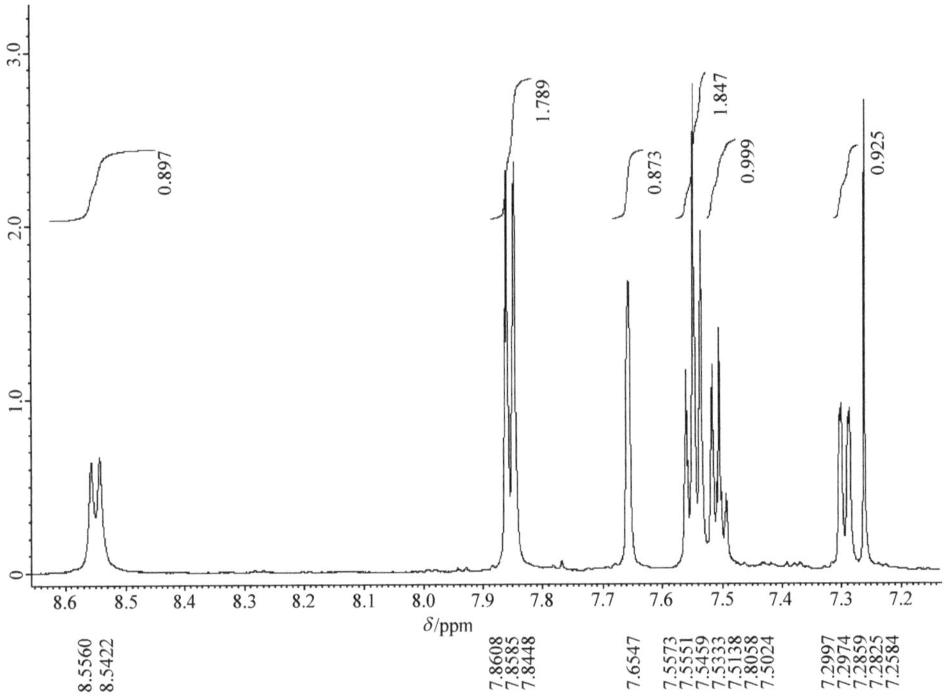

图 6.77　未知物氢谱低场放大谱

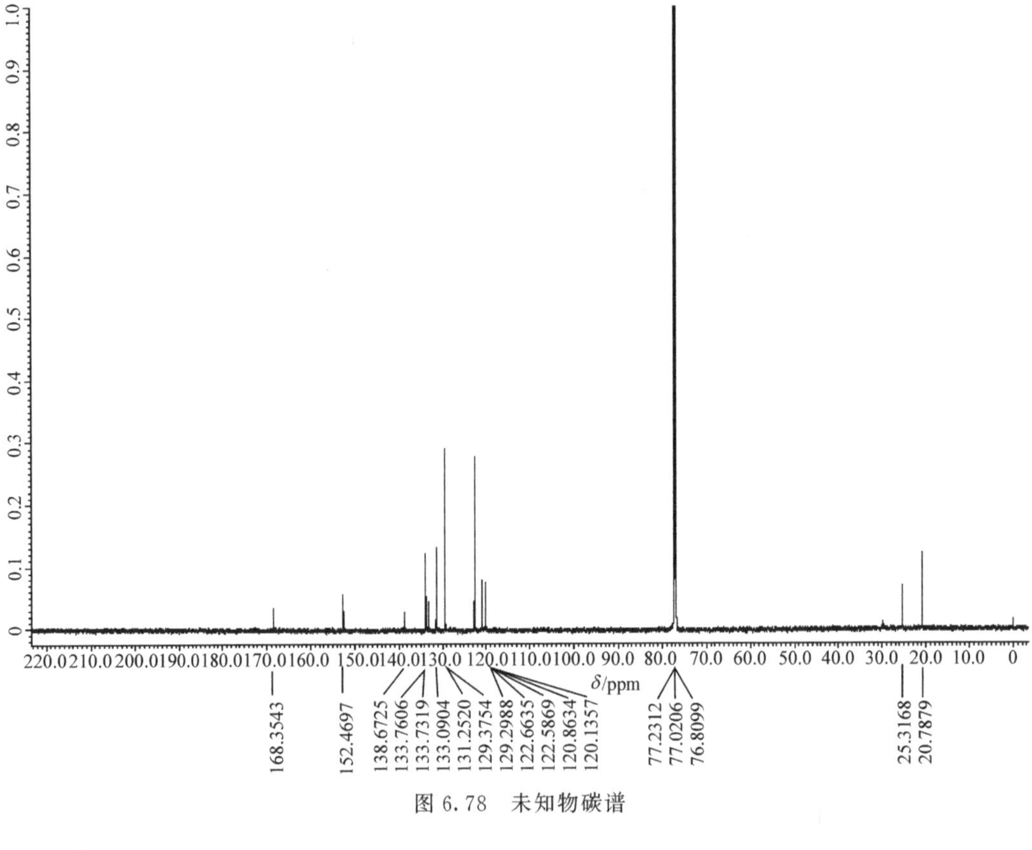

图 6.78　未知物碳谱

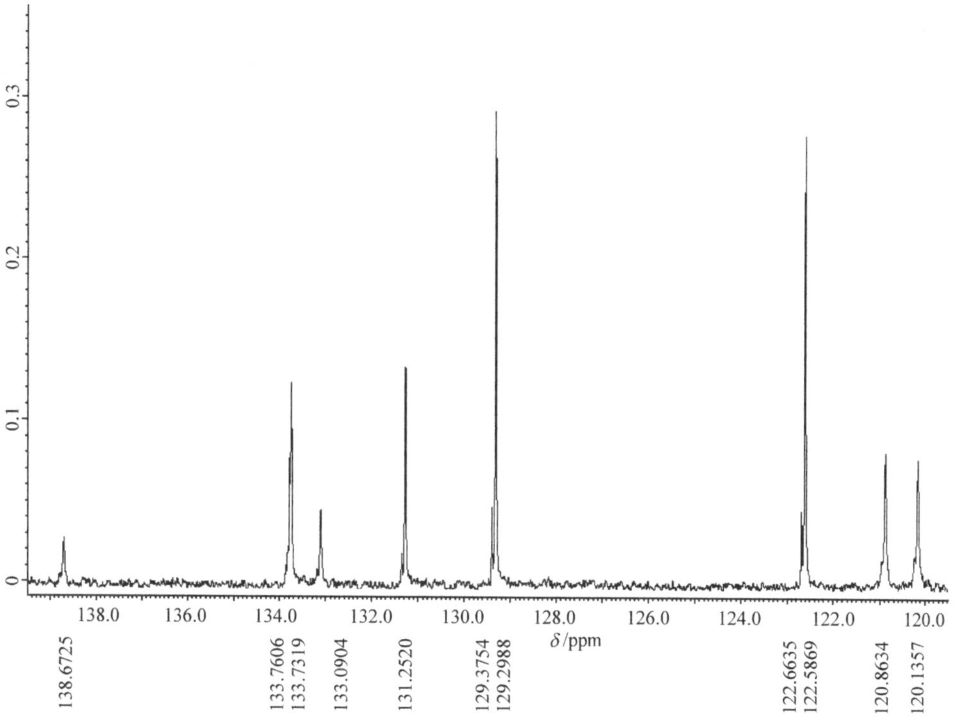

图 6.79　未知物碳谱低场放大谱

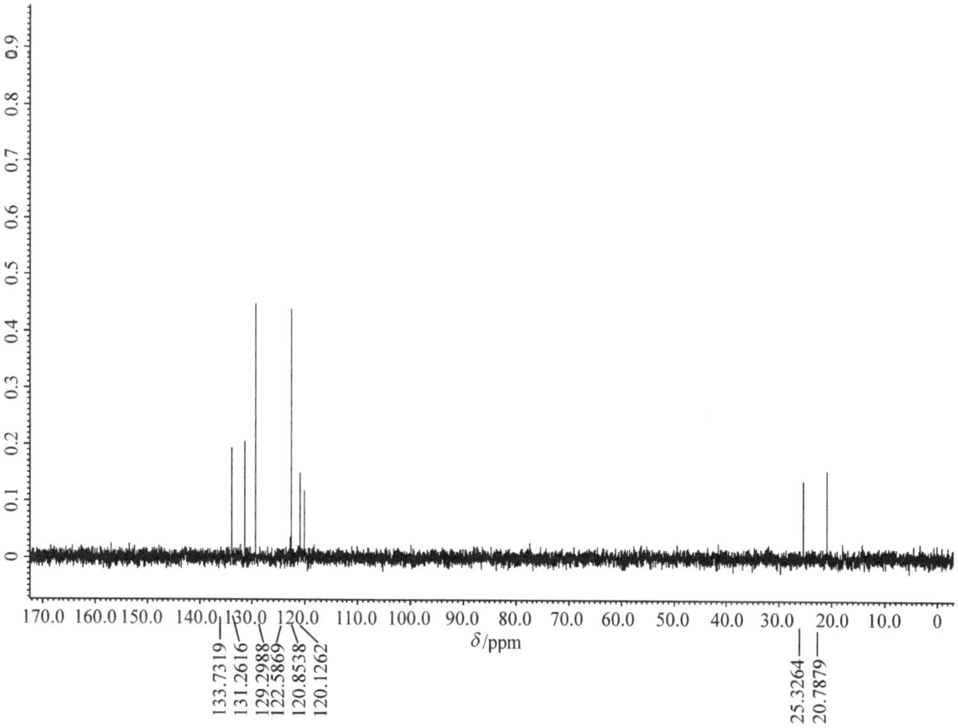

图 6.80　未知物 DEPT-135 谱

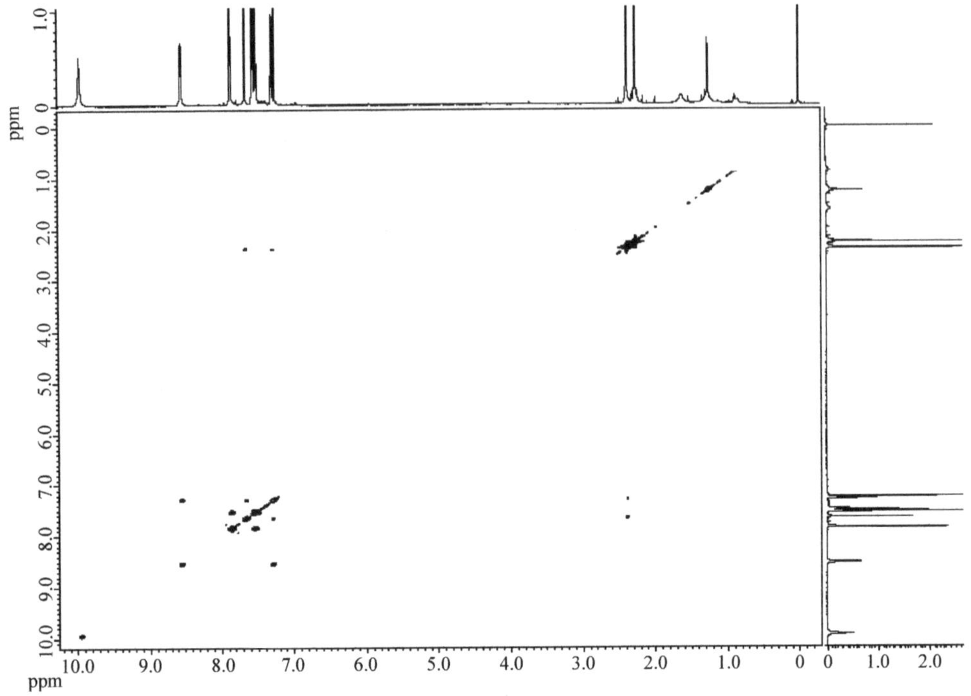

图 6.81 未知物 COSY 谱

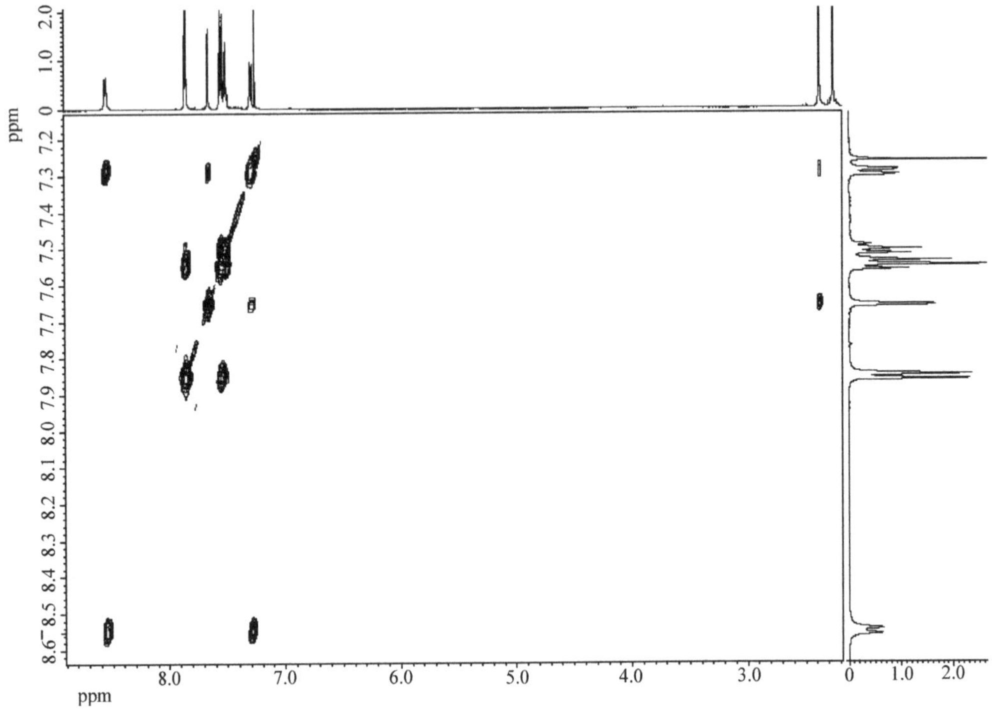

图 6.82 未知物 COSY 低场放大谱

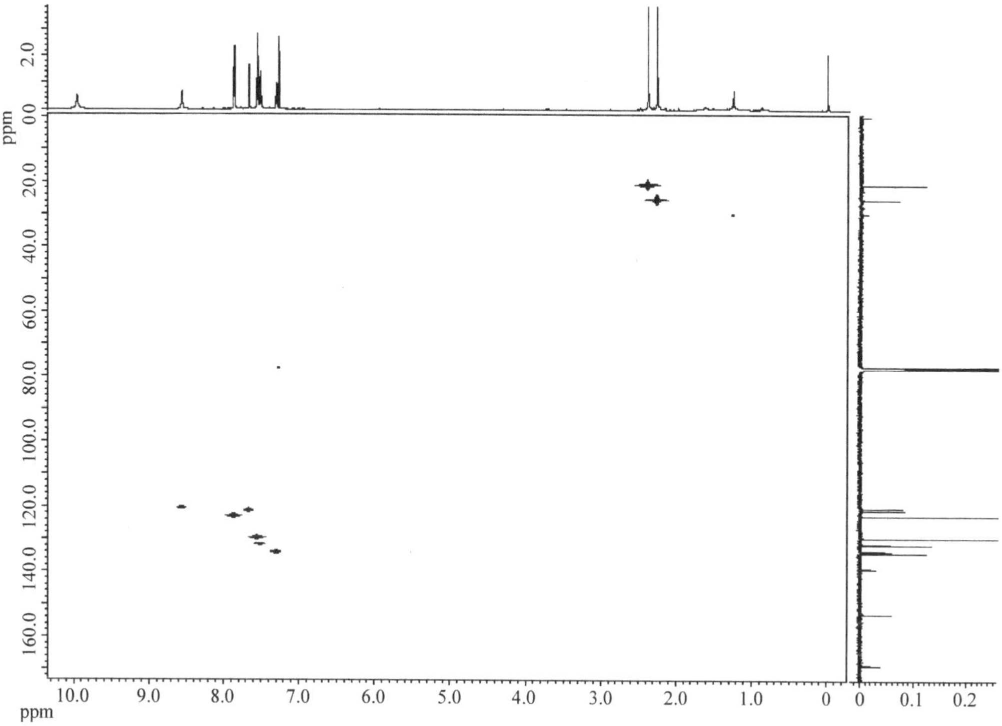

图 6.83　未知物 HMQC 谱

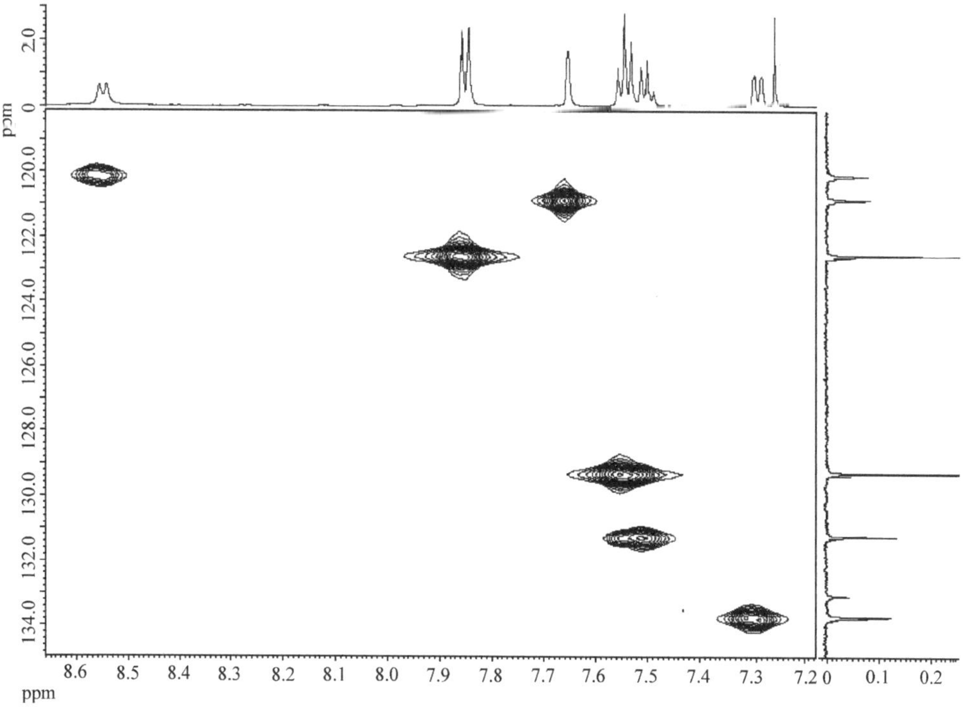

图 6.84　未知物 HMQC 谱低场放大谱

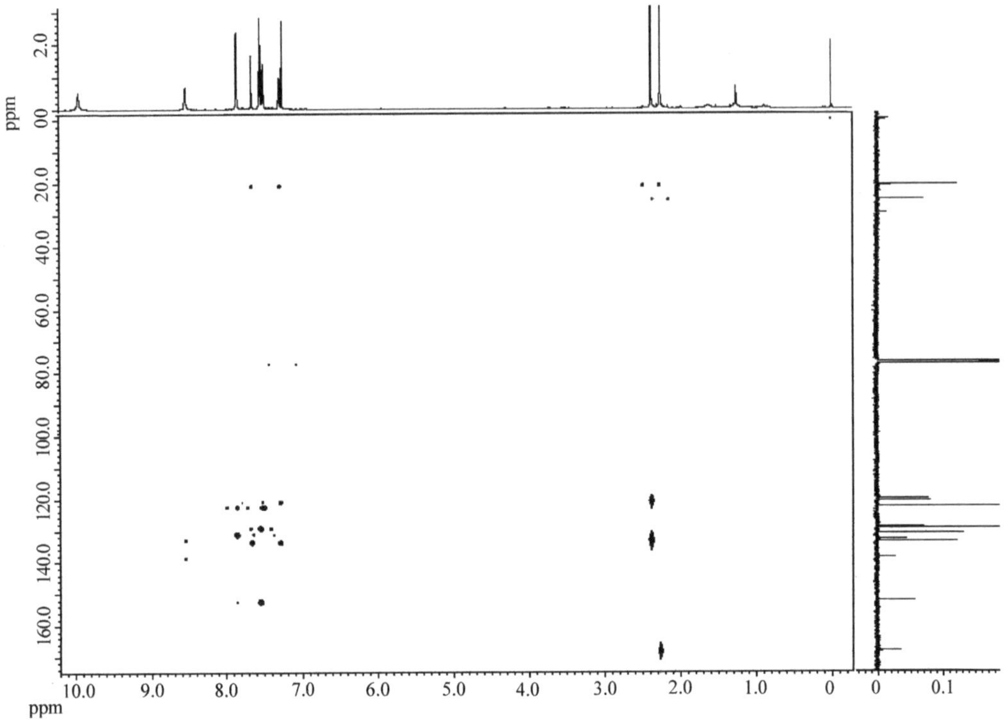

图 6.85 未知物 HMBC 谱

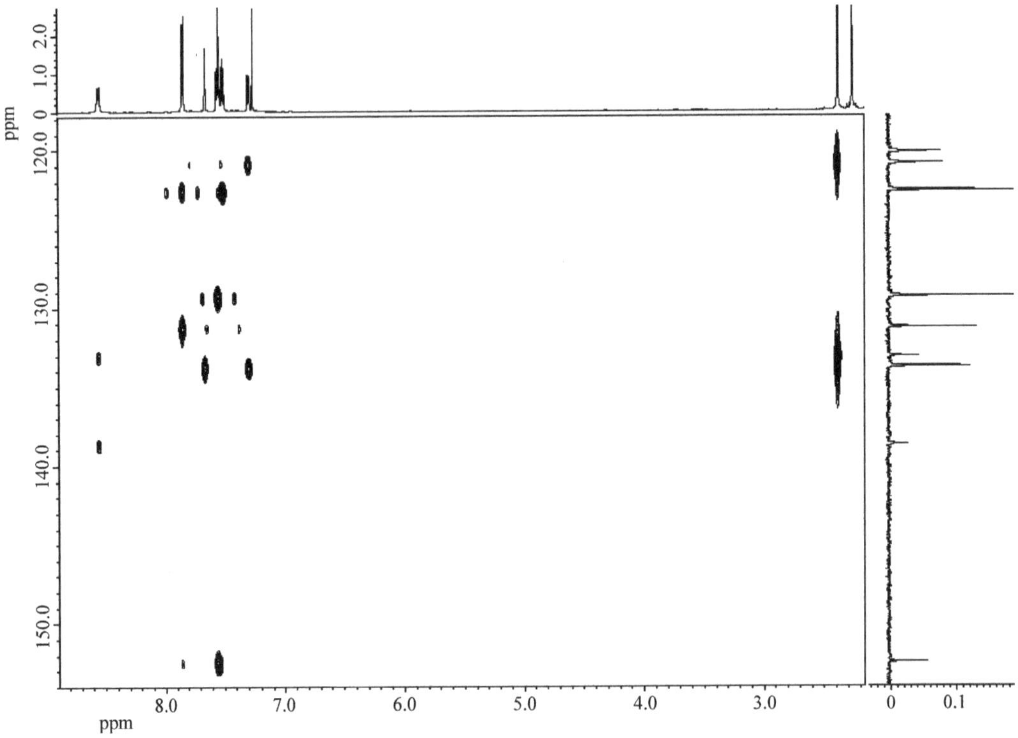

图 6.86 未知物 HMBC 谱低场放大谱

解　在该未知物的 EI 质谱中，质荷比最大的峰为 m/z 253，比它质荷比低的下一个峰为 m/z 238，二者的质荷比的差为 15，中性碎片的丢失合理，m/z 253 可以初步考虑为分子离子峰。由于相对分子质量为奇数，该未知物应含有奇数个氮原子。

氢谱中 7.26 ppm 的峰为溶剂峰（$CDCl_3$）。1.25 ppm 的峰虽然积分数值为 0.73，但是从 HMQC 谱可看到与它相关的碳谱的峰很低，因此可以确定这个峰是杂质峰。其他峰面积更小的当然也是杂质峰。从氢谱各峰组的积分数值可知该未知物一共含有 15 个氢原子。

碳谱芳香区的峰显示得不够清楚，需要查看碳谱低场的放大谱。可以看到在每条谱线的左边都有一条矮的谱线，它们不是信号，因为都在相似的相对位置，也都是弱信号。它们可能是作图时磁场漂移而产生的相应信号。

在碳谱 133.76 ppm 处可以看到一个较强信号，这有别于上述因为磁场漂移而产生的弱信号，因此这应该是样品的信号。在 122.6 ppm 和 129.3 ppm 的两条谱线具有突出的高度，应该各对应两个碳原子。因此碳谱的 13 条谱线对应 15 个碳原子。

在碳谱的最低场，168.35 ppm 处有一条谱线，从化学位移数值可知这应该是一个羰基的信号。

综合氢谱和碳谱可知，该未知物含有 15 个氢原子、15 个碳原子、1 个氧原子（在羰基中）。以上相对原子质量之和为 211，与该未知物相对分子质量之差为 42。

上面已经讲过，由于相对分子质量为奇数，该未知物应含有奇数个氮原子。现在的质量差为 42，正好相应于 3 个氮原子，因此可以确定该未知物的分子式为 $C_{15}H_{15}ON_3$，由此可以计算出它的不饱和度为 10，该数值比较大。

下面分析各种核磁共振谱图。

氢谱中样品峰组的峰型比较简单，不用再分析。

氢谱的数据可以归纳为表 6.30。

表 6.30　未知物氢谱数据整理

δ_H/ppm	氢原子数	峰型	备注(耦合常数/Hz)
2.26	3	s	
2.37	3	s	
7.29	1	d	8.28
7.51	1	t	6.84
7.55	2	t	7.56
7.65	1	s	
7.85	2	d	8.22
8.55	1	d	8.28
9.95	1	s	

注：备注中标注的是 ^3J 耦合常数，由于其读取不够准确，峰组间的相互耦合关系以 COSY 谱为准。

根据表 6.30，再结合 HSQC 谱并参照 DEPT 谱，可以确定该未知物各碳原子的级数和与之相连的氢原子化学位移，于是得到表 6.31。

表 6.31　未知物碳谱和氢谱信号归属

序号	δ_C/ppm	碳原子数	碳原子类型	直接相连的氢原子 δ_H/ppm
1	20.78	1	CH_3	2.37
2	25.32	1	CH_3	2.26
3	120.14	1	CH	8.55
4	120.86	1	CH	7.65
5	122.59	2	CH	7.85
6	129.29	2	CH	7.55
7	131.25	1	CH	7.51
8	133.09	1	C	
9	133.73	1	CH	7.29
10	133.76	1	C	
11	138.67	1	C	
12	153.47	1	C	
13	168.35	1	C	

注：圆括号（　）表示弱的耦合相关。

分析该未知物的 COSY 谱，可以把有关的数据归纳为表 6.32。

表 6.32　从未知物 COSY 谱找到的氢氢相关

序号	δ_H/ppm	相关的氢的化学位移/ppm
1	2.26	
2	2.37	(7.29),(7.65)
3	7.29	(2.37),(7.65),8.55
4	7.51	7.55
5	7.55	7.51,7.85
6	7.65	(2.37),(7.29)
7	7.85	7.55
8	8.55	7.29
9	9.95	孤立的峰

注：圆括号（　）表示弱的耦合相关。

分析该未知物的 HMBC 谱，有关的数据可以归纳为表 6.33。

表 6.33　未知物 HMBC 谱数据的归纳

序号	δ_C/ppm	长程耦合的氢 δ_H/ppm	^1J 耦合的氢 δ_H/ppm
1	20.78	7.29,7.65	2.37
2	25.32		2.26
3	120.14		
4	120.86	2.37,7.29	7.65
5	122.59	7.51,7.55	7.85
6	129.29		7.55
7	131.25	7.85	7.51
8	133.09	2.37,(8.55)	
9,10	133.73,133.76	7.65	7.29
11	138.67	(8.55)	
12	153.47	7.55,(7.85)	
13	168.35	2.26	

表 6.30～表 6.33 包括了几种核磁共振谱的所有信息。下面着手推导该未知物的结构，首先从推导结构单元开始。

从 COSY 谱（表 6.32 中序号 4、5 和 7）和 HMBC 谱（表 6.33 中序号 5、7 和 12）容易找到一个单取代苯环：

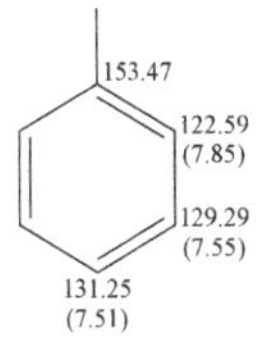

从 HMBC 谱（表 6.33 中序号 13）容易找到另外一个结构单元：

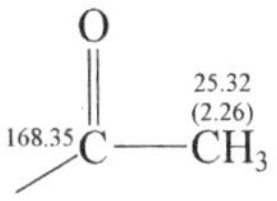

由于该羰基的化学位移数值相当小，该羰基必须连接杂原子。该未知物仅含一个氧原子，因此该羰基应该与一个氮原子相连。再考虑该未知物在 9.95 ppm 有一个活泼氢（因为该氢在 HMQC 谱中没有相关峰），因而只能是一个 NH，所以这个结构单元延伸为

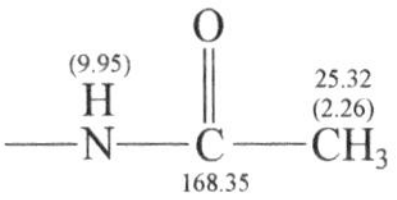

再看表 6.32 中的序号 2、3、6 和 8，存在 4 个不饱和碳原子构成的共轭体系。考虑到 7.29 ppm 和 7.65 ppm 之间的耦合常数很小，它们应该跨越了一个季碳原子，从 COSY 谱中 2.37 ppm 分别和 7.29 ppm、7.65 ppm 有弱的耦合也印证这点，所以有结构单元：

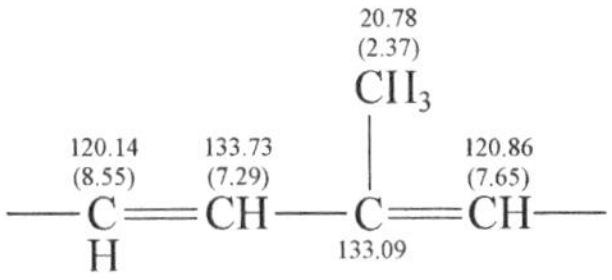

以上结构单元的元素组成为 $C_{13}H_{15}ON$，不饱和度为 7；剩余的元素组成为 C_2N_2，剩余的不饱和度为 3。对比表 6.31 可知，剩下的两个碳原子均为季碳原子。

首先可以认为剩下的两个季碳原子和上述第三个结构单元组成一个苯环。这基于如下考虑：

(1) 表 6.31 中剩下的两个季碳原子（133.76 ppm，138.67 ppm）均与第三个结构单元的氢原子有长程耦合关系（表 6.33 中序号 10 和 11）。

(2) 目前还差 3 个不饱和度，可以考虑该未知物具有第二个苯环（比第三个结构单元增加 2 个不饱和度）。

因此把第三个结构单元延伸为

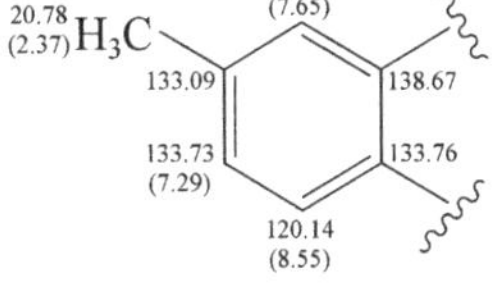

在画上面的结构单元时，考虑在 HMBC 谱中跨越 3 根键的相关峰最强。由于 133.76 ppm 和 138.67 ppm 的两条谱线均对应季碳原子，因此均有取代基与它们相连。

至此，该未知物的元素组成仅剩下两个氮原子，它们可以是一个重氮键，因为从该未知物的元素组成来看已经没有其他可能了。另外，单取代苯环的被取代季碳原子具有较大的化学位移数值，重氮基的取代也是合理的。

根据上述两个季碳原子的化学位移数值，可以确定相应的取代基，于是得到未知物的结构，并且能够进行全部的指认：

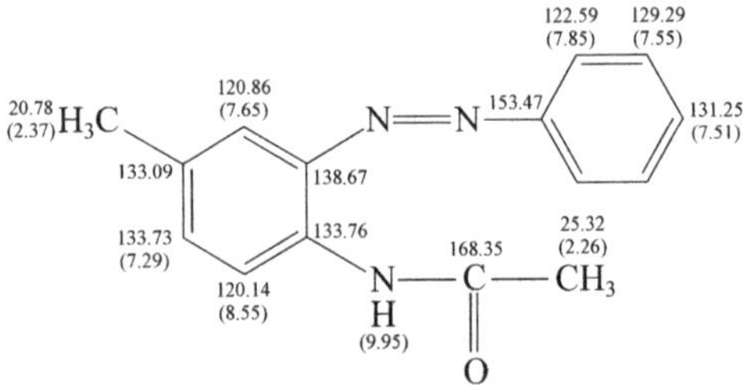

下面补充对它的红外谱指认：

3303 cm^{-1}：NH 的吸收；

1658 cm^{-1}：酰胺羰基的吸收；

1593 cm^{-1}：苯环的吸收；

1519 cm^{-1}：重氮键的吸收。

补充质谱的指认；

m/z 210：$M^{+\cdot}-43(COCH_3)$；

m/z 148：$M^{+\cdot}-107$；

m/z 107：$C_6H_5N_2H_2$。

例 6.10　合成的某化合物具有如下预想结构：

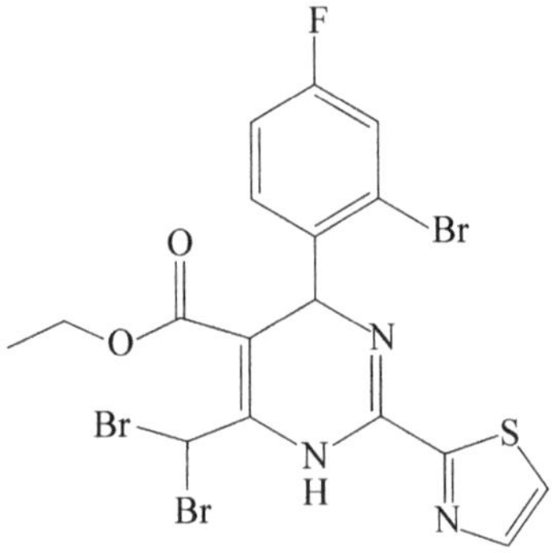

C6－11

已经测定该化合物的氢谱、氢谱各峰组放大谱、碳谱、碳谱低场放大谱、DEPT 谱、COSY 谱、HSQC 谱、HMBC 谱和 HMBC 谱低场放大谱，如图 6.87～图 6.95 所示。试通过上述核磁共振谱图确认其结构并对其氢谱和碳谱作出指认。所有核磁共振谱图均用 400 MHz谱仪测定，溶剂为氘代氯仿。

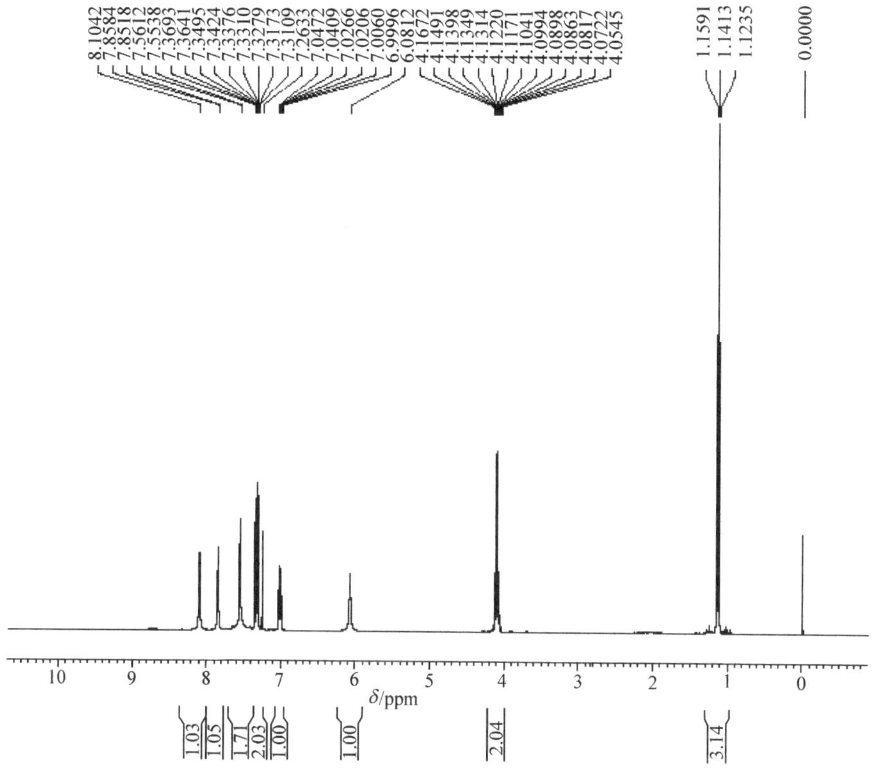

图 6.87　化合物氢谱

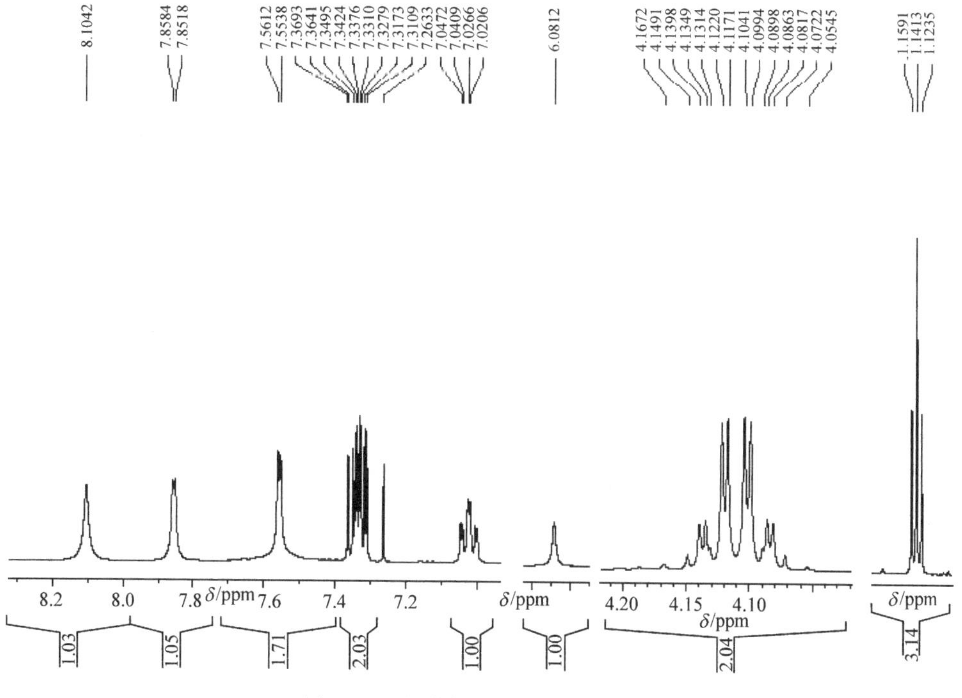

图 6.88　化合物氢谱各峰组放大谱

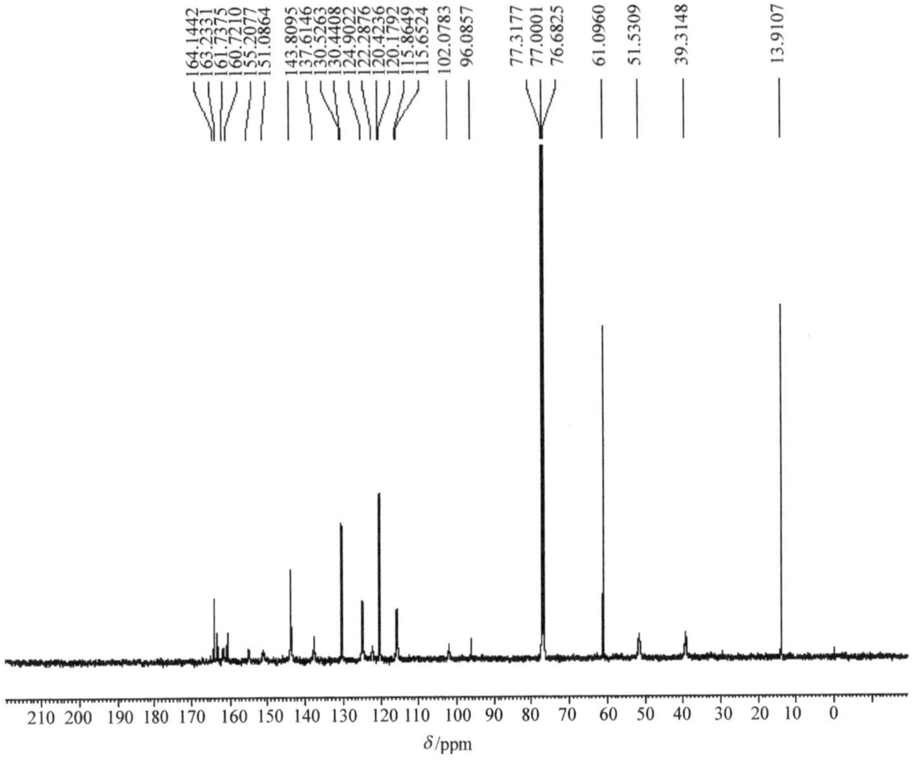

图 6.89　化合物碳谱

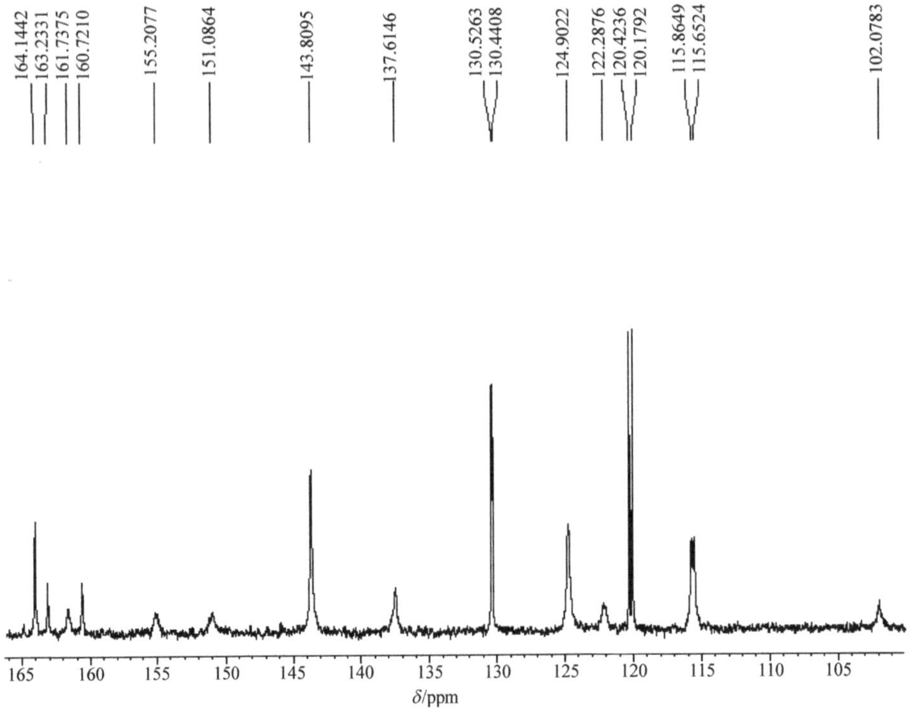

图 6.90　化合物碳谱低场放大谱

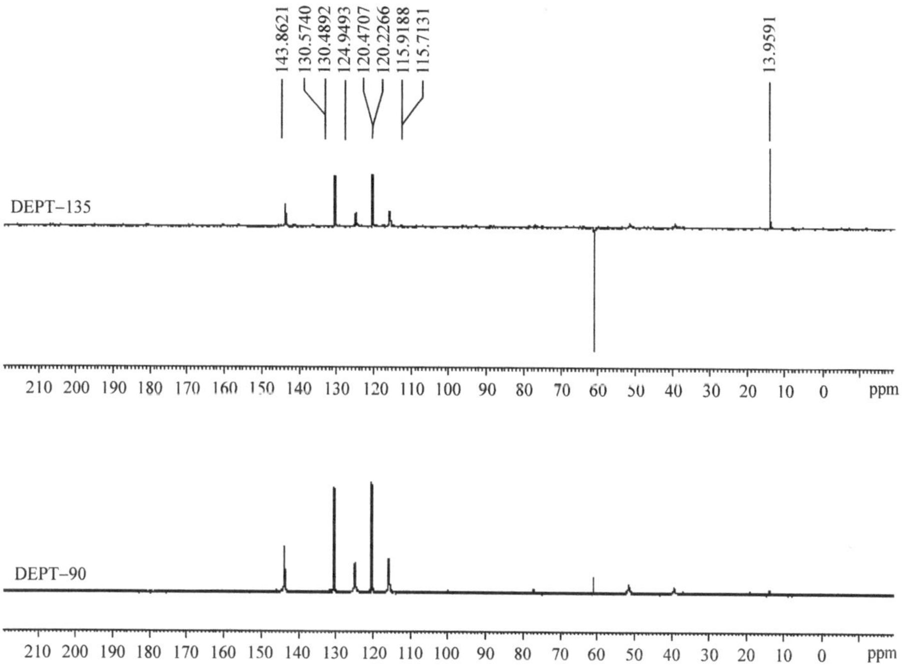

图 6.91　化合物 DEPT 谱

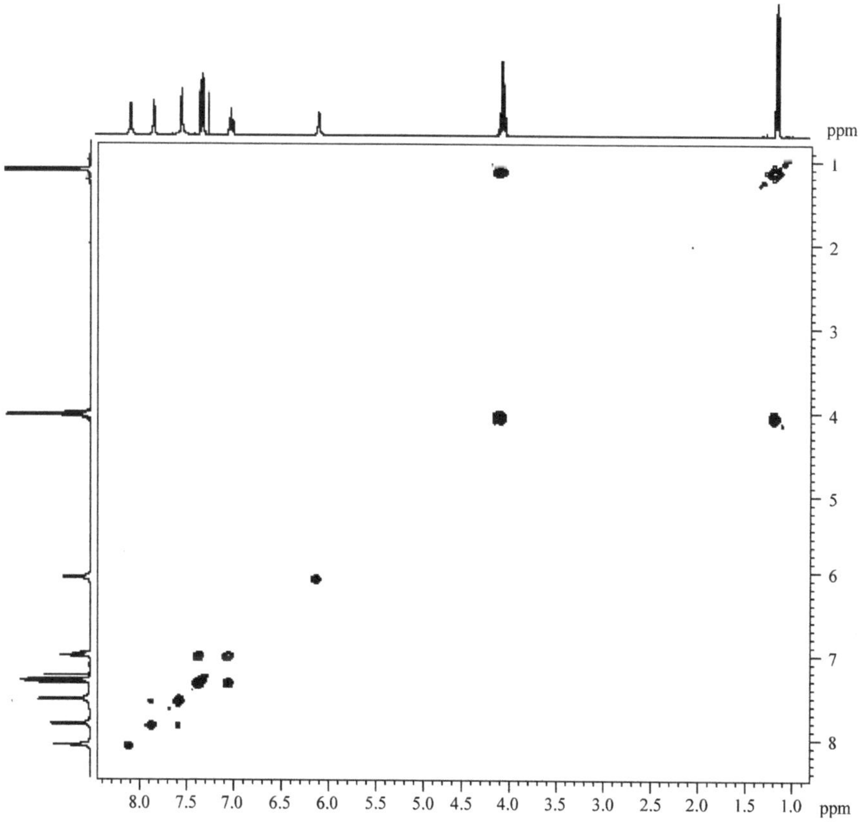

图 6.92　化合物 COSY 谱

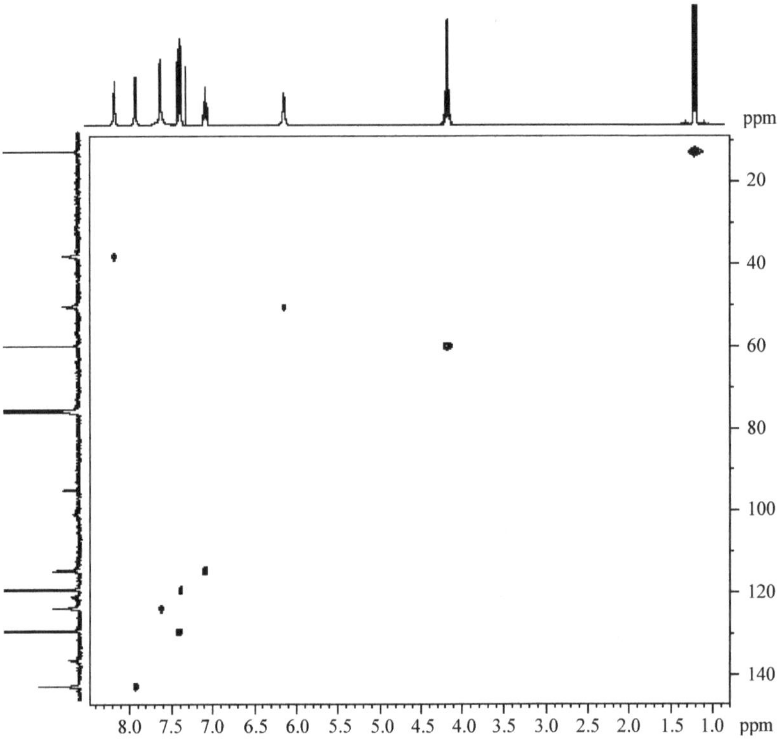

图 6.93　化合物 HSQC 谱

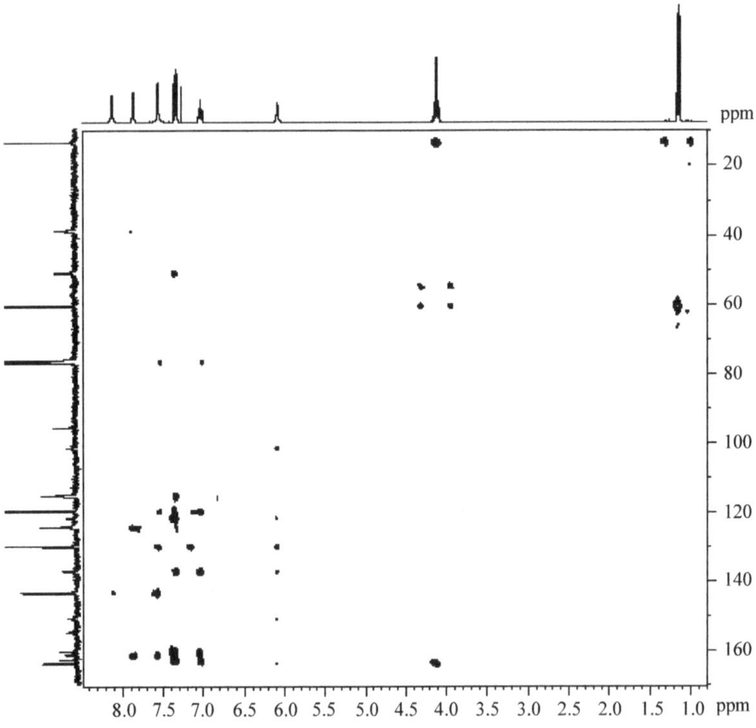

图 6.94　化合物 HMBC 谱

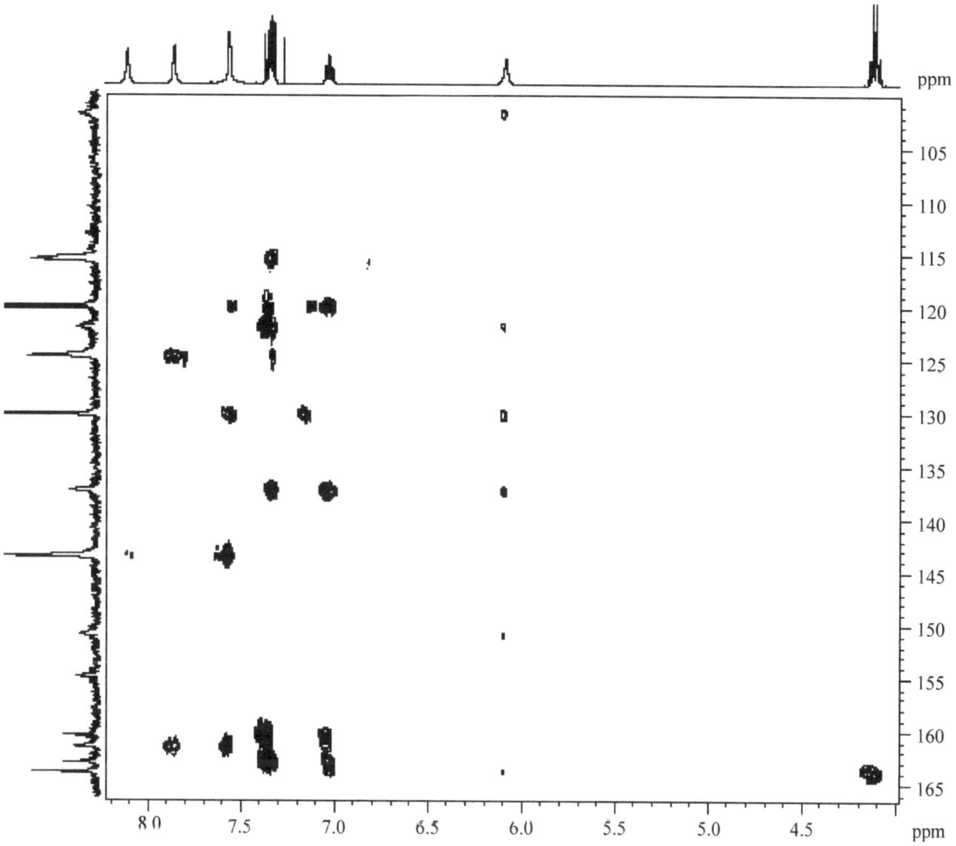

图 6.95　化合物 HMBC 谱低场放大谱

解　先分析该化合物的氢谱。

从该化合物的氢谱来看，样品比较纯，杂质峰很小。7.26 ppm 的单峰是溶剂峰（$CDCl_3$）。

该化合物氢谱峰组的放大谱清楚地显示了各峰组的峰型，从中可以读出耦合常数。有关信息归纳为表 6.34。

表 6.34　化合物氢谱数据归纳

δ_H/ppm	氢原子数	峰型	耦合常数/Hz	备注
1.14	3	t	7.12	
4.11	2	q,d	7.12,1.92	取平均值
6.08	1	s		
7.03	1	t,d	8.24,2.52	
7.33	1	m		
7.35	1	m		
7.56	1	d	2.96	
7.86	1	d	2.72	
8.10	1	s		

分析碳谱需要注意下面两点：

首先，需要注意的是这张碳谱不是定量碳谱，再加上碳谱中的谱线宽度相差比较大，因此谱线的高度差别很大。96.09 ppm 的峰是杂质峰。

其次，应该注意碳谱中因为氟所引起的耦合裂分，由于做碳谱时仅对氢进行去耦操作，氟会引起碳谱谱线的裂分。$^1J_{CF}$240～270 Hz，$^2J_{CF}$20～50 Hz，另外还有跨距更远的耦合。在分析这张碳谱时，需要注意等高且距离又不远的两条谱线，它们很可能是氟的裂分引起的，再参考碳氟耦合常数的数值，就可以得到正确结论。

结合碳谱、DEPT 谱和 HSQC 谱，可以把碳谱和氢谱的数据总结为表 6.35。

表 6.35　化合物碳谱和氢谱数据总结

δ_C/ppm	碳原子数	碳原子种类	与之相连的氢原子 δ_H/ppm	J_{CF}/Hz
13.91	1	CH_3	1.14	
39.31	1	CH	8.10	
51.53	1	CH	6.08	
61.09	1	CH_2	4.11	
102.08	1	C		
115.65,115.86	1	CH	7.03	21
120.18,120.42	1	CH	7.33	24
122.29	1	C		观察到谱线裂分
124.90	1	CH	7.56	
130.44,130.53	1	CH	7.35	9
137.61	1	C		
143.81	1	CH	7.86	
151.09	1	C		
155.21	1	C		
161.73	1	C		
160.72,163.23	1	C		251
164.14	1	C		

下面分析化合物 COSY 谱，数据可以整理为表 6.36。

表 6.36　化合物 COSY 谱数据整理

序号	δ_H/ppm	相耦合的氢原子 δ_H/ppm
1	1.14	4.11
2	4.11	1.14
3	6.08	孤立的峰
4	7.03	7.35
5	7.33	
6	7.35	7.03

续表

序号	δ_H/ppm	相耦合的氢原子 δ_H/ppm
7	7.56	7.86
8	7.86	7.56
9	8.10	孤立的峰

化合物 HMBC 谱的结果可以整理为表 6.37。

表 6.37　化合物 HMBC 谱数据整理

序号	δ_C/ppm	长程耦合的氢 δ_H/ppm	^1J 耦合的氢 δ_H/ppm
1	13.91	4.11	1.14
2	39.31		
3	51.53	7.35	
4	61.09	1.14	4.11
5	102.08	6.08	
6	115.65,115.86	7.33	
7	120.18,120.42	7.03,7.35	7.33
8	122.29	6.08,7.33,7.35	
9	124.90	7.86	
10	130.44,130.53	6.08	7.35
11	137.61	6.08,7.03,7.33	
12	143.81	7.56	
13	151.09	(6.08)	
14	155.21		
15	161.73	7.56,7.86	
16	160.72,163.23	7.03,7.33,7.35	
17	164.14	4.11,(6.08)	

注：圆括号（　）表示弱的相关峰。

表 6.34～表 6.36 包括了所有核磁共振谱的信息。

下面将通过指认来确认结构。

为标注方便起见，碳谱中因氟引起裂分的化学位移数值均采用平均值。

下面结构单元的指认由以下几点完成：

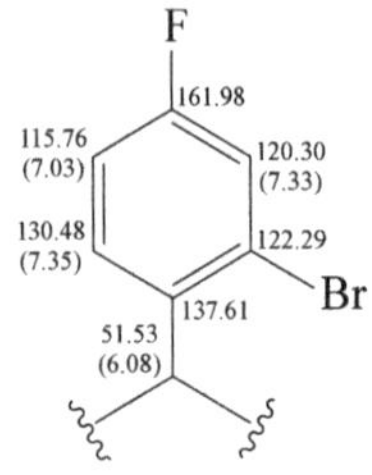

（1）氟引起碳谱谱线的裂分。随着氟碳之间跨越的化学键越多，耦合常数越小。例如，由 ^1J 耦合(251 Hz)引起裂分的当然就是与氟直接相连的碳原子。

（2）根据 COSY 谱结果，表 6.36 中的序号 4(6)，即 7.03 ppm/7.35 ppm 的耦合关系。

（3）根据 HMBC 谱结果，表 6.37 中的序号 6、8、10、11 和 16 的相关。

下面结构单元的指认由以下两点完成：

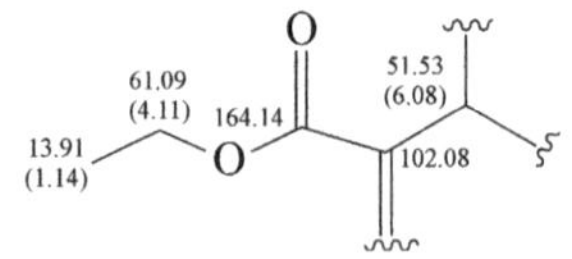

（1）根据 COSY 谱结果，表 6.36 中的序号 1(2)，即 1.14 ppm/4.11 ppm 的耦合相关。

（2）根据 HMBC 谱结果，表 6.37 中的序号 1、4、5 和 17 的相关。

下面结构单元的指认由以下两点完成：

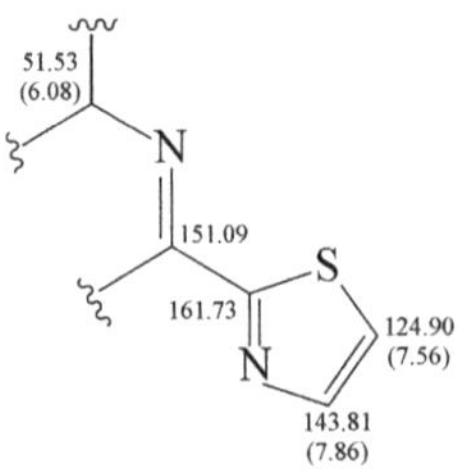

（1）根据 COSY 谱结果，表 6.36 中的序号 7(8)，即 7.56 ppm/7.86 ppm 的耦合相关。

（2）根据 HMBC 谱结果，表 6.37 中的序号 9、12、13 和 15 的相关。

另外，从 δ_C 与 δ_H(39.31 ppm，8.10 ppm)和被两个溴原子及一个双键取代的 CH 是符合的，再加入余下的烯碳原子和 NH，因此完成前面结构式的指认：

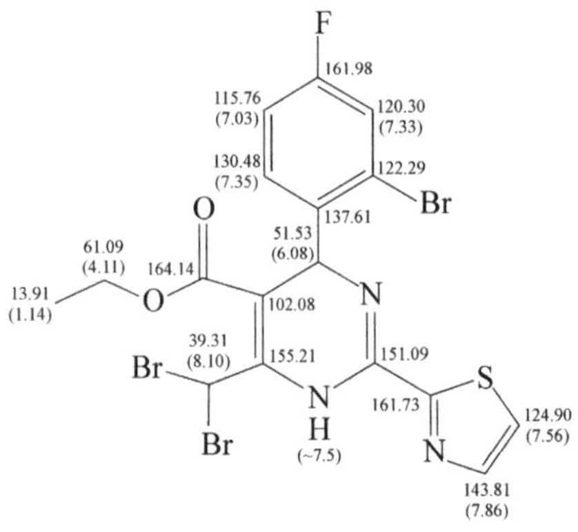

C6－11

NH 的峰不明显，在约 7.5 ppm 附近。

综合上面的分析，原来的预想结构应该是正确的。

例 6.11　某未知物由质谱测定的相对分子质量为 294，其核磁共振氢谱、氢谱局部放大谱、碳谱、DEPT-135 谱、COSY 谱、COSY 谱局部放大谱、HSQC 谱、HSQC 谱局部放大谱、HMBC 谱和 HMBC 谱局部放大谱如图 6.96～图 6.107 所示，试推导其结构。所有核磁共振谱图均用 400 MHz 谱仪测定，溶剂为氘代 DMSO。

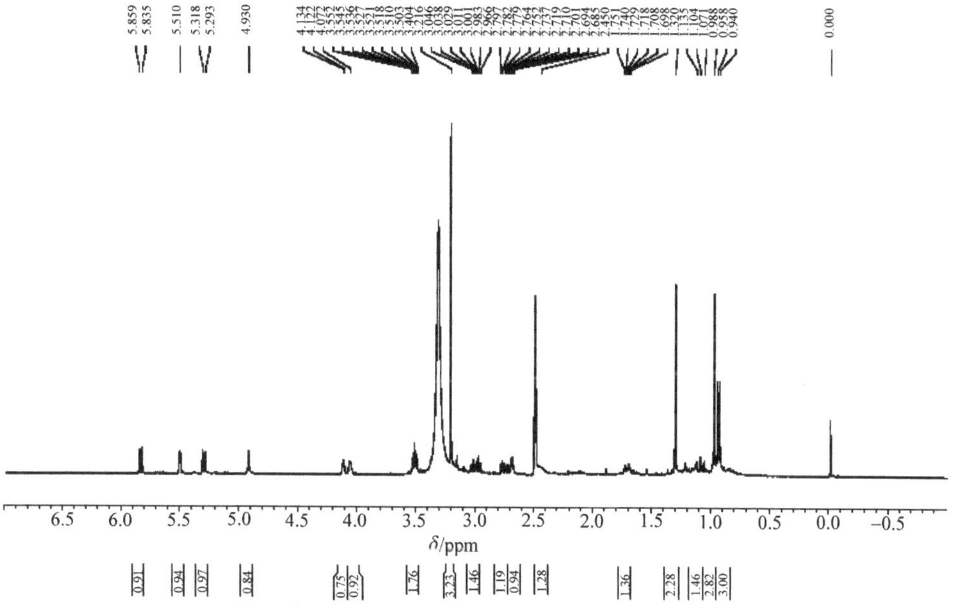

图 6.96　未知物氢谱

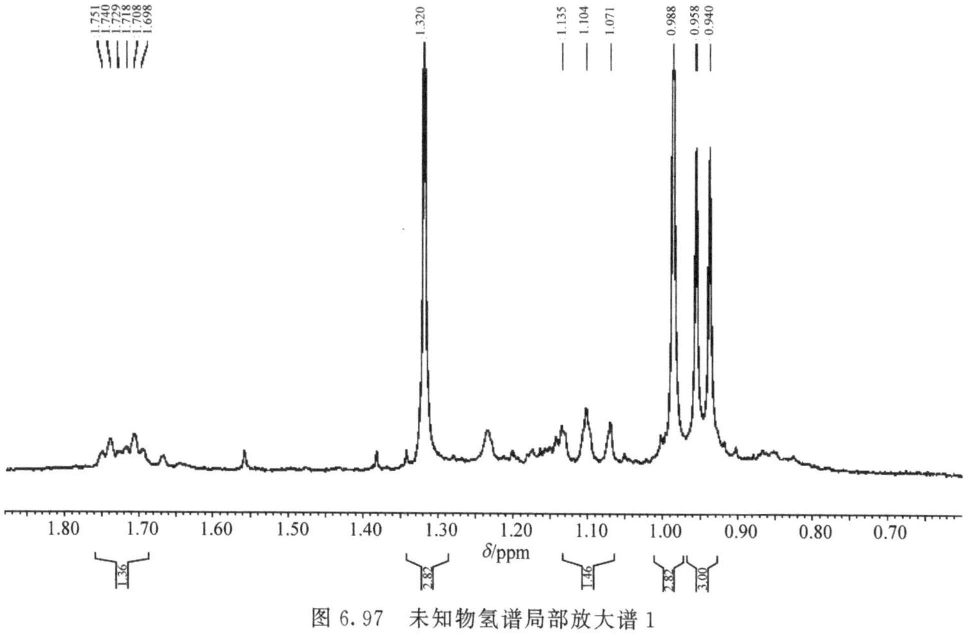

图 6.97　未知物氢谱局部放大谱 1

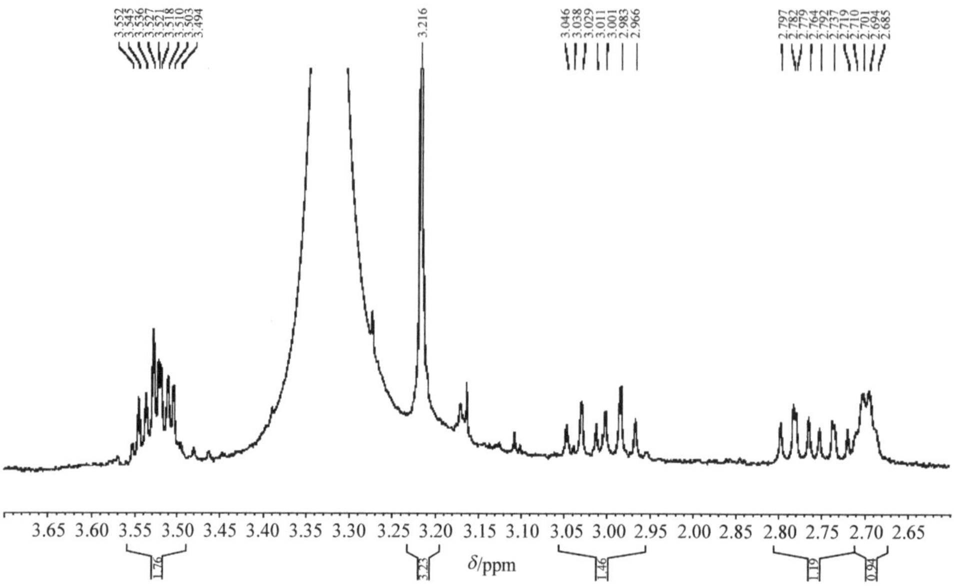

图 6.98　未知物氢谱局部放大谱 2

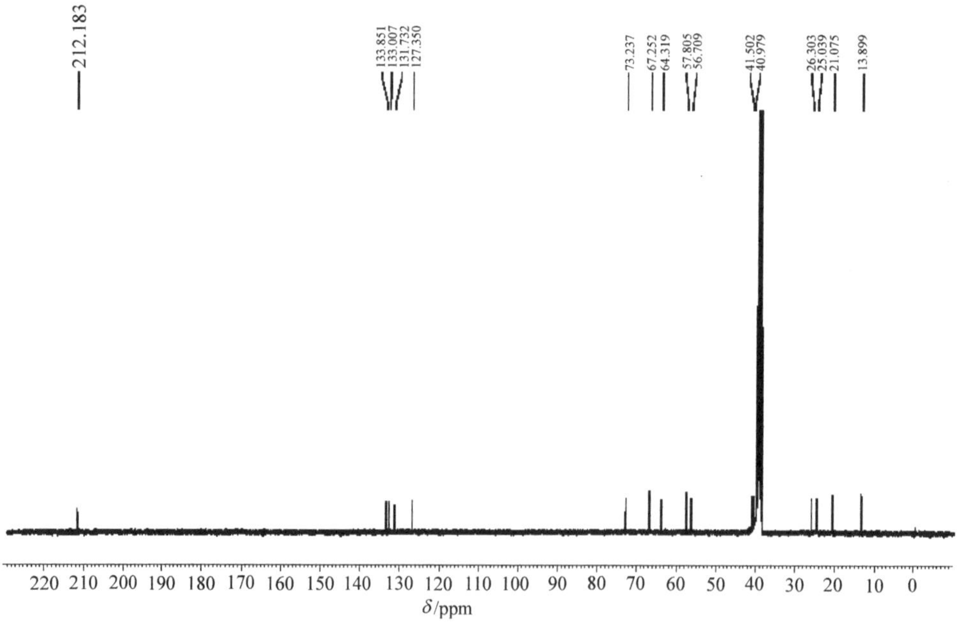

图 6.99　未知物碳谱

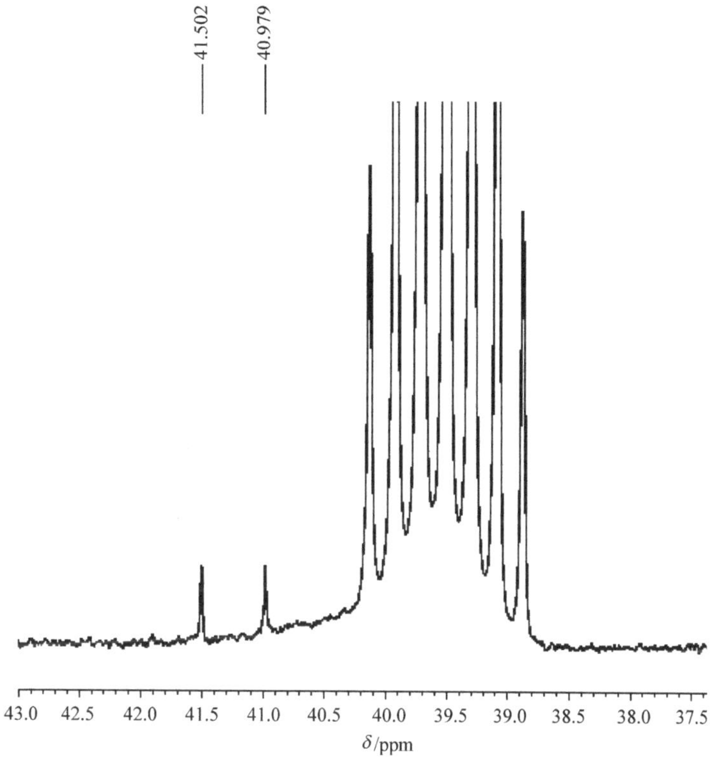

图 6.100　未知物碳谱局部放大谱

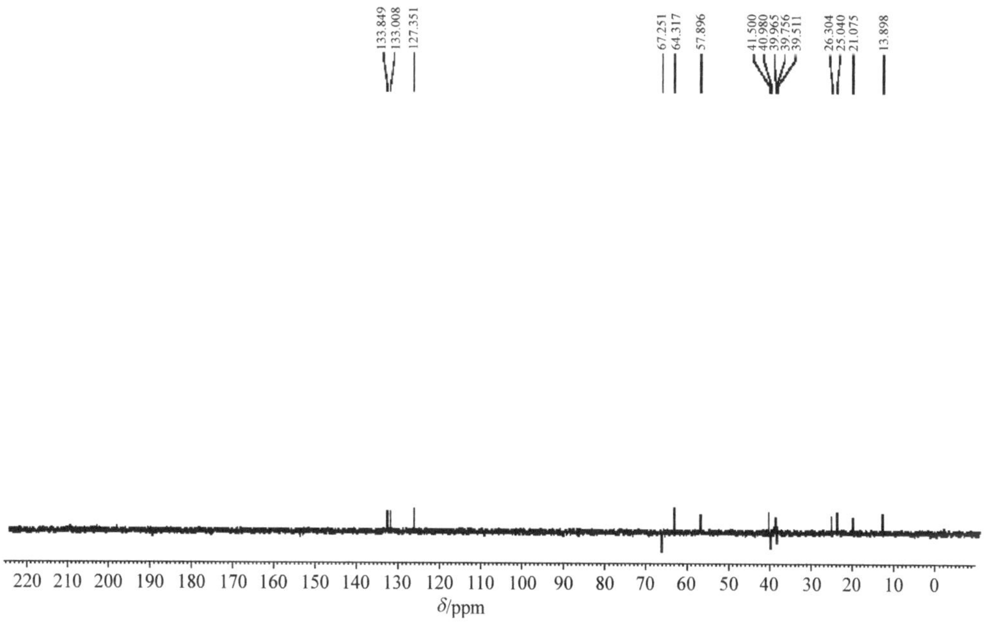

图 6.101　未知物 DEPT-135 谱

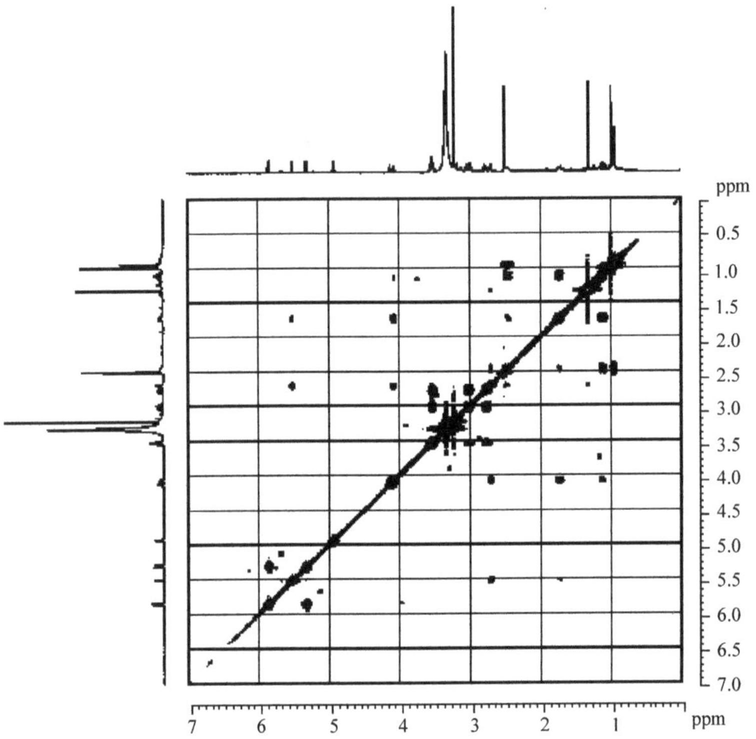

图 6.102　未知物 COSY 谱

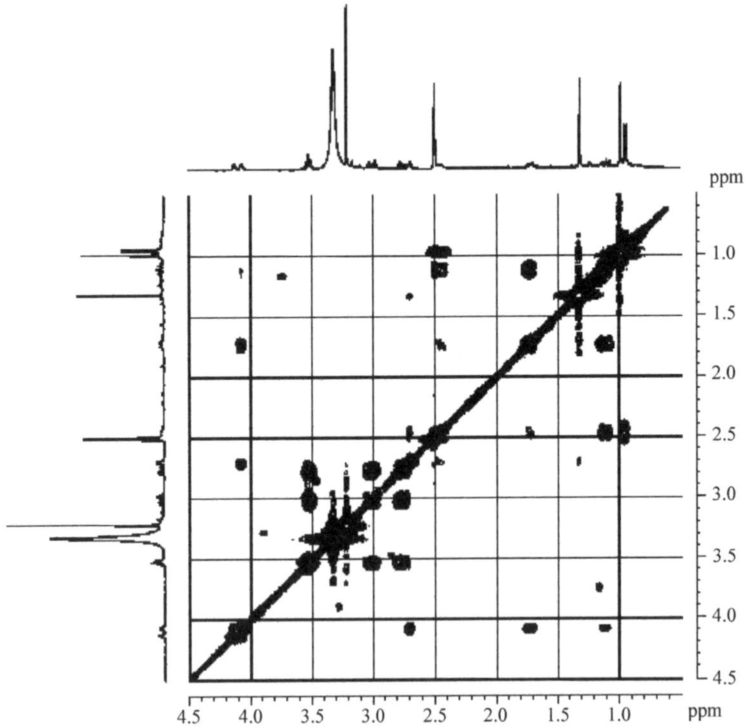

图 6.103　未知物 COSY 谱局部放大谱

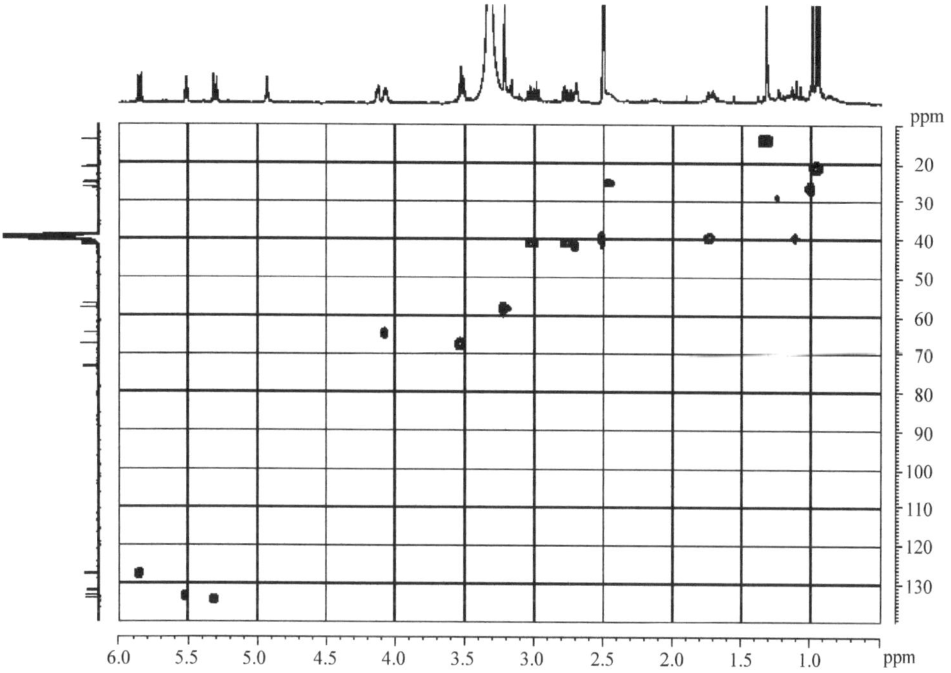

图 6.104　未知物 HSQC 谱

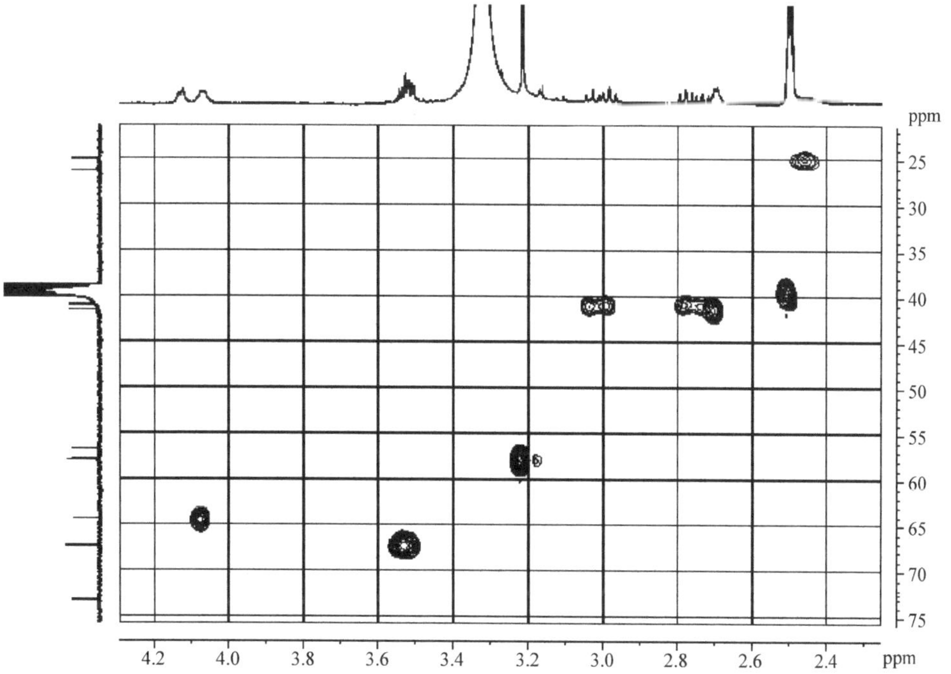

图 6.105　未知物 HSQC 谱局部放大谱

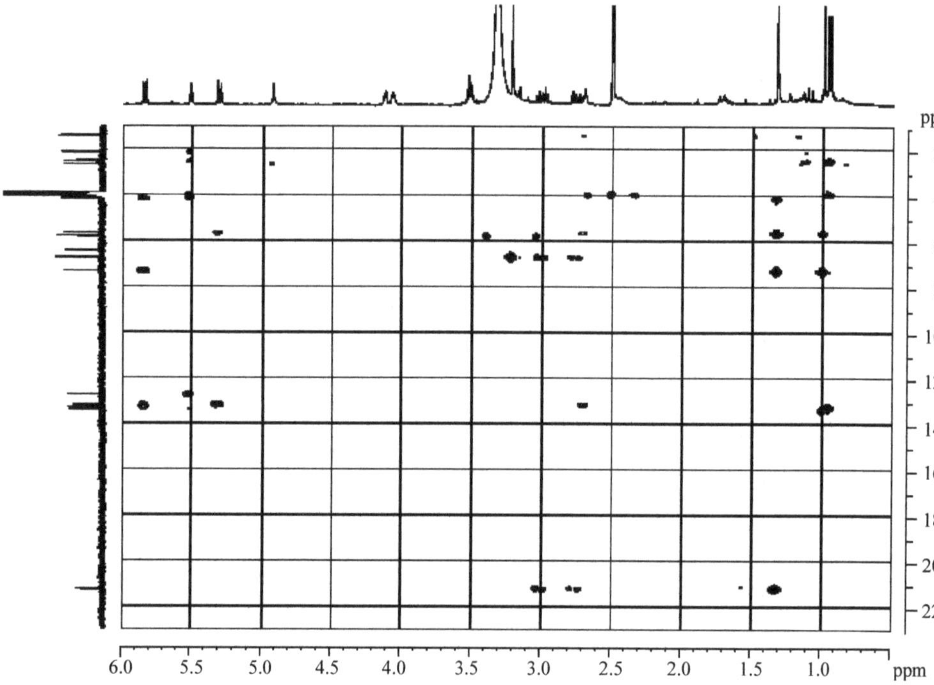

图 6.106　未知物 HMBC 谱

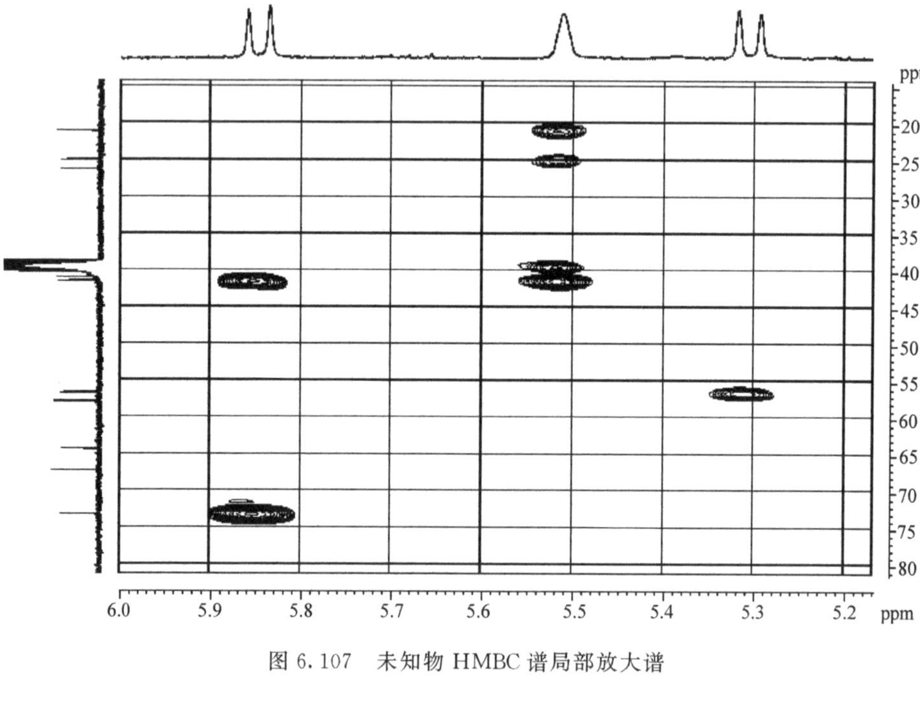

图 6.107　未知物 HMBC 谱局部放大谱

解　氢谱中化学位移数值约为 2.50 ppm 的峰是溶剂峰(氘代 DMSO)，3.30 ppm 的峰是水峰(样品含水分)。位于 1.14～1.24 ppm、1.34 ppm、1.38 ppm、1.56 ppm、1.67 ppm、3.10 ppm、3.16 ppm、3.27 ppm、4.13 ppm 等处的小峰均是杂质峰，这是根据它们的峰面积很小判断的。氢谱样品峰组的数据可以整理为表 6.38。

表 6.38　未知物氢谱数据整理

δ_H/ppm	峰组积分数值	氢原子数	峰型
0.95	3.00	3	d
0.99	2.82	3	s
1.10	1.46	1	t
1.32	2.82	3	s
1.72	1.36	1	d,t
2.45	1.28	1	宽峰
2.70	0.94	1	q
2.76	1.19	1	m
3.01	1.46	1	m
3.22	3.23	3	s
3.52	1.76	2	m
4.07	0.92	1	宽峰
4.12	0.75	1	s
4.03	0.84	1	s
5.31	0.97	1	d
5.51	0.94	1	s
5.85	0.91	1	d

氢谱中 2.45 ppm 的峰组是一个钝峰，如果单看此峰并不能确定它是样品峰，但是从 HSQC 谱可以清楚地看到它是一个样品峰。

从氢谱看到，有些峰组对应的氢原子数容易确定。例如，其中有 3 个峰组的积分数值分别为 3.00、2.82、2.82，这当然可以确定它们对应的氢原子数都为 3。氢谱中有些峰组的积分数值则不好确定，如积分数值为 1.46、1.36 的峰组，不能用四舍五入的方式处理。为了准确无误地确定氢原子数目，必须结合 HSQC 谱分析。以 3.01 ppm 的峰组为例，其积分数值为 1.46。在 HSQC 谱中找到它和 40.98 ppm 的碳谱谱线的相关峰，后者有 2.76 ppm和 3.01 ppm 的两个相关峰，这就确凿地说明 40.98 ppm 的碳谱谱线只对应一个 CH_2。清楚地说明 3.01 ppm 的峰组是这个 CH_2 上的一个氢的峰组，因此3.01 ppm的峰组的氢原子数是 1。其他峰组也按此方式处理。最后得到表 6.38。

如果氢谱解析时遇见困难结合 HSQC 谱还不够确定时，可以再参考 DEPT 谱、COSY 谱。

从表 6.38 的各行相加得知，该未知物一共含有 26 个氢原子。

在查看未知物碳谱时，需要很仔细地行事。从放大的碳谱可以很清楚地看到，在碳谱溶剂多重峰的左边有两条谱线(40.98 ppm 和 41.50 ppm)。需要注意的是碳谱中有一条样品的谱线和溶剂的多重峰中的一条完全重合,即使在放大的碳谱中也看不到(图6.100),此时需要查看 HSQC 谱。在 HSQC 谱中 F_1(纵坐标)方向溶剂的多重峰组的位置,在 F_2(横坐标)方向可以看到在三个地方有相关峰,它们的位置分别在约 1.10 ppm、1.72 ppm、2.50 ppm。2.50 ppm 的峰组属于溶剂,1.10 ppm 和 1.72 ppm 的两个峰组则属于另外一条样品的碳谱谱线。由于它对应氢谱的两个峰组,因此它必然是一个 CH_2。

在碳谱结合 HSQC 谱还分析不清楚时,可以再结合 DEPT 谱、HMBC 谱。像上面的例子,在 DEPT 谱中约 39.51 ppm 处向下的峰是上述结论的进一步证明。

这个例子说明,只要综合解析几种核磁共振谱图,就可以避免只解析一种核磁共振谱图可能带来的错误。

结合未知物的碳谱、DEPT 谱和 HSQC 谱,可以把碳谱和氢谱的数据完好地整理出来,如表 6.39 所示。

表 6.39　未知物碳谱、DEPT 谱和 HSQC 谱数据整理

序号	δ_C/ppm	碳原子数	碳原子种类	直接相连的氢 δ_H/ppm
1	13.89	1	CH_3	1.32
2	21.08	1	CH_3	0.95
3	25.04	1	CH	2.45
4	26.30	1	CH_3	0.99
5	39.51	1	CH_2	1.10,1.72
6	40.98	1	CH_2	2.76,3.01
7	41.50	1	CH	2.70
8	56.71	1	C	
9	57.89	1	CH_3	3.22
10	64.32	1	CH	4.07
11	67.25	1	CH_2	3.52
12	73.24	1	C	
13	127.35	1	CH	5.85
14	131.73	1	C	
15	133.01	1	CH	5.51
16	133.85	1	CH	5.31
17	212.18	1	C	

注:溶剂(氘代 DMSO)的峰未列入。

从表 6.39 可知,该未知物含有 4 个甲基(从化学位移数值看其中一个是甲氧基)、3 个 CH_2、6 个 CH、4 个季碳(其中 1 个羰基)。上述相加得到 17 个碳原子。

从表 6.39 可知,扣除直接连在碳原子上的氢,该未知物氢谱还剩余位于 4.12 ppm、4.93 ppm 的两个峰组,分别各自对应 1 个氢原子,它们应该都是活泼氢。

上述结果已经说明该未知物含有 $C_{17}H_{26}O$(一个羰基),两个活泼氢还对应有两个杂原子。以上质量和相对分子质量数值上相差 48,只可能是 3 个氧原子。相对分子质量为偶数,该未知物要么不含氮原子,要么含偶数个氮原子,这两种情况都不能满足 48 的质量差额。反之,该未知物再含有 3 个氧原子则合理：

(1) 满足 48 的质量差额。

(2) 碳谱谱线和氢谱峰组的化学位移数值多有与氧原子连接的信息。

所以该未知物的分子式为 $C_{17}H_{26}O_4$,根据分子式计算该未知物的不饱和度为 5。

上面已经看到该未知物存在 1 个羰基,碳谱中有 4 个烯碳原子(δ_C=127～134 ppm),即两组双键,因此该未知物应该含有两个环。

COSY 谱的数据归纳为表 6.40。

表 6.40　未知物 COSY 谱数据归纳

序号	δ_H/ppm	耦合的氢原子 δ_H/ppm	序号	δ_H/ppm	耦合的氢原子 δ_H/ppm
1	0.95	2.45	10	3.22	
2	0.99		11	3.52	2.76,3.01
3	1.10	1.72,2.45,4.07	12	4.07	1.10,1.72,2.70,4.12
4	1.32	(2.70)	13	4.12	4.07
5	1.72	1.10,2.45,4.07	14	4.93	
6	2.45	0.95,1.10,1.72,(5.51)*	15	5.31	5.85
7	2.70	(1.32),4.07	16	5.51	(1.72),(2.45)*,2.70
8	2.76	3.01,3.52	17	5.85	5.31
9	3.01	2.76,3.52			

* 由低截面的 COSY 谱(此题未列出)得到。

该未知物 HMBC 谱的数据整理为表 6.41。

表 6.41　未知物 HMBC 谱数据整理

序号	δ_C/ppm	长程耦合的氢 δ_H/ppm	^1J 耦合的氢 δ_H/ppm
1	13.89	2.70	1.32
2	21.08	(1.10),5.51	
3	25.04	0.95,1.10,5.51	
4	26.30		0.99
5	39.51	0.95,5.51	
6	40.98		
7	41.50	1.32,5.51,5.85	
8	56.71	0.99,1.32,2.70,5.31	
9	57.89		3.22
10	64.32		

续表

序号	δ_C/ppm	长程耦合的氢 δ_H/ppm	^1J 耦合的氢 δ_H/ppm
11	67.25	2.76,3.01,3.22	
12	73.24	0.99,1.32,5.85	
13	127.35	5.51	
14	131.73	2.70,5.31	
15	133.01	0.95,5.85	
16	133.85	0.99	
17	212.18	1.32,2.76,3.01	

注：溶剂（氘代 DMSO）的典型的 ^1J 相关峰未列入。

下面通过 COSY 谱和 HMBC 谱组装结构单元，并使它们逐渐扩大，最后完成整个未知物的结构。

可以从表 6.39 中序号 9，δ_C = 57.89 ppm，δ_H = 3.22 ppm 的甲氧基开始，它肯定是该未知物的一个末端。由于氧原子切断了 ^3J 耦合，因此甲氧基和其他结构单元的连接必须依靠 HMBC 谱的相关峰。从表 6.41 中序号 11 可知，δ_C = 67.25 ppm 的碳原子谱线和 δ_H = 3.22 ppm 的氢谱峰组有长程相关，而根据 HSQC 谱，这个碳原子是 CH_2（δ_H = 3.52 ppm）。从 COSY 谱的表 6.40 中序号 11 可知这个 CH_2 和另外一个 CH_2，表 6.39 中序号 6（δ_C = 40.98 ppm，δ_H = 2.76 ppm，3.01 ppm）相关。因此得到结构单元：

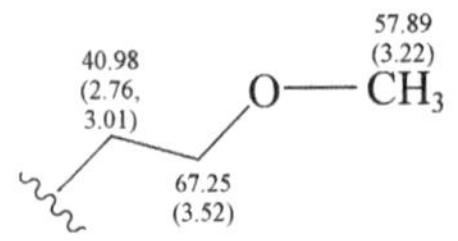

根据 HMBC 谱（表 6.41 中序号 17），δ_C = 212.18 ppm 的碳谱谱线和 δ_H = 2.76 ppm，3.01 ppm 的峰组相关。由于在 HMBC 谱中 $^3J_{CH}$ 的相关并非唯一的相关，因此这个羰基和上述的 CH_2 之间是直接连接还是通过一个其他原子再连接，目前还不能下结论。

下面看表 6.39 中序号 10，δ_C = 64.32 ppm，δ_H = 4.07 ppm 的 CH，从 COSY 谱（表 6.40 中序号 12）可知它连接一个羟基（δ_H = 4.12 ppm），同时已知它连接一个 CH_2（δ_C = 39.51 ppm，δ_H = 1.10 ppm，1.72 ppm），同样是由 COSY 谱结果（表 6.40）序号 3 和 5，知道后者连接一个 CH（δ_C = 25.04 ppm，δ_H = 2.45 ppm，表 6.39 中的序号 3），而从表 6.40 中的序号 6 可知该 CH 还连接一个甲基（δ_C = 21.08 ppm，δ_H = 0.95 ppm）和一个烯的 CH（δ_C = 133.01 ppm，δ_H = 5.51 ppm），所以得到结构单元：

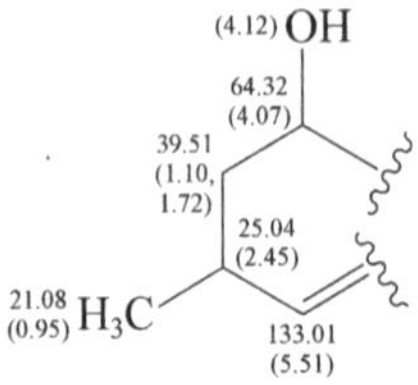

从 HMBC 谱(表 6.41 中序号 13、14 和 15)：δ_C＝127.35 ppm 和 δ_H＝5.51 ppm，δ_C＝131.73 ppm 和 δ_H＝5.31 ppm，δ_C＝133.01 ppm和 δ_H＝5.85 ppm 的相关，上述双键可以延伸出一个共轭双键，即上述结构单元进一步扩大为

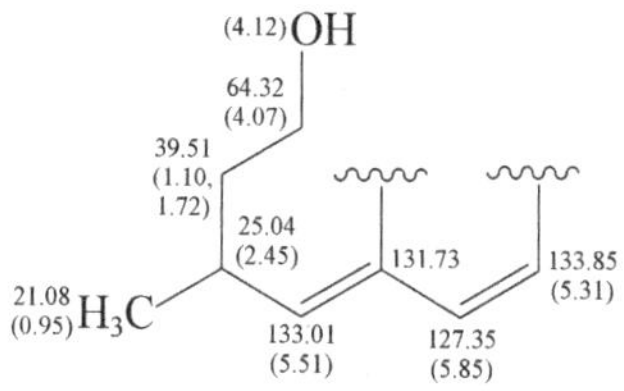

再根据 HMBC 谱(表 6.41 中序号 7)，δ_C＝41.50 ppm 和 δ_H＝5.51 ppm，5.85 ppm 的相关，找到和位于 131.73 ppm 的烯碳原子相连的 CH。要特别注意的是这个碳原子和 5.51 ppm，5.85 ppm 的氢谱峰组都有长程耦合，因此可以准确决定它的位置。所以，上述结构单元延伸为

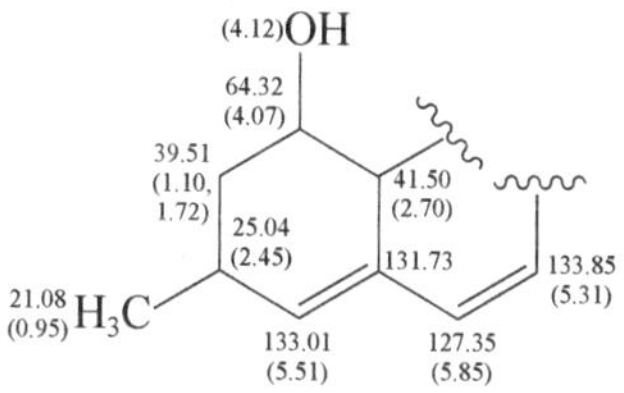

再根据 HMBC 谱(表 6.41 中序号 12)δ_C＝73.24 ppm 和 δ_H＝5.85 ppm 的相关，可以找到和位于 133.85 ppm 的烯碳原子相连的季碳原子(δ_C＝73.24 ppm)。从这个季碳原子的化学位移数值可知它应该连接羟基。另外，从它和 δ_H＝1.32 ppm 的长程相关(表 6.41 中序号 12)，上述结构单元可以进一步延伸为

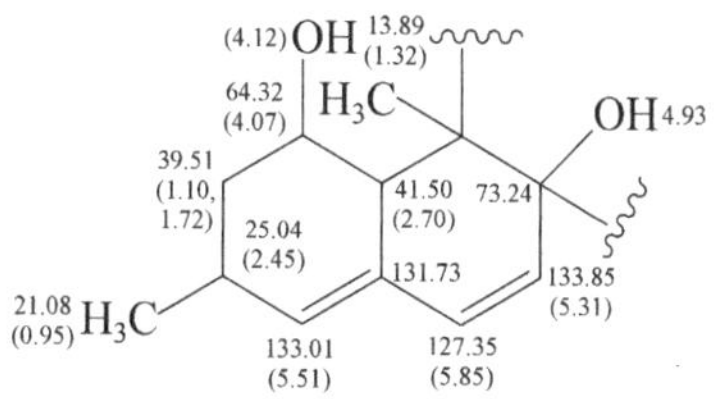

再根据 HMBC 谱(表 6.41 中序号 8)δ_C＝56.71 ppm 和 δ_H＝0.99 ppm、2.70 ppm、5.31 ppm的相关，可以找到和位于 73.24 ppm 的季碳原子相连的季碳原子的化学位移数值(δ_C＝56.71 ppm)，并且确定连接在 73.24 ppm 季碳原子上的另外一个甲基：

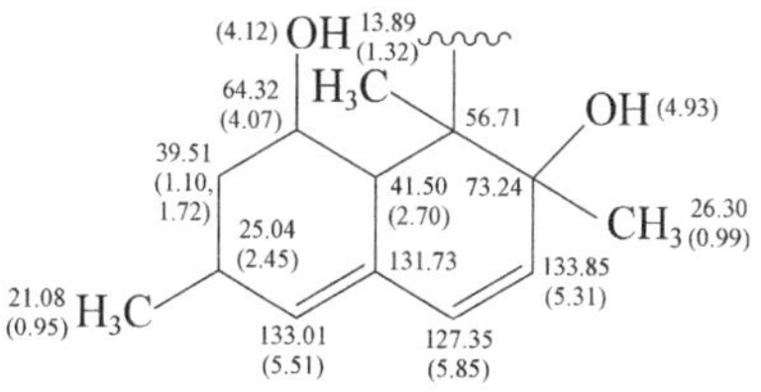

最后，根据 HMBC 谱（表 6.41 中序号 17）δ_C = 212.18 ppm 和 δ_H = 1.32 ppm、2.76 ppm、3.01 ppm 的相关，可以通过羰基完成上述两个结构单元的连接，并且达到对该未知物的碳谱和氢谱的全部指认：

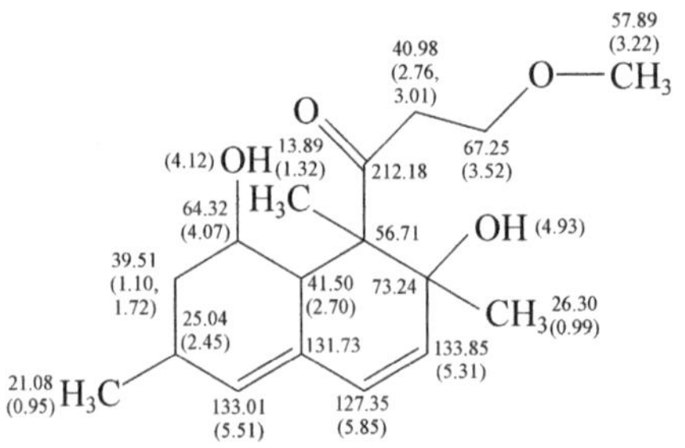

C6－12

根据上面的结构式和指认，应该看到 δ_C＝64.32 ppm 和 δ_H＝2.45 ppm 的相关，但是在 HMBC 谱中的确没有。这是因为氢谱中 δ_H＝2.45 ppm 的峰组很钝，峰组的高度很低，因此二维谱中的相关峰因强度很弱而看不到。

关于该未知物的氢谱再作如下的补充：

（1）由于该未知物没有对称面，因此该未知物所有 3 个 CH_2 上的两个氢原子分别都不化学等价，因此都反映同碳二氢的 ^2J 耦合关系。即使是化学位移数值为 3.52 ppm 的峰组，只标注了一个化学位移数值，实际上 ^2J 耦合在氢谱上面也看得很清楚。另外的两个 CH_2 由于同碳二氢的化学不等价性更大，因此都标注了两个化学位移数值。

（2）δ_C＝41.50 ppm，δ_H＝2.70 ppm 的 CH，其氢谱峰型近似为四重峰，其成因是因为长程耦合引起。一般讲，由于双键的存在，烯丙耦合、高烯丙耦合和 W 型的耦合都可能有不小的长程耦合常数。

例 6.12　合成的某化合物具有如下预想结构：

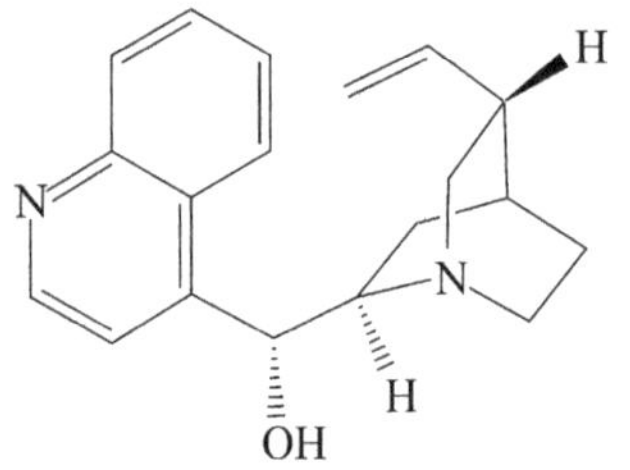

C6－13

已经测定该化合物的核磁共振氢谱、氢谱局部放大谱、碳谱、碳谱局部放大谱、DEPT-135 谱、DEPT-135 谱局部放大谱、COSY 谱、COSY 谱局部放大谱、HMQC 谱、HMQC 谱局部放大谱、HMBC 谱和 HMBC 谱局部放大谱分别如图 6.108～图 6.128 所示。试通过它的核磁共振谱图证实其结构。所有核磁共振谱图均由 600 MHz 谱仪测定，溶剂为氘代 DMSO。

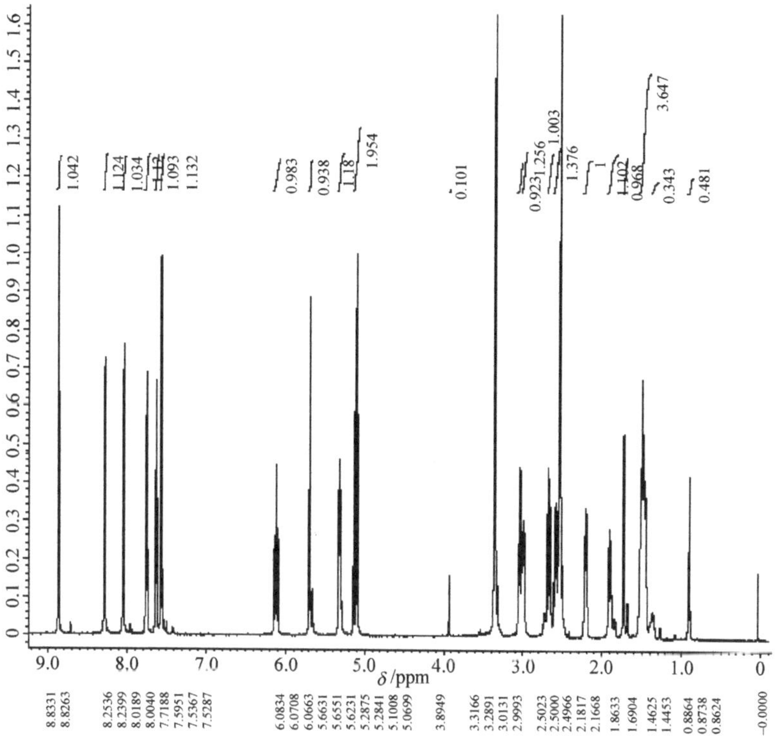

图 6.108　化合物氢谱

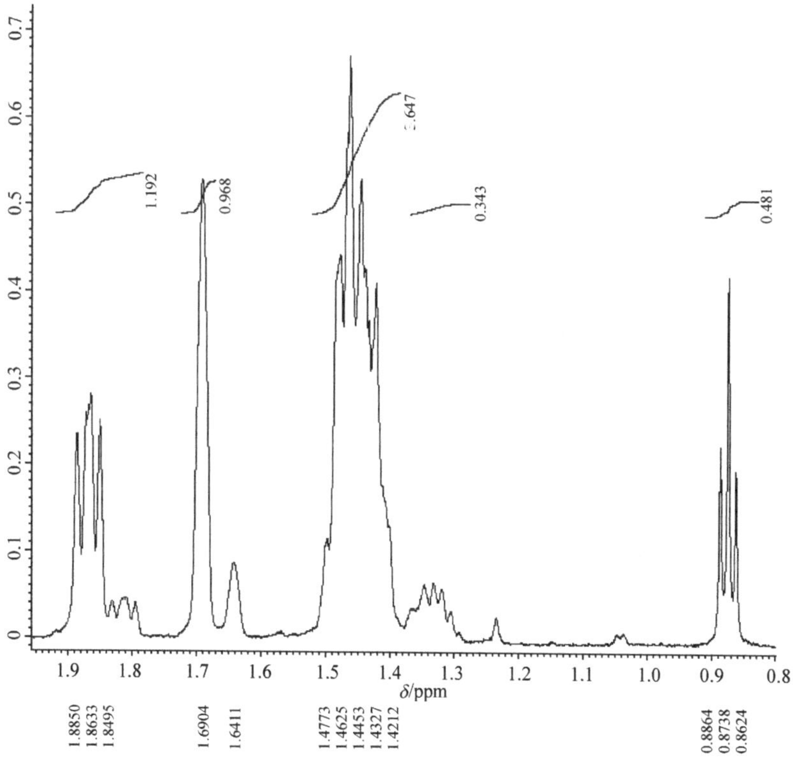

图 6.109　化合物氢谱局部放大谱 1

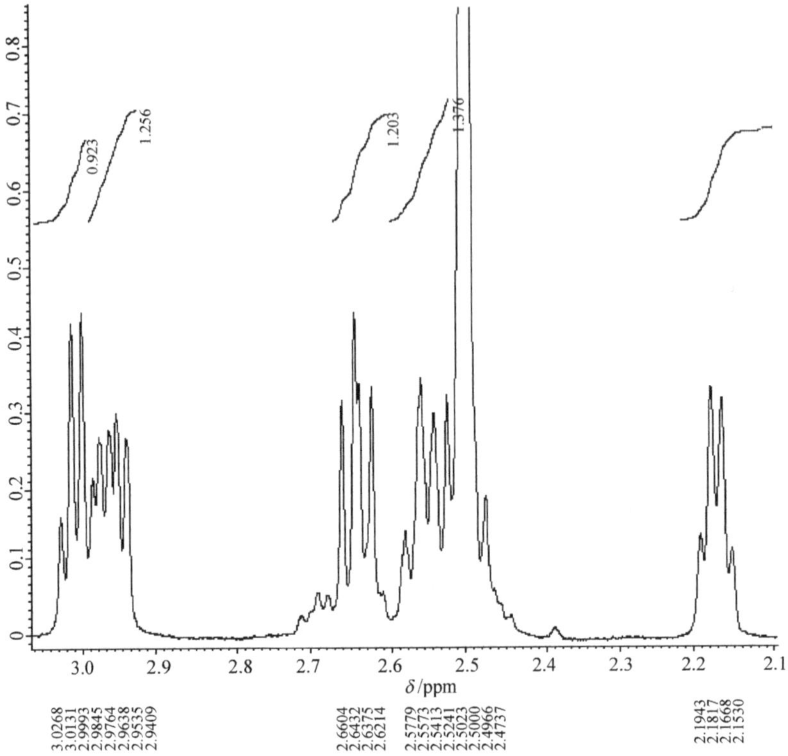

图 6.110 化合物氢谱局部放大谱 2

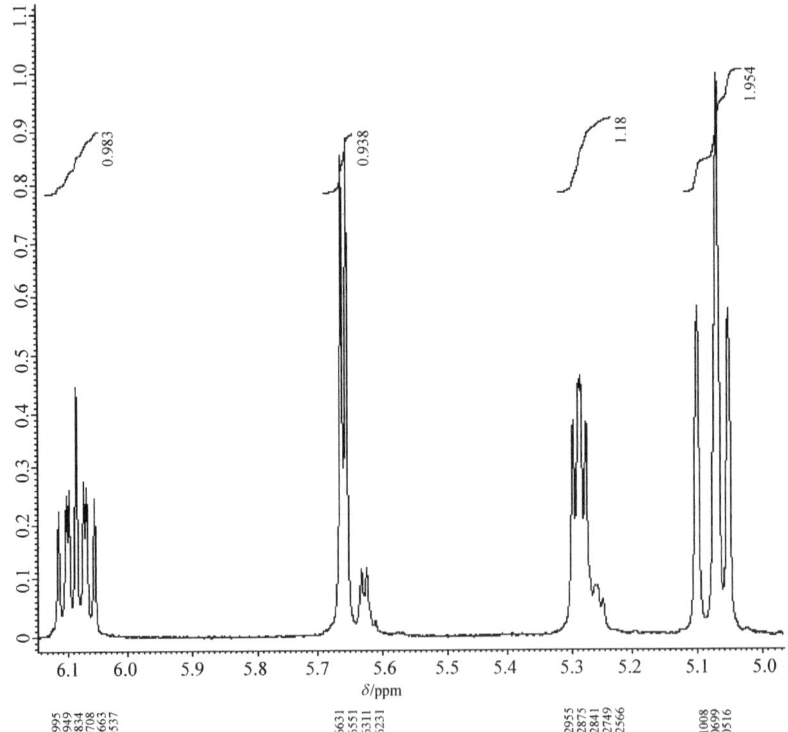

图 6.111 化合物氢谱局部放大谱 3

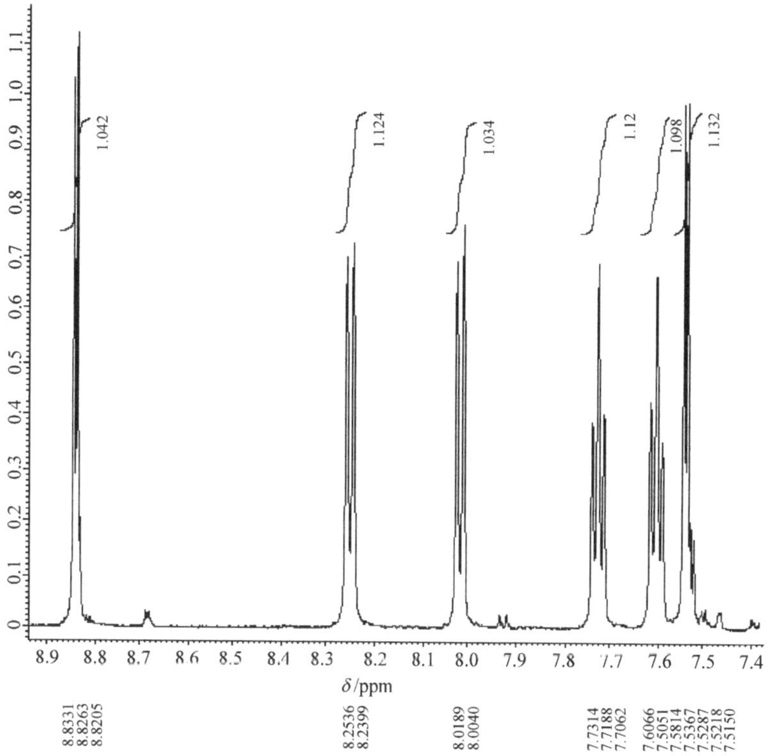

图 6.112　化合物氢谱局部放大谱 4

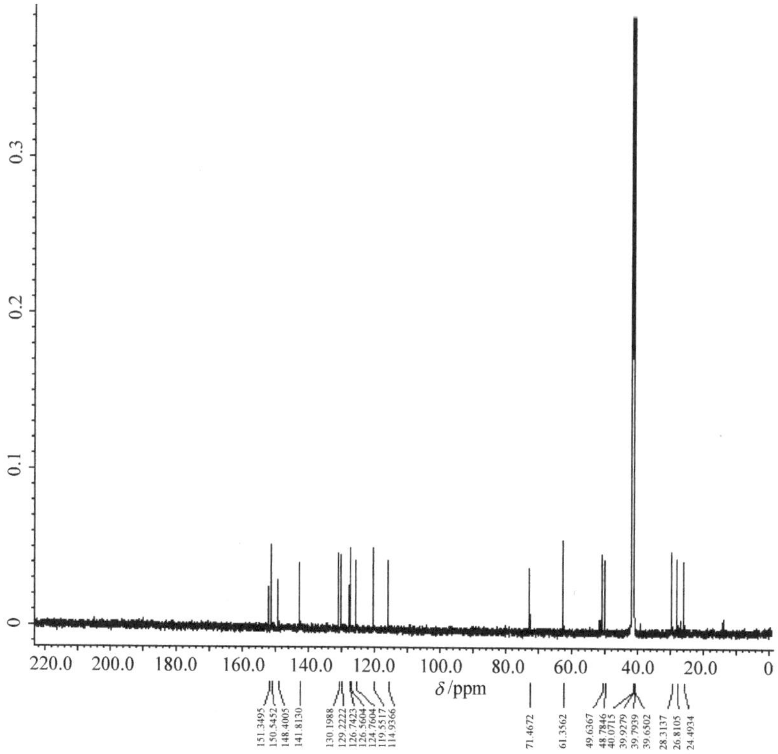

图 6.113　化合物碳谱

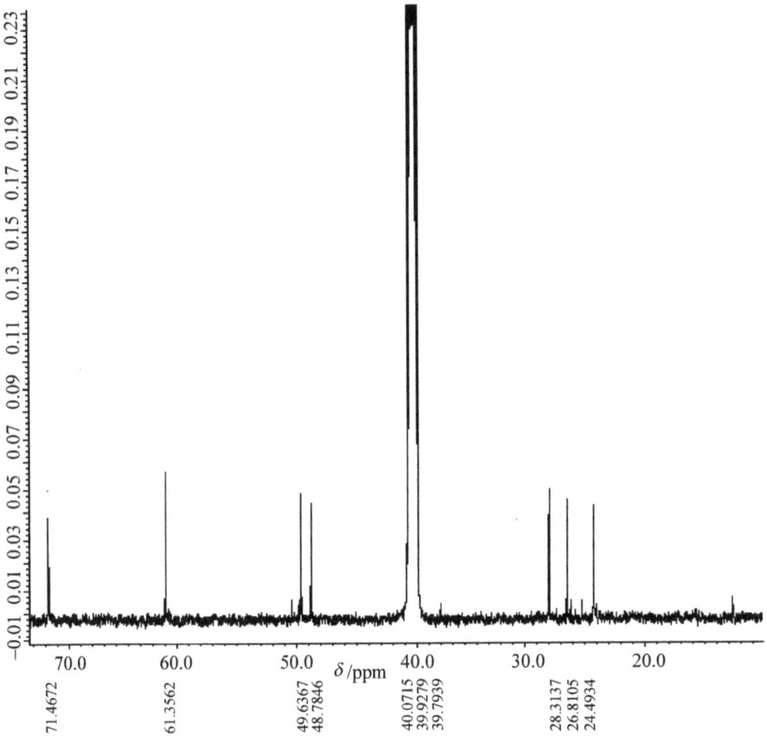

图 6.114　化合物碳谱局部放大谱 1

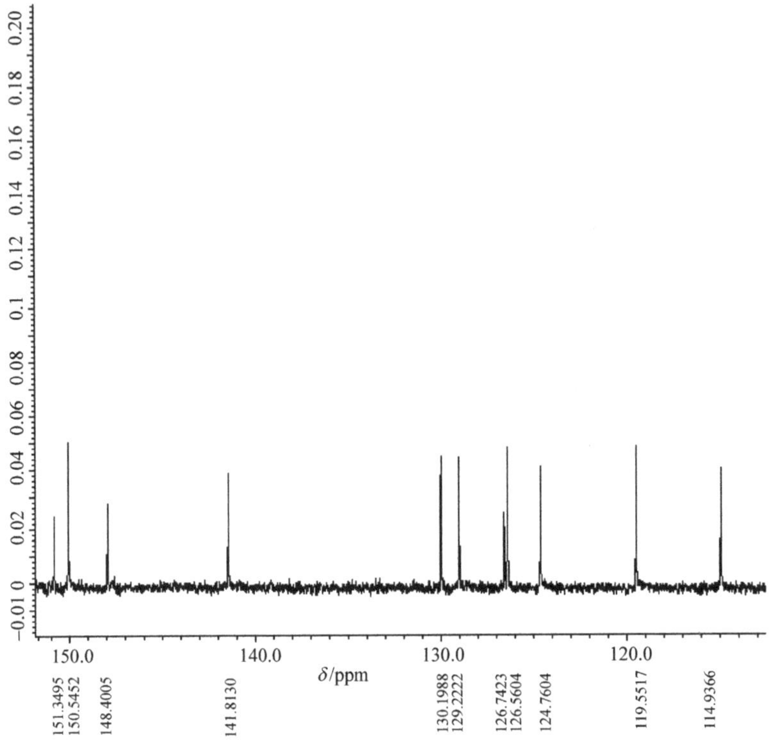

图 6.115　化合物碳谱局部放大谱 2

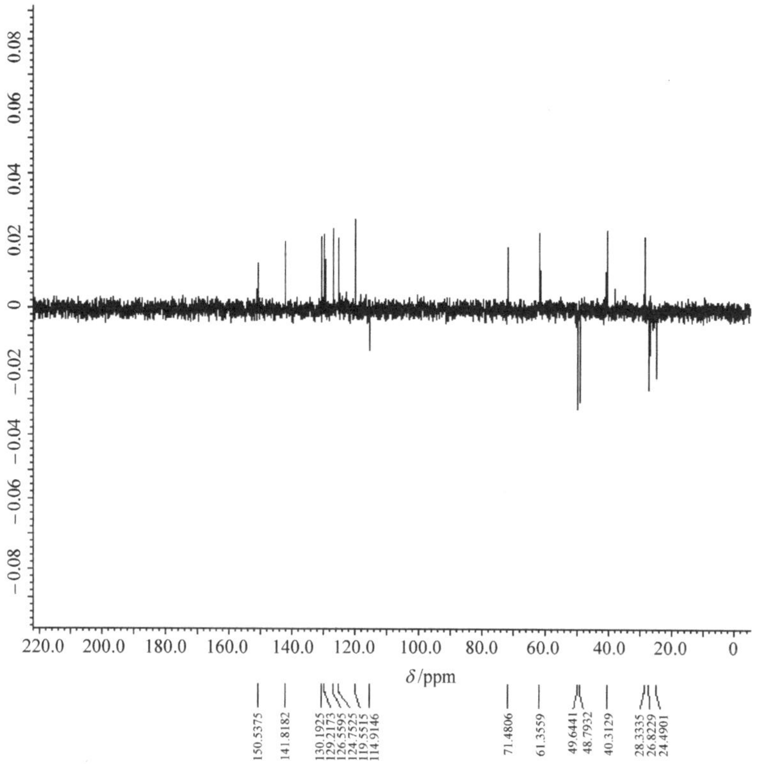

图 6.116 化合物 DEPT-135 谱

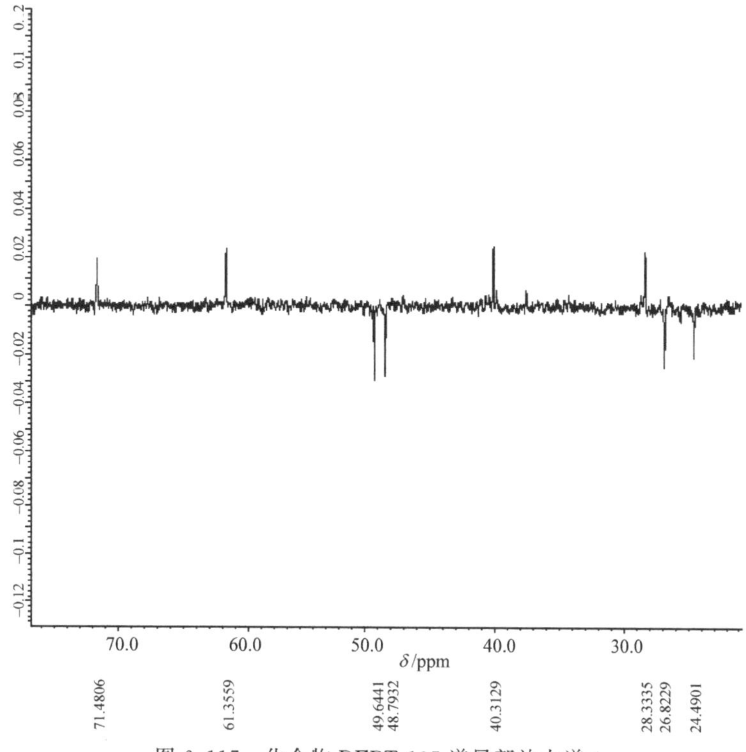

图 6.117 化合物 DEPT-135 谱局部放大谱 1

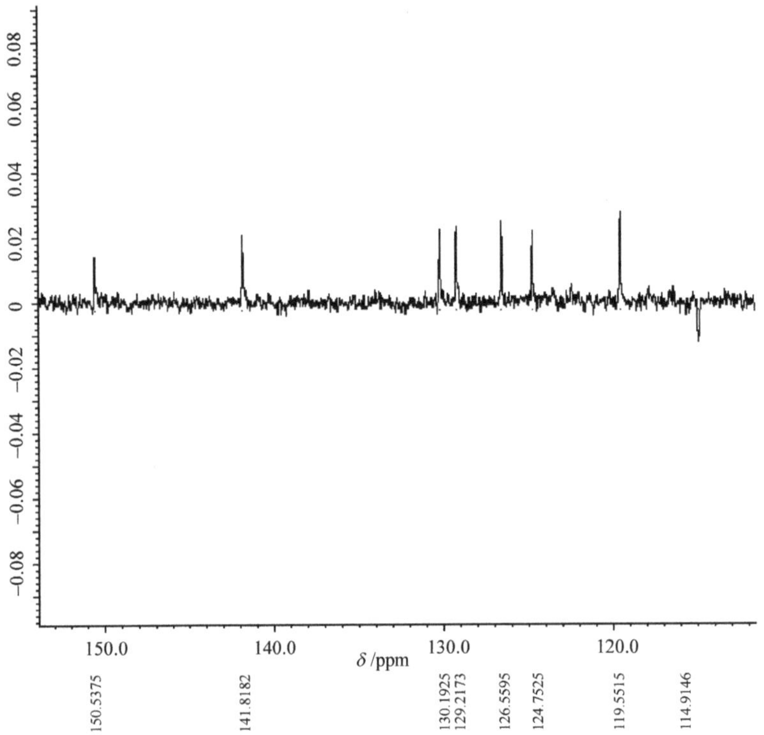

图 6.118　化合物 DEPT-135 谱局部放大谱 2

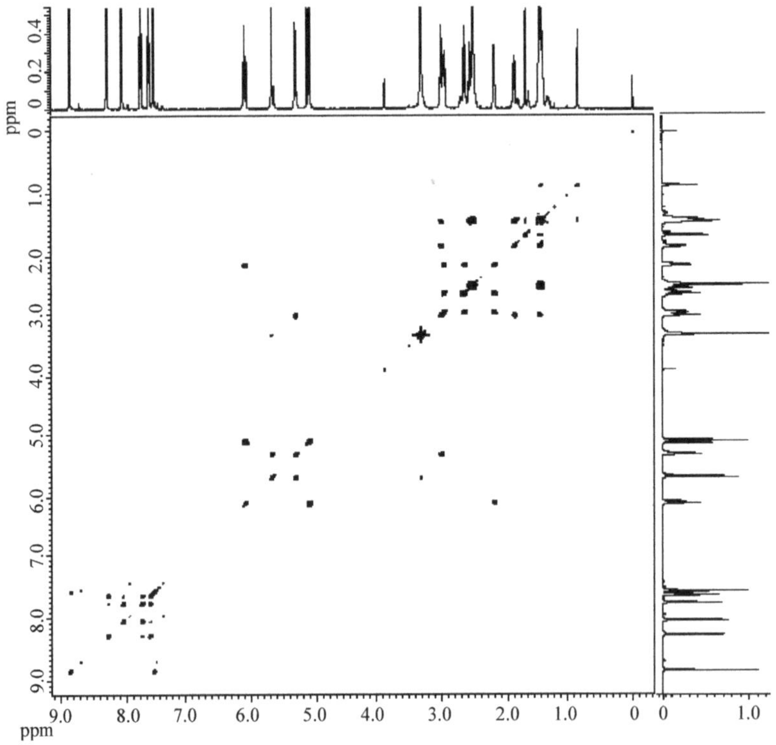

图 6.119　化合物 COSY 谱

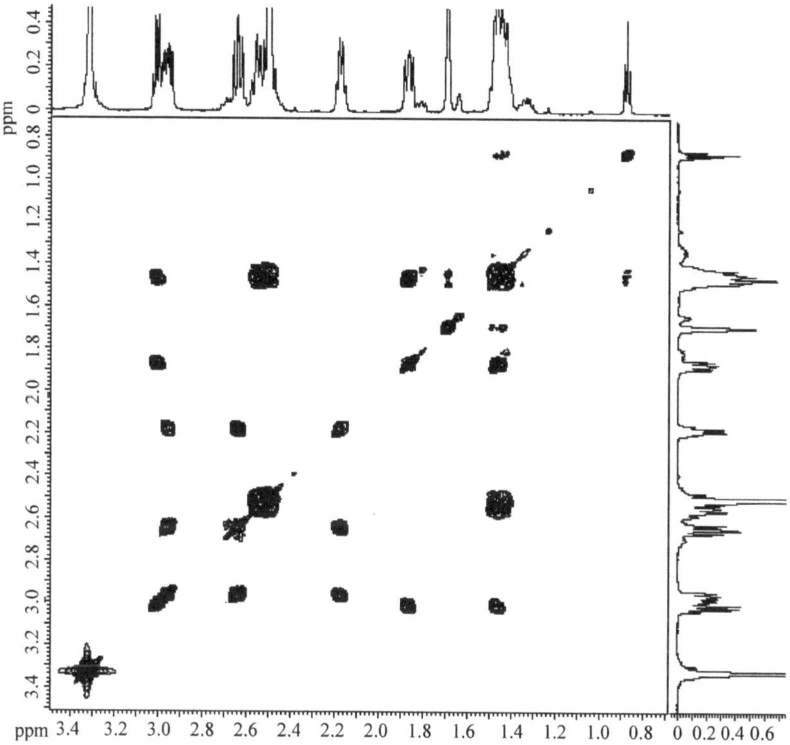

图 6.120　化合物 COSY 谱局部放大谱 1

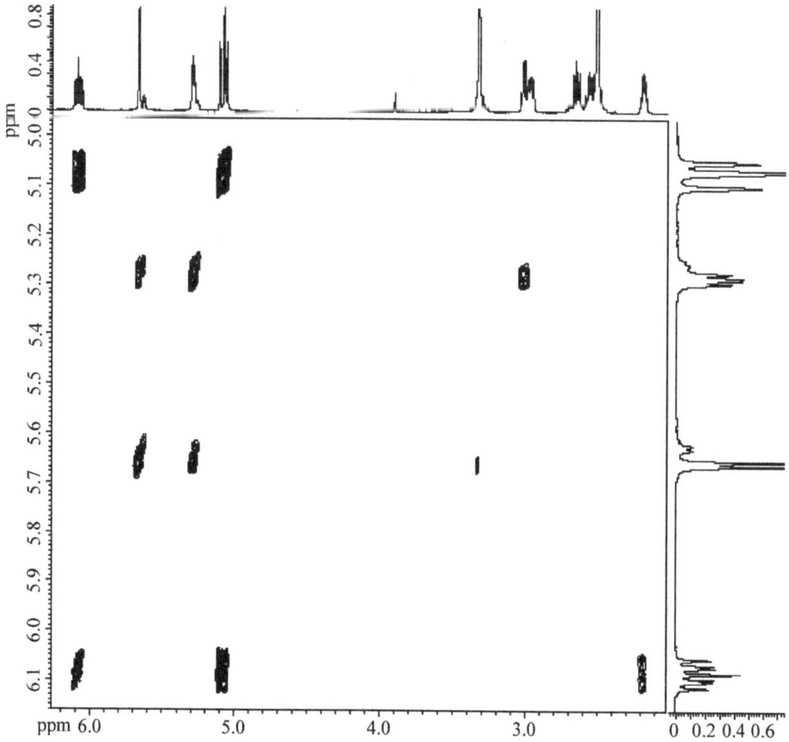

图 6.121　化合物 COSY 谱局部放大谱 2

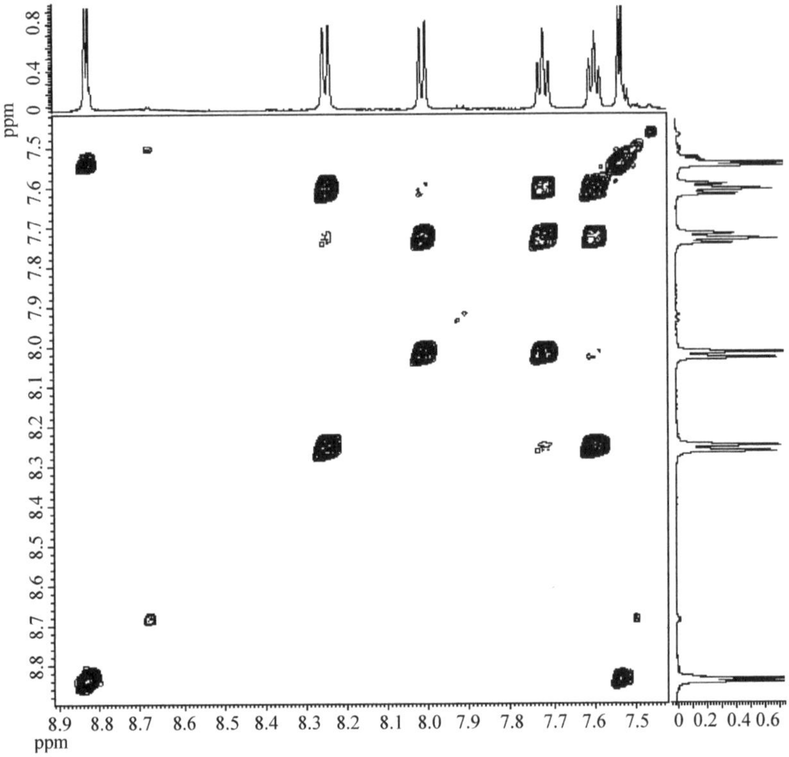

图 6.122　化合物 COSY 谱局部放大谱 3

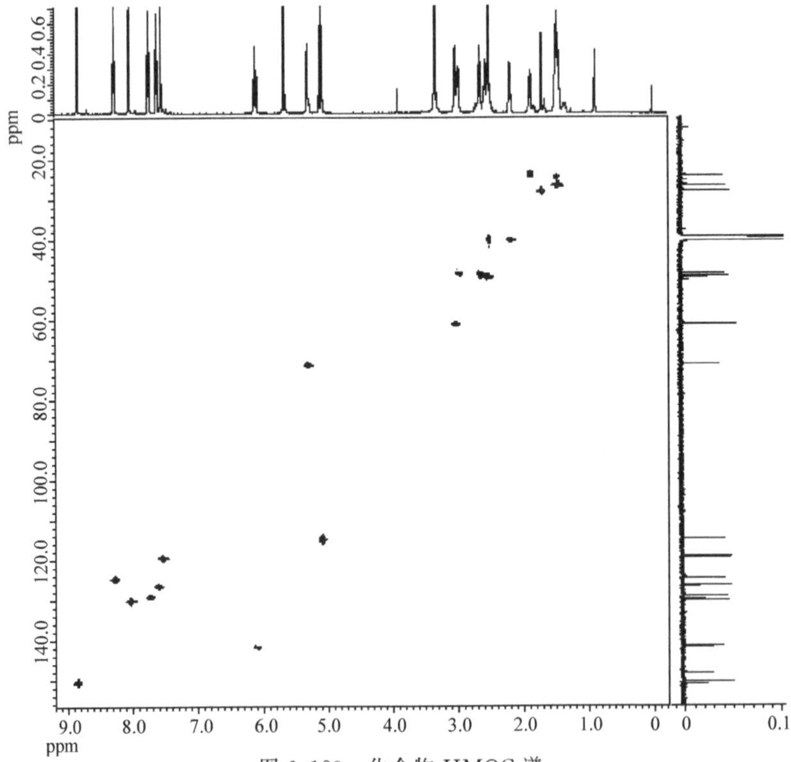

图 6.123　化合物 HMQC 谱

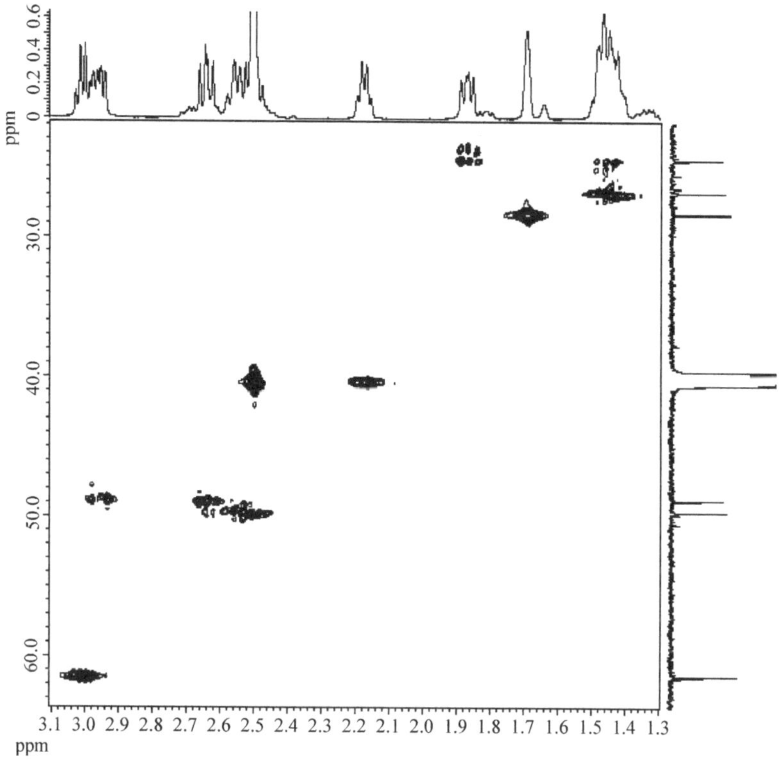

图 6.124 化合物 HMQC 谱局部放大谱 1

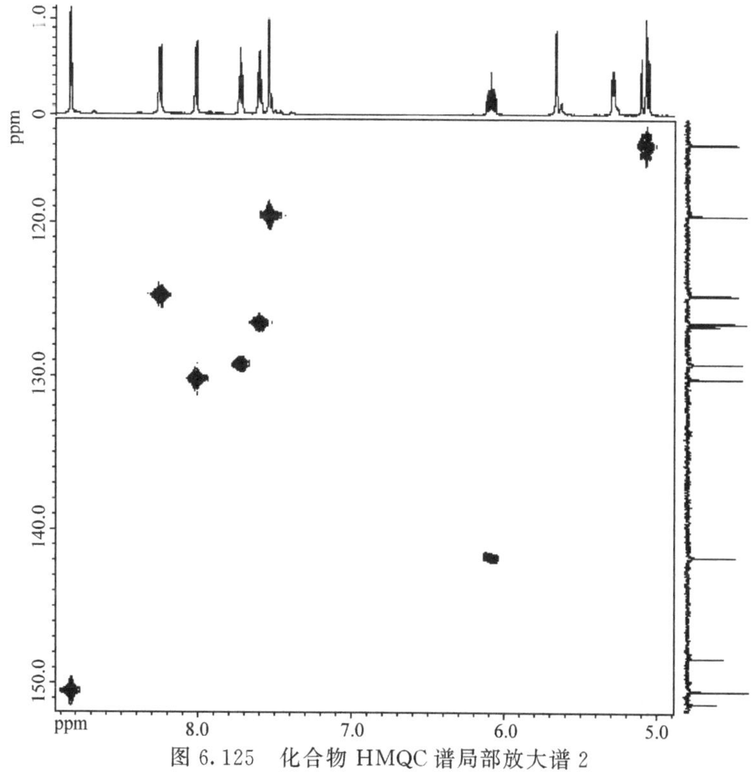

图 6.125 化合物 HMQC 谱局部放大谱 2

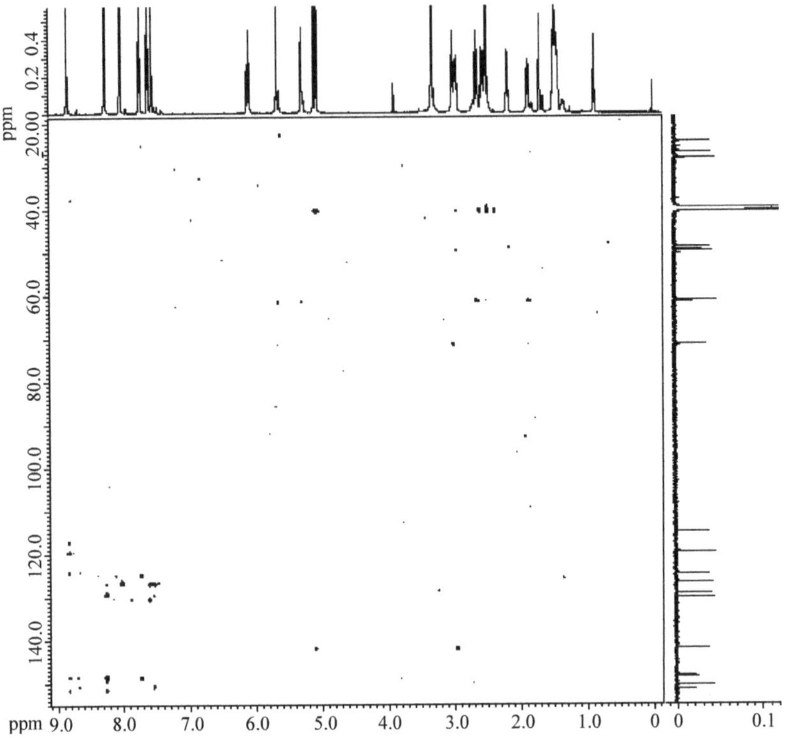

图 6.126　化合物 HMBC 谱

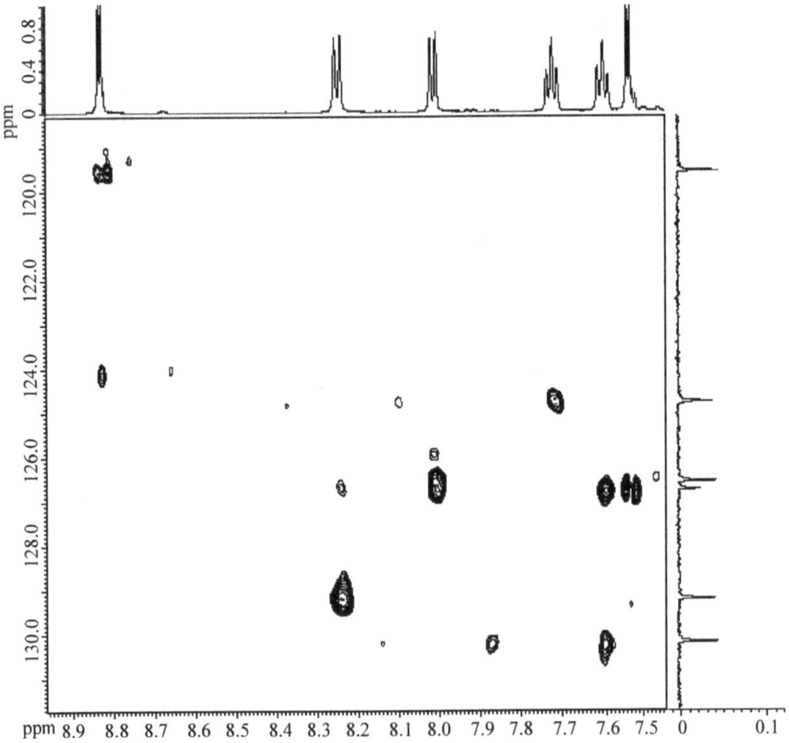

图 6.127　化合物 HMBC 谱局部放大谱 1

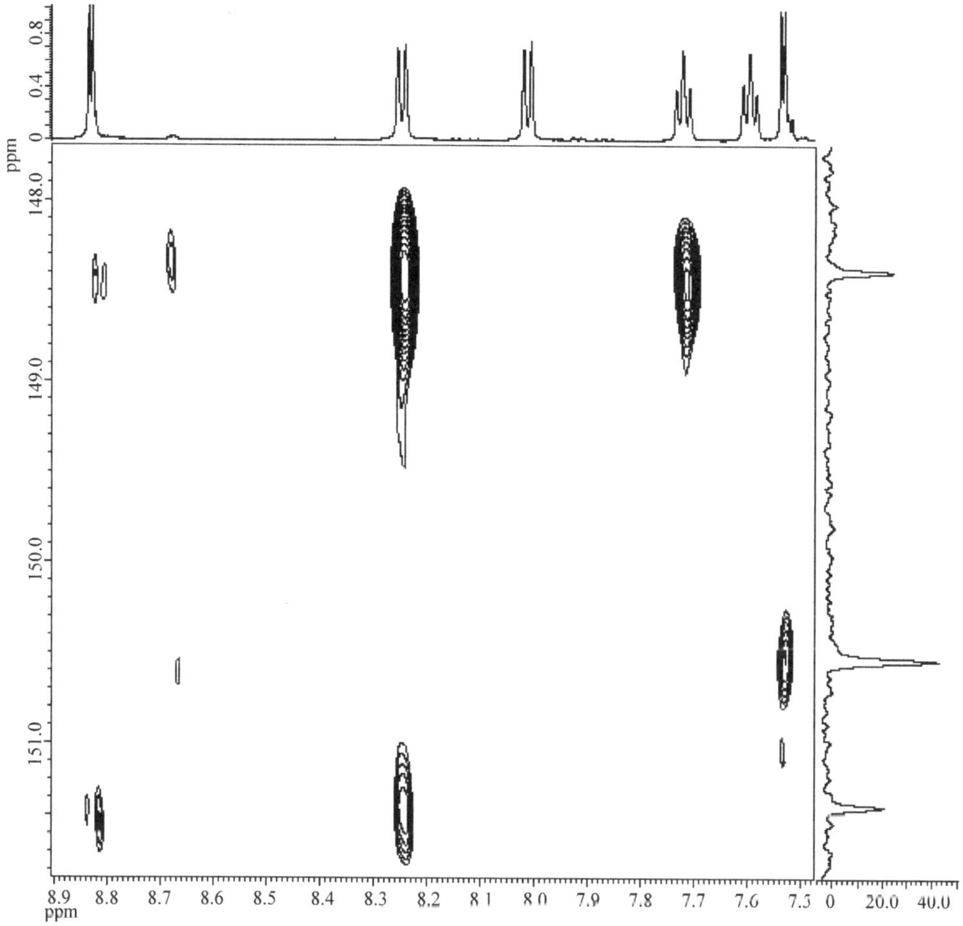

图 6.128　化合物 HMBC 谱局部放大谱 2

解　氢谱中在约 2.50 ppm 的强峰是溶剂峰(氘代 DMSO),在约 3.30 ppm 的峰是水峰(当氘代 DMSO 作溶剂时)。

从相对于样品峰组较小的峰面积可以看到,该化合物的氢谱中有不少杂质峰。判断杂质峰的另一个重要方法是查看 HMQC 谱(或同类谱,如 HSQC 谱),与氢谱中杂质峰相关的碳谱峰的强度很低。例如,氢谱中 0.87 ppm 的峰强度不低,积分面积为 0.48,但是从 HMQC 谱看,对应碳谱的峰强度很低,因此可以确定是杂质峰。

如果氢谱中峰组的积分面积接近整数,就易于确定该峰组的氢原子数;如果其积分数值距离整数较远,就必须结合 HMQC 谱确定该峰组的氢原子数。

参考 HMQC 谱,该氢谱的数据整理为表 6.42。

表 6.42　化合物氢谱数据整理

δ_H/ppm	积分数值	氢原子数	峰型	J/Hz	备注
1.46	3.65	3	m		HMQC 谱确定是 3 个氢的峰组重叠而成
1.69	0.97	1	s		

续表

δ_H/ppm	积分数值	氢原子数	峰型	J/Hz	备注
1.86	1.19	1	m		
2.17	1.00	1	q	8.9	
2.53	1.72	2	m		
2.64	1.21	1	m		
2.95	1.26	1	m		
3.01	0.92	1	q	8.2	
5.07	1.95	2	m		
5.28	1.18	1	m		
5.66	0.94	1	d	4.8	
6.08	0.98	1	m		
7.52	1.13	1	d	4.1	
7.59	1.09	1	t	8.2	
7.72	1.12	1	t	7.6	
8.01	1.03	1	d	8.9	
8.24	1.12	1	d	8.2	
8.83	1.04	1	d	4.1	

由于从氢谱读取的耦合常数数据可能有误差，判断耦合关系以 COSY 谱为主要依据。

在该化合物的碳谱中，样品谱线和杂质谱线的强度相差很大，因此很容易把杂质峰去掉。在分析这张碳谱时，需要注意样品有一个峰与溶剂的峰组重叠了。在 HMQC 谱中，溶剂峰组(约 40 ppm)处对应有两个相关峰：一个相关峰是溶剂的相关峰(约在 2.5 ppm)；另外一个相关峰在 2.17 ppm，这是一个样品的峰组，由此可知样品的一个峰重叠在溶剂峰组中。

综合碳谱、DEPT 谱和 HMQC 谱，把有关的数据归纳为表 6.43。

表 6.43　化合物碳谱和氢谱数据总结

序号	δ_C/ppm	碳原子数	碳原子种类	与之相连的氢原子 δ_H/ppm	备注
1	24.49	1	CH_2	1.46,1.86	
2	26.81	1	CH_2	1.43,1.48	
3	28.31	1	CH	1.69	
4	40.03	1	CH	2.17	
5	48.78	1	CH_2	2.64,2.95	
6	49.64	1	CH_2	2.49,2.56	从 DEPT 谱确定是亚甲基
7	61.36	1	CH	3.01	
8	71.47	1	CH	5.28	

续表

序号	δ_C/ppm	碳原子数	碳原子种类	与之相连的氢原子 δ_H/ppm	备注
9	114.94	1	CH_2	5.07	
10	119.55	1	CH	7.52	
11	124.76	1	CH	8.24	
12	126.56	1	CH	7.59	需要放大电子谱图才能确定
13	126.74	1	C		
14	129.22	1	C	7.72	
15	130.19	1	CH	8.01	
16	141.81	1	CH	6.08	
17	148.40	1	C		
18	150.55	1	CH	8.83	
19	151.35	1	C		

化合物的 COSY 谱(及其局部放大谱)比较难读取和分析。首先初步读取 COSY 谱及其局部放大谱的数据,归纳为表 6.44,然后再进行分析。

表 6.44 化合物 COSY 谱数据归纳

序号	δ_H/ppm	相耦合的氢原子 δ_H/ppm	序号	δ_H/ppm	相耦合的氢原子 δ_H/ppm
1	1.46	(1.69),1.86,2.53,3.01	10	5.28	3.01,5.66
2	1.69	1.46	11	5.66	5.28
3	1.86	1.46,3.01	12	6.08	2.17,5.07
4	2.17	2.64,2.95,6.08	13	7.52	8.83
5	2.53	1.46	14	7.59	7.72,(8.01),8.24
6	2.64	2.17,2.95	15	7.72	7.59,8.01,(8.24)
7	2.95	2.17,2.64	16	8.01	(7.59),7.72
8	3.01	1.46,1.86,5.28	17	8.24	7.59,(7.72)
9	5.07	6.08	18	8.83	7.52

注:圆括号( )表示弱的耦合相关。

在 COSY 谱中,F_2=3.30 ppm、F_1=5.66 ppm 的相关峰没有列入表 6.44,因为氢谱中 3.30 ppm 的单峰是水峰。这也提示位于 5.66 ppm 的峰组可能属于活泼氢,这个想法由 HMQC 谱得到证实。5.66 ppm 的峰在 HMQC 谱中没有相关峰。

化合物 COSY 谱难分析之处主要在于涉及 1.46 ppm 附近的相关峰。前面氢谱的讨论已经述及,它是由 3 个氢原子的峰组构成的。每个氢原子都各自有其相关峰,相关峰又可能相互重叠,因此造成分析的困难。

在分析 COSY 谱遇见困难时,经常还可以参阅 HMBC 谱分析,因为后者的一维是碳谱的化学位移，它的分辨率常高于 COSY 谱。遗憾的是，化合物的 HMBC 谱在 1.46 ppm 附近没有相关峰，所以必须尽量利用 HMQC 谱的数据。

从 HMQC 谱可知，在 1.46 ppm 附近有 3 个氢的峰组，它们的化学位移数值分别为 1.43 ppm、1.48 ppm 和 1.46 ppm，其中前面两个属于一个亚甲基。1.46 ppm 的峰组则与 1.86 ppm 的峰组同属于另外一个亚甲基。分析 COSY 谱的数据，主要是为了找到邻碳氢。由于同碳氢，即具有 ^2J 耦合的氢也会在 COSY 谱中出相关峰，因此将注意力集中在 ^2J 耦合之外的相关峰。

化合物 HMBC 谱的结果可以整理为表 6.45。

表 6.45　化合物 HMBC 谱数据整理

序号	δ_C/ppm	长程耦合的氢 δ_H/ppm
1	24.49	
2	26.81	
3	28.31	
4	40.03	2.95,5.07
5	48.78	2.17
6	49.64	2.95
7	61.36	1.86,2.64,5.28,5.66
8	71.47	(1.86),3.01
9	114.94	
10	119.55	8.83
11	124.76	7.72
12	126.56	8.01
13	126.74	7.52,7.59
14	129.22	8.24
15	130.19	7.59
16	141.81	
17	148.40	7.72,8.24
18	150.55	7.52
19	151.35	8.24,8.83

注：圆括号（　）表示弱的相关峰。

在 HMBC 谱中，F_2 约为 2.50 ppm、F_1 约为 40 ppm 的相关峰没有列入表 6.45，因为这是溶剂本身的相关峰。

表 6.42～表 6.45 包括了所有核磁共振谱的信息。

下面利用核磁共振谱图的信息进行该化合物氢谱和碳谱的指认。

根据表 6.44 中的序号 9(12)，即 δ_H5.07 ppm/6.08 ppm 的相关，结合表 6.43 中的序号 9 和 16，从被取代的端烯开始，于是得到：

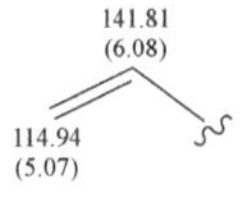

利用表 6.44 中的序号 12 和 4，即 δ_H(ppm) 6.08/2.17；2.17/2.64，2.95 的相关，结合 HMQC 谱，有

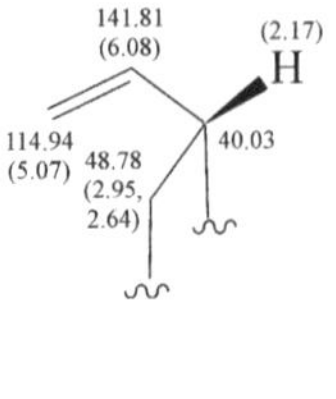

再从表 6.43 中的序号 6，即 δ_C＝49.64 ppm，δ_H＝2.49 ppm，2.56 ppm 的 CH_2 出发，根据表 6.44 中的序号 5 和 2，即 δ_H(ppm) 2.53/1.46；1.46/1.69 的相关，结合 HMQC 谱，有

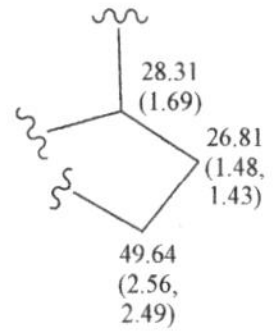

在推导这个结构单元时，考虑 2.53 ppm 是 2.49 ppm 和 2.56 ppm 的平均值，1.46 ppm是 1.43 ppm 和 1.48 ppm 的平均值。

再根据表 6.44 中的序号 1、8 和 10，即 δ_H(ppm) 1.46/1.69，1.86；3.01/1.46，1.86，5.28；5.28/3.01，5.66 的相关，结合 HMQC 谱，可以指认出结构片断：

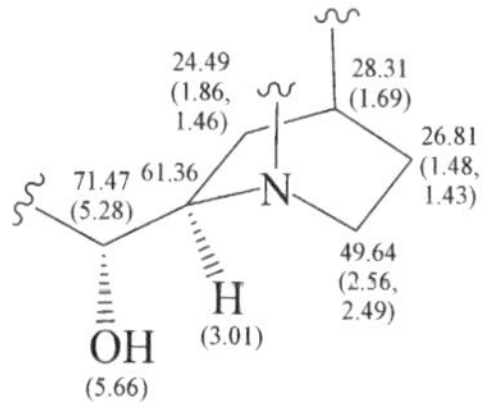

另外，从表 6.44 中序号 16、15、14 和 17 所示的 ^3J 耦合关系：δ_H(ppm) 8.01/7.72/7.59/8.24 的相关，以及所示的 ^4J 耦合关系，都说明邻位取代苯环的存在。结合 HMQC 谱可得

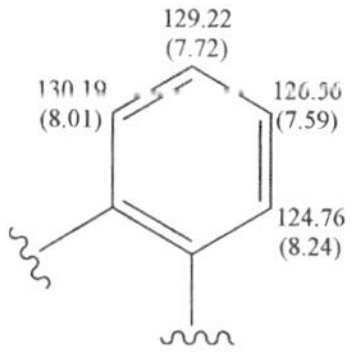

根据表 6.45 中序号 13、17，即 δ_C(126.74 ppm)/δ_H(7.59 ppm)、δ_C(148.40 ppm)/δ_H(7.72 ppm，8.24 ppm)的相关，可以确定被取代的两个季碳原子的化学位移数值。再根据 6.45 中序号 17、13 和 19，即 δ_C(148.40 ppm)/δ_H(8.83 ppm)、δ_C(126.74 ppm)/δ_H(7.52 ppm)、δ_C(151.35 ppm)/δ_H(8.83 ppm，8.24 ppm)的相关，结合 HMQC 谱，完成结构式左面芳环部分的指认：

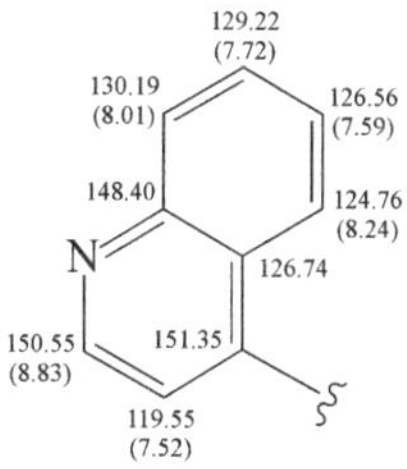

将以上几个结构片断的组合，完成该化合物的全部指认：

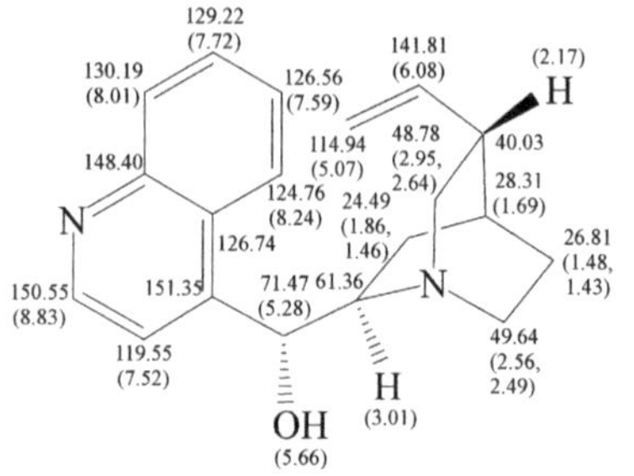

这个结构，有下面的连接关系：

C(δ_C=151.35 ppm)－CH(δ_C=71.47 ppm，δ_H=5.28 ppm)，缺少HMBC谱的相关峰；

CH(δ_C=40.03 ppm，δ_H=2.17 ppm)－CH(δ_C=28.31 ppm，δ_H=1.69 ppm)，缺少COSY谱的相关峰，也缺少有关HMBC谱的相关峰。

缺少COSY谱的相关峰可能是因为二面角接近90°，缺少HMBC谱的相关峰是由于作图条件还不够理想。

虽然有上述的不完美之处，但是从总体看，指认和结构式还是符合的。

例 6.13　未知物的相对分子质量为448，其氢谱、加重水交换以后的氢谱、碳谱、DEPT谱、COSY谱、COSY谱局部放大谱、HMQC谱、HMBC谱和HMBC谱局部放大谱分别如图6.129～图6.137所示，试推测其结构。所有核磁共振谱图均由500 MHz谱仪测得，溶剂为氘代DMSO。

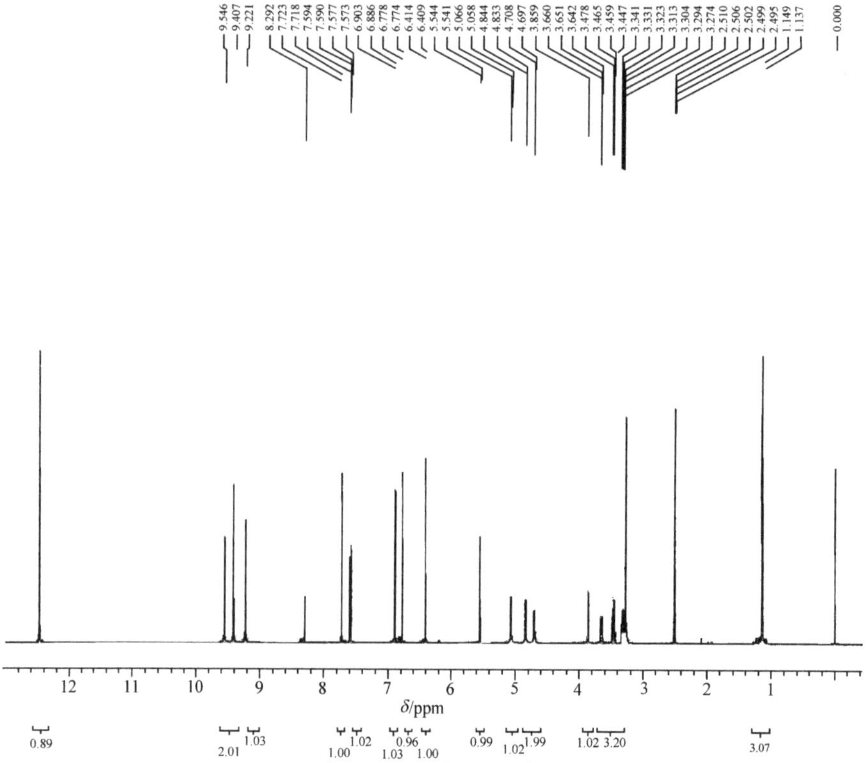

图 6.129　未知物氢谱

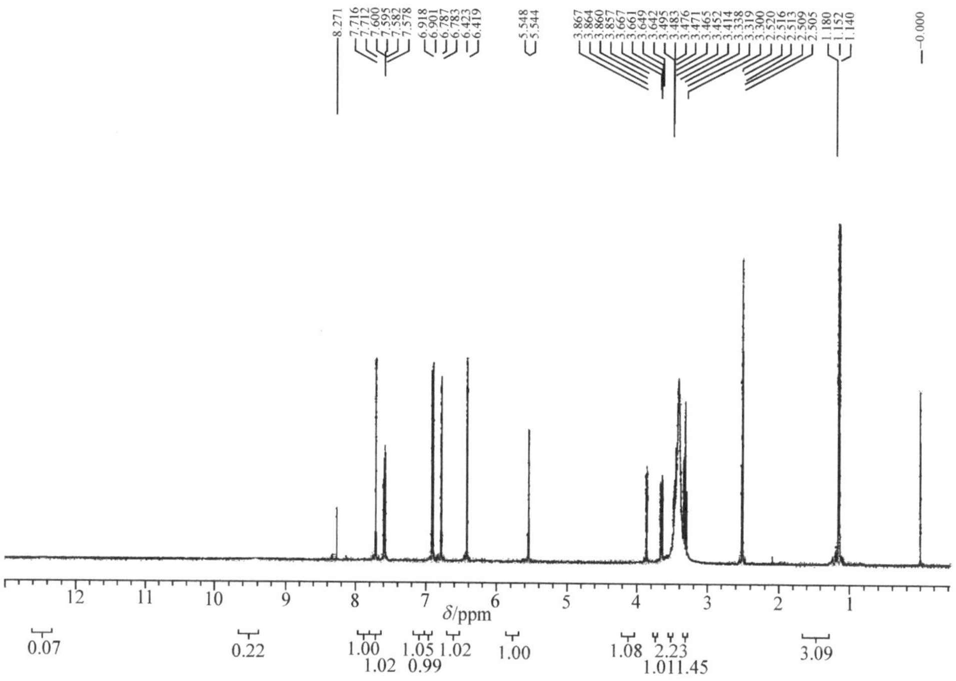

图 6.130 未知物氢谱(加重水交换后测定)

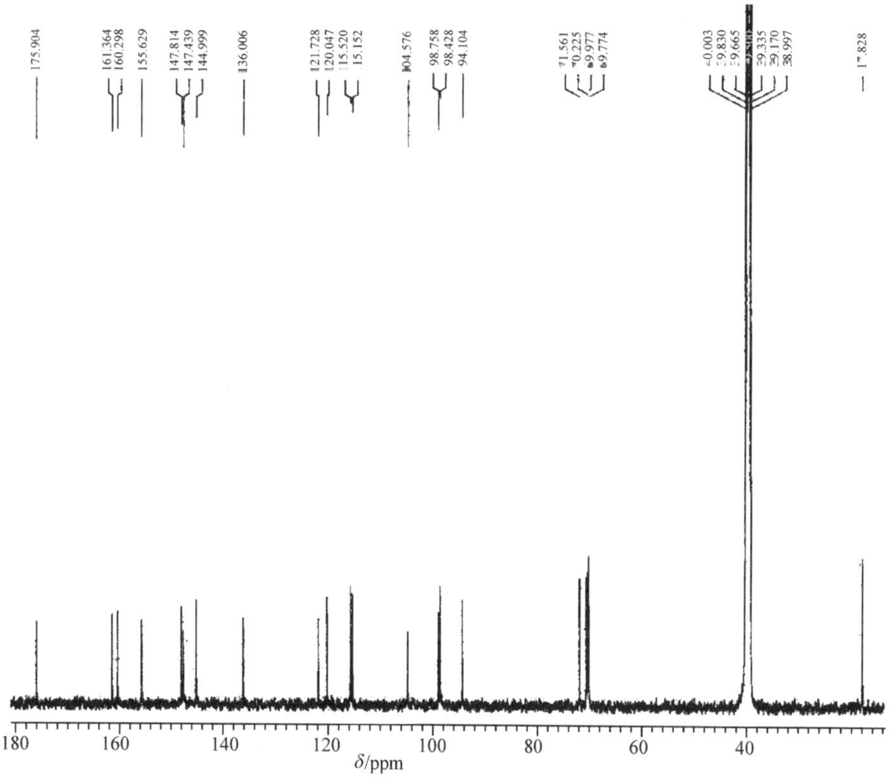

图 6.131 未知物碳谱

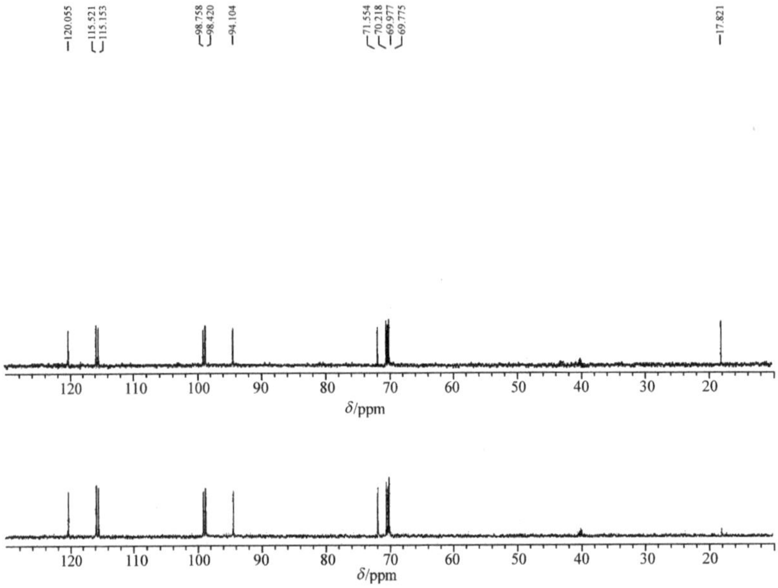

图 6.132　未知物 DEPT 谱

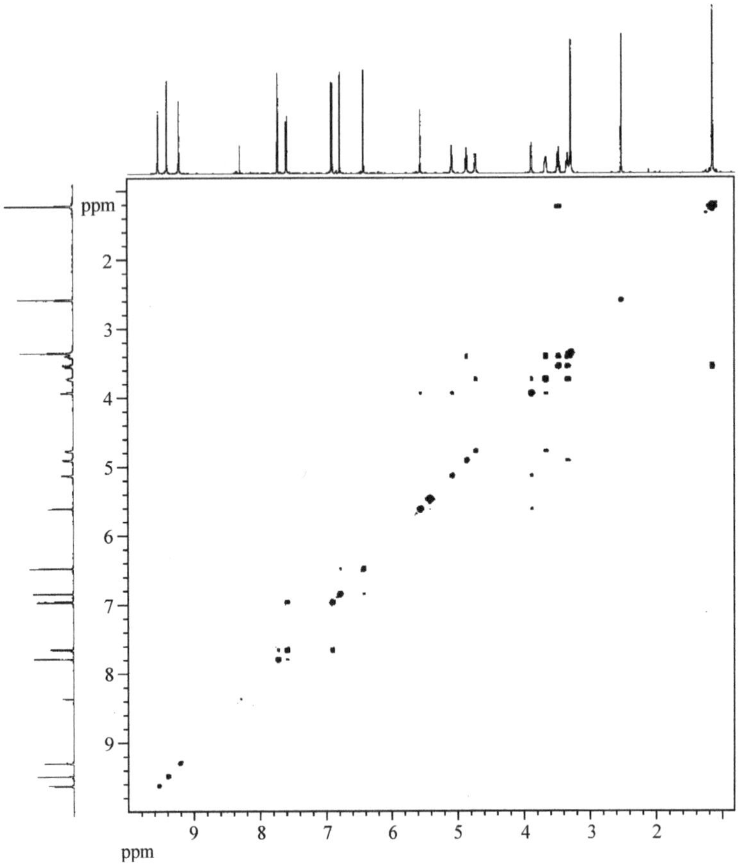

图 6.133　未知物 COSY 谱

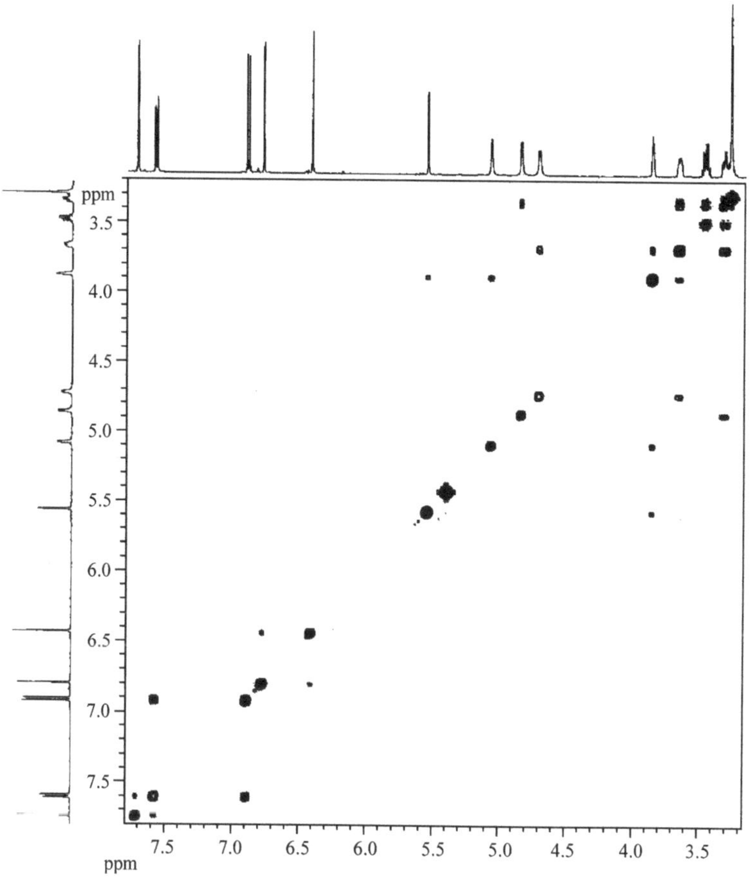

图 6.134　未知物 COSY 谱局部放大谱

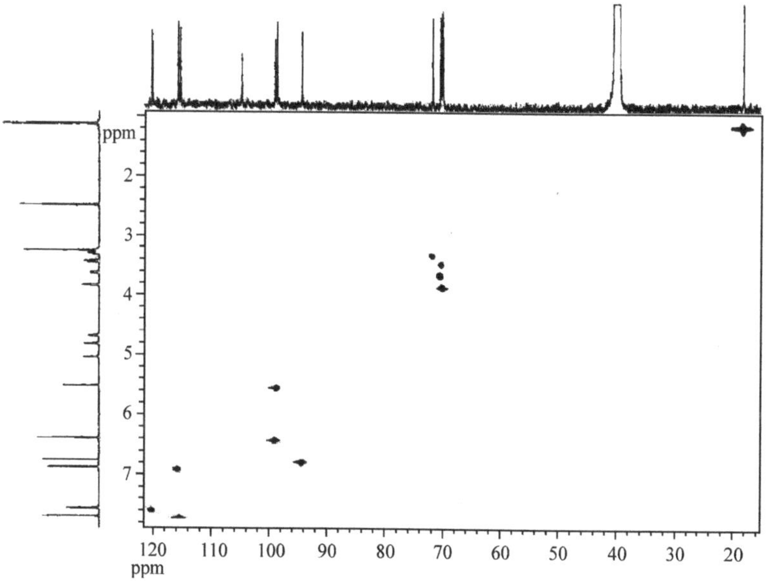

图 6.135　未知物 HMQC 谱

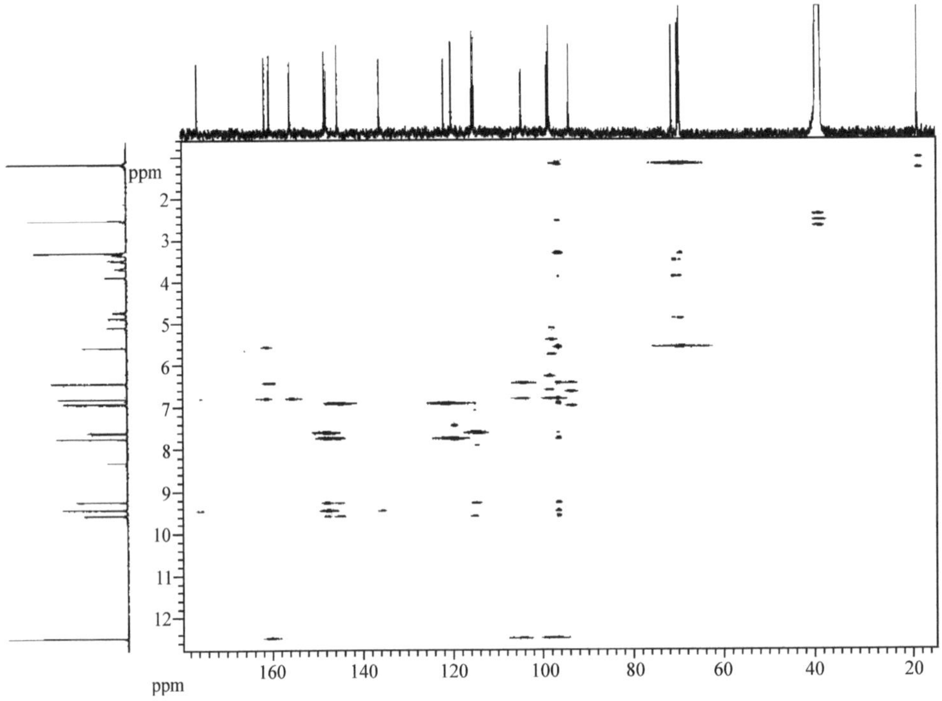

图 6.136　未知物 HMBC 谱

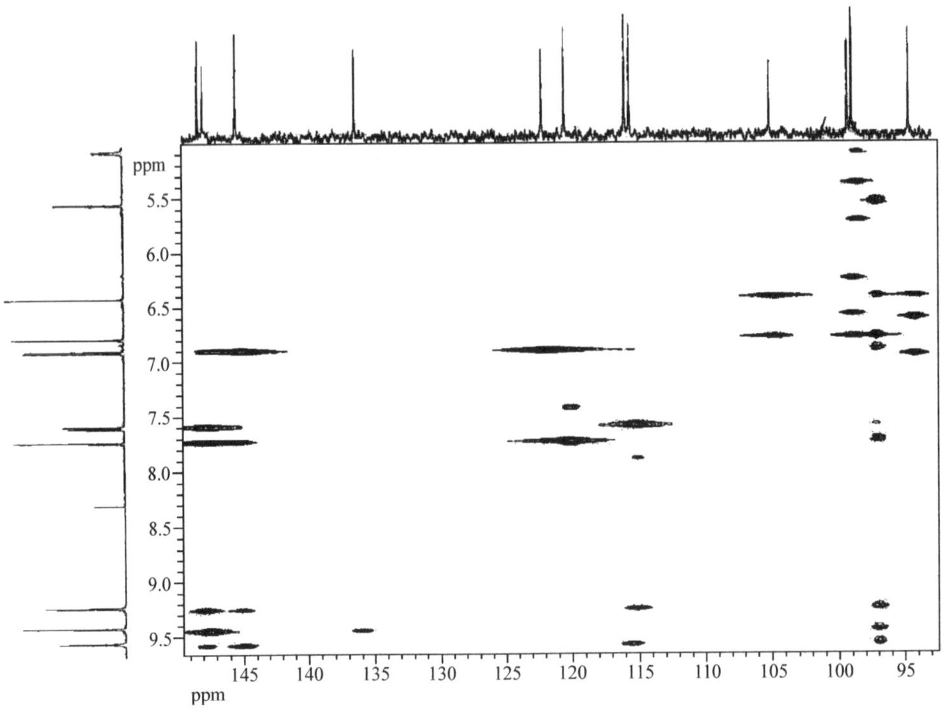

图 6.137　未知物 HMBC 谱局部放大谱

解　在该未知物的氢谱中，约 2.50 ppm 处的峰为溶剂峰（氘代 DMSO），约3.30 ppm 处相当高的单峰为氘代 DMSO 中的水峰。从峰面积（远远小于一个氢原子）可知，8.29 ppm处的峰为杂质峰。从氢谱可知该未知物共含有 20 个氢原子。

这 20 个氢原子可能包括活泼氢。它们的存在可以通过重水交换识别，也可以结合 HMQC 谱（或其同类谱）区分。首先查看加重水交换以后重新测定的氢谱。很容易看到原来 12.47 ppm 处的峰已经消失，这说明该峰是活泼氢的峰。同理，在 4.70 ppm、4.84 ppm、5.06 ppm、9.22 ppm、9.41 ppm、9.55 ppm 处的峰（组）都是活泼氢的峰。上述的峰（组）在 HMQC 谱中均无相关峰，也是进一步的证明。因此，该未知物的活泼氢一共是 7 个。它们的谱峰都比较尖锐，估计是羟基或者酚基，因为氨基的峰型一般较钝。需要注意的是有些活泼氢的峰是裂分的，由于所用的溶剂是氘代 DMSO，在这样条件下不少活泼氢的交换反应速率慢，因此这些羟基的峰被所相连的基团裂分，同理，羟基对于与之相连的基团也产生裂分。这样相互耦合的峰组在 COSY 谱中也会有相关峰。

氢谱的数据可以总结为表 6.46。其中化学位移数值以最初测定的氢谱（未加重水交换的）为准。

表 6.46　未知物氢谱数据整理

δ_H/ppm	氢原子数	峰型	耦合常数/Hz
1.14	3	d	6
3.31	1	m	
3.46	1	m	
3.65	1	m	
3.86	1	s，钝峰	
4.70	1	d	5.5
4.84	1	d	5.5
5.06	1	d	4
5.54	1	d	1.5
6.41	1	d	2.5
6.78	1	d	2
6.89	1	d	8.5
7.58	1	d，d	8.5，2
7.72	1	d	2.5
9.22	1	s	
9.41	1	s	
9.55	1	s	
12.47	1	s	

由于氢谱峰组内耦合常数的读取可能有误差，因此峰组之间的耦合关系以 COSY 谱中的相关峰为基准。

在未知物的碳谱中，约 40 ppm 的峰组是溶剂峰（氘代 DMSO）。该碳谱显示 21 条谱线，说明未知物含有 21 个碳原子。对比此碳谱和 DEPT 谱(图 6.99)就可知季碳的谱峰，一共是 10 个季碳。从化学位移数值可知，175.90 ppm 处的谱线对应一个羰基。对比 DEPT-90 谱(图 6.99 下方)和 DEPT-135 谱(图 6.99 上方)可知，只有在 17.83 ppm 处的谱峰是甲基，其余均为 CH，且未知物不含 CH_2。

结合碳谱、DEPT 谱和 HMQC 谱，碳谱和氢谱的数据可以归纳为表 6.47。

表 6.47　未知物碳谱、氢谱的数据归纳

δ_C/ppm	碳原子数	碳原子种类	δ_H/ppm
17.83	1	CH_3	1.14
69.77	1	CH	3.86
69.98	1	CH	3.46
70.23	1	CH	3.65
71.56	1	CH	3.31
94.10	1	CH	6.78
98.43	1	CH	5.54
98.76	1	CH	6.41
104.58	1	C	
115.15	1	CH	7.72
115.52	1	CH	6.89
120.05	1	CH	7.58
121.73	1	C	
136.01	1	C	
144.99	1	C	
147.44	1	C	
147.81	1	C	
155.63	1	C	
160.29	1	C	
161.36	1	C	
175.90	1	C	

从上面的分析知道未知物含有 21 个碳原子、20 个氢原子，估计含有 8 个氧原子(7 个羟基和 1 个羰基)。以上相对原子质量之和是 400，与相对分子质量之差为 48。由于很多碳谱谱线和氢谱谱线的化学位移数值都比较大，该未知物另外含有 3 个氧原子的可能性比较大，因此该未知物的分子式初步定为 $C_{21}H_{20}O_{11}$。由此可以计算出它的不饱和度为 12，这是一个比较大的数值。从碳谱可知该未知物肯定含有芳香基团，这和不饱和度为 12 相对应。

下面需要找出该未知物的结构单元，然后把结构单元逐步组装起来。通过 COSY 谱寻找结构单元很重要，当未知物含季碳原子和杂原子都不多时，COSY 谱的作用更为突出。

COSY 谱的数据归纳为表 6.48。

表 6.48　未知物 COSY 谱数据归纳

δ_H/ppm	耦合的氢 δ_H/ppm	δ_H/ppm	耦合的氢 δ_H/ppm
1.14	3.46	6.41	(6.78)
3.31	3.46,3.65,4.84	6.78	(6.41)
3.46	1.14,3.31	6.89	7.58
3.65	3.31,3.86,4.70	7.58	6.89,(7.72)
3.86	3.65,5.06,5.54	7.72	(7.58)
4.70	3.65	9.22	孤立的峰
4.84	3.31	9.41	孤立的峰
5.06	3.86	9.55	孤立的峰
5.54	3.86	12.47	孤立的峰

注：圆括号(　)表示弱的耦合相关。

在确定结构单元的连接关系时，HMBC 谱是一种很重要的手段。特别是 COSY 谱的相关不能跨越季碳原子和杂原子，只能用 HMBC 谱的数据来连接两边的结构单元。

未知物 HMBC 谱的数据整理为表 6.49。

表 6.49　未知物从 HMBC 谱找出的碳、氢原子相关

δ_C/ppm	长程耦合的氢 δ_H/ppm	^1J 耦合的氢 δ_H/ppm
17.83		1.14
69.77,69.98,70.23	1.14,3.31,(3.86),5.54	
71.56	1.14,(3.45),(3.86)	
94.10	6.41	6.78
98.43	5.06	5.54
98.76	6.78	6.41
104.58	6.41,6.78,12.47	
115.15	7.58,9.22	
115.52	9.55	
120.05	7.72	
121.73	6.89	
136.01	(9.41)	
144.99	6.89,7.72,9.22,9.55	
147.44	7.72,9.41	
147.81	7.58,7.72,9.21	
155.63	6.78	
160.29	6.41,12.47	
161.36	5.54,6.78	
175.90	9.41	

注：圆括号(　)表示弱的相关峰。

无论是从 COSY 谱中的相关(δ_H)6.89 ppm/7.58 ppm 及弱的相关(δ_H)7.58 ppm/7.72 ppm，还是从氢谱的峰型分析，都可知存在一个 1-,2-,4-取代的苯环。结合 HMQC 谱，得

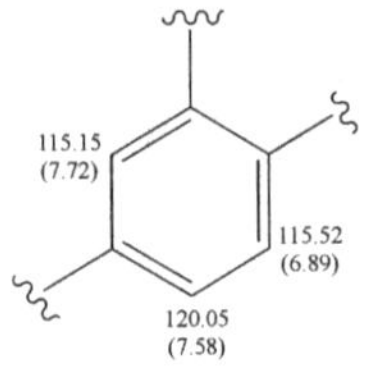

根据 HMBC 谱中的相关：δ_C（144.99 ppm）/δ_H（6.89 ppm），δ_C（147.81 ppm）/δ_H（7.72 ppm，7.58 ppm），δ_C（121: 73 ppm）/δ_H（6.89 ppm），可以标注该苯环上 3 个季碳原子的化学位移数值：

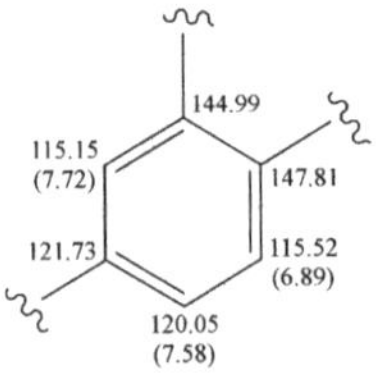

化学位移数值为 144.99 ppm 和 147.81 ppm 的两个季碳原子应该和氧原子相连，更重要的是根据 HMBC 谱中的相关：δ_C（144.99 ppm）/δ_H（9.55 ppm）；δ_C（147.81 ppm）/δ_H（9.22 ppm），把上述的结构单元延伸为

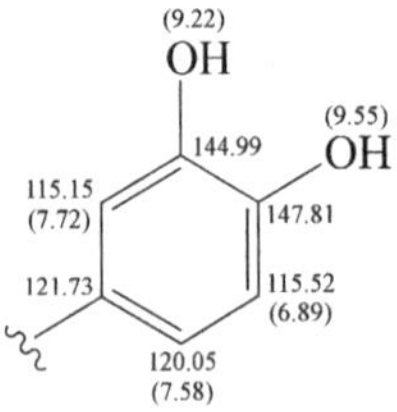

在作上述延伸时，要注意在 HMBC 谱中跨越 3 根化学键的碳氢长程耦合具有相对强的相关峰。

从 COSY 谱中的弱相关（δ_H）6.41 ppm/6.78 ppm，或从氢谱的峰型分析，都可知存在一个仅余两个间位氢的四取代苯环。结合 HMQC 谱，得

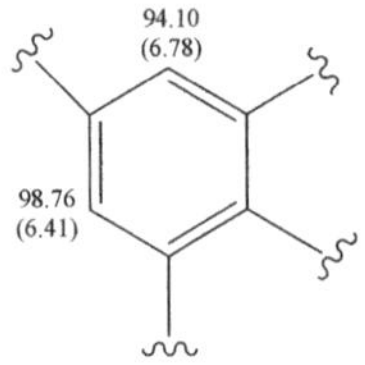

根据 HMBC 谱中的相关：δ_C（104.58 ppm）/δ_H（6.41 ppm，6.78 ppm），δ_C（155.63 ppm）/δ_H（6.78 ppm），δ_C（160.29 ppm）/δ_H（6.41 ppm），δ_C（161.36 ppm）/δ_H（6.78 ppm），以及有关季碳原子的化学位移数值，可以标注该苯环上 4 个季碳原子的化学位移数值及它们所连接的原子的信息：

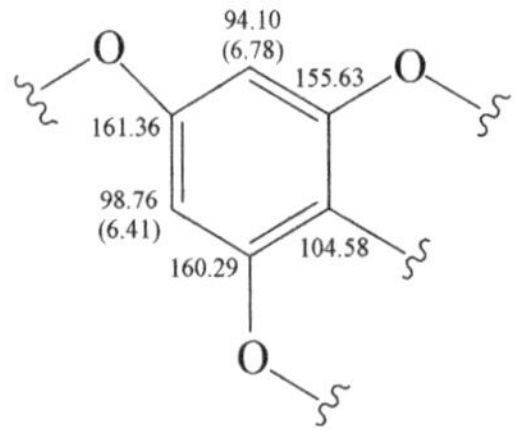

根据 HMBC 谱中的相关：δ_C（104.58 ppm）/δ_H（12.47 ppm）；δ_C（160.29 ppm）/δ_H（12.47 ppm），可以确定连接在 δ_C 160.29 ppm 的季碳原子上的是一个羟基：

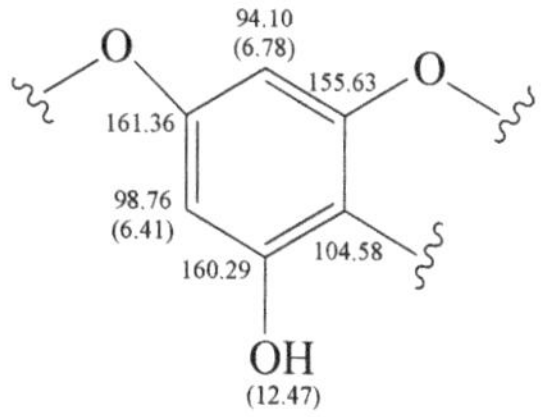

在碳谱的苯环、双键区还剩余两条谱线，都对应季碳原子。羰基区还有一个羰基碳原子。考虑在 HMBC 谱中 δ_C（147.44 ppm，175.90 ppm）/δ_H（9.41 ppm，它应该是一个OH）及弱耦合：δ_C（136.01 ppm）/δ_H（9.41 ppm），得

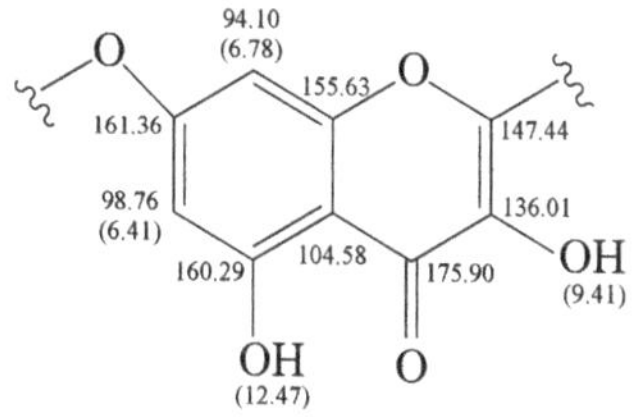

HMBC 谱中有 δ_C（147.44 ppm）/δ_H（7.72 ppm）的相关峰，上述两个结构单元能够连接起来：

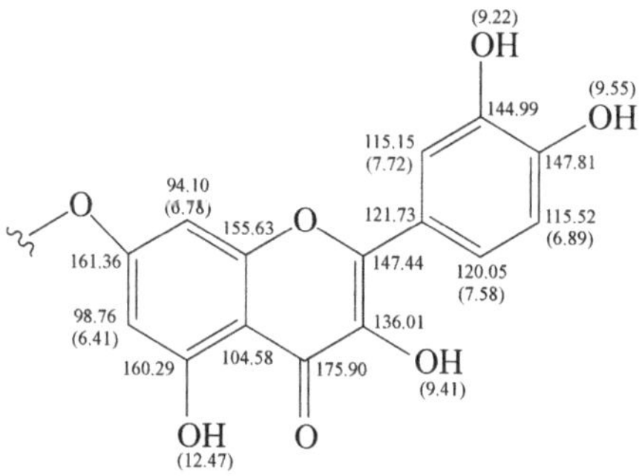

上述结构的不饱和度为 11，与前面计算的不饱和度相比，该未知物还余 1 个不饱和度。

下面再从氢谱和碳谱的相对高场区分析。该未知物的 COSY 谱可以找到下述的耦合关系（δ_H）：1.14 ppm/3.46 ppm/3.31 ppm/3.65 ppm/3.86 ppm/5.54 ppm，需要说明的是上述的化学位移数值都是与碳原子相连的氢原子的化学位移数值。通过 HMQC 谱，可以标记相应碳原子的化学位移数值，所以得到结构单元：

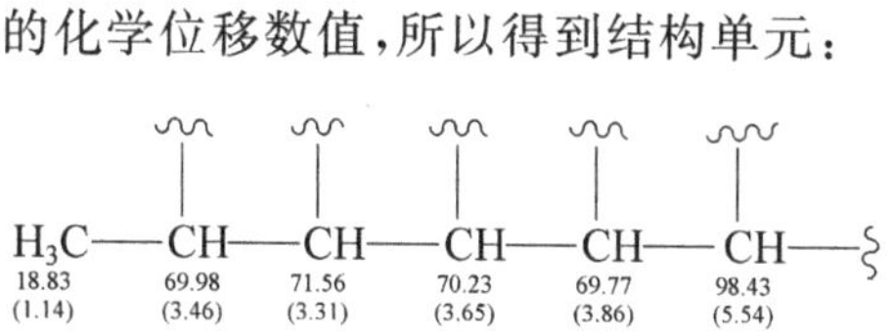

再次根据 COSY 谱可以找到 3 个羟基分别和 3 个 CH 的连接关系（δ_H）：4.84 ppm/3.31 ppm；4.70 ppm/3.65 ppm；5.06 ppm/3.86 ppm，于是上述的结构单元得到延伸：

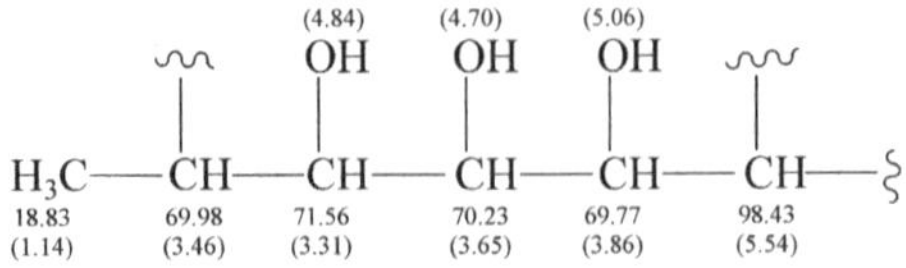

δ_C 为 69.98 ppm 的碳原子肯定应该连接氧原子，δ_C 为 98.43 ppm 的碳原子肯定应该连接两个氧原子。从上述结构单元的化学位移数值及该未知物的不饱和度，可以推测上述结构单元是一个六元醣环，这与该未知物所余的一个不饱和度相符(如果有HMBC谱在 98.43 ppm 附近的放大谱，可以进一步确定成环的连接关系)，所以有

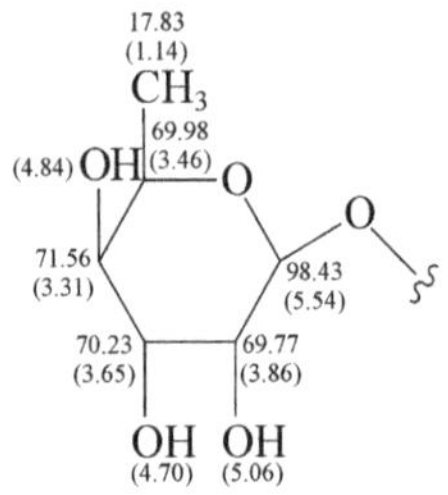

由于在 HMBC 谱中的相关：δ_C (161.36 ppm)/δ_H (5.54 ppm)，以及弱的相关 δ_C(98.43 ppm)/δ_H(6.78 ppm)：上述两个结构可以连接起来，因此，得到未知物的结构并完成全部碳谱和氢谱的指认：

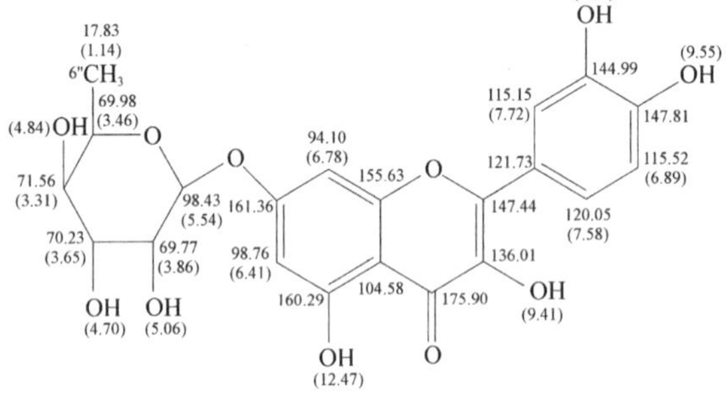

C6－14

上面的指认和所有列出的核磁共振谱图都完全符合，因此推导的结构是正确的。

例 6.14　合成的化合物的预想结构如下所示：

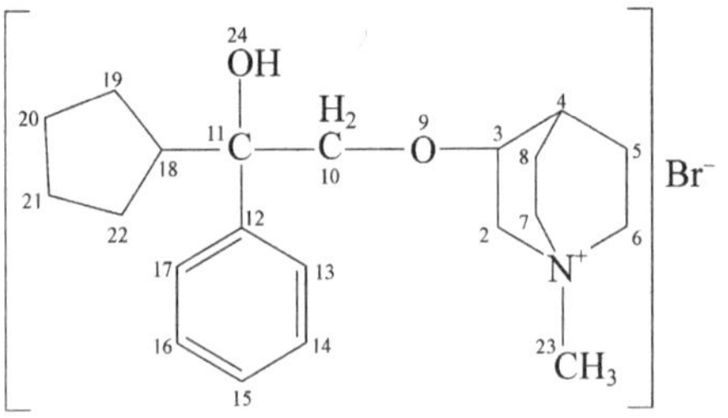

C6－15

其核磁共振氢谱、氢谱高场放大谱、碳谱、碳谱高场放大谱、DEPT-135 谱、COSY 谱、COSY谱高场和低场放大谱、HMQC 谱、HMQC 谱高场放大谱、HMBC 谱和 HMBC 谱高场放大谱分别如图 6.138～图 6.153 所示，试确认其结构。所有核磁共振谱图均由 600 MHz谱仪测定，溶剂为氘代甲醇。

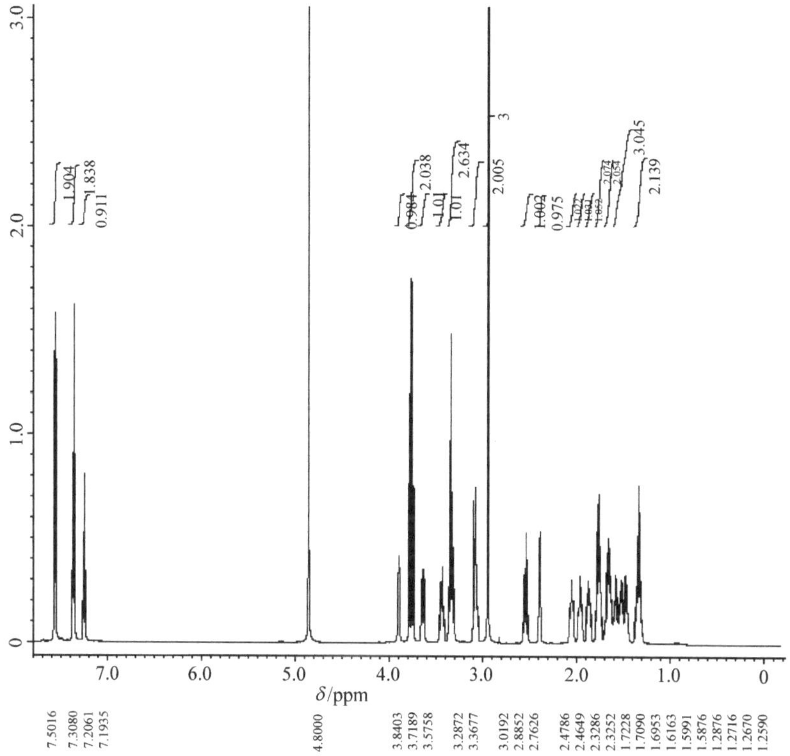

图 6.138　化合物的氢谱

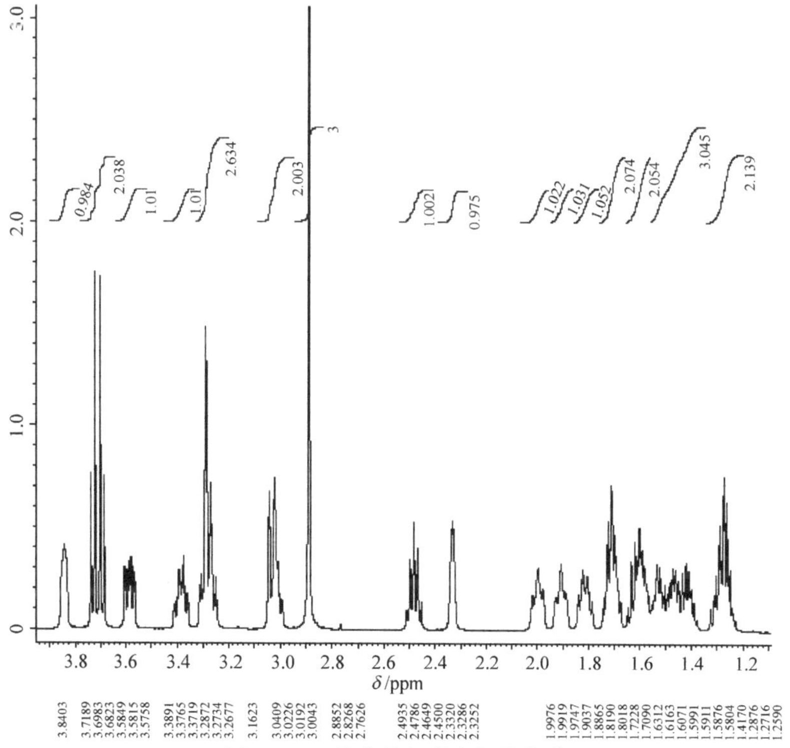

图 6.139　化合物氢谱高场放大谱

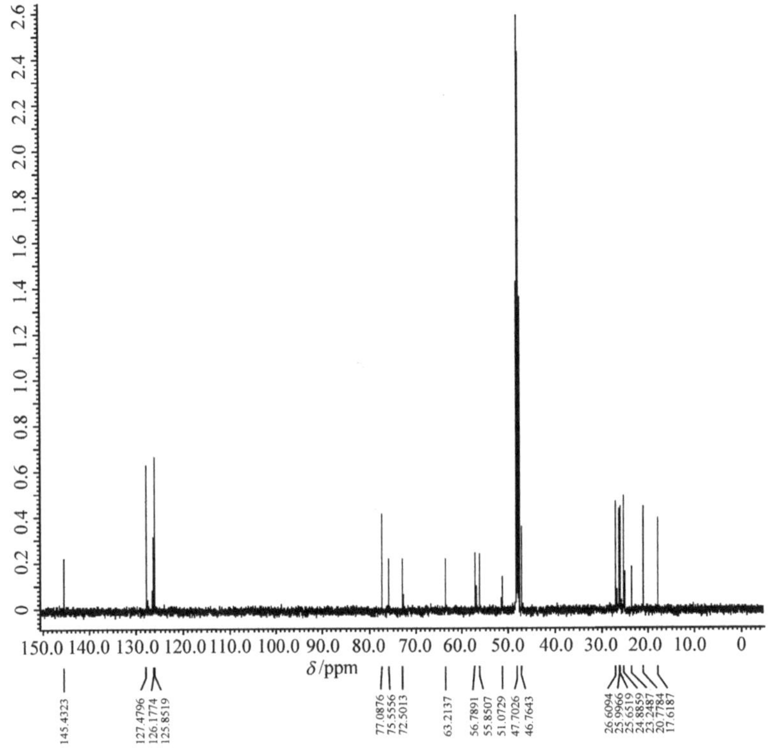

图 6.140　化合物碳谱

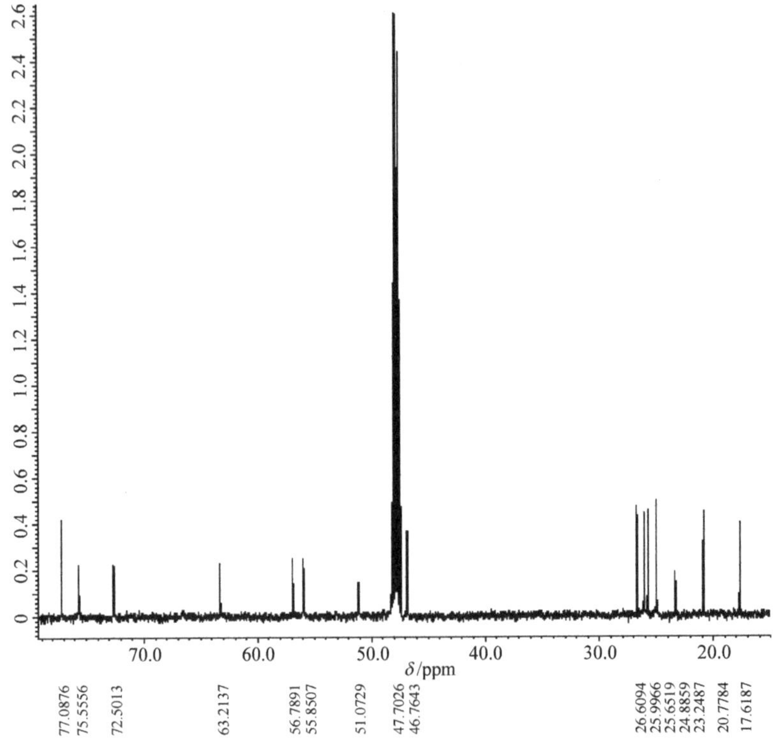

图 6.141　化合物碳谱高场放大谱

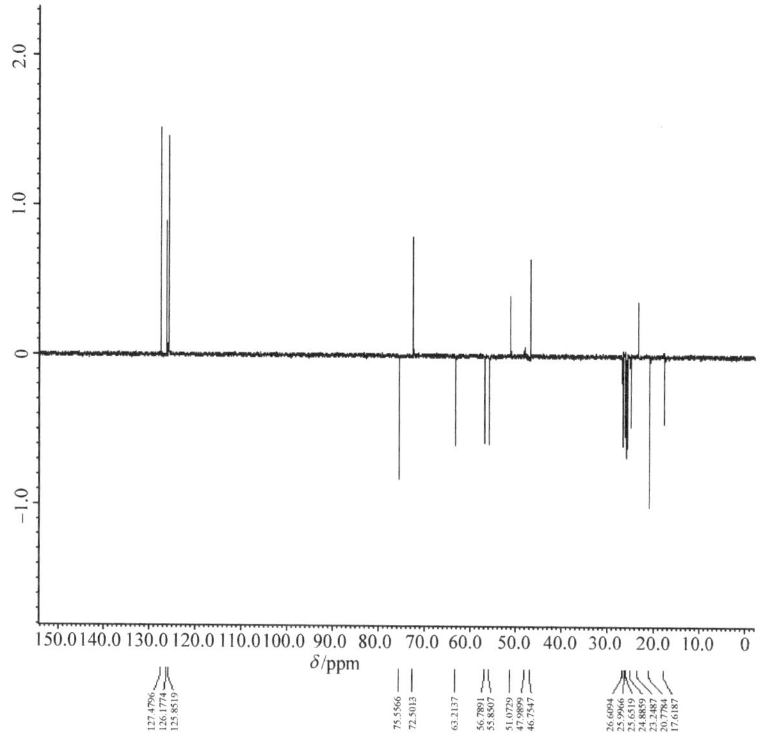

图 6.142　化合物的 DEPT-135 谱

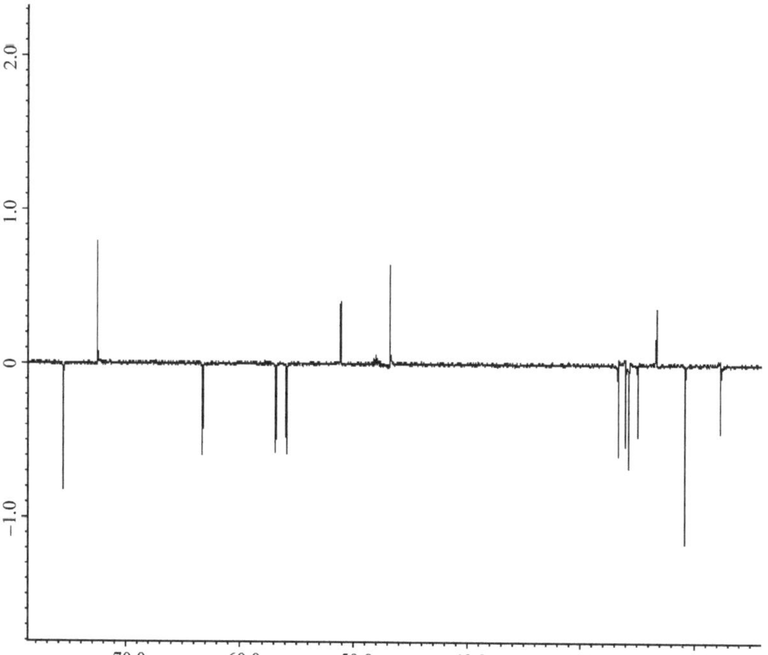

图 6.143　化合物 DEPT-135 谱高场放大谱

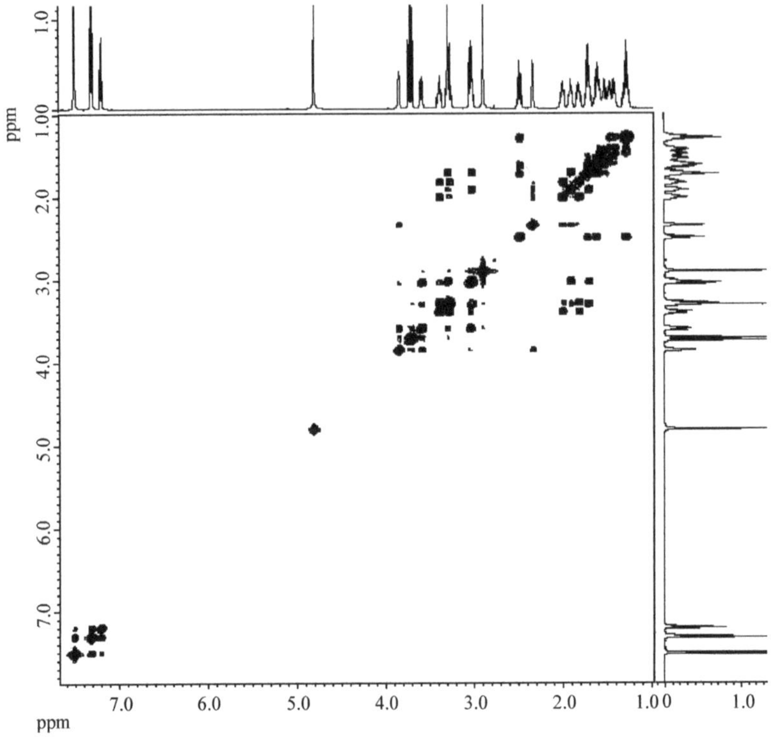

图 6.144　化合物的 COSY 谱

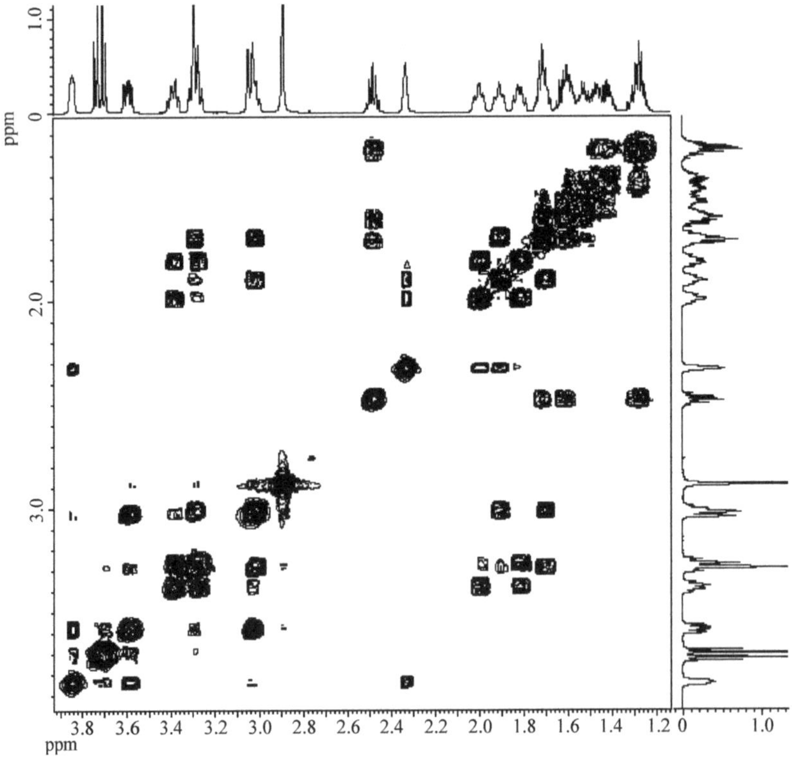

图 6.145　化合物 COSY 谱高场放大谱

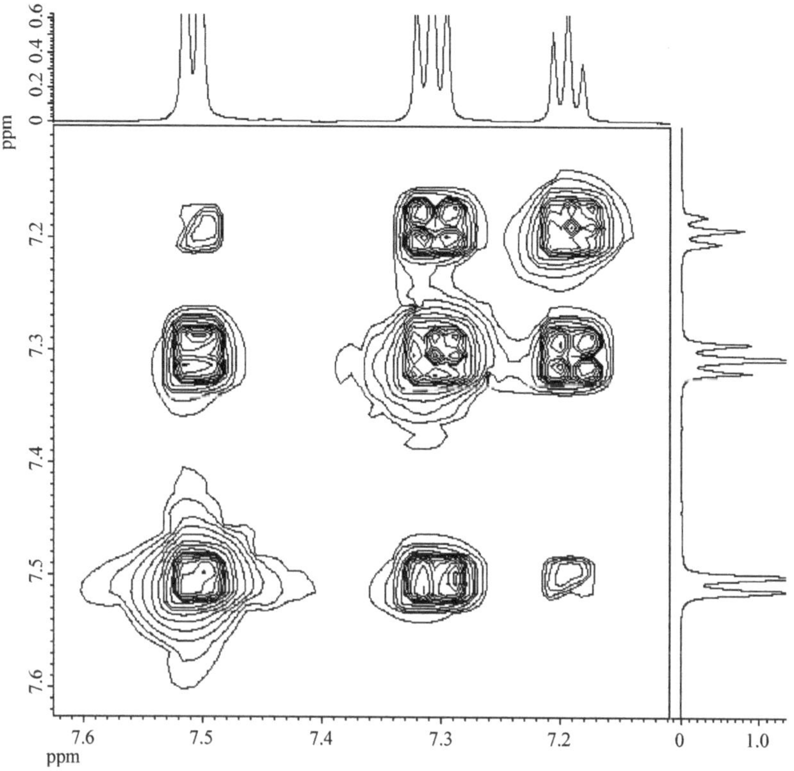

图 6.146　化合物 COSY 谱低场放大谱

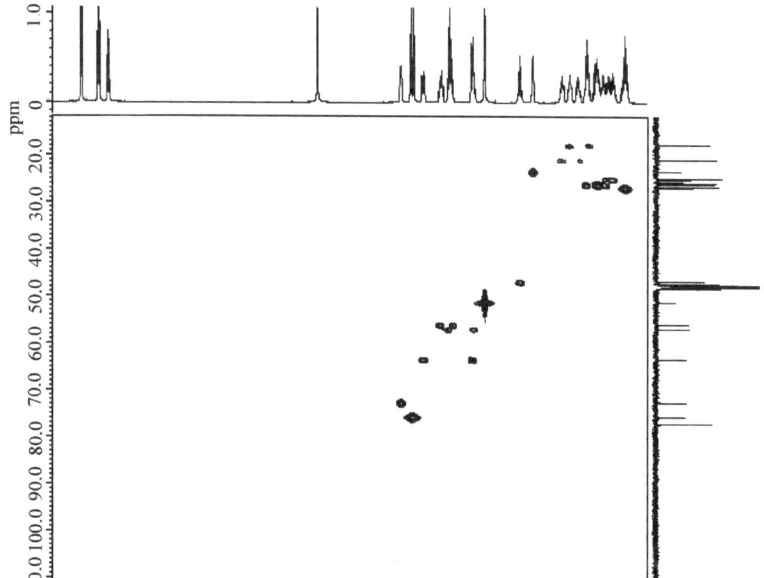

图 6.147　化合物的 HMQC 谱

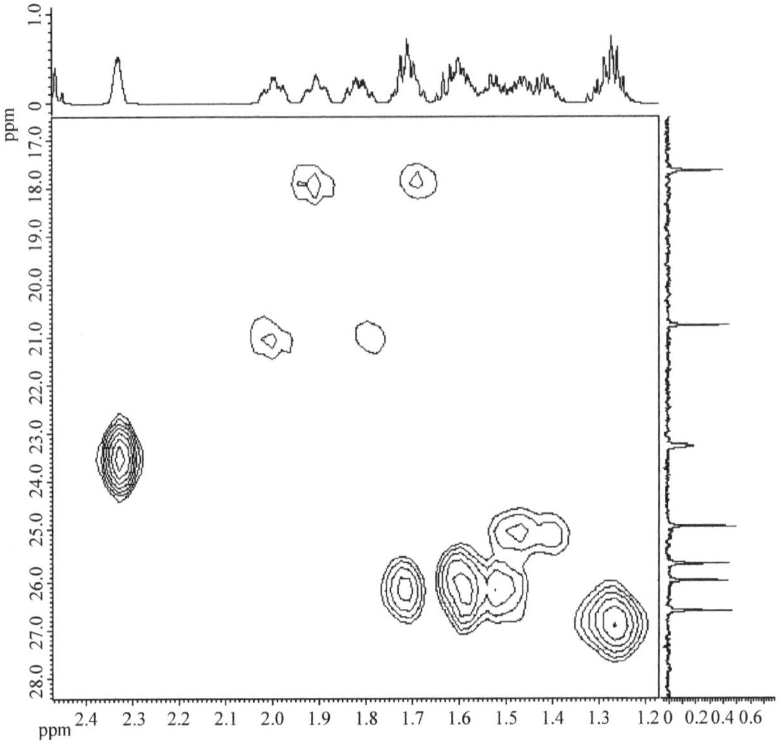

图 6.148　化合物 HMQC 谱高场放大谱 1

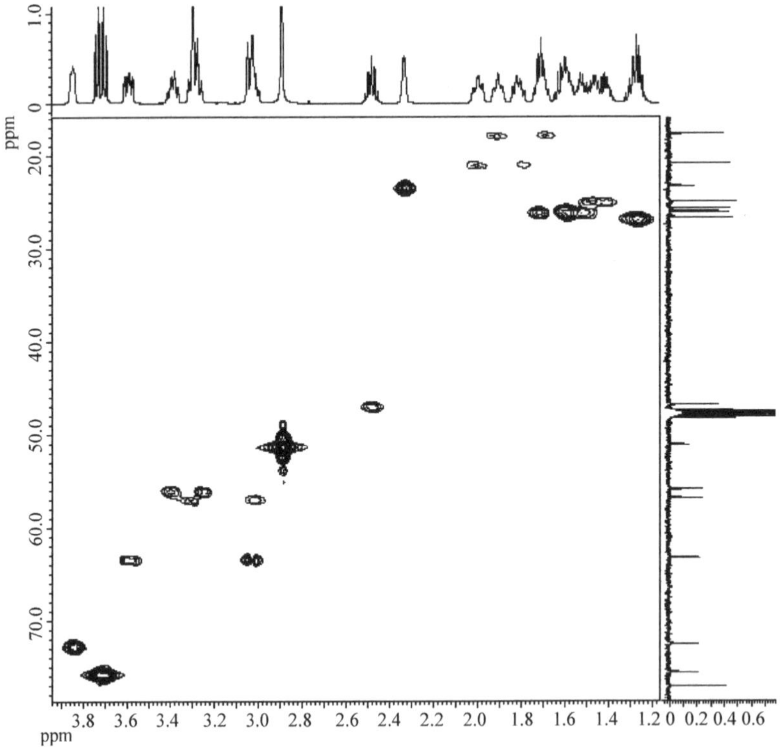

图 6.149　化合物 HMQC 谱高场放大谱 2

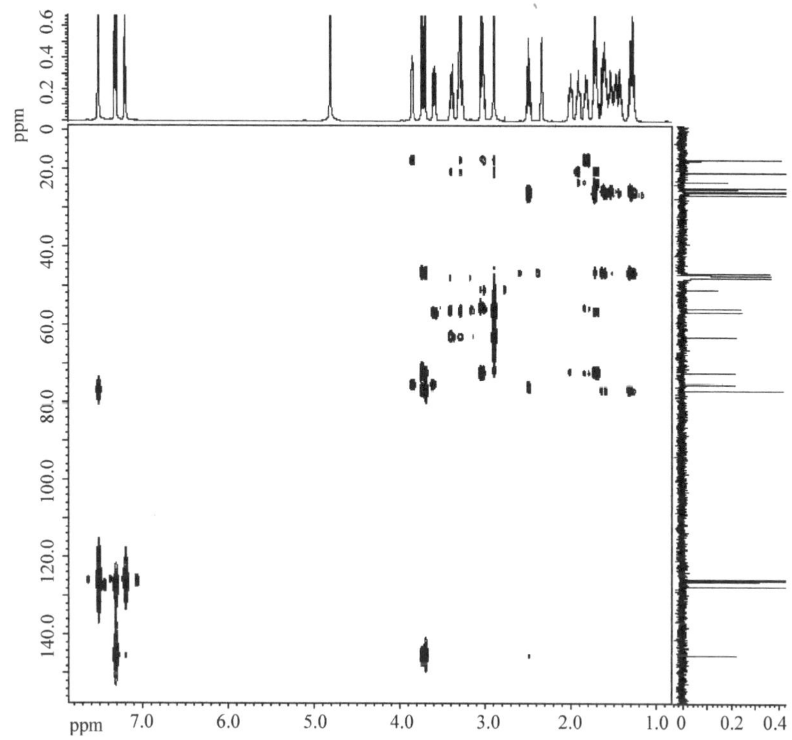

图 6.150　化合物的 HMBC 谱

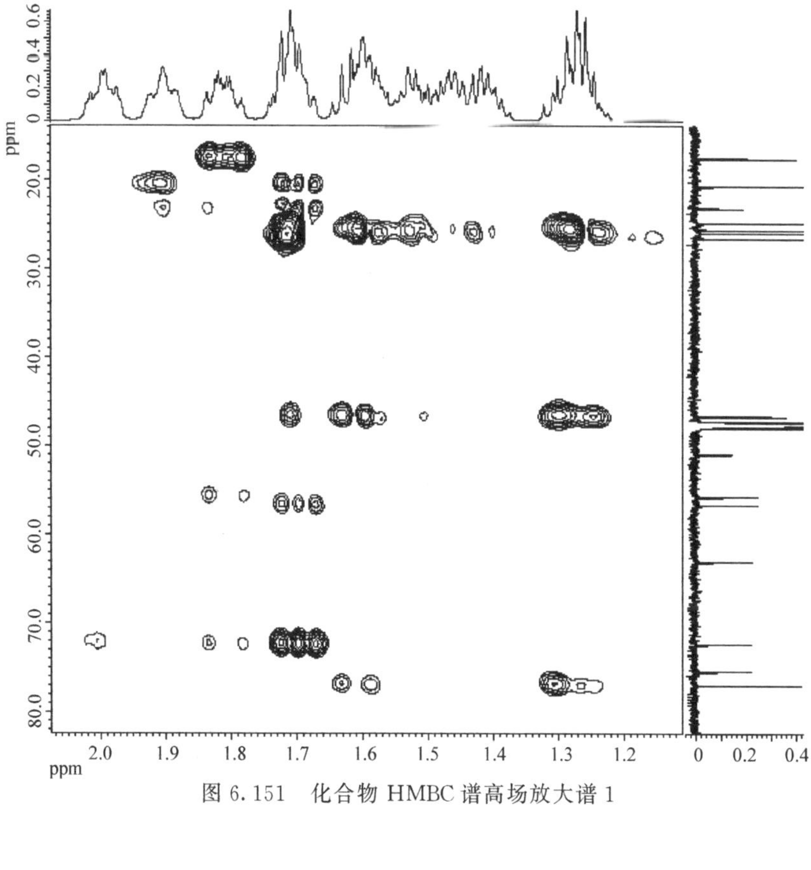

图 6.151　化合物 HMBC 谱高场放大谱 1

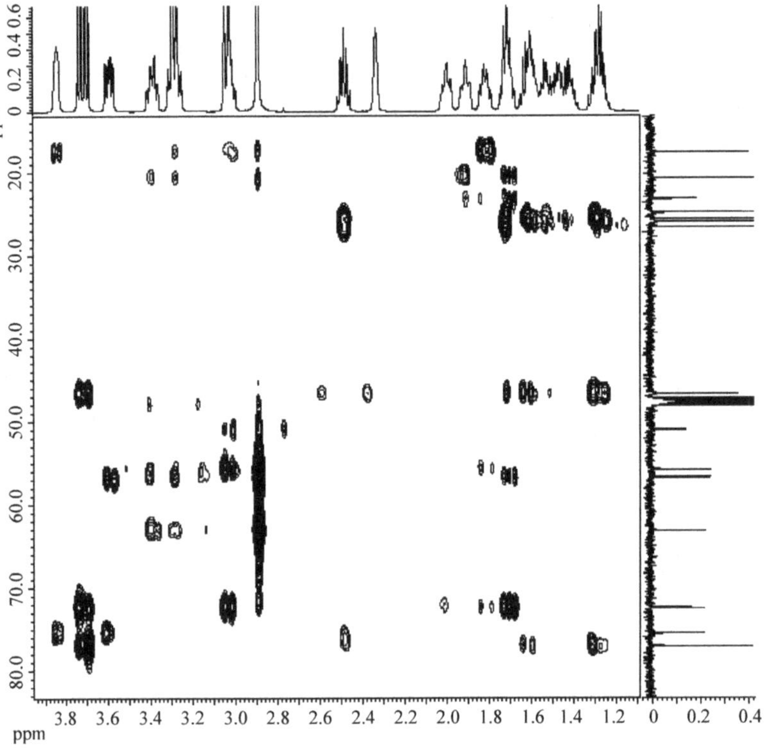

图 6.152　化合物 HMBC 谱高场放大谱 2

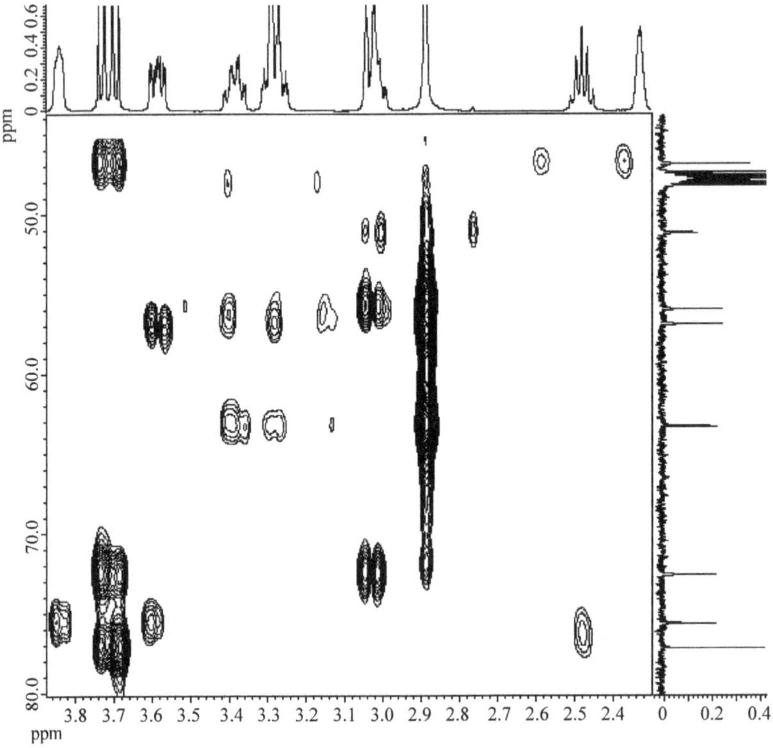

图 6.153　化合物 HMBC 谱高场放大谱 3

解　首先需要指出的是这个样品用不同的溶剂作图有很大的差别，上述谱图是以氘代甲醇作溶剂测定的（用重水作溶剂的谱图没有列出）。

首先分析该化合物的氢谱。

由于样品的浓度高（样品管中放入的样品量多），溶剂峰几乎看不到，但是水峰（4.80 ppm）比较强。

从这个氢谱可以看到，大部分峰组的峰型都是复杂的。该化合物的氢谱归纳为表 6.50，表 6.50 后有若干解释。

在分析此氢谱时需要结合 HMQC 谱。例如，某峰组的积分数值不接近整数，此时峰组的氢原子数目如何选取？在某峰组所对应的不止一个氢时，这些氢是否来自同一个官能团？这些问题只有结合 HMQC 谱才能确定。

表 6.50　化合物氢谱数据归纳

δ_H/ppm	氢原子数	峰型	耦合常数 J/Hz	备注
7.50	2	d	7.6	
7.31	2	t	7.6	
7.19	1	t	7.6	
3.84	1	钝峰		
3.73	1	d	9.6	AB 体系一侧
3.69	1	d	9.6	AB 体系一侧
3.58	1	m		
3.38	1	m		
3.29	1	m		
3.27	1	m		
3.03	1	d		
3.01	1	m		
2.89	3	s		
2.48	1	五重峰		
2.33	1	钝峰		
1.99	1	m		
1.90	1	m		
1.81	1	m		
1.71	1	m		
1.69	1	m		
1.61	1	m		
1.59	1	m		
1.53	1	m		
1.45	1	m		
1.41	1	m		
1.27	2	m		

对于表 6.50 作如下说明：

氢谱芳香区峰组的峰型清楚，便于标注。

从峰型可以判断 3.73 ppm 和 3.69 ppm 处为同碳二氢的峰，因为呈现典型的 AB 体系峰型。HMQC 谱进一步证实这点。

3.31～3.27 ppm 峰组的积分曲线数值为 2.63 个氢原子，此时不能仅依靠积分数值来确定是 2 个还是 3 个氢原子。有效的方法是通过 HMQC 谱分析。从 HMQC 谱可知该处是两个 CH 的峰组的重叠，因此对应两个氢原子。

3.02 ppm 附近其积分曲线数值为 2 个氢，但是其峰型不是对称分布的。此时也必须查看 HMQC 谱，可知该处为两个峰组的部分重叠所致。

约 1.70 ppm 处对应的两个氢由 HMQC 谱可知来自两个基团。它们两个的化学位移数值很相近。

约 1.60 ppm 处对应的两个氢由 HMQC 谱可知来自两个基团。它们两个的化学位移数值很相近。

由于是以重水为测定溶剂，所有快交换的活泼氢（包括羟基）都不出峰（它们的峰都包含在水峰中）。

从表 6.50 中可看到该化合物共含有 31 个连接在碳原子上的氢原子，这与预想的结构相符。

在该氢谱的高场部分峰组的峰型极为复杂，因此无法由峰组内的裂分计算相应的耦合常数。

分析化合物的碳谱应该结合 DEPT 谱进行，这样就可以确定每条谱线所对应碳原子的级数。综合该化合物的碳谱和 DEPT(DEPT-135)谱，得到表 6.51。

表 6.51　化合物核磁共振碳谱和 DEPT 谱数据归纳

δ_C/ppm	碳原子级数	碳原子数	δ_C/ppm	碳原子级数	碳原子数
145.4	C	1	51.1	CH	1
127.5	CH	2	46.8	CH	1
126.2	CH	1	26.6	CH_2	1
125.9	CH	2	25.9	CH_2	1
77.1	C	1	25.7	CH_2	1
75.6	CH_2	1	24.9	CH_2	1
72.5	CH	1	23.2	CH	1
63.2	CH_2	1	20.8	CH_3	1
56.8	CH_2	1	17.6	CH_3	1
55.9	CH_2	1			

注：在 DEPT-135 谱中，CH_3 和 CH 往上出峰，CH_2 往下出峰，与（全去耦）碳谱相比，所缺少的峰为季碳峰。

由表 6.51 可知，碳谱指出该化合物含有 21 个碳原子，这与预想的结构相符。

HMQC 谱把直接相连的 C—H 信号关联起来。当碳谱的谱线相互靠近时，需要仔细分析 HMQC 谱的相关峰。利用 HMQC 谱的相关峰信息，可以把季碳以外的碳谱和氢谱信号关联起来。

利用化合物 HMQC 谱的相关峰，总结出表 6.52。

表 6.52　化合物 HMQC 谱数据归纳

序号	δ_C/ppm	碳原子数	碳原子级数	直接相连的氢原子的 δ_H/ppm
1	145.4	1	C	
2	127.5	2	CH	7.31
3	126.2	1	CH	7.19
4	125.9	2	CH	7.50
5	77.1	1	C	
6	75.6	1	CH_2	3.73,3.69
7	72.5	1	CH	3.84
8	63.2	1	CH_2	3.58,3.03
9	56.8	1	CH_2	3.29,3.01
10	55.9	1	CH_2	3.38,3.27
11	51.1	1	CH_3	2.89
12	46.8	1	CH	2.48
13	26.6	1	CH_2	1.27
14	25.9	1	CH_2	1.61,1.53
15	25.7	1	CH_2	1.71,1.59
16	24.9	1	CH_2	1.45,1.41
17	23.2	1	CH	2.33
18	20.8	1	CH_2	1.99,1.81
19	17.6	1	CH_2	1.90,1.69

需要说明的是各种核磁共振谱(一维谱和二维谱)是相互关联的。在分析 HMQC 谱时,其他谱图(如 COSY 谱)也可以帮助确认 HMQC 谱的相关峰(同碳二氢如果不是化学等价的,它们之间的耦合在 COSY 谱中会有相关峰,反过来 COSY 谱可以帮助分析 HMQC 谱)。

通过上述 4 种谱图(碳谱、氢谱、DEPT-135 谱和 HMQC 谱)的分析,对该化合物的碳谱和氢谱了解得很清楚了。下面的工作就是找到谱图和结构的相关,确认其结构。为确立碳原子之间的连接关系,需要分析 COSY 谱和 HMBC 谱。通过 COSY 谱可以确定甲基、亚甲基和次甲基之间的连接关系。这样的连接关系终止于季碳原子或者杂原子。因此,通过 COSY 谱可以确定若干结构单元。HMBC 谱是异核长程相关谱,最常显示碳、氢原子跨越 3 根化学键的相关峰。由于 HMBC 谱的相关峰可以跨越杂原子或者季碳原子,因此通过 HMBC 谱可以把由 COSY 谱找到的结构单元连接起来。

在分析 COSY 谱时应该结合 HMQC 谱,至少在下列两个方面需要注意:

(1) HMQC 谱显示同碳二氢的化学位移数值,同碳二氢的 ^2J 耦合在 COSY 谱中显示相关峰。

(2) 当不同官能团的两个氢化学位移数值靠近时,给分析 COSY 谱带来很大困难,此时结合 HMQC 谱来分析 COSY 谱十分必要。表 6.53 中的一些结果就是通过结合 HMQC 谱得到的。

从 COSY 谱中的相关峰的信息得到表 6.53。

表 6.53 化合物 COSY 谱数据归纳

序号	δ_H/ppm	耦合的氢原子 δ_H/ppm
1	7.50	7.31,(7.19)
2	7.31	7.50,7.19
3	7.19	(7.50),7.31
4	3.84	3.58,2.33
5	3.73	3.69
6	3.69	3.73
7	3.58	3.84,3.03
8	3.38	3.27,(3.02),1.99,1.81
9	3.29-3.27*	3.38,3.02,(1.99),(1.90),1.81,1.70
10	3.03-3.01*	3.58,(3.38),3.28,1.90,1.71
11	2.89	孤立的峰
12	2.48	1.71,1.59,1.27
13	2.33	3.84,1.99,1.90
14	1.99	3.38,(3.28),2.33,1.81
15	1.90	(3.28),3.02,2.33,1.70
16	1.81	3.38,3.28,1.99
17	1.71-1.69*	3.28,3.02,2.48,1.91,1.60,1.53
18	1.61-1.59*	2.48,1.70,1.53
19	1.53	1.70,1.60,1.45
20	1.45	1.41,1.27
21	1.41	1.61,1.45,1.27
22	1.27	2.48,1.45,1.41

注:圆括号( )表示弱的耦合。

* 在 HMQC 谱中可以分辨的两个峰在 COSY 谱中不能分开,以连字符或者平均值列出。

再次强调:对于确定非季碳原子的连接关系来说,从 COSY 谱得到的信息是最可靠的(以 COSY 谱的相关峰清楚为前提)。

从 HMBC 谱可以找到长程耦合的碳氢相关(最常见的是跨越 3 根化学键的相关)。因此 HMBC 谱是找到结构单元的连接关系的很好方法。由于所跨越的 3 根键可以包括季碳原子和杂原子,因此被季碳原子中断的从 COSY 谱找到的结构单元之间可能通过 HMBC 谱的相关峰连接起来。

该化合物 HMBC 谱的相关峰的信号归纳出表 6.54。

表 6.54 化合物 HMBC 谱数据归纳

序号	δ_C/ppm	长程耦合的氢 δ_H/ppm	^1J 耦合的氢 δ_H/ppm
1	145.4	7.31,3.73,3.69	
2	127.5		7.31
3	126.2		7.19
4	125.9		7.50
5	77.1	7.50,3.73,3.69,1.59,1.27	

续表

序号	δ_C/ppm	长程耦合的氢 δ_H/ppm	^1J 耦合的氢 δ_H/ppm
6	75.6	2.48	3.73,3.69
7	72.5	3.73,3.69,3.03,1.69	
8	63.2	3.38,3.28,2.89	
9	56.8	3.58,2.89	
10	55.9	3.02,2.89	
11	51.1		2.89
12	46.8	3.73,3.69	
13	26.6*		
14	25.9*		
15	25.7*		
16	24.9*		
17	23.2	1.70	
18	20.8	3.38,3.27,2.89,1.90,1.70	
19	17.6	3.84,3.29,3.01,2.89,1.81	

* 这 4 条谱线相距很近，在 HMBC 谱中的相关峰难以读取。

从表 6.53 中序号 1～3，结合 HMQC 谱的结果，很容易找到如下耦合关系：

2CH(δ_C = 125.9 ppm, δ_H = 7.50 ppm)—2CH(δ_C = 127.5 ppm, δ_H = 7.31 ppm)—1CH(δ_C = 126.2 ppm, δ_H = 7.19 ppm)

这与单取代苯环相对应。

再加上表 6.54 中的序号 1，δ_C(145.4 ppm)/δ_H(7.31 ppm)的相关，得到结构单元：

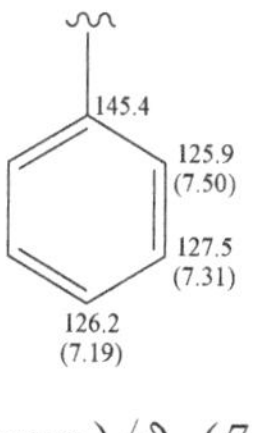

根据表 6.54 中的序号 5，δ_C(77.1 ppm)/δ_H(7.50 ppm)的相关，再结合 HMQC 谱的结果，有

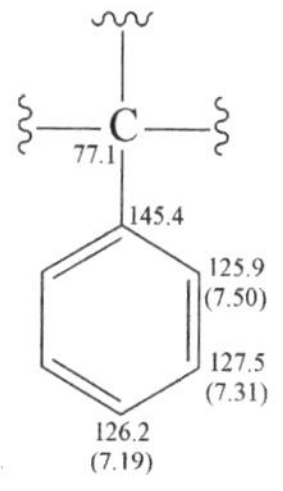

从表 6.53 的序号 12、22～17，再结合表 6.52 中的序号 12、13、16、14 和 15，可以得到结构单元：

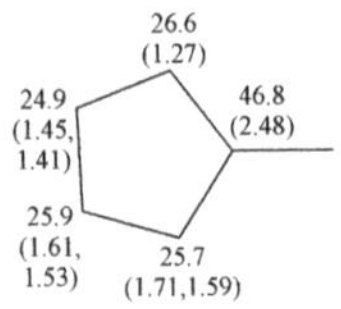

根据表 6.54 中的序号 6，δ_C（75.6 ppm）/δ_H（2.48 ppm）的相关，序号 5，δ_C(77.1 ppm)/δ_H(7.50 ppm，3.73 ppm，3.69 ppm，1.59 ppm，1.27 ppm)的相关，序号 12，δ_C(46.8 ppm)/δ_H（3.73 ppm，3.69 ppm）的相关，序号 1，δ_C（145.4 ppm）/δ_H(3.73 ppm，3.69 ppm)的相关，再结合 HMQC 谱的有关数据，上述的两个结构单元可以连接起来并延伸，有

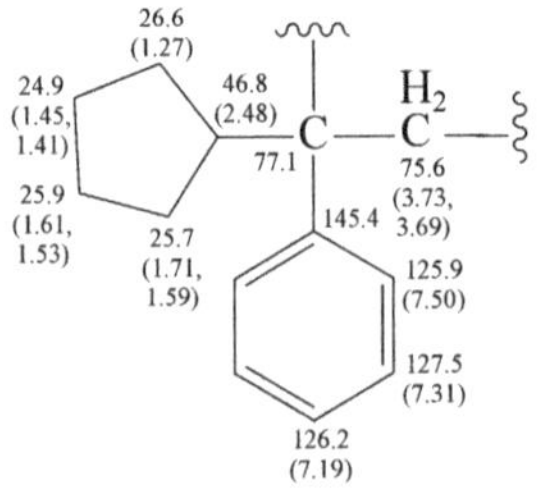

3.73 ppm 和 3.69 ppm 的两对双峰构成一个 AB 体系，即它们属于一个孤立的亚甲基。从该亚甲基的碳、氢的化学位移数值都可知它应该连接氧原子。

δ_C=72.5 ppm、δ_H=3.84 ppm 的 CH 是分析连接关系的一个重要切入点。从碳、氢的化学位移数值可知，该 CH 应该与氧相连。从表 6.53 的序号 4，再结合表 6.52 中的序号 7、8 和 17，可以得到如下耦合关系（当然，如果不应用有关的化学知识，仅利用几种核磁谱图的综合分析也可以得到同样的结果）：

CH(δ_C=23.2 ppm，δ_H=2.33 ppm)—CH(δ_C=72.5 ppm，δ_H=3.84 ppm)—CH_2(δ_C=63.2 ppm；δ_H=3.58 ppm，3.03 ppm)

从表 6.53 的序号 13、14 和 16，再结合表 6.52 中的序号 17、18 和 10，可以得到耦合关系：

CH(δ_C = 23.2 ppm，δ_H = 2.33 ppm)—CH_2(δ_C = 20.8 ppm；δ_H = 1.99 ppm，1.81 ppm)—CH_2(δ_C=55.9 ppm；δ_H=3.38 ppm，3.27 ppm)

从表 6.53 的序号 13、15 和 17，再结合表 6.52 中的序号 17、19 和 9，可以得到耦合关系：

CH(δ_C = 23.2 ppm，δ_H = 2.33 ppm)—CH_2(δ_C = 17.6 ppm；δ_H = 1.90 ppm，1.69 ppm)—CH_2(δ_C=56.8 ppm；δ_H=3.29 ppm，3.01 ppm)

综上所述，上面的 3 个结构单元可以组合为一个较大的结构单元：

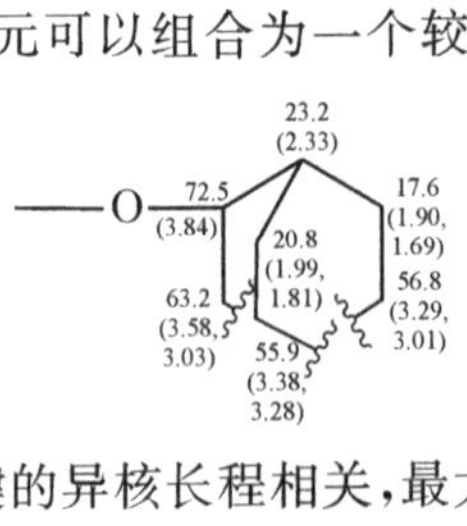

HMBC 谱主要找出跨越 3 根键的异核长程相关，最大的作用是确定季碳的连接关系。

对于目前的 HMBC 谱，最突出的功效为从氮甲基出发，确定它和 2-位、6-位、7-位的 3 个亚甲基的连接，从而完成杂环的结构单元（表 6.54 中的序号 8、9 和 10）。所以得到

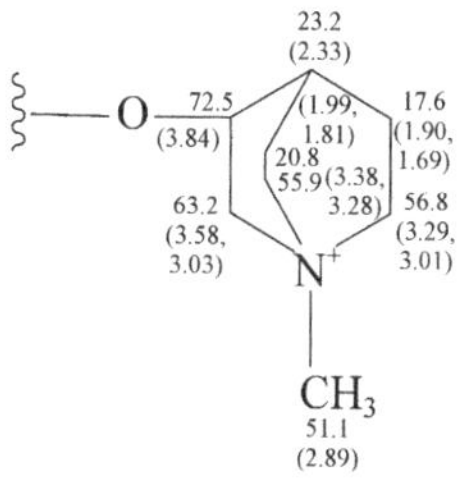

根据表 6.54 中的序号 7，δ_C(72.5 ppm)/δ_H(3.73 ppm，3.69 ppm)的相关，前面推导的两个大的结构单元可以连接起来(也说明 $\delta_C = 75.6$ ppm，$\delta_H = 3.73$ ppm、3.69 ppm 的亚甲基连接的是氧原子)：

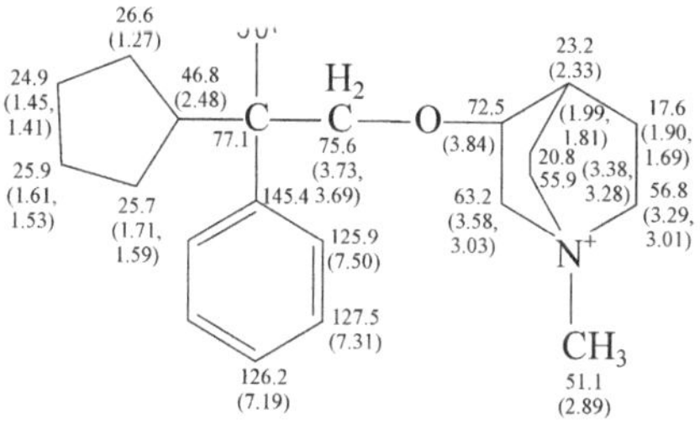

氢谱中羟基的峰出在水峰中。上述的结构式说明氮原子形成的是季铵盐，因此有一个阴离子，目前是溴离子。

所以，通过上述的讨论可以确认原来预想的结构并且给出完全的碳、氢化学位移数值的指认：

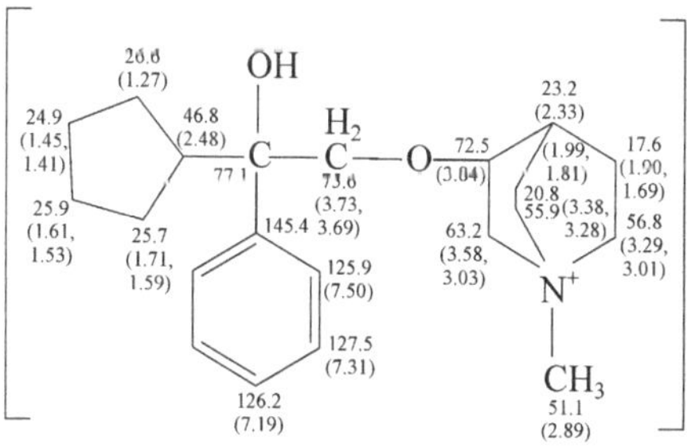

C6－15

上述结果是充分利用 6 种核磁共振谱图分析得出的。对于不熟悉核磁共振谱图解析的人可能会有一些疑团：为什么同碳上两个氢原子的化学位移数值不等？为什么戊烷环上同为 α-位的两个碳原子的化学位移数值不等？这些问题可以归纳为核磁共振谱图中的前手性(prochirality)问题。所谓前手性是指在同一个碳原子上连接有两个相同基团(当然也包括两个氢原子)，二者是否具有相同化学环境的问题。请读者再复习第 1 章阐述的“对称面法则”：如果分子存在对称面，且对称面平分有关的键角，在这样的条件下两个相同的基团才有相同的化学位移数值；如果上述两个条件有一个不满足，这两个相同基团在理论上就会有不同的化学位移数值。如果在实际测定中它们有相同的化学位移数值，那是二者的化学位移数值偶然相同，或者二者的差别不够大，在所测量的条件下没有展示出来。

由于所讨论的分子没有对称面，因此上述结构式里的同碳二氢均具有不同的化学位移数值。

例 6.15　合成的化合物具有下述预想结构：

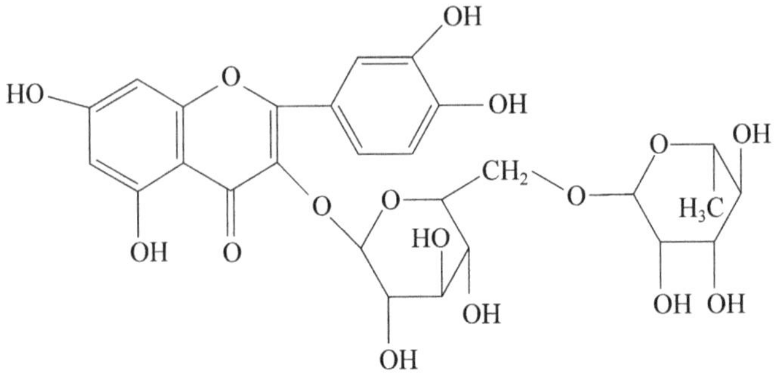

C6－16

该化合物的氢谱、氢谱局部放大谱、碳谱、碳谱局部放大谱、DEPT-135 谱、DEPT-135 谱局部放大谱、COSY 谱、COSY 谱局部放大谱、HMQC 谱、HMQC 谱局部放大谱、HMBC 谱和 HMBC 谱局部放大谱如图 6.154～图 6.170 所示。试根据核磁共振谱图确认它的结构。所有核磁共振谱图是用 600 MHz 谱仪测定的，溶剂为氘代甲醇。

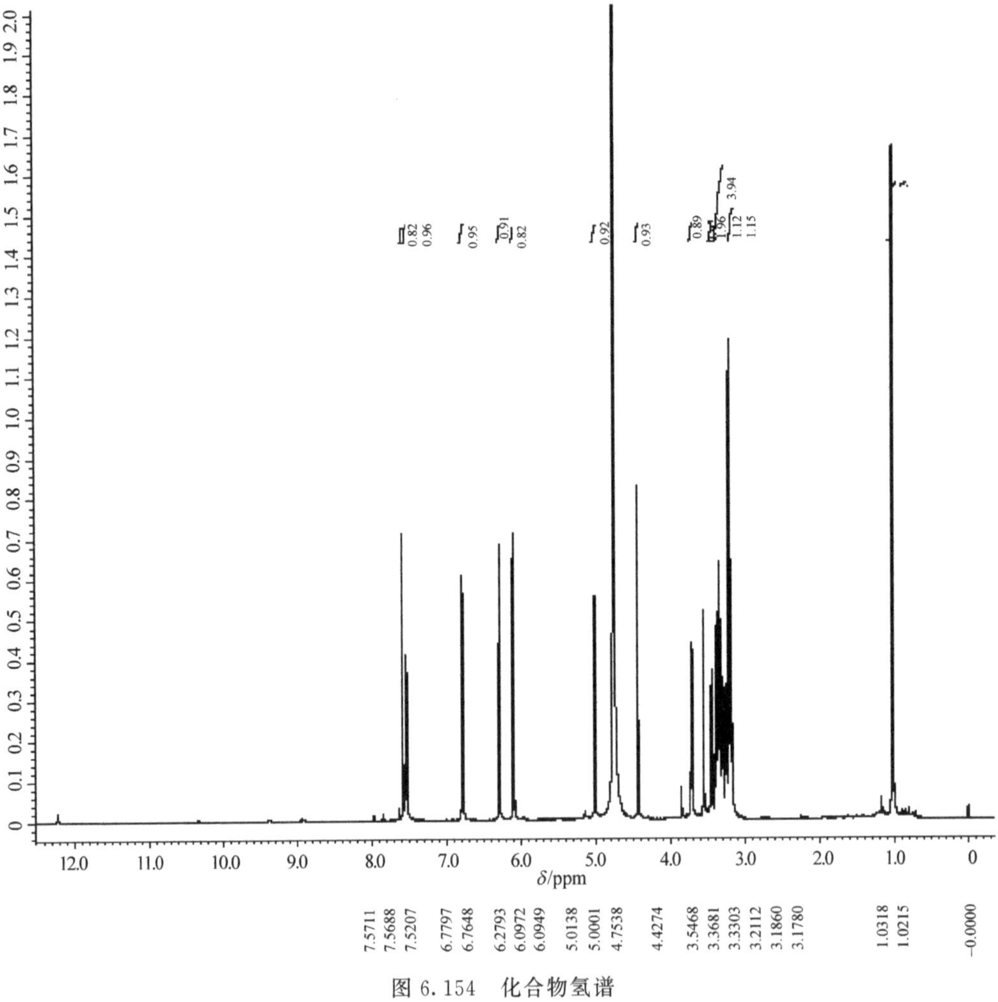

图 6.154　化合物氢谱

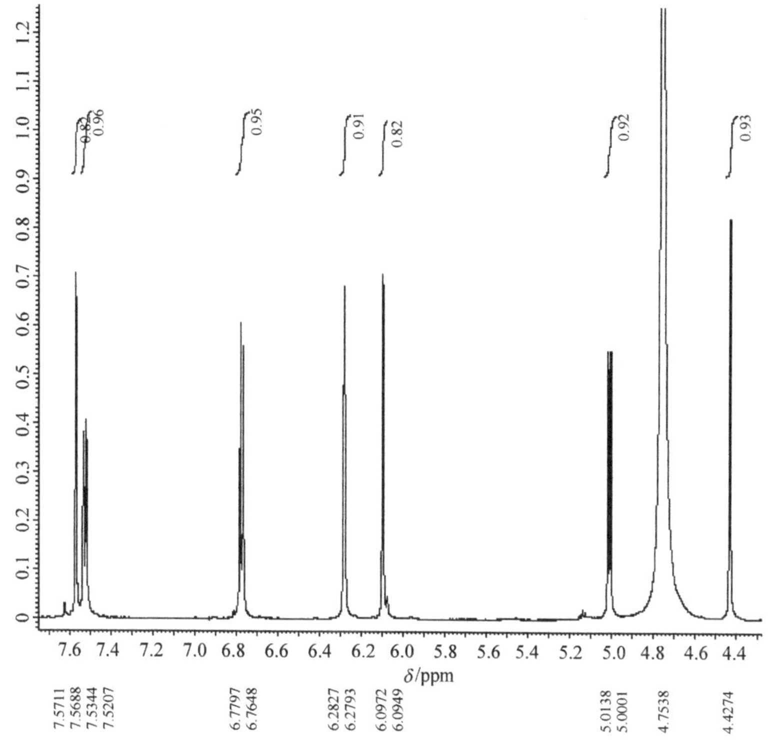

图 6.155　化合物氢谱局部放大谱 1

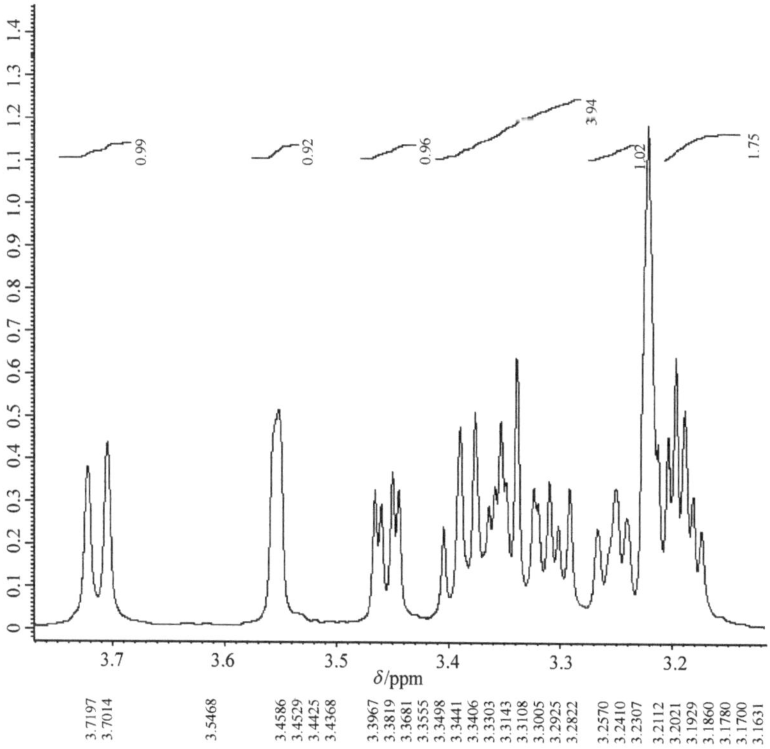

图 6.156　化合物氢谱局部放大谱 2

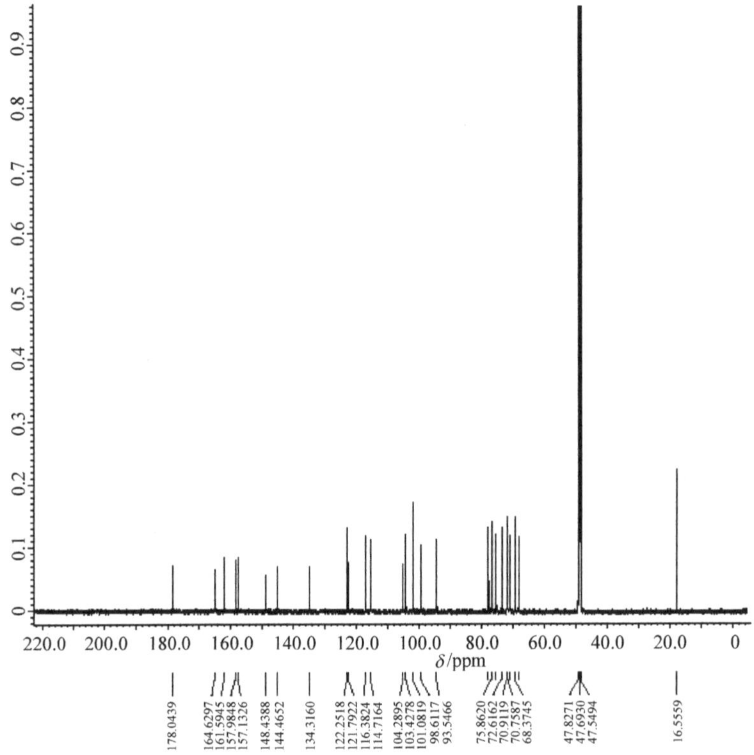

图 6.157 化合物碳谱

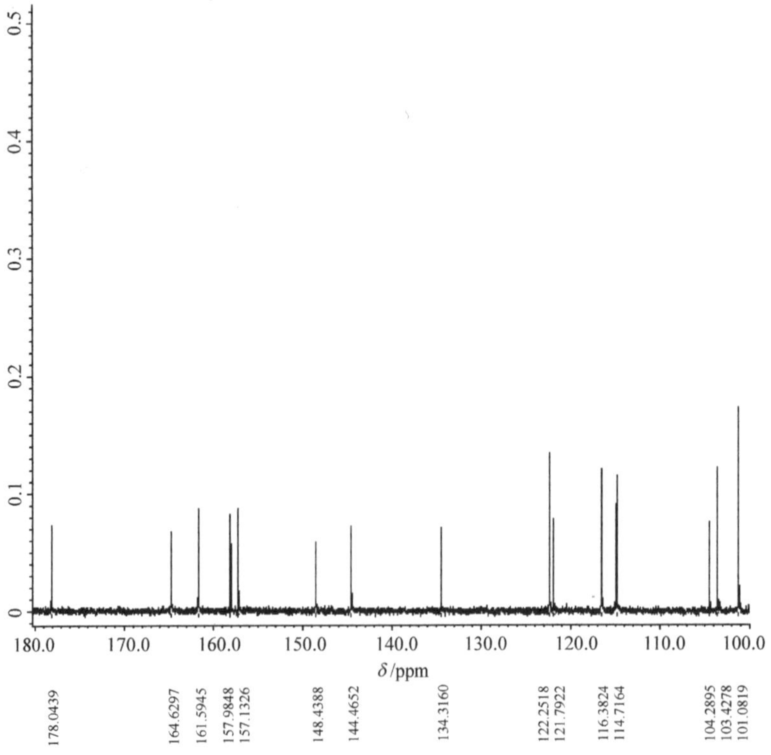

图 6.158 化合物碳谱局部放大谱 1

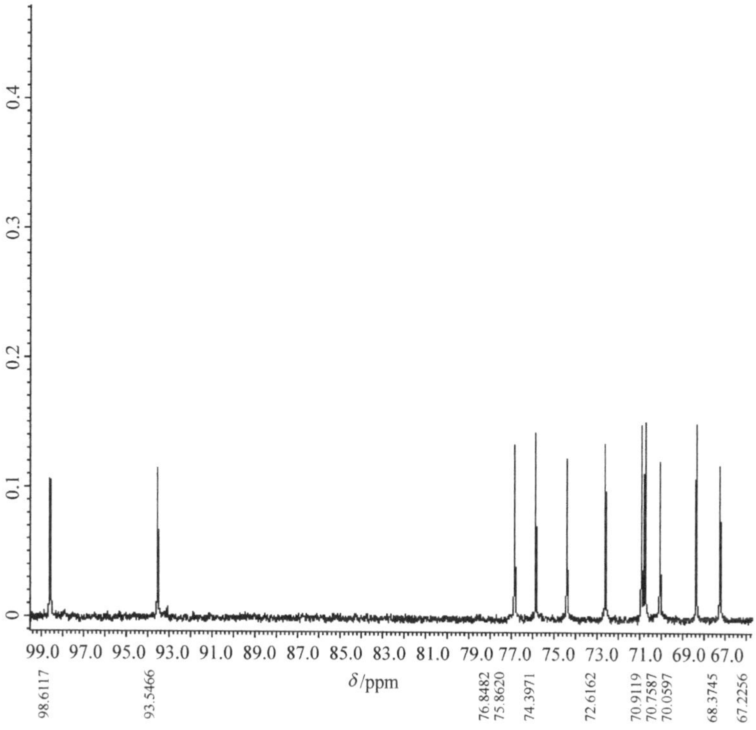

图 6.159　化合物碳谱局部放大谱 2

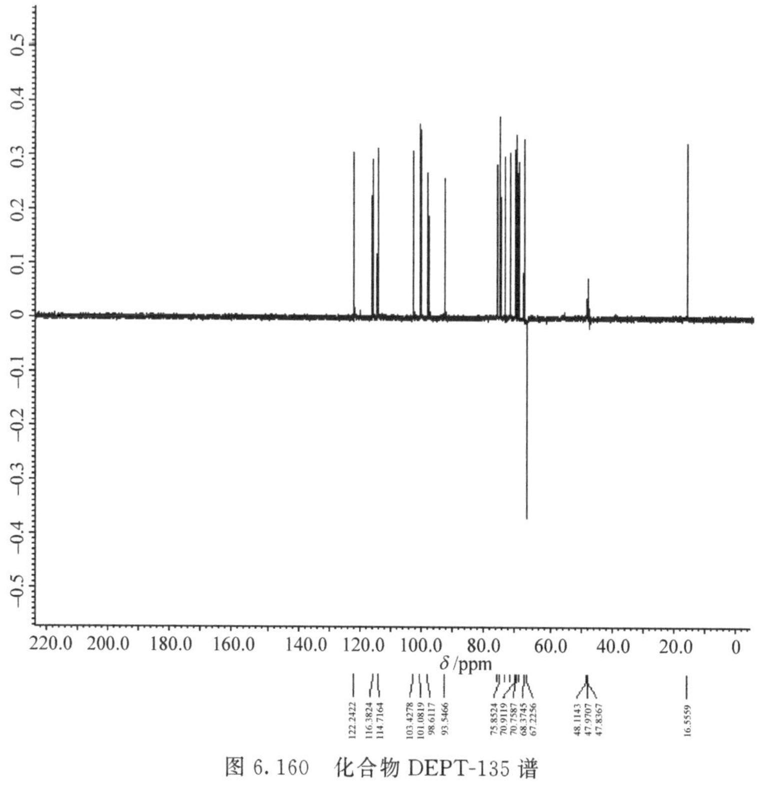

图 6.160　化合物 DEPT-135 谱

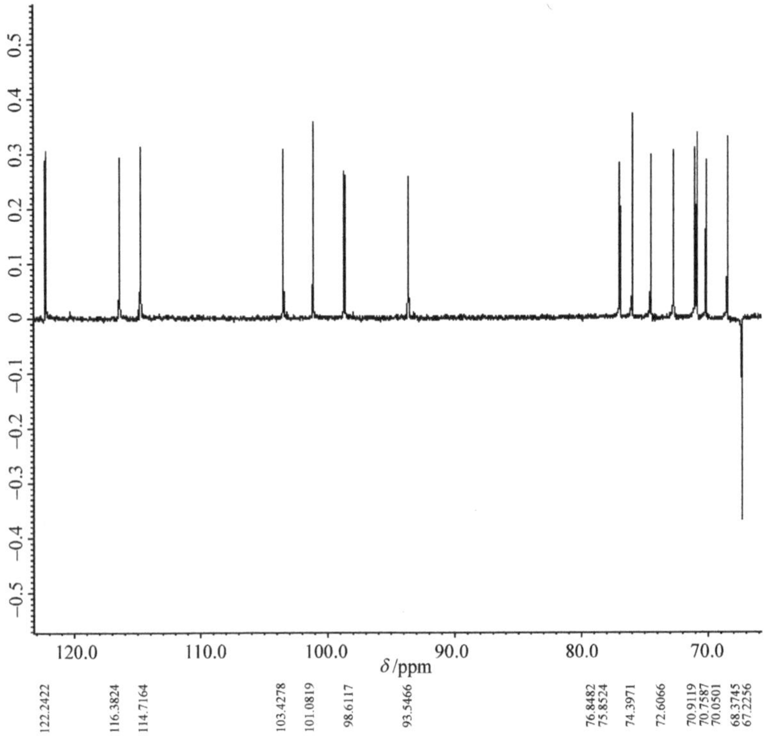

图 6.161　化合物 DEPT-135 谱局部放大谱

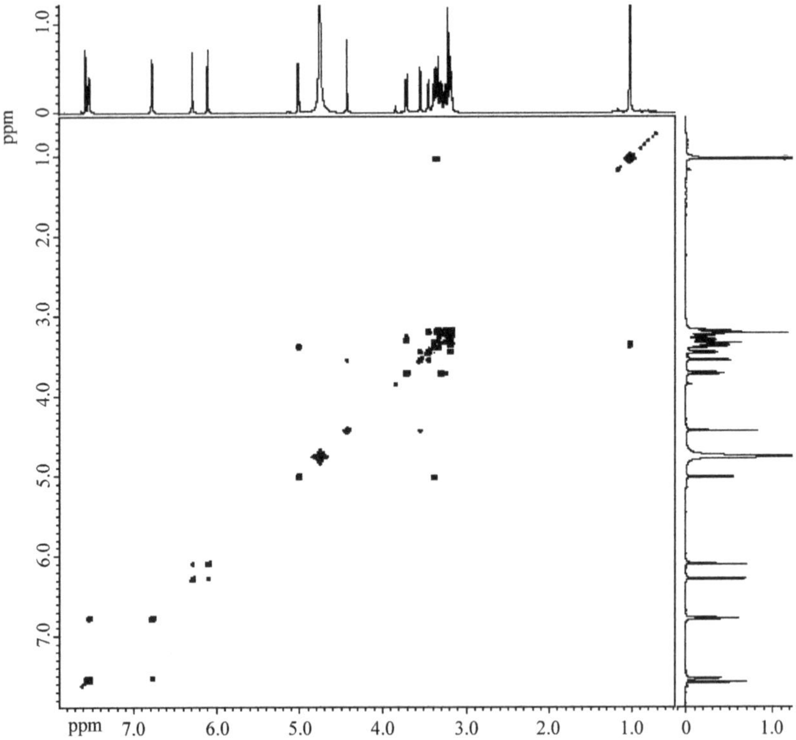

图 6.162　化合物 COSY 谱

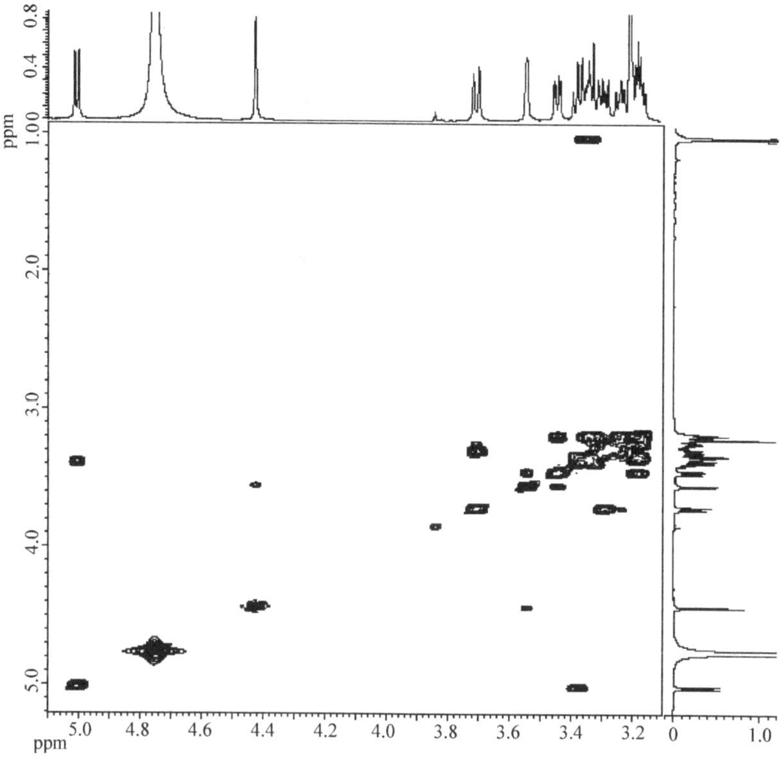

图 6.163　化合物 COSY 谱局部放大谱

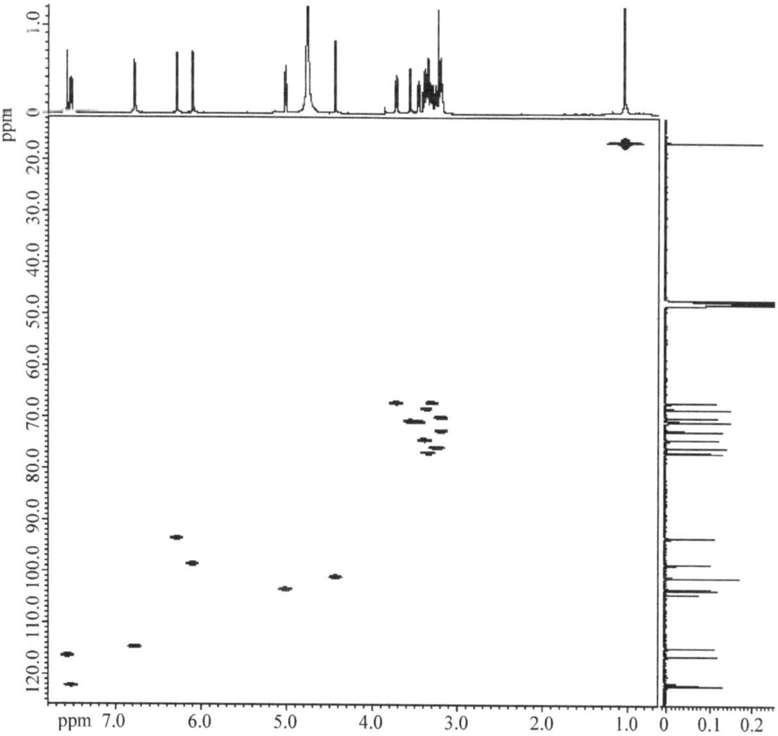

图 6.164　化合物 HMQC 谱

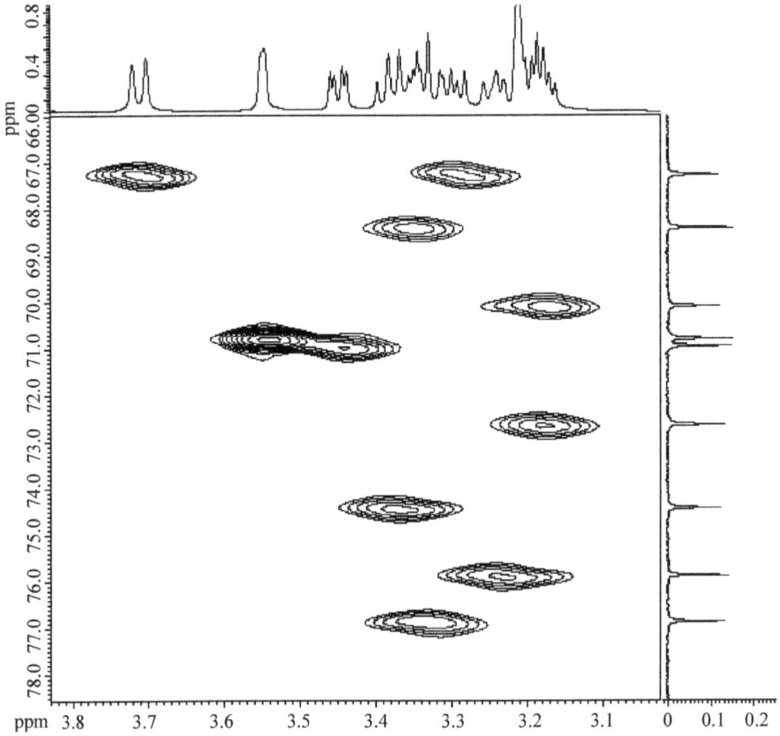

图 6.165　化合物 HMQC 谱局部放大谱 1

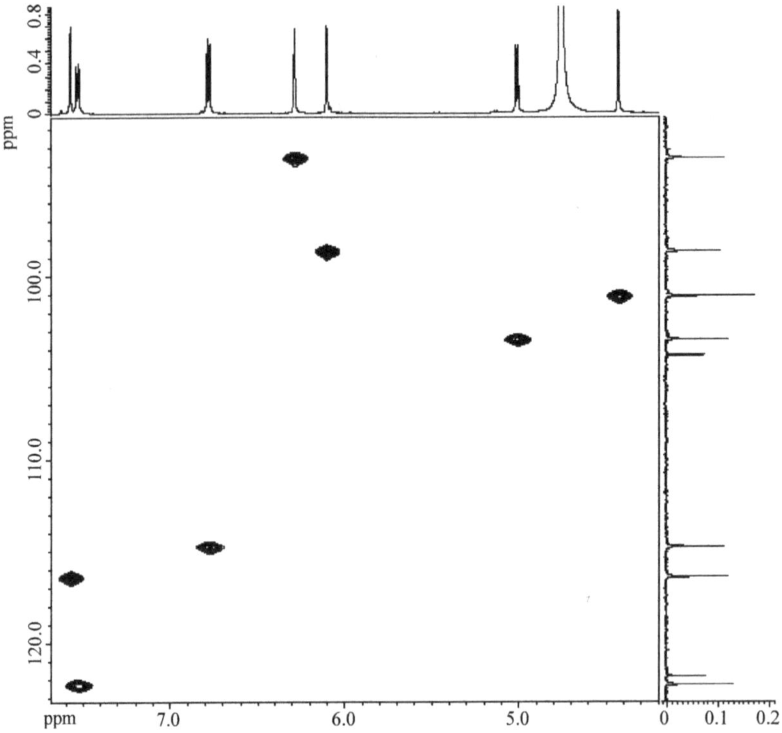

图 6.166　化合物 HMQC 谱局部放大谱 2

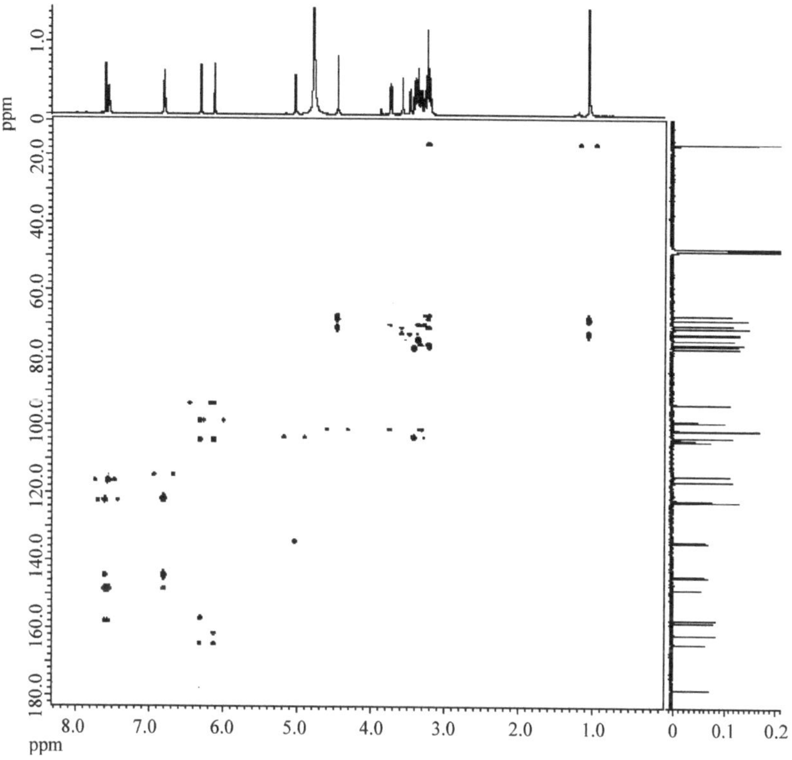

图 6.167 化合物 HMBC 谱

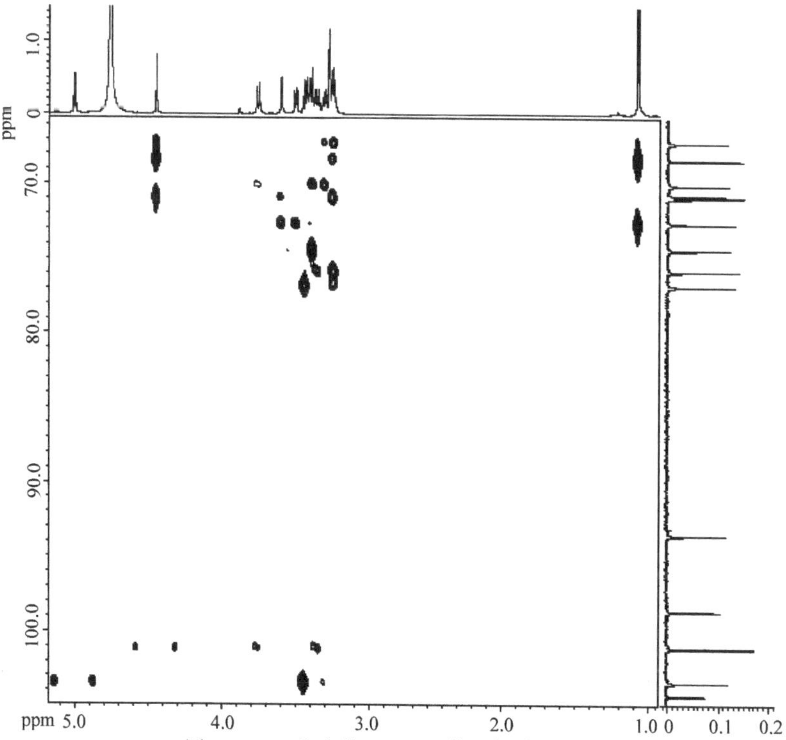

图 6.168 化合物 HMBC 谱局部放大谱 1

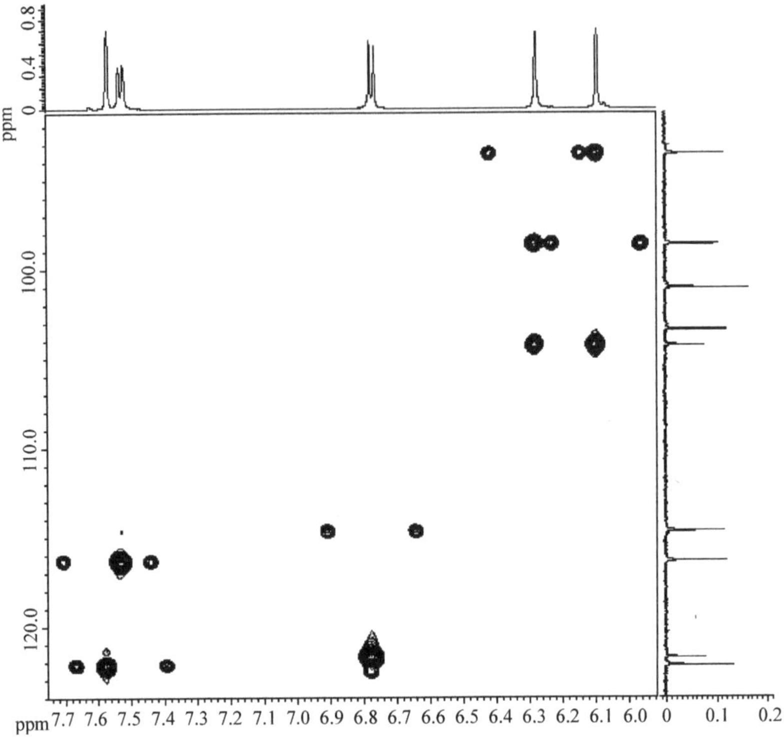

图 6.169　化合物 HMBC 谱局部放大谱 2

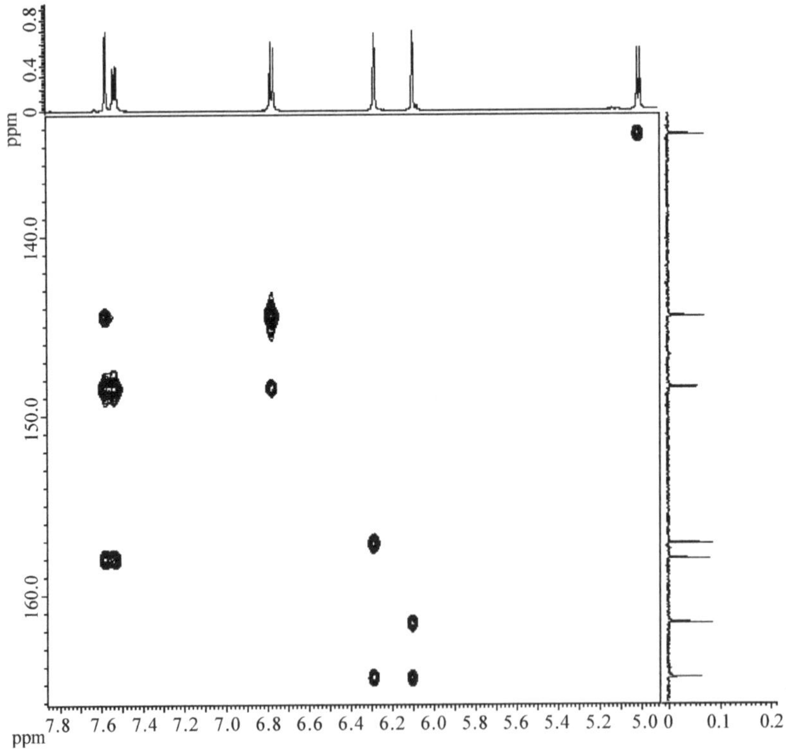

图 6.170　化合物 HMBC 谱局部放大谱 3

解　该化合物的氢谱比较复杂,特别是 3.0～4.0 ppm 的区域,因此必须查看氢谱的放大谱。

3.21 ppm 的峰是溶剂峰,4.75 ppm 的峰是水峰。在氢谱中可看到一些杂质峰,它们的峰面积都很小。

该化合物的氢谱数据归纳为表 6.55。

表 6.55　化合物氢谱数据整理

δ_H/ppm	峰面积	峰型	J/Hz
7.57	0.82	d	1.38
7.53	0.96	d	8.22
6.77	0.95	d	8.94
6.28	0.91	d	2.04
6.09	0.84	d	1.38
5.01	0.92	d	8.22
4.43	0.93	s	
3.71	0.99	d	10.98
3.55	0.92	s,钝峰	
3.45	0.96	d,d	9.66,3.42
3.39～3.28	3.94		
3.24	1.02	m	
3.19～3.16	1.75		
1.03	3	d	6.18

除 3.39～3.28 ppm 和 3.19～3.16 ppm 的区域外,所有峰组的面积均接近整数,因而容易确定各峰组对应的氢原子数。上述两个区域对应的氢原子数结合 HMQC 谱可分别确定为 4 个氢原子和 2 个氢原子。

所以,表 6.55 中所列氢原子数目与分子式相符(羟基氢的峰合并在水峰中)。

在该化合物的碳谱中,47.7 ppm 的峰组是溶剂峰。碳谱中的杂质峰强度都很低。

该化合物的碳谱和 DEPT-135 谱的数据综合整理为表 6.56。

表 6.56　化合物碳谱和 DEPT-135 谱的数据整理

序号	δ_C/ppm	碳原子数	碳原子级数
1	178.0	1	C
2	164.6	1	C
3	161.6	1	C
4	157.9	1	C
5	157.1	1	C
6	148.4	1	C
7	144.5	1	C

续表

序号	δ_C/ppm	碳原子数	碳原子级数
8	134.3	1	C
9	122.3	1	CH
10	121.8	1	C
11	116.4	1	CH
12	114.7	1	CH
13	104.3	1	C
14	103.4	1	CH
15	101.1	1	CH
16	98.6	1	CH
17	93.5	1	CH
18	76.8	1	CH
19	75.9	1	CH
20	74.4	1	CH
21	72.6	1	CH
22	70.9	1	CH
23	70.6	1	CH
24	70.1	1	CH
25	68.4	1	CH
26	67.2	1	CH_2
27	16.6	1	CH_3

在完成碳谱数据的整理之后，分析 HMQC 谱，把连接在碳原子上的氢找出，从而得到表 6.57。

表 6.57　碳谱和氢谱数据的整理

序号	δ_C/ppm	碳原子级数	δ_H/ppm
1	178.0	C	
2	164.6	C	
3	161.6	C	
4	157.9	C	
5	157.1	C	
6	148.4	C	
7	144.5	C	
8	134.3	C	
9	122.3	CH	7.53

续表

序号	δ_C/ppm	碳原子级数	δ_H/ppm
10	121.8	C	
11	116.4	CH	7.57
12	114.7	CH	6.77
13	104.3	C	
14	103.4	CH	5.01
15	101.1	CH	4.43
16	98.6	CH	6.09
17	93.5	CH	6.28
18	76.8	CH	3.33
19	75.9	CH	3.24
20	74.4	CH	3.38
21	72.6	CH	3.19
22	70.9	CH	3.45
23	70.6	CH	3.55
24	70.1	CH	3.17
25	68.4	CH	3.35
26	67.2	CH_2	3.71,3.29
27	16.6	CH_3	1.03

在制作表 6.57 时，虽然用了 HMQC 谱的数据，但一些氢原子的化学位移数值由于谱峰的重叠仍然不易读取，此时用 HMBC 谱可以帮助解决这个问题，因为 HMBC 谱中的相关峰可能有较小的峰面积，从而可以分辨。

该化合物 HMBC 谱的数据整理为表 6.58。

表 6.58　化合物 HMBC 谱数据整理

序号	δ_C/ppm	长程耦合的氢 δ_H/ppm	^1J 耦合的氢 δ_H/ppm
1	178.0	(6.28)	
2	164.6	6.28,6.09	
3	161.6	6.09	
4	157.9	7.57,7.53	
5	157.1	6.28	
6	148.4	7.57,7.53,(6.77)	
7	144.5	7.57,6.77	
8	134.3	5.01	
9	122.3	7.57	7.53
10	121.8	6.77	

续表

序号	δ_C/ppm	长程耦合的氢 δ_H/ppm	^1J 耦合的氢 δ_H/ppm
11	116.4	7.53	7.57
12	114.7		6.77
13	104.3	6.28,6.09	
14	103.4	3.38,(3.33)	5.01
15	101.1	3.71,3.29	4.43
16	98.6	6.28	6.09
17	93.5	6.09	6.28
18	76.8	3.38,3.17	
19	75.9	3.29,3.17	
20	74.4	3.33	
21	72.6	3.55,3.45,(3.35),1.03	
22	70.9	4.43,3.55,(3.35),3.19	
23	70.6	4.43	
24	70.1	(3.71),3.33,3.24	
25	68.4	4.43,3.19,1.03	
26	67.2	4.43,3.24,3.17	
27	16.6	3.19	1.03

注:圆括号(　)表示弱的相关峰。

把 HMBC 谱的谱图放大,足可区分 3.17 ppm 和 3.19 ppm 的相关峰,其他在氢谱中重叠的峰组,由于化学位移数值之差相对大得多,因此可以区分(前者之差仅为 0.02 ppm,后者之差约为 0.1 ppm)。

化合物 COSY 谱的数据整理为表 6.59。

表 6.59　化合物 COSY 谱数据整理

δ_H/ppm	耦合的氢 δ_H/ppm	备注
7.57	7.53	
7.53	7.57,6.77	
6.77	7.53	
6.28	6.09	
6.09	6.28	
5.01	3.38	
4.43	3.55	

续表

δ_H/ppm	耦合的氢 δ_H/ppm	备注
3.71	3.29,(3.24)	参考表 6.58 的数据
3.55	4.43,3.45	参考表 6.58 的数据
3.45	3.55,3.19	参考表 6.58 的数据
3.38	5.01,3.33	
3.35	3.19,1.03	
3.33	3.38,3.17	参考表 6.58 的数据
3.29	3.71	
3.24	(3.71),3.17	
3.19	3.45,3.35	
3.17	3.33,3.24	参考表 6.58 的数据
1.03	3.35	

表 6.55～表 6.59 概括了所有核磁共振谱图的信息。有了这个基础，就可以进行氢谱和碳谱的指认。

从表 6.57 中序号 16 和 17 的两个芳香 CH 开始。从 COSY 谱知道它们之间的相关峰强度低，表 6.58 序号 16 和 17，以及从氢谱知道它们之间的耦合常数约为 2 Hz，可知它们应该是两个间位耦合的芳香氢原子。由于它们的 δ_C 和 δ_H 都非常低（属于罕见的情况），因此它们应该是处于两个氧原子的取代之间的芳香 CH。所以，该化合物有结构单元：

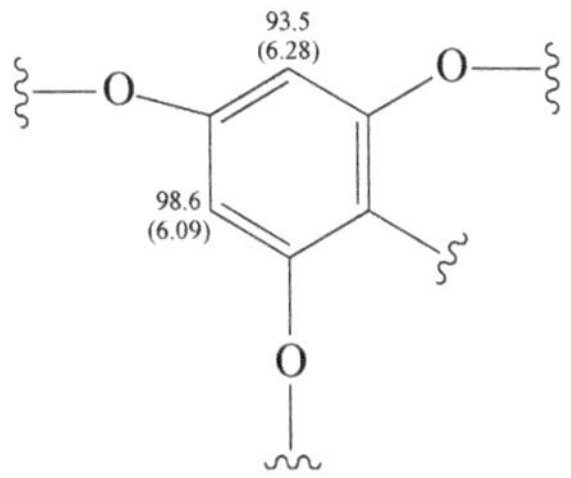

三个氧原子（或者是含氧基团）的取代必然使被取代碳原子的化学位移数值显著增大；另外，从 HMBC 谱的数据，表 6.58 中序号 2、3、5 和 13，可以确定 4 个季碳原子的化学位移数值：

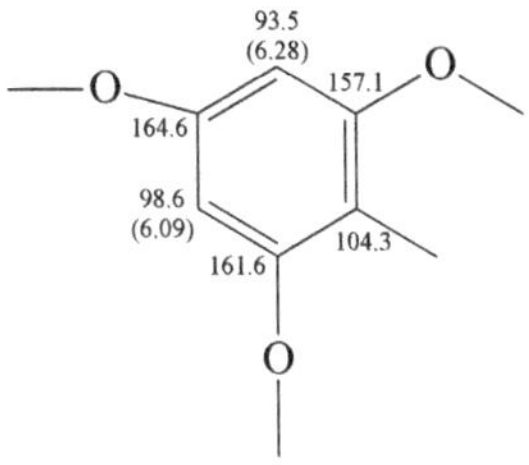

再从表 6.57 中序号 9、11 和 12，3 个芳香 CH 开始。根据COSY谱的结果：δ_H6.77 ppm/7.53 ppm，和 HMBC 谱的结果，表 6.59 中的序号 9 和 11，即 δ_C(122.3 ppm)/δ_H(7.57 ppm)的相关和 δ_C(116.4 ppm)/δ_H(7.53 ppm)的相关，可知有一个 1-,2-,4-取代的苯环：

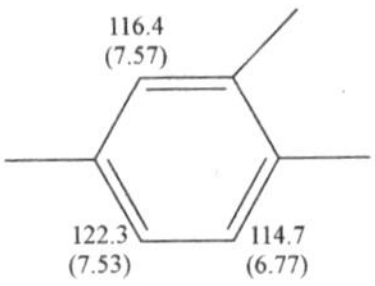

根据 HMBC 谱的结果，表 6.59 中序号 6、7 和 10，即δ_C(148.4 ppm)/δ_H(7.57 ppm，7.53 ppm)的相关、δ_C(144.5 ppm)/δ_H(7.57 ppm，6.77 ppm)的相关、δ_C(121.8 ppm)/δ_H(6.77 ppm)的相关，可知上述苯环被取代的季碳原子的化学位移数值：

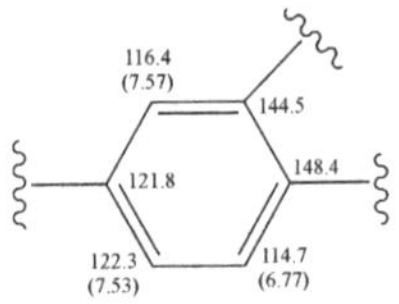

在利用 HMBC 谱进行指认时，要注意相关峰的强弱。以 144.5 ppm 的相关峰为例，6.77 ppm 处的相关峰比较强，应该是跨越 3 根键的耦合；7.57 ppm 处的相关峰比较弱，是跨越 2 根键的耦合。

上面的取代苯环中，化学位移数值为 144.5 ppm 和 148.4 ppm 的两个碳原子应该连接氧原子，所以有

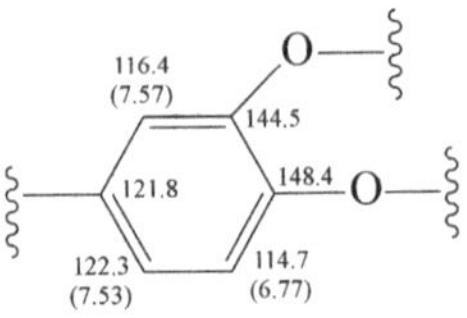

再从表 6.57 中序号 27 的甲基出发，根据 COSY 谱的结果，表 6.59 中的相关，δ_H(ppm)：1.03/3.35，3.35/3.19，3.19/3.45，3.45/3.55，3.55/4.43，和 HMBC 谱的结果，表 6.58 中的序号 27、25、23、22 和 21，即 δ_C(16.6 ppm)/δ_H(3.19 ppm)的相关、δ_C(68.4 ppm)/δ_H(4.43 ppm，3.19 ppm，1.03 ppm)的相关、δ_C(70.6 ppm)/δ_H(4.43 ppm)的相关、δ_C(70.9 ppm)/δ_H(4.43 ppm，3.55 ppm，3.35 ppm，3.19 ppm)的相关、δ_C(72.6 ppm)/δ_H(3.55 ppm，3.45 ppm，3.35 ppm，1.03 ppm)的相关，再结合 HMQC 谱的有关数据，可以推导出结构单元：

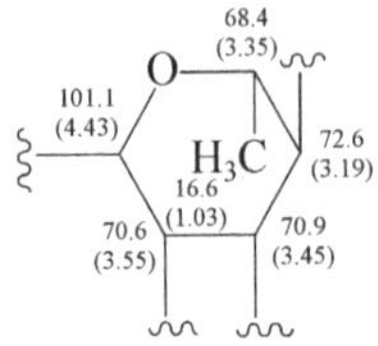

上面的 4 个取代位置的化学位移数值都接近、甚至超过 70 ppm，它们都应该连接氧原子；δ_C 101.1 ppm 的碳原子则应该连接两个氧原子：

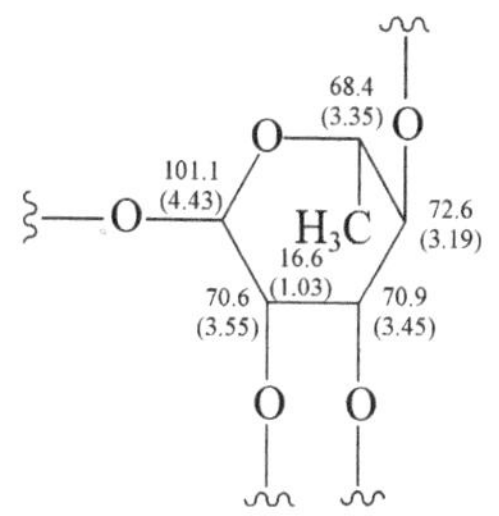

再从表 6.57 中序号 14 的 CH 出发（δ_C＝103.4 ppm，δ_H＝5.01 ppm），根据 COSY 谱的结果，表 6.59 中的相关，δ_H（ppm）：5.01/3.38，3.38/3.33，3.17/3.33，3.17/3.24，3.71/(3.29，3.24)，利用 HMBC 谱的结果，表 6.58 中序号 14、18、19、20、24 和 26，即 δ_C(103.4)/δ_H(3.38，3.33)的相关、δ_C(76.8 ppm)/δ_H(3.38 ppm，3.17 ppm)的相关、δ_C(75.9)/δ_H(3.29，3.17)的相关、δ_C(74.4)/δ_H(3.33)的相关、δ_C(70.1 ppm)/δ_H(3.71 ppm，3.33 ppm，3.24 ppm)的相关、δ_C(67.2 ppm)/δ_H(3.24 ppm，3.17 ppm)的相关，再结合 HMQC 谱的有关数据，可以推导出结构单元：

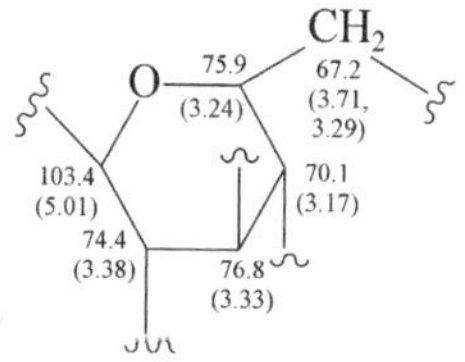

上面的 4 个取代位置的化学位移数值都接近，甚至超过 70 ppm，它们都应该连接氧原子；δ_C 为 103.4 ppm 的碳原子则应该连接两个氧原子，有

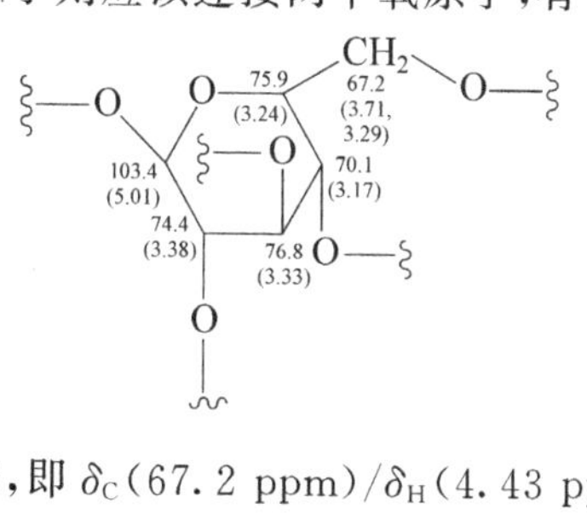

根据表 6.59 中的序号 26，即 δ_C(67.2 ppm)/δ_H(4.43 ppm)的相关，上面两个糖环能够连接起来，于是得到

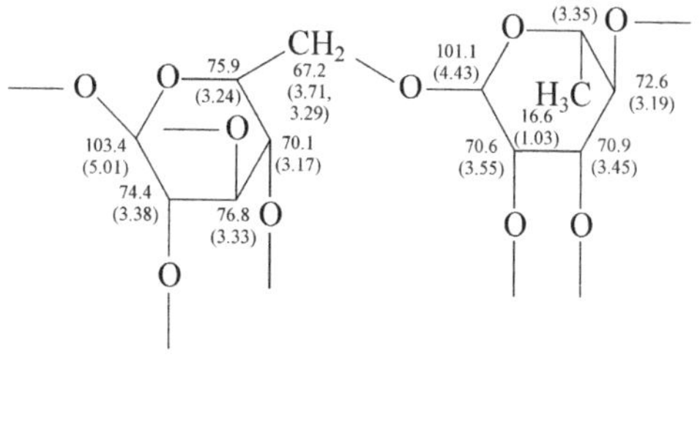

上面已经得到两个分开的苯环单元，一个包含两个醣环的较大结构单元。对比表 6.57，只剩下两个不饱和的季碳原子和一个羰基，两个不饱和季碳原子为 C(δ_C = 157.9 ppm)和 C(δ_C = 134.3 ppm)。注意到表 6.59 中的序号 4 和 8：δ_C(157.9 ppm)/δ_H(7.57 ppm，7.53 ppm)的相关、δ_C(134.3 ppm)/δ_H(5.01 ppm)的相关，这两个不饱和季碳原子必须构成一组双键，剩下的羰基在 HMBC 谱中没有相关峰，因此下面的结构是合理的结果：

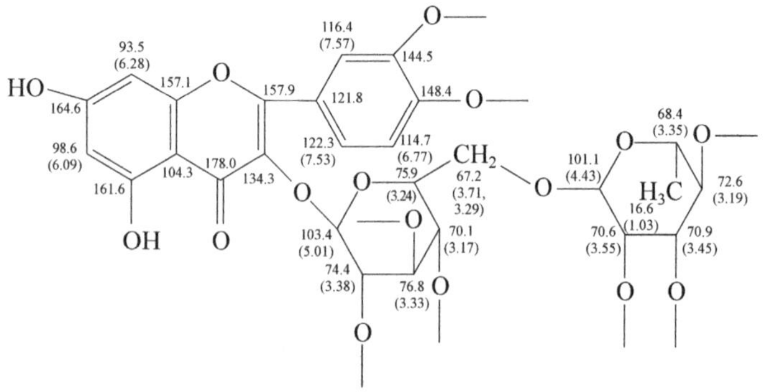

由于在氢谱中没有剩下的峰组，上面结构中的氧原子都应该处于羟基，羟基的峰都出到水峰中，因此最后得到：

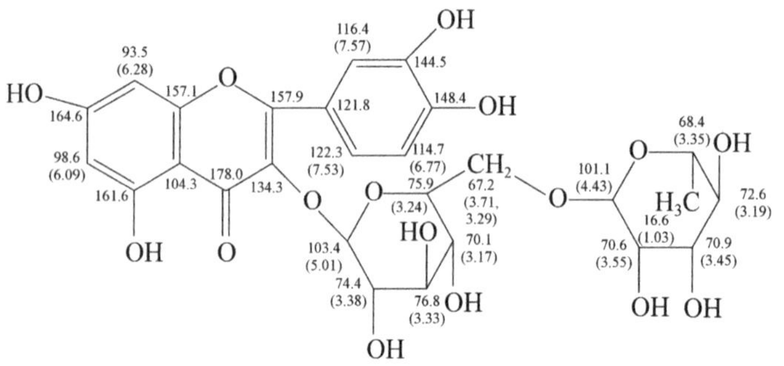

C6－16

由于基本上是从推导未知物结构的方法完成指认，因此原来预想的结构是正确的。

在解本题时，可以看到 HMBC 谱的重要作用。COSY 谱的分辨率与氢谱相当，由于在氢谱中有些峰组重叠严重，COSY 谱中有些相关峰就不够清楚，因此相应的连接关系需要旁证。HMQC 谱的相关峰面积也比较大，要准确定出某些氢原子的化学位移数值就存在困难。HMBC 谱中相关峰的面积比较小，既可帮助确定某些氢原子的化学位移数值，也可以得到若干连接关系的信息。

例 6.16　合成化合物预计的结构式如下：

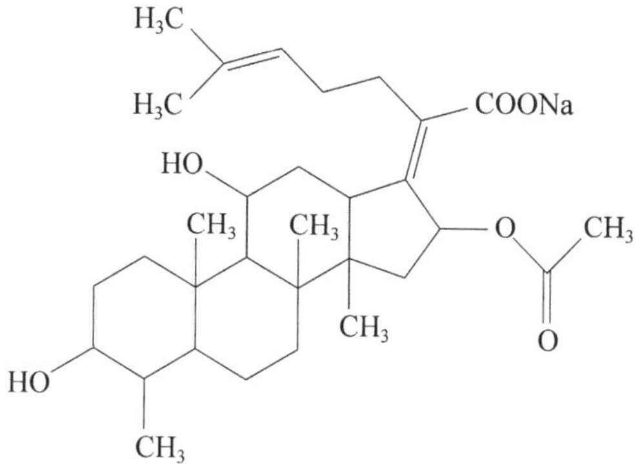

C6 - 17

该化合物的氢谱、氢谱局部放大谱、碳谱、DEPT 谱、COSY 谱、COSY 谱局部放大谱、HMQC 谱、HMQC 谱局部放大谱、HMBC 谱和 HMBC 谱局部放大谱分别如图 6.171～图 6.185 所示，试确认其结构。所有核磁共振谱图是用 500 MHz 谱仪测定的，溶剂为氘代 DMSO。

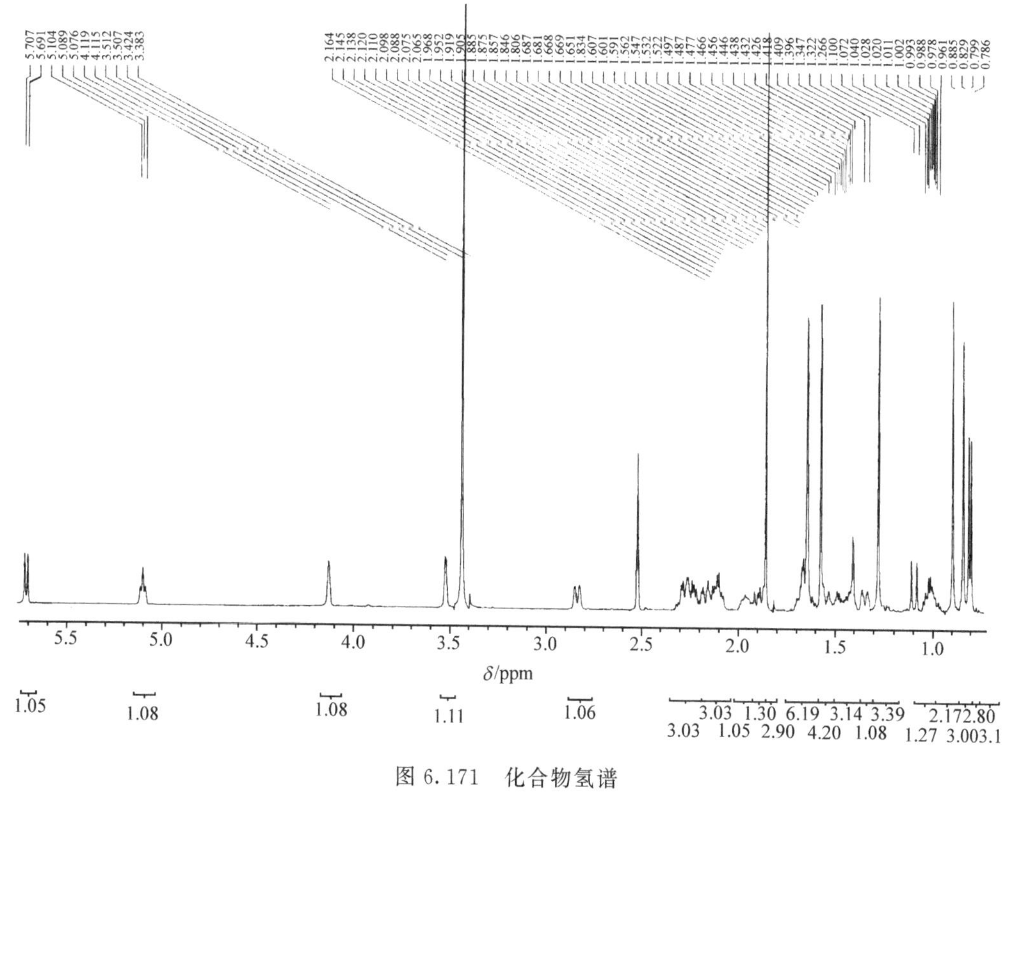

图 6.171　化合物氢谱

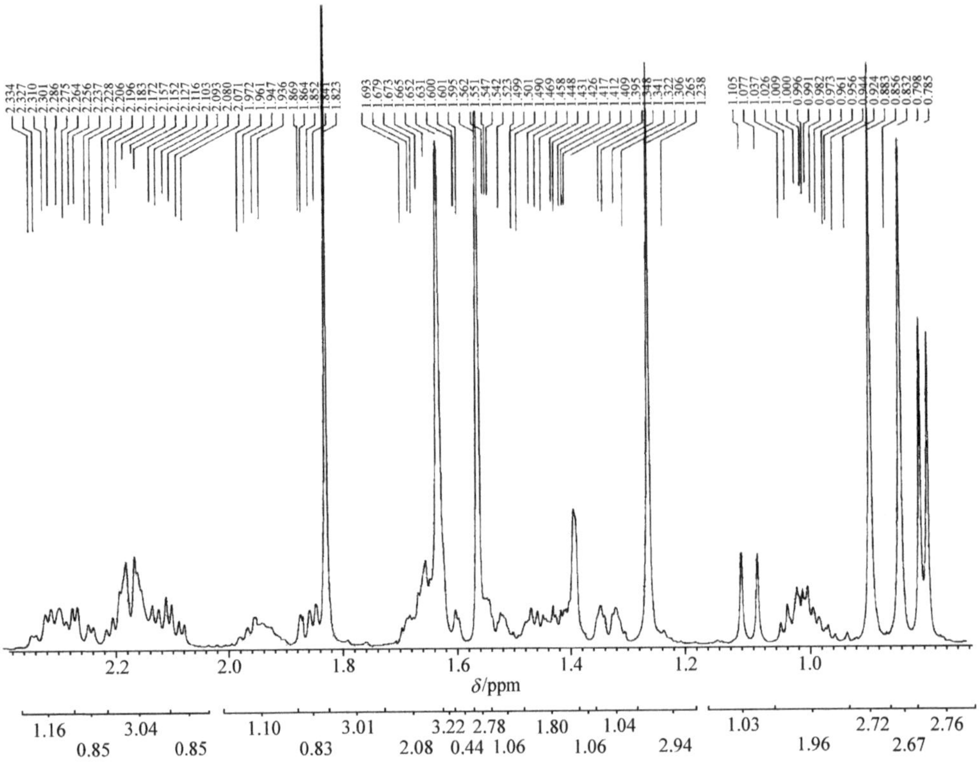

图 6.172　化合物氢谱局部放大谱 1

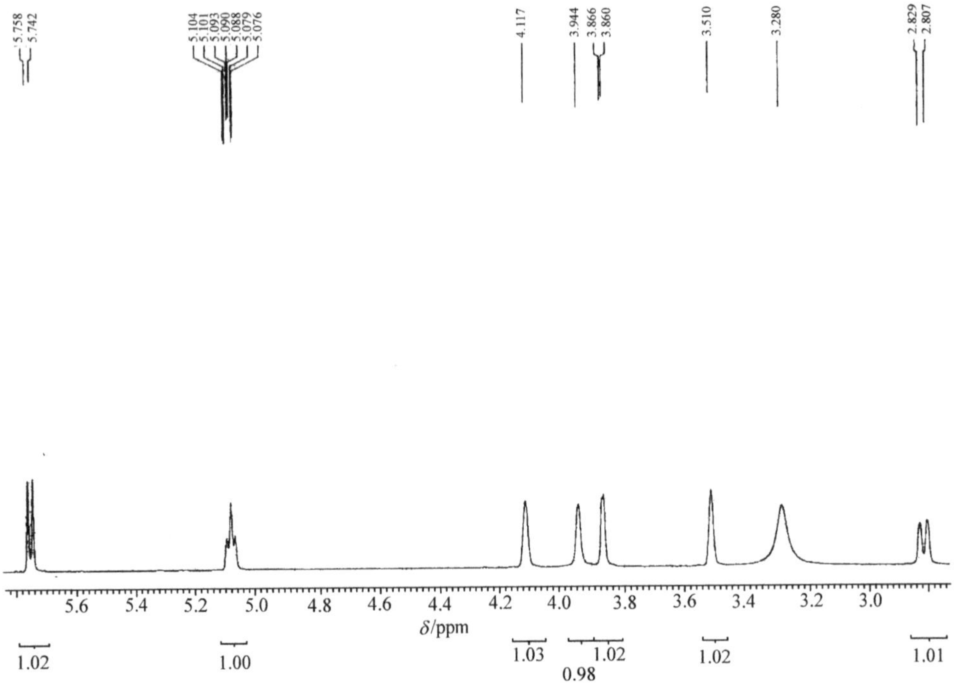

图 6.173　化合物氢谱局部放大谱 2

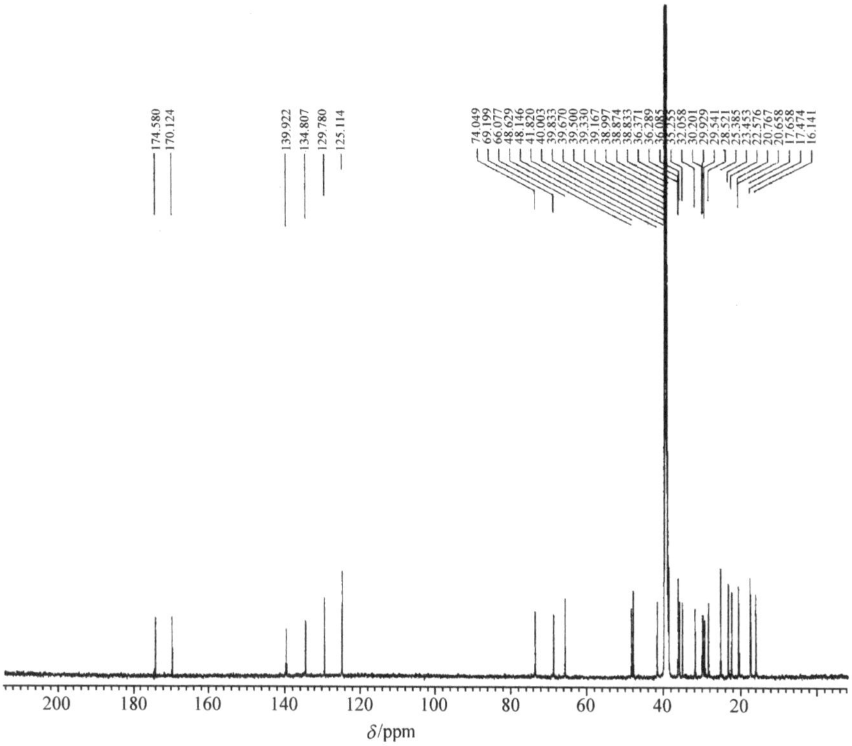

图 6.174 化合物碳谱

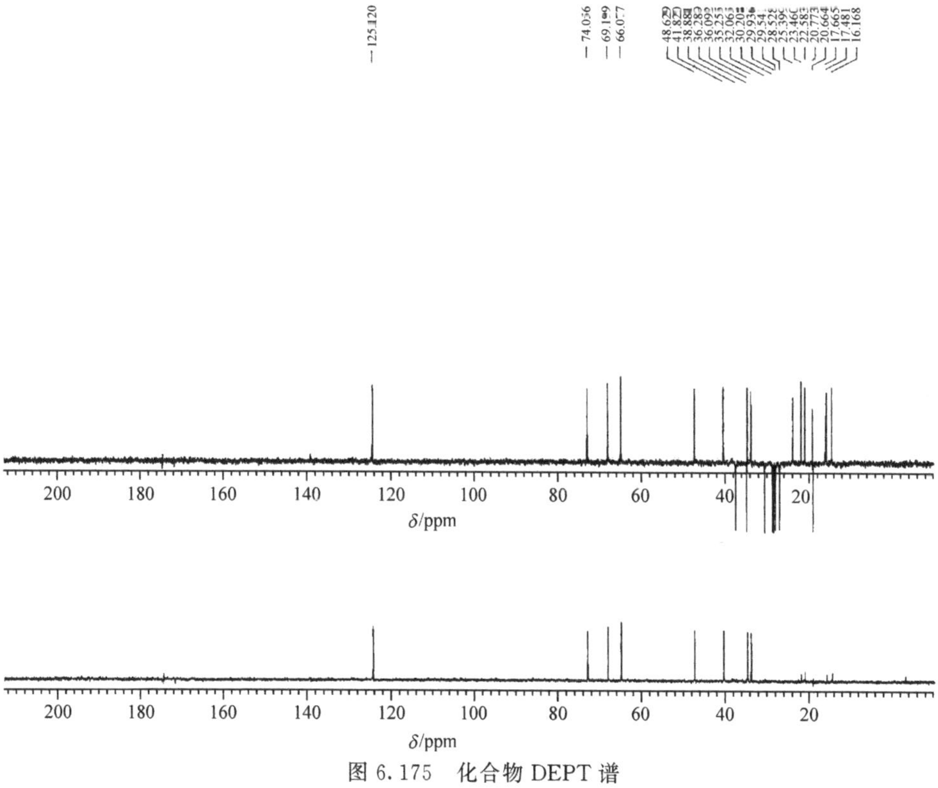

图 6.175 化合物 DEPT 谱

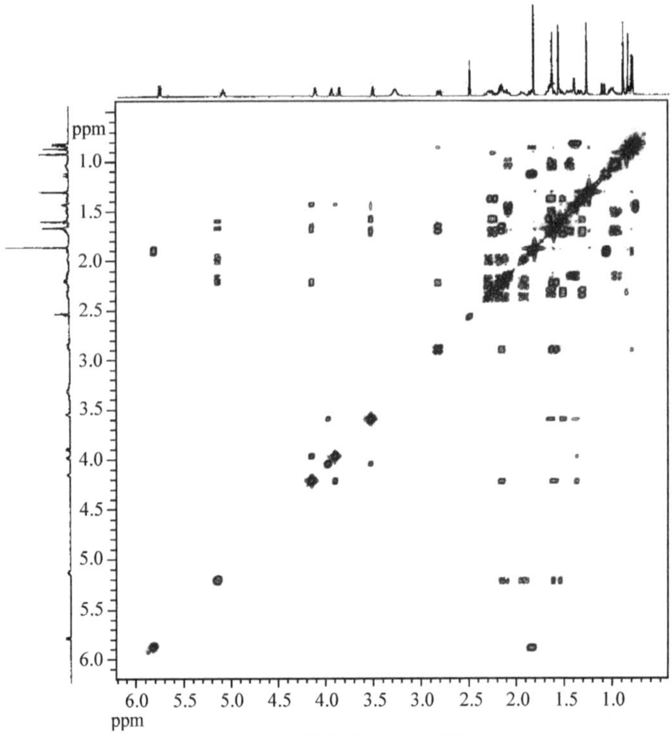

图 6.176　化合物 COSY 谱

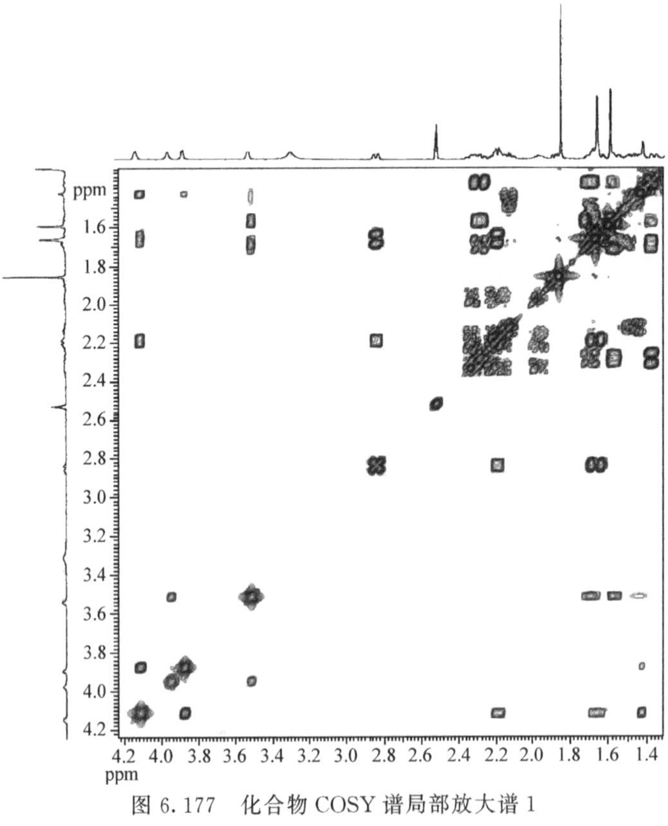

图 6.177　化合物 COSY 谱局部放大谱 1

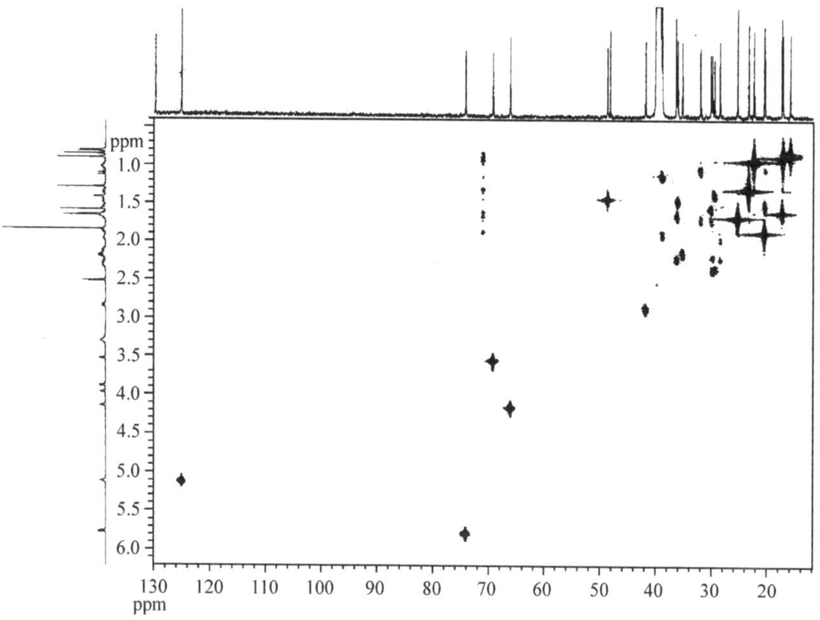

图 6.178　化合物 COSY 谱局部放大谱 2

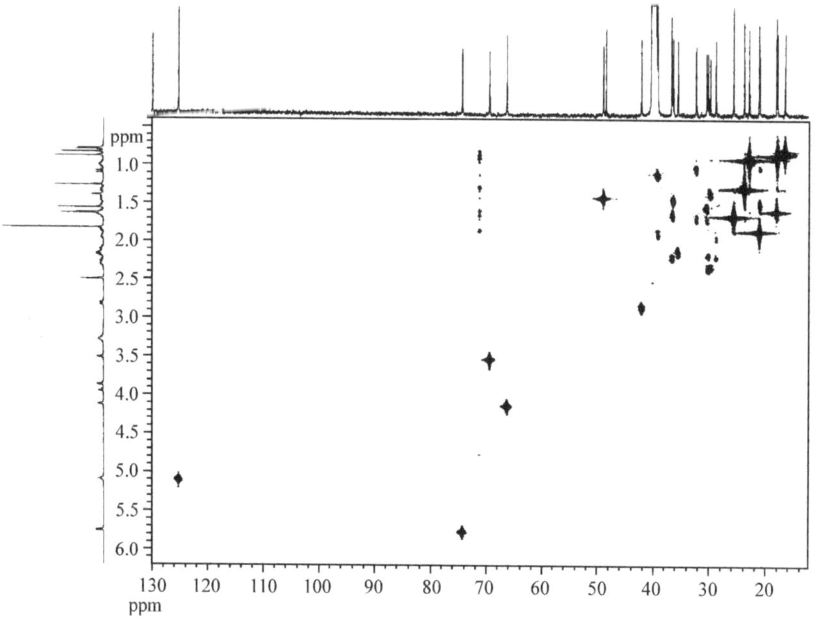

图 6.179　化合物 HMQC 谱

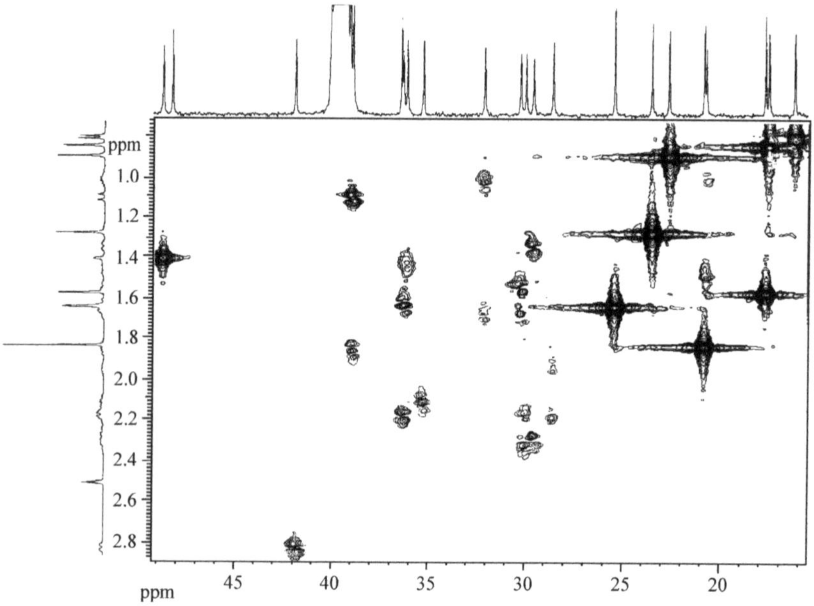

图 6.180　化合物 HMQC 谱局部放大谱 1

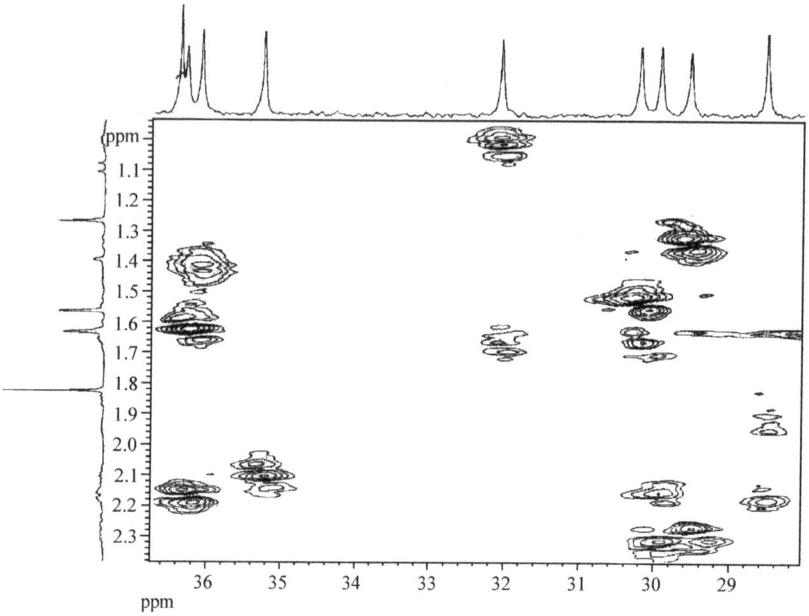

图 6.181　化合物 HMQC 谱局部放大谱 2

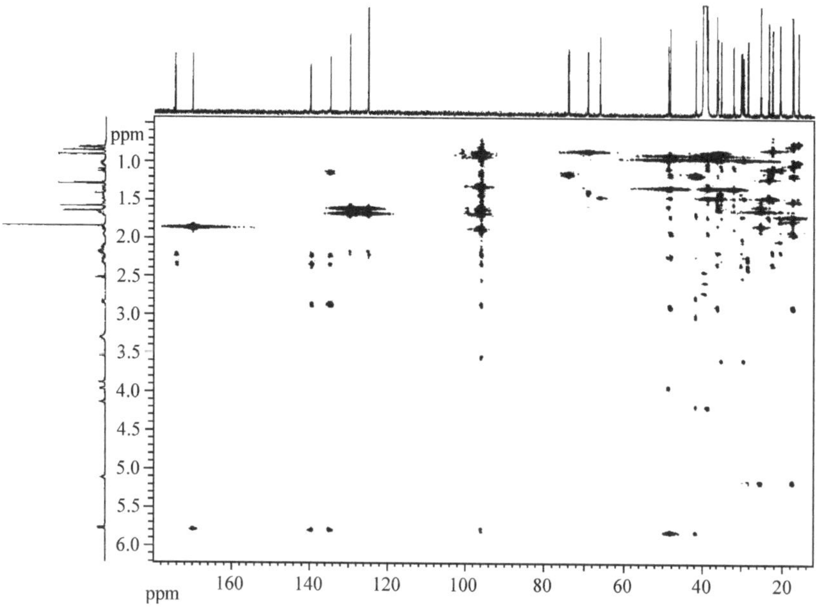

图 6.182 化合物 HMBC 谱

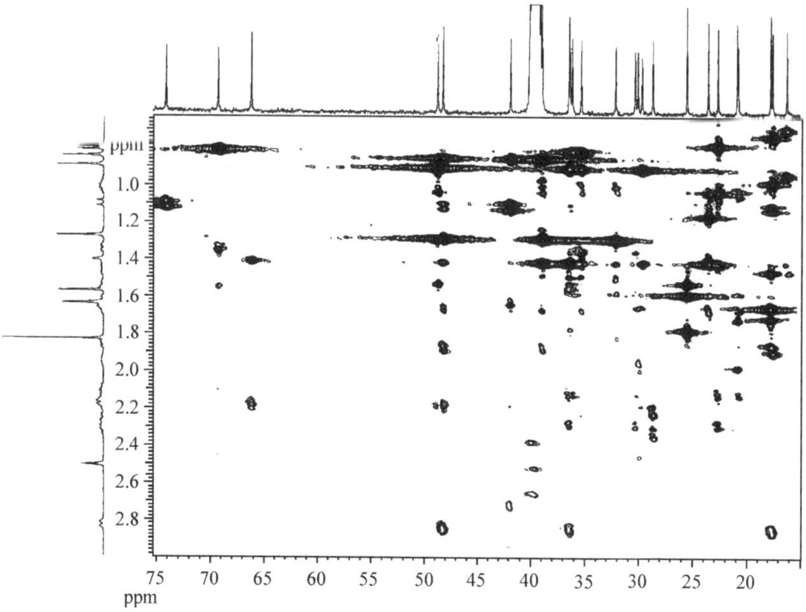

图 6.183 化合物 HMBC 谱局部放大谱 1

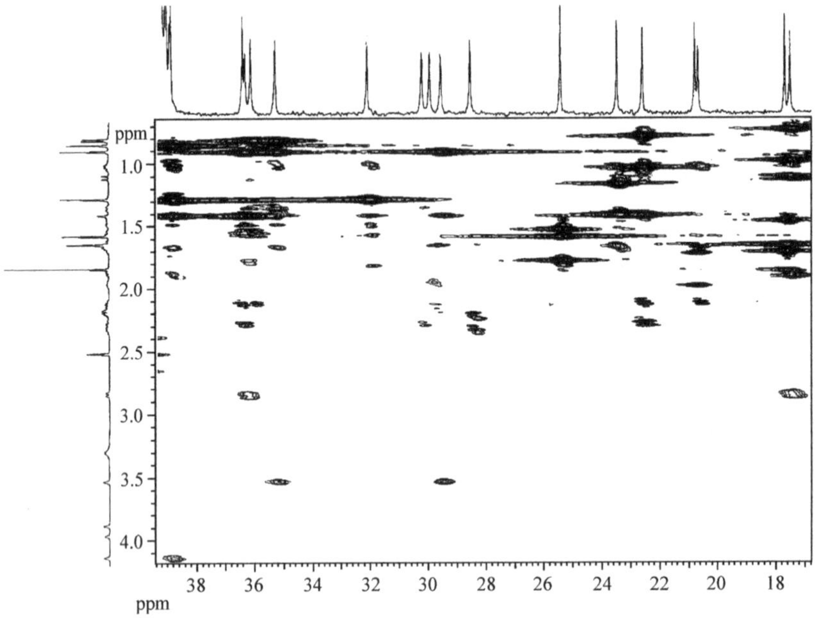

图 6.184　化合物 HMBC 谱局部放大谱 2

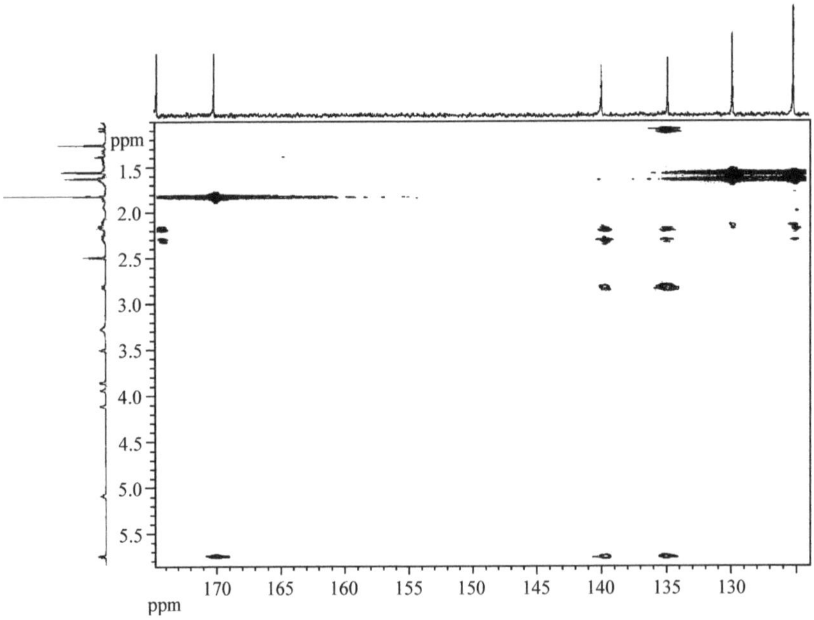

图 6.185　化合物 HMBC 谱局部放大谱 3

解　解题的思路是首先解析各种核磁共振谱图，归纳出数据，然后找到结构单元，进行结构单元的组装，继而与上述的结构式进行比较。

首先解析该化合物的氢谱。

氢谱中约 2.50 ppm 的峰组是溶剂峰，3.28 ppm 的强度高的单峰是水峰。

在该化合物的氢谱中可以看到多处有峰组的重叠，对于相对分子质量不小的未知物来说这是一个普遍现象。已多次强调，在解析未知物氢谱时，要充分分析由二维谱得到的信息。首先应该分析该未知物的 HMQC 谱，从中可以清楚地看到氢谱的重叠是怎么产生的，因为 HMQC 谱关联直接相连的碳原子和氢原子，指出氢谱的每一处峰组的根源。HMBC 谱也可以帮助分辨氢谱中重叠的峰组。

把该化合物的氢谱及其放大谱的数据归纳为表 6.60。

表 6.60　化合物氢谱数据归纳

δ_H/ppm	峰组积分数值(氢原子数)	峰型	耦合常数 J/Hz	备注
0.79	2.76(3)	d	6.5	
0.83	2.67(3)	s		
0.88	2.72(3)	s		
0.99	1.96(1+1)	m，m		从 HMQC 谱可知为两个峰组的部分重叠
1.10	1.03(1)	d	14.0	
1.27	2.94(3)	s		
1.34	1.04(1)	m		
1.40	1.06(1)			
1.45	1.80(2)	m		从 HMQC 谱可知为两个峰组的部分重叠
1.53	1.06(1)	m		
1.56	2.78(3)	s		
1.63	3.22(3)	s		
1.66	2.52(3)	m		
1.82	3.01(3)	s		
1.85	0.83(1)	m		
1.95	1.10(1)	m		
2.06～2.26	5.90(6)	m		
2.82	1.01(1)	d	11	
3.51	1.02(1)	s，钝峰		
3.86	1.02(1)	s		
3.94	0.98(1)	s		
4.12	1.03(1)	s		
5.09	1.00(1)	t		
5.75	1.02(1)	d	7	

在 2.06～2.26 ppm 的区域，谱峰重叠严重。从 HMQC 谱可知这一区域的峰组由 5 个含氢基团的 6 个氢原子产生。

δ_C(ppm) 35.3，δ_H(ppm) 2.10；

δ_C(ppm) 36.3，δ_H(ppm) 2.17(另外一个氢在 1.62 ppm)；

δ_C(ppm) 29.9，δ_H(ppm) 2.15，2.30；

δ_C(ppm) 28.5，δ_H(ppm) 2.19(另外一个氢在 1.96 ppm)；

δ_C(ppm) 29.5，δ_H(ppm) 2.27(另外一个氢在 1.34 ppm)。

类似地，可以分辨出氢谱中其他重叠的峰组(其他峰组的重叠比上述峰组轻)。

如上所述，利用 HMQC 谱可以分辨重叠的氢谱谱峰。把未知物的碳谱、氢谱和 HMQC 谱的数据结合起来，再参考 DEPT 谱的数据，可以把化合物氢谱和碳谱的数据归纳为表 6.61。

表 6.61　化合物碳谱和氢谱数据的归属

序号	δ_C/ppm	碳原子类型	δ_H/ppm
1	16.2	CH_3	0.79
2	17.5	CH_3	0.83
3	17.7	CH_3	1.56
4	20.7	CH_2	0.98，1.47
5	20.8	CH_3	1.82
6	22.6	CH_3	0.88
7	23.5	CH_3	1.27
8	25.4	CH_3	1.63
9	28.5	CH_2	1.97，2.18
10	29.5	CH_2	1.34，2.27
11	29.9	CH_2	2.15，2.30
12	30.2	CH_2	1.53，1.68
13	32.1	CH_2	0.99，1.65
14	35.3	CH	2.10
15	36.1	CH	1.42
16	36.3	CH_2	1.62，2.17
17	36.4	C	
18	38.8	C	
19	38.9	CH_2	1.10，1.86
20	41.8	CH	2.83
21	48.1	C	
22	48.6	CH	1.40
23	66.1	CH	4.12
24	69.2	CH	3.51
25	74.0	CH	5.70
26	125.1	CH	5.09
27	129.8	C	
28	134.8	C	

续表

序号	δ_C/ppm	碳原子类型	δ_H/ppm
29	139.9	C	
30	170.1	CO	
31	174.6	CO	

从表 6.61 可知，该化合物含有 7 个甲基、8 个 CH_2、8 个 CH、8 个季碳(其中 2 个为羰基)。

除表 6.61 中所列的氢之外，氢谱还余 2 个峰，即在 3.51 ppm 和 4.12 ppm 的 2 个单峰。由于它们不是连接在碳原子上的氢，因此是活泼氢。根据分子式可知它们是羟基(分子式中只有氧为杂原子)。

从 COSY 谱(包括 COSY 谱放大谱)可以找出相应的氢氢相关，用表 6.62 表示。

表 6.62　从 COSY 谱找到的氢氢相关

序号	δ_H/ppm	相关的氢的化学位移 δ_H/ppm
1	0.79	1.42
2	0.83	1.10,(1.86)
3	0.88	
4	0.98	1.47*,2.10,1.65
5	0.99	1.65*
6	1.10	1.86*
7	1.27	
8	1.37	2.27*,1.68,1.53
9	1.40	4.12
10	1.42	3.51,2.10,0.79
11	1.47	0.98*,1.65,2.10
12	1.53	1.68*,3.51,2.27,1.34
13	1.56	5.09
14	1.62	2.17*,4.12,2.83
15	1.63	5.09
16	1.65	0.99*,1.47
17	1.68	1.53*,3.51,2.27,1.34
18	1.82	
19	1.86	1.10*,5.75,(0.83)
20	1.96	2.19*,2.30,2.15
21	2.10	1.47,1.42,0.98
22	2.15	2.30*

续表

序号	δ_H/ppm	相关的氢的化学位移 δ_H/ppm
23	2.17	1.62*,4.12,2.83
24	2.19	1.96*,2.30,2.15
25	2.27	1.34*,1.68,1.53,(0.88)
26	2.30	2.15*,2.19,1.96
27	2.83	2.17,1.62
28	3.51	3.94,1.68,1.53,1.42
29	3.86	4.12
30	3.94	3.51
31	4.12	3.86,2.17,1.62,1.40
32	5.09	2.19,1.96,1.63,1.56
33	5.75	1.86

注：圆括号(　)所示为弱的耦合相关。它们由 W 型折线耦合关系产生。

* ^2J(同碳二氢的)耦合，由 HMQC 谱可以确认。

从表 6.62 知，羟基的氢也有相关峰，这是因为溶剂为氘代 DMSO，此时羟基是慢交换。

归纳 HMBC 谱(包括 HMBC 谱局部放大谱)的数据，结果如表 6.63 所示。

表 6.63　HMBC 谱数据归纳

序号	δ_C/ppm	长程相关氢原子的化学位移 δ_H/ppm	^1J 相关氢原子的化学位移 δ_H/ppm
1	16.2	(1.42)	0.79
2	17.5	1.10,1.86,2.83	0.83
3	17.7	1.63,5.09	1.56
4,5	20.7,20.8	2.10	1.82
6	22.6	1.40	0.88
7	23.5	1.40,1.65	1.27
8	25.4	1.56,5.09	1.63
9	28.5	2.15,2.30,5.09	
10	29.5	0.88,1.40,3.51	
11	29.9	1.96,5.09	
12	30.2	1.34,2.27	
13	32.1	0.98,1.27,1.40,1.47	
14	35.3	0.79,0.88,1.34,1.40,1.47,1.65,3.51	
15	36.1	0.79,2.10	
16	36.3	2.83,1.40	
17	36.4	0.88,1.47,1.53,2.10	

续表

序号	δ_C/ppm	长程相关氢原子的化学位移 δ_H/ppm	^1J 相关氢原子的化学位移 δ_H/ppm
18	38.8	0.83,0.98,1.27,1.40,1.47,1.65,1.86,4.12	
19	38.9	5.75	
20	41.8	0.83,1.10,4.12,5.75	2.83
21	48.1	0.83,1.10,1.27,1.40,1.65,1.86,2.83,5.75	
22	48.6	0.88,0.99,1.47,3.86	
23	66.1	1.40,2.17	
24	69.2	0.79,1.34,1.53	
25	74.0	1.10	
26	125.1	1.56,1.63,2.15,2.30	
27	129.8	1.56,1.63,2.15	
28	134.8	1.10,2.15,2.30,2.83,5.75	
29	139.9	2.15,2.30,2.83,5.75	
30	170.1	1.82,5.75	
31	174.6	2.15,2.30	

表 6.60～6.63 已经包括该化合物所有核磁共振谱图的信息。

下面利用上述的信息找出结构单元，然后组装。

根据表 6.62 中序号 8、17、28、10、21 和 11，再结合 HMQC 谱的信息，可以得到结构单元：

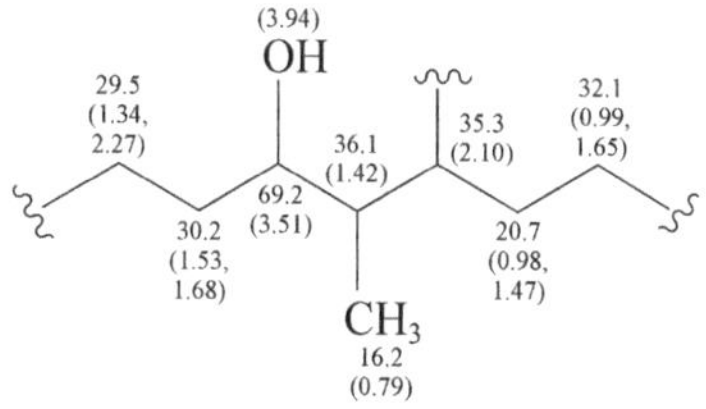

Unit 1

根据表 6.62 中序号 9、31、23 和 14，再结合 HMQC 谱的信息，可以得到结构单元：

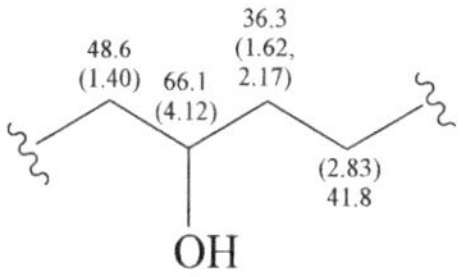

Unit 2

利用表 6.62 中序号 26 和 32，结合 HMQC 谱的信息，可以得到结构单元：

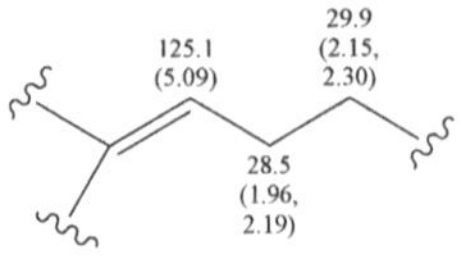

Unit 3

根据表 6.62 中序号 19 和 33，结合 HMQC 谱的信息，可以得到结构单元：

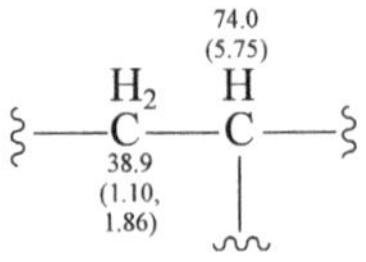

Unit 4

从这个 CH 的化学位移可知，它应该连接一个氧原子：

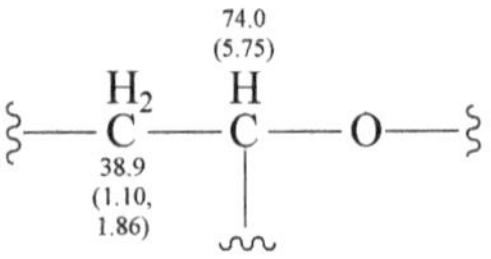

上述结构单元的进一步延伸需要依靠 HMBC 谱解决。剩下的甲基、季碳原子也需要依靠 HMBC 谱来找到和其他基团的连接关系。

当然，HMBC 谱除了用以解决连接关系之外，大量的相关峰对于 COSY 谱的结果也是一个验证，特别是当 COSY 谱由于谱峰重叠，有可能看得不是很清楚时。

需要注意：甲基在氢谱中的信号强，在 HMBC 谱中的相关峰往往也比较强，应该充分利用其信息。

由于 HMBC 谱并不是固定在跨越 3 根化学键时产生相关峰，因此在分析连接关系时要小心。

从 Unit 1 开始，考虑它的延伸。首先需要注意 Unit 1 的 CH_2 和 CH 的氢和什么碳原子有长程耦合关系。从表 6.63 中序号 17，即 δ_C(36.4 ppm)/δ_H(0.88 ppm，1.47 ppm，1.53 ppm，2.10 ppm)的相关，再结合 HMQC 谱的数据，可以确定化学位移数值为 36.4 ppm 的季碳原子的连接关系。

0.88 ppm 的氢属于一个甲基，和它们相连的碳原子的化学位移数值为 22.6 ppm。从表 6.63 中序号 10、14 和 17 可知，这个甲基的氢和化学位移为 29.5 ppm、35.3 ppm、36.4ppm 的碳原子有长程耦合。

通过以上两点的讨论，把 Unit 1 延伸为如下结构单元：

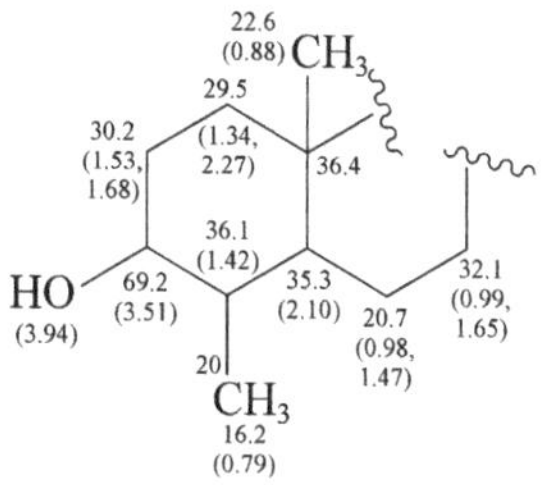

从表 6.63 中序号 22 可知，0.88 ppm 的甲基还和 48.6 ppm 的碳原子（CH）有长程耦合。该 CH 的氢的化学位移数值为 1.40 ppm。而从表 6.63 中序号 7、10、13、14、16、18、21 和 23 可知，1.40 ppm 的氢又和 23.5 ppm（CH_3）、29.5 ppm（CH_2）、32.1 ppm（CH_2）、35.3 ppm（CH）、36.3 ppm（CH_2）、38.8 ppm（季碳）、48.1 ppm（季碳）、66.1 ppm（CH）有长程耦合。再结合上述 Unit 2 的结构，因此上述的结构可以进一步延伸为

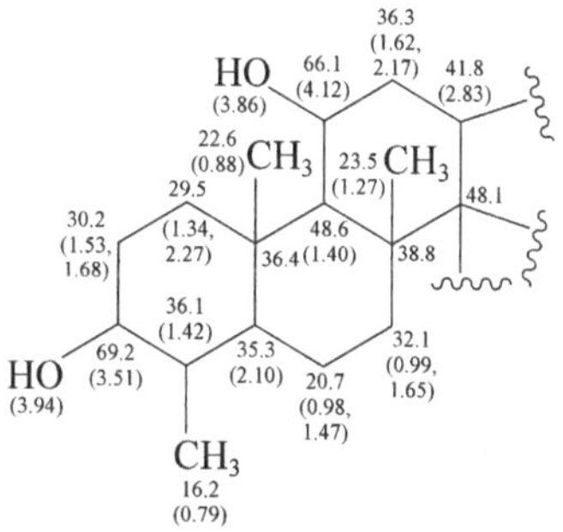

根据表 6.63 中序号 20 和 21 可知，41.8 ppm 和 48.1 ppm 这两个碳原子都和 0.83 ppm 的甲基氢有长程耦合。从表 6.63 中序号 2 又可知，该甲基碳又和 2.83 ppm 的氢有长程耦合。上述事实可以推断出连接在 48.1 ppm 季碳原子上的是这个甲基。根据表 6.63 中的序号 2，该甲基碳还和 1.10 ppm、1.86 ppm 的氢有长程耦合，再结合 Unit 4 的结构，上述结构可以进一步延伸为

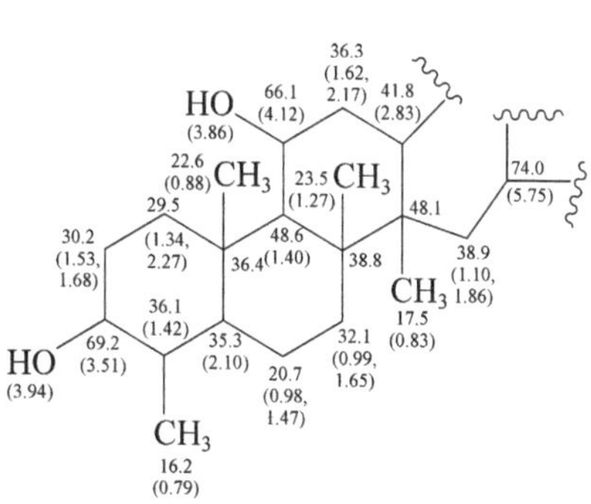

从表 6.63 中序号 19、20、28 和 29 可知，5.75 ppm 的氢和下列碳原子有长程耦合：它们的化学位移为 38.9 ppm、41.8 ppm、48.1 ppm、134.8 ppm、139.9 ppm。从化学位移的数值可知，后面的两个碳原子是双键碳原子，且它们和 2.83 ppm 的氢还有长程耦合，因此上述结构可以进一步延伸为

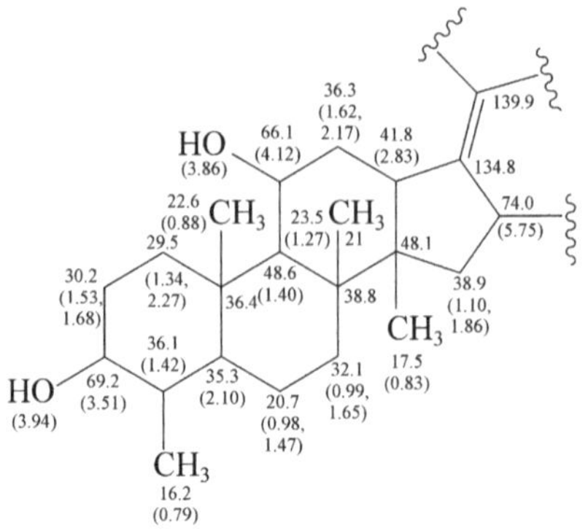

从表 6.63 中序号 28 和 29 可知，两个双键碳原子都和 2.15 ppm、2.30 ppm 的氢有长程耦合，134.8 ppm 的双键碳原子还和 1.10 ppm 的氢有长程耦合。再结合 Unit 3 的结构，上述结构进一步延伸为

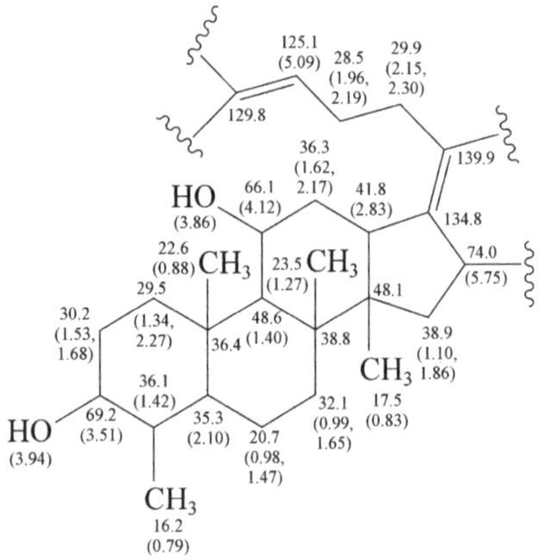

根据表 6.63 中序号 26 和 27，125.1 ppm 和 129.8 ppm 的双键碳原子都和 1.56 ppm、1.63 ppm 的两个甲基有长程耦合，因此上述结构进一步延伸为

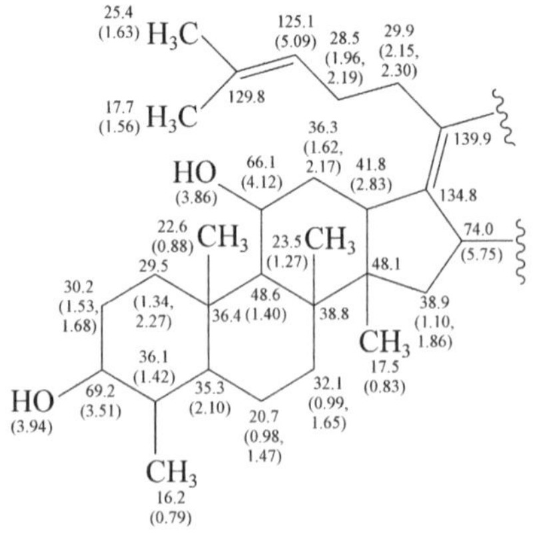

从表 6.63 中序号 31 可知，174.6 ppm 的羰基和 2.15 ppm、2.30 ppm 的氢有长程耦合。从表 6.63 中序号 30 可知，170.1 ppm 的羰基和 5.75 ppm 的氢有长程耦合。从化学位移数值可知，它们都应该与氧原子相连。考虑 CH 的碳和氢的化学位移数值分别为 74.0 ppm 和 5.75 ppm，它应该与氧原子相连。综合上述考虑，上述结构进一步延伸为

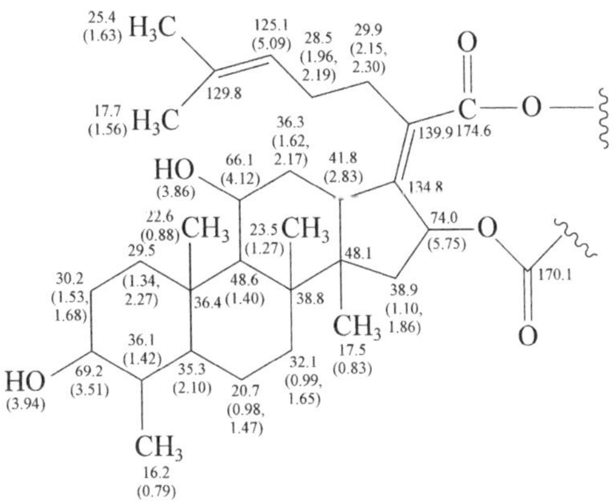

根据表 6.63 中序号 30，170.1 ppm 的羰基和 1.82 ppm 的甲基有长程耦合，另外该化合物是一个钠盐，因此完成它的全部指认：

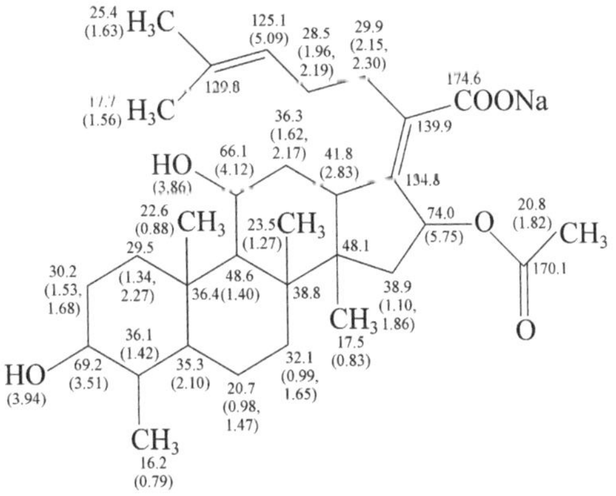

C6－17

以上详尽的指认过程，说明原来预计的结构式是正确的。

例 6.17　合成化合物的预计结构如下：

该化合物的氢谱、氢谱局部放大谱、碳谱、碳谱局部放大谱、DEPT-135 谱、DEPT-135 谱局部放大谱、COSY 谱、COSY 谱局部放大谱、HMQC 谱、HMQC 谱局部放大谱、HMBC 谱和 HMBC 谱局部放大谱分别如图 6.186～图 6.203 所示。试通过对于核磁共振谱图的指认来确认其结构。所有的核磁共振谱图是用 600 MHz 谱仪测定的，溶剂为氘代甲醇。

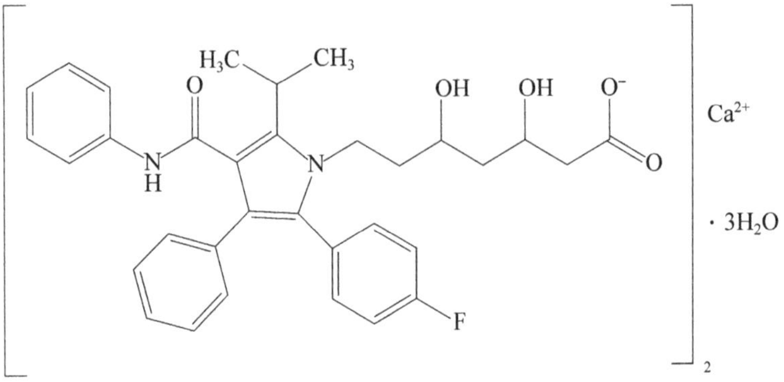

C6 - 18

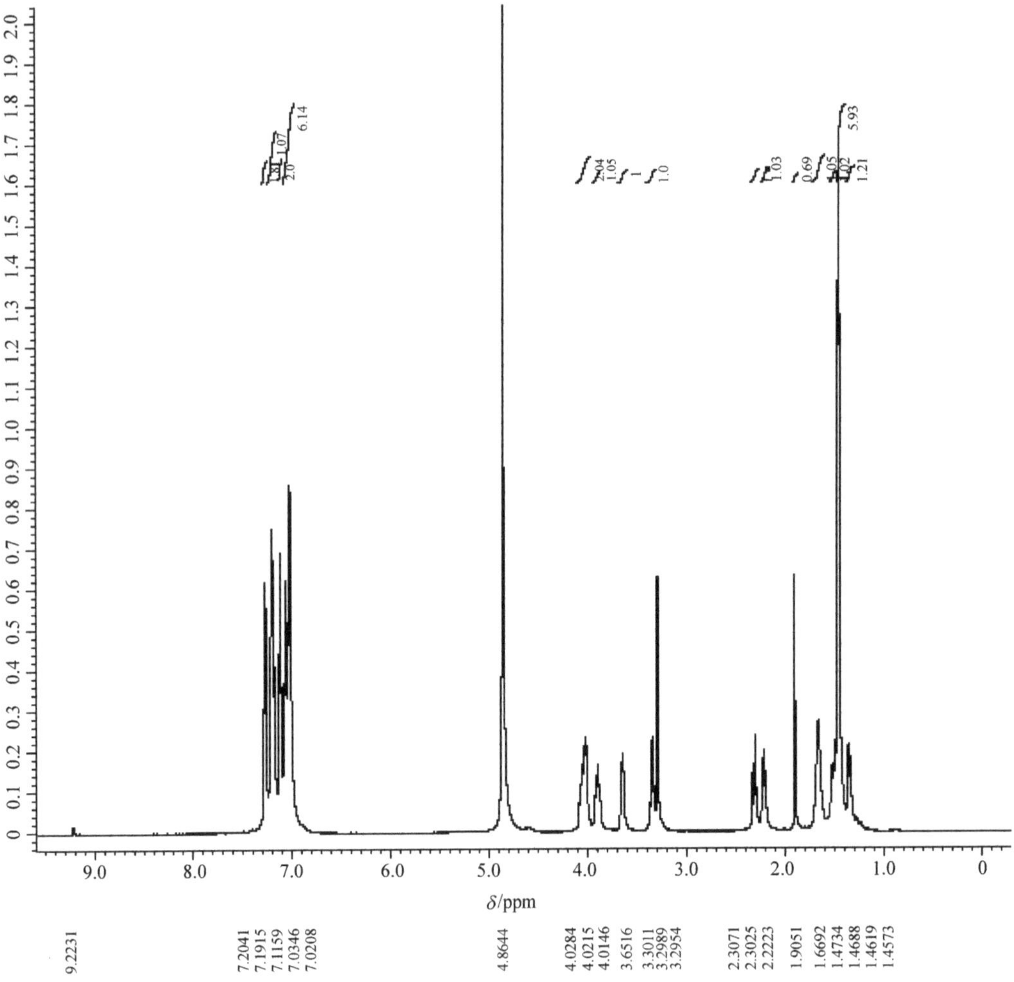

图 6.186　化合物氢谱

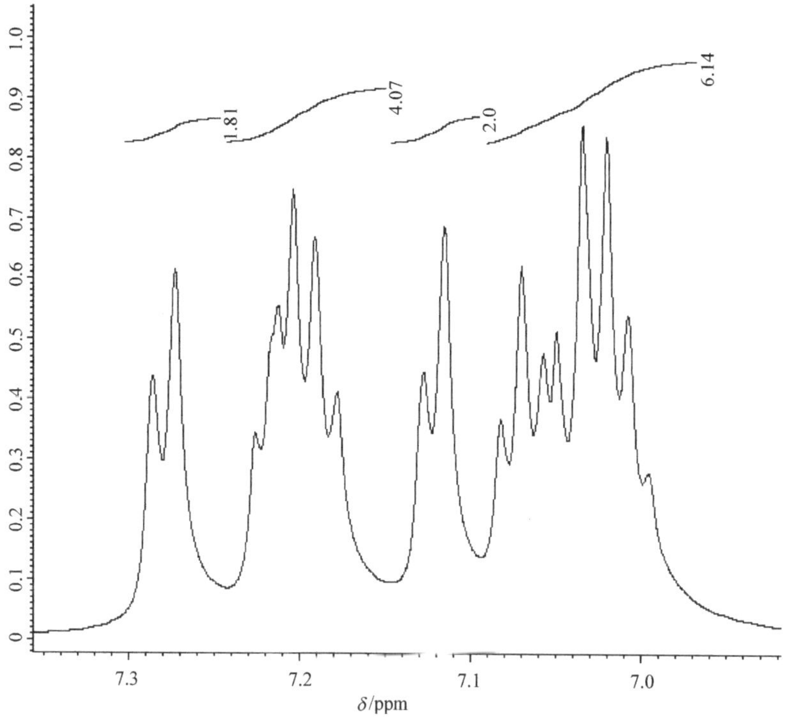

7.2865 7.2728 7.2258 7.2121 7.2041 7.1915 7.1777 7.1273 7.1159 7.0827 7.0701 7.0575 7.0495 7.0346 7.0208 7.0082 6.9956

图 6.187　化合物氢谱局部放大谱 1

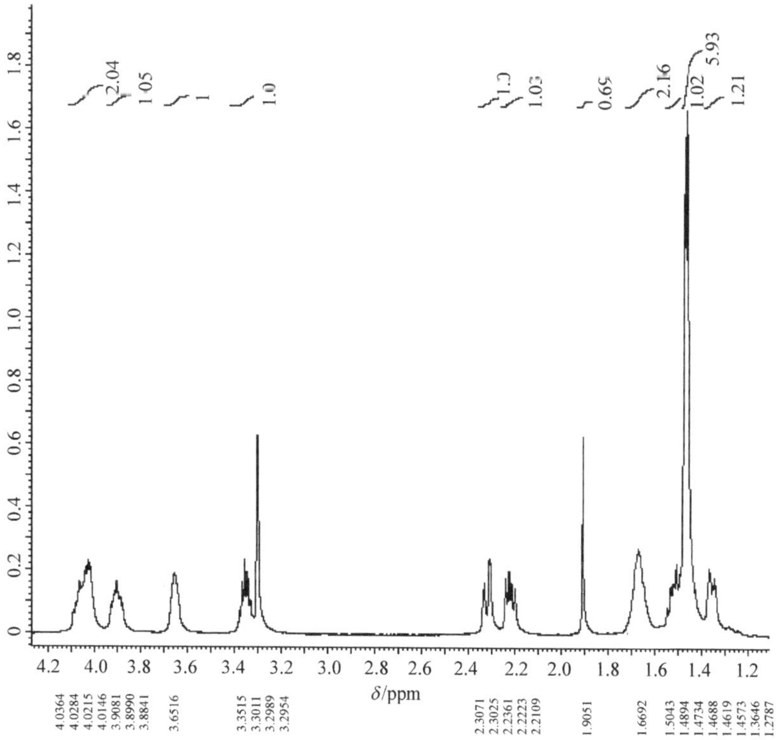

4.0364 4.0284 4.0215 4.0146 3.9081 3.8990 3.8841 3.6516 3.3515 3.3011 3.2989 3.2954 2.3071 2.3025 2.2361 2.2223 2.2109 1.9051 1.6692 1.5043 1.4894 1.4734 1.4688 1.4619 1.4573 1.3646 1.2787 1.2409

图 6.188　化合物氢谱局部放大谱 2

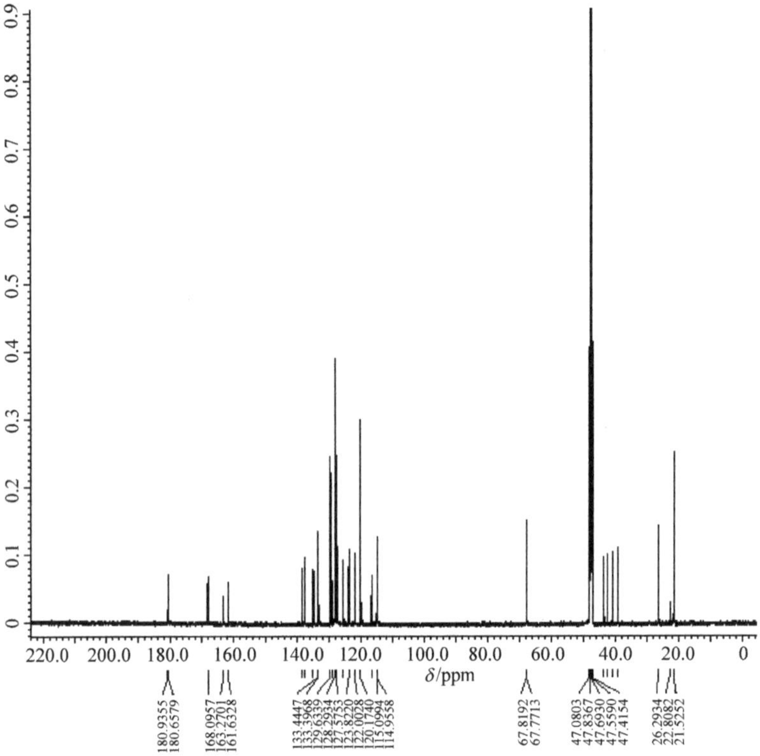

图 6.189　化合物碳谱

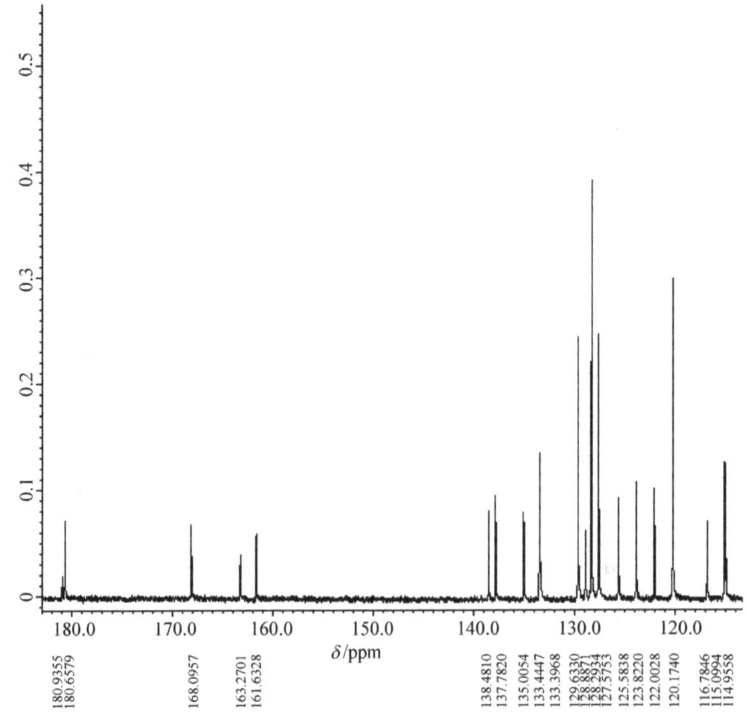

图 6.190　化合物碳谱局部放大谱

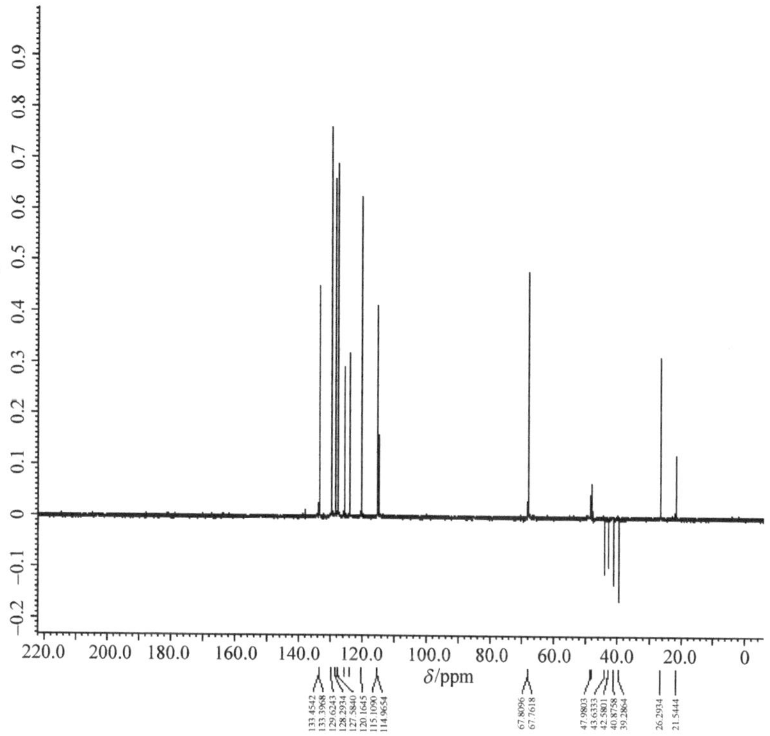

图 6.191　化合物 DEPT-135 谱

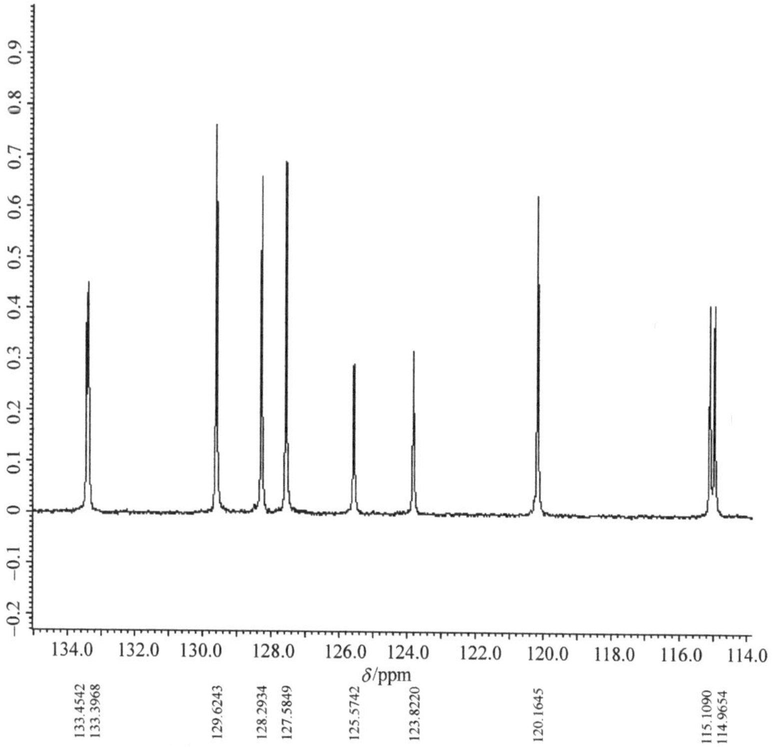

图 6.192　化合物 DEPT-135 谱局部放大谱

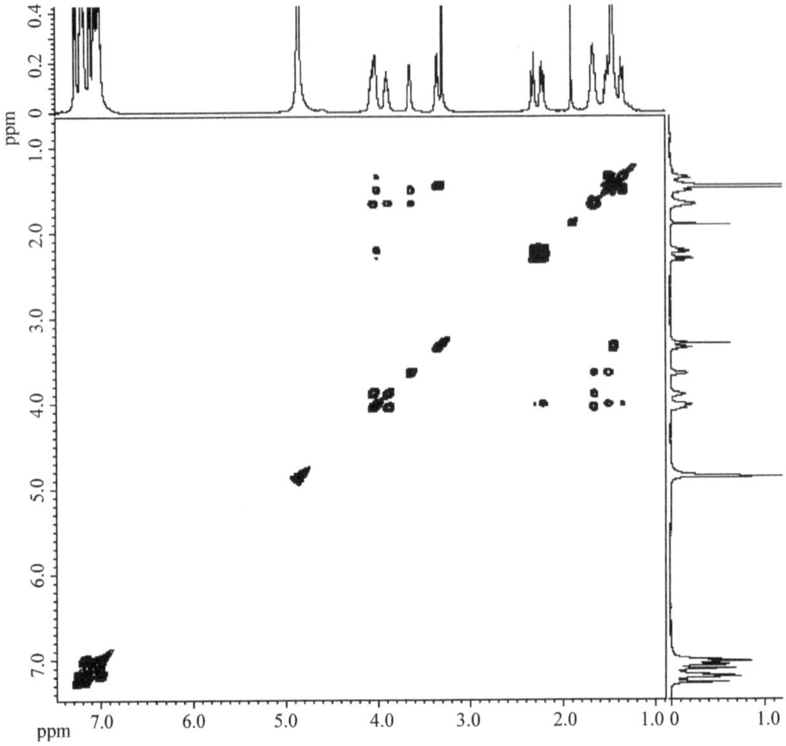

图 6.193　化合物 COSY 谱

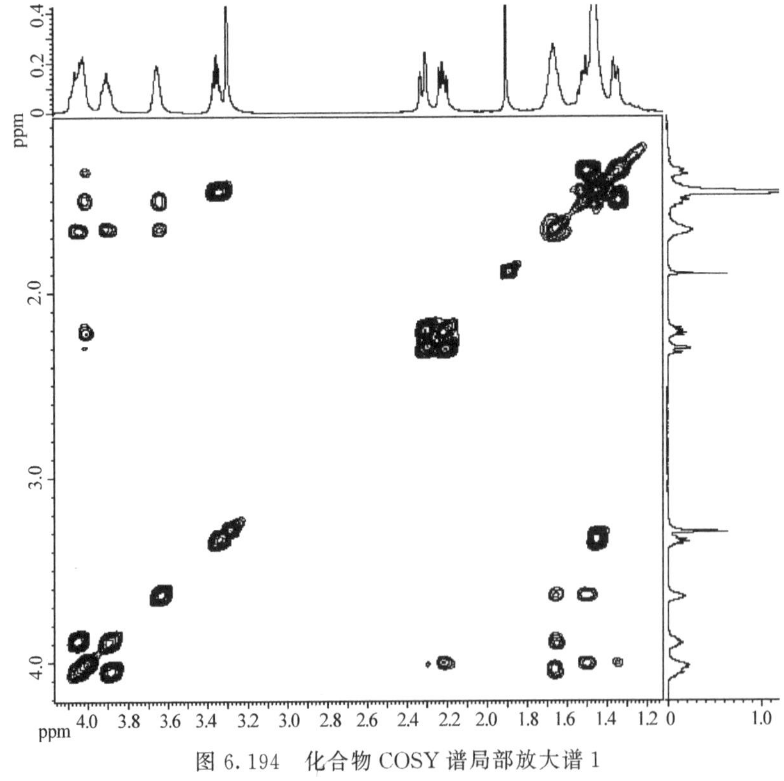

图 6.194　化合物 COSY 谱局部放大谱 1

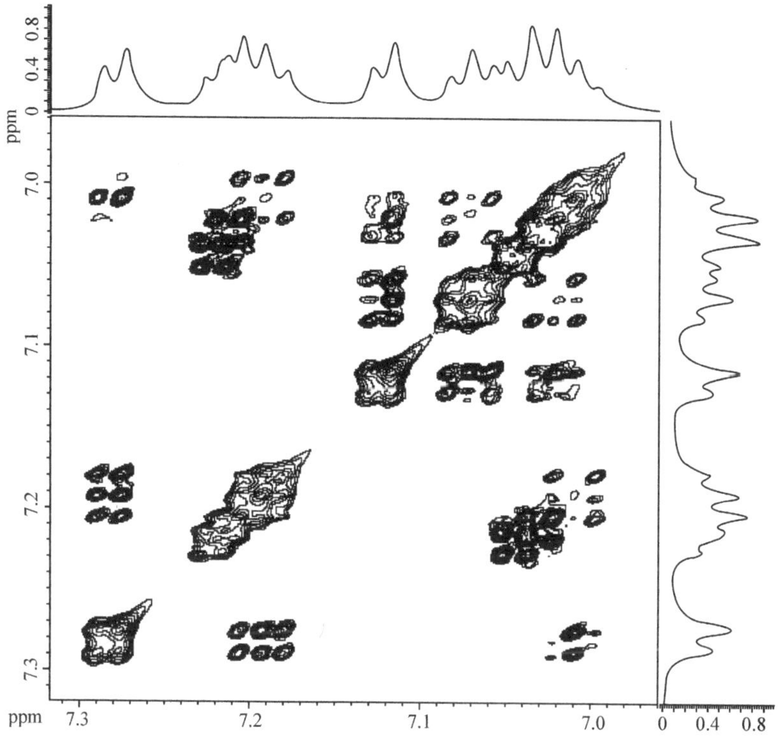

图6.195 化合物COSY谱局部放大谱2

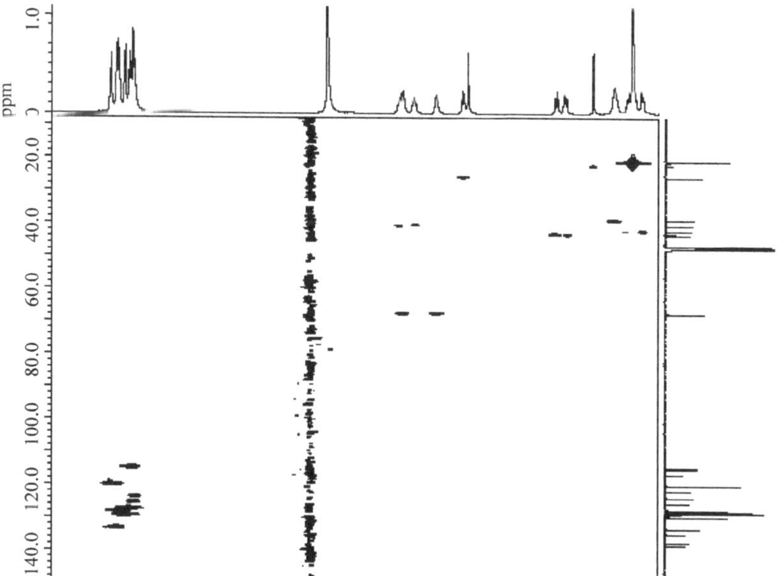

图6.196 化合物HMQC谱

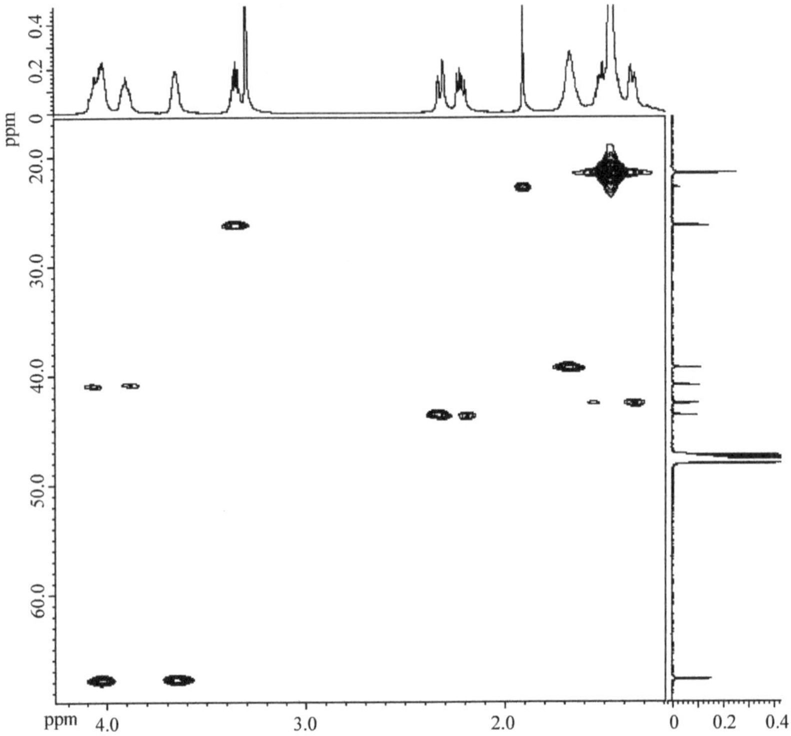

图 6.197　化合物 HMQC 谱局部放大谱 1

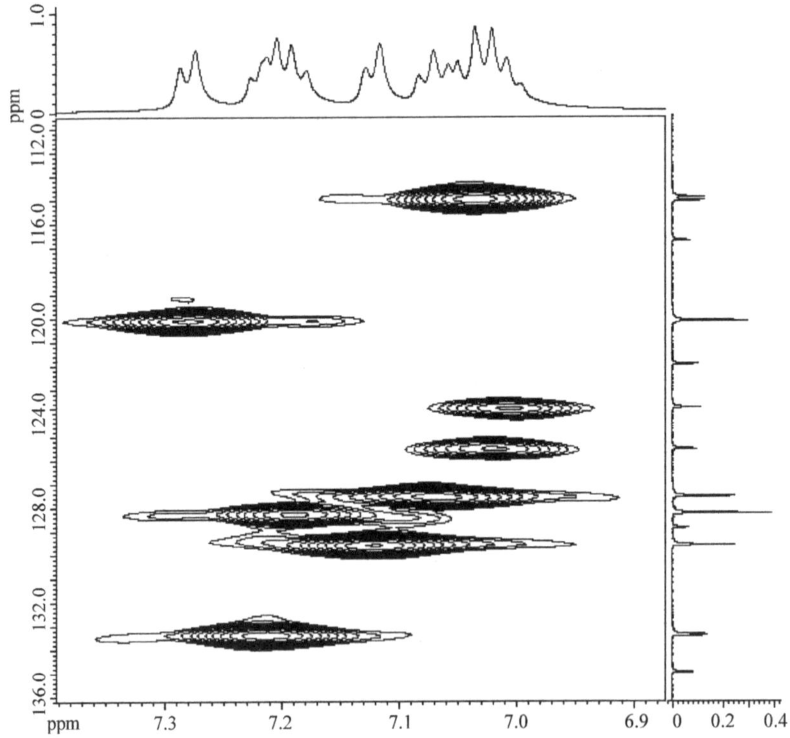

图 6.198　化合物 HMQC 谱局部放大谱 2

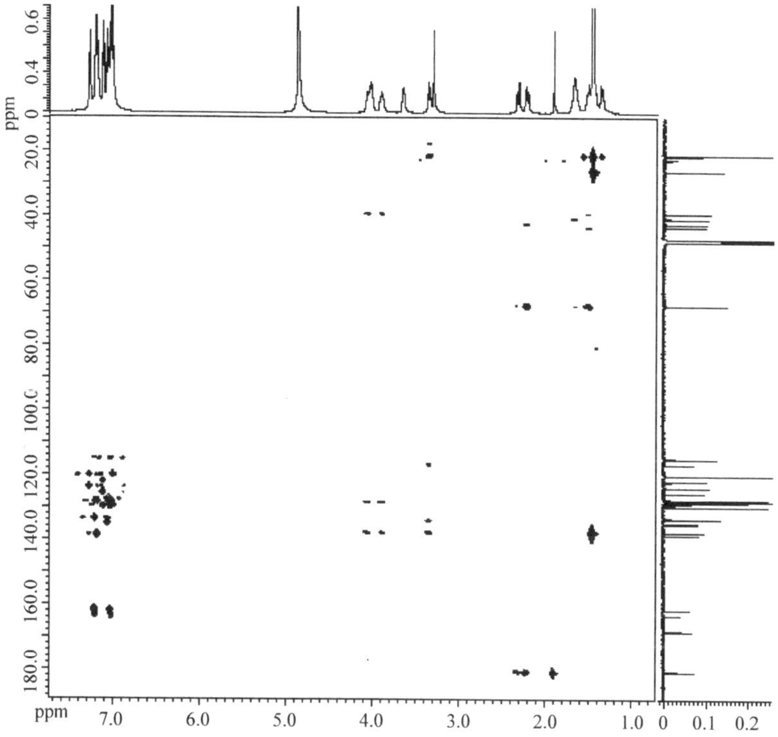

图 6.199　化合物 HMBC 谱

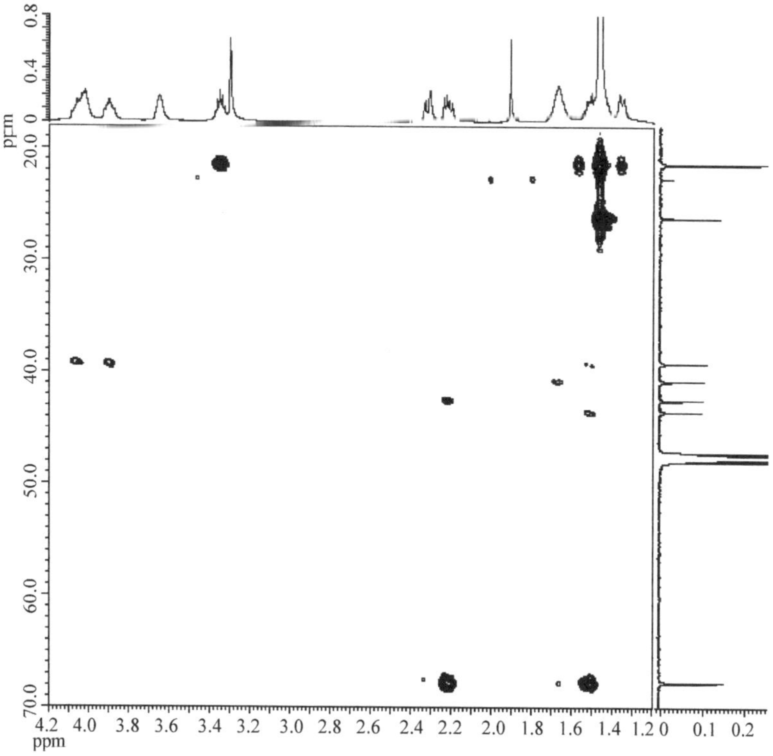

图 6.200　化合物 HMBC 谱局部放大谱 1

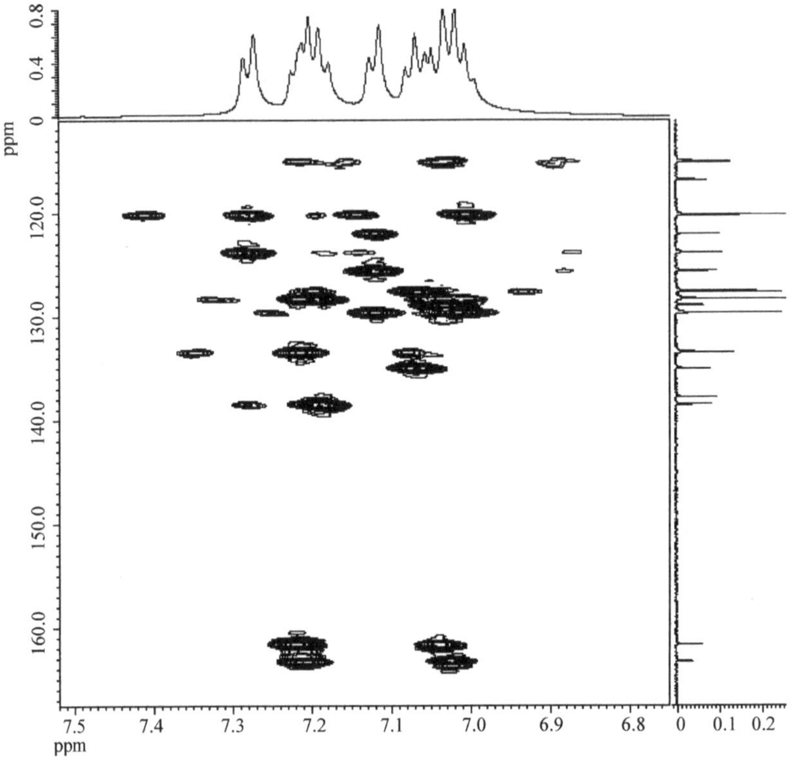

图 6.201　化合物 HMBC 谱局部放大谱 2

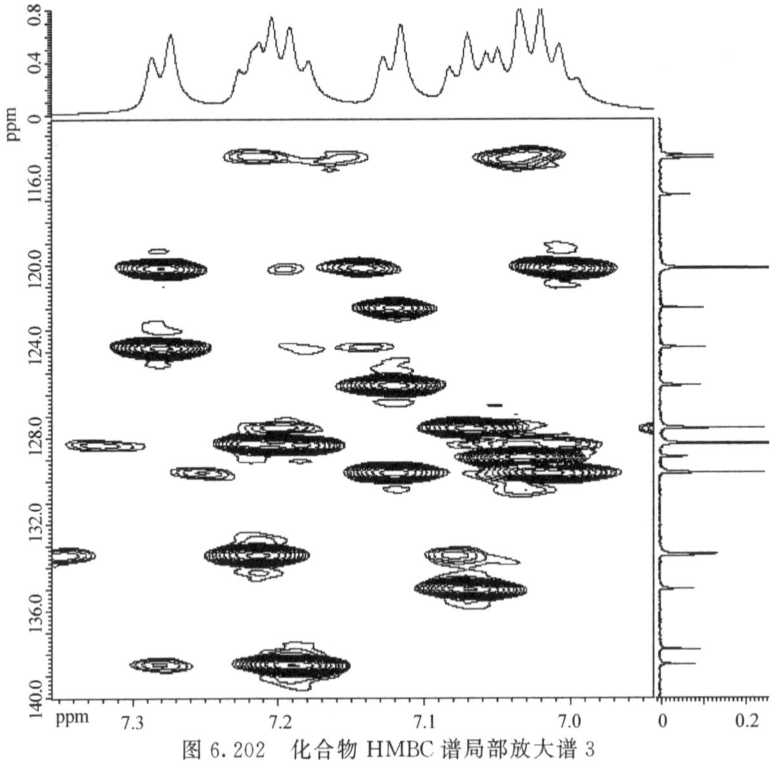

图 6.202　化合物 HMBC 谱局部放大谱 3

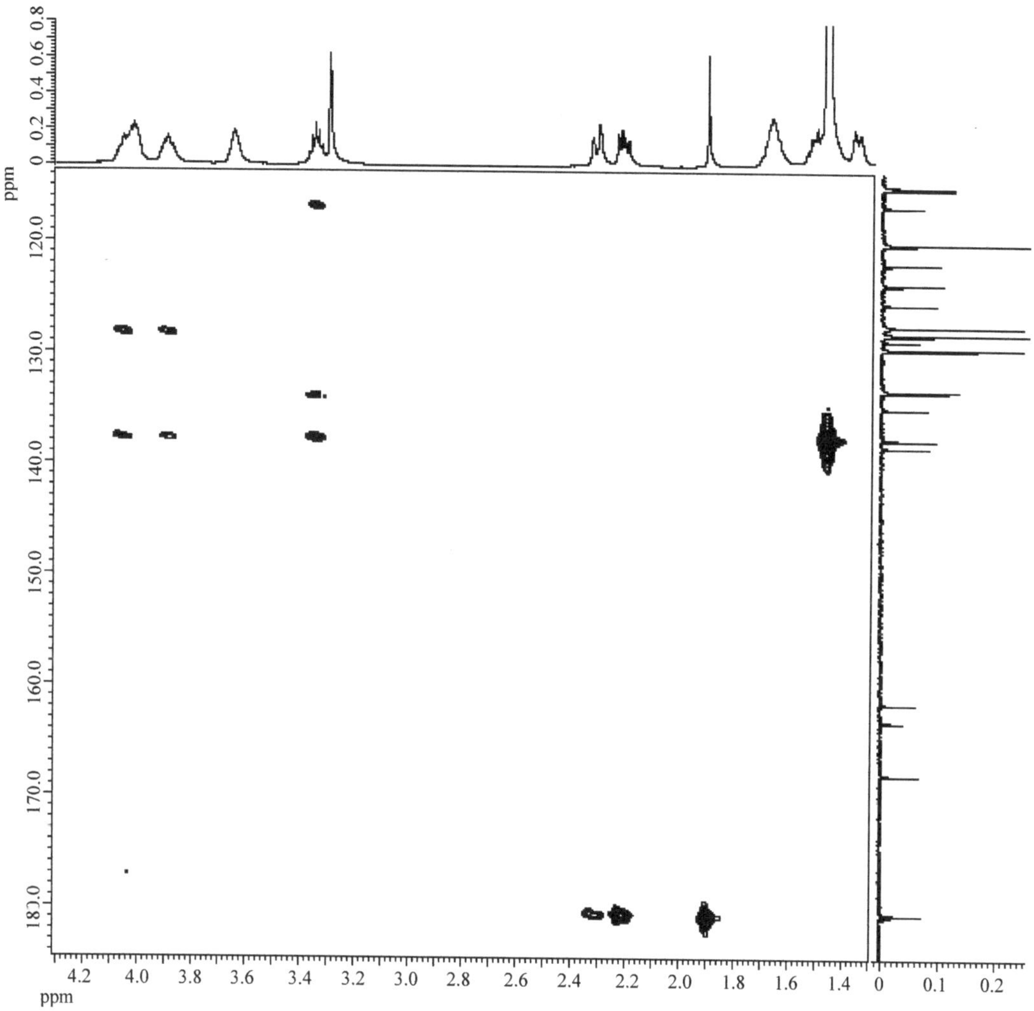

图 6.203 化合物 HMBC 谱局部放大谱 4

解 首先分析该化合物的氢谱。

氢谱中 3.29 ppm 的峰是溶剂峰，4.86 ppm 的强峰是水峰。

根据 HMQC 谱对应的碳谱谱峰强度很低可知，氢谱中 1.91 ppm 的峰是杂质峰。

在氢谱中，NH 和 OH 的峰都会进入水峰。

由于氢谱中峰组的重叠处很多，特别是苯环区峰组的重叠十分严重，因此一开始就结合氢谱、碳谱、HMQC 谱、DEPT-135 谱分析，把氢谱和碳谱的数据归纳为表 6.64。

该化合物含有氟原子，会产生氢谱峰组和碳谱谱线的裂分(特别需要注意氟原子对于碳谱谱线产生的裂分)，在表 6.64 之后还将进行分析。前面的例 6.10 中关于氟原子对于碳谱谱线裂分的影响也可以参考。

表 6.64　化合物的碳谱、氢谱数据归纳

δ_C/ppm	δ_H/ppm	碳原子种类	碳原子数	备注
180.7		C═O	1	
168.1		C═O	1	
163.3		C	0.5	F 的 ^1J 裂分
161.6		C	0.5	F 的 ^1J 裂分
138.5		C	1	
137.8		C	1	
135.0		C	1	
133.5	7.21	CH	1	F 的 ^3J 裂分
133.4	7.21	CH	1	F 的 ^3J 裂分
129.6	7.12	CH	2	
128.9		C	1	
128.3	7.19	CH	2	
127.6	7.07	CH	2	
125.6	7.02	CH	1	
123.8	7.01	CH	1	
122.0		C	1	
120.2	7.28	CH	2	
116.8		C	1	
115.1	7.04	CH	1	F 的 ^2J 裂分
114.9	7.04	CH	1	F 的 ^2J 裂分
67.8	3.65	CH	1	
67.7	4.02	CH	1	
43.6	2.30,2.22	CH_2	1	
42.6	1.52,1.36	CH_2	1	
40.9	4.06,3.90	CH_2	1	
39.3	1.67	CH_2	1	
26.3	3.35	CH	1	
21.5	1.46	CH_3	2	

从最低场的化学位移数值可以指认 180.7 ppm 和 168.1 ppm 的两条碳谱谱线归属于羰基。由于电子短缺将导致更大的化学位移数值，前者应该是羧基离子的羰基，后者是酰胺的羰基。前者关于 HMBC 谱的结果还可以进一步证实。

163.3 ppm 和 161.6 ppm 的两条碳谱谱线可以考虑为与氟相连的季碳原子被氟裂分的谱线。这两条谱线的高度都比较低，而且在这个结构中没有两个具有如此大的化学位移数值的碳原子与之对应。计算它们之间的距离为 247 Hz，与氟碳的 ^1J 耦合常数相符(标准值为 245 Hz)。类似地，可以分析 115.1 ppm 和 114.9 ppm 的两条谱线是距离氟两根

键的两个等价碳原子的谱线。它们被氟碳的^2J耦合裂分，计算其耦合常数为21.5 Hz，与标准值 21 Hz 相符。133.5 ppm 和 133.4 ppm 的两条谱线是距离氟三根键的两个等价碳原子的谱线。它们被氟碳的^3J耦合裂分，计算其耦合常数为 7.2 Hz，与标准值 7.8 Hz 相符。

按照上面的分析，表 6.64 中是 25 个化学位移数值，代表 32 个碳原子。与结构式相比较，还缺少 1 个季碳原子，这个问题将在后面讨论。

从该化合物 COSY 谱的高场区域的相关峰可以清楚地找到脂肪基团的相关，其结果列于表 6.65。

表 6.65　化合物的 COSY 谱高场相关峰

序号	δ_H/ppm	耦合的氢原子 δ_H/ppm	序号	δ_H/ppm	耦合的氢原子 δ_H/ppm
1	1.36	4.02,1.52	7	3.35	1.46
2	1.46	3.35	8	3.65	1.67,1.52
3	1.52	4.02,3.65,1.36	9	3.90	4.06,1.67
4	1.67	4.06,3.90,3.65	10	4.02	2.22,1.52,1.36
5	2.22	4.02,2.30	11	4.06	3.90
6	2.30	(4.02),2.22			

注：圆括号（　）表示弱的耦合相关。

高分辨的 COSY 谱（仅限于芳香氢区域）的相关峰整理为表 6.66。

表 6.66　高分辨的 COSY 谱相关峰数据整理

序号	δ_H/ppm	耦合的氢 δ_H/ppm	序号	δ_H/ppm	耦合的氢 δ_H/ppm
1	7.01	7.19	5	7.12	7.07,7.02
2	7.02	7.07	6	7.19	7.28,7.01
3	7.04	7.21	7	7.21	7.04
4	7.07	7.12,7.02	8	7.28	7.19,(7.01)

注：圆括号（　）表示弱的耦合相关。

分析该化合物 HMBC 谱（包括其局部放大谱）的相关峰得到表 6.67。

表 6.67　化合物的 HMBC 谱相关峰信息

序号	δ_C/ppm	长程耦合的氢 δ_H/ppm	^1J 耦合的氢 δ_H/ppm
1	180.7	2.22,2.30	
2	168.1		
3	162.5	7.04,7.21	
4	138.5	7.19,7.28	
5	137.8	1.46,3.35,3.90,4.06	
6	135.0	7.07	

续表

序号	δ_C/ppm	长程耦合的氢 δ_H/ppm	^1J 耦合的氢 δ_H/ppm
7	133.5		7.21
8	129.6	7.02	7.12
9	128.9	7.04	
10	128.3	3.90*,4.06*,7.21	7.19
11	127.6		7.07
12	125.6	7.12	
13	123.8	7.28	
14	122.0	7.12	
15	120.2	7.01	7.28
16	116.8	3.35	
17	115.0	7.21	
18	67.8	1.52,1.67,2.22	
19	67.7	1.52	
20	43.6	1.52	
21	42.6	2.22	
22	40.9	1.67	
23	39.3	1.52,3.90,4.06	
24	26.3	1.46	
25	21.5	3.35	1.46

注：与表 6.64 不同，在表 6.67 中因氟引起的裂分已经使用其平均值。

*由这两个相关峰可知，前面所缺的一个季碳正好在这个位置。相比于其他两个等价 CH 的峰，128.3 ppm 的峰也明显地高出一截。这两个事实说明 128.3 ppm 的峰是两种碳原子的谱线偶然重合产生。

表 6.64～表 6.67 已经包括所有核磁共振谱图的全部信息，下面进行指认。

根据表 6.65 中序号 2、11、9、4、8、3 和 10，结合 HMQC 谱的结果，再利用表 6.67 中序号 1、10 和 16，得到所有脂肪基团、羰基碳原子和部分芳香区碳原子的指认：

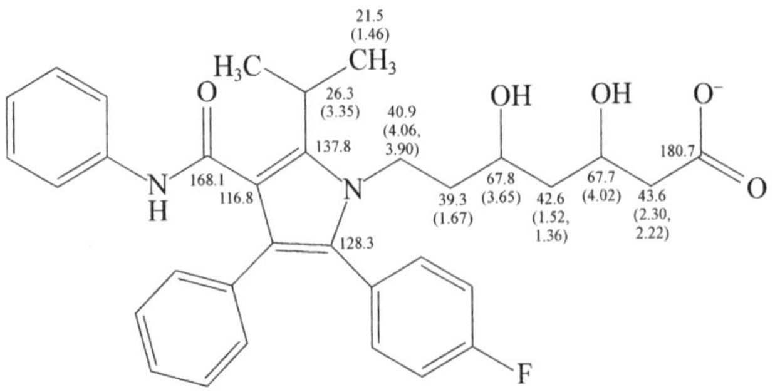

根据高分辨 COSY 谱(仅限于芳香氢区域)的结果,再结合表 6.67 中的序号 3、4、6、8、9、10、12、13、14、15 和 17,以及 HMQC 谱的结果,得到剩余芳香基团的指认,也就是说完成该化合物的全部指认:

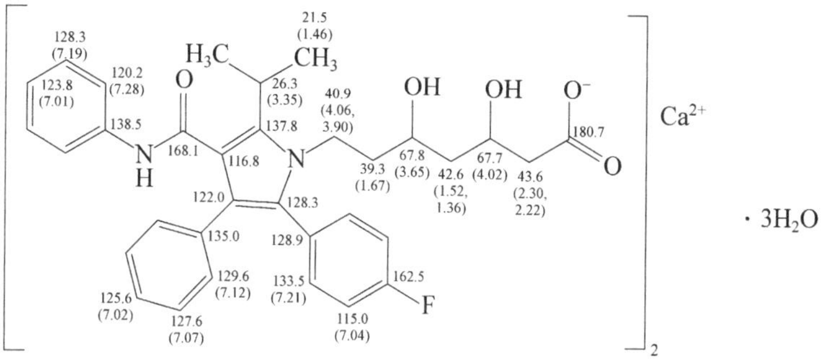

C6－18

由于整个指认过程都是完全合理的,因此核磁共振谱图确认了该化合物的结构。

为进一步证实上述分析,改变溶剂重新作图。原来的溶剂是氘代甲醇,重新作图时改用氘代二甲基亚砜。在新测定的碳谱中,增加了一个峰,且位置在芳香-双键区,因此上面的分析得到最后的证实。

例 6.18　从某植物提取、分离、纯化的一个天然产物,其精确质量测定得到其分子式为 $C_{32}H_{44}O_8N_2 \cdot HBr \cdot H_2O$,对比同类化合物的谱图,初步有如下结构式:

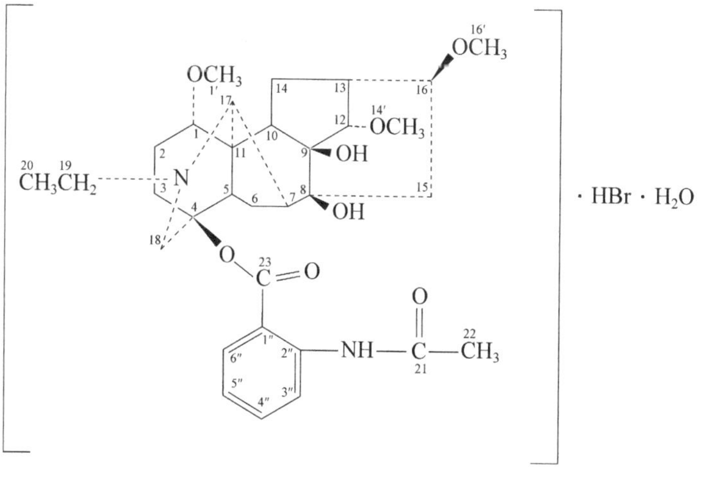

C6－19

该化合物的氢谱、氢谱局部放大谱、碳谱、碳谱局部放大谱、DEPT 谱、COSY 谱、COSY 谱局部放大谱、HSQC 谱、HSQC 谱局部放大谱、HMBC 谱和 HMBC 谱局部放大谱分别如图 6.204～图 6.222 所示。试对核磁共振谱图分析以达到对氢谱和碳谱的指认,确认结构。所有核磁共振谱图是用 500 MHz 谱仪测定的,溶剂为氘代甲醇。

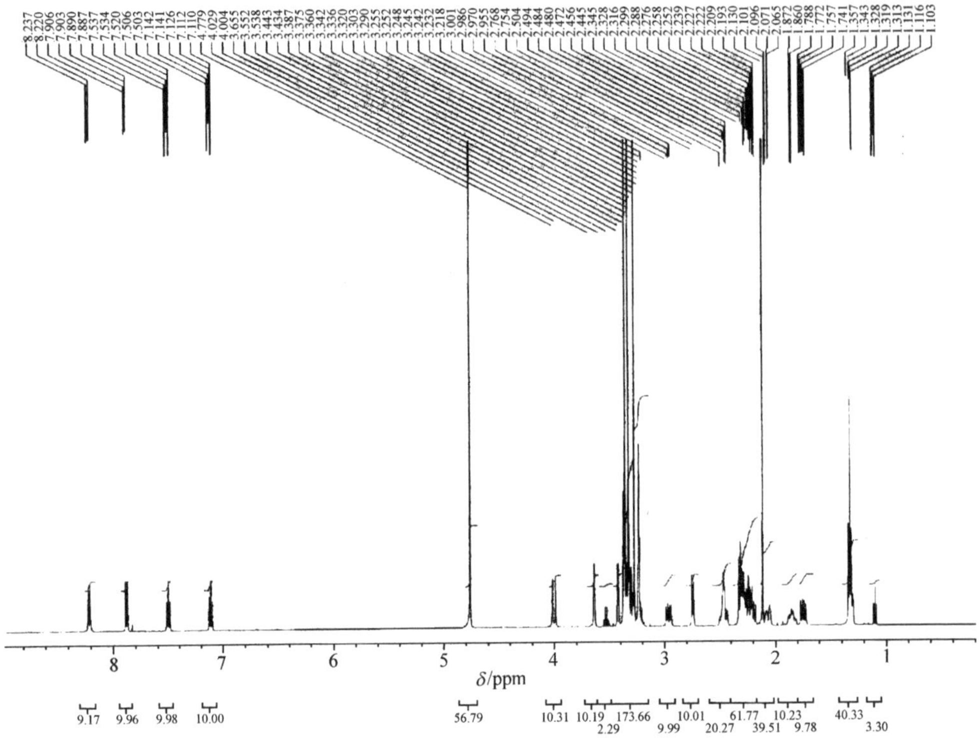

图 6.204　化合物氢谱

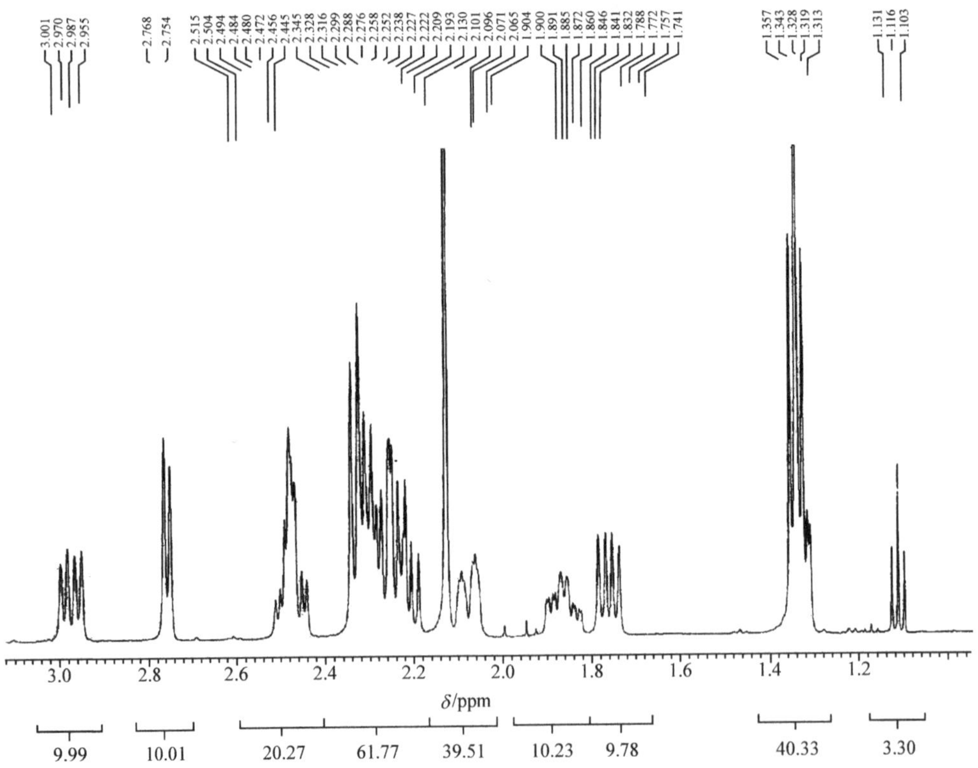

图 6.205　化合物氢谱局部放大谱 1

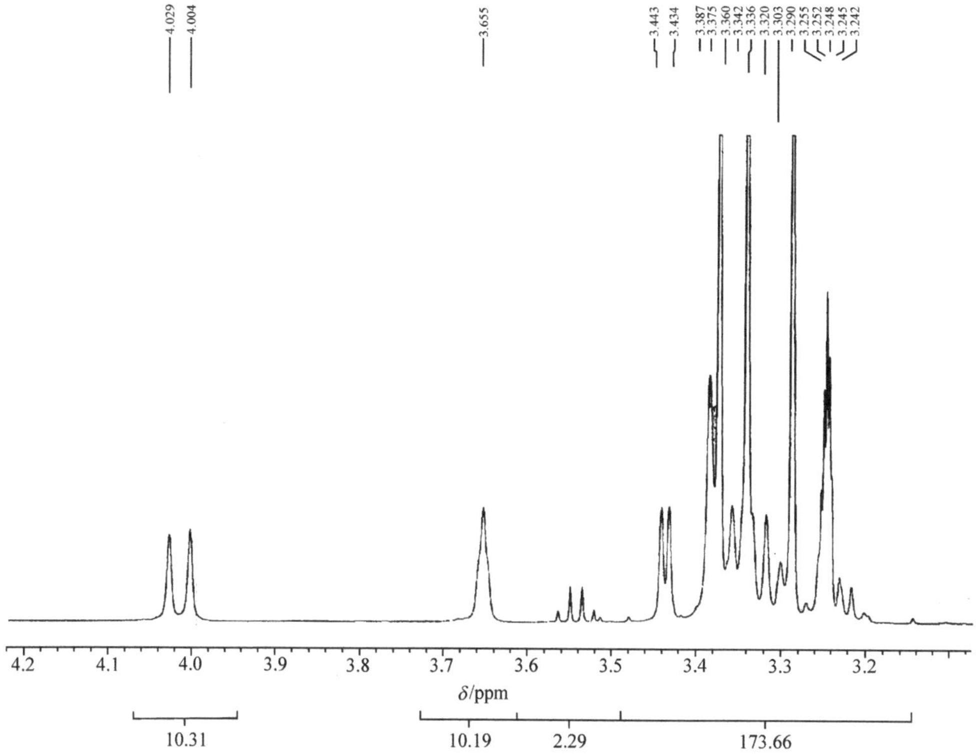

图 6.206　化合物氢谱局部放大谱 2

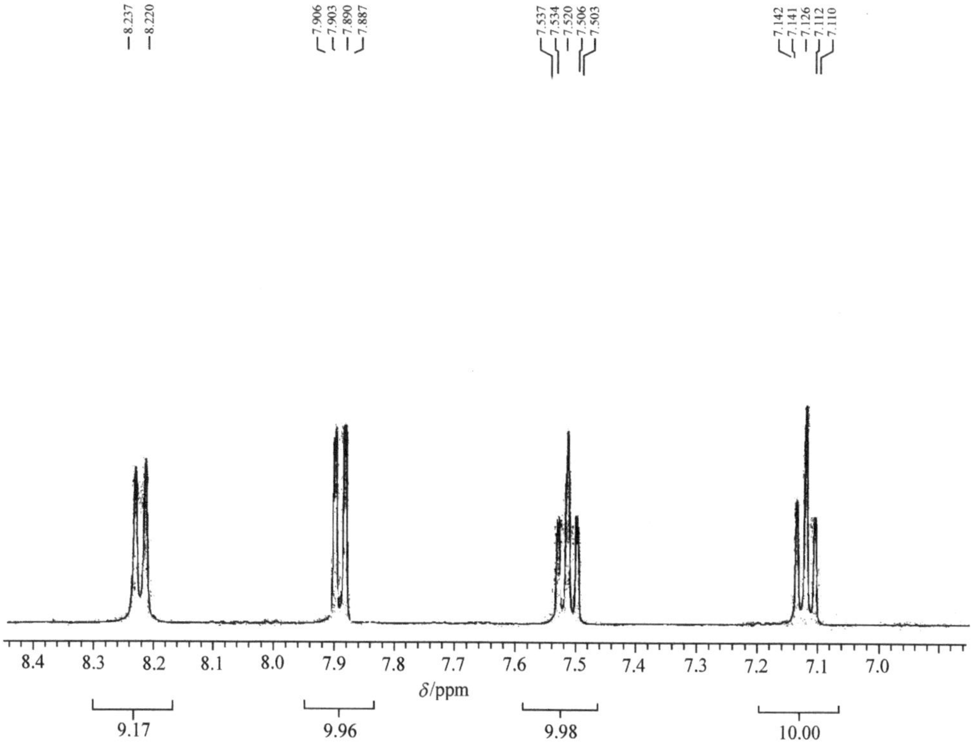

图 6.207　化合物氢谱局部放大谱 3

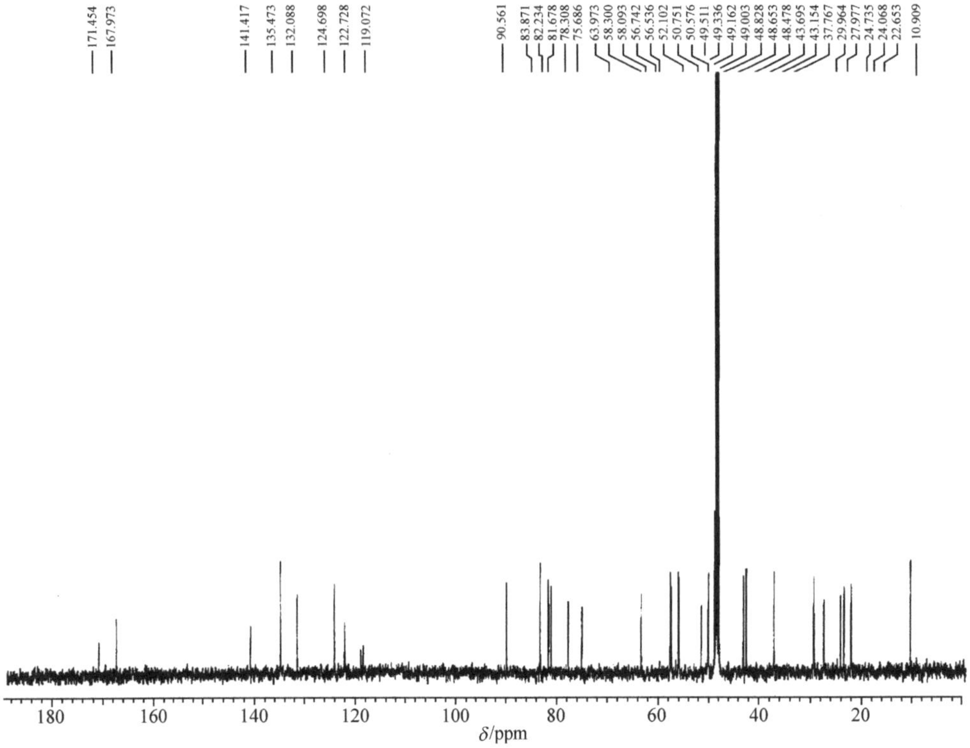

图 6.208 化合物碳谱

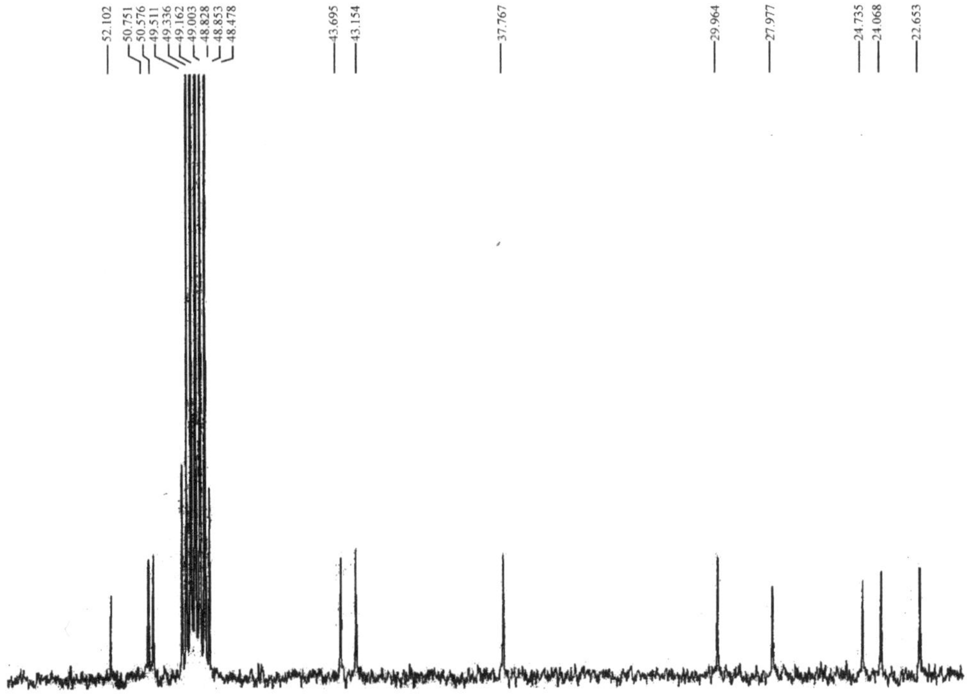

图 6.209 化合物碳谱局部放大谱 1

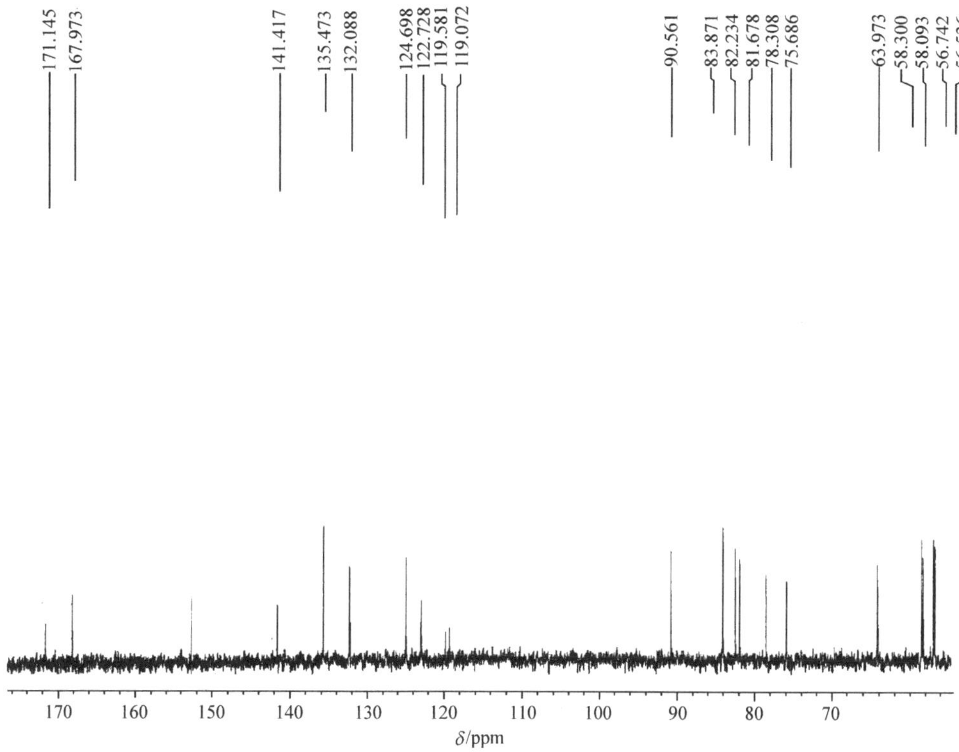

图 6.210　化合物碳谱局部放大谱 2

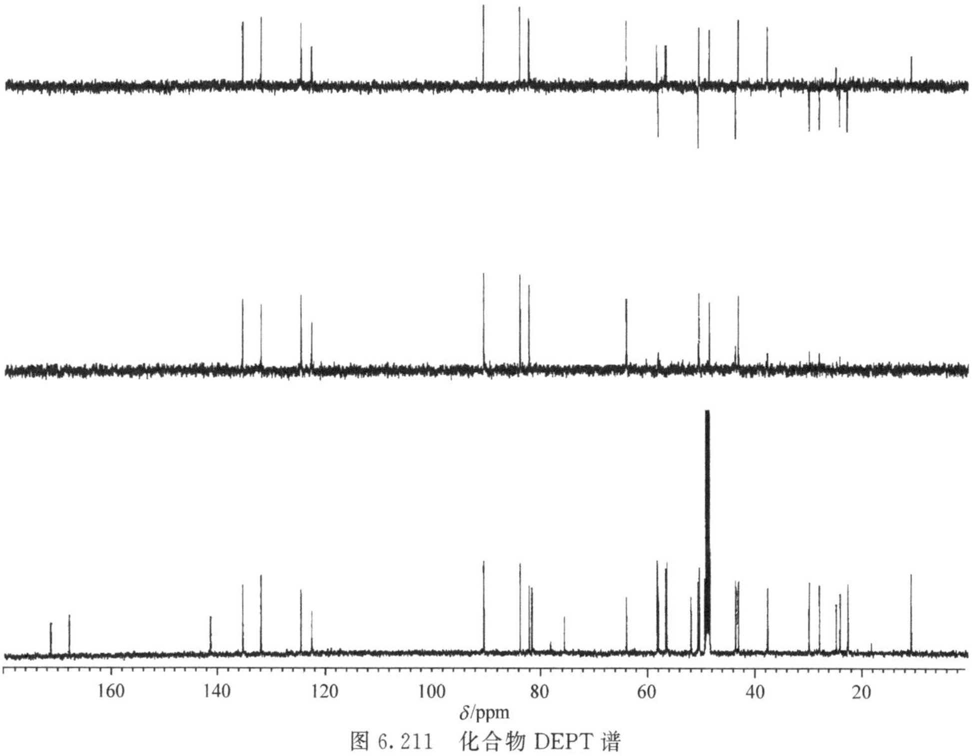

图 6.211　化合物 DEPT 谱

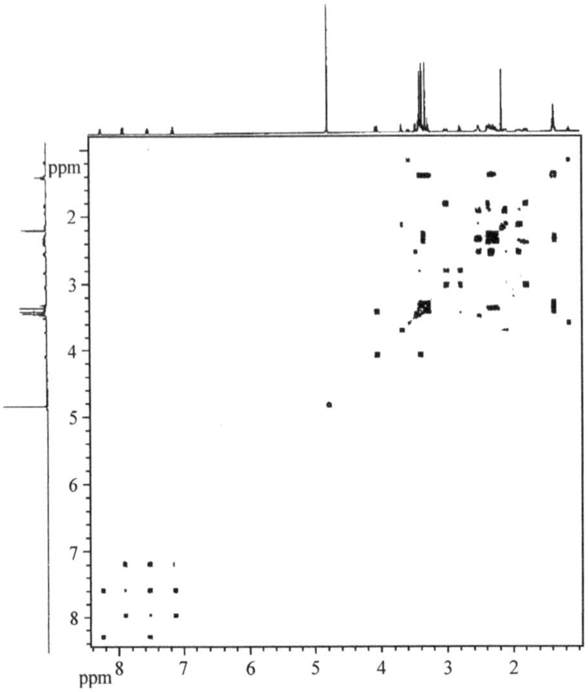

图 6.212 化合物 COSY 谱

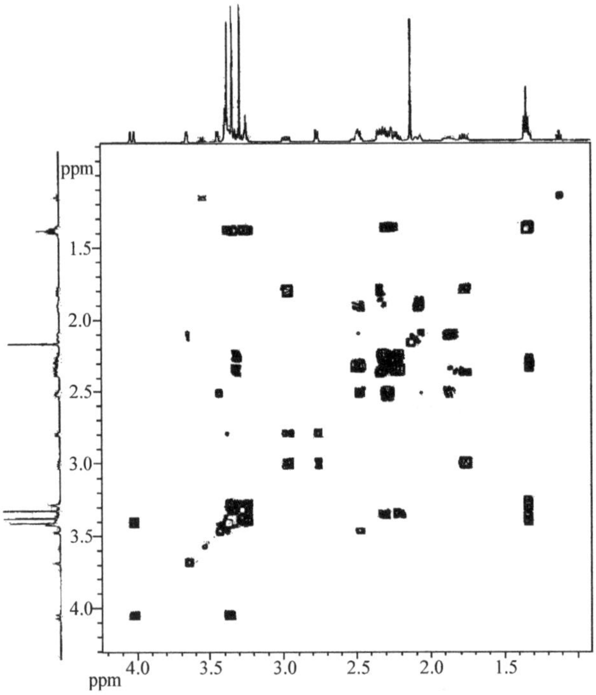

图 6.213 化合物 COSY 谱局部放大谱 1

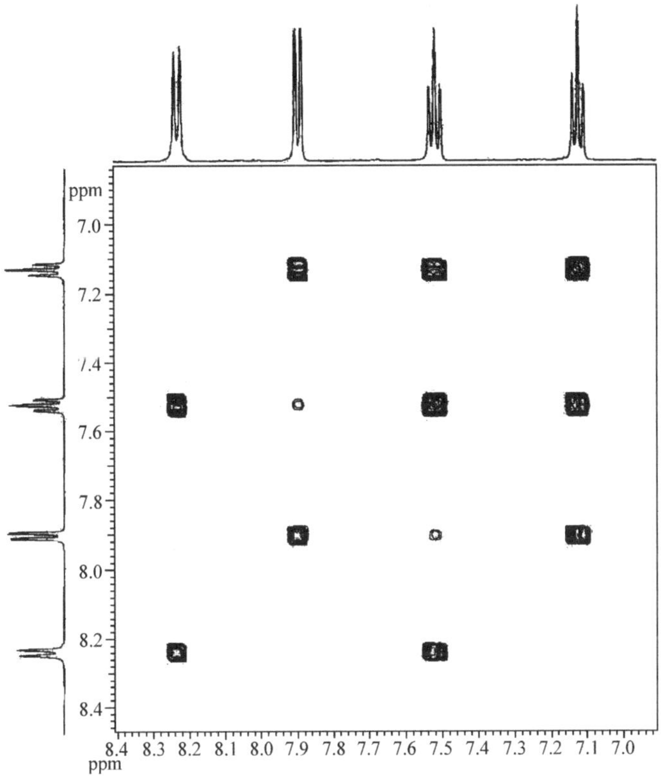

图 6.214　化合物 COSY 谱局部放大谱 2

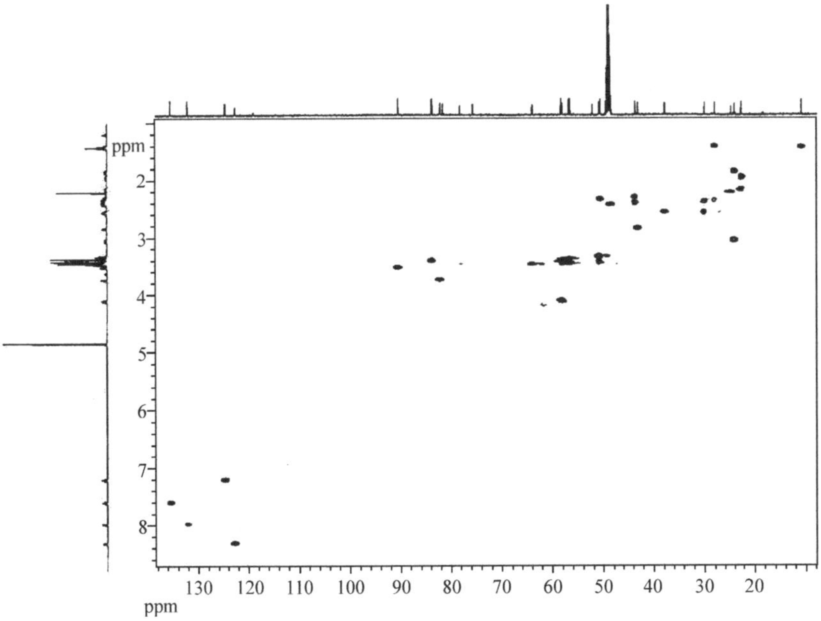

图 6.215　化合物 HSQC 谱

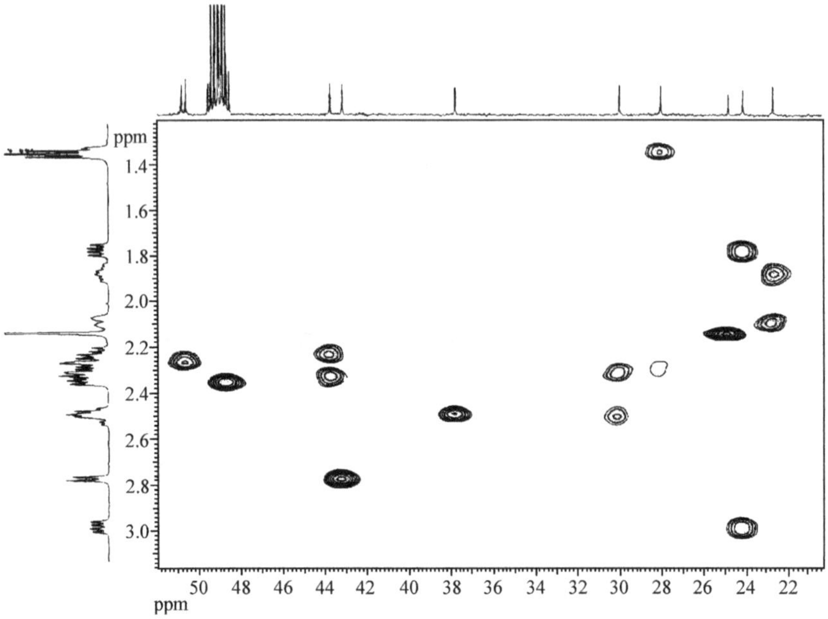

图 6.216　化合物 HSQC 谱局部放大谱 1

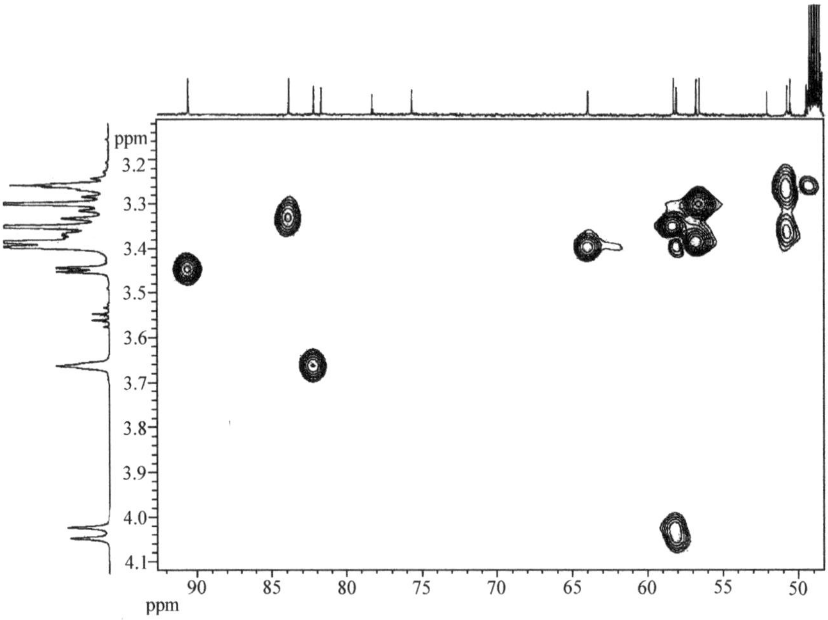

图 6.217　化合物 HSQC 谱局部放大谱 2

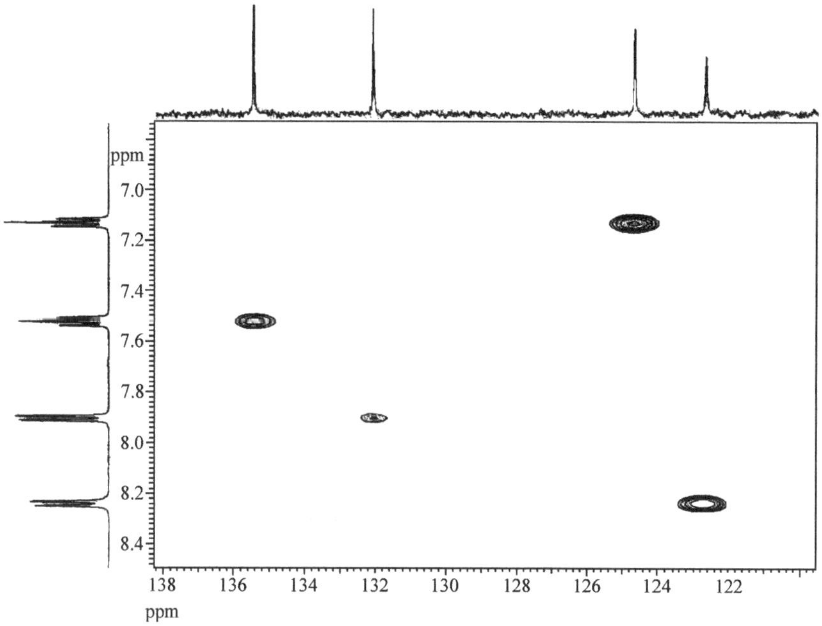

图 6.218　化合物 HSQC 谱局部放大谱 3

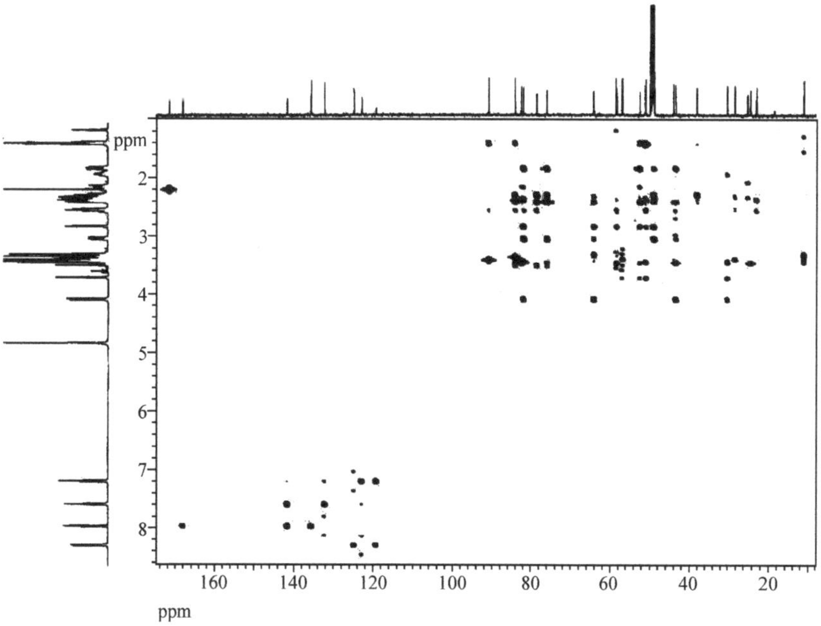

图 6.219　化合物 HMBC 谱

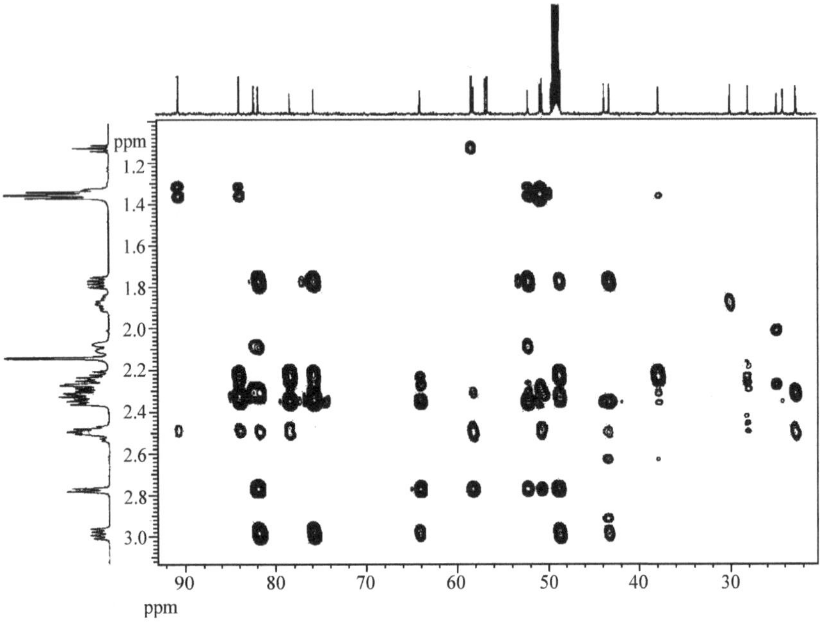

图 6.220　化合物 HMBC 谱局部放大谱 1

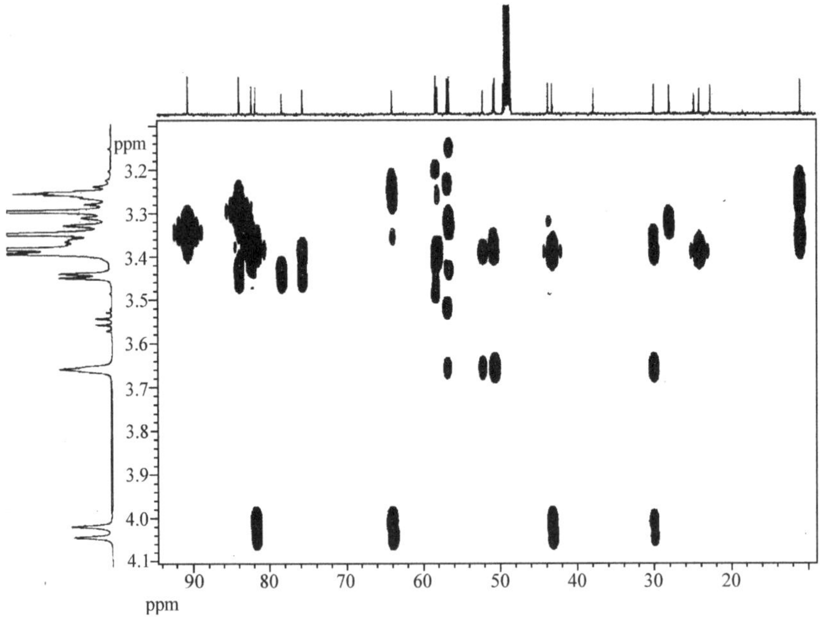

图 6.221　化合物 HMBC 谱局部放大谱 2

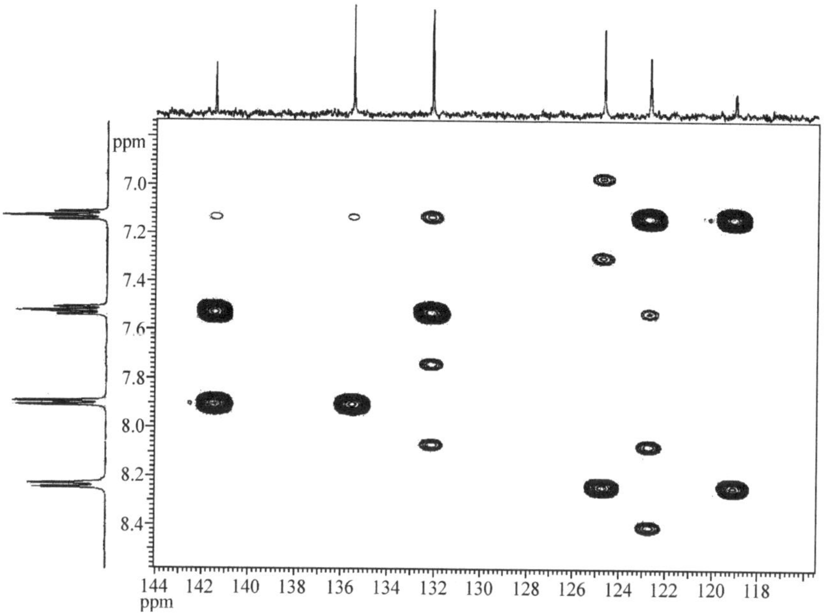

图 6.222　化合物 HMBC 谱局部放大谱 3

解　氢谱中 4.78 ppm 的峰是水峰。从氢谱看样品的纯度比较高。

氢谱中峰组的积分数值为 10 对应于一个氢原子(前面的氢谱,峰组积分数值为 1 相应于一个氢原子)。

从氢谱的积分数值可知,位于 1.12 ppm 的三重峰和 3.55 ppm 的四重峰是杂质峰。

氢谱中的峰组常有重叠(如 2.18～2.36 ppm 的区域),因此在分析氢谱时必须结合 HSQC 谱。二者的结合,归纳出表 6.68。

表 6.68　化合物氢谱数据

δ_H/ppm	氢原子数	峰型	耦合常数/Hz
1.32	1	m	
1.34	3	t	7.0
1.76	1	d,d	8.0,15.5
1.87	1	m	15.5 等
2.08	1	d,m	15.5 等
2.13	3	s	
2.21	1	m	
2.22	1	m	
2.27	1	m	
2.29	1	m	
2.32	1	m	
2.33	1	m	
2.48	1	m	

续表

δ_H/ppm	氢原子数	峰型	耦合常数/Hz
2.49	1	m	
2.76	1	d	7.5
2.98	1	d,d	7.5,15.5
3.25	1	m	
3.29	3	s	
3.31	1	m	
3.34	3	s	
3.36	1	m	
3.38	3	s	
3.39	2	m	
3.44	1	d	4.5
3.65	1	s	
4.02	1	d	10.0
7.12	1	t	8.0
7.52	1	t,d	8.5,1.5
7.89	1	d,d	8.0,1.5
8.22	1	d	8.5

由于存在杂质和积分曲线误差积累，从氢谱(总谱)的积分曲线不能直接读出该化合物总的氢原子数目。但是当结合 HSQC 谱，把每个峰组的氢原子数都确定之后，就可解决这个问题。通过表 6.68 得到该化合物总的氢原子数为 41，与结构式相符，因为 3 个活泼氢(2 个 OH 和 1 个 NH)的峰到水峰中间去了。

前面已经分析知道，2.18～2.36 ppm 的峰组重叠严重，结合 HSQC 谱的分析才能得出指认。从积分数值知道这个区域共有 6 个氢的峰组。从 HSQC 谱可知在此区间有 3 个化学不等价 CH_2 的各 1 个氢(共 3 个)、1 个化学不等价的 CH_2 和 1 个 CH 的氢，继而读出它们的化学位移数值。3.20～3.40 ppm 的情况与之类似(但是需再结合 DEPT 谱)。

下面分析该化合物的碳谱。

碳谱中约在 49.0 ppm 的峰组是溶剂峰。

初看碳谱显示 31 个峰，少一个峰。在 DEPT 谱中可看见在溶剂峰的区域有一个向上的峰，在 HSQC 谱中也可看见此处的一个相关峰，因此可以确定样品中的一个 CH，在这里出峰了。

根据表 6.68，再结合 HSQC 谱并参照 DEPT 谱，可以确定碳原子的级数和与之相连的氢原子的化学位移，得到表 6.69。

表 6.69 化合物碳谱和氢谱信号归属

序号	δ_C/ppm	碳原子类型	δ_H/ppm
1	10.9	CH_3	1.34
2	22.7	CH_2	1.87,2.08
3	24.1	CH_2	1.76,2.98
4	24.7	CH_3	2.13
5	27.9	CH_2	1.32,2.27
6	29.9	CH_2	2.29,2.49
7	37.8	CH	2.48
8	43.2	CH	2.76
9	43.7	CH_2	2.21,2.32
10	48.6*	CH	2.33
11	50.6	CH	2.22
12	50.8	CH_2	3.25,3.36
13	52.1	C	
14	56.5	OCH_3	3.29
15	56.7	OCH_3	3.38
16	58.1	CH_2	3.39,4.02
17	58.3	OCH_3	3.34
18	63.9	CH	3.39
19	75.7	C	
20	78.3	C	
21	81.7	C	
22	82.2	CH	3.65
23	83.9	CH	3.31
24	90.6	CH	3.44
25	119.1	C	
26	122.7	CH	8.22
27	124.7	CH	7.12
28	132.1	CH	7.89
29	135.5	CH	7.52
30	141.4	C	
31	167.9	CO	
32	171.5	CO	

* 在 DEPT 谱中清楚地显示为 CH 的峰，在 HSQC 谱中也有相关峰，因此可以和溶剂峰相区别。

从该化合物的 COSY 谱(及其局部放大谱)，归纳出表 6.70。

表 6.70　从 COSY 谱找到的氢氢相关

序号	δ_H/ppm	相关的氢的化学位移 δ_H/ppm
1	1.32	2.27*
2	1.34	3.25,3.36
3	1.76	2.33,2.98*
4	1.87	2.08*,(2.29),(2.49)
5	2.08	1.87*,(2.49),(3.65)
6	2.13	孤立的峰
7	2.21～2.22	2.32*
8	2.27～2.29	1.32*,1.87
9	2.32～2.33	1.76,3.31
10	2.48～2.49	1.87,(2.08),2.29*,3.44
11	2.76	2.98,(3.39)
12	2.98	1.76*,2.76
13	3.25	
14	3.29	
15	3.31	2.21,2.32
16	3.34	
17	3.36	
18	3.38～3.39	(2.76),4.02*
19	3.44	2.48
20	3.65	(2.08)
21	4.02	3.39*
22	7.12	7.52,7.89
23	7.52	7.12,(7.89),8.22
24	7.89	7.12,(7.52)
25	8.22	7.52

注：圆括号(　)表示弱的耦合相关。

* 表示 ^2J 耦合(从 HSQC 谱可知，已归纳在表 6.69 中)。

HMBC 谱(包括其放大谱)的数据归纳为表 6.71。

表 6.71　HMBC 谱的数据归纳

序号	δ_C/ppm	长程耦合的氢 δ_H/ppm	^1J 耦合的氢 δ_H/ppm
1	10.9	3.25,3.36	1.34
2	22.7	2.29,2.49	
3	24.1	3.39	
4	24.7		2.13

续表

序号	δ_C/ppm	长程耦合的氢 δ_H/ppm	^1J 耦合的氢 δ_H/ppm
5	27.9	3.31	
6	29.9	1.87,3.39,3.65,4.02	
7	37.8	2.22	
8	43.2	1.76,2.32,2.49,2.98,3.39,4.02	
9	43.7		
10	48.6	1.76,2.21,2.32,2.76,2.98	
11,12	50.6,50.8	1.32,(2.32),2.48,2.76,3.39,3.65	
13	52.1	1.32,1.76,2.08,2.33,2.76,3.39,3.65	
14,15	56.5,56.7	3.31,3.44,(3.65)	
16,17	58.1,58.3	2.49,2.76	3.39
18	63.9	2.33,2.76,2.98,3.25,4.02	
19	75.7	1.76,2.21,2.32,2.98,3.39,3.44	
20	78.3	2.21,2.32,2.48,3.44	
21	81.7	1.76,2.08,2.29,2.49,2.76,2.98,4.02	
22	82.2	2.29,3.38	
23	83.9	1.32,2.21,2.32,2.48,3.29,3.44	
24	90.6	1.32,(2.48),3.34	
25	119.1	7.12,8.22	
26	122.7	7.12,(7.52)	8.22
27	124.7	8.22	7.12
28	132.1	(7.12),7.52	7.89
29	135.5	(7.12),7.89	
30	141.4	(7.12),7.52,7.89	
31	167.9	7.89	
32	171.5	2.13	

注:圆括号( )表示弱的相关峰。

从 COSY 谱的结果,即表 6.70 中的序号 25、23 和 22,可以很清楚地看到苯环上 4 个氢原子的邻位耦合关系,再结合 HSQC 谱的结果,有

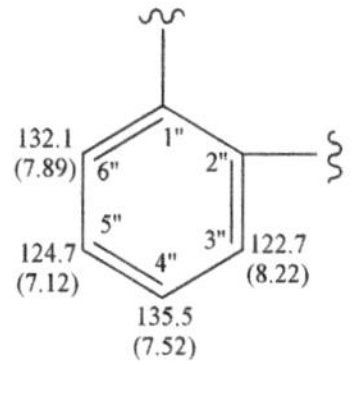

这正好和苯环上的 6″、5″、4″、3″相对应。再由 HMBC 谱的结果，表 6.71 中的序号 30 和 25：δ_C(141.4 ppm) /δ_H(7.52 ppm，7.89 ppm) 的相关、δ_C(119.1 ppm) /δ_H(7.12 ppm，8.22 ppm)的相关，可以确定它们分别是 2″-位和 1″-位季碳原子的峰(都是^3J 的相关峰最强)，这和它们的化学环境也符合。

再从 HMBC 谱的结果，即表 6.71 中序号 32：δ_C(171.5 ppm) /δ_H(2.13 ppm，甲基) 的相关，得到指认：

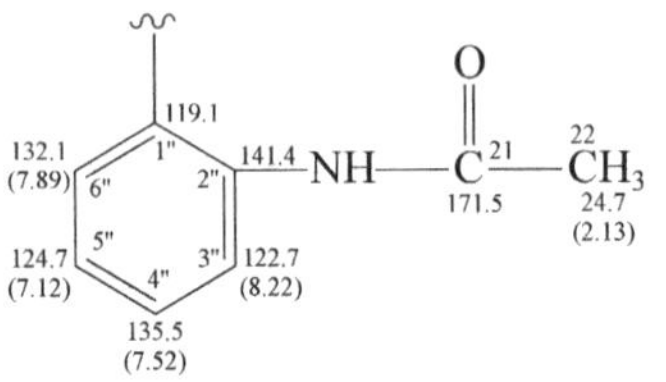

再从 HMBC 谱的结果，即表 6.71 中序号 31：δ_C(167.9 ppm) /δ_H(7.89 ppm)的相关(这个数据很关键)，得到指认：

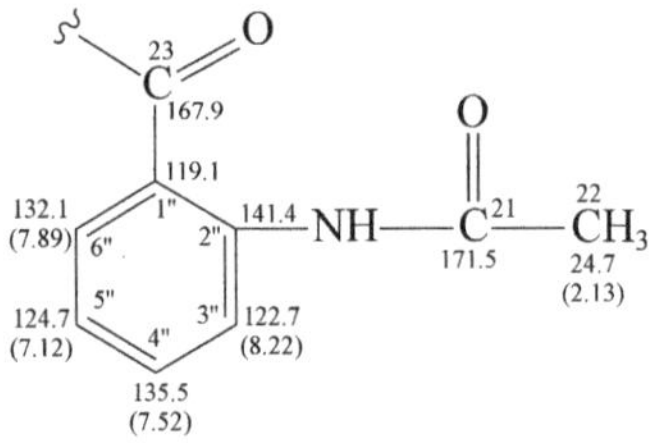

从 COSY 谱的结果，即表 6.70 中序号 20、5 和 4，参考 HMBC 谱的结果，即表 6.71 中序号 22、2 和 6，再结合 HSQC 谱，可以看到结构单元：

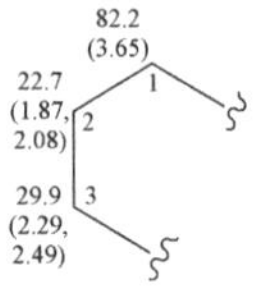

从 HMBC 谱的结果，即表 6.71 中序号 13、8 和 21：δ_C(52.1 ppm) /δ_H(2.08 ppm，3.65 ppm)、δ_C(43.2 ppm) /δ_H(2.49 ppm)、δ_C(81.7 ppm) /δ_H(2.08 ppm，2.29 ppm，2.49 ppm)的相关，再结合 HMQC 谱，得到指认：

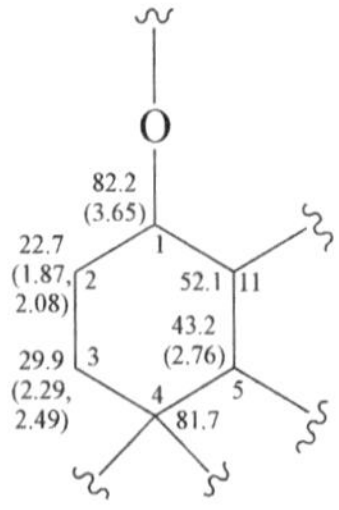

上面结构单元中，CH(δ_C=82.2 ppm，δ_H=3.65 ppm)连接氧原子是根据化学位移数值决定的。

类似地，根据表 6.70 中序号 1，即 δ_H(ppm) 1.34/3.25，3.36 的相关，序号 21，即

δ_H(ppm)4.02/3.39 的相关，表 6.71 中序号 6，即 δ_C(29.9 ppm)/δ_H(3.65 ppm，3.39 ppm，4.02 ppm)的相关，序号 21，即 δ_C(81.7 ppm)/δ_H(4.02 ppm)的相关，结合 HSQC 谱，可以完成下面的指认：

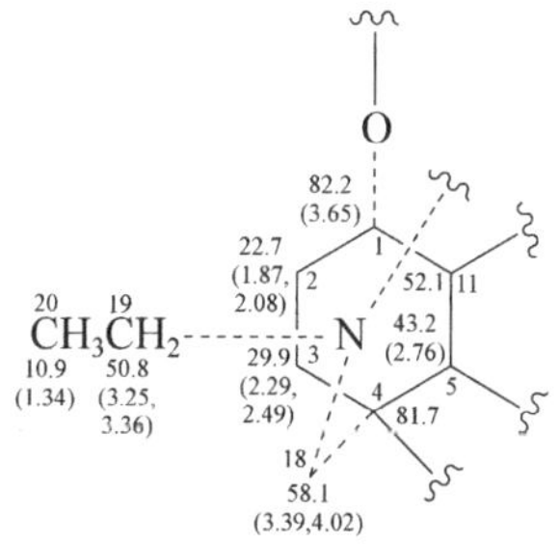

从氢谱(3 个氢原子，单峰)和 HSQC 谱可以确定 3 个甲氧基的化学位移数值：

δ_C=56.5 ppm，δ_H=3.29 ppm；

δ_C=58.3 ppm，δ_H=3.34 ppm；

δ_C=56.7 ppm，δ_H=3.38 ppm。

上述结构单元的指认是确定的。但是，该化合物结构的其余部分指认比较困难，或者说，进行指认不确定的因素比较多。因为这个化合物虽然所含的碳原子不是很多，但是存在多个脂肪环，结构复杂，氢谱中重叠的峰组多，使 COSY 谱中的相关峰不好分辨；碳谱中若干谱线很靠近，使得指认困难加大。所以，难以像其他例题那样，根据核磁共振各种谱图的结果，一步步推导结构单元或者一步步进行指认。经过多方面考虑，完成了下面的指认。客观地说，只能以最后的指认结果和核磁共振谱图(表 6.68～表 6.71)的符合来证实结果的合理性。

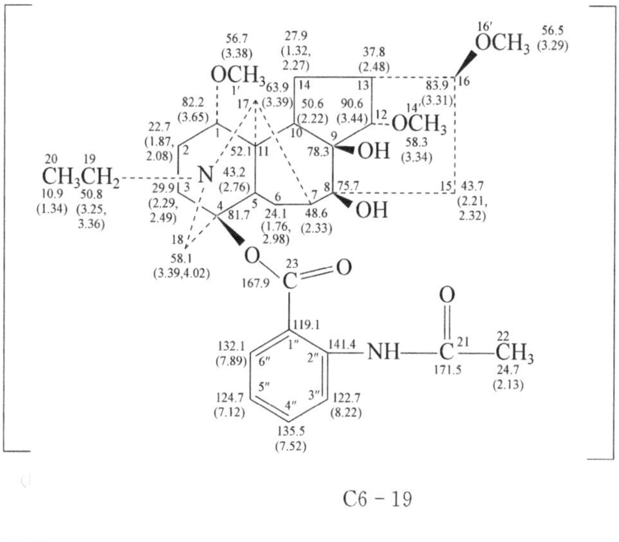

C6-19

这个指认结果和核磁共振谱图是一致的，特别是 HMBC 谱中的相关峰都得到了合理解释。

例 6.19　从某植物提取、分离、纯化而得到的一个天然产物，精确质量测定得到其分

子式为 $C_{43}H_{49}O_{19}N$，对比同类化合物的谱图估计结构式如下：

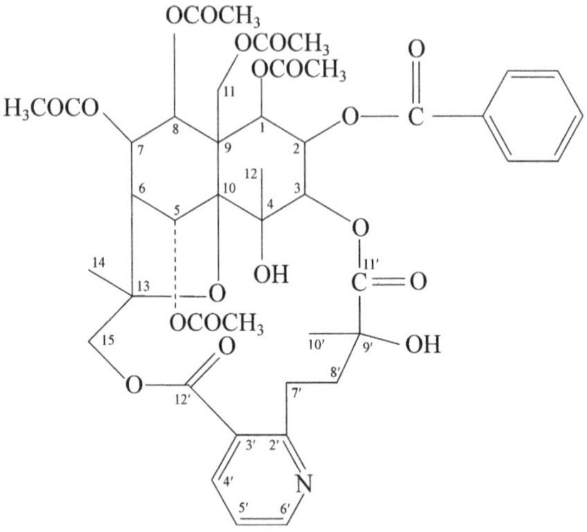

C6－20

其氢谱、氢谱局部放大谱、碳谱、碳谱局部放大谱、COSY 谱、COSY 谱局部放大谱、HSQC 谱、HSQC 谱局部放大谱、HMBC 谱和 HMBC 谱局部放大谱分别如图 6.223～图 6.241 所示，试通过对于核磁共振谱图的指认确认其结构。所有核磁共振谱图是用 400 MHz 谱仪测定的，溶剂为氘代氯仿。

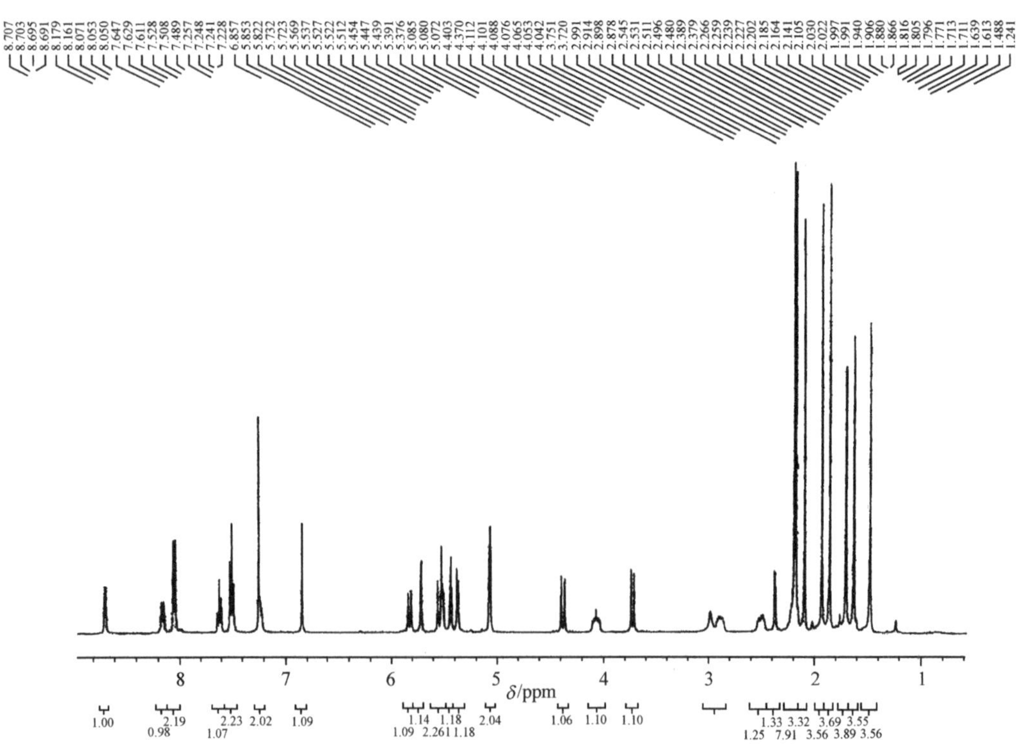

图 6.223　化合物的氢谱

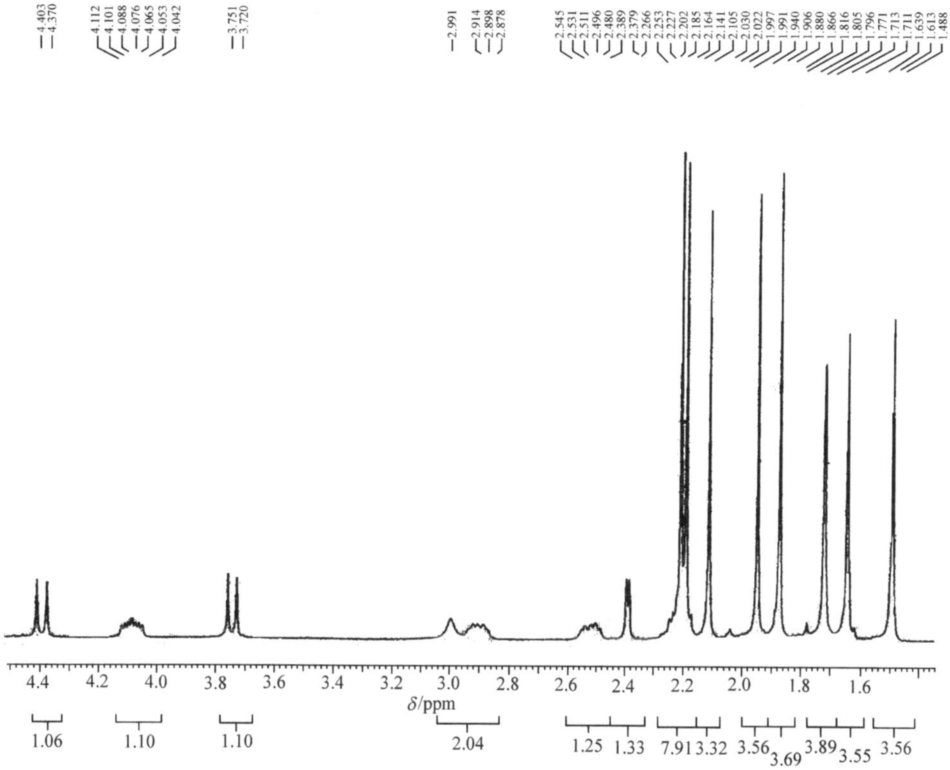

图 6.224　化合物的氢谱局部放大谱 1

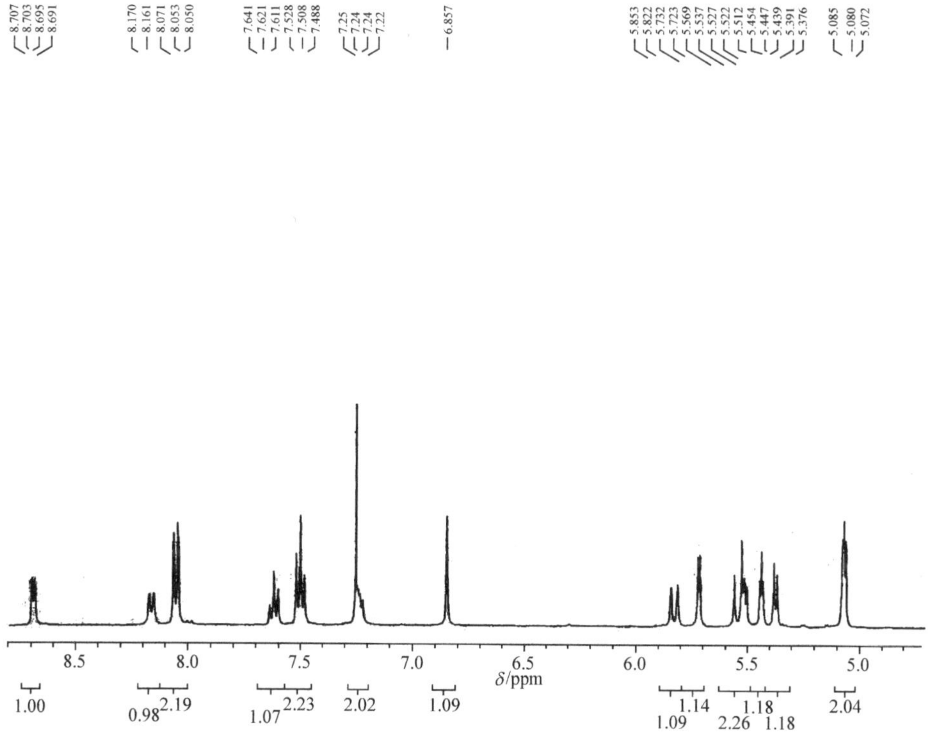

图 6.225　化合物的氢谱局部放大谱 2

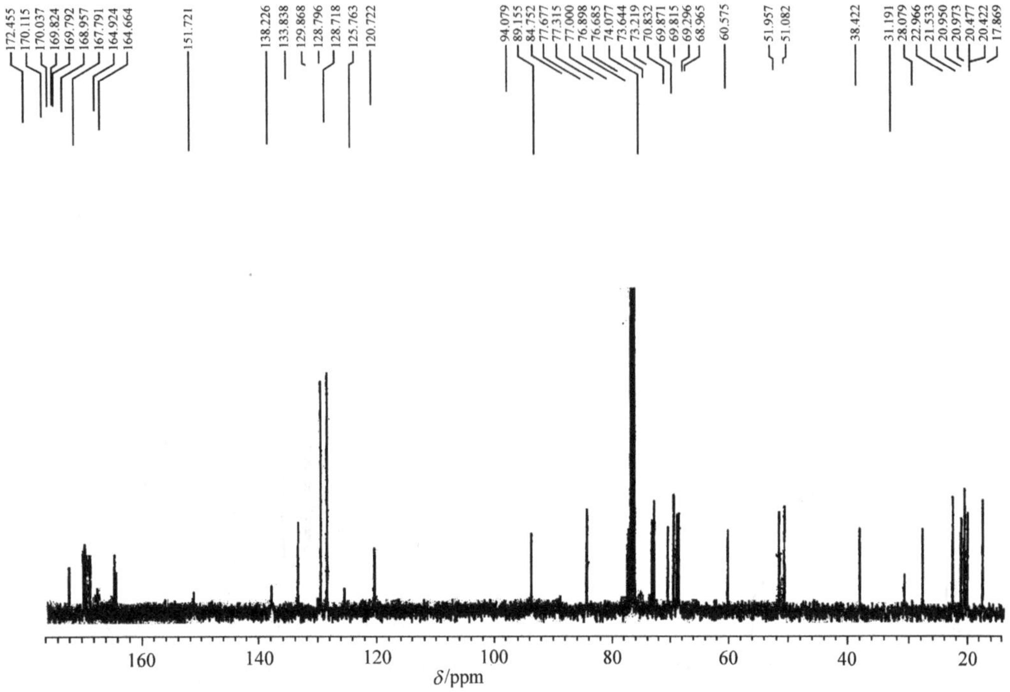

图 6.226　化合物的碳谱

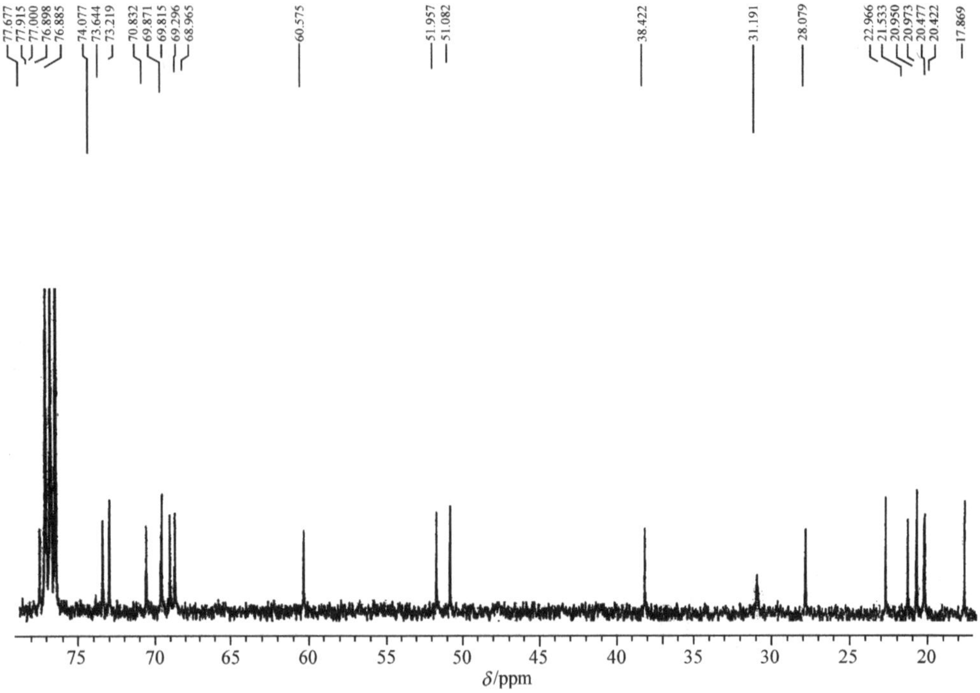

图 6.227　化合物的碳谱局部放大谱

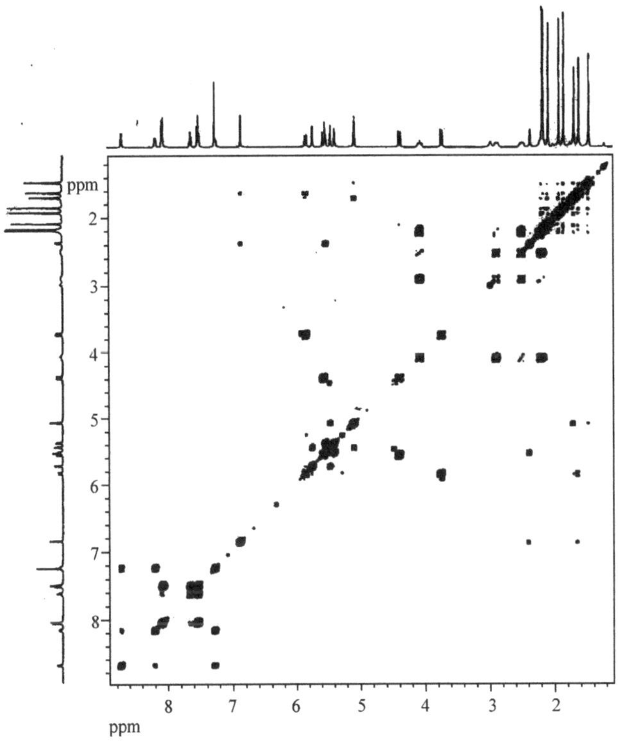

图 6.228　化合物的 COSY 谱

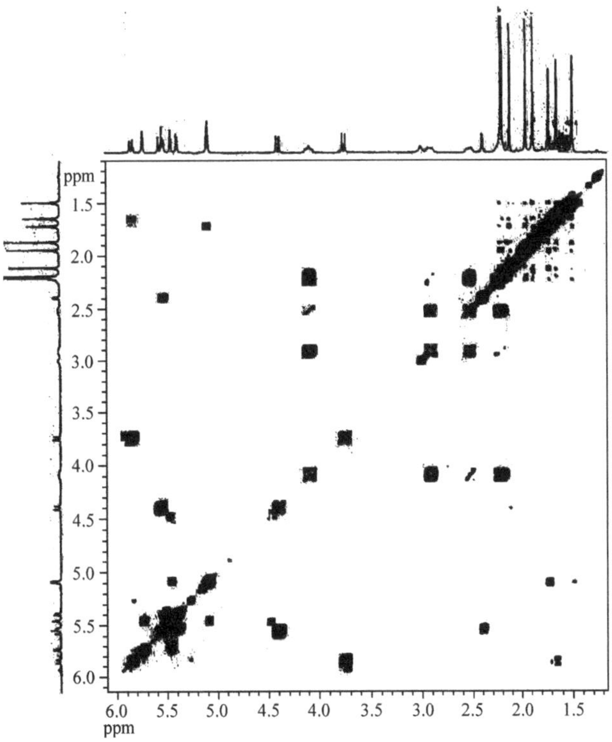

图 6.229　化合物的 COSY 谱局部放大谱

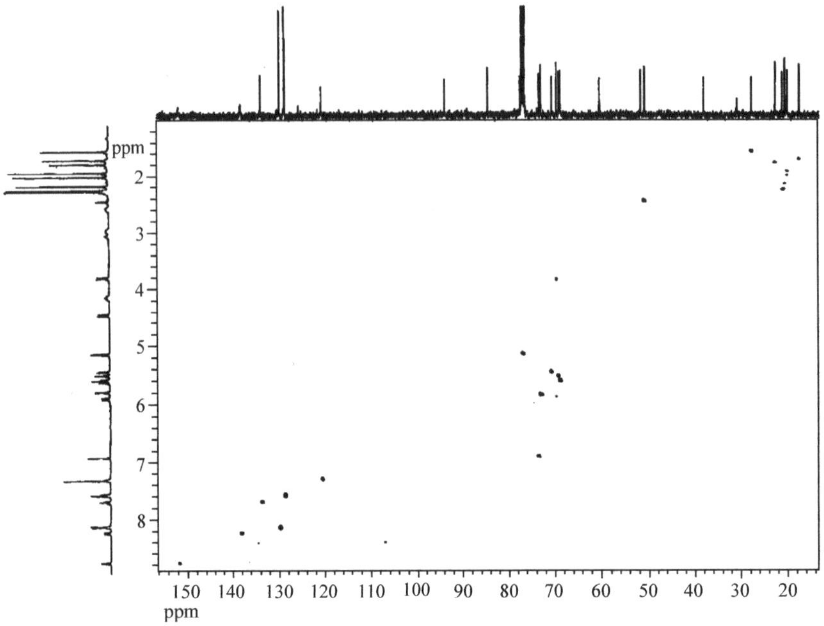

图 6.230　化合物的 HSQC 谱

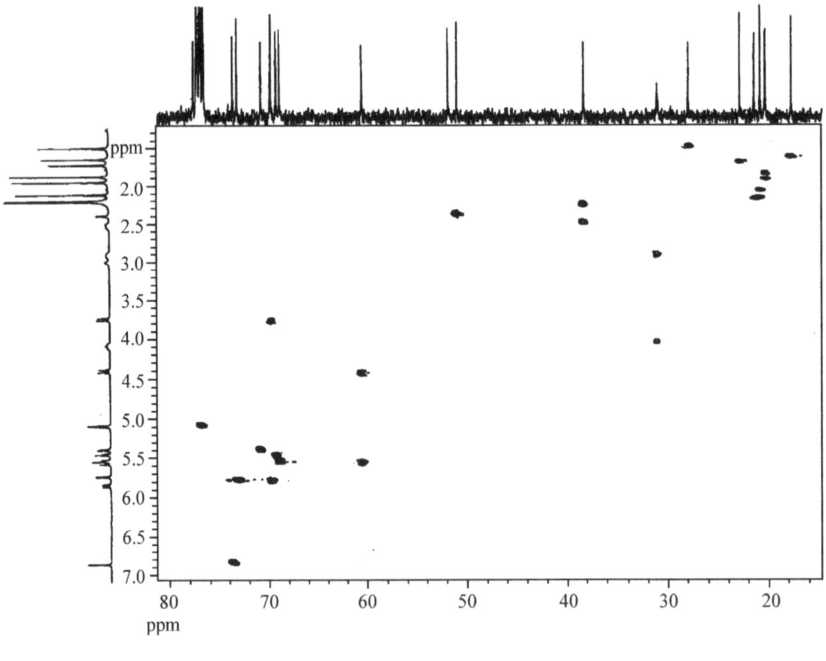

图 6.231　化合物的 HSQC 谱局部放大谱 1

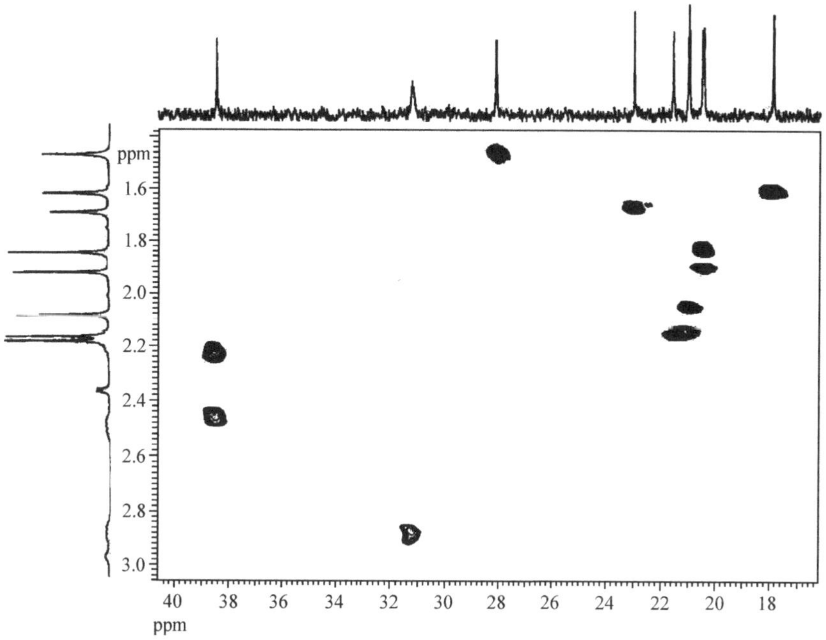

图 6.232　化合物的 HSQC 谱局部放大谱 2

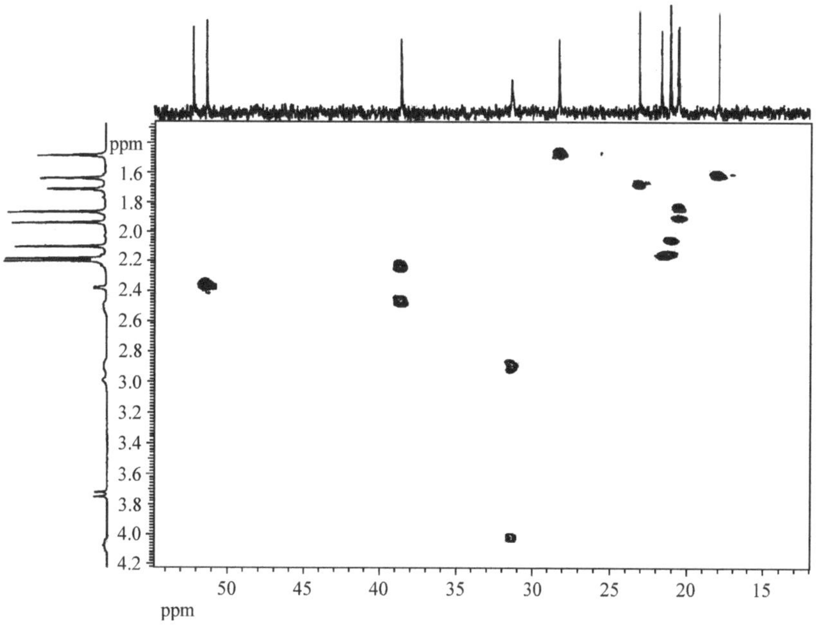

图 6.233　化合物的 HSQC 谱局部放大谱 3

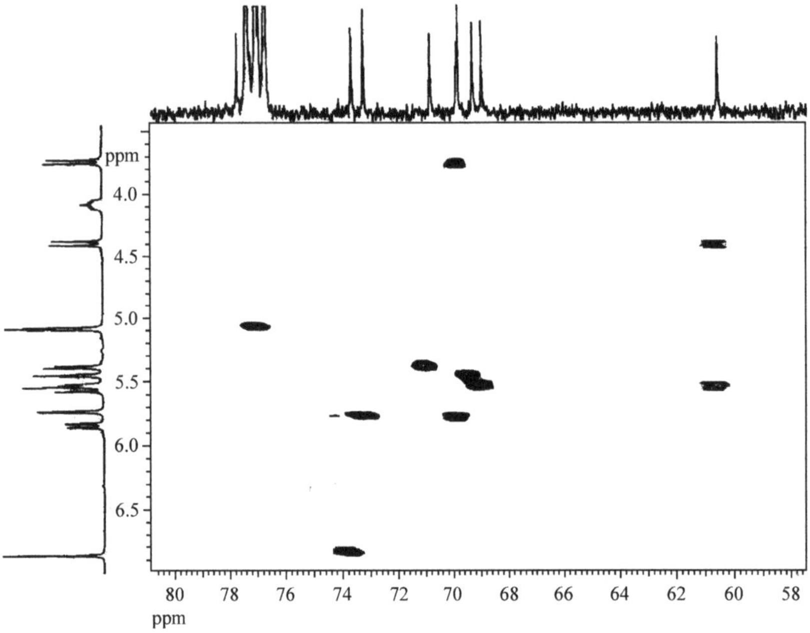

图 6.234　化合物的 HSQC 谱局部放大谱 4

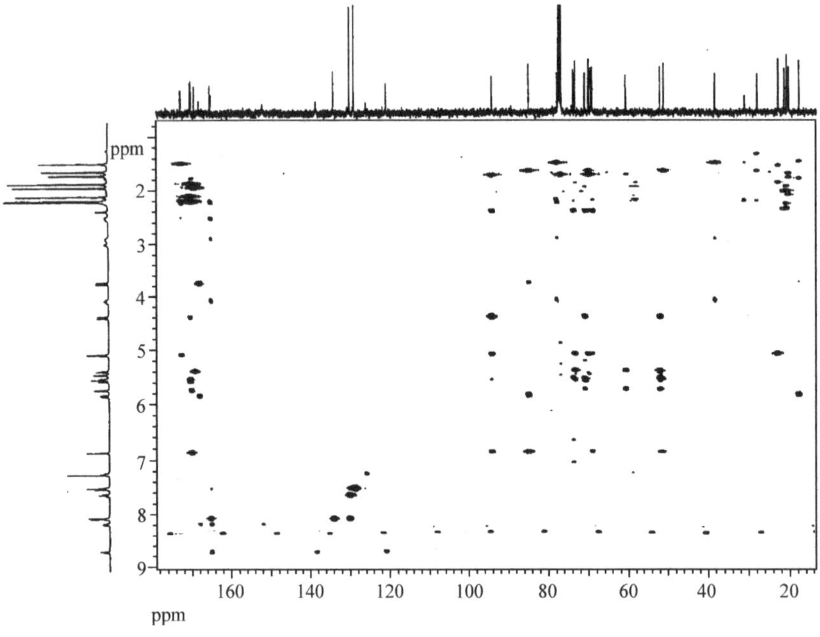

图 6.235　化合物的 HMBC 谱

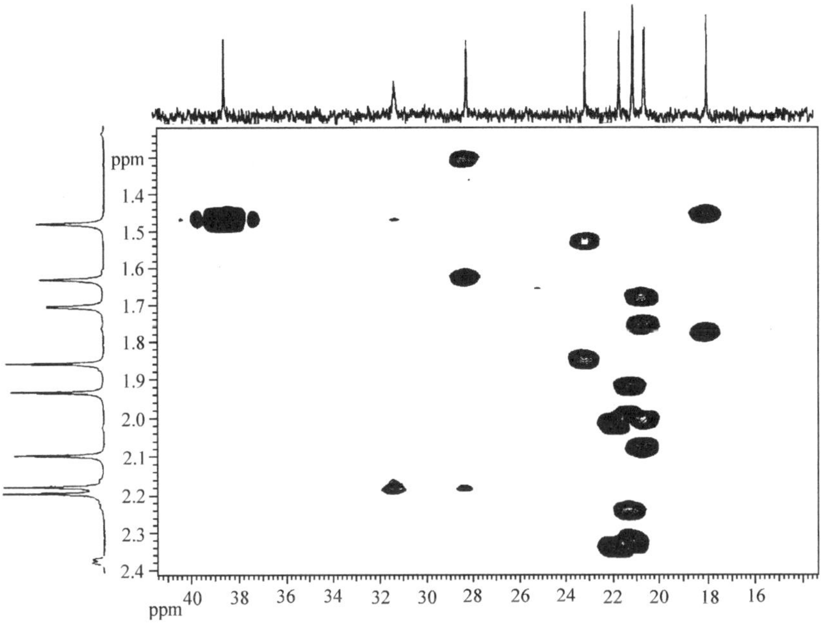

图 6.236　化合物的 HMBC 谱局部放大谱 1

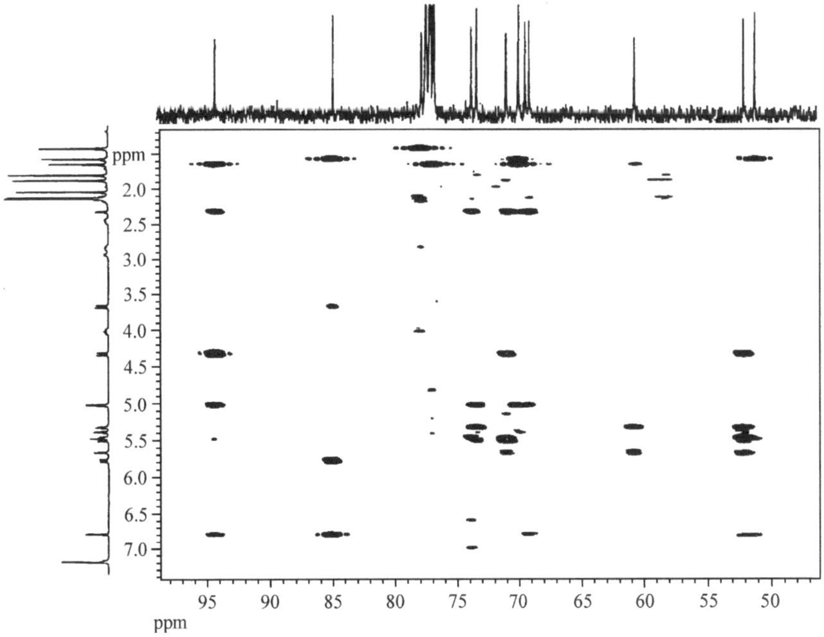

图 6.237　化合物的 HMBC 谱局部放大谱 2

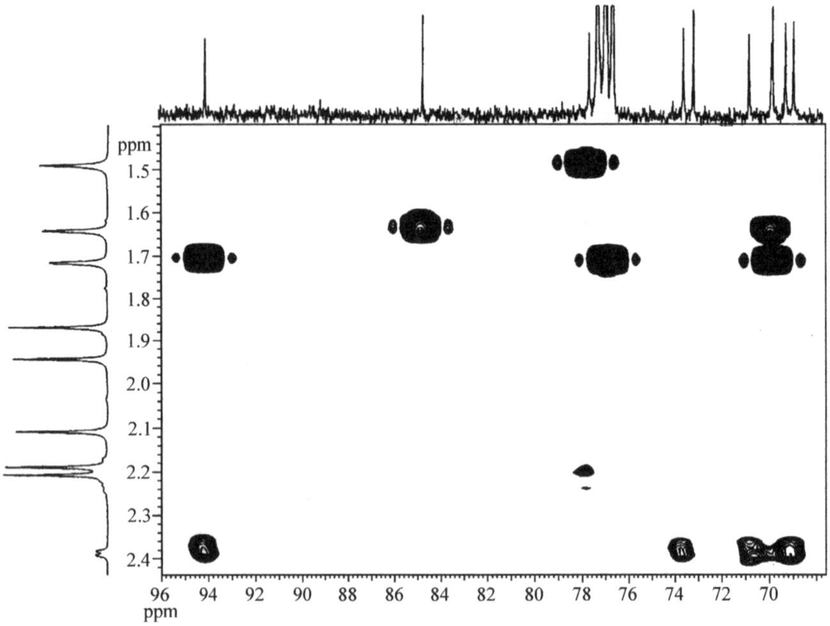

图 6.238　化合物的 HMBC 谱局部放大谱 3

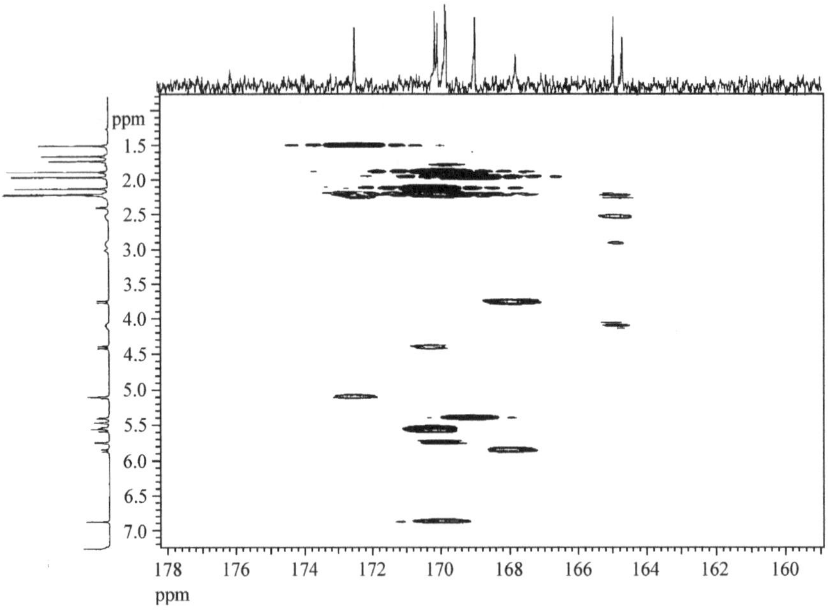

图 6.239　化合物的 HMBC 谱局部放大谱 4

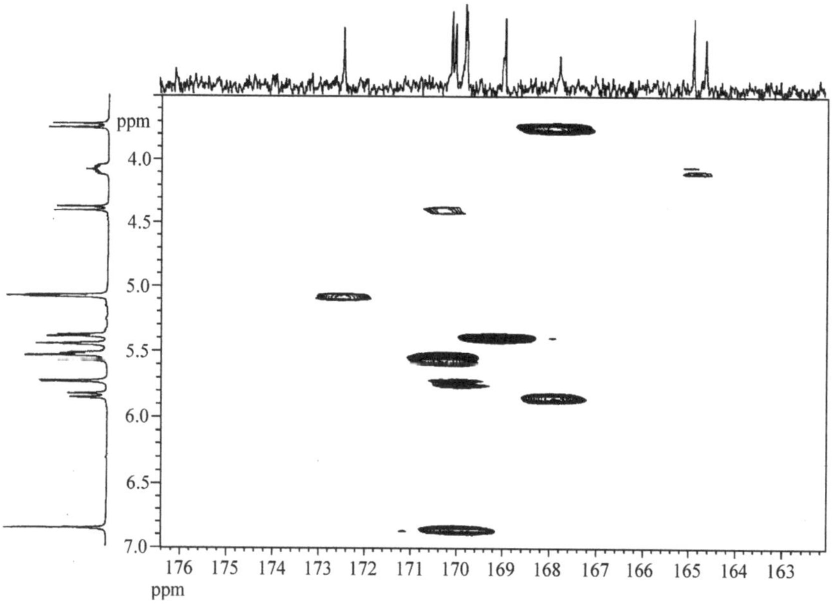

图 6.240　化合物的 HMBC 谱局部放大谱 5

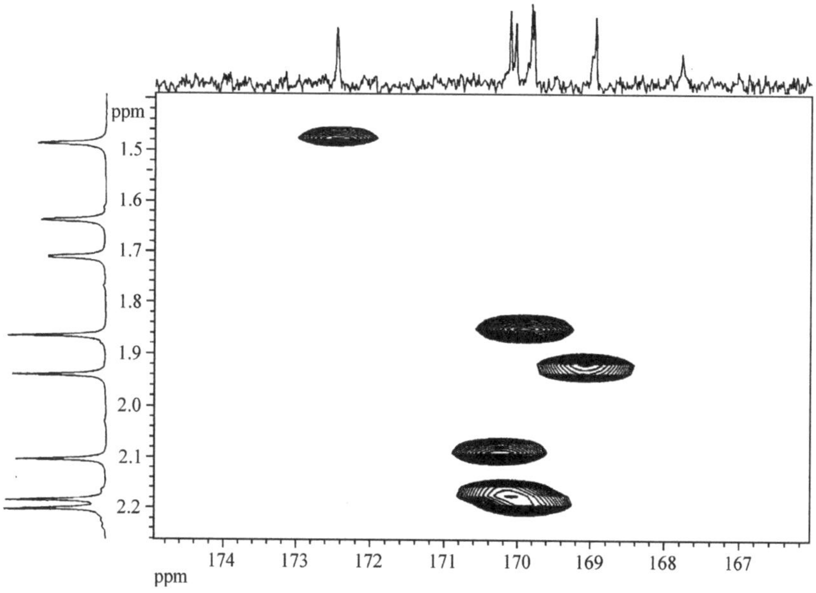

图 6.241　化合物的 HMBC 谱局部放大谱 6

解　化合物的氢谱清楚地显示 8 个尖锐的单峰。高场的 3 个单峰，从峰面积和化学位移数值可知它们是 3 个孤立的甲基。比它们化学位移数值大的 5 个单峰，从峰面积和化学位移数值可知这是 5 个乙酰基的甲基。

由于氢谱中有峰组的重叠，分析氢谱时还结合了 HSQC 谱。氢谱的数据整理为表 6.72。

表 6.72　化合物氢谱数据整理

δ_H/ppm	氢原子数	峰型	备注
1.49	3	s	
1.64	3	s	
1.71	3	s	
1.87	3	s	
1.94	3	s	
2.11	3	s	
2.19	3	s	
2.20	3	s	
2.22	1	m	
2.38	1	d	J=4 Hz
2.51	1	m	J=6.4 Hz
2.89	1	m	J=6.4 Hz
2.99	1	s,钝峰	HSQC 谱中无相关峰,应该是羟基峰
3.74	1	d	J=12.4 Hz
4.08	1	m	J=4.4 Hz
4.39	1	d	J=13.2 Hz
5.08	2		HSQC 谱中仅有 1 个相关峰,另外一个应该是羟基峰
5.38	1	d	J=6 Hz
5.45	1	m	J=3.2 Hz
5.52	1	m	
5.54	1	d	J=12.8 Hz
5.72	1	d	J=3.6 Hz
5.84	1	d	J=12.4 Hz
6.86	1	s	
7.24	1	m	旁边有溶剂峰
7.51	2	t	J=8 Hz
7.62	1	t	J=8 Hz
8.06	2	d	J=8 Hz
8.16	1	d	J=8 Hz
8.70	1	d	J=4.8 Hz

注:表中所列的耦合常数为^3J。

虽然几种二维谱可以帮助指认,但是氢谱的峰型分析仍然是一个重要的方法。以现在氢谱约 5.53 ppm 区域为例,它们对应两个氢原子。它们在 HSQC 谱中的相关峰也很靠近,但是在氢谱的这个区域可以看到一对双峰,计算其耦合常数为 12.8 Hz。在氢谱的 4.39 ppm 处也可以看到一对双峰,计算其耦合常数为 12.4 Hz。虽然两者的数值稍有不同，但是属于误差范围内。因而峰型分析可以配合 HSQC 谱确定它们同属于一个 CH_2。因此可以最后确定在氢谱的 5.53 ppm 的区域有该 CH_2 的一个氢和另外一个 CH（从 HSQC 谱知）。

结合氢谱、碳谱和 HMQC 谱，可以确定碳原子的级数和与之相连氢原子的化学位移，得到表 6.73。

表 6.73　化合物的碳谱和氢谱信号归属

序号	δ_C/ppm	碳原子类型	碳原子数	δ_H/ppm
1	17.9	CH_3	1	1.64
2	20.4	CH_3	1	1.94
3	20.5	CH_3	1	1.87
4	20.9	CH_3	1	2.11
5	20.9	CH_3	1	2.19
6	21.5	CH_3	1	2.20
7	22.9	CH_3	1	1.71
8	28.1	CH_3	1	1.49
9	31.2	CH_2	1	2.89，4.08
10	38.4	CH_2	1	2.22，2.51
11	51.1	CH	1	2.38
12	51.9	C		
13	60.6	CH_2	1	4.39，5.54
14	68.9	CH	1	5.52
15	69.3	CH	1	5.45
16	69.8	CH_2	1	3.74，5.84
17	69.9	C	1	
18	70.8	CH	1	5.38
19	73.2	CH	1	5.72
20	73.6	CH	1	6.86
21	76.9	CH	1	5.08
22	77.7	C	1	
23	84.8	C	1	
24	94.1	C	1	
25	120.7	CH	1	7.24
26	125.8	C	1	
27	128.7	CH	2	7.51
28	128.8	C	1	
29	129.9	CH	2	8.06
30	133.8	CH	1	7.62
31	138.2	CH	1	8.16

续表

序号	δ_C/ppm	碳原子类型	碳原子数	δ_H/ppm
32	151.7	CH	1	8.70
33	164.7	C	1	
34	164.9	C	1	
35	167.8	C	1	
36	168.9	C	1	
37	169.7	C	1	
38	169.8	C	1	
39	170.0	C	1	
40	170.1	C	1	
41	172.5	C	1	

从 COSY 谱总结的数据如表 6.74 所示。

表 6.74　从 COSY 谱找到的氢氢相关

序号	δ_H/ppm	相关的氢 δ_H/ppm	序号	δ_H/ppm	相关的氢 δ_H/ppm
1	1.49		16	4.39	5.54
2	1.64		17	5.08	5.45
3	1.71		18	5.38	5.52
4	1.87		19	5.45	5.08,5.72
5	1.94		20	5.52	2.38,5.38
6	2.11		21	5.54	4.39
7	2.19		22	5.72	5.45
8	2.20		23	5.84	3.74
9	2.22	2.51,(2.89),4.08	24	6.86	2.38
10	2.38	5.52,6.86	25	7.24	8.16,8.70
11	2.51	2.22,2.89,(4.08)	26	7.51	7.62,8.06
12	2.89	(2.22),2.51,4.08	27	7.62	7.51,(8.06)
13	2.99		28	8.06	7.51,(7.62)
14	3.74	5.84	29	8.16	7.24,(8.70)
15	4.08	2.22,(2.51),2.89	30	8.70	7.24,(8.16)

注：圆括号(　)表示弱的耦合相关。

在分析 HMBC 谱时要注意，在约 $F_1 \approx 8.36$ ppm 处呈现在一条水平线上的若干斑点是假峰。

HMBC 谱的数据可以归纳为表 6.75。

表 6.75　HMBC 谱的数据归纳

序号	δ_C/ppm	长程耦合的氢 δ_H/ppm	^1J 耦合的氢 δ_H/ppm
1	17.9	(3.74),5.84	1.64
2	20.4		1.94
3	20.5		1.87
4	20.9		2.11
5	20.9		2.19
6	21.5		2.20
7	22.9	5.08	1.71
8	28.1	(2.22)	1.49
9	31.2	(1.49),2.22	
10	38.4	1.49	
11	51.1	1.64,5.52	
12	51.9	4.39,5.38,5.52,5.72,6.86	
13	60.6	5.38,5.72	
14	68.9	2.38,6.86	
15	69.3	5.08	
16,17	69.8,69.9	1.64,1.71,5.08	
18	70.8	2.38,4.39,5.52,5.54,5.72	
19	73.2	5.08,5.38	
20	73.6	2.38,5.08,5.38,5.52	6.86
21	76.9	1.71	
22	77.7	1.49,2.22,(2.89),(4.08)	
23	84.8	1.64,3.74,5.84,6.86	
24	94.1	1.71,2.38,4.39,5.08,6.86	
25	120.7	8.70	
26	125.8	7.24	
27	128.7		
28	128.8		
29	129.9		
30	133.8	8.06	
31	138.2	8.70	
32	151.7		
33	164.7	8.06	
34	164.9	2.22,2.51,2.89,4.08,7.24,8.16,8.70	
35	167.8	3.74,5.84,8.16	
36	168.9	1.94,5.38	

续表

序号	δ_C/ppm	长程耦合的氢 δ_H/ppm	^1J 耦合的氢 δ_H/ppm
37	169.7	2.20,6.86	
38	169.8	1.87,5.72	
39	170.0	2.19,5.52	
40	170.1	2.11,5.54	
41	172.5	1.49,5.08	

注:圆括号( )表示弱的相关峰。

表 6.72～表 6.75 包括了核磁共振谱图的所有信息,下面进行指认。为寻找连接关系,首先看 COSY 谱的信息,然后用 HMBC 谱的信息补充。

从表 6.74 中序号 18、20 和 10,即 δ_H(ppm) 5.38/5.52/2.38/6.86 的相关,结合 HSQC 谱的信息,可以指认结构单元:

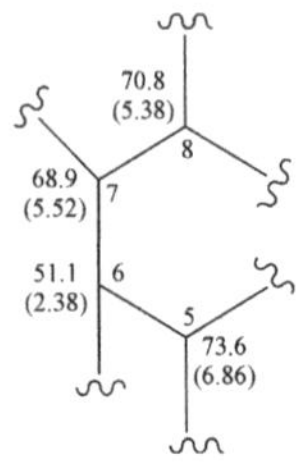

根据表 6.75 中序号 12 和 24,即 δ_C(51.9 ppm)/δ_H(5.38 ppm,5.52 ppm)的相关、δ_C(94.1 ppm)/δ_H(2.38 ppm,6.86 ppm)的相关,结合 HSQC 谱的信息,可以把上面指认的结构单元扩大为

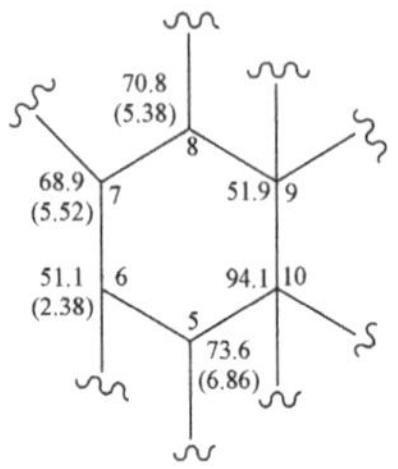

从表 6.74 中序号 22 和 19,即 δ_H(ppm) 5.72/5.45/5.08 的相关,结合 HSQC 谱的信息,可以指认结构单元:

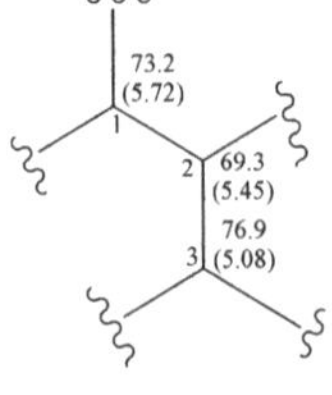

根据表 6.75 中序号 12、17、19、24 和 7,即 δ_C(51.9 ppm)/δ_H(5.72 ppm)的相关、δ_C(69.9 ppm)/δ_H(1.71 ppm)的相关、δ_C(73.2 ppm)/δ_H(5.08 ppm,5.38 ppm)的相关、δ_C(94.1 ppm)/δ_H(1.71 ppm,5.08 ppm)的相关、δ_C(22.9 ppm)/δ_H(5.08 ppm)的相关,结合 HSQC 谱的信息,可以把上面已经指认的两个结构单元连接起来并将指认扩大为

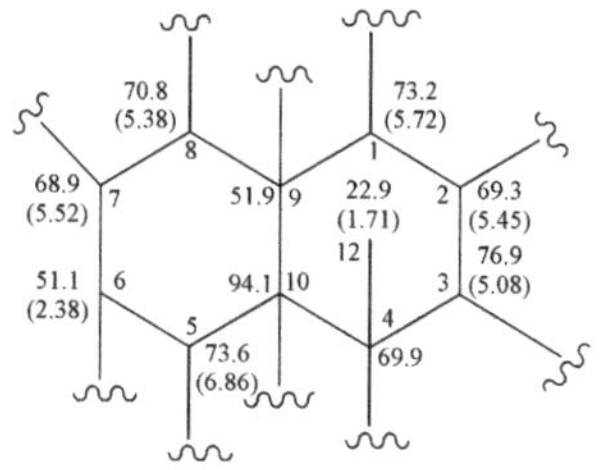

从表 6.75 中序号 39、36、13、40、38 和 37，即 δ_C（170.0 ppm）/δ_H（2.19 ppm，5.52 ppm）的相关、δ_C（168.9 ppm）/δ_H（1.94 ppm，5.38 ppm）的相关、δ_C（60.6 ppm）/δ_H（5.38 ppm，5.72 ppm）的相关、δ_C（170.1 ppm）/δ_H（2.11 ppm，5.54 ppm）的相关、δ_C（169.8 ppm）/δ_H（1.87 ppm，5.72 ppm）的相关、δ_C（169.7 ppm）/δ_H（2.20 ppm，6.86 ppm）的相关，再结合 HSQC 谱的数据，上面结构片断可以进一步延伸为

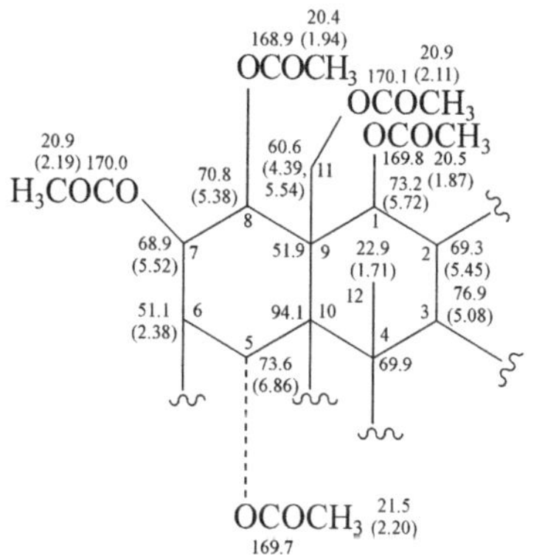

从表 6.75 中的序号 11、1、23 和 16，即 δ_C（51.1 ppm）/δ_H（1.64 ppm）的相关、δ_C（17.9 ppm）/δ_H（3.74 ppm，5.84 ppm）的相关、δ_C（84.8 ppm）/δ_H（1.64 ppm，3.74 ppm，5.84 ppm，6.86 ppm）的相关、δ_C（69.8 ppm）/δ_H（1.64 ppm）的相关，结合 HSQC 谱的数据，并考虑有关原子的化学位移数值，上面结构片断的指认可以进一步延伸为

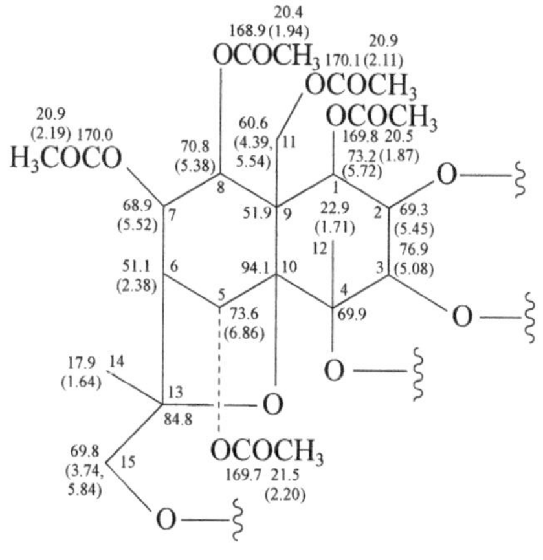

从表 6.75 中序号 35、41、22、8、10 和 9，即 δ_C(167.8 ppm)/δ_H(3.74 ppm，5.84 ppm)的相关、δ_C(172.5 ppm)/δ_H(5.08 ppm，1.49 ppm)的相关、δ_C(77.7 ppm)/δ_H(1.49 ppm，2.22 ppm，2.89 ppm，4.08 ppm)的相关、δ_C(28.1 ppm)/δ_H(2.22 ppm)的相关、δ_C(38.4 ppm)/δ_H(1.49 ppm)的相关、δ_C(31.2 ppm)/δ_H(1.49 ppm，2.22 ppm)的相关，以及从表 6.74 中序号 9 和 15，即 δ_H(ppm) 2.22，2.51/2.89，4.08 的相关，再结合 HSQC 谱的数据，并考虑有关原子的化学位移数值，上面结构的指认可以进一步延伸为

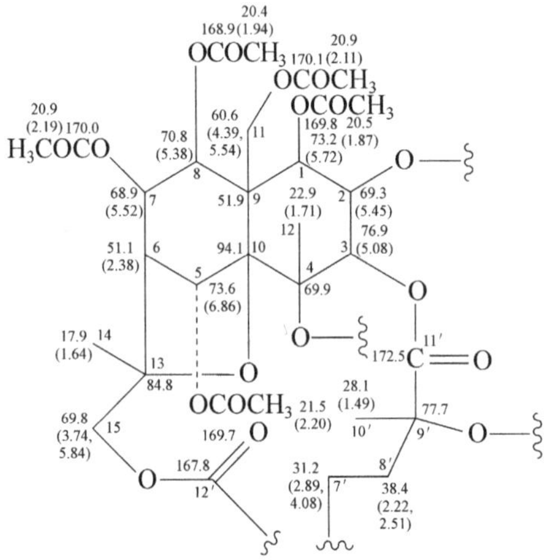

根据表 6.74 中序号 29、25 和 30，即 δ_H(ppm) 8.16/7.24/8.70 的相关，再从表 6.75 中序号 35、26 和 34，即 δ_C(167.8 ppm)/δ_H(3.74 ppm，5.84 ppm，8.16 ppm)的相关、δ_C(125.8 ppm)/δ_H(7.24 ppm)的相关、δ_C(164.9 ppm)/δ_H(2.22 ppm，2.51 ppm，2.89 ppm，4.08 ppm，8.70 ppm)的相关，再结合 HSQC 谱的数据，上面结构的指认可以进一步延伸为

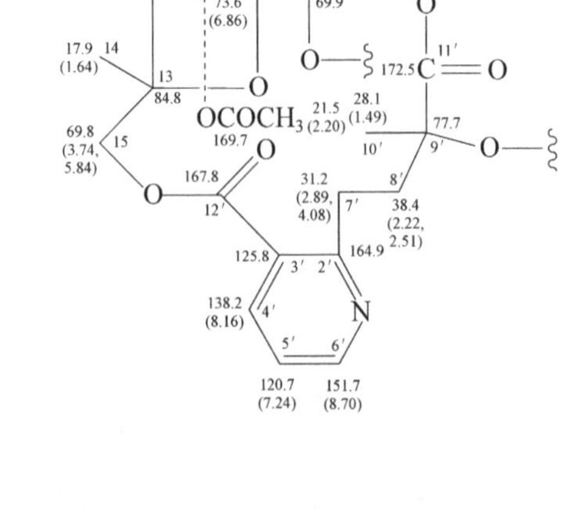

另外，从表 6.74 中序号 27、26 和 28 所示的相关，即 δ_H(ppm) 7.62/7.51/8.06，表 6.75 中序号 33，即 δ_C(164.7 ppm)/δ_H(8.06 ppm)的相关，再结合 HSQC 谱的数据，也考虑 164.7 ppm 这个化学位移数值，可以指认结构单元：

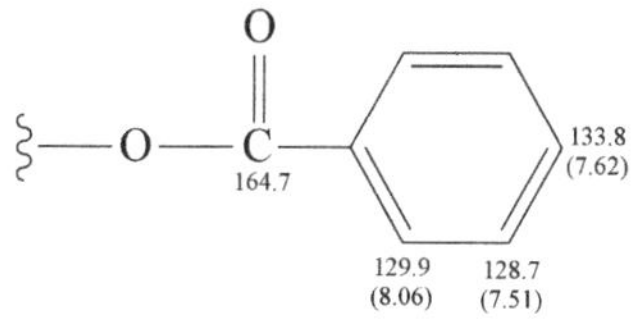

通过上述分析分别指认了该化合物的一大一小两个结构片断。在上面的结构单元中，苯环的季碳原子在 HMBC 谱中没有相关峰，但是在该化合物的碳谱中仅剩下 128.8 ppm的季碳(因为在 HSQC 谱中没有相关峰)。因此 128.8 ppm 的峰组应该属于这个季碳。

在氢谱数据归纳的表 6.72 中已经讨论有两个羟基，它们的化学位移数值分别在 2.99 ppm 和 5.08 ppm(后者和另外一个 CH 的峰几乎重合)，因此把这两个羟基补上(原来的结构片断上已经有氧原子)。

综合上面的几点分析，最后得到该化合物的全部指认：

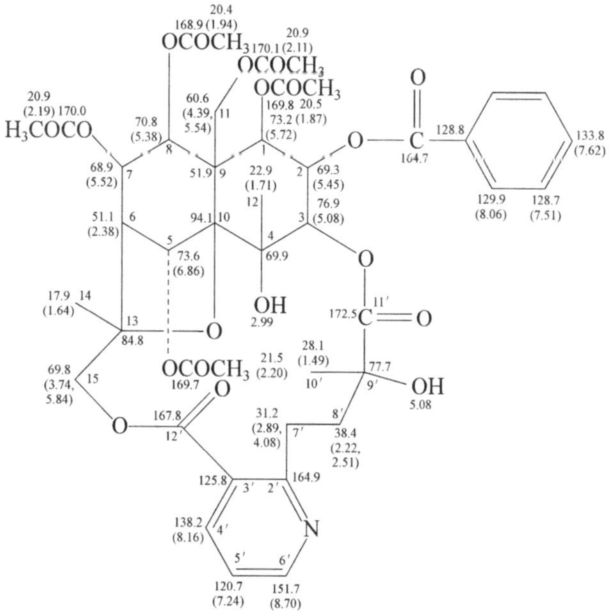

C6 − 20

通过上面详细地指认过程，可以得出结论：该结构式和核磁共振谱图是完全符合的，因此也就确认了这个结构。

例 6.20*　从某植物提取、分离、纯化而得到的一种天然产物，精确质量测定得到其分子式为 $C_{47}H_{76}O_{19}$。对比同类化合物的谱图，初步推导结构如下所示：

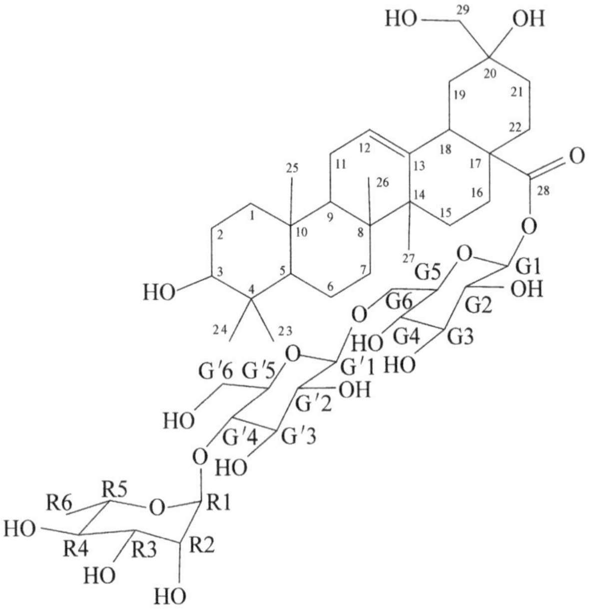

C6 - 21

该化合物的核磁共振氢谱、氢谱局部放大谱、碳谱、碳谱局部放大谱、DEPT-135 谱、DEPT-135 谱局部放大谱、COSY 谱、COSY 谱局部放大谱、TOCSY 谱、TOCSY 谱局部放大谱、HSQC 谱、HSQC 谱局部放大谱、HMBC 谱和 HMBC 谱局部放大谱分别如图 6.242～图 6.265 所示。试通过对核磁共振谱图的指认来确认其结构。所有核磁共振谱图均用 400 MHz 核磁共振谱仪测定，溶剂为氘代吡啶。

解　通过本题的解析说明即使应用频率不是很高的核磁共振谱仪也能解决相当复杂的结构问题。

首先分析该未知物的氢谱。氢谱中在 7.19 ppm、7.57 ppm、8.71 ppm 三处的峰是溶剂峰(氘代吡啶)。在约 4.9 ppm 的钝峰是溶剂氘代吡啶中的水峰。由于该化合物的结构比较复杂，峰组的重叠比较多。

需要指出的是由于峰组常占据一定宽度及峰组的重叠，直接从氢谱往往不能找到其中心的位置。这个数值的读取主要依靠 HSQC 谱。

氢谱的数据可以初步整理为表 6.76。由于峰组的重叠，积分是针对一个个区域进行的。在一个区域的积分数值不靠近某个整数时，需要结合 HSQC 谱、甚至再结合其他谱图才能确定。

在阅读此题时，读者先不要看各个表的标注，等到最后再看标注，这样可以得到一个清楚的总结。

* 参考：Hao Gao, Zhao Wang, et al. 2008. Unusual Nortriterpenoid Saponins from Stauntonia Chinensis. Helvetica Chimica Acta, 91:451—459

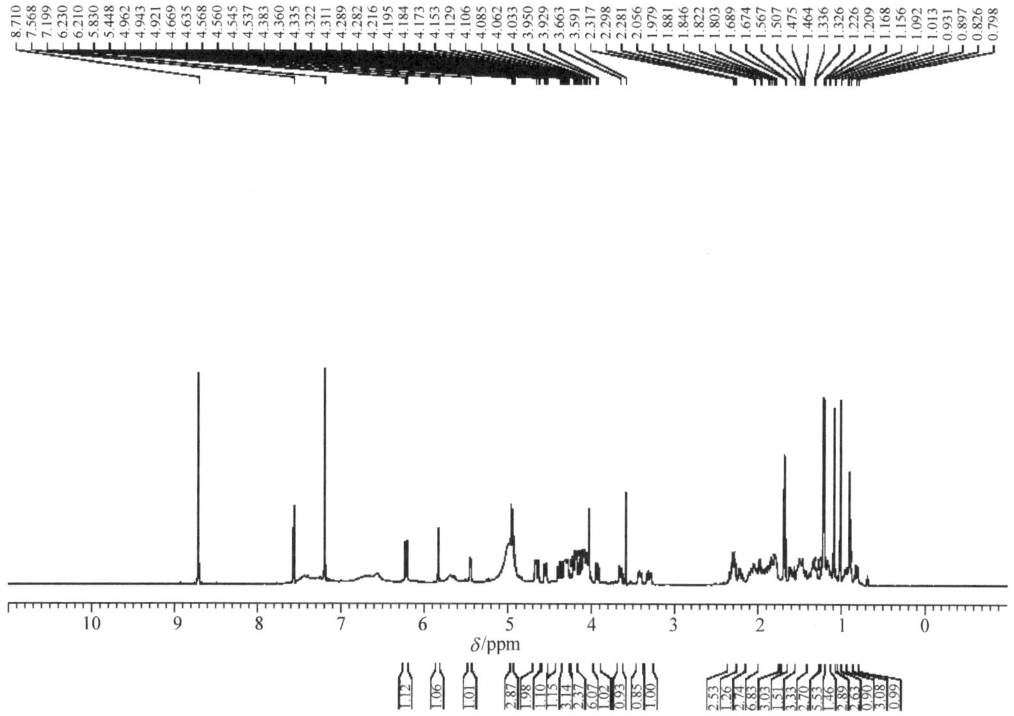

图 6.242　化合物氢谱

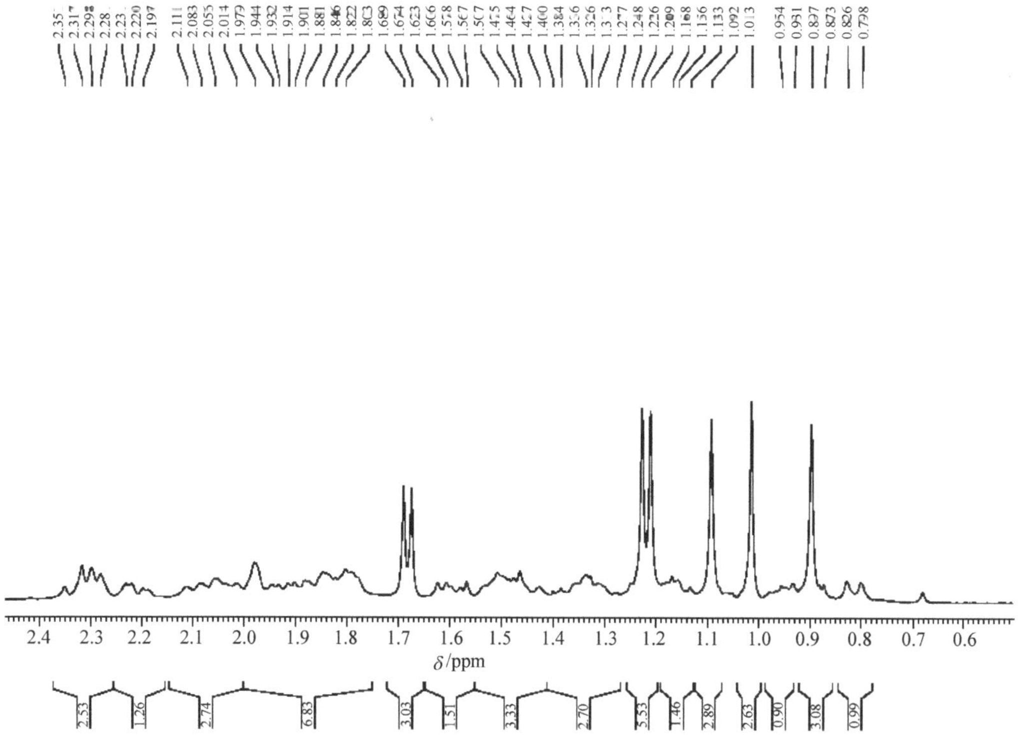

图 6.243　化合物氢谱局部放大谱 1

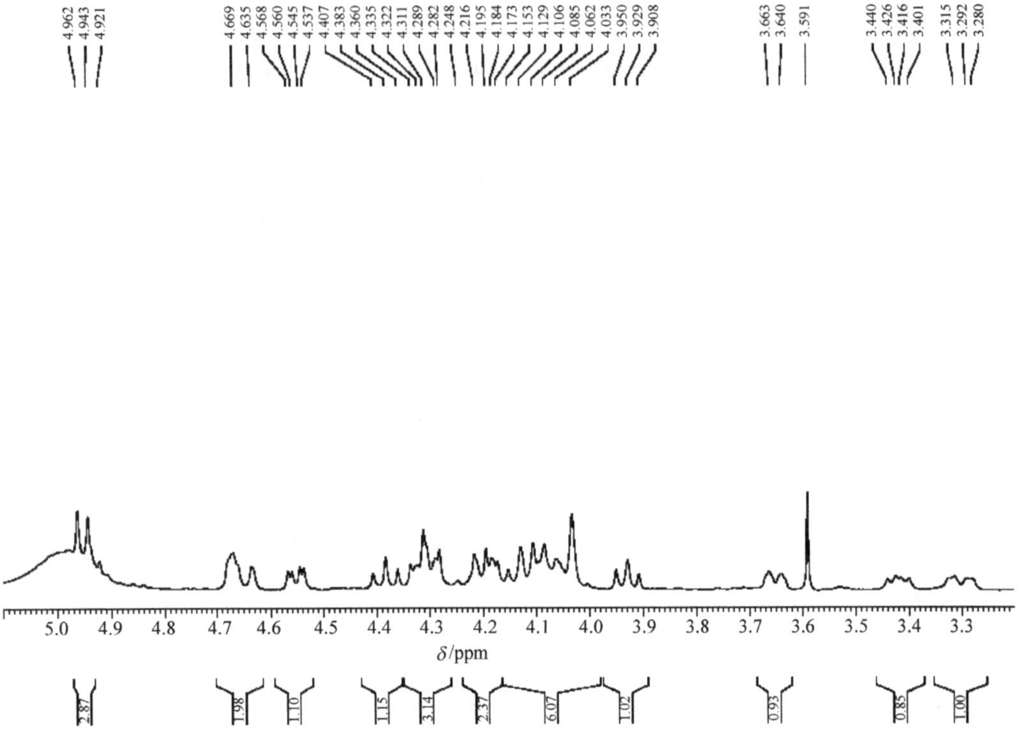

图 6.244 化合物氢谱局部放大谱 2

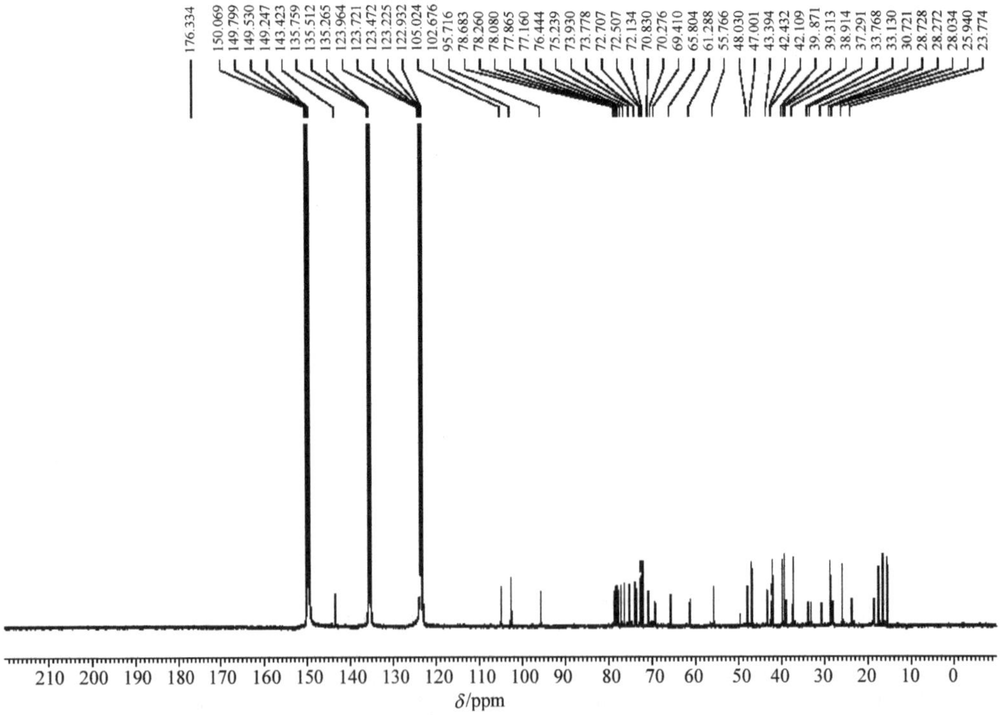

图 6.245 化合物碳谱

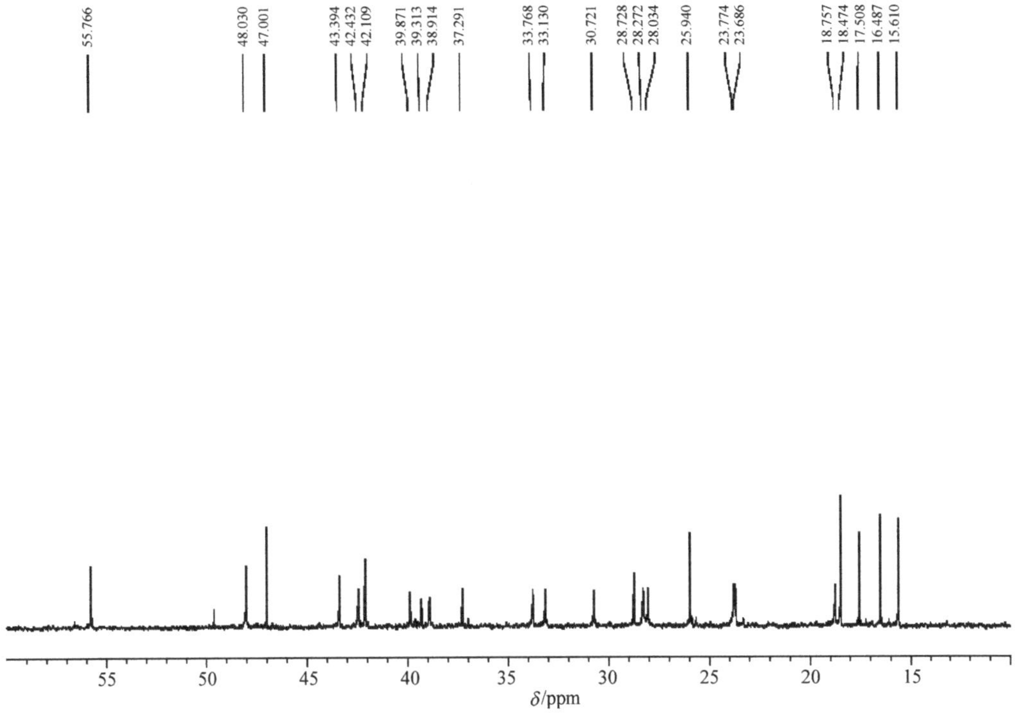

图 6.246　化合物碳谱局部放大谱 1

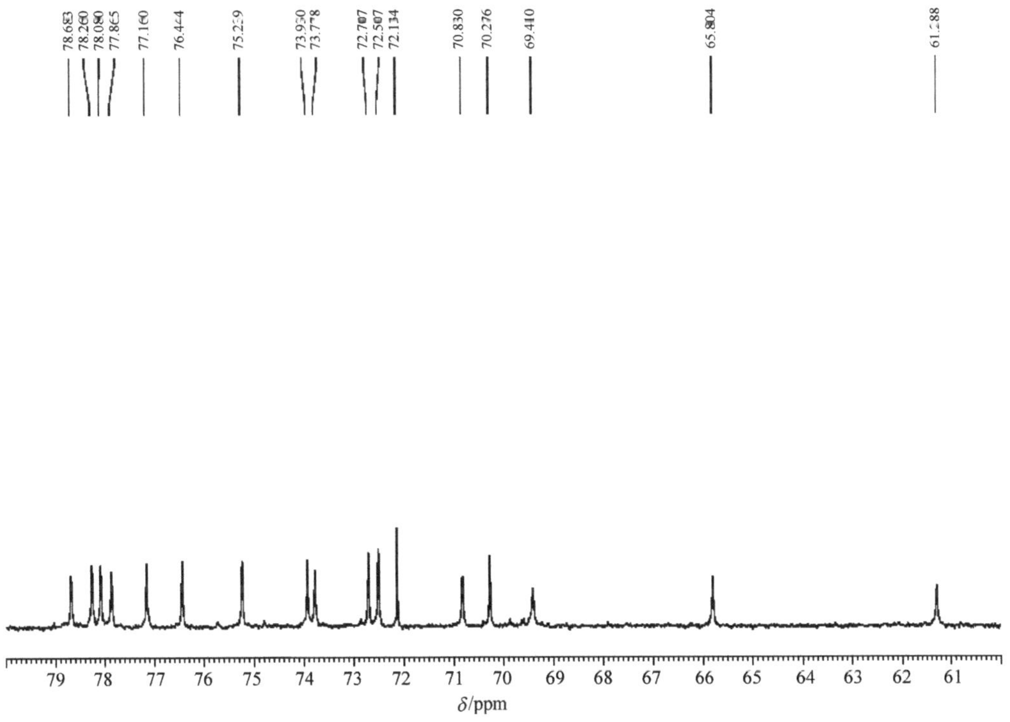

图 6.247　化合物碳谱局部放大谱 2

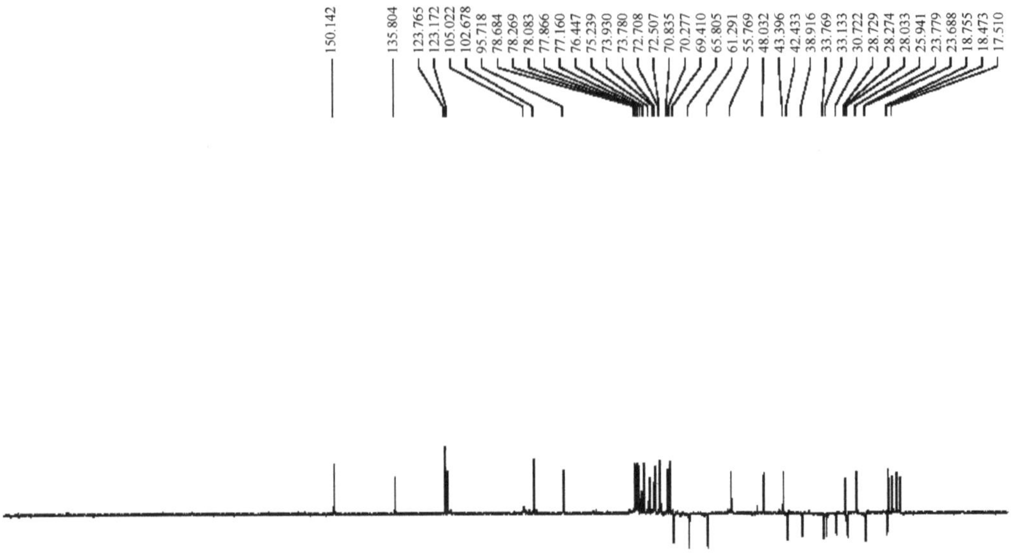

图 6.248　化合物 DEPT-135 谱

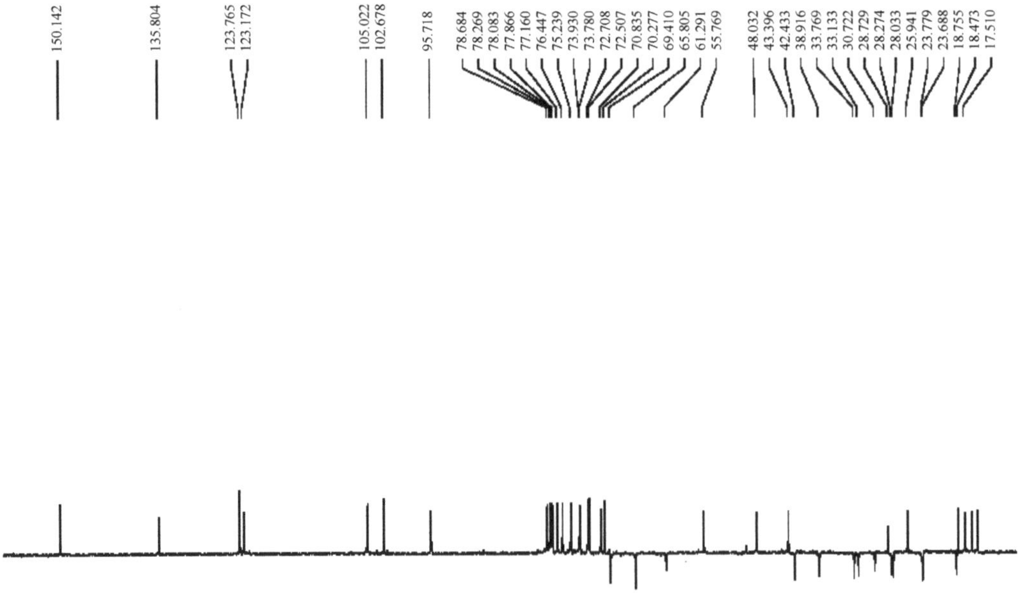

图 6.249　化合物 DEPT 谱局部放大谱

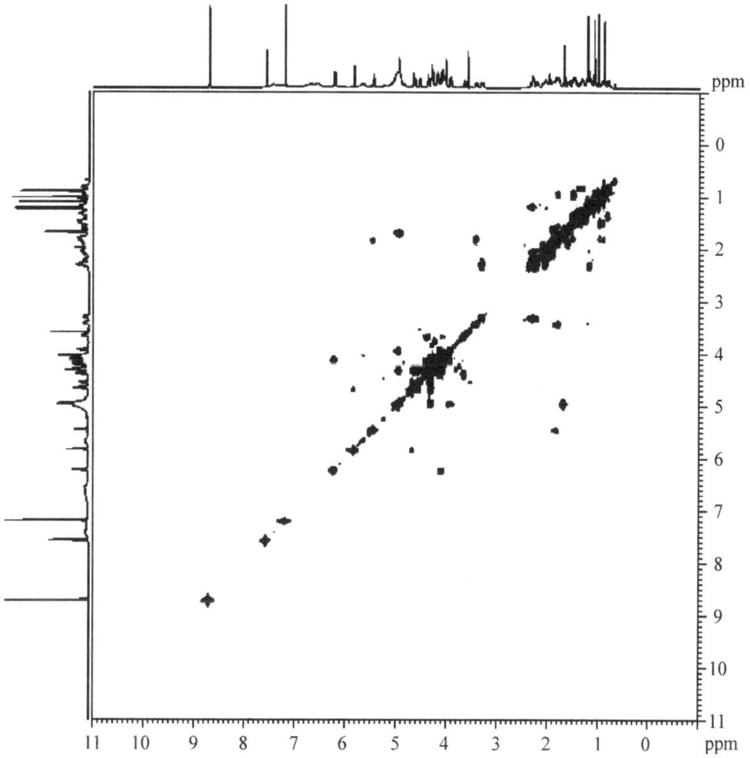

图 6.250 化合物 COSY 谱

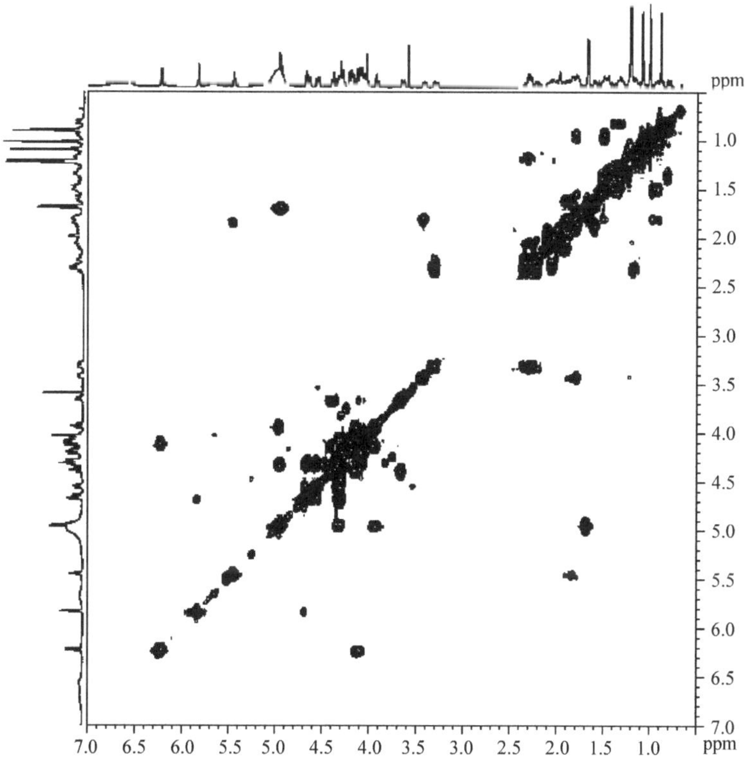

图 6.251 化合物 COSY 谱局部放大谱 1

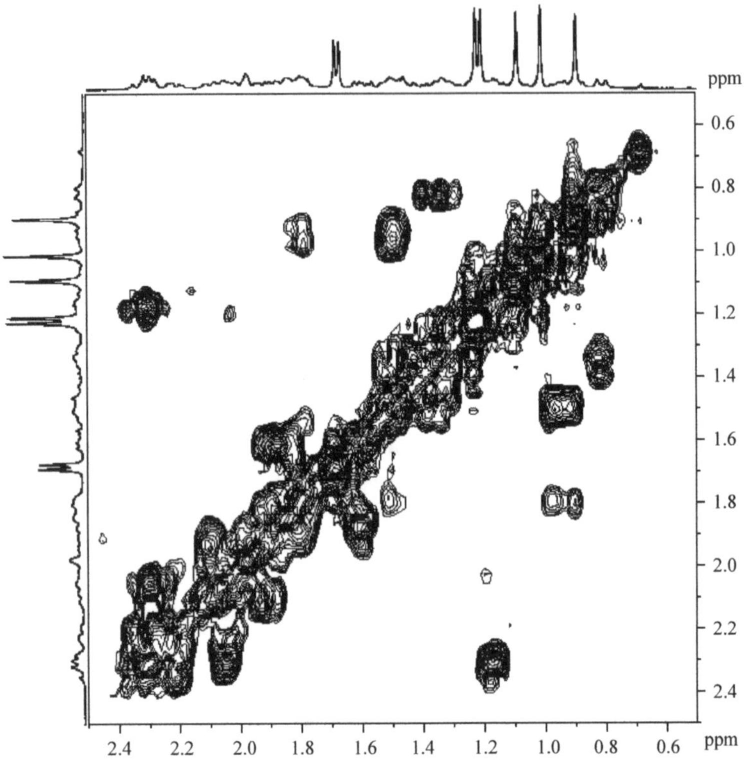

图 6.252　化合物 COSY 谱局部放大谱 2

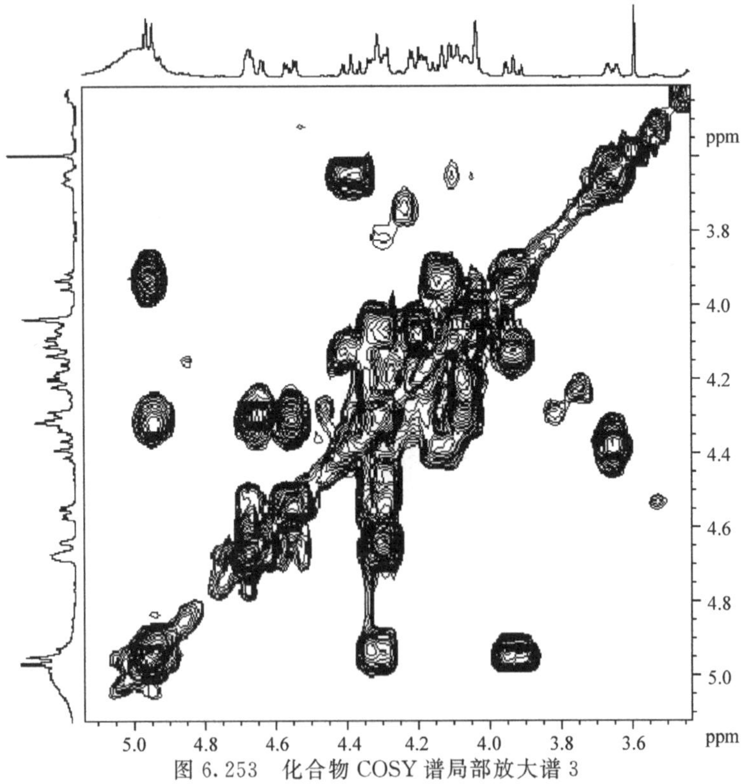

图 6.253　化合物 COSY 谱局部放大谱 3

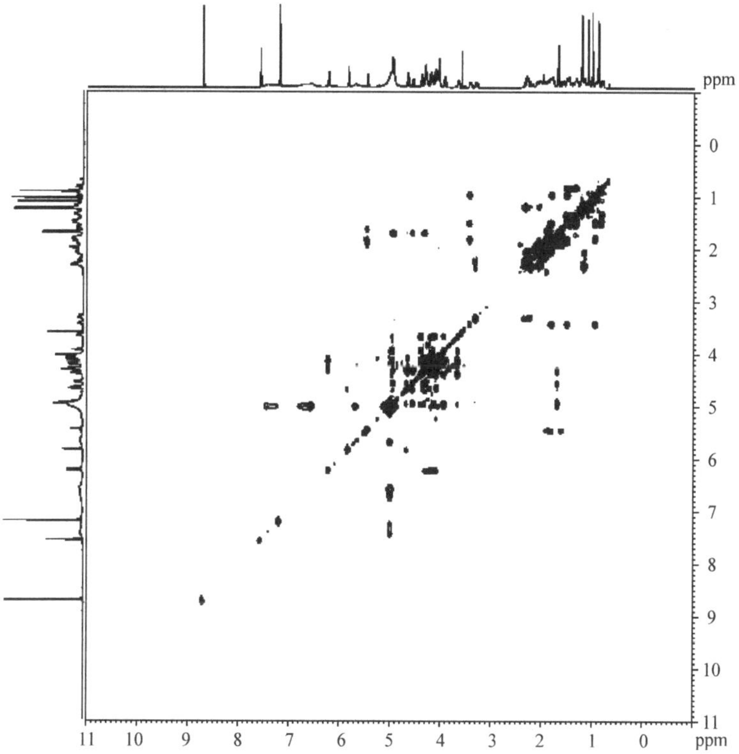

图 6.254　化合物 TOCSY 谱

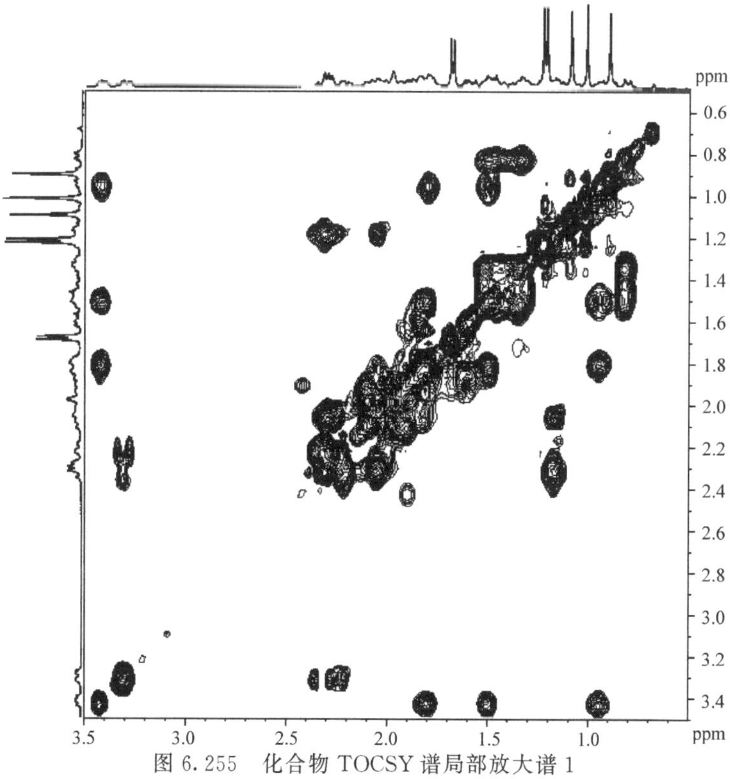

图 6.255　化合物 TOCSY 谱局部放大谱 1

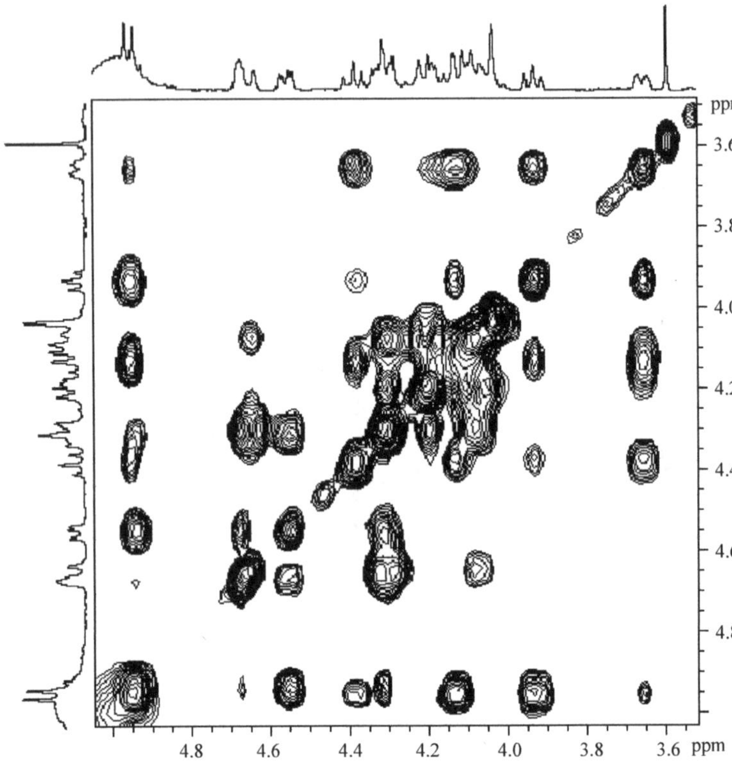

图 6.256　化合物 TOCSY 谱局部放大谱 2

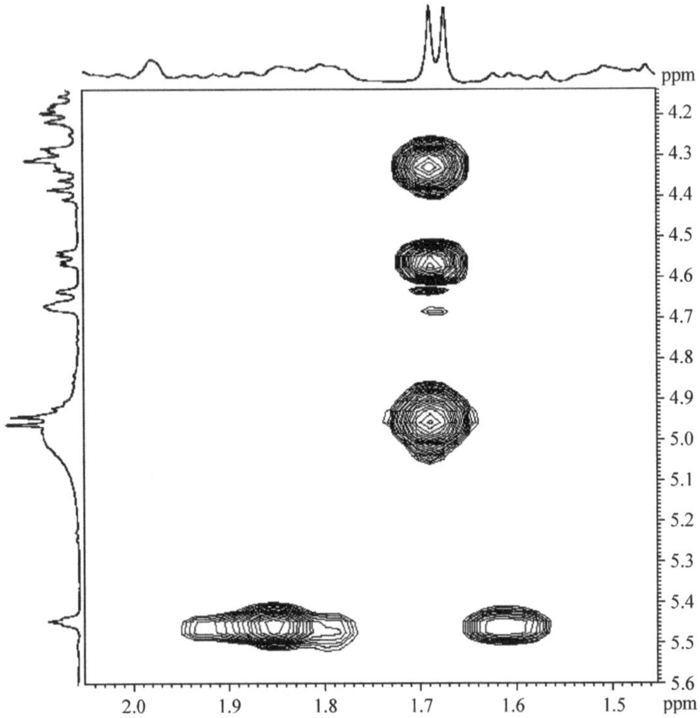

图 6.257　化合物 TOCSY 谱局部放大谱 3

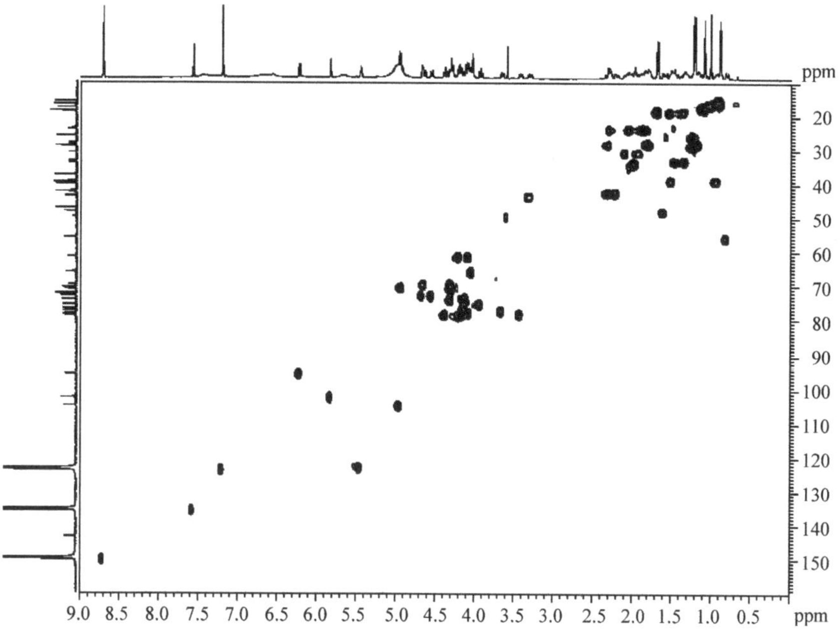

图 6.258　化合物 HSQC 谱

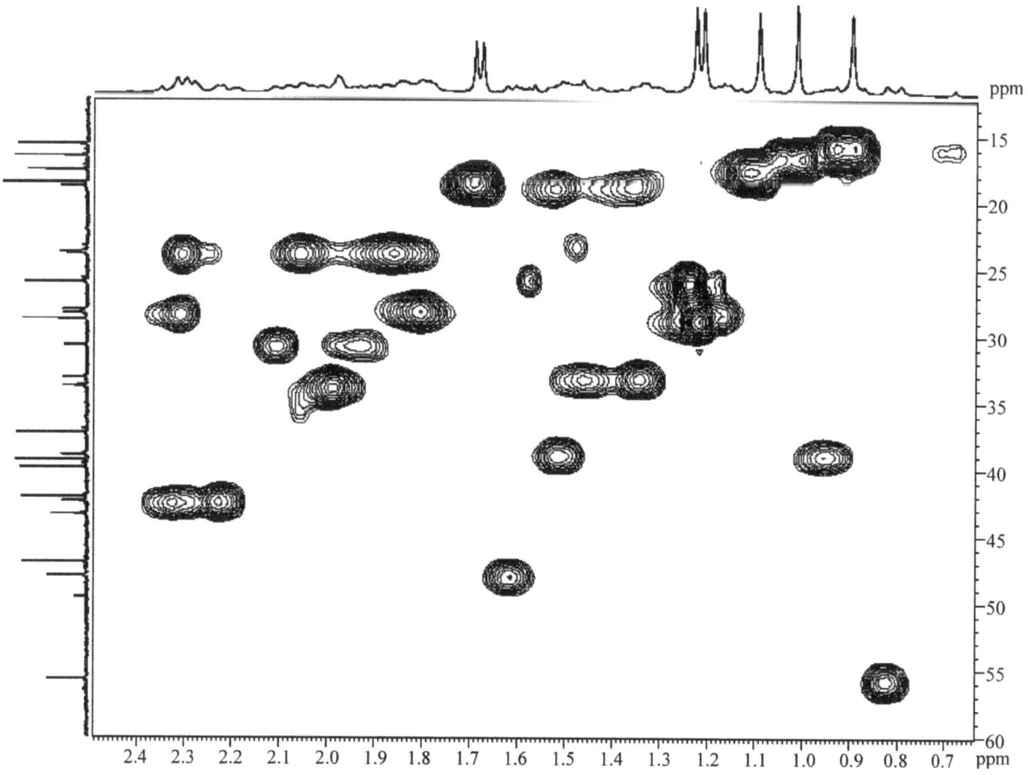

图 6.259　化合物 HSQC 谱局部放大谱 1

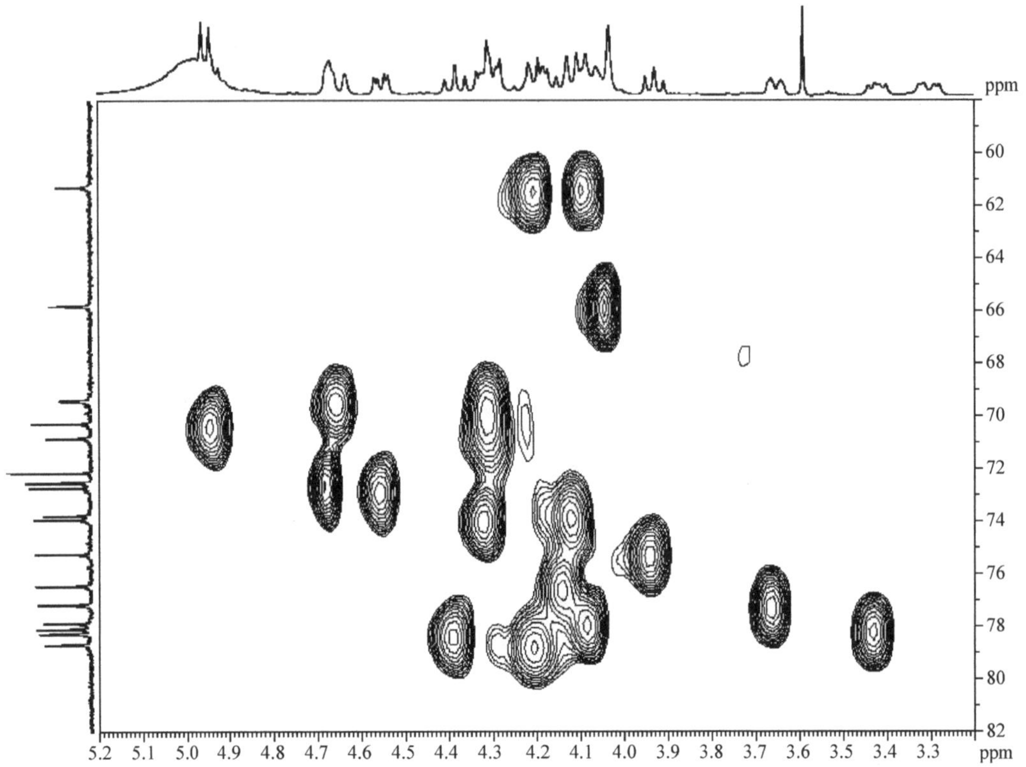

图 6.260　化合物 HSQC 谱局部放大谱 2

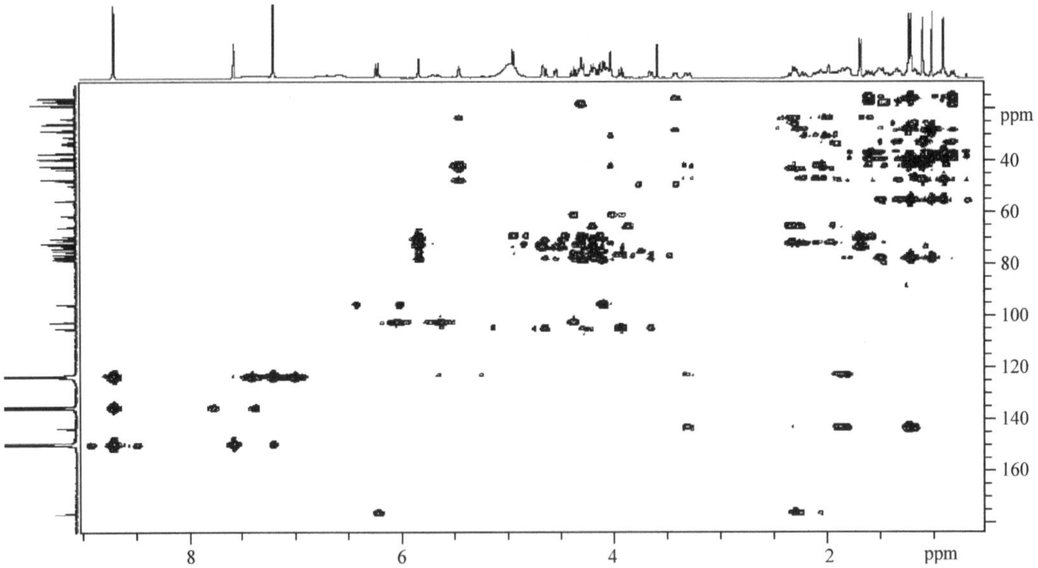

图 6.261　化合物 HMBC 谱

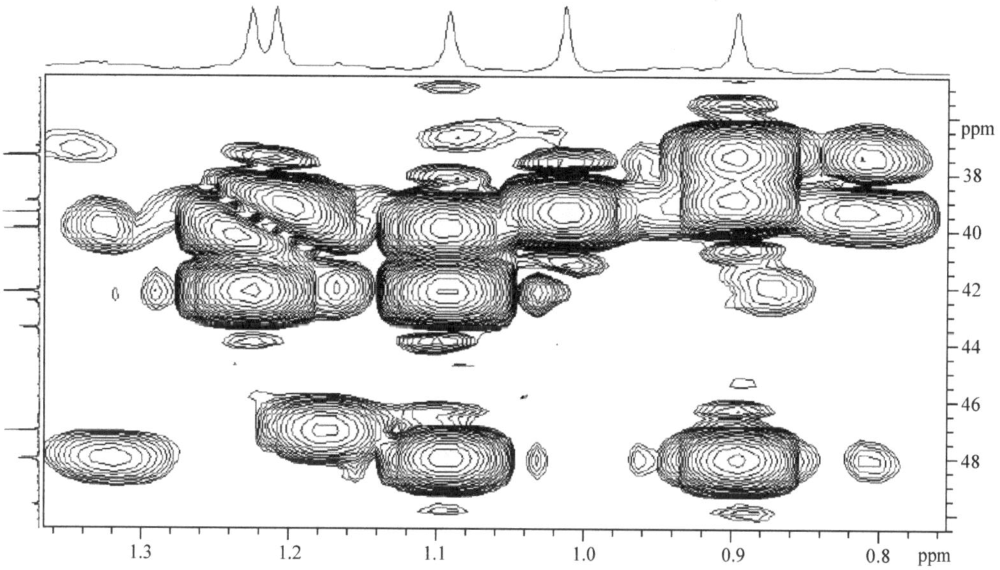

图 6.262　化合物 HMBC 谱局部放大谱 1

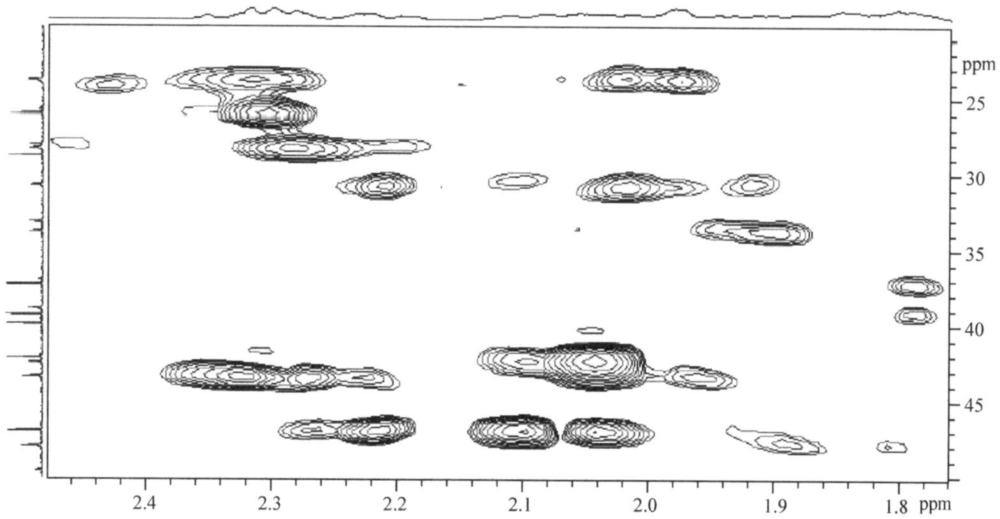

图 6.263　化合物 HMBC 谱局部放大谱 2

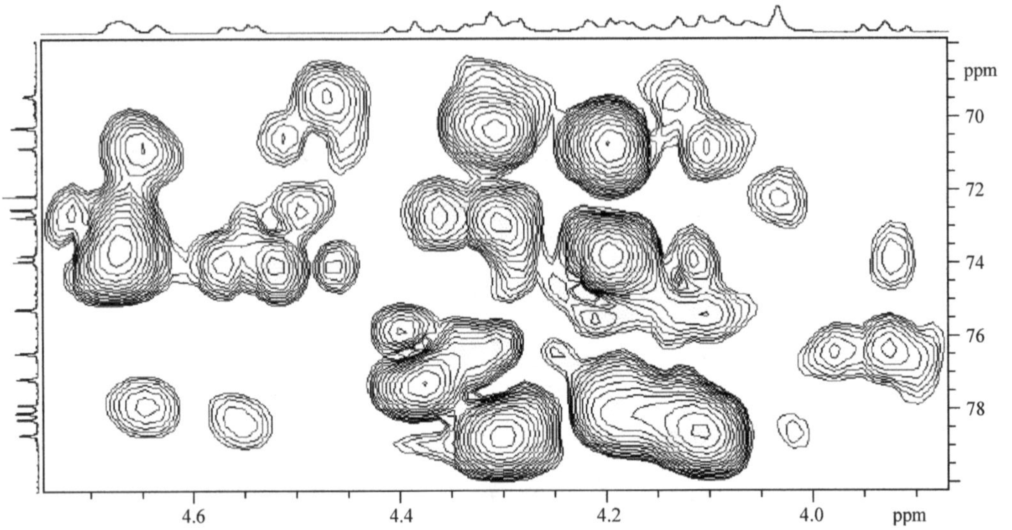

图 6.264　化合物 HMBC 谱局部放大谱 3

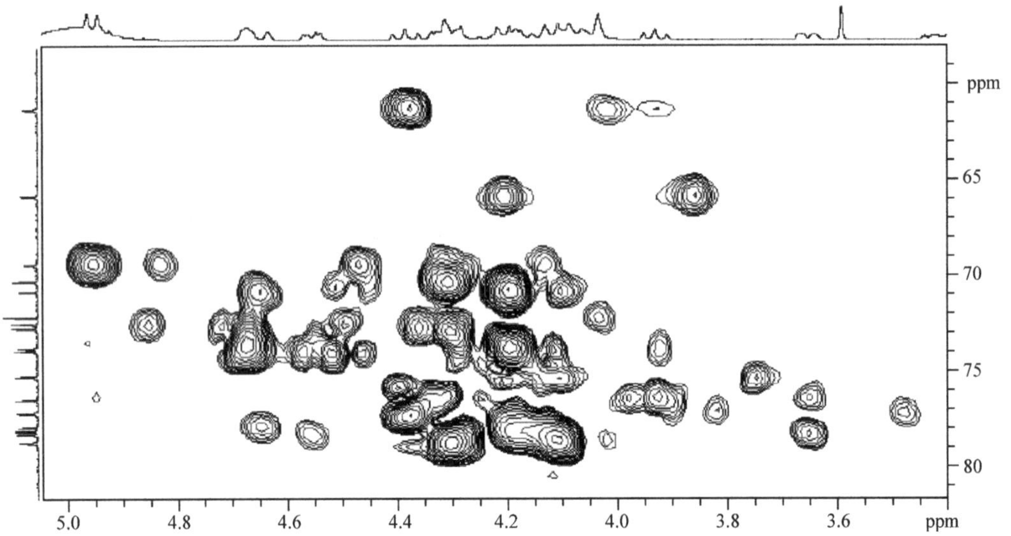

图 6.265　化合物 HMBC 谱局部放大谱 4

表 6.76　未知物氢谱数据整理

δ_H/ppm	峰组积分数值	氢原子数	峰型	备注	标注
0.81	0.99	1	d		5
0.90	3.08	3	s		25
0.93～0.98	0.90	1	m		1
1.01	2.63	3	s		24
1.09	2.89	3	s		26
1.13～1.21	1.46	1?	m	氢原子数需要结合其他谱图决定	15

续表

δ_H/ppm	峰组积分数值	氢原子数	峰型	备注	标注
1.21	5.53*	3	s		23
1.23	5.53*	3	s		27
1.25～1.41	2.70	2? 3?	m	氢原子数需要结合其他谱图决定	6,7
1.41～1.55	3.33	3	m		1,6,7
1.55～1.65	1.51	1?	m	氢原子数需要结合其他谱图决定	9
1.68	3.03	3	d		R6
1.76～2.00	6.83	7	m		2,11,21,22
2.00～2.15	2.74	2? 3?	m	氢原子数需要结合其他谱图决定	16,21
2.15～2.25	1.26	1	m		19
2.25～2.36	2.53	2? 3?	m	氢原子数需要结合其他谱图决定	15,16,19
3.30	1.00	1	d,d		18
3.42	0.85	1	d,d		3
3.66	0.93	1	d(宽峰)		G′5
3.93	1.02	1	t		G′2
4.03	6.02**		s		29
3.98～4.17	6.02**		m		G2,G5,G′3,G′6
4.17～4.24	2.37	2	m		G3,G′6
4.26～4.35	3.14	3	m		G4,G6,R4
4.38	1.15	1	t		G′4
4.55	1.10	1	d,d		R3
4.62～4.69	1.98	2	m,m		G6,R2
4.92～4.97	2.87	2?	m		G′1,R5
5.45	1.01	1	t		12
5.83	1.06	1	s		R1
6.22	1.17	1	d		G1

* 1.21 ppm 和 1.23 ppm 峰组积分数值之和为 5.53。

** 4.03 ppm 和 3.98～4.17 ppm 峰组积分数值之和为 6.02。

从表 6.76 可知：几个区域的氢原子数目难以确定，必须结合其他谱图；很多峰组的中心位置无法确定，也必须结合其他谱图分析。对于这两者，都应该分析 HSQC 谱，当然在分析 HSQC 谱之前必须分析碳谱和 DEPT 谱。

在碳谱中，约 123 ppm、135 ppm 和 150 ppm 的三个峰组是溶剂的峰组。

由于该化合物的结构比较复杂，有的碳谱谱线很靠近，必须结合碳谱、DEPT 谱和 HSQC 谱才能得到准确信息。

以 123.17 ppm 的谱线为例，它和溶剂峰组约在 123 ppm 的峰组重叠，因此可能丢失。但是在 HSQC 谱中，可以清楚地看到在约 123 ppm、135 ppm 和 150 ppm 处各有一个相关峰，这是溶剂产生的相关峰。从它们横坐标的位置，F_2＝7.19 ppm、7.57 ppm 和 8.71 ppm 可以识别。但是在 $F_1 \approx 123$ ppm 和 F_2＝5.45 ppm 的地方，有第二个相关峰，这是样品的相关峰。因此用 HSQC 谱可以识别被重叠的一条样品的碳谱谱线。

主要依靠 HSQC 谱，可以找到各氢谱峰组的中心。

结合碳谱、DEPT 谱、HSQC 谱和氢谱，得到表 6.77。

表 6.77 化合物碳谱、DEPT 谱、HSQC 谱和氢谱综合数据整理

δ_C/ppm	碳原子数	碳原子种类	直接相连氢 δ_H/ppm	标注
15.61	1	CH_3	0.90	25
16.49	1	CH_3	1.01	24
17.51	1	CH_3	1.09	26
18.47	1	CH_3	1.68	R6
18.76	1	CH_2	1.36,1.52	6
23.69*	1	CH_2	1.86	11
23.77*	1	CH_2	2.06,2.30	16
25.94	1	CH_3	1.23	27
28.03	1	CH_2	1.80	2
28.27	1	CH_2	1.17,2.31	15
28.73	1	CH_3	1.21	23
30.72	1	CH_2	1.93,2.11	21
33.13	1	CH_2	1.34,1.46	7
33.77	1	CH_2	1.97	22
37.29	1	C		10
38.91	1	CH_2	0.95,1.51	1
39.31	1	C		4
39.87	1	C		8
42.11	1	C		14
42.43	1	CH_2	2.22,2.33	19
43.39	1	CH	3.30	18
47.00	1	C		17
48.03	1	CH	1.61	9
55.77	1	CH	0.81	5
61.29	1	CH_2	4.09,4.20	G′6
65.80	1	CH_2	4.03	29
69.41	1	CH_2	4.32,4.66	G6
70.28	1	CH	4.94	R5
70.83	1	CH	4.31	G4
72.13	1	C		20

续表

δ_C/ppm	碳原子数	碳原子种类	直接相连氢 δ_H/ppm	标注
72.51	1	CH	4.68	R2
72.71	1	CH	4.55	R3
73.78	1	CH	4.13	G2
73.93	1	CH	4.32	R4
75.24	1	CH	3.93	G′2
76.44	1	CH	4.14	G′3
77.16	1	CH	3.66	G′5
77.87*	1	CH	4.08	G5
78.08*	1	CH	3.42	3
78.26*	1	CH	4.38	G′4
78.68	1	CH	4.20	G3
95.72	1	CH	6.22	G1
102.68	1	CH	5.83	R1
105.02	1	CH	4.95	G′1
123.17	1	CH	5.45	12
143.42	1	C		13
176.33	1	C		28

注：溶剂（氘代吡啶）峰未列入。

* 由放大的 HSQC 谱读取。

由于氢谱峰组的中心位置已经确定，在分析 COSY 谱时应尽可能把氢谱的化学位移数值定准确。但是如果 COSY 谱本身不能确定中心位置时，仍然用化学位移数值的一个范围。

该化合物 COSY 谱的数据可以整理为表 6.78。

表 6.78　化合物 COSY 谱数据归纳

序号	δ_H/ppm	耦合的氢原子 δ_H/ppm	标注
1	0.81	1.36	5/6
2	0.90	孤立的峰	25
3	0.93～0.98	1.51,1.80	1/1,2
4	1.01	孤立的峰	24
5	1.09	孤立的峰	26
6	1.17	2.31	15/15,16
7	1.21	孤立的峰	23
8	1.23	孤立的峰	27
9	1.36	0.81,1.46	6/5,7

续表

序号	δ_H/ppm	耦合的氢原子 δ_H/ppm	标注
10	1.51	0.95	1/1
11	1.61	1.86	9/11
12	1.68	4.94	R6/R5
13	1.80	0.95	2/1
14	1.86	1.61,5.45	11/9,12
15	1.93	2.11	21/21
16	2.06	2.30	16/16
17	2.11	1.93	21/21
18	2.22	2.33	19/19
19	2.30	2.06	16/16
20	3.30*	2.22,2.33	18/19
21	3.42	1.80	3/2
22	3.66	(4.09),4.38	G′5/G′6,G′4
23	3.93	4.14,4.95	G′2/G′3,G′1
24	4.03	孤立的峰	29
25	4.08～4.09	4.20,4.31	G′6/G′6,G5/G4,G6
26	4.13～4.14	3.93,6.22	G′3/G′2,G2/G1
27	4.20	4.09	G′6/G′6
28	4.31～4.32	4.08,4.55,4.66,4.94	G4/G5,R4/R3,G6/G6,R4/R5
29	4.38	3.66,4.14	G′4/G′5,G′4/G′3
30	4.55	4.32	R3/R4
31	4.66～4.68	4.32,5.83	G6/G6,R2/R1
32	4.94～4.95	1.68,3.93,4.32	R5/R6,G′1/G′2,R5/R4
33	5.45	1.86	12/11
34	5.83	4.68	R1/R2
35	6.22	4.13	G1/G2

注:圆括号(　)表示弱的耦合相关。

* 参考了 TOCSY 谱局部放大谱。

化合物 TOCSY 谱的数据整理为表 6.79。

表 6.79　化合物 TOCSY 谱数据归纳

δ_H/ppm	耦合的氢原子 δ_H/ppm	标注
0.81	1.36,1.51	5/6,6
0.90		
0.95	1.51,1.80,3.42	1/1,2,3

续表

δ_H/ppm	耦合的氢原子 δ_H/ppm	标注
1.01		
1.09		
1.17	2.06,2.30	15/16
1.21		
1.23		
1.34～1.36	0.81,1.52	6,7/5,6
1.46	0.81,1.52	7/5,6
1.51～1.52	0.81,0.95,1.36,1.80	6/5,1/1,6/6,1/2
1.61	1.86	9/11
1.68	4.32,4.55,4.94	R6/R4,R3,R5
1.80	0.95,1.51,3.42	2/1,1,3
1.86	1.61	11/9
1.93	2.11	21/21
2.06	1.17,2.30	16/15,16
2.11	1.93,1.97	21/21,22
2.22	2.33	19/19
2.30～2.31	1.17,2.06	15,16/15,16
2.33	2.22	19/19
3.30	2.22,2.33	18/19,19
3.42	0.95,1.51,1.80	3/1,1,2
3.66	3.93,4.15,4.38,4.95	G′5/G′2,G′3,G′4
3.93	3.66,4.15,4.38,4.95	G′2/G′5,G′3,G′4
4.03		
4.08～4.09	4.32,4.66	G5/G6,G6
4.13～4.14	3.66,3.93,4.38,4.95,6.22	G′3/G′5,G′2,G′4,G′1,G2/G1
4.31～4.32	4.20,4.55,4.66,4.94	G4/G3,R4/R3,G6/G6,R4/R5
4.20	4.09,4.31	G′6/G′6,G3/G4
4.38	3.66,3.93,4.14,4.95	G′4/G′5,G′2,G′3,G′1
4.55	4.32,4.68,4.94	R3/R4,R2,R5
4.66～4.68	4.08,4.32,4.55	G6/G5,G4,R2/R4,R3
4.94～4.95	3.66,3.93,4.14,4.32,4.38,4.55,4.68,5.83	G′1/G′5,G′2,G′3,G′4,R5/R4,R3,R2,R1
5.45	1.61,1.86	12/9,11
5.83	4.68	R1/R6
6.22	4.13,4.20,4.31	G1/G2,G3,G4

注:第二列的数值不列出化学位移数值仅差 0.02 ppm 的第二个数值,如 2.30 ppm 也包括 2.31～2.32 ppm。

在这里需要强调，TOCSY 谱在此题中起重要作用。由于从 TOCSY 谱能够找到耦合体系之内的总的耦合关系，对于推导未知物结构或者进行指认以确认结构都十分有用。像这个化合物，含有 3 个醣环，从 TOCSY 谱就可以把这 3 个醣环的峰组区分开。这是其他核磁共振二维谱所不能完成的。

该化合物 HMBC 谱的数据整理为表 6.80。

表 6.80　化合物 HMBC 谱数据整理

序号	δ_C/ppm	长程耦合的氢 δ_H/ppm	^1J 耦合的氢 δ_H/ppm	标注
1	15.61	1.61		25/9
2	16.49	1.21,3.42		24/23,3
3	17.51	1.61		26/9
4	18.47	4.32		R6/R4
5	18.76			6
6,7	23.69,23.77	1.97,2.31		11,16/22,15
8	25.94	2.31,(5.45)		27/15,12
9	28.03			2
10	28.27	1.23,2.30		15/27,16
11	28.73	1.01,3.42		23/24,3
12	30.72	2.01,2.22,4.03		21/22,19,29
13	33.13	1.09		7/26
14	33.77	1.90		22/21
15	37.29	0.90,1.51,1.60,1.79		10/25,6,9,2
16	38.91	0.90,1.79		1/25,2
17	39.31	1.01,1.21		4/23,24
18	39.87	1.09,1.23,1.32,1.51,1.60		8/26,27,6,6,9
19	42.11	1.09,1.23,2.08,5.45		14/26,27,16,12
20	42.43	1.46,4.03		19/29
21	43.39	2.32		18/19
22	47.00	1.17,2.04,2.10,2.21,5.45		17/15,16,21,19,13
23	48.03	0.90,1.09,1.32		9/25,26,7
24	55.77	0.90,1.01,1.21		5/25,24,23
25	61.29	4.38		G6/G4
26	65.80	2.32	4.03	29/19
27	69.41	4.95	4.66	G6/G′1
28	70.28	1.68,4.30,5.83		R5/R6,R4,R1
29	70.83	4.19,4.66		G4/G3,G6
30	72.13	2.32		20/19
31	72.51	5.83		R2/R1

续表

序号	δ_C/ppm	长程耦合的氢 δ_H/ppm	^1J 耦合的氢 δ_H/ppm	标注
32	72.71			
33	73.78	4.19,(5.45)		G2/G3
34	73.93	1.68		R4/R6
35	75.24	4.38		G′2/G′4
36	76.44	3.66,3.93		G′3/G′5,G2
37	77.16			
38	77.87			
39	78.08	1.01,1.21,1.50		3/24,23,1
40	78.26	3.66,4.19,5.83		G′4/G′5,G′6,R1
41	78.68	4.11,4.30	4.20	G3/G5,G4
42	95.72	4.20		G1/G3
43	102.68	4.38		R1/G′4
44	105.02	3.66,3.93,4.66		G′1/G′5,G′2,G6
45	123.17	1.86,3.30		12/11,18
46	143.42	1.17,1.23,1.86,3.30		13/15,27,11,18
47	176.33	2.06,2.30,6.22		28/16,G1

可以看到 HMBC 谱对于确定氢谱峰组的中心有较好的作用,因为碳谱的一维(F_1,纵坐标)分辨率好。

表 6.76～表 6.80 包括了几十张核磁共振谱图的数据(另外尚有几十张谱图未列入本题)。

读者看了前面的例题已经能够了解解析方法。这个化合物的结构也比较复杂,如果还像前面那样一步步指认,读者可能乏味,也耗费篇幅。所以,对于这个例题,仅指出几个最关键的地方。

醣环的相互连接,前面的例题没有涉及,怎样确定也需要仔细考虑。

醣环的 1-位碳原子化学位移数值相当大,一般都略超过 100 ppm。与它直接相连的氢原子化学位移数值也比较大(接近 5 ppm 或者超过 5 ppm)。它们和其他碳原子的区分是明显的。要解决醣环的连接,就要查看它们在 HMBC 谱里的相关峰。

以 R 和 G′ 的连接关系为例。由于在 HMBC 谱中有 δ_C(78.26 ppm,G′4)和 δ_H(5.83 ppm,R1)的相关,又有 δ_C(102.68 ppm,R1)和 δ_H(4.38 ppm,G′4)的相关,因此可知道 R1 通过氧原子和 G′4 的连接关系。

类似地,由于在 HMBC 谱中有 δ_C(69.41 ppm,G6)和 δ_H(4.95 ppm,G′1)的相关,又有 δ_C(105.02 ppm,G′1)和 δ_H(4.66 ppm,G6)的相关,因此可知 G′1 通过氧原子和 G6 的连接关系。

很重要的一点是,由于在 HMBC 谱中有 δ_C(176.33 ppm)和 δ_H(6.22 ppm)的相关,可以找到 G 醣环和 28-位羰基的连接关系。

该化合物最后的指认结果如表 6.81 所示。

表 6.81　最后指认结果

编号	碳原子种类	δ_C/ppm	δ_H/ppm	氢谱峰型
1	CH_2	38.91	0.95,1.51	m,m
2	CH_2	28.03	1.80	m
3	CH	78.08	3.42	d,d
4	C	39.31		
5	CH	55.77	0.81	d
6	CH_2	18.76	1.36,1.52	m,m
7	CH_2	33.13	1.34,1.46	m,m
8	C	39.87		
9	CH	48.03	1.61	m
10	C	37.29		
11	CH_2	23.69	1.86	m
12	CH	123.17	5.45	t
13	C	143.42		
14	C	42.11		
15	CH_2	28.27	1.17,2.31	m,m
16	CH_2	23.77	2.06,2.30	m,m
17	C	47.00		
18	CH	43.39	3.30	d,d
19	CH_2	42.43	2.22,2.33	m,m
20	C	72.13		
21	CH_2	30.72	1.93,2.11	m,m
22	CH_2	33.77	1.97	m
23	CH_3	28.73	1.21	s
24	CH_3	16.49	1.01	s
25	CH_3	15.61	0.90	s
26	CH_3	17.51	1.09	s
27	CH_3	25.94	1.23	s
28	C	176.33		
29	CH_2	65.80	4.03	s
G1	CH	95.72	6.22	d
G2	CH	73.78	4.13	m
G3	CH	78.68	4.20	m
G4	CH	70.83	4.31	m

续表

编号	碳原子种类	δ_C/ppm	δ_H/ppm	氢谱峰型
G5	CH	77.87	4.08	m
G6	CH_2	69.41	4.32,4.66	m,m
G′1	CH	105.02	4.95	d
G′2	CH	75.24	3.93	t
G′3	CH	76.44	4.14	m
G′4	CH	78.26	4.38	t
G′5	CH	77.16	3.66	宽峰,d
G′6	CH_2	61.29	4.09,4.20	m,m
R1	CH	102.68	5.83	宽峰,s
R2	CH	72.51	4.68	m
R3	CH	72.71	4.55	d,d
R4	CH	73.93	4.32	m
R5	CH	70.28	4.94	m
R6	CH_3	18.47	1.68	d

通过对于几种一维和二维核磁共振谱(总的数量达到几十张)的分析,完成了对该化合物的指认。指认的结果完全合理,从而说明原来预计的结构是正确的。

这个化合物还有质谱数据。

在(一级)质谱测定时,测得它的精确相对分子质量为 962.5323(计算值为 962.5325),是$M+NH_4$的精确质量。其元素组成为 $C_{47}H_{80}O_{19}N$,扣除 NH_4,得到分子式为$C_{47}H_{76}O_{19}$。

在二级质谱测定时,用正离子模式,从 m/z 967($[M+Na]^+$)得到 m/z 493($[470+Na]^+$);用负离子模式,从 m/z 943($[M-H]^-$)得到 m/z 473($[M-H-470]^-$)和 m/z 469($[470-H]^-$)。

无论是正离子模式还是负离子模式,都涉及 m/z 470,它正是 3 个醣环的质量之和。因此,串联质谱用一种简单的方式说明了该化合物含有这样的 3 个醣环。

附录　常见官能团红外吸收特征频率表

化合物类型	官能团	吸收频率/cm^{-1}					备注
		4000～2500	2500～2000	2000～1500	1500～900	900 以下	
烷基	—CH_3	2960,尖[70] 2870,尖[30]			1460,[<15] 1380,[15]		1. 甲基与氧、氮原子相连时，2870 cm^{-1}的吸收移向低波数 2. 偕二甲基使 1380 cm^{-1}的吸收产生双峰
	—CH_2	2925,尖[75] 2850,尖[45]			1470,[8]	725～720[3]	1. 与氧、氮原子相连时，2850 cm^{-1}吸收移向低波数 2. —$(CH_2)_n$—中，$n>4$ 时方有 725～720 cm^{-1}的吸收，当 n 小时往高波数移动
	 三元碳环	3000～3080 [变化]					三元环上有氢时方有此吸收
不饱和烃	=CH_2	3080,[30] 2975,[中]					
	=CH—	3020,[中]					
	C=C			1675～1600 [中,弱]			共轭烯移向较低波数
	—CH=CH_2				990,尖[50] 910,尖[110]		
	—C(—)=CH_2					895, 尖[100～150]	
	反式二氢				965,尖[100]		

续表

化合物类型	官能团	吸收频率/cm⁻¹					备注
		4000～2500	2500～2000	2000～1500	1500～900	900 以下	
不饱和烃	顺式二氢					800～650,[40～100]	常出峰于 730～675 cm^{-1}
	三取代烯					840～800,尖[40]	
	≡CH	3300,尖[100]					
	—C≡C—		2140～2100,[5]				末端炔基
			2260～2190,[1]				中间炔基
苯环及稠芳环	C═C			1600,尖[<100] 1580[变] 1500,尖[<100]	1450,[中]		
	═CH	3030[<60]					
				2000～1600,[5]			当该区无其他吸收峰时,可见几个弱吸收峰
						900～850,[中]	苯环上孤立氢(如苯环上五取代)
						860～800,尖[强]	苯环上两个相邻氢,常出现在 820～800 cm^{-1} 处
						800～750,尖[强]	苯环上有三个相邻氢
						770～730,尖[强]	苯环上有四个或五个相邻氢
						710～690,尖[强]	苯环单取代;1,3-二取代;1,3,5-及1,2,3-三取代时附加此吸收

续表

化合物类型	官能团	吸收频率/cm^{-1}					备注
		4000～2500	2500～2000	2000～1500	1500～900	900 以下	
杂芳环	吡啶	3075～3020 尖[强]		1620～1590[中] 1500[中]		920～720， 尖[强]	900 cm^{-1}以下吸收近似于苯环的吸收位置(以相邻氢的数目考虑)
	呋喃	3165～3125 [中，弱]		约 1600， 约 1500	约 1400		
	吡咯	3490，尖[强] 3125～3100 [弱]		1600～1500 [变化] (两个吸收峰)			NH 产生的吸收 ═CH 产生的吸收
	噻吩	3125～3050		约 1520	约 1410	750～690，[强]	
醇和酚	游离态						存在于非极性溶剂的稀溶液中
	伯醇 —CH_2OH	3640，尖[70]			1050，尖 [60～200]		
	仲醇 —CHOH	3630，尖[55]			1100，尖 [60～200]		
	叔醇 —C—OH	3620，尖[45]			1150，尖 [60～200]		
	酚	3610，尖[中]			1200，尖 [60～200]		
	分子间氢键						
	二聚体	3600～3500					常被多聚体的吸收峰掩盖
	多聚体	3300，宽[强]					
	分子内氢键						

续表

化合物类型	官能团	吸收频率/cm^{-1}					备注
		4000～2500	2500～2000	2000～1500	1500～900	900 以下	
醇和酚	多元醇	3600～3500 [50～100]					
	α-氢键	3600～3500					
	螯合键	3200～2500，宽[弱]					
醚	C—O—C				1150～1070,[强]		
	═C—O—C				1275～1200,[强] 1075～1020,[强]		
		3050～3000 [中,弱]					环上有氢时方有此吸收峰
					1250,[强]	950～810,[强]	
						840～750,[强]	
酮	链状饱和酮			1725～1705，尖[300～600]			
	环状酮						
	大于七元环			1720～1700，尖[极强]			
	六元环			1725～1705，尖[极强]			
	五元环			1750～1740，尖[极强]			

续表

化合物类型	官能团	吸收频率/cm^{-1}					备注
		4000～2500	2500～2000	2000～1500	1500～900	900 以下	
酮	四元环			1775,尖[极强]			
	三元环			1850,尖[极强]			
	不饱和酮						
	α,β-不饱和酮			1685～1665,尖[极强]			羰基吸收
				1650～1600,尖[极强]			烯键吸收
	Ar—CO—			1700～1680,尖[极强]			羰基吸收
	{Ar—CO—Ar α,β-,α′,β′-不饱和酮			1670～1660,尖[极强]			羰基吸收
	α-取代酮: α-卤代酮			1745～1725,尖[极强]			
	α-二卤代酮			1765～1745,尖[极强]			
	二酮: —C(=O)—C(=O)—			1730～1710,尖[极强]			当两个羰基不相连时,基本上回复到链状饱和酮的吸收位置
	醌: 1,2-苯醌			1690～1660,尖[极强]			

续表

化合物类型	官能团	吸收频率/cm^{-1}					备注
		4000～2500	2500～2000	2000～1500	1500～900	900 以下	
酮	1,4-苯醌						
	草酮			1650，尖[极强]			
醛	饱和醛	2820[弱]，2720[弱]		1740～1720，尖[极强]			
	不饱和醛 α,β-不饱和醛 α,β,γ,δ-不饱和醛 Ar—CHO			1705～1680，尖[极强] 1680～1660，尖[极强] 1715～1695，尖[极强]			
羧酸	饱和羧酸	3000～2500，宽		1760[1500]	1440～1395[中，强]		1760 cm^{-1}为单体吸收
				1725～1700[1500]	1320～1210[强] 920 宽[中]		1725～1700 cm^{-1}为二聚体吸收，可能见到两个吸收，分别为单体及二聚体吸收
	α,β-不饱和羧酸			1720[极强] 1715～1690[极强]			分别为单体及二聚体吸收
	Ar—COOH			1700～1680[极强]			
	α-卤代羧酸			1740～1720[极强]			

续表

化合物类型	官能团	吸收频率/cm^{-1}					备注
		4000～2500	2500～2000	2000～1500	1500～900	900 以下	
酸酐	饱和、链状酸酐			1820[极强] 1760[极强]	1170～1045 [极强]		由于有对称和反对称振动，酸酐均有两个强吸收
	α,β-不饱和酸酐			1775[极强] 1720[极强]			
	六元环酸酐			1800[极强] 1750[极强]	1300～1175 [极强]		
	五元环酸酐			1865[极强] 1785[极强]	1300～1200 [极强]		
羧酸酯	饱和链状羧酸酯			1750～1730， 尖 [500～1000]	1300～1050 （两个峰） [极强]		
	α,β-不饱和羧酸酯			1730～1715 [极强]	1300～1250 [极强] 1200～1050 [极强]		
	α-卤代羧酸酯			1770～1745 [极强]			
	Ar—COOR			1730～1715 [极强]	1300～1250 [极强] 1180～1100 [极强]		
	CO—O—C═C—			1770～1745 [极强]			

续表

化合物类型	官能团	吸收频率/cm^{-1}					备注
		4000～2500	2500～2000	2000～1500	1500～900	900 以下	
羧酸酯	CO—O—Ar			1740[极强]			
	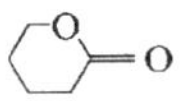			1750～1735[极强]			
	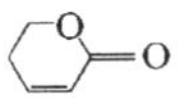			1720[极强]			
	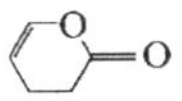			1760[极强]			同时还有 C ═C 吸收峰(1685 cm^{-1})
	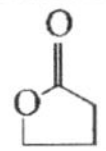			1780～1760[极强]			
羧酸盐	—COO^-			1610～1550[强]	1420～1300[强]		
酰氯	饱和酰氯			1815～1770,尖[极强]			—C(═O)—F 在较高波数处,—C(═O)—Br、—C(═O)—I 在较低波数处
	α,β-不饱和酰氯			1780～1750,尖[极强]			
酰胺							1. 圆括号内数值为缔合状态的吸收峰 2. 内酰胺的吸收位置随着环的减小而移向高波数方向
	伯酰胺 —$CONH_2$	3500,3400,双峰[强](3350～3200,两个峰)					N—H 吸收

续表

化合物类型	官能团	吸收频率/cm^{-1}					备注
		4000～2500	2500～2000	2000～1500	1500～900	900 以下	
酰胺	伯酰胺 —$CONH_2$			1690(1650)，尖[极强] 1600(1640)[强]			羰基吸收，酰胺Ⅰ带 酰胺Ⅱ带，固态有两个峰
	仲酰胺 —CONH—	3440[强] (3300,3070)					N—H 吸收
				1680(1665)，尖[极强]			酰胺Ⅰ带
				1530(1550)[变化]			酰胺Ⅱ带
					1260(1300)，[中,强]		酰胺Ⅲ带
	叔酰胺 —CON<			1650(1650)			
							圆括号内数值为缔合状态吸收峰
胺	伯胺 R—NH_2 及 Ar—NH_2	3500(3400)[中,强] 3400(3300)[中,强]			1640～1560[强,中]		
	仲胺 RNHR′	3350～3310[弱]					
	Ar—NHR	3450[中]					

续表

化合物类型	官能团	吸收频率/cm^{-1}					备注
		4000～2500	2500～2000	2000～1500	1500～900	900 以下	
胺	Ar—NHAr′	3490[中]					
	杂环上 NH	3490[强]					
	叔胺 Ar—N(R)R′				1350～1260 [中]		
胺盐	$-NH_3^+$	3000～2000 [强] 宽吸收带上一至数峰		1600～1575，[强] 1550～1500 [强]			
	$-NH_2^+$	3000～2250 [强] 宽吸收带上一至数峰		1620～1560 [中]			
	$-NH^+$	2700～2250 [强] 宽吸收带上一至数峰					
腈	R—CN		2260～2240，尖[变化]				
	α,β-不饱和腈		2240～2215，尖[变化]				
	Ar—CN		2240～2215，尖[变化]				

续表

化合物类型	官能团	吸收频率/cm^{-1}					备注
		4000～2500	2500～2000	2000～1500	1500～900	900 以下	
硫氰酸酯	R—S—C≡N		2140，尖[极强]				
	Ar—S—C≡N		2175～2160，尖[极强]				
异硫氰酸酯	R—N═C═S		2140～1990，尖[极强]				
	Ar—N═C═S		2130～2040，尖[极强]				
亚胺	>C═N—			1690～1630，[中]			共轭时移向低波数方向
肟	>C═N—OH	3650～3500，宽[强]		1680～1630，[变化]	960～930		3650～3500 cm^{-1}的吸收在缔合时移向低波数方向
重氮	—N═N			1630～1575，[变化]			
硝基	R—NO_2			1550，尖[极强]	1370，尖[极强]		
	Ar—NO_2			1535，尖[极强]	1345，尖[极强]		
硝酸酯	—O—NO_2			1650～1600，[强]	1300～1250，[强]		
亚硝基	—NO			1600～1500，[强]			

续表

化合物类型	官能团	吸收频率/cm^{-1}					备注
		4000～2500	2500～2000	2000～1500	1500～900	900 以下	
亚硝酸酯	—ONO			1680～1650，[变化] 1625～1610，[变化]			
含硫化合物	硫醇，—SH	2600～2550[弱]					
	>C=S				1200～1050，[强]		
	亚砜 >S=O				1060～1040，尖[300]		
	砜 >S(=O)=O				1350～1310，尖[250～600] 1160～1120，尖[500～900]		
	磺酸盐 R—SO_3^- M^+				1200，宽[极强] 1050[强]		M^+表示金属离子
	磺酰胺 R—SO_2—N<				1370～1330，[极强] 1180～1160，[极强]		

续表

化合物类型	官能团	吸收频率/cm^{-1}					备注
		4000～2500	2500～2000	2000～1500	1500～900	900 以下	
卤化物	C—F				1400～1000,[极强]		
	C—Cl					800～600[强]	
	C—Br					600～500[强]	
	C—I					500[强]	
含磷化合物	P—H		2440～2280 [中,弱]				
	P—C					750～650	
	P═O				1300～1250 [强]		
	P—O—R				1050～1030 [强]		
	P—O—Ar				1190[强]		

注:1. 本表仅列出常见官能团的特征红外吸收。

2. 表中所列吸收峰位置均为常见数值。

3. 吸收峰形状标注在吸收峰位置之后,"尖"表示尖锐的吸收锋,"宽"表示宽而钝的吸收峰,若处于上述两者的中间状况则不加标注。

4. 吸收峰强度标注在吸收峰位置及峰型之后的括号中,"极强"、"强"、"中"、"弱"分别表示吸收峰的强度。

极强——表观摩尔吸收系数大于 200;

强——表观摩尔吸收系数 75～200;

中——表观摩尔吸收系数 25～75;

弱——表观摩尔吸收系数小于 25。

(当有近似的表观摩尔吸收系数数值时,则标注该数值。)

5. 参考文献:K Nakanishi, et al. 1977. Infrared Absorption Spectroscopy[M]. 2nd. Holden-Day。